微软技术丛书

Microsoft

Visual C# 2012
从入门到精通

John Sharp　著

周　靖　译

U0390487

Step by Step

清华大学出版社
北　京

内 容 简 介

C#作为微软的旗舰编程语言，深受程序员喜爱，是编写高效应用程序的首选语言。Visual C# 2012 提供了大量新功能，本书围绕语言的基础知识和这些新功能全面介绍了如何利用 Visual Studio 2012 和.NET Framework 4.5 编写 C#应用程序。书中沿袭深受读者欢迎的 Step by Step 风格，通过合理的练习引导读者逐步构建在 Windows 7 和 Windows 8 上运行的应用程序，访问 SQL Server 数据库，开发多线程应用等。

全书共 27 章，结构清晰，叙述清楚。所有练习均在 Visual Studio 2012 简体中文版上进行过全面演练。无论是刚开始接触面向对象编程的新手，还是打算转移到 C#的具有 C、C++或者 Java 基础的程序员，都可以从本书汲取到新的知识，迅速掌握 C#编程技术。

北京市版权局著作权合同登记号　图字：01-2013-4367
本书封面贴有清华大学出版社防伪标签，无标签者不得销售。
版权所有，侵权必究。侵权举报电话：010-62782989　13701121933

图书在版编目(CIP)数据

Visual C# 2012 从入门到精通/(英)夏普(Sharp, J.)著.周靖译--北京：清华大学出版社，2014
（微软技术丛书）
书名原文：Microsoft Visual C# 2012 Step by Step
ISBN 978-7-302-34509-1

Ⅰ. ① V… Ⅱ. ①夏… ②周… Ⅲ. ① C 语言－程序设计 Ⅳ. ①TP312

中国版本图书馆 CIP 数据核字(2013)第 274717 号

责任编辑：文开棋
装帧设计：杨玉兰
责任校对：李玉萍
责任印制：宋　林

出版发行：清华大学出版社
　　　　网　　　址：http://www.tup.com.cn, http://www.wqbook.com
　　　　地　　　址：北京清华大学学研大厦 A 座　　　　邮　　编：100084
　　　　社 总 机：010-62770175　　　　邮　　购：010-62786544
　　　　投稿与读者服务：010-62776969，c-service@tup.tsinghua.edu.cn
　　　　质 量 反 馈：010-62772015，zhiliang@tup.tsinghua.edu.cn
　　　　课 件 下 载：http://www.tup.com.cn,010-62791865
印　刷　者：清华大学印刷厂
装　订　者：北京市密云县京文制本装订厂
经　　销：全国新华书店
开　　本：185mm×260mm　　　印　张：42　　　字　　数：873 千字
版　　次：2014 年 1 月第 1 版　　　　　　　　印　　次：2014 年 1 月第1 次印刷
印　　数：1～3500
定　　价：98.00 元

产品编号：050692-01

译 者 序

C#(读作"C sharp")作为一种编程语言,宗旨是创建在.NET Framework上运行的各种应用程序。C#简单、功能强大、类型安全,而且完全面向对象。C# 凭借在许多方面的创新,在保持 C 语言风格的表现力和优雅特征的同时,实现了应用程序的快速开发。

Visual C#是 Microsoft 对 C#语言的实现。而 Visual Studio 作为 Microsoft 的一款"交互开发环境"(IDE)产品,通过功能齐全的代码编辑器、编译器、项目模板、设计器、代码向导、强大且易用的调试器以及其他工具,实现了对 Visual C#的支持。通过.NET Framework类库(FCL),可访问许多操作系统服务以及其他许多有用的、精心设计的类,这些类可显著加快开发过程。

本书是为 Visual C#开发人员量身定制的一本"快速上手"指南。和市面上简单地罗列各种语法元素的书籍不同,本书使用了大量生动、实际的例子,逐步骤地指引你在 Visual Studio 中进行 C#编程。

随着学习的深入,你将牢牢地掌握 C#语言的各种概念,并很快就能掌握编写各种 C#程序的技巧。这些程序涉及的领域广泛:从简单的控制台应用程序,到更高级的 Windows Store 应用程序;从简单的"Hello World"程序,到更实用的数据库应用程序,再到用 C# 5.0 的 async/await 关键字来实现的异步操作。

整个学习过程非常清晰和直接。在本书上一版《Visual C# 2010 从入门到精通》的基础上,新的一版进行了大量修订和增补。在内容的衔接和对新的 C# 5.0 的侧重上,更是下足功夫。如果是 C#的新手,可选择从头读到尾的方式,整个阅读过程是流畅、没有阻碍的。如果是有经验的 C#开发者,可以有针对性地阅读自己感兴趣的主题,例如自己感觉比较薄弱的环节以及和 C# 5.0 新特性有关的章节。具体可以参见本书前言的"导读"。

其实任何书都是有瑕疵的。翻译一本书的过程其实和写一个程序的过程差不多。无论在这个过程中的感觉有多么"完美",最后总能找出这样或那样的错误或者并不完美的地方。因此,一本没有勘误、没有后期维护的书不能算是真正的好书。根据传统,本书在付印之后,我的博客会开辟它的专栏,提供相关资源(如源代码、练习文件)以及勘误的下载,详情请访问 *http://transbot.blog.163.com*。本书需要重印的时候,我也会敦促出版商将已确定的勘误反映到新的印次中。

在阅读本书的同时,推荐关注同样由我翻译的《CLR via C#》。这本书从更底层的角度讲解了 C#以及它面向的"公共语言运行时"(CLR),可以帮助你加深对语言精妙之处的体验，同时更扎实地掌握 C#语言，加深和巩固你在本书中学到的知识。

简单地说，像《Visual Studio 2012 从入门到精通》这样的书旨在将重点集中于特定的应用程序类型，帮助你"自上而下"地学习；而《CLR via C#》这样的书是将重点放在开发平台上，帮助你"自下而上"地学习。两种方式的结合，能让你成为一名卓尔不群的开发人员。

祝学习愉快！

周　靖

2013.12@北京

前　言

Microsoft Visual C#是一种功能强大、使用简单的语言，主要面向需要使用Microsoft .NET Framework 来创建应用程序的开发者。它在 C++和 Microsoft Visual Basic 的基础上去芜存菁，最终成了一种更加清晰、更富有逻辑的语言。C# 1.0 于 2001 年亮相。几年后随着 C# 2.0 和 Visual Studio 2005 的问世，语言新增了几个重要功能，包括泛型、迭代器和匿名方法等。随 Microsoft Visual Studio 2008 发布的 C# 3.0 添加了更多功能，包括扩展方法、Lambda 表达式以及语言集成查询(Language Integrated Query，LINQ)。2010 年发布的 C# 4.0 提供了进一步的增强，它改善了与其他语言和技术的互操作性。新增功能包括具名参数和可选参数，另外还有 dynamic 类型(告诉语言的"运行时"实现对象的晚期绑定)。在随 C# 4.0 发布的.NET Framework 中，最重要的新功能就是"任务并行库"(Task Parallel Library，TPL)。可用 TPL 构建具有良好伸缩性的应用程序，从而快速和简单地发挥出多核处理器的潜力。C# 5.0 则通过 async 修饰符和 await 操作符提供了对异步任务的原生支持。

Windows 8 是 Microsoft 公司近年来最具革命性的一款操作系统。新操作系统支持高度交互式的应用程序，它们能相互分享和协作，还能轻松连接云端服务。Visual Studio 2012 开发环境使这些强大功能变得很容易使用，大量新向导和增强功能显著提高了开发效率。Visual Studio 2012、Windows 8 和 C# 5.0 三剑客提供了完善的平台和工具集来帮助你开发下一代功能强大的、直观的而且容易移植的应用程序。但是，即便不用 Windows 8 进行开发，Visual Studio 2012 和 C# 5.0 这两者的组合也能提供强大的助力。

本书面向的读者

本书假定你要使用 Visual Studio 2012 和.NET Framework 4.5 学习基础的 C#编程知识。学完本书后，会对 C#有一个全面、透彻的理解，会用它开发出响应速度快的、易于伸缩的、能在 Windows 7 和 Windows 8 上运行的应用程序。

可构建并运行在 Windows 7 和 Windows 8 上运行的 C# 5.0 应用程序。但两种操作系统的用户界面显著不同，所以第 I 部分到第 III 部分的练习和示例在两种环境下都能运行，而第 IV 部分专注于 Windows 8 应用开发。

本书不面向的读者

本书面向刚开始涉足 C#应用开发的人士，重点放在 C#语言上面。本书不涉及企业级 Windows 应用程序开发，比如 ADO.NET，ASP.NET，Windows Communication Foundation 或者 Workflow Foundation。要了解这些方面的知识，可阅读"从入门到精通"系列的其他书籍，包括《ASP.NET 4 从入门到精通》、《ADO.NET 4 从入门到精通》以及《Windows

Communication Foundation 4 从入门到精通》。

本书的组织

本书分为以下四大部分。

- 第 I 部分 "Visual C#和 Visual Studio 2012 概述" 介绍 C#语言的核心语法, 演示了 Visual Studio 编程环境。

- 第 II 部分 "理解 C#对象模型" 深入探讨如何用 C#创建和管理新类型, 如何管理这些类型引用的资源。

- 第 III 部分 "用 C#定义可扩展类型" 全面讨论如何利用 C#语言元素来构建能在多个应用程序中重用的类型。

- 第 IV 部分 "使用 C#构建专业 Windows 8 应用程序" 描述 Windows 8 编程模型, 如何用 C#为新模型构建交互式应用程序。

注意 虽然第 IV 部分面向 Windows 8, 但第 23 章和第 24 章的一些概念仍然适用于 Windows 7 应用程序。

导读

本书帮助你掌握多个基本领域的开发技能。无论刚开始学习编程, 还是从另一种语言 (C、C++、Java 或 Visual Basic)转向 C#, 本书都能提供帮助。可以参考下表找到自己的最佳起点。

读者类型	步骤
面向对象编程的新手	1. 按照 "范例代码" 一节的步骤安装练习文件。
	2. 顺序阅读第 I 部分、第 II 部分和第III部分。
	3. 有了一定经验后, 如果有兴趣, 继续完成第IV部分的学习。
熟悉 C 语言等过程编程语言, 但新涉足 C#	1. 按照 "范例代码" 一节的步骤安装练习文件。略读前 5 章来获得对 C#和 Visual Studio 2012 的大致印象,重点阅读第 6～22 章。
	2. 有了一定经验后, 如果有兴趣就继续完成第IV部分的学习。
从面向对象语言 C++或 Java 等迁移到 C#	1. 按照 "范例代码" 一节的步骤安装练习文件。
	2. 略读前 7 章, 获得对 C#语言和 Visual Studio 2012 的大致印象, 重点阅读第 8～22 章。
	3. 要想了解 Windows 8 应用程序开发, 请阅读第IV部分。

续表

读者类型	步骤
从 Visual Basic 6 迁移到 C#	1. 按照"范例代码"一节的步骤安装练习文件。 2. 顺序阅读第 I 部分、第 II 部分和第III部分。 3. 如要了解 Windows 8 应用程序开发,请阅读第IV部分。 4. 阅读每章末尾的"快速参考"小节,了解 C#特有的构造。
做完所有练习后再将本书作为参考书使用的读者	1. 根据目录寻找特定主题的信息。 2. 阅读每章最后的"快速参考",查看对当前章所介绍的语法和技术的简单回顾。

本书大多数章节都通过实际的例子来方便读者试验刚学到的概念。无论感兴趣的是哪个主题,都需要下载并安装范例代码。

本书的约定和特色

本书通过一些约定来增强内容的可读性,以便于读者理解。

● 每个练习都用编号的操作步骤来完成。

● "注意"等特色段落提供了成功完成一个步骤需要了解的额外信息或替代方案。

● 要求读者输入的文本加粗显示。

● 两个键名之间的加号(+)意味着必须同时按下这两个键。例如,"按 Alt+Tab 键"意味着按住 Alt 键不放,然后按 Tab 键。

● 描述菜单操作时,采取"文件"|"打开"的形式,意思是从"文件"菜单中选择"打开"命令。

系统需求

为了完成本书的练习,需准备以下硬件和软件:

● Windows 7(x86 或 x64),Windows 8(x86 或 x64),Windows Server 2008 R2(x64)或者 Windows Server 2012(x64)

注意 Visual Studio 2012 还支持 Windows Vista、Windows XP 和 Windows Server 2003。但本书的练习和代码未在这些平台上测试。

● Visual Studio 2012(除 Visual Studio Express for Windows 8 之外的任意版本)

注意　可以使用 Visual Studio Express 2012 for Windows Desktop，但就只能执行本书的 Windows 7 版本的练习。不可用它执行第 IV 部分的练习。

- 1.6 GHz 或更快的处理器(推荐 2 GHz 以上)

- 32 位操作系统至少 1 GB RAM，64 位至少 2 GB RAM。在虚拟机中运行再加 512 MB

- 10 GB 剩余硬盘空间

- 支持 DirectX 9 的显示卡，1024 × 768 或更高分辨率。Windows 8 推荐 1366 × 768 或更高分辨率

- DVD-ROM 驱动器(如果从 DVD 安装 Visual Studio)

- 下载软件和范例代码需要 Internet 连接

此外，还需要以管理员身份安装和配置 Visual Studio 2012。

范例代码

本书的配套网络资源包含练习时会用到的范例代码。使用这些范例代码，读者不再需要浪费时间创建和练习无关的文件。借助于这些练习文件和课程中描述的步骤，读者可以在实践中学习，这是迅速掌握并记住新的编程技能的一种简单而高效的方式。

按以下步骤在计算机上安装本书配套代码。

1. 在 Internet Explorer 或其他浏览器的地址栏中输入 *transbot.blog.163.com*。

2. 找到《Visual C# 2012 从入门到精通》博客文章，按提示下载源代码文件压缩包。

3. 解压到以下位置：

    文档[①]\Microsoft Press\

也可从译者的网盘 *http://transbot.ys168.com* 下载练习文件和其他资源。

使用练习文件

本书每一章都解释了在什么时候以及如何使用必要的练习文件。需要使用练习文件的时候，书中会给出相应的指示，帮助你打开正确的文件。

如果想知道所有细节，可以参见下表，其中列出了本书要用到的所有 Visual Studio 2012

---

① 本书将路径 "C:\Users*YourName*\Documents" 简单称为 "文档" 文件夹。——译注

项目和解决方案，它们以文件夹的形式进行分组以便查找。练习通常会为同一个项目提供初始文件和完成之后的版本。有的练习提供 Windows 7 和 Windows 8 两个版本，操作步骤会针对不同操作系统给出相应的指示。已完成的项目存储在带有"- Complete"后缀的文件夹中。

注意　如果使用 Windows Server 2008 R2，则按照 Windows 7 的步骤操作。在使用 Windows Server 2012 时，则按 Windows 8 的步骤操作。

项目名称	说明
第1章	
TextHello	作为第一个项目，它将指导你创建一个简单程序来显示欢迎文本
WPFHello	使用 WPF 技术在窗口中显示欢迎文本
第2章	
PrimitiveDataTypes	演示如何使用基元类型来声明变量，如何向变量赋值，如何在窗口中显示值
MathsOperators	演示了算术操作符(+、–、*、/、%)
第3章	
Methods	改进上个项目的代码，体会如何使用方法来建立代码的结构
DailyRate	指导你写自己的方法，运行方法，使用 Visual Studio 2012 调试器来单步执行方法
使用可选参数的 DailyRate	演示如何让方法获取可选参数，如何使用具名参数来调用方法
第4章	
Selection	演示如何用嵌套 if 语句实现复杂逻辑，例如比较两个日期的相等性
SwitchStatement	这个简单的程序使用一个 switch 语句将字符转换成相应的 XML 形式
第5章	
WhileStatement	使用 while 语句逐行读取源文件的内容，并在 Windows 窗体的文本框中显示每一行
DoStatement	使用 do 语句将十进制数转换成八进制
第6章	
MathsOperators	对第2章的 MathsOperators 项目进行改进，试验会造成程序执行失败的各种未处理的异常。然后，用 try 和 catch 关键字使应用程序更健壮，不会因为错误输入或操作而失败
第7章	
Classes	演示如何定义自己的类，为它添加了公共构造器、方法和私有字段；还演示如何用 new 关键字创建类的实例，如何定义静态方法和字段
第8章	
Parameters	演示值类型和引用类型的参数的区别，还演示如何使用 ref 和 out 关键字

项目名称	说明
第 9 章	
StructsAndEnums	定义结构来表示日期
第 10 章	
Cards	使用数组来建模纸牌游戏中的一手牌
第 11 章	
ParamsArrays	演示如何使用 params 关键字使方法能接受任意数量的参数
第 12 章	
Vehicles	用继承创建简单的交通工具类，还演示如何定义虚方法
ExtensionMethod	演示如何为 int 类型创建扩展方法，提供方法将整数从十进制转换成其他进制
第 13 章	
Drawing Using Interfaces	实现图形绘图包的一部分。用接口定义要由几何图形对象公开并实现的方法
Drawing Using Abstract Classes	扩展了 Drawing Using Interfaces 项目，将几何图形对象的常用功能集成到抽象类中
第 14 章	
GarbageCollectionDemo	演示如何使用 Dispose 模式来实现异常安全的资源清理
第 15 章	
Drawing Using Properties	扩展第 13 章的 Drawing Using Abstract Classes 项目，用属性将数据封装到类中
AutomaticProperties	演示如何为类创建自动属性，如何用它们初始化类的实例
第 16 章	
Indexers	该项目使用了两个索引器，一个根据姓名查找某人的电话号码，另一个根据电话号码查找某人的姓名
第 17 章	
BinaryTree	演示如何使用泛型生成类型安全的结构，可包含任何类型的元素
BuildTree	演示如何使用泛型实现类型安全的方法，可获取任何类型的参数
第 18 章	
Cards	更新第 10 章的代码，演示如何用集合建模一手牌
第 19 章	
BinaryTree	演示如何实现泛型 IEnumerator<T>接口，为泛型 Tree 类创建枚举器
IteratorBinaryTree	用迭代器为泛型 Tree 类生成枚举器
第 20 章	
Delegates	演示如何通过委托调用方法，将方法的逻辑和调用方法的应用程序分开
Delegates With Event	演示如何用事件提醒对象发生了某事，如何捕捉事件并执行需要的处理
第 21 章	
QueryBinaryTree	演示如何通过 LINQ 查询从二叉树对象获取数据

续表

项目名称	说明
第 22 章	
ComplexNumbers	定义新类型来建模复数，并为这种类型实现常用的操作符
第 23 章	
GraphDemo	生成并在 WPF 窗体上显示复杂图表。使用单线程执行计算
GraphDemo With Tasks	创建多个任务，并行执行图表计算
Parallel GraphDemo	使用 Parallel 类对创建和管理任务的过程进行抽象
GraphDemo With Cancellation	中途得体地取消任务
ParallelLoop	演示何时不该使用 Parallel 类创建和运行任务
第 24 章	
GraphDemo	对第 23 章的同名项目进行修改，使用 async 关键字和 await 操作符来异步计算图表数据
PLINQ	使用并行任务，用 PLINQ 查询数据
CalculatePI	使用统计学采样计算 PI 的近似值。使用了并行任务
第 25 章	
Customers Without Scalable UI	使用默认 Grid 控件进行 Adventure Works 公司的 Customers 应用程序的 UI 布局。控件使用绝对定位，屏幕分辨率和设备大小改变时，不会自动地伸缩
Customers With Scalable UI	使用嵌套 Grid 控件并定义行和列来实现控件的相对定位。这个版本的 UI 能自动适应不同的屏幕分辨率和设备大小。但在贴靠视图中表现不佳
Customers With Adaptive UI	对上一个可伸缩 UI 进行扩展。使用 Visual State Manager 检测切换到贴靠视图的事件，并相应修改控件布局
Customers With Styles	使用 XAML 样式更改字体和背景图片
第 26 章	
DataBinding	使用数据绑定在 UI 中显示从数据源获取的客户资料；还演示了如何实现 INotifyPropertyChanged 接口，从而允许 UI 更新客户资料，并将改动发送回数据源
ViewModel	通过实现 Model-View-ViewModel 模式，将 UI 同数据源访问逻辑分开
Search	实现 Windows 8 搜索合约，按名字或姓氏搜索客户
第 27 章	
Data Service	这个解决方案包含一个 Web 应用程序来提供 WCF Data Service，使 Customers 应用程序能从 SQL Server 数据库获取客户数据。WCF Data Service 通过由实体框架创建的实体模型来访问数据库
Updatable ViewModel	这个解决方案中的 Customers 项目包含一个扩展的 ViewModel，它提供许多命令，允许 UI 通过 WCF Data Service 插入和更新客户资料

目　　录

第 I 部分　Visual C#和 Visual Studio 2012 概述

第 1 章　欢迎进入 C#编程世界 3

1.1　开始在 Visual Studio 2012 环境中
编程 3

1.2　编写第一个程序 7

1.3　使用命名空间 11

1.4　创建图形应用程序 14

　　1.4.1　探索 Windows Store 应用
程序 23

　　1.4.2　探索 WPF 应用程序 26

　　1.4.3　向图形应用程序添加代码 ... 28

小结 30

第 1 章快速参考 30

第 2 章　使用变量、操作符和表达式 ... 32

2.1　理解语句 32

2.2　使用标识符 33

2.3　使用变量 34

　　2.3.1　命名变量 34

　　2.3.2　声明变量 35

2.4　使用基元数据类型 35

　　2.4.1　未赋值的局部变量 36

　　2.4.2　显示基元数据类型的值 ... 36

2.5　使用算术操作符 42

　　2.5.1　操作符和类型 42

　　2.5.2　深入了解算术操作符 44

　　2.5.3　控制优先级 49

　　2.5.4　使用结合性对表达式进行
求值 49

　　2.5.5　结合性和赋值操作符 50

2.6　变量递增和递减 51

　　前缀和后缀 51

2.7　声明隐式类型的局部变量 52

小结 53

第 2 章快速参考 53

第 3 章　方法和作用域 54

3.1　创建方法 54

　　3.1.1　声明方法 54

　　3.1.2　从方法返回数据 55

　　3.1.3　调用方法 57

3.2　使用作用域 59

　　3.2.1　定义局部作用域 60

　　3.2.2　定义类作用域 60

　　3.2.3　重载方法 61

3.3　编写方法 62

3.4　使用可选参数和具名参数 68

　　3.4.1　定义可选参数 70

　　3.4.2　传递具名参数 70

　　3.4.3　消除可选参数和具名参数的
歧义 71

小结 75

第 3 章快速参考 75

第 4 章　使用判断语句 77

4.1　声明布尔变量 77

4.2　使用布尔操作符 77

　　4.2.1　理解相等和关系操作符 ... 78

　　4.2.2　理解条件逻辑操作符 78

　　4.2.3　短路求值 79

　　4.2.4　操作符的优先级和结合性
总结 79

4.3　使用 if 语句做出判断 80

　　4.3.1　理解 if 语句的语法 80

　　4.3.2　使用代码块分组语句 81

　　4.3.3　嵌套 if 语句 82

4.4　使用 switch 语句 87
　4.4.1　理解 switch 语句的语法 88
　4.4.2　遵守 switch 语句的规则 89
小结 92
第 4 章快速参考 92

第 5 章　使用复合赋值和循环语句 94
5.1　使用复合赋值操作符 94
5.2　使用 while 语句 95
5.3　编写 for 语句 100
5.4　编写 do 语句 102
小结 109
第 5 章快速参考 109

第 6 章　管理错误和异常 111

6.1　处理错误 111
6.2　尝试执行代码和捕捉异常 111
　6.2.1　未处理的异常 113
　6.2.2　使用多个 catch 处理程序 113
　6.2.3　捕捉多个异常 114
　6.2.4　传播异常 119
6.3　使用 checked 和 unchecked 整数
　　　运算 121
　6.3.1　编写 checked 语句 122
　6.3.2　编写 checked 表达式 122
6.4　引发异常 125
6.5　使用 finally 块 129
小结 130
第 6 章快速参考 131

第 II 部分　理解 C#对象模型

第 7 章　创建并管理类和对象 135
7.1　理解分类 135
7.2　封装的目的 135
7.3　定义并使用类 136
7.4　控制可访问性 137
　7.4.1　使用构造器 138
　7.4.2　重载构造器 139
7.5　理解静态方法和数据 146
　7.5.1　创建共享字段 147
　7.5.2　使用 const 关键字创建静态
　　　　　字段 148
　7.5.3　静态类 148
　7.5.4　匿名类 150
小结 151
第 7 章快速参考 152

第 8 章　理解值和引用 154
8.1　复制值类型的变量和类 154
8.2　理解 null 值和可空类型 159
　8.2.1　使用可空类型 160
　8.2.2　理解可空类型的属性 161
8.3　使用 ref 和 out 参数 162

　8.3.1　创建 ref 参数 162
　8.3.2　创建 out 参数 163
8.4　计算机内存的组织方式 165
8.5　System.Object 类 167
8.6　装箱 168
8.7　拆箱 168
8.8　数据类型的安全转换 170
　8.8.1　is 操作符 170
　8.8.2　as 操作符 170
小结 172
第 8 章快速参考 173

第 9 章　使用枚举和结构创建值类型 175
9.1　使用枚举 175
　9.1.1　声明枚举 175
　9.1.2　使用枚举 175
　9.1.3　选择枚举文字常量值 176
　9.1.4　选择枚举的基本类型 177
9.2　使用结构 179
　9.2.1　声明结构 181
　9.2.2　理解结构和类的区别 182
　9.2.3　声明结构变量 183

9.2.4　理解结构的初始化 184
9.2.5　复制结构变量 187
小结 191
第 9 章快速参考 191

第 10 章　使用数组 192

10.1　声明和创建数组 192
10.1.1　声明数组变量 192
10.1.2　创建数组实例 193
10.1.3　填充和使用数组 194
10.1.4　创建隐式类型的数组 194
10.1.5　访问单独的数组元素 195
10.1.6　遍历数组 196
10.1.7　数组作为方法参数
和返回值传递 197
10.1.8　复制数组 198
10.1.9　使用多维数组 200
10.1.10　创建交错数组 200
小结 210
第 10 章快速参考 210

第 11 章　理解参数数组 212

11.1　回顾重载 212
11.2　使用数组参数 213
11.2.1　声明参数数组 214
11.2.2　使用 params object[] 216
11.2.3　使用参数数组 217
11.3　比较参数数组和可选参数 220
小结 222
第 11 章快速参考 222

第 12 章　使用继承 223

12.1　什么是继承 223
12.2　使用继承 224
12.2.1　复习 System.Object 类 225
12.2.2　调用基类构造器 226
12.2.3　类的赋值 227
12.2.4　声明新方法 228
12.2.5　声明虚方法 229

12.2.6　声明重写方法 230
12.2.7　理解受保护的访问 233
12.3　理解扩展方法 239
小结 242
第 12 章快速参考 243

第 13 章　创建接口和定义抽象类 245

13.1　理解接口 245
13.1.1　定义接口 246
13.1.2　实现接口 246
13.1.3　通过接口来引用类 248
13.1.4　使用多个接口 248
13.1.5　显式实现接口 249
13.1.6　接口的限制 251
13.1.7　定义和使用接口 251
13.2　抽象类 260
13.3　密封类 262
13.3.1　密封方法 262
13.3.2　实现并使用抽象类 263
小结 268
第 13 章快速参考 269

第 14 章　使用垃圾回收和资源管理 271

14.1　对象的生存期 271
14.1.1　编写析构器 272
14.1.2　为什么要使用垃圾回收器 273
14.1.3　垃圾回收器的工作原理 275
14.1.4　慎用析构器 275
14.2　资源管理 276
14.2.1　资源清理方法 276
14.2.2　异常安全的资源清理 276
14.2.3　using 语句和 IDisposable
接口 277
14.2.4　从析构器中调用 Dispose
方法 279
14.3　实现异常安全的资源清理 281
小结 287
第 14 章快速参考 288

第 III 部分　用 C#定义可扩展类型

第 15 章　实现属性以访问字段 293

15.1　使用方法实现封装 293

15.2　什么是属性 295

  15.2.1　使用属性 297

  15.2.2　只读属性 297

  15.2.3　只写属性 298

  15.2.4　属性的可访问性 298

15.3　理解属性的局限性 299

15.4　在接口中声明属性 300

15.5　生成自动属性 305

15.6　使用属性来初始化对象 307

小结 311

第 15 章快速参考 311

第 16 章　使用索引器 313

16.1　什么是索引器 313

  16.1.1　不用索引器的例子 313

  16.1.2　使用索引器的同一个例子 315

  16.1.3　理解索引器的访问器 317

  16.1.4　对比索引器和数组 317

16.2　接口中的索引器 320

16.3　在 Windows 应用程序中使用
索引器 321

小结 326

第 16 章快速参考 327

第 17 章　泛型概述 328

17.1　object 的问题 328

17.2　泛型解决方案 331

  17.2.1　对比泛型类与常规类 333

  17.2.2　泛型和约束 334

17.3　创建泛型类 334

  17.3.1　二叉树理论 334

  17.3.2　使用泛型构造二叉树类 337

17.4　创建泛型方法 345

17.5　可变性和泛型接口 348

  17.5.1　协变接口 350

  17.5.2　逆变接口 351

小结 353

第 17 章快速参考 354

第 18 章　使用集合 355

18.1　什么是集合类 355

  18.1.1　List<T>集合类 356

  18.1.2　LinkedList<T>集合类 358

  18.1.3　Queue<T>集合类 360

  18.1.4　Stack<T>集合类 361

  18.1.5　Dictionary<TKey, TValue>
集合类 362

  18.1.6　SortedList<TKey, TValue>
集合类 363

  18.1.7　HashSet<T>集合类 364

18.2　使用集合初始化器 366

18.3　Find 方法、谓词和 Lambda
表达式 366

18.4　比较数组和集合 368

小结 372

第 18 章快速参考 373

第 19 章　枚举集合 375

19.1　枚举集合中的元素 375

  19.1.1　手动实现枚举器 376

  19.1.2　实现 IEnumerable 接口 380

19.2　使用迭代器来实现枚举器 382

  19.2.1　一个简单的迭代器 382

  19.2.2　使用迭代器为 Tree<TItem>
类定义枚举器 384

小结 386

第 19 章快速参考 386

第 20 章　分离应用程序逻辑并处理
事件 388

20.1　理解委托 388

20.1.1 .NET Framework 类库的
委托例子 389

20.1.2 自动化工厂的例子 391

20.1.3 不使用委托来实现工厂 391

20.1.4 使用委托来实现工厂 392

20.1.5 声明和使用委托 394

20.2 Lambda 表达式和委托 402

20.2.1 创建方法适配器 402

20.2.2 Lambda 表达式的形式 403

20.3 启用事件通知 404

20.3.1 声明事件 405

20.3.2 订阅事件 406

20.3.3 取消订阅事件 406

20.3.4 引发事件 406

20.4 理解用户界面事件 407

小结 414

第 20 章快速参考 415

第 21 章　使用查询表达式来查询内存
中的数据 418

21.1 什么是语言集成查询 418

21.2 在 C#应用程序中使用 LINQ 419

21.2.1 选择数据 420

21.2.2 筛选数据 423

21.2.3 排序、分组和聚合数据 423

21.2.4 联接数据 425

21.2.5 使用查询操作符 426

21.2.6 查询 Tree<TItem>对象中的
数据 429

21.2.7 LINQ 和推迟求值 434

小结 438

第 21 章快速参考 438

第 22 章　操作符重载 440

22.1 理解操作符 440

22.1.1 操作符的限制 440

22.1.2 重载的操作符 441

22.1.3 创建对称操作符 442

22.2 理解复合赋值 444

22.3 声明递增和递减操作符 445

22.4 比较结构和类中的操作符 446

22.5 定义成对的操作符 447

22.6 实现操作符 448

22.7 理解转换操作符 453

22.7.1 提供内建转换 454

22.7.2 实现用户自定义的转换
操作符 454

22.7.3 再论创建对称操作符 455

22.7.4 添加隐式转换操作符 456

小结 458

第 22 章快速参考 459

第 IV 部分　使用 C#构建 Windows 8 专业应用

第 23 章　使用任务提高吞吐量 463

23.1 使用并行处理来执行多任务处理 463
多核处理器的崛起 464

23.2 用.NET Framework 实现多任务
处理 465

23.2.1 任务、线程和线程池 466

23.2.2 创建、运行和控制任务 467

23.2.3 使用 Task 类实现并行处理 469

23.2.4 使用 Parallel 类对任务进行
抽象 478

23.2.5 什么时候不要使用
Parallel 类 482

23.3 取消任务和处理异常 484

23.3.1 协作式取消的原理 484

23.3.2 为 Canceled 和 Faulted 任务
使用延续任务 496

小结 496

第 23 章快速参考 497

第 24 章　通过异步操作提高响应速度 499

24.1 实现异步方法 500

24.1.1 定义异步方法：问题 500

24.1.2 定义异步方法：解决方案 502

24.1.3 定义返回值的异步方法 507

24.1.4 异步方法和 Windows Runtime
API 508

24.2 用 PLINQ 进行并行数据访问 510

24.2.1 用 PLINQ 增强遍历集合时的
性能 511

24.2.2 取消 PLINQ 查询 515

24.3 同步对数据的并发访问 515

24.3.1 锁定数据 518

24.3.2 用于协调任务的同步基元 518

24.3.3 取消同步 521

24.3.4 并发集合类 521

24.3.5 使用并发集合和锁来实现
线程安全的数据访问 522

小结 531

第 24 章快速参考 531

第 25 章 实现 Windows Store 应用
程序的用户界面 534

25.1 什么是 Windows Store 应用 534

25.2 使用空白模板构建 Windows Store
应用 537

25.2.1 实现可伸缩的用户界面 539

25.2.2 向用户界面应用样式 565

小结 573

第 25 章快速参考 573

第 26 章 在 Windows Store 应用程序中
显示和搜索数据 574

26.1 实现 Model-View-ViewModel
模式 574

26.1.1 通过数据绑定显示数据 575

26.1.2 通过数据绑定修改数据 580

26.1.3 为 ComboBox 控件使用
数据绑定 584

26.1.4 创建 ViewModel 586

26.1.5 向 ViewModel 添加命令 590

26.2 Windows 8 合约 600

26.2.1 实现搜索合约 600

26.2.2 导航至所选项 609

26.2.3 从搜索超级按钮启动程序 612

小结 614

第 26 章快速参考 616

第 27 章 在 Windows Store 应用程序中
访问远程数据库 618

27.1 从数据库获取数据 618

27.1.1 创建实体模型 620

27.1.2 创建和使用数据服务 624

27.2 插入、更新和删除数据 635

27.2.1 通过 WCF Data Service 插入、
更新和删除 635

27.2.2 报告错误和更新 UI 644

小结 651

第 27 章快速参考 652

第Ⅰ部分

Visual C#和Visual Studio 2012概述

Microsoft Visual C#是 Microsoft 的一种强大的、面向组件的语言。C#在 Microsoft .NET Framework 的架构中扮演重要角色，一些人甚至将它与 C 在 UNIX 开发中的地位相提并论。如果懂得 C、C++或 Java 语言，会发现 C#的语法非常熟悉。即使以前习惯用其他语言写程序，也能迅速掌握 C#的语法——只需学会在恰当的地方添加大括号和分号。

第Ⅰ部分是 C#基础知识。将学习如何声明变量，如何使用加(+)和减(-)操作符操纵变量中的值，如何写方法和向方法传递实参，如何使用选择语句(例如 if)和循环语句(例如 while)，如何利用"异常"得体而方便地处理错误。这些主题构成了 C#语言的核心。掌握这些基础知识，就可顺利过渡到第Ⅱ~Ⅳ部分的高级主题。

第1章　欢迎进入 C#编程世界

本章旨在教会你:

- 使用 Visual Studio 2012 编程环境
- 创建 C#控制台应用程序
- 使用命名空间
- 创建简单的 C#图形应用程序

本章是 Visual Studio 2012 入门指引。Visual Studio 2012 是 Windows 应用程序理想的编程环境。它提供了丰富的工具集，是写 C#代码的好帮手。本书将循序渐进解释它的众多功能。本章用 Visual Studio 2012 构建简单 C#应用程序，为开发高级 Windows 解决方案做好铺垫。

1.1　开始在 Visual Studio 2012 环境中编程

Visual Studio 2012 编程环境提供了丰富的工具，能创建从小到大、在 Windows 7 和 Windows 8 上运行的 C#项目。在创建的项目中，甚至能无缝合并用不同语言(比如 C++, Visual Basic 和 F#)写的模块。第一个练习是启动 Visual Studio 2012 编程环境，并学习如何创建控制台应用程序。

> **注意** 控制台应用程序是在命令提示符窗口而非图形用户界面(GUI)中运行的应用程序。

> ➢ **在 Visual Studio 2012 中创建控制台应用程序**

- **如果使用 Windows 8，在"开始"屏幕点击 Visual Studio 2012 磁条。**
  将启动 Visual Studio 2012 并显示起始页，如下图所示(取决于所用的 Visual Studio 2012 版本，起始页可能不同)。

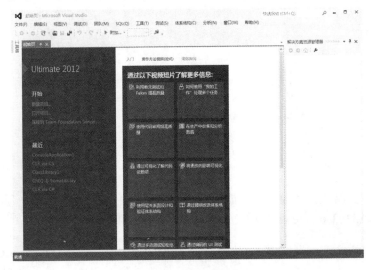

注意　首次运行 Visual Studio 2012 会出现对话框，提示选择默认开发环境设置。Visual Studio 2012 根据首选开发语言自动调整。集成开发环境(Integrated Development Environment，IDE)的各个对话框和工具将根据所选的语言创建默认设置。请从列表中选择"Visual C#开发设置"，然后单击"启动 Visual Studio"按钮。稍候片刻，就会出现 Visual Studio 2012 IDE。

- **如果使用 Windows 7，按以下步骤启动 Visual Studio 2012。**

1. 单击"开始"按钮，选择"所有程序"|"Microsoft Visual Studio 2012"程序组。

2. 在 Microsoft Visual Studio 2012 程序组中，单击 Microsoft Visual Studio 2012。随后会启动 Visual Studio 2012 并显示起始页。

注意　为避免重复，以后需要启动 Visual Studio 2012 时，会简单地说"启动 Visual Studio"，不管操作系统是什么。

- **执行以下任务，新建控制台应用程序。**

1. 在"文件"菜单中选择"新建"|"项目"。
随后出现下图所示的"新建项目"对话框。对话框列出了一些模板，可以在这些模板的基础上构建应用程序。模板按照语言和应用程序类型进行分类。

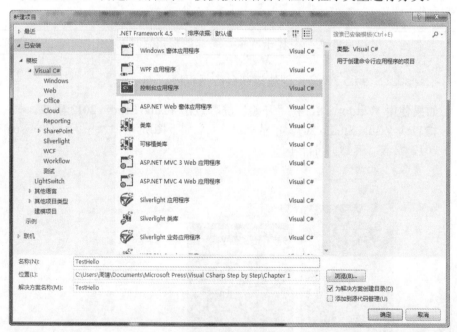

2. 在左侧窗格选择"模板"下的"Visual C#"。在中间窗格，验证顶部组合框显示的是".NET Framework 4.5"，单击"控制台应用程序"图标。

3. 在"位置"文本框中输入 **C:\Users\YourName\Documents\Microsoft Press\Visual**

CSharp Step by Step\Chapter 1。将 *YourName* 替换成具体的 Windows 用户名。

注意　以后为节省篇幅，路径 "C:\Users*YourName*\Documents" 将简称为 "Documents" 或 "文档" 文件夹。

提示　如果指定的文件夹不存在，Visual Studio 2012 会自动创建。

4. 在 "名称" 文本框中输入 **TestHello**(覆盖默认名称)。

5. 确定已勾选 "为解决方案创建目录" 复选框，单击 "确定" 按钮。

Visual Studio 将使用 "控制台应用程序" 模板创建项目，并显示项目初始代码，如下图所示。

代码和文本编辑器窗口

可利用屏幕顶部的菜单栏访问编程环境提供的各项功能。和其他所有 Windows 程序一样，菜单和命令可通过键盘或鼠标访问。菜单栏下方是工具栏，提供了一系列快捷按钮，用于执行最常用的命令。

占据 IDE 大部分的 "代码和文本编辑器" 窗口显示了源文件的内容。编辑含有多个文件的项目时，每个源文件都有自己的 "标签"，标签中显示的是源文件的文件名。单击标签，即可在 "代码和文本编辑器" 中显示对应的源文件。

最右侧是 "解决方案资源管理器"，如下图所示。

"解决方案资源管理器"显示了项目相关文件的名称以及其他内容。在其中双击文件名，即可在"代码和文本编辑器"中显示该文件的内容。

开始写代码之前，可以检查一下"解决方案资源管理器"列出的文件，它们是作为项目的一部分由 Visual Studio 2012 创建的。

- **解决方案"TestHello"**　解决方案文件位于最顶级。每个应用程序都有这样的一个文件。解决方案中可包含一个或多个项目，Visual Studio 2012 利用这个解决方案文件对项目进行组织。在 Windows 资源管理器中查看 Documents\Microsoft Press\Visual CSharp Step by Step\Chapter 1\TestHello 文件夹，会发现该文件的实际名称是 TestHello.sln。

- **TestHello**　这是 C#项目文件。每个项目文件都引用一个或多个包含项目源代码以及其他内容(比如图片)的文件。一个项目的所有源代码都必须使用相同的编程语言。在 Windows 资源管理器中，该文件的实际名称是 TestHello.csproj，保存在"文档"文件夹下的 \Microsoft Press\Visual CSharp Step by Step\Chapter 1\TestHello\TestHello 子文件夹中。

- **Properties**　这是 TestHello 项目中的一个文件夹。展开它会发现 AssemblyInfo.cs 文件。AssemblyInfo.cs 是特殊文件，用于为程序添加"特性"(attribute)，如作者姓名和程序编写日期等。还可利用一些特性修改程序运行方式。至于具体如何利用这些特性，已经超出了本书的范围。

- **引用**　该文件夹包含对已编译好的代码库的引用。C#代码编译时会转换成库，并获得唯一名称。.NET Framework 将这种库称为**程序集**(assembly)。开发人员利用程序集打包自己开发的有用功能，并分发给其他程序员，以便他们在自己的程序中使用。展开"引用"文件夹会看到 Visual Studio 2012 在项目中添加的一组默认程序集引用。利用这些程序集可访问.NET Framework 的大量常用功能。本书将通过练习帮助你熟悉这些程序集。

- **App.config**　应用程序配置文件。由于是可选的，所以并非肯定存在该文件。可在其中指定设置，让应用程序在运行时修改其行为，比如修改运行应用程序的.NET Framework 版本。以后将更深入地探讨该文件。

- **Program.cs**　C#源代码文件。项目最初创建时，"代码和文本编辑器"会显示该文件，将在该文件中为控制台应用程序编写代码。它包含 Visual Studio 2012 自动生成的一些代码，稍后要讨论这些代码。

1.2　编写第一个程序

Program.cs 文件定义了 Program 类，其中包含 Main 方法。在 C#中，所有可执行代码都必须在方法中定义，而方法必须从属于类或结构。类将在第 7 章讨论，结构将在第 9 章讨论。

Main 方法指定程序的入口。该方法在 Program 类中必须定义为静态方法，否则应用程序运行时，.NET Framework 可能不把它视为起点。方法将在第 3 章讨论，静态方法将在第 7 章讨论。

重要提示　C#区分大小写。Main 的首字母必须大写。

后面的练习将写一些代码在控制台中显示消息"Hello World!"，将生成并运行这个 Hello World 控制台应用程序，并学习如何使用命名空间对代码元素进行分区。

➤　利用"智能感知"(IntelliSense)写代码

1. 在显示了 Program.cs 文件的"代码和文本编辑器"中，将光标定位到 Main 方法的左大括号{后面，按 Enter 键另起一行。

2. 在新的一行中，键入单词 **Console**，这是由应用程序引用的程序集提供的一个类。Console 类提供了在控制台窗口中显示消息和读取键盘输入的方法。

   键入单词 Console 的首字母 **C** 时，会显示一个"智能感知"列表(见下图)。

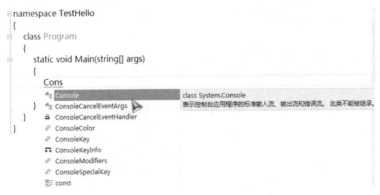

   其中包含在当前上下文中所有有效的 C#关键字和数据类型。可继续输入其他字母，也可在列表中滚动并用鼠标双击 Console 项。还有一个办法是，一旦键入 **Cons**，智能感知列表就会自动定位到 Console 这一项，此时按 Tab 键或 Enter 键即可选中并输入它。

现在的 Main 方法如下所示：

```
static void Main(string[] args)
{
    Console
}
```

3.   紧接着单词 Console 输入句点。随后会出现另一个智能感知列表，其中显示了
      Console 类的方法、属性和字段。

4.   在列表中向下滚动，直到选中 WriteLine，再按 Enter 键。还有一个办法是，继续
      输入字符 W，r，i，t，e，L，直到 WriteLine 被自动选定再按 Enter 键。

      随后，智能感知列表关闭，WriteLine 方法添加到源代码文件中。现在的 Main 方
      法如下所示：

```
static void Main(string[] args)
{
    Console.WriteLine
}
```

5.   输入起始圆括号(。随后出现智能感知提示。

      其中显示了 WriteLine 方法支持的参数。WriteLine 是重载方法。换言之，Console
      类包含多个名为 WriteLine 的方法，实际上有 19 个之多。可用 WriteLine 方法的不
      同版本输出不同类型的数据(重载方法将在第 3 章讨论)。现在的 Main 方法如下
      所示：

```
static void Main(string[] args)
{
    Console.WriteLine(
}
```

6.   输入结束圆括号)，再加一个分号。现在的 Main 方法如下所示：

```
static void Main(string[] args)
{
    Console.WriteLine();
}
```

7.   移动光标，在 WriteLine 后面的圆括号之间输入字符串"Hello World!"，引号也包
      含在内。现在的 Main 方法如下所示：

```
static void Main(string[] args)
{
```

```
        Console.WriteLine("Hello World!");
    }
```

📝提示　好习惯是先连续输入一对匹配的字符——例如(和)，以及{和}——再在其中填写内容。如果先填写内容，很容易忘记输入结束字符。

智能感知图标

在类名后输入句点，"智能感知"将显示类的每个成员的名称。每个成员名称左侧有一个指示成员类型的图标。下表总结了图标及其代表的类型。

图标	含义
⬡	方法(第 3 章)
🔧	属性(第 15 章)
🖧	类(第 7 章)
▦	结构(第 9 章)
⬚	枚举(第 9 章)
⬡	扩展方法(第 9 章)
⊶	接口(第 13 章)
⬛	委托(第 17 章)
⚡	事件 (第 17 章)
{ }	命名空间(本章下一节)

在不同上下文中输入代码时，还可能看到其他"智能感知"图标。

一些代码包含两个正斜杠，后跟一些文本，这称为**注释**。它们会被编译器忽略，但对开发人员来说非常有用，因为可以用注释来记录代码实际采取的操作。示例如下：

```
Console.ReadLine();  // 等待用户按 Enter 键
```

从两个正斜杠到行末，所有文本都被编译器忽略。也可用/*添加多行注释。编译器将跳过它之后的一切内容，直到遇到*/(可能出现在多行之后)。建议尽量使用详细的注释对自己的代码进行编档。

➤ 生成并运行控制台应用程序

1. 在"生成"菜单中，单击"生成解决方案"。

   这样会编译 C#代码并生成可运行的程序。在"代码和文本编辑器"下方会显示"输出"窗口。

📝提示　如果"输出"窗口没有出现，请在"视图"菜单中选择"输出"。

"输出"窗口显示如下所示的消息，告诉你程序的编译过程。

```
1>------ 已启动生成: 项目: TestHello, 配置: Debug Any CPU ------
1> TestHello -> C:\Users\周靖\My Documents\Microsoft Press\Visual CSharp Step
By Step\
Chapter 1\TestHello\TestHello\bin\Debug\TestHello.exe
========== 生成: 成功 1 个, 失败 0 个, 最新 0 个, 跳过 0 个 ==========
```

程序错误在"错误列表"窗口中显示。下图显示了忘记在 WriteLine 语句的 **Hello World!**文本后输入结束引号的后果。注意,有时一个错误可能导致多个编译错误。

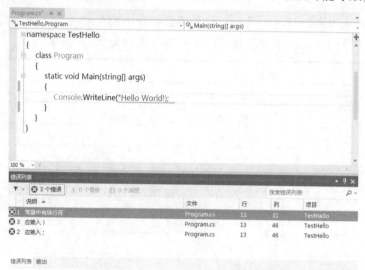

<hr>

📝**提示**　在"错误列表"窗口中双击错误,光标会移至导致错误的代码行。另外,输入一行不能编译的代码,Visual Studio 会在这一行的下方显示红色波浪线。

<hr>

仔细按前面的步骤操作,就不应出现任何错误或警告,程序应成功生成。

<hr>

📝**提示**　生成前不必存盘,因为"生成解决方案"命令会自动存盘。在"代码和文本编辑器"的标签中,文件名后的星号表明自上次存盘以来文件内容已发生修改。

<hr>

2.　在"调试"菜单中,单击"开始执行(不调试)"。

随后打开命令窗口,程序开始运行。会显示"Hello World!"消息,程序等待用户按任意键继续(如下图所示)。

<hr>

📝**注意**　"请按任意键继续..."提示由 Visual Studio 自动生成,不必专门为此写代码。如果使用"调试"菜单中的"启动调试"命令运行程序,应用程序也会运行,但命令窗口在显示"Hello World!"后立即关闭,不会停下来等着按键。

3. 确认当前焦点是这个命令窗口，按 Enter 键(或其他任意键)。

命令窗口将关闭，并返回 Visual Studio。

4. 在"解决方案资源管理器"中单击 TestHello 项目(而不是解决方案)，然后单击"解决方案资源管理器"工具栏中的"显示所有文件"按钮(见下图)。如果看不到该按钮，单击>>按钮来找到它。

随后，Program.cs 文件的上方会显示 bin 和 obj。这两项直接对应于项目文件夹(\Microsoft Press\Visual CSharp Step by Step\Chapter 1\TestHello\TestHello)中的 bin 和 obj 文件夹。这些文件夹在生成应用程序时由 Visual Studio 创建，包含了应用程序的可执行版本，以及用于生成和调试应用程序的其他文件。

5. 在"解决方案资源管理器"中展开 bin 文件夹。

随后会显示另一个名为 Debug 的文件夹。

注意　也许还会看到一个名为 Release 的文件夹。

6. 在"解决方案资源管理器"中展开 Debug 文件夹。

随后显示更多子项，其中 TestHello.exe 是编译好的程序。在"调试"菜单中选择"开始执行(不调试)"命令，运行的就是该程序。在其他文件中，包含了在调试模式下运行程序时(选择"调试"菜单中的"启动调试"命令)要由 Visual Studio 2012 使用的信息。

1.3　使用命名空间

前面的例子只是很小的程序。然而，小程序可能很快变成大程序。随着程序规模的增大，两个问题随之而来。首先，代码越多，就越难理解和维护。其次，更多代码通常意味着更多类和方法，要求你跟踪更多名称。随着名称越来越多，极有可能因为两个或多个名称冲突而造成项目无法生成。例如，可能试图创建两个同名的类。如果程序引用了其他开发人员写的程序集，后者同样使用了大量名称，这个问题将变得更严重。

过去，程序员通过为名称添加某种形式的限定符前缀来解决名称冲突问题。但这并不是好的方案，因为它不具有扩展性。名称变长后，打字的时间就增多了，还要花更多时间来反复阅读令人费解的长名字，真正花在写软件上的时间就少了。

命名空间(namespace)可解决这个问题，它为类这样的东西创建容器。同名类在不同命名空间中不会混淆。可用 namespace 关键字在 TestHello 命名空间中创建 Greeting 类，如下所示：

```
namespace TestHello
{
    class Greeting
    {
        ...
    }
}
```

然后在自己的程序中使用 TestHello.Greeting 引用 Greeting 类。如果有人在不同命名空间(例如 NewNamespace)中也创建了 Greeting 类，并把它安装到你的机器上，你的程序仍能正常工作，因为程序使用的是 TestHello.Greeting 类。另一名开发者的 Greeting 类要用 NewNamespace.Greeting 进行引用。

作为好习惯，所有类都应该在命名空间中定义，Visual Studio 2012 环境默认使用项目名称作为顶级命名空间。.NET Framework 类库(FCL)也遵循这个约定，它的每个类都在一个命名空间中。例如，Console 类在 System 命名空间中。这意味着它的全名实际是 System.Console。

当然，如果每次都必须写类的全名，似乎还不如添加限定符前缀，或者就用 SystemConsole 之类的全局唯一名称来命名类。幸好，可在程序中使用 using 指令解决该问题。返回 Visual Studio 2012 中的 TestHello 程序，观察"代码和文本编辑器"窗口中的 Program.cs 文件，会注意到文件顶部的以下语句：

```
using System;
using System.Collections.Generic;
using System.Linq;
using System.Text;
using System.Threading.Tasks;
```

这些是 using 指令，用于限定要用的命名空间。在相同文件的后续代码中，不需要用命名空间来明确限定对象。由于上述 5 个命名空间包含的类被人们频繁使用，所以每次新建项目，Visual Studio 2012 都自动添加这些 using 指令。可在源代码文件的顶部添加更多 using 指令。

以下练习进一步演示了命名空间的概念。

➤　**使用完全限定名称**

1. 在"代码和文本编辑器"窗口中，将 Program.cs 文件顶部第一个 using 指令注释掉：

   ```
   //using System;
   ```

2. 在"生成"菜单中，选择"生成解决方案"。

生成失败，"错误列表"窗口显示以下错误信息：

当前上下文中不存在名称"Console"

3. 在"错误列表"窗口中双击错误消息。

在 Program.cs 源代码文件中，导致错误的标识符被自动选定。

4. 在"代码和文本编辑器"窗口中编辑 Main 方法以使用完全限定名称，即 System.Console。Main 方法现在如下所示：

```
static void Main(string[] args)
{
    System.Console.WriteLine("Hello World!");
}
```

> **注意**　输入 System 时，"智能感知"列表显示 System 命名空间中的所有项的名称。

5. 在"生成"菜单中，选择"生成解决方案"。

这一次，项目应成功生成。否则请核实 Main 的代码是否与上述代码完全一致，然后重试。

6. 在"调试"菜单中选择"开始执行(不调试)"命令来运行应用程序，确定它仍能正常工作。

7. 程序运行并显示"Hello World!"后，在控制台窗口中按 Enter 键返回 Visual Studio 2012。

命名空间和程序集

using 指出以后使用的名称来自指定的命名空间，在代码中不必对名称进行完全限定。类编译到程序集中。程序集是文件，通常使用.dll 扩展名。不过，严格地说，带有.exe 扩展名的可执行文件也是程序集。

程序集可包含许多类。构成.NET Framework 类库的那些类(例如 **System.Console** 等)是在和 Visual Studio 一起安装的程序集中提供的。.NET Framework 类库包含数量众多的类。如果都放到同一个程序集中，这个程序集必将变得过于臃肿，很难管理。(想象一下，假如 Microsoft 更新了一个类中的一个方法，就必须将整个类库分发给所有开发人员。)

因此，.NET Framework 类库被分解成多个程序集，具体按其中包含的类的功能加以划分。例如，核心程序集 mscorlib.dll 包含所有常用类，System.Console 类便是其中之一。另外还有其他许多程序集，它们包含的类分别用于处理数据库、访问 Web 服务以及构建 GUI 等。要使用某个程序集中的类，必须在项目中添加对该程序集的引用，还要在代码中添加 using 语句，指定使用该程序集中的某个命名空间中的项。

注意程序集和命名空间并非肯定一对一。程序集中可能包含多个命名空间的类，而一个命名空间可能跨越多个程序集。这点最初会让人觉得困惑，但习惯之后就好了。

使用 Visual Studio 新建应用程序时，所选的模板自动包含对适当程序集的引用。例如在 TestHello 项目的"解决方案资源管理器"中展开"引用"文件夹，会发现控制台应用程序自动包含对 Microsoft.CSharp，System，System.Core，System.Data，System.Data.DataExtensions，System.Xml 和 System.Xml.Linq 等程序集的引用。核心库 mscorlib.dll 之所以没有包含在其中，是因为所有 .NET Framework 应用程序必须使用它(因其包含最基本的运行时功能)。"引用"文件夹只列出可选程序集，可根据需要在此文件夹中增删程序集。

要添加对其他程序集的引用，右击"引用"文件夹并选择"添加引用"。稍后的练习将执行这个任务。要删除程序集，右击并选择"删除"命令即可。

1.4 创建图形应用程序

前面使用 Visual Studio 2012 创建并运行了一个基本控制台应用程序。Visual Studio 2012 编程环境还包含创建 Windows 7 和 Windows 8 图形应用程序所需的一切。可采用交互方式设计 Windows 应用程序的用户界面。Visual Studio 2012 自动生成代码来实现该界面。

Visual Studio 2012 允许用两个视图查看图形应用程序：设计视图和代码视图。可在"代码和文本编辑器"窗口中修改和维护图形应用程序的代码与逻辑；在"设计视图"窗口中，则可布置图形用户界面。两个视图可自由切换。

以下练习演示如何使用 Visual Studio 2012 创建图形应用程序。程序显示一个简单窗体。其中有用于输入姓名的文本框，还有一个按钮，单击按钮之后，在消息框中将显示个性化的欢迎辞。

注意 在 Windows 7 中，Visual Studio 2012 提供两个模板来创建图形应用程序。一个是"Windows 窗体应用程序"，另一个是"WPF 应用程序"。"Windows 窗体"是 .NET Framework 1.0 便已问世的技术。而 WPF(Windows Presentation Foundation) 是 .NET Framework 3.0 才引入的新技术。相较于 Windows 窗体，它提供了许多更先进的特性与功能。所有新的 Windows 7 开发都应选择它而不是 Windows 窗体。在 Windows 8 中同样能创建 Windows 窗体和 WPF 应用程序。但 Windows 8 提供了新的 UI 样式，称为 Windows Store 样式。使用这种 UI 样式的应用程序称为 Windows Store 应用(程序)[①]。Windows 8 能在多种硬件平台上运行，包括触摸屏电脑与平板电脑。用户可用手势与应用程序交互。例如，可用手指"轻扫"应用程序，使其在屏幕上移动和旋转。可以"收缩"和"拉伸"应用程序，使其缩小和放大。另外，集成了感应器的许多平板能检测设备方向，Windows 8 能将这种信息传送给应用程序，从而动态调整 UI 来配合方向(例如可以从横向变成竖向)。在 Windows 8 计算机上安装 Visual Studio 2012，将多获得一套模板来构建

① 文档中翻译成"Windows 应用商店应用"，感觉过于冗长。本书一律采用"Windows Store 应用"或"Windows Store 应用程序"。——译注

Windows Store 应用。Windows 7 和 Windows 8 开发人员都可按照本书描述的步骤进行练习。用 Windows 7 开发请选择 WPF 模板；用 Windows 8 开发则 WPF 模板和 Windows Store 模板都可选择。第 IV 部分将专注于 Windows 8 应用程序开发。

> ➢ **在 Visual Studio 2012 中创建图形应用程序**

● **如果使用 Windows 8，请执行以下步骤来新建图形应用程序。**

1. 如果 Visual Studio 2012 尚未运行，就启动它。

2. 选择"文件"|"新建"|"项目"。

    随后出现"新建项目"对话框。

3. 在左侧窗格中展开"已安装"|"模板"| Visual C#，单击"Windows 应用商店"。

4. 在中间窗格中单击"空白应用程序(XAML)"图标。

注意　XAML 全称是 Extensible Application Markup Language，即"可扩展应用程序标记语言"，Windows Store 应用程序通过它定义 GUI 布局。通过本书的练习会学到 XAML 更多的知识。

5. 确定"位置"文本框填写的是你的"文档"文件夹中的\Microsoft Press\Visual CSharp Step by Step\Chapter 1 子文件夹。

6. 在"名称"文本框中输入 **Hello**。

7. 在"解决方案"下拉列表中，确定选中的是"创建新解决方案"选项。这将创建一个新的解决方案来容纳项目。另一个选项"添加到解决方案"则会把项目添加到原先打开的 TestHello 解决方案中。

8. 单击"确定"按钮。

    首次创建 Windows Store 应用会提示申请开发者许可证。必须在下图所示的对话框中选择同意许可协议才能继续。所以请单击"我同意"。随后提示登录 Windows Live(可创建新帐号)，创建并分配一个开发者许可证。

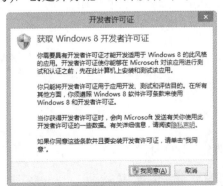

9. 创建好应用程序后，查看解决方案资源管理器。

不要被模板名称骗了。虽然叫"空白应用程序"，但该模板实际提供了大量文件，并包含数量可观的代码。例如，展开解决方案资源管理器中的 Common 文件夹，会发现名为 StandardStyles.xaml 的文件。该文件包含定义了样式的 XAML 代码，这些样式用于格式化和呈现数据。第 IV 部分将详细讲解这些样式的作用，目前暂时不用全部搞懂。类似地，展开 MainPage.xaml 文件夹，会发现名为 MainPage.xaml.cs 的 C#文件。你的代码将添加于此。加载了 MainPage.xaml 文件所定义的 UI 后，这些代码就开始运行。

10. 在"解决方案资源管理器"中双击 MainPage.xaml。

如下图所示，该文件包含 UI 布局。设计视图显示了该文件的两种形式。

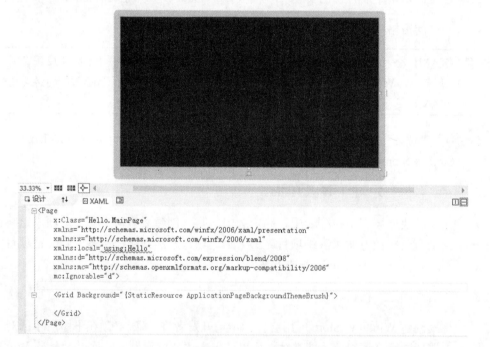

顶部是模拟的平板电脑屏幕。底部是 UI 布局的 XAML 描述。XAML 是类似于 XML 的语言。Windows Store 应用和 WPF 应用程序用它定义窗体及其内容布局。如果会用 XML，XAML 也能很快上手。

下个练习将在设计视图中进行 UI 布局，同时探讨布局 XAML 代码。

● **如果使用 Windows 7，请执行以下任务。**

1. 如果 Visual Studio 2012 尚未运行，就启动它。

2. 选择"文件"|"新建"|"项目"。

随后出现"新建项目"对话框。

3. 在左侧窗格中展开"已安装"|"模板"| Visual C#，单击 Windows。

4. 在中间窗格中单击"WPF 应用程序"图标。

5. 确定"位置"文本框填写的是你的"文档"文件夹中的\Microsoft Press\Visual CSharp Step by Step\Chapter 1 子文件夹。

6. 在"名称"文本框中输入 **Hello**。

7. 在"解决方案"下拉列表中，确定选中的是"创建新解决方案"选项。

8. 单击"确定"按钮。

"WPF 应用程序"模板包含的东西比 Windows Store 空白应用程序少一些。"空白应用程序"模板包含的样式它一个也没有，因为那些样式专属于 Windows 8。然而，"WPF 应用程序"模板一样要为应用程序生成默认窗口。和 Windows Store 应用相同，该窗口也用 XAML 定义，只是定义文件的名称默认为 MainWindow.xaml。

9. 在"解决方案资源管理器"中双击 MainWindow.xaml，在设计视图中显示该文件的内容，如下图所示。

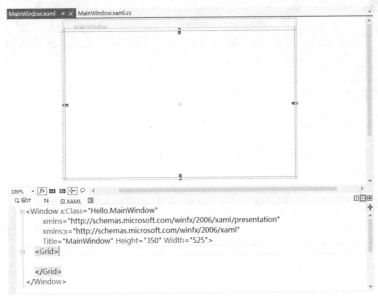

提示　关闭输出和错误列表窗口，为设计视图提供更多空间。

注意　有必要澄清一下术语。在典型 WPF 应用程序中，UI 由一个或多个窗口构成，而在 Windows Store 应用中，对应术语是"页"或"页面"(严格地说，WPF 应用程序也能包含页，但我可不想把局面搞得更复杂)。为了避免动不动就说什么"WPF 窗口"或"Windows Store 应用页面"，以后就简单地称为"窗体"、"页面"

或"页"。但是，仍然要用"窗口"一词指代 Visual Studio 2012 开发环境的界面元素，例如"设计视图"和"代码和文本编辑器"窗口。

以下练习利用设计视图向窗体添加 3 个控件。另外，还要探索 Visual Studio 2012 自动生成的用来实现这些控件的 C#代码。

📖**注意**　后续练习中的步骤通用于 Windows 7 和 Windows 8，有区别时会指出。

➤　**创建用户界面**

1.　单击设计视图左侧的"工具箱"标签。

　　随后出现工具箱。它部分遮住窗体，显示了可放到窗体上的各种组件和控件。

2.　如果使用 Windows 8，展开"常用 XAML 控件"区域。

　　如果使用 Windows 7，展开"常用 WPF 控件"区域。

　　该区域显示了大多数图形应用程序使用的控件。

📝**提示**　所有 XAML 控件"区域(Windows 8)或"所有 WPF 控件"区域(Windows 7)显示更完整的控件列表。

3.　在"常用 XAML 控件"或"常用 WPF 控件"区域中单击 TextBlock，将 TextBlock 控件拖放到设计视图中的窗体。

📝**提示**　确定选择的是 TextBlock 控件而不是 TextBox 控件。如果将错误的控件拖放到窗体，单击它并按 Delete 键即可删除。

　　这样便在窗体上添加一个 TextBlock 控件(稍后要把它移到正确位置)。工具箱从视图中消失。

📝**提示**　如果希望工具箱始终可见，同时不想它遮住窗体的任何部分，可以单击工具箱标题栏右侧的"自动隐藏"按钮(看起来像是一枚图钉)。这样工具箱将固定在 Visual Studio 2012 窗口左侧，设计视图会相应地收缩，以适应新的窗口布局。但是，如果屏幕分辨率较低，这样可能会损失不少空间。再次单击"自动隐藏"按钮，将导致工具箱再次消失。

4.　窗体上的 TextBlock 控件或许不在理想的地方。为此，请单击并拖动刚才在窗体上添加的控件来重新定位。请用这个办法把 TextBlock 控件定位到窗体左上角(本例不要求特别精确的定位)。注意可能要先在控件外点击，再重新单击它，才能在设计视图中移动它。

　　在底部窗格中，窗体的 XAML 描述现在包含了 TextBlock 控件及其属性。其中，Margin 属性指定位置，Text 属性指定控件上显示的默认文本，HorizontalAlignment

和 VerticalAlignment 属性指定这些文本的对齐方式，TextWrapping 属性指定这些文本是否自动换行。

TextBlock 的 XAML 代码如下所示(你的 Margin 属性值会有所区别，具体取决于控件在表单上的位置)。

```
<TextBlock HorizontalAlignment="Left" Margin="400,200,0,0" TextWrapping="Wrap"
Text="TextBlock" VerticalAlignment="Top"/>
```

XAML 窗格和设计视图相互影响。也可在 XAML 窗格中编辑值，更改会在设计视图中反映。例如，可直接修改 Margin 属性值来改变 TextBlock 控件的位置。

5. 在"视图"菜单中，单击"属性窗口"。
   属性窗口会出现在屏幕右下角，位于"解决方案资源管理器"的下方。可以利用设计视图下方的 XAML 窗格来指定控件属性，但属性窗口提供了一种更简便的方式来修改窗体上的各个项以及程序项目中的其他项的属性。

   属性窗口是上下文关联的；换言之，它总是显示当前选定项的属性。单击窗体任意位置(除 TextBlock 控件之外)，属性窗口将显示 Grid 元素的属性。查看 XAML 窗格，会发现 TextBlock 控件包含在 Grid 元素中。任何窗体都包含一个 Grid 元素，它控制了显示的各个项的布局。例如，可在 Grid 上添加行和列来定义表格布局。

6. 单击窗体上的 TextBlock 控件，属性窗口显示了它的属性。

7. 在属性窗口中展开"文本"。如下图所示，将 FontSize 属性更改为 **20 px**，然后按 Enter 键。该属性在字体名称下拉列表框旁边。

注意　px 后缀表明字号单位是像素。

8. 在设计视图底部的 XAML 窗格中，检查 TextBlock 控件的定义代码。滚动到行末，会看到 FontSize="20"。在属性窗口中进行的任何更改都自动反映到 XAML 定义中，反之亦然。

   在 XAML 窗格中将 FontSize 属性的值更改为 **24**。注意，在设计视图和属性窗口中，TextBlock 文本字号都会改变。

9. 在属性窗口中检查 TextBlock 控件的其他属性。随便修改以体验效果。注意发生更改的属性会添加到 XAML 窗格的 TextBlock 定义中。添加到窗体的每个控件都有一组默认属性。除非值被更改，否则在 XAML 窗格中不显示。

10. 将 TextBlock 控件的 Text 属性从默认的 **TextBlock** 更改为 **Please enter your name**。可直接在 XAML 窗格中编辑 Text 属性，也可在属性窗口中编辑(该属性在"公共"区域)。

> **注意** 在设计视图中，TextBlock 控件的文本也相应地改变。

11. 在设计视图中单击窗体的空白区域，再次打开工具箱。

12. 从工具箱中将一个 TextBox 控件拖放到窗体上，并移至 TextBlock 控件正下方。

> **注意** 在窗体上拖动控件时，假如控件与其他控件在水平和垂直方向对齐，就会自动显示对齐线。可据此判断控件是否对齐。

13. 在设计视图中，将鼠标放到 TextBox 控件右侧边线。指针形状应变成双向箭头，表明现在能更改控件大小。单击鼠标并拖动 TextBox 控件右侧边缘，直到和上方的 TextBlock 控件右侧边缘对齐。两个边缘对齐时会自动显示一条指示线。

14. 在选定 TextBox 控件的前提下，在属性窗口的顶部，将 Name 属性的值从<无名称>更改为 **userName**，如下图所示。

> **注意** 第 2 章会详细讲解控件和变量的命名约定。

15. 再次显示工具箱，将一个 Button 控件拖放到窗体，把它定位到 TextBox 右侧，使按钮和文本框的底部水平对齐。

16. 使用属性窗口，将 Button 控件的 Name 属性更改为 **ok**，将 Content 属性(在"公共"区域)更改为 **OK**。验证窗体上的按钮文本相应地发生了变化。

17. 如果使用 Windows 7，在设计视图中单击窗体的标题栏。在属性窗口中，将 Title 属性(也在"公共"区域中)更改为 **Hello**。

注意　Windows Store 应用没有标题栏。

18. 如果使用 Windows 7，在设计视图中单击 Hello 窗体的标题栏。注意窗体右下角出现用于改变大小的控点(一个小方块)。鼠标对准它会变成斜向双箭头。单击并拖动来改变窗体大小。当各个控件的间距大致相同时就松开鼠标。

重要提示　为了改变窗体的大小，请单击窗体的标题栏，而不是窗体内部网格的边框。如果选中网格，改变的就是窗体上的控件的布局，而不是窗体本身的大小。

现在的 Hello 窗体如下图所示。

注意　Windows Store 应用页面不像 Windows 7 窗体那样改变大小，它们自动占据设备的全屏幕，但能自动适应不同的屏幕分辨率和设备方向。应用程序处于"贴靠"状态时，会自动显示不同的视图。为了查看应用程序在不同设备上的样子，请从"设计"菜单选择"设备窗口"，然后从"显示"下拉列表选择不同的屏幕分辨率。还可从"视图"列表选择 Portrait(纵向)或 Snapped(贴靠)视图，查看应用程序在纵向模式或贴靠显示时的样子。

19. 在"生成"菜单中，单击"生成解决方案"，验证项目成功生成。

20. 在"调试"菜单中，单击"启动调试"。

应用程序将运行并显示窗体。如果使用 Windows 8，窗体将占据整个屏幕，如下图所示。

如果使用 Windows 7，窗体如下图所示。

可在文本框中删除"TextBox"字样,输入自己的名字,然后单击 OK 按钮。但目前什么都不会发生。还要添加代码处理单击 OK 按钮之后所发生的事情,这是下一步的任务。

21. 返回 Visual Studio 2012,在"调试"菜单中单击"停止调试"。如果使用 Windows 7,还可单击窗体右上角的 X 按钮。这样会关闭窗体并返回 Visual Studio。

关闭 Windows Store 应用

如果使用 Windows 8 并从"调试"菜单选择"开始执行(不调试)",就需要强制关闭程序。这是由于和控制台应用程序不同,Windows Store 应用的生存期由操作系统而不是用户管理。Windows 8 会挂起当前位于后台的应用程序。操作系统需要释放应用程序占用的资源时会终止应用程序。强制终止 Hello 应用程序最可靠的方法是单击(如果是触摸屏,则可将手指放到)屏幕顶部,点击并将应用程序拖动(或轻扫)到屏幕底部。这个动作会关闭应用程序并返回 Windows 开始屏幕,再从那里切换回 Visual Studio 2012。

另一个办法是执行以下任务。

1. 将鼠标移动(或将手指放到)屏幕左上角,将 Visual Studio 2012 图片拖放到屏幕中央。也可直接按 Win+B 键。

2. 右击桌面底部的 Windows 任务栏,从快捷菜单中单击"任务管理器"。

3. 如下图所示,在任务管理器中单击 Hello 应用程序,再单击"结束任务"按钮。

4. 关闭任务管理器。

没有写一行代码,就成功创建了一个图形应用程序。现在,这个程序还没有多大用处(很快就要自己写代码了),但 Visual Studio 2012 实际已经自动生成了大量代码,这些代码执行所有图形应用程序都必须执行的常规任务,例如启动和显示窗口。添加自己的代码之前,有必要知道 Visual Studio 自动生成了哪些代码。

Windows Store 应用程序和 Windows 7 WPF 应用程序的结构有所不同,下面分开进行总结。

1.4.1　探索 Windows Store 应用程序

如果使用 Windows 8,在"解决方案资源管理器"中单击 MainPage.xaml 旁边的箭头来展开该节点。双击 MainPage.xaml.cs 文件,窗体的代码就会出现在代码和文本编辑窗口中,如下所示:

```
using System;
using System.Collections.Generic;
using System.IO;
using System.Linq;
using Windows.Foundation;
using Windows.Foundation.Collections;
using Windows.UI.Xaml;
using Windows.UI.Xaml.Controls;
using Windows.UI.Xaml.Controls.Primitives;
using Windows.UI.Xaml.Data;
using Windows.UI.Xaml.Input;
using Windows.UI.Xaml.Media;
using Windows.UI.Xaml.Navigation;

// The Blank Page item template is documented at
// http://go.microsoft.com/fwlink/?LinkId=234238

namespace Hello
{
    /// <summary>
    /// An empty page that can be used on its own or navigated to within a Frame.
    /// </summary>
    public sealed partial class MainPage : Page
    {
        public MainPage()
        {
            this.InitializeComponent();
        }

        /// <summary>
        /// Invoked when this page is about to be displayed in a Frame.
        /// </summary>
        /// <param name="e">Event data that describes how this page was reached. The Parameter
```

```
      /// property is typically used to configure the page.</param>
      protected override void OnNavigatedTo(NavigationEventArgs e)
      {
      }
   }
}
```

除了大量 using 语句(用于引入大多数 Windows Store 应用都要用到的命名空间)，文件
还包含 MainPage 类的定义，但别的就没有什么了。MainWindow 类包含一个构造器，它调
用 InitializeComponent 方法。构造器是和类同名的特殊方法，在创建类的实例时执行，包
含用于初始化实例的代码。第 7 章将详细介绍构造器。

类还包含 OnNavigatedTo 方法。这是由事件调用的方法。该方法的代码在窗口显示时
运行。可在此方法中添加自己的代码来配置显示。第 17 章将详细介绍事件。第 25 章会提
供有关 NavigatedTo 事件的更多信息。

类包含的代码实际比 MainPage.xaml.cs 显示的多得多。但大多数代码都是根据窗体的
XAML 描述来自动生成的，已自动隐藏。隐藏代码执行的操作包括创建和显示窗体，以及
创建和定位窗体上的各个控件等。

提示   正在显示设计视图时，可从"视图"菜单选择"代码"，立即查看该 Windows Store
       应用页面的 C#代码。

你这时可能会想，Main 方法去了哪里？应用程序运行时，窗体如何显示？在控制台应
用程序中，Main 定义了程序的运行入口。但图形应用程序稍有不同。

在"解决方案资源管理器"中，还会注意到另一个源代码文件，即 App.xaml。展开该
文件的节点会看到 App.xaml.cs 文件。在 Windows Store 应用中，App.xaml 文件提供了应用
程序的运行入口。双击 App.xaml.cs 会看到如下所示的代码。

```
using System;
using System.Collections.Generic;
using System.IO;
using System.Linq;
using Windows.ApplicationModel;
using Windows.ApplicationModel.Activation;
using Windows.Foundation;
using Windows.Foundation.Collections;
using Windows.UI.Xaml;
using Windows.UI.Xaml.Controls;
using Windows.UI.Xaml.Controls.Primitives;
using Windows.UI.Xaml.Data;
using Windows.UI.Xaml.Input;
using Windows.UI.Xaml.Media;
using Windows.UI.Xaml.Navigation;

// The Blank Application template is documented at
// http://go.microsoft.com/fwlink/?LinkId=234227
```

```
namespace Hello
{
    /// <summary>
    /// Provides application-specific behavior to supplement the default Application class.
    /// </summary>
    sealed partial class App : Application
    {
        /// <summary>
        /// Initializes the singleton application object. This is the first line of authored
        /// executed, and as such is the logical equivalent of main() or WinMain().
        /// </summary>
        public App()
        {
            this.InitializeComponent();
            this.Suspending += OnSuspending;
        }

        /// <summary>
        /// Invoked when the application is launched normally by the end user. Other entry
        /// will be used when the application is launched to open a specific file, to display
        /// search results, and so forth.
        /// </summary>
        /// <param name="args">Details about the launch request and process.</param>
        protected override void OnLaunched(LaunchActivatedEventArgs args)
        {
            Frame rootFrame = Window.Current.Content as Frame;

            // Do not repeat app initialization when the Window already has content,
            // just ensure that the window is active
            if (rootFrame == null)
            {
                // Create a Frame to act as the navigation context and navigate to the first
                rootFrame = new Frame();
                if (args.PreviousExecutionState == ApplicationExecutionState.Terminated)
                {
                    //TODO: Load state from previously suspended application
                }

                // Place the frame in the current Window
                Window.Current.Content = rootFrame;
            }

            if (rootFrame.Content == null)
            {
                // When the navigation stack isn't restored navigate to the first page,
                // configuring the new page by passing required information as a navigation
                // parameter
                if (!rootFrame.Navigate(typeof(MainPage), args.Arguments))
                {
                    throw new Exception("Failed to create initial page");
```

```
        }
    }
    // Ensure the current window is active
    Window.Current.Activate();
}


/// <summary>
/// Invoked when application execution is being suspended. Application state is saved
/// without knowing whether the application will be terminated or resumed with the
/// of memory still intact.
/// </summary>
/// <param name="sender">The source of the suspend request.</param>
/// <param name="e">Details about the suspend request.</param>
private void OnSuspending(object sender, SuspendingEventArgs e)
{
    var deferral = e.SuspendingOperation.GetDeferral();
    //TODO: Save application state and stop any background activity
    deferral.Complete();
}
    }
}
```

在以上代码中，大多数都是注释(以 "///" 开头)，其他语句现在不需要理解。最关键的是加粗显示的 **OnLaunched** 方法。该方法在应用程序启动时运行，它的代码导致应用程序新建一个 Frame 对象，在这个 frame 中显示 MainPage 窗体并激活它。目前不要求掌握代码具体如何工作以及具体的语法，只需记住它决定着应用程序启动时如何显示窗体。

1.4.2　探索 WPF 应用程序

如果使用 Windows 7，在"解决方案资源管理器"中展开 MainWindow.xaml 会看到 MainWindow.xaml.cs 文件。双击这个文件，窗体的代码会出现在"代码和文本编辑器"中，如下所示：

```
using System;
using System.Collections.Generic;
using System.Linq;
using System.Text;
using System.Windows;
using System.Windows.Controls;
using System.Windows.Data;
using System.Windows.Documents;
using System.Windows.Input;
using System.Windows.Media;
using System.Windows.Media.Imaging;
using System.Windows.Navigation;
using System.Windows.Shapes;
namespace Hello
{
```

```
/// <summary>
/// Interaction logic for MainWindow.xaml
/// </summary>
public partial class MainWindow : Window
{
    public MainWindow()
    {
        InitializeComponent();
    }
}
```

代码看起来和 Windows Store 应用相似，但实际存在显著区别。首先是没有 OnNavigatedTo 方法，这是由于 WPF 应用程序在窗体之间切换的方式有别于 Windows Store 应用。其次，using 指令引用了许多不同的命名空间。例如，WPF 应用程序使用许多 System.Windows.*xxx* 命名空间中定义的对象。而 Windows Store 应用使用 Windows.UI.*xxx* 命名空间。这个区别看似不大，实际却是根本性的。这些命名空间由不同程序集实现。在 WPF 和 Windows Store 应用之间，程序集提供的控件和功能是不同的，虽然它们的名称可能相似。例如在前面的练习中，我们在 WPF 窗体和 Windows Store 应用中添加了 TextBlock、TextBox 和 Button 控件。虽然这些控件具有相同的名称，但分别是由不同的程序集定义的。对于 Windows Store 应用是 Windows.UI.Xaml.Controls，对于 WPF 应用程序则是 System.Windows.Controls。Windows Store 应用使用的控件是专门设计的，为触摸界面进行了优化。WPF 控件主要用于鼠标驱动的系统。

和 Windows Store 应用的代码一样，MainWindow 类的构造器调用 InitializeComponent 方法来初始化 WPF 窗体。和前面一样，方法的代码自动隐藏，执行诸如创建和显示窗体、在窗体上创建和定位控件等操作。

WPF 应用程序指定初始窗体的方式有别于 Windows Store 应用。和 Windows Store 应用相同，它也在 App.xaml 文件中定义 App 对象来提供应用程序入口，但要显示的窗体作为 XAML 代码的一部分进行声明，而不是以编程方式指定。双击 App.xaml(不是 App.xaml.cs)来查看 XAML 描述。在 XAML 代码中有一个名为 StartupUri 的属性，它引用了 MainWindow.xaml 文件，如以下加粗的代码所示。

```
<Application x:Class="Hello.App"
        xmlns="http://schemas.microsoft.com/winfx/2006/xaml/presentation"
        xmlns:x="http://schemas.microsoft.com.winfx/2006/xaml"
        StartupUri="MainWindow.xaml">
    <Application.Resources>

    </Application.Resources>
</Application>
```

在 WPF 应用程序中，App 对象的 StartupUri 属性指定要显示的窗体。

1.4.3   向图形应用程序添加代码

了解图形应用程序的结构之后，接着写代码让程序做点儿"实事"。

> **为 OK 按钮编写代码**

1. 在"解决方案资源管理器"中双击 MainPage.xaml(Windows 8) 或
    MainWindow.xaml(Windows 7)，以便在设计视图中打开。

2. 在设计视图中单击 OK 按钮以选定。

3. 如下图所示，在属性窗口中单击"选定元素的事件处理程序"按钮。该按钮有一
    个闪电图标。

    属性窗口显示 Button 控件的一组事件名称。事件一般需要响应，可以自己动手写
    代码来响应。

4. 在 Click 事件旁边的框中输入 **okClick**，按 Enter 键。

    MainPage.xaml.cs(Windows 8)或 MainWindow.xaml.cs(Windows 7)在 MainPage 或
    MainWindow 类中自动添加 okClick 方法，如下所示。

    ```
    private void ok_Click(object sender, RoutedEventArgs e)
    {
    }
    ```

    现在不理解代码的语法没有关系，第 3 章会详细讲解。

5. 如果使用 Windows 8，执行以下任务。

    a. 在文件顶部添加以下加粗的 using 语句，省略号代表省略的语句。

    ```
    using System;
    ...
    using Windows.UI.Xaml.Navigation;
    using Windows.UI.Popups;
    ```

b. 在 okClick 方法中添加以下加粗的代码。

```
void okClick(object sender, RoutedEventArgs e)
{
    MessageDialog msg = new MessageDialog("Hello " + userName.Text);
    msg.ShowAsync();
}
```

上述代码在单击 OK 按钮后运行。同样，语法目前不必深究(只需确定输入的和显示的一致)，具体将在接着的几章学习。只需理解第一个语句创建 MessageDialog 对象，向它传递消息"Hello *YourName*"，其中 *YourName* 是你在 TextBox 中输入的姓名。第二个语句实际显示该 MessageDialog，使它在屏幕上出现。MessageDialog 类在 Windows.UI.Popups 命名空间中定义，所以才要在步骤 a 添加它。

6. 如果使用 Windows 7，在 onClick 方法中添加一个语句即可。

```
void okClick(object sender, RoutedEventArgs e)
{
    MessageBox.Show("Hello " + userName.Text);
}
```

代码执行的操作和 Windows Store 应用相似，只是使用另一个 MessageBox 类。该类在 System.Windows 命名空间中定义，已在文件顶部引用，所以不必自己添加。

7. 单击窗口上方的 MainPage.xaml 或 MainWindow.xaml 标签重新显示设计视图。

8. 在位于底部的 XAML 描述中检查 Button 元素，但不要进行任何改动。注意，它现在包含 Click 元素，该元素引用 ok_Click 方法，如下所示：

```
<Button x:Name="ok" ... Click="okClick" />
```

9. 在"调试"菜单中，选择"启动调试"命令。

10. 在随后出现的窗体中，在文本框内输入自己的名字，然后单击 OK 按钮。

如果使用 Windows 8，会横跨屏幕显示一条消息来欢迎你，如下图所示。

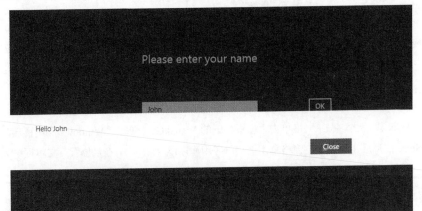

如果使用 Windows 7, 则会显示消息框，如下图所示。

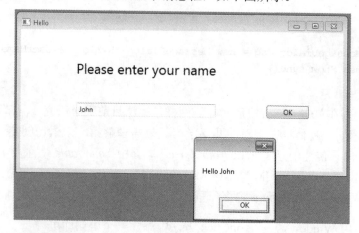

11. 单击 Close(Windows 8)或 OK(Windows 7)按钮，关闭消息显示。

12. 返回 Visual Studio 2012，在"调试"菜单中选择"停止调试"。

小　　结

本章讲述了如何使用 Visual Studio 2012 创建、生成和运行应用程序；创建了控制台应用程序，在控制台窗口中显示输出；还创建了具有简单 GUI 的图形应用程序。

- 如果希望继续学习下一章，请继续运行 Visual Studio 2012，然后阅读第 2 章。

- 如果希望现在就退出 Visual Studio 2012，请选择"文件"|"退出"。如果看到"保存"对话框，请单击"是"按钮保存项目。

第 1 章快速参考

目标	操作
使用 Visual Studio 2012 新建一个控制台应用程序	选择"文件"|"新建"|"项目"打开"新建项目"对话框。在左侧窗格单击"模板"下的 Visual C#，在中间窗格单击"控制台应用程序"。在"位置"框中为项目文件选择目录。输入项目名称。单击"确定"按钮
在 Windows 8 中使用 Visual Studio 2012 新建一个空白 Windows Store 图形应用程序	选择"文件"|"新建"|"项目"打开"新建项目"对话框。在左侧窗格单击"模板"下的 Visual C#，单击"Windows 应用商店"。在中间窗格单击"空白应用程序(XAML)"。在"位置"文本框中为项目文件选择目录。输入项目名称。单击"确定"按钮

目标	操作
使用 Visual Studio 2012 新建 WPF 图形应用程序	选择"文件"|"新建"|"项目"打开"新建项目"对话框。在左侧窗格单击"模板"下的 Visual C#,单击 Windows。在中间窗格单击"WPF 应用程序"。在"位置"文本框中为项目文件选择目录。输入项目名称。单击"确定"按钮
生成应用程序	选择"生成"|"生成解决方案"
以调试模式运行应用程序	选择"调试"|"启动调试"
不以调试模式运行应用程序	选择"调试"|"开始运行(不调试)"

第2章 使用变量、操作符和表达式

本章旨在教会你：
- 理解语句、标识符和关键字
- 使用变量存储信息
- 使用基元数据类型
- 使用+和-及其他算术操作符
- 变量递增递减

第1章讲述了如何用 Microsoft Visual Studio 2012 编程环境生成和运行控制台应用程序和图形应用程序。本章将学习 Microsoft Visual C#的语法和语义元素，包括语句、关键字和标识符；学习 C#语言内建的基元数据类型以及每种类型所容纳的值的特征；学习如何声明和使用局部变量(只存在于方法或其他小节内的变量)；学习 C#算术操作符；学习如何使用操作符来处理值；还将学习如何控制含有两个或更多操作符的表达式。

2.1 理解语句

语句是执行操作的命令，如计算值，存储结果，或者向用户显示消息。我们组合使用各种语句来创建方法。第3章将更详细地介绍方法。目前暂时将**方法**视为具名的语句序列。第1章介绍过的 Main 就是方法的一个例子。

C#语句遵循良好定义的规则集。这些规则对语句的格式和构成进行描述，称为**语法**。对应地，描述语句做什么的规范称为**语义**。最简单也是最重要的一个 C#语法规则是：任何语句都必须用分号终止。例如，假如没有终止分号，以下语句不能编译：

```
Console.WriteLine("Hello World!");
```

📝 **提示**　C#是"自由格式"(free format)语言；意味着所有空白(如空格字符或换行符)仅充当分隔符，除此之外毫无意义。换言之，可采取自己喜欢的任意样式安排语句布局。简单的、统一的布局样式能使程序更易阅读和理解。

学好语言的一个法门是先了解它的语法和语义，并采取自然的、符合语言习惯的方式使用语言。这会使程序变得更易理解和修改。本书为很多非常重要的 C#语句提供了实际的例子。

2.2　使用标识符

标识符是用来对程序中的各个元素进行标识的名称。这些元素包括命名空间、类、方法和变量(后面很快就会讲到变量)。在 C#语言中选择标识符时必须遵循以下语法规则：

- 只能使用字母(大写和小写)、数字和下划线

- 标识符必须以字母或下划线开头

例如，result, _score，footballTeam 和 plan9 是有效标识符；result%，footballTeam$和 9plan 不是。

重要提示　C#对大小写敏感。例如，footballTeam 和 FootballTeam 是不同的标识符。

认识关键字

C#语言保留 77 个标识符供自己使用，程序员不可出于自己的目的而重用这些标识符。这些标识符称为**关键字**，每个关键字都有特定含义。关键字的例子包括 class、namespace 和 using 等。随着本书讨论的深入，将学习大多数关键字的含义。下面列出了这些关键字。

abstract	do	in	protected	true
as	double	int	public	try
base	else	interface	readonly	typeof
bool	enum	internal	ref	uint
break	event	is	return	ulong
byte	explicit	lock	sbyte	unchecked
case	extern	long	sealed	unsafe
catch	false	namespace	short	ushort
char	finally	new	sizeof	using
checked	fixed	null	stackalloc	virtual
class	float	object	static	void
const	for	operator	string	volatile
continue	foreach	out	struct	while
decimal	goto	override	switch	
default	if	params	this	
delegate	implicit	private	throw	

提示　在 Visual Studio 2012 "代码和文本编辑器" 窗口中，输入的关键字默认为蓝色。

C#还使用了以下标识符：

add	get	remove
alias	global	select
ascending	group	set
async	into	value
await	join	var
descending	let	where
dynamic	orderby	yield
from	partial	

这些不是 C#保留关键字，可作为自己方法、变量和类的名称使用，但尽量避免这样做。

2.3　使 用 变 量

变量是容纳值的存储位置。可将变量想象成容纳临时信息的容器。程序中的每个变量在其使用范围内都必须有无歧义名称。我们用该名称引用变量容纳的值。例如，要存储商品价格，可创建名为 cost 的变量，并将价格存储到该变量。以后引用 cost 变量，获取的值就是之前存储的价格。

2.3.1　命名变量

为变量采用恰当的命名规范来避免混淆。作为开发团队的一员，这一点尤其重要。统一的命名规范有助于减少 bug。下面是一些常规建议。

- 不要以下划线开头。虽在 C#中合法，但和使用其他语言(如 Visual Basic)写的代码进行互操作时，会造成一定限制。

- 不要创建仅大小写有别的标识符。例如，不要同时使用 myVariable 和 MyVariable 变量，它们很易混淆。另外，这会限制类在使用其他语言写的应用程序中的重用性，因为那些语言可能不区分大小写，例如 Visual Basic。

- 名称以小写字母开头。

- 在包含多个单词的标识符中，从第二个单词起，每个单词都首字母大写(camelCase 记号法)。

- 不要使用匈牙利记号法。阅读本书的 Microsoft Visual C++开发人员熟悉这种记号法。不知道匈牙利记号法是什么也不必深究。

例如，score，footballTeam，_score 和 FootballTeam 都是有效变量名，但后两个不推荐。

2.3.2　声明变量

变量容纳值。C#能存储和处理许多类型的值，包括整数、浮点数和字符串等。声明变量时，必须指定它要容纳的数据的类型。

变量的类型和名称在声明语句中声明。例如，以下语句声明 age 变量，它容纳 int 值。和任何语句一样，该语句必须用分号终止：

```
int age;
```

int 是 C#基元数据类型之一(后面会讲到其他基元数据类型)。

> **注意**　Microsoft Visual Basic 程序员注意，C#不允许隐式声明。所有变量使用前必须明确声明。

变量声明好后就可以赋值。以下语句将值 42 赋给 age。同样，最后的分号必不可少：

```
age = 42;
```

等号(=)是赋值操作符，作用是将右侧值赋给左侧变量。赋值后可在代码中使用 age 这个名称来引用变量容纳的值。以下语句将变量 age 的值写到控制台：

```
Console.WriteLine(age);
```

> **提示**　在 Visual Studio 2012 的 "代码和文本编辑器" 窗口中，鼠标指针对准变量名会显示提示变量类型。

2.4　使用基元数据类型

C#内建许多**基元数据类型**[①]。下面的表总结了 C#最常用的基元数据类型及其允许的取值范围。

数据类型	描述	大小(位)	范围	示例
int	整数	32	$-2^{31} \sim 2^{31} - 1$	int count; count = 42;
long	整数(更大范围)	64	$-2^{63} \sim 2^{63} - 1$	long wait; wait = 42L;
float	浮点数	32	$\pm 1.5 \times 10^{-45} \sim \pm 3.4 \times 10^{38}$	float away; away = 0.42F;

---

① "基元数据类型" (primitive data type)是 MSDN 文档译法。有时也称 "基本数据类型" 或 "原始数据类型"。——译注

数据类型	描述	大小(位)	范围	示例
double	双精度(更精确)浮点数	64	$\pm 5.0 \times 10^{-324} \sim \pm 1.7 \times 10^{308}$	double trouble; trouble = 0.42;
decimal	货币值(比 double 具有更高的精度和更小的范围)	128	$(-7.9 \times 10^{28} \sim 7.9 \times 10^{28})$ / $(10^{0 \sim 28})$	decimal coin; coin = 0.42M;
string	字符序列	每字符 16 位	不适用	string vest; vest = "fortytwo";
char	单字符	16	$0 \sim 2^{16}-1$	char grill; grill = 'x';
bool	布尔值	8	true 或 false	bool teeth; teeth = false;

2.4.1   未赋值的局部变量

变量声明时包含随机值,直至被明确赋值。C 和 C++程序的许多 bug 都是由于误用了未赋值的变量。C#不允许使用未赋值的变量。变量必须先赋值再使用,否则程序无法编译。这就是所谓的明确赋值规则(Definite Assignment Rule)。例如,以下语句将产生编译时错误,因为 age 尚未赋值:

```
int age;
Console.WriteLine(age); // 编译时错误
```

2.4.2   显示基元数据类型的值

以下练习使用名为 PrimitiveDataTypes 的 C#程序演示几种基元数据类型的工作方式。

> ➤   显示基元数据类型的值

1.   如果还没有运行 Visual Studio 2012,请启动它。

2.   选择"文件"|"打开"|"项目/解决方案"。

    随后将出现"打开项目"对话框。

3.   如果使用 Windows 8,切换到"文档"文件夹下的\Microsoft Press\Visual CSharp Step by Step\Chapter 2\Windows 8\PrimitiveDataTypes 子文件夹。如果使用 Windows 7,则切换到\Microsoft Press\Visual CSharp Step By Step\Chapter 2\Windows 7\PrimitiveDataTypes 子文件夹。

注意　为避免重复和节省篇幅，以后提到文件夹名称时只说\Microsoft Press\Visual CSharp Step By Step\Chapter 2\Windows X\...，其中 X 是 7 或 8，具体取决于操作系统。

4.　选中解决方案文件 PrimitiveDataTypes，单击"打开"。

随后将加载解决方案。"解决方案资源管理器"将显示 PrimitiveDataTypes 项目。

注意　解决方案文件使用.sln 扩展名，例如 PrimitiveDataTypes.sln。解决方案可包含一个或多个项目。项目文件使用.csproj 扩展名。假如打开项目而不是解决方案，Visual Studio 2012 自动为它创建新的解决方案文件。不注意的话可能造成困扰，你可能不慎为同一个项目生成多个解决方案。

提示　务必在操作系统中打开正确的文件夹。在 Windows 7 中用 Visual Studio 2012 打开 Windows Store 解决方案会失败。"解决方案资源管理器"将项目标记为"不可用"，并显示消息"需要 Windows 8 或更高版本才能加载此项目"，如下图所示。

在这种情况下，要关闭解决方案，打开正确文件夹中的版本。

5.　在"调试"菜单中选择"启动调试"。

可能在 Visual Studio 2012 中看到一些警告。暂时忽略警告(将在下个练习纠正)。如果使用 Windows 8，会显示下图所示页面。

Primitive Data Types

Choose a data type   Sample value

int
long
float
double
decimal
string
char
bool

如果使用 Windows 7，会显示下图所示窗口。

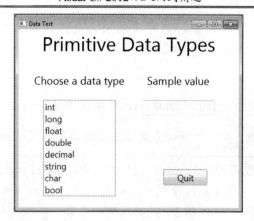

6. 在 Choose a data type(选择数据类型)列表中，单击 string 类型。

    forty two 这个值会出现在 Sample value(示例值)文本框中。

7. 单击列表中的 int 类型。

    Sample value 文本框显示值 "to do"，表明用于显示 int 值的语句还没有写好。

8. 单击列表中的每种数据类型。确定用于 double 和 bool 类型的代码都还没有实现。

9. 返回 Visual Studio 2012，选择 "调试" | "停止调试"。

注意   如果使用 Windows 7，单击 Quit 按钮可关闭窗口并停止调试。

---

1. 在"解决方案资源管理器"中展开 PrimitiveDataTypes 项目，双击 MainWindow.xaml
    文件。

注意   为简化步骤，从现在起，Windows 8 和 Windows 7 应用程序的窗体同名。

    随后，应用程序的窗体将出现在 "设计视图" 窗口中。

提示   如果屏幕不够大，窗体不能显示完全，可以利用快捷键 Ctrl+Alt+=和 Ctrl+Alt+-
        放大或缩小窗体，或者从设计视图左下角的下拉列表中选择显示比例。

2. 在 XAML 窗格中向下滚动，找到 ListBox 控件的标记。该控件在窗体左侧显示数
    据类型列表，其代码如下(省略了一些属性)：

```
<ListBox x:Name="type" ... SelectionChanged="typeSelectionChanged">
  <ListBoxItem>int</ListBoxItem>
  <ListBoxItem>long</ListBoxItem>
  <ListBoxItem>float</ListBoxItem>
  <ListBoxItem>double</ListBoxItem>
  <ListBoxItem>decimal</ListBoxItem>
  <ListBoxItem>string</ListBoxItem>
```

```
  <ListBoxItem>char</ListBoxItem>
  <ListBoxItem>bool</ListBoxItem>
</ListBox>
```

ListBox 控件将每个数据类型显示成单独的 ListBoxItem。应用程序运行时单击列表项会发生 SelectionChanged 事件(有点像单击按钮时发生 Click 事件，如第 1 章所述)。本例是在发生该事件时调用 typeSelectionChanged 方法。该方法在 MainWindow.xaml.cs 中定义。

3. 选择"视图"|"代码"。

随后会在"代码和文本编辑器"窗口中显示 MainWindow.xaml.cs 文件的内容。

注意　记住，可以用"解决方案资源管理器"访问代码，具体做法是展开 MainWindow.xaml，双击 MainWindow.xaml.cs。

4. 在文件中找到 typeSelectionChanged 方法。

提示　要在当前项目查找特定内容，可在"编辑"菜单中选择"查找和替换"|"快速查找"。随后会打开搜索框。输入要查找的某一项的名称，单击"查找下一个"，如下图所示。

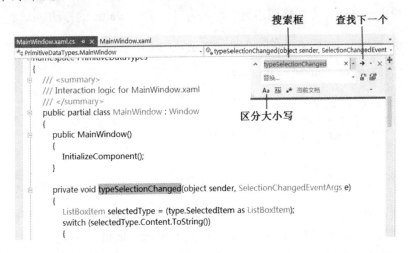

默认不区分大小写。要区分大小写，单击搜索框下方的"区分大小写"按钮。如果愿意，还可试验一下其他选项。直接按快捷键 Ctrl+F 进行快速查找，按快捷键 Ctrl+H 进行快速替换。

除了快速查找，还可利用"代码和文本编辑器"窗口右上角的类成员下拉列表查找方法。列表中列出了类定义的所有方法以及类定义的变量和其他成员(以后会详细讲述)。请从列表中选择 typeSelectionChanged。随后光标便会直接跳至类的 typeSelectionChanged 方法，如下图所示。

如果有其语言的编程经验，或许已猜到 typeSelectionChanged 方法的工作原理。如果没有，第 4 章会详细讲解这些代码。目前只需理解当单击 ListBox 控件中的列表项时，那一项的值传给该方法。方法根据值判断接着发生的事情。例如，假如用户单击 float，方法将调用另一个名为 showFloatValue 的方法。

5. 滚动代码，找到 showFloatValue 方法，如下所示：

```
private void showFloatValue()
{
    float floatVar;
    floatVar = 0.42F;
    value.Text = floatVar.ToString();
}
```

方法主体包含三个语句。第一个声明 float 类型的变量 floatVar。

第二个将值 0.42F 赋给变量 floatVar (F 是类型后缀，指出值 0.42 应被当作 float 值)。如果忘记添加 F 后缀，值 0.42 默认被当作 double 值。这样程序将无法编译，因为如果不写额外的代码，就不能将一种类型的值赋给另一种类型的变量。C#在这方面很严格。

第三个语句在窗体的 value 文本框显示该变量的值。应该多留意一下该语句。第 1 章说过，要在文本框显示项目，必须设置文本框的 Text 属性。第 1 章使用 XAML 来做，但还可采用编程方式，这里正是这样做的。这里是用前面介绍的用于运行方法的"点"记号法(还记得第 1 章介绍的 Console.WriteLine 方法?)访问对象的属性。为 Text 属性提供的数据必须是字符串而不能是数字。将数字赋给 Text 属性，程序将无法编译。幸好，.NET Framework 通过 ToString 方法提供了帮助。

.NET Framework 的每个数据类型都有 ToString 方法,用于将对象转换成字符串形式。showFloatValue 方法使用 float 类型的 ToString 方法生成 floatVar 变量的字符串形式。该字符串可安全赋给 value 文本框的 Text 属性。创建自己的数据类型和类时,可定义自己的 ToString 方法,指定如何用字符串表示自己的类的对象。将在第 7 章学习如何创建自己的类。

6. 在"代码和文本编辑器"窗口中,找到如下所示的 showIntValue 方法:

```
private void showIntValue()
{
    value. Text = "to do";
}
```

在列表框中单击 int 类型时会调用 showIntValue 方法。

7. 在 showIntValue 方法开头(起始大括号后另起一行)输入以下加粗显示的两个语句:

```
private void showIntValue()
{
    int intVar;
    intVar = 42;
    value.Text = "to do";
}
```

第一个语句创建变量 intVar 来容纳 int 值。第二个将值 42 赋给该变量。

8. 在该方法的原始语句中,将字符串"to do"改成 intVar.ToString()。方法现在像下面这样:

```
private void showIntValue()
{
    int intVar;
    intVar = 42;
    value.Text = intVar.ToString();
}
```

9. 在"调试"菜单中选择"启动调试"命令。

随后,窗体再次出现。

10. 从列表框中选择 int 类型。确定 Sample value 文本框显示值 42。

11. 返回 Visual Studio 2012,在"调试"菜单中选择"停止调试"命令。

12. 在"代码和文本编辑器"窗口中,找到 showDoubleValue 方法。

13. 按照以下加粗显示的代码那样编辑 showDoubleValue 方法:

```
private void showDoubleValue()
{
    double doubleVar;
    doubleVar = 0.42;
```

```
    value.Text = doubleVar.ToString();
}
```

代码和 showIntValue 方法相似，只是创建变量 doubleVar 来容纳 double 值，赋值 0.42。

14. 在“代码和文本编辑器”窗口中，找到 showBoolValue 方法。

15. 编辑 showBoolValue 方法：

```
private void showBoolValue()
{
    bool boolVar;
    boolVar = false;
    value.Text = boolVar.ToString();
}
```

代码和以前的例子相似，只不过变量 boolVar 只能容纳布尔值 true 或 false。

16. 在“调试”菜单中，选择“启动调试”。

17. 从 Choose a data type 列表中选择 int、double 和 bool 类型。在每一种情况下，都验证 Sample value 文本框中显示的是正确的值。

18. 返回 Visual Studio 2012，在“调试”菜单中选择“停止调试”命令。

2.5   使用算术操作符

C#支持我们在孩提时代学过的常规算术操作符：加号(+)执行加法，减号(-)执行减法，星号(*)执行乘法，正斜杠(/)则执行除法。这些符号称为**操作符**或**运算符**。它们对值进行“操作”或“运算”来生成新值。在下例中，变量 moneyPaidToConsultant 最终容纳的是值 750(每天的费用)和值 20(天数)的乘积，结果就是要付给专家的钱。

```
long moneyPaidToConsultant;
moneyPaidToConsultant = 750 * 20;
```

> **注意** 操作符或运算符操作的是**操作数**或**运算子**。[①]在表达式 750 * 20 中，*是操作符，750 和 20 是操作数。

2.5.1   操作符和类型

不是所有操作符都适用于所有数据类型。操作符能不能应用于某个值，要取决于值的

[①] 本书统一为“操作符”和“操作数”。——译注

类型。例如，可对 char，int，long，float，double 或 decimal 类型的值使用任何算术操作符。但除了加法操作符(+)，不能对 string 类型的值使用其他任何算术操作符。对于 bool 类型的值，则什么算术操作符都不能用。所以以下语句是不允许的，因为 string 类型不支持减法操作符(根据设计，从一个字符串减另一个字符串没有意义)：

```
// 编译时错误
Console.WriteLine("Gillingham" - "Forest Green Rovers");
```

+操作符可用于连接字符串值。使用需谨慎，因为可能得到出乎意料的结果。例如，以下语句在控制台中写入"431"(而不是"44")：

```
Console.WriteLine("43" + "1");
```

> **提示**　.NET Framework 提供了 Int32.Parse 方法。要对作为字符串存储的值执行算术运算，可先用 Int32.Parse 将字符串值转换成整数值。

还要注意，算术运算的结果类型取决于操作数类型。例如，表达式 5.0 / 2.0 的值是 2.5。两个操作数的类型均为 double，所以结果也为 double。(在 C#中，带小数点的文字常量数字[1]肯定是 double 值，而不是 float 值，目的是保留尽可能高的精度。)然而，表达式 5 / 2 的结果值是 2。两个操作数的类型均为 int，所以结果也为 int。C#在这种情况下总是对值进行向下取整。另外，假如混用不同的操作数类型，情况会变得更加复杂。例如，表达式 5 / 2.0 中包含 int 值和 double 值。C#编译器检测到这种不一致的情况，自动生成代码将 int 转换成 double 再执行计算。所以，以上表达式的结果是 double 值(2.5)。虽然写法有效，但通常不建议。

C#还支持你或许不太熟悉的一个算术操作符，即取模(余数)操作符。它用百分号(%)表示。x % y 的结果就是用 x 除以 y 所得的余数。例如，9 % 2 结果是 1，因为 9 除以 2，结果是 4 余 1。

> **注意**　如果熟悉 C 和 C++，就知道不能在这两种语言中对 float 和 double 类型的值使用取模操作符。但 C#允许这样做。取模操作符适用于所有数值类型，而且结果不一定为整数。例如，表达式 7.0 % 2.4 结果是 2.2。

数值类型和无穷大

C#语言中的数字，还有另外两个特性是你必须了解的。例如，任何数除以 0 所得的结果是无穷大，不在 int，long 和 decimal 类型的范围内。所以，计算 5 / 0 之类的表达式会出错。但是，double 和 float 类型实际上有一个可以表示无穷大的特殊值，因此表达式 5.0 / 0.0 的值是 Infinity(无穷大)。这个规则的唯一例外是表达式 0.0 / 0.0 的值。通常，如果 0 除以任何数，结果都为 0，但如果用任何数除以 0，结果就为无穷大。表达式 0.0 / 0.0 会陷入一

---

① 即 literal number，指以文本形式嵌入的数字，而非数学意义上的数字。literal 有多种译法，但没有一种占绝对优势。最典型的译法是"文字常量"和"直接量"。本书采用前者。——译注

种自相矛盾的境地：值既为 0，又无穷大。针对这种情况，C#语言提供了另一个值 NaN，即 "not a number"。所以，如果计算表达式 0.0 / 0.0，则结果为 NaN。NaN 和 Infinity 可在表达式中使用。计算 10 + NaN，结果为 NaN。计算 10 + Infinity，结果为 Infinity。规则的唯一例外是 Infinity * 0，其结果为 0。而 NaN * 0 的结果仍为 NaN。

2.5.2 深入了解算术操作符

以下练习演示如何对 int 类型的值使用算术操作符。

> **运行 MathsOperators 项目**

1. 如果还没有运行 Visual Studio 2012，请启动它。

2. 打开 MathsOperators 项目。该项目位于 "文档" 文件夹下的\Microsoft Press\Visual CSharp Step by Step\Chapter 2\Windows *X*\MathsOperators 子文件夹中。

3. 在 "调试" 菜单中选择 "启动调试" 命令。

    如果使用 Windows 8，将显示下图所示的页面。

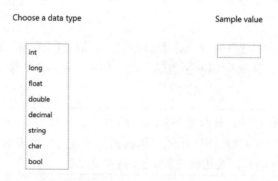

    如果使用 Windows 7，将显示下图所示的窗体。

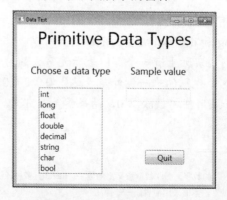

4. 在 Left Operand(左操作数)文本框中输入 **54**。

5. 在 Right Operand(右操作数)文本框中输入 **13**。

随后，可以向两个文本框中的值应用任意操作符。

6. 单击 - Subtraction(减)单选按钮，再单击 Calculate(计算)按钮。

Expression(表达式)框中的文本变成 54-13，Result(结果)框显示 0。这明显是错的。

7. 单击/ Division(除)，再单击 Calculate。
Expression 文本框中的文本变成 54 / 13，Result 文本框再次显示 0。

8. 单击% Remainder(取模)，再单击 Calculate。

Expression 文本框中的文本变成 54 % 13，Result 文本框再次显示 0。测试其他数字和操作符组合，证实目前结果都显示 0。

注意　输入任何非整数的操作数，应用程序检测到错误并显示消息"Input string was not in a correct format."。将在第 6 章学习如何捕捉和处理错误。

9. 返回 Visual Studio 2012，选择"调试"|"停止调试"。如果使用 Windows 7，可直接单击 Quit 按钮。

MathsOperators 应用程序目前没有实现任何计算。下个练习将进行纠正。

➢　**在 MathsOperators 应用程序中执行计算**

1. 在设计视图窗口中显示 MainWindow.xaml 窗体(如有必要，在"解决方案资源管理器"的 MathsOperators 项目中双击"MainWindow.xaml")。

2. 选择"视图"|"其他窗口"|"文档大纲"。

随后会打开下图所示的"文档大纲"窗口，其中列出了窗体上各个控件的名称和类型。"文档大纲"窗口提供了一个简单的方式在复杂的 WPF 窗体中定位并选择控件。控件分级显示，最顶级的是 Page(Windows 8)或 Window(Windows 7)。如上一章所述，Windows Store 应用页面或 WPF 窗体包含一个 Grid 控件，其他控件都在该 Grid 中。在"文档大纲"中展开 Grid 节点就会看到其他控件。其他控件以另一个 Grid 开始(外层 Grid 作为 frame 使用，内层 Grid 包含在窗体上看到的控件)。展开内层 Grid，可以看到窗体上的每个控件。

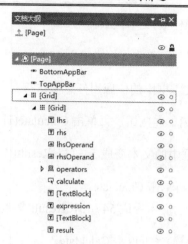

单击任何控件，对应元素会在设计视图中突出显示。类似地，在设计视图中选中控件，对应控件会在"文档大纲"窗口中突出显示。单击"文档大纲"窗口右上角的图钉按钮来固定窗口，更好地体验这个功能。

3. 在窗体上，单击供用户输入数字的两个 TextBox 控件。在"文档大纲"窗口中，确认它们分别命名为 lhsOperand 和 rhsOperand。

   窗体运行时，每个控件的 Text 属性都容纳了用户输入的值。

4. 在窗体底部，确认用于显示表达式的 TextBox 控件命名为 expression，用于显示计算结果的 TextBox 控件命名为 result。

5. 关闭"文档大纲"窗口。

6. 选择"视图"|"代码"，在"代码和文本编辑器"窗口中显示 MainWindow.xaml.cs 文件的代码。

7. 在"代码和文本编辑器"窗口中找到 addValues 方法，如下所示：

```
private void addValues()
{
  int lhs = int.Parse(lhsOperand.Text);
  int rhs = int.Parse(rhsOperand.Text);
  int outcome=0;
  // TODO: Add rhs to lhs and store the result in outcome
  expression.Text = lhsOperand.Text + " + " + rhsOperand.Text;
  result.Text = outcome.ToString();
}
```

第一个语句声明名为 lhs 的 int 变量，将其初始化为用户在 lhsOperand 文本框中输入的整数。记住文本框的 Text 属性包含字符串，所以必须先将字符串转换为整数，然后才能赋给 int 变量。int 数据类型提供了 int.Parse 方法来执行这个转换。

第二个语句声明名为 rhs 的 int 变量。rhsOperand 文本框中的值转换为 int 之后赋给它。

第三个语句声明名为 outcome 的 int 变量。

一条注释指出要将 lhs 和 rhs 加到一起，结果存储到 outcome 中。这将在下个步骤
实现。

第五个语句使用+操作符连接构成表达式的三个字符串，结果赋给 expression.Text
属性，导致连接好的字符串出现在窗体的 expression 文本框中。

最后一个语句将计算结果赋给 result 文本框的 Text 属性，在该文本框中显示结果。
记住 Text 属性是字符串，而计算结果是 int，所以必须先转换成字符串才能赋给
Text 属性。这正是 int 类型的 ToString 方法的作用。

8. 在 addValues 方法中部的注释下添加加粗显示的语句。

```
private void addValues()
{
  int lhs = int.Parse(lhsOperand.Text);
  int rhs = int.Parse(rhsOperand.Text);
  int outcome=0;
  // TODO: Add rhs to lhs and store the result in outcome
  outcome = lhs + rhs;
  expression.Text = lhsOperand.Text + " + " + rhsOperand.Text;
  result.Text = outcome.ToString();
}
```

该语句对表达式 lhs + rhs 进行求值，结果存储到 outcome 中。

9. 检查 subtractValues 方法。该方法遵循相似的模式，需要添加语句计算从 lhs 减去
rhs 的结果，并存储到 outcome 中。在方法中添加以下加粗显示的语句。

```
private void subtractValues()
{
  int lhs = int.Parse(lhsOperand.Text);
  int rhs = int.Parse(rhsOperand.Text);
  int outcome=0;
  // TODO: Subtract rhs from lhs and store the result in outcome
  outcome = lhs - rhs;
  expression.Text = lhsOperand.Text + " - " + rhsOperand.Text;
  result.Text = outcome.ToString();
}
```

10. 检查 mutiplyValues，divideValues 和 remainderValues 方法。它们同样缺失了执行
指定计算的关键语句。添加缺失的语句(加粗显示)。

```
private void multiplyValues()
{
  int lhs = int.Parse(lhsOperand.Text);
  int rhs = int.Parse(rhsOperand.Text);
  int outcome = 0;
```

```
        // TODO: Multiply lhs by rhs and store the result in outcome
        outcome = lhs * rhs;
        expression.Text = lhsOperand.Text + " * " + rhsOperand.Text;
        result.Text = outcome.ToString();
    }

    private void divideValues()
    {
        int lhs = int.Parse(lhsOperand.Text);
        int rhs = int.Parse(rhsOperand.Text);
        int outcome = 0;
        // TODO: Divide lhs by rhs and store the result in outcome
        outcome = lhs / rhs;
        expression.Text = lhsOperand.Text + " / " + rhsOperand.Text;
        result.Text = outcome.ToString();
    }

    private void remainderValues()
    {
        int lhs = int.Parse(lhsOperand.Text);
        int rhs = int.Parse(rhsOperand.Text);
        int outcome = 0;
        // TODO: Work out the remainder after dividing lhs by rhs and store the result
        outcome = lhs % rhs;
        expression.Text = lhsOperand.Text + " % " + rhsOperand.Text;
        result.Text = outcome.ToString();
    }
```

➤ 测试 MathsOperators 应用程序

1. 在"调试"菜单中选择"启动调试"来生成并运行应用程序。

2. 在 Left Operand 文本框中输入 **54**，在 Right Operand 中输入 **13**。单击+ Addition 按钮，单击 Calculate 按钮。

   Result 文本框显示值 67。

3. 在 left operand(左操作数)文本框中输入 54。

4. 在 right operand(右操作数)文本框中输入 **13**。

   随后，可以向两个文本框中的值应用任意操作符。

3. 单击－Subtraction，单击 Calculate 按钮。验证结果是 41。

4. 单击* Multiplication，单击 Calculate 按钮。验证结果是 702。

5. 单击/ Division，单击 Calculate 按钮。验证结果是 4。

   在现实生活中，54 / 13 的结果应该是 4.153846…(如此重复)。但这不是现实生活；这是 C#! 正如前面解释的，在 C#中整数除以整数结果也是整数。

6. 单击% Remainder，单击 Calculate。

   处理整数时，54 除以 13，余数是 2。计算机求值过程是 54 - ((54/13) * 13) = 2。每一步都向下取整。如果我告诉数学老师，说(54/13) * 13 不等于 54，他肯定会提起菜刀来追杀我！

7. 返回 Visual Studio 2012 并停止调试(如果使用 Windows 7，直接单击 Quit 按钮)。

2.5.3　控制优先级

优先级控制表达式中各个操作符的求值顺序。例如以下表达式，它使用了操作符+和*：

```
2 + 3 * 4
```

没有优先级规则，该表达式会造成歧义。是先加还是先乘？不同求值顺序会造成不同结果。

- 如果先加后乘，那么加法运算(2 + 3)的结果将成为操作符*的左操作数，所以整个表达式的结果是 5 * 4，即 20。

- 假如先乘后加，那么乘法运算(3 * 4)的结果将成为操作符+的右操作数，所以整个表达式的结果是 2 + 12，即 14。

在 C#中，乘法类操作符(*、/和%)的优先级高于加法类操作符(+和-)。所以 2 + 3 * 4 的结果是 14。以后讨论每种新操作符时，都会指出它的优先级。

可用圆括号覆盖优先级规则，强制操作数按你希望的任何方式绑定到操作符。例如在以下表达式中，圆括号强迫 2 和 3 绑定到操作符+(得 5)，结果成为操作符*的左操作数，最终结果是 20：

```
(2 + 3) * 4
```

注意　本书所指圆括号是()；大括号或花括号是{}；方括号是[]。

2.5.4　使用结合性对表达式进行求值

操作符优先级只能解决部分问题。如果表达式中的多个操作符具有相同优先级怎么办？这就要用到结合性的概念。**结合性**是指操作数的求值方向(向左或向右)。例如，以下表达式同时使用操作符/和*：

```
4 / 2 * 6
```

该表达式仍有可能造成歧义。是先除还是先乘？两个操作符的优先级相同(都是乘法类操作符)，但求值顺序至关重要，因为可能获得以下两个不同的结果。

- 如果先除，除法运算(4 / 2)的结果成为操作符*的左操作数，整个表达式的结果是(4/2) * 6，即 12。

- 如果先乘，乘法运算的结果(2 * 6)成为操作符/的右操作数，整个表达式的结果是4/(2 * 6)，即 4/12。

在这种情况下，操作符的结合性决定表达式如何求值。操作符*和/都具有左结合性，即操作数从左向右求值。在本例中，4/2 在乘以 6 之前求值，所以正确结果是 12。

2.5.5　结合性和赋值操作符

C#语言中的等号(=)称为赋值操作符。所有操作符都依据操作数返回一个值。赋值操作符也不例外。它取两个操作数；右侧的操作数被求值，结果保存在左侧的操作数中。赋值操作符返回的值就是赋给左操作数的值。例如，在以下赋值语句中，赋值操作符返回的值是 10，它也是赋给变量 myInt 的值：

```
int myInt;
myInt = 10; // 赋值表达式的值是10
```

一切都甚合逻辑，但你同时也会感到不解，这到底有什么意义？意义在于，由于赋值操作符返回一个值，所以可在另一个赋值语句中使用该值，例如：

```
int myInt;
int myInt2;
myInt2 = myInt = 10;
```

赋给变量 myInt2 的值就是赋给 myInt 的值。赋值语句把同一个值赋给两个变量。要将多个变量初始化为同一个值，这个技术十分有用。它使任何读代码的人清楚理解所有变量都具有相同的值。

```
myInt5 = myInt4 = myInt3 = myInt2 = myInt = 10;
```

通过这些讨论，你可能已推断出赋值操作符是从右向左结合的。最右侧的赋值最先发生，被赋的值从右向左，在各个变量之间传递。任何变量之前有过值，就用当前赋的值覆盖它。

但是，使用这样的语法构造时要小心。新手 C#程序员易犯的错误是试图将赋值操作符的这种用法与变量声明一起使用，例如：

```
int myInt, myInt2, myInt3 = 10;
```

上述 C#代码在语法上没有错误(能通过编译)，但它做的事情可能跟你想象的不同。它实际是声明变量 myInt，myInt2 和 myInt3，并将 myInt3 初始化为 10。然而，不会初始化 myInt 或者 myInt2。如果尝试在以下表达式中使用 myInt 或者 myInt2：

```
myInt3 = myInt / myInt2;
```

编译器会报告以下错误：

使用了未赋值的局部变量 "myInt"
使用了未赋值的局部变量 "myInt2"

2.6　变量递增和递减

如果打算在一个变量上加 1，可以使用+操作符：

```
count = count + 1;
```

然为变量加 1 是 C#的一个非常普遍的操作，所以专门为这个操作设计了一个操作符，即++操作符。例如，要使变量 count 递增 1，可以像下面这样写：

```
count++;
```

对应地，--操作符从变量中减 1：

```
count--;
```

++和--是一元操作符，即只有一个操作数。它们具有相同的优先级和左结合性。

前缀和后缀

递增(++)和递减(--)操作符与众不同之处在于，它们既可以放在变量前面，也可以放在变量后面。在变量之前使用，称为这个操作符的前缀形式；在变量之后使用，则称为这个操作符的后缀形式。如下面几个例子所示：

```
count++; // 后缀递增
++count; // 前缀递增
count--; // 后缀递减
--count; // 前缀递减
```

对于被递增或递减的变量，++或--的前缀和后缀形式没有区别。例如，count++使 count 的值递增 1，++count 也会使其递增 1。那么为何还要提供两种不同的形式？为了理解这个问题，必须记住一点：++和--都是操作符，而所有操作符都对已经有一个值的表达式进行求值。count++返回递增发生前的 count 值，++count 返回递增发生后的 count 值。例如：

```
int x;
x = 42;
Console.WriteLine(x++); // 执行这个语句后，x 等于 43，但控制台上输出的是 42
x = 42;
Console.WriteLine(++x); // 执行这个语句后，x 等于 43，控制台上输出的也是 43
```

其实很好记，只需看表达式各个元素(操作符和操作数)的顺序即可。在表达式 x++中，变量 x 首先出现，所以先返回它现在的值，然后再递增；在表达式++x 中，++操作符首先出现，所以先对 x 进行递增，再将新值作为表达式的值返回。

这些操作符在 while 和 do 语句中得到了广泛运用，第 5 章将详细讲述这些语句。如果只是孤立地使用递增和递减操作符[①]，请统一使用后缀形式。

2.7　声明隐式类型的局部变量

本章前面通过指定数据类型和标识符来声明变量，如下所示：

```
int myInt;
```

前文还提到变量在使用前必须赋值。可在同一个语句中声明并初始化变量，如下所示：

```
int myInt = 99;
```

还可像下面这样(假定 myOtherInt 是已初始化的整数变量)：

```
int myInt = myOtherInt * 99;
```

记住，赋给变量的值必须具有和变量相同的类型。例如，只能将 int 值赋给 int 变量。C#编译器可迅速判断出用于初始化变量的表达式的类型，如果和变量类型不符，就会明确告诉你。除此之外，还可要求 C#编译器根据表达式推断变量类型，并在声明变量时自动使用该类型。为此，只需用 var 关键字代替类型名称，如下所示：

```
var myVariable = 99;
var myOtherVariable = "Hello";
```

两个变量 myVariable 和 myOtherVariable 称为**隐式类型**变量。var 关键字告诉编译器根据用于初始化变量的表达式推断变量类型。在本例中，myVariable 是 int 类型，而myOtherVariable 是 string 类型。必须注意，var 只是在声明变量时提供一些方便。但变量一经声明，就只能将编译器推断的那种类型的值赋给它。例如，不能再将 float, double, string值赋给 myVariable。还要注意，只有提供表达式来初始化变量，才能使用关键字 var。以下声明非法，会导致编译错误：

```
var yetAnotherVariable;  // 错误 - 编译器不能推断类型
```

重要提示　如果用 Visual Basic 写过程序，就可能非常熟悉 Variant 类型，该类型可在变量中保存任意类型的值。这里要强调的是，应该忘记当年用 VB 编程时学到的有关 Variant 变量的一切。虽然两个关键字貌似有联系，但 var 和 Variant完全是两码事。在 C#中用 var 关键字声明变量之后，赋给变量的值的类型就固定下来，必须是初始化变量的值的类型，**不能随便改变**！

纯化论者不喜欢这个设计，他们提出质疑：像 C#这样优雅的语言，为什么竟然允许var 这样的东西进来？它更像是在助长程序员偷懒，使程序变得难以理解，而且更难找出错误(还容易引入新的 bug)。但相信我，var 在 C#语言中占有一席之地是有缘由的。学完后面

[①] 将递增或递减表达式作为单独的语句使用，例如 count++;。——译注

几章之后，你会有深切的体会。目前应坚持使用明确指定了类型的变量；除非万不得已，否则不要使用隐式类型的变量。

小 结

本章讲述了如何创建和使用变量，讲述了 C#变量的常用数据类型。另外，还讲述了标识符的概念。本章用了许多操作符构造表达式，并探讨了操作符的优先级和结合性如何影响表达式求值顺序。

- 如果希望继续学习下一章，请继续运行 Visual Studio 2012，然后阅读第 3 章。

- 如果希望现在就退出 Visual Studio 2012，请选择"文件"|"退出"。如果看到"保存"对话框，请单击"是"按钮保存项目。

第 2 章快速参考

目标	操作
声明变量	按顺序写数据类型名称、变量名和分号，示例如下： `int outcome;`
声明并初始化变量	按顺序写数据类型名称、变量名、赋值操作符、初始值和分号，示例如下： `int outcome = 99;`
更改变量值	按顺序写变量名、赋值操作符、用于计算新值的表达式和分号，示例如下： `outcome = 42;`

生成变量值的字符串形式	调用变量的 ToString 方法，示例如下：
	
	`int intVar = 42;`
	`string stringVar = intVar.ToString();`

将 string 转换成 int	调用 System.Int32.Parse 方法。示例如下：
	
	`string stringVar = "42";`
	`int intVar = System.Int32.Parse(stringVar);`

覆盖操作符优先级	在表达式中使用圆括号强制求值顺序，示例如下： `(3 + 4) * 5`
将多个变量初始化为同一个值	使用赋值语句初始化所有变量，示例如下： `myInt4 = myInt3 = myInt2 = myInt = 10;`
递增或递减变量	使用++或--操作符，示例如下： `count++;`

第 3 章 方法和作用域

本章旨在教会你：

- 声明和调用方法
- 向方法传递数据
- 从方法返回数据
- 定义局部作用域和类作用域
- 使用集成调试器逐语句和逐过程调试方法

第 2 章讲述了如何声明变量，如何使用操作符创建表达式，如何利用优先级和结合性控制多个操作符的求值顺序。本章要讨论方法，要学习如何利用实参和形参向方法传递数据，如何利用 return 语句从方法返回数据，还要学习如何利用 Microsoft Visual Studio 2012 集成调试器调试方法。如果方法的工作不符合预期，就可利用这个技术跟踪方法执行情况。最后要学习如何让方法获取可选参数，以及如何用命名实参调用方法。

3.1 创 建 方 法

方法是具名的语句序列。如果以前用过其他编程语言，如 C，C++或者 Visual Basic，就可以将方法视为与函数或者子程序相似的东西。每个方法都有名称和主体。**方法名**应该是一个有意义的标识符，它用英语描述了方法的用途(例如用于计算所得税的方法可命名为 calculateIncomeTax)。**方法主体**包含方法被调用时实际执行的语句。此外，还可向方法提供数据供处理，并让它返回处理结果。方法是基本的、强大的编程机制。

3.1.1 声明方法

声明 C#方法的语法如下：

```
returnType methodName ( parameterList )
{
    // 这里添加方法主体语句
}
```

- *returnType*(返回类型)是类型名，指定方法返回的数据类型。可以是任何类型，如 int 或 string。要写不返回值的方法，必须用关键字 void 取代 *returnType*。

- *methodName*(方法名)是调用方法所用的名称。方法名和变量名遵循相同的标识符命名规则。例如，addValues 是有效方法名，而 add$Values 不是。应该为方法名采用 camelCase 命名风格，例如 displayCustomer(显示客户)。

- *parameterList*(参数列表)是可选的，它描述了允许传给方法的数据的类型和名称。在圆括号内填写参数列表时，要像声明变量那样，先写类型名，再写参数名。两个或更多参数必须以逗号分隔。

- 方法主体语句是调用方法时要执行的代码。必须放到起始大括号({)与结束大括号(})之间。

重要提示　C，C++和 Microsoft Visual Basic 程序员请注意，C#不支持全局方法。所有方法必须在类的内部，否则代码无法编译。

以下是 addValues 方法的定义，它返回 int 值，可接收两个 int 参数，分别是 leftHandSide 和 rightHandSide。

```
int addValues(int leftHandSide, int rightHandSide)
{
    // ...
    // 这里添加方法主体语句
    // ...
}
```

注意　必须显式指定参数类型和方法返回类型。不能使用 var 关键字。

以下是 showResult 方法的定义，它不返回任何值，接收名为 answer 的 int 参数：

```
void showResult(int answer)
{
    // ...
}
```

注意，要用 void 指定方法不返回任何值。

重要提示　Visual Basic 程序员请注意，C#不允许使用不同的关键字来区分返回值的方法(VB 称为函数)和不返回值的方法(VB 称为过程、子例程或者子程序)。C#要么显式指定返回类型，要么指定 void。

3.1.2　从方法返回数据

如果希望方法返回数据(返回类型不是 void)，必须在方法内部写 return 语句。为此，请先写关键字 return，在它后面添加计算返回值的表达式，最后写分号。表达式的类型必须与方法指定的返回类型相同。也就是说，假如函数返回 int 值，则 return 语句必须返回 int，否则程序无法编译。下面是一个例子：

```
int addValues(int leftHandSide, int rightHandSide)
{
    // ...
    return leftHandSide + rightHandSide;
```

```
}
```

return 通常放到方法尾部，因为它导致方法结束，控制权返回调用方法的语句，return 后的任何语句都不执行(如果 return 语句之后有其他语句，编译器会发出警告)。

假如不希望方法返回数据(返回类型是 void)，可利用 return 语句的一个变体立即从方法中退出。为此，请先写关键字 return，紧跟一个分号。如下所示：

```
void showResult(int answer)
{
    // 在下面添加显示 answer 的语句
    ...
    return;
}
```

假如方法什么都不返回，甚至可以省略 return 语句，因为一旦执行到方法尾部的结束大括号(})，方法会自动结束。不过，虽然这是常见的写法，但不是良好的编程风格。

以下练习将分析第 2 章的 MathsOperators 项目的另一个版本。新版本用一些小方法进行改进。以这种方式分解代码，程序更容易理解和维护。

➤ 分析方法定义

1. 如果 Visual Studio 2012 尚未运行，请启动它。

2. 打开"文档"文件夹中的\Microsoft Press\Visual CSharp Step by Step\Chapter 3\Windows X\Methods 子文件夹中的 Methods 项目。

3. 在"调试"菜单中选择"启动调试"。

   Visual Studio 2012 开始生成并运行应用程序。看起来和第 2 章的应用程序一样。

4. 重新熟悉一下这个应用程序，体会它如何工作。最后返回 Visual Studio 2012，选择"调试"|"停止调试"。(如果使用 Windows 7，也可单击 Quit 按钮来退出程序并停止调试。)

5. 在"代码和文本编辑器"窗口中显示 MainWindow.xaml.cs 文件的代码。(在"解决方案资源管理器"中展开 MainWindow.xaml 文件，再双击 MainWindow.xaml.cs。)

6. 在"代码和文本编辑器"窗口中找到 addValues 方法，如下所示：

```
private int addValues(int leftHandSide, int rightHandSide)
{
    expression.Text = leftHandSide.ToString() + " + " + rightHandSide.ToString();
    return leftHandSide + rightHandSide;
}
```

注意　暂时不必关心方法定义开头的 private 关键字，将在第 7 章学习它的含义。

addValues 方法包含两个语句。第一个在窗体上的 expression 文本框中显示算式。

leftHandSide 和 rightHandSide 参数值被转换成字符串(使用第 2 章介绍过的 ToString 方法)，并用+操作符进行连接。

第二个语句使用+操作符计算 int 变量 leftHandSide 和 rightHandSide 之和，并返回结果。记住两个 int 相加结果也是 int，所以 addValues 方法的返回类型是 int。

subtractValues, multiplyValues, divideValues 和 reminderValues 等方法采用的是类似的模式。

7.　在"代码和文本编辑器"窗口中找到 showResult 方法，如下所示:

```
private void showResult(int answer)
{
    result.Text = answer.ToString();
}
```

该方法只有一个语句，作用是在 result 文本框中显示 answer 的字符串形式。由于不返回值，所以方法的返回类型是 void。

> 提示　方法最小长度没有限制。假如能用方法避免重复，并使程序更易读，就应毫不犹豫使用方法——不管该方法有多小。同样，方法最大长度也没有限制。但应该保持方法代码的精炼，足够完成一项任务就可以了。如果方法大小超过一个屏幕，就应考虑把它分解成更小的方法来增强可读性。

3.1.3　调用方法

方法终极目的就是被调用! 要用方法名调用方法，从而指示它执行既定任务。如果方法要获取数据(由参数决定)，就必须提供这些数据。如果方法要返回数据(由返回类型决定)，就应该以某种方式捕捉返回的数据。

指定方法调用语法

调用 C#方法的语法如下:

```
result = methodName ( argumentList )
```

- *methodName*(方法名)必须与要调用的方法的名称完全一致。记住 C#区分大小写。

- *result* =子句可选。如指定，*result* 变量将包含方法返回值。如果返回类型是 void(不返回任何值)，就必须省略 *result* =子句。如果不指定 *result* =子句，而且方法返回一个值，那么方法虽会运行，但返回值会被丢弃。

- *argumentList*(实参列表)提供由方法接收的数据。必须为每个参数(形参)提供参数值(实参)，而且每个实参都必须兼容于对应形参的类型。如果方法有两个或更多参数，那么在提供实参时，必须以逗号分隔不同实参。

重要提示   每个方法调用都必须包含一对圆括号，即使调用无参方法。

为了加深印象，下面再次列出 addValues 方法：

```
int addValues(int leftHandSide, int rightHandSide)
{
    // ...
}
```

addValues 方法有两个 int 参数，所以调用是必须提供两个以逗号分隔的 int 实参，如下所示：

```
addValues(39, 3); // 正确方式
```

还可将 39 和 3 替换成 int 变量名。int 变量值会作为实参传给方法，如下所示：

```
int arg1 = 99;
int arg2 = 1;
addValues(arg1, arg2);
```

下面列举了错误的 addValues 调用方式：

```
addValues;                 // 编译时错误，无圆括号
addValues();               // 编译时错误，无足够实参
addValues(39);             // 编译时错误，无足够实参
addValues("39", "3");      // 编译时错误，类型错误
```

addValues 方法返回 int 值。这个 int 值可在允许使用 int 值的任何地方使用。例如：

```
result = addValues(39, 3);            // 作为赋值操作符的右操作数
showResult(addValues(39, 3));         // 作为实参传给另一个方法调用
```

以下练习继续使用 Methods 应用程序，这次要分析一些方法调用。

> **分析方法调用**

1. 返回 Methods 项目。如果是刚完成上一个练习，该项目应该已经在 Visual Studio 2012 中打开；否则从"文档"文件夹的\Microsoft Press\Visual CSharp Step by Step\Chapter 3\Windows X\Methods 子文件夹中打开它。

2. 在"代码和文本编辑器"窗口中显示 MainWindow.xaml.cs 文件的代码。

3. 找到 calculateClick 方法，观察 try{之后的两个语句(try 语句详情将在第 6 章讨论)：

    ```
    int leftHandSide = System.Int32.Parse(lhsOperand.Text);
    int rightHandSide = System.Int32.Parse(rhsOperand.Text);
    ```

    这两个语句声明了两个 int 变量，分别是 leftHandSide 和 rightHandSide。注意变量的初始化方式。两个语句都调用了 System.Int32 类的 Parse 方法(System 是命名空间，Int32 是该命名空间中的类)。你以前见过这个方法；它获取一个 string 实参，把它转换成 int。执行这两个语句之后，用户在窗体上的 lhsOperand 和 rhsOperand

文本框中输入的任何内容都会转换成 int 值。

4. 观察 calculateClick 方法的第 4 个语句(在 if 语句和另一个起始大括号之后):

```
calculatedValue = addValues(leftHandSide, rightHandSide);
```

该语句调用 addValues 方法, 将 leftHandSide 和 rightHandSide 变量值作为实参传递。addValues 方法的返回值将存储到 calculatedValue 变量中。

5. 继续观察下一个语句:

```
showResult(calculatedValue);
```

该语句调用 showResult 方法, 将 calculatedValue 变量值作为实参传递。showResult 方法不返回值。

6. 在"代码和文本编辑器"窗口中找到前面讨论过的 showResult 方法。该方法只有一个语句, 如下所示:

```
result.Text = answer.ToString();
```

注意, 即使无参, 调用 ToString 方法也要使用圆括号。

提示　调用其他对象的方法时, 要在方法名前面附加对象名前缀。在上例中, 表达式 answer.ToString()调用 answer 对象的 ToString 方法。

3.2　使用作用域

创建变量目的是容纳值。可在应用程序的多个位置创建变量。例如, Methods 项目的 calculateClick 方法创建 int 变量 calculatedValue, 把它初始化为 0。如下所示:

```
private void calculateClick(object sender, RoutedEventArgs e)
{
  int calculatedValue = 0;
  ...
}
```

变量有效期(生存期)开始于定义位置, 结束于方法结束时。换言之, 在同一个方法内, 后续语句都可使用该变量(变量创建后才能使用)。方法执行完毕, 变量随之消失, 不可继续使用。

假如某变量能在程序特定位置使用, 就说该变量在那个位置"处于作用域内"或者说"在范围内"。calculatedValue 变量具有方法作用域, 可在 calculateClick 方法内访问, 但在方法外部不行。还可定义其他作用域的变量; 例如可定义在方法外部, 但在类内部的变量, 该变量可由类内的任何方法访问。我们说该变量具有类作用域。

换言之, 变量**作用域**或范围是指该变量能起作用的程序区域。除了变量有作用域, 方法也有作用域。一个标识符(不管它代表变量还是方法)的作用域始于声明该标识符的位置。

3.2.1 定义局部作用域

界定方法主体的{与}定义了方法的作用域。方法主体中声明的任何变量都具有那个方法的作用域；一旦方法结束，它们也随之消失。另外，它们只能由方法内部的代码访问。这种变量称为**局部变量**，因其局限于声明它们的方法，不在其他任何方法的作用域中。换言之，不能利用局部变量在不同方法之间共享信息。示例如下：

```
class Example
{
    void firstMethod()
    {
        int myVar;
        ...
    }

    void anotherMethod()
    {
        myVar = 42; // 错误 – 变量越界(变星不在当前方法的作用域中)
        ...
    }
}
```

上述代码无法编译，因为 anotherMethod 方法试图使用不在其作用域内的 myVar 变量。myVar 变量只供 firstMethod 方法中的语句使用，而且必须是声明 myVar 变量之后的语句。

3.2.2 定义类作用域

界定类主体的{和}也定义了类的作用域。在类主体中(但不能在某个方法中)声明的任何变量都具有那个类的作用域。类定义的变量称为**字段**。和局部变量相反，可用字段在不同方法之间共享信息。示例如下：

```
class Example
{
    void firstMethod()
    {
        myField = 42; // ok
        ...
    }

    void anotherMethod()
    {
        myField ++; // ok
        ...
    }
```

```
    int myField = 0;
}
```

变量 myField 在类内部定义，而且位于 firstMethod 和 anotherMethod 方法外部，所以具有类的作用域，可由类内的所有方法使用。

这个例子还有一点要注意。方法中的变量必须先声明再使用。但字段不同，可在类的任何位置定义。可以先在方法中使用字段，再在方法后声明字段——编译器负责打点一切！①

3.2.3　重载方法

两个标识符同名，而且在同一个作用域中声明，就说它们被**重载**(overloaded)。通常，重载的标识符是 bug，会在编译时捕捉到并报错。例如，在同一个方法中声明两个同名局部变量，会报告编译时错误。类似地，在同一个类中声明两个同名字段，或在同一个类中声明两个完全一样的方法，也会报告编译时错误。该事实表面上似乎不值一提，因为反正编译时都会报错。但是，确实有一个办法能真正地、不报错地重载标识符。这种重载不仅有用，而且必要。

以 Console 类的 WriteLine 方法为例，以前曾用该方法向屏幕输出字符串。但在"代码和文本编辑器"窗口中键入 WriteLine 后，会自动弹出"智能感知"列表，其中列出了 19 个不同的版本！每个版本都获取一组不同的参数。其中有个版本不获取任何参数，只是输出空行；有个版本获取一个 bool 参数，输出该 bool 值的字符串形式(True 或 False)；还有一个版本获取一个 decimal 参数，输出该 decimal 值的字符串形式，等等。程序编译时，编译器检查实参类型并调用与之匹配的版本。下面是一个例子：

```
static void Main()
{
    Console.WriteLine("The answer is ");
    Console.WriteLine(42);
}
```

如果要针对不同数据类型或者不同信息组别执行相同的操作，重载是一项十分有用的技术。如果方法有多个实现，每个实现都有不同的参数集，就可重载该方法。这样每个版本都有相同的方法名，但有不同的参数数量或者/以及不同的参数类型。调用方法时，提供以逗号分隔的实参列表，编译器根据实参数量和类型来选择匹配的重载版本。但要注意，虽可重载方法的参数，但不能重载方法的返回类型。也就是说，不能声明仅返回类型有别的两个方法(编译器虽然比较聪明，但还没有聪明到那种程度)。

---

① 在编译器生成的 IL 代码中，字段实际还是先声明并初始化，然后再使用的。——译注

3.3　编　写　方　法

以下练习将创建方法来计算一名顾问的收费金额，假定该顾问每天收取的费用是固定的。首先制定应用程序的逻辑，然后利用"生成方法存根向导"写出符合该逻辑的方法。接着在控制台应用程序中运行方法，从而对程序有一个印象。最后使用 Visual Studio 2012 调试器检查方法调用。

➢　制定应用程序逻辑

1. 在 Visual Studio 2012 中打开"文档"文件夹下的\Microsoft Press\Visual CSharp Step by Step\Chapter 3\Windows X\DailyRate 子文件夹中的 DailyRate 项目。

2. 在"解决方案资源管理器中"双击 Program.cs 文件，在"代码和文本编辑器"窗口中显示代码。该程序只是作为代码的测试床使用。应用程序运行时会调用 run 方法。方法中包含要测试的代码。为了理解方法的调用方式，要对类有一定理解，详情参见第 7 章。

3. 在 run 方法主体的大括号之间添加以下加粗的语句：

```
void run()
{
  double dailyRate = readDouble("Enter your daily rate: ");
  int noOfDays = readInt("Enter the number of days: ");
  writeFee(calculateFee(dailyRate, noOfDays));
}
```

第一个语句调用 readDouble 方法(马上就要写这个方法)，要求用户输入顾问每天的收费金额。下个语句调用 readInt 方法(也是马上写)来获取天数。最后调用 writeFee 方法(马上写)在屏幕上显示结果。注意传给 writeFee 的是 calculateFee 方法(最后一个要写的方法)的返回值，后者获取每天收费金额和天数，计算要支付的总金额。

> 注意　由于尚未写好 readDouble，readInt，writeFee 和 calculateFee 方法，所以"智能感知"无法在输入上述代码时自动列出它们。另外，先不要生成程序，因为肯定会失败。

➢　使用"生成方法存根向导"编写方法

1. 在"代码和文本编辑器"窗口中右击 run 方法中的 readDouble 方法调用。

随后将弹出一个快捷菜单，其中包含用于生成和编辑代码的命令，如下图所示。

2. 在弹出的快捷菜单中，选择"生成"|"方法存根"命令。

随后，Visual Studio 会检查对 readDouble 方法的调用，判断参数类型和返回值，并生成一个具有默认实现的方法，如下所示：

```
private double readDouble(string p)
{
    throw new NotImplementedException();
}
```

新方是使用 private 限定符创建，这方面的详情将在第 7 章讲述。方法主体目前只是引发 NotImplementedException 异常(第 6 章将详细讨论异常)。将在下一步将主体替换成自己的代码。

3. 从 readDouble 方法中删除 throw 语句，替换成以下代码：

```
Console.Write(p);
string line = Console.ReadLine();
return double.Parse(line);
```

上述代码将变量 p 中的字符串输出到屏幕。p 是调用方法时传递的字符串参数，其中包含提示输入每日收费金额的消息。

注意　Console.Write 方法与前几个练习中的 Console.WriteLine 方法很相似，区别在于最后不输出换行符。

用户输入一个值，该值通过 ReadLine 方法读入一个字符串，并通过 double.Parse 方法转换成 double 值。结果作为方法调用的返回值传回。

注意　ReadLine 方法是与 WriteLine 配对的方法；它读取用户的键盘输入，并在用户按 Enter 键时结束读取。用户输入的文本作为 String 值返回。

4. 在 run 方法中右击 readInt 方法调用，从弹出菜单中选择"生成"|"方法存根"。

随后会生成 readInt 方法，如下所示：

```
private int readInt(string p)
{
    throw new NotImplementedException();
}
```

5. 将 readInt 方法主体中的 throw 语句替换成以下代码：

```
Console.Write(p);
string line = Console.ReadLine();
return int.Parse(line);
```

这些代码块和 readDouble 方法很相似。唯一区别是该方法返回 int 值，所以要用 int.Parse 方法将用户输入的字符串转换成整数。

6. 在 run 方法中右击 calculateFee 方法调用，从弹出菜单中选择"生成"|"方法存根"。随后会生成 calculateFee 方法，如下所示：

```
private object calculateFee(double dailyRate, int noOfDays)
{
    throw new NotImplementedException();
}
```

注意，Visual Studio 根据传递的实参来生成形参名称。假如觉得不合适，完全可以更改形参名称。更让人感兴趣的是方法的返回类型，目前是 object。这表明 Visual Studio 无法根据当前上下文判断方法返回什么类型的值。object 类型意味着可能返回任何"对象"；在方法中添加具体的代码时，应把它修改成自己需要的类型。object 类型的详情将在第 7 章讲述。

7. 修改 calculateFee 方法定义，使它返回 double 值，如以下加粗的代码所示：

```
private double calculateFee(double dailyRate, int noOfDays)
{
    throw new NotImplementedException();
}
```

8. 将 calculateFee 方法的主体替换成以下语句，计算两个参数值的乘积来获得需要支付的金额，并返回结果。

```
return dailyRate * noOfDays;
```

9. 右击 run 方法中的 writeFee 方法调用，从弹出菜单中选择"生成"|"方法存根"。注意，Visual Studio 根据 calculateFee 方法的定义推断 writeFee 方法的参数应该是一个 double。另外，由于方法调用没有使用返回值，所以方法返回类型是 void：

```
private void writeFee(double p)
{
    ...
}
```

提示　如果熟悉语法，也可直接在"代码和文本编辑器"窗口中输入，并非一定要用"生成"菜单选项。

10. 将 writeFee 方法内部的代码替换成以下语句，它计算费用，添加10%佣金：

```
Console.WriteLine("The consultant's fee is: {0}", p * 1.1);
```

注意　这个版本的 WriteLine 方法演示了如何使用**格式字符串**。方法的第一个参数(字符串)，包含{0}。这称为占位符，会在运行时替换成字符串后的表达式(P * 1.1)的值。相较于将表达式 p * 1.1 的值转换成字符串，再用+操作符把它连接到字符串后面，这个技术显然更好。

11. 在"生成"菜单中选择"生成解决方案"。

重构代码

Visual Studio 2012 非常有用的一个功能就是重构代码。

有时要在应用程序的多个位置写相同(或非常相似)的代码。这时可右击代码，从弹出菜单中选择"重构"|"提取方法"。随后出现"提取方法"对话框，提示输入用于包含代码的方法的名称。输入方法名并单击"确定"。随后会创建方法，并将代码转移到其中，而代码原来的位置被替换成对新方法的调用。"提取方法"还有一定的智能，可判断方法是否应该获取参数，以及是否应该返回值。

➤　测试程序

1. 在"调试"菜单中选择"开始执行(不调试)"。

随后，Visual Studio 2012 将生成并运行程序，显示控制台窗口。

2. 在 Enter your daily rate(输入每天收费金额)提示之后输入 **525** 并按 Enter 键。

3. 在 Enter the number of days(输入天数)提示之后输入 **17** 并按 Enter 键。

程序在控制台窗口显示以下消息：

```
The consultant's fee is: 9817.5
```

4. 按 Enter 键关闭应用程序并返回 Visual Studio 2012。

下个练习将利用 Visual Studio 2012 调试器以"慢动作"运行程序。将看到每个方法被调用的时刻(这称为跳入方法，即 step into，UI 中翻译成"逐语句")，并看到方法的 return 语句如何将控制权返还给调用者(这称为跳出方法，即 step out)。可利用"调试"工具栏中的工具在方法中跳入和跳出。以"调试"模式运行应用程序时，相同的命令也可从"调试"菜单中选择。

> ### 使用 Visual Studio 2012 调试器来单步执行

1.   在"代码和文本编辑器"窗口中找到 run 方法。

2.   将鼠标对准 run 方法的第一个语句：

```
double dailyRate = readDouble("Enter your daily rate: ");
```

3.   右击该行，从弹出的快捷菜单中选择"运行到光标处"。程序将始运行，并在抵达上述语句暂停。"代码和文本编辑器"窗口左侧的黄色箭头指明当前语句，该语句还会用黄色背景突出显示，如下图所示。

```
Program.cs ⊞ ×
DailyRate.Program                                              run()
    {
        class Program
        {
            static void Main(string[] args)
            {
                (new Program()).run();
            }

            void run()
            {
                double dailyRate = readDouble("Enter your daily rate: ");
                int noOfDays = readInt("Enter the number of days: ");
                writeFee(calculateFee(dailyRate, noOfDays));
            }

            private void writeFee(double p)
            {
                Console.WriteLine("The consultant's fee is: {0}", p * 1.1);
            }
```

4.   选择"视图"|"工具栏"，确定已勾选"调试"工具栏。

注意，"调试"工具栏也许停靠在其他工具栏旁边。如果仍然看不见它，试着使用"视图"菜单中的"工具栏"命令暂时隐藏它，并留意哪些按钮从界面上消失了。再次显示这个工具栏。"调试"工具栏如下图所示。[①]

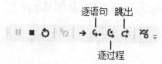

逐语句 跳出

逐过程

5.   单击"调试"工具栏中的"逐语句"按钮。

这会导致调试器跳入正在调用的方法。黄色箭头指向 readDouble 方法的起始大括号。

---

① 由于历史原因，人们看到 VS 中文版的各种调试命令时，一直都很难理解它们的真正含义。逐语句、逐过程和跳出分别对应 Step Into，Step Over 和 Step Out。其中，Step Into 和 Step Over 最难区分。何谓"过程"？这个词是 VB 盛行时候的产物。所谓"逐过程"(Step Over)，是指如果在调试时遇到"过程"(C#称为"方法")调用，就直接调用它(Over 它)，不对其中的语句进行单步调试。相反，如果选择"逐语句"(Step Into)，就会进入过程(方法)，对其中的语句进行调试。Step Out 则很好理解，就是直接执行当前过程(方法)剩余的语句，然后跳出这个代码块，返回调用位置。要想进一步了解这三个术语的具体区别，请访问 *http://www.developerfusion.com/article/33/debugging/4/*。——译注

6. 再次单击"逐语句"按钮，指针指向第一个语句：

```
Console.Write(p);
```

提示　按功能键 F11 等同于单击"调试"工具栏的"逐语句"按钮。

7. 在"调试"工具栏中单击"逐过程"按钮。

这会导致方法执行下一个语句而不调试它。如果要调用方法，但不想跑到方法中单步调试其中每个语句，就可采取这个操作。黄色箭头指向方法第二个语句，程序在控制台窗口显示 Enter Your Daily Rate 提示并返回 Visual Studio 2012 (这时控制台窗口会隐藏到 Visual Studio 2012 后面)。

提示　按 F10 键等同于单击"调试"工具栏的"逐过程"按钮。

8. 在"调试"工具栏中单击"逐过程"按钮。

这次黄色箭头会消失，控制台窗口获得焦点，因为程序正在执行 Console.ReadLine 方法，并正在等待用户输入内容。

9. 在控制台窗口中键入 **525**，按 Enter 键继续。

随后，控制权返回 Visual Studio 2012。黄色箭头将在方法第 3 行出现。

10. 不要点鼠标按钮，将鼠标指针移至方法第 2 行或第 3 行对 line 变量的引用上(具体对准哪一行无关紧要)。

随后会显示一条屏幕提示(参见下图)，指出 line 变量当前值是"525"。可利用该功能判断当执行到特定语句时，变量是否被设置成自己期望的值。

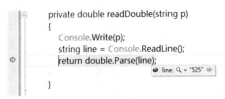

11. 在"调试"工具栏中单击"跳出"按钮。

这个操作会导致方法在不被打断的前提下一直执行到末尾。readDouble 方法执行完毕后，黄色箭头指回 run 方法的第 1 个语句。该语句正要结束执行。

提示　按 Shift + F11 组合键等同于单击"调试"工具栏的"跳出"按钮。

12. 在"调试"工具栏中单击"逐语句"按钮。

黄色箭头移至 run 方法的第 2 个语句：

```
int noOfDays = readInt("Enter the number of days: ");
```

13. 在"调试"工具栏中单击"逐过程"按钮。

这次选择直接运行方法，而不逐语句地调试方法。控制台窗口再次出现，提示输入天数。

14. 在控制台窗口中输入 **17**，按 Enter 键继续。控制权返回 Visual Studio 2012。黄色箭头移至 run 方法的第 3 个语句：

```
writeFee(calculateFee(dailyRate, noOfDays));
```

15. 在"调试"工具栏中单击"逐语句"按钮。

黄色箭头跳至 calculateFee 方法的起始大括号处。该方法将先于 writeFee 方法被调用。因为它的返回值被用作 writeFee 方法的参数。

16. 在"调试"工具栏中单击"跳出"按钮。

黄色箭头将跳回 run 方法的第 3 个语句。

17. 在"调试"工具栏中单击"逐语句"按钮。

这次黄色箭头跳至 writeFee 方法的起始大括号处。

18. 将鼠标指针对准方法定义中的 p 变量。
"屏幕提示"将显示 p 的值(8925.0)。

19. 在"调试"工具栏中单击"跳出"按钮。

随后控制台窗口显示消息"The consultant's fee is: 9817.5"(如果控制台窗口隐藏在 Visual Studio 2012 后面，请把它带到前台来观察)。黄色箭头回到 run 方法的第 3 个语句。

20. 在"调试"菜单中选择"继续"，使程序连续运行，不在每个语句处暂停。

应用程序将一直运行至结束。注意"调试"工具栏在应用程序结束时消失。它默认只在以调试模式运行应用程序时出现。

3.4　使用可选参数和具名参数

前面讲述了如何定义重载方法来实现方法的不同版本，让它们获取不同的参数。生成使用了重载方法的应用程序时，编译器判断每个方法调用应使用哪个版本。这是面向对象语言的常见功能，并非仅 C#才支持。

但开发人员完全可能采用其他语言和技术生成 Windows 应用程序和组件，那些语言和技术可能并不遵守这些规则。C#和其他.NET Framework 语言的一个重要特点是能与使用其他技术开发的应用程序和组件进行互操作。"组件对象模型"(Component Object Model，

COM)是在.NET Framework 外部运行的 Windows 应用程序和服务所使用的一项基本技术。
(事实上，.NET Framework 使用的公共语言运行时也严重依赖于 COM，Windows 8 的
Windows Runtime 也是如此。)COM 不支持重载方法；相反，它允许方法获取可选参数。为
了方便在 C#解决方案中集成 COM 库和组件，C#也支持可选参数。

可选参数在其他情况下也很有用。有时参数类型的差异不足以使编译器区分不同的实
现，造成无法使用重载技术。这时可选参数能提供一个简单、好用的解决方案。例如以下
方法：

```
public void DoWorkWithData(int intData, float floatData, int moreIntData)
{
    ...
}
```

DoWorkWithData 方法获取三个参数，包括两个 int 和一个 float。现在，假定要提供只
获取两个参数(intData 和 floatData)的一个实现：

```
public void DoWorkWithData(int intData, float floatData)
{
    ...
}
```

调用 DoWorkWithData 方法时，可提供恰当类型的两个或三个参数，编译器根据类型
信息判断调用哪个重载版本：

```
int arg1 = 99;
float arg2 = 100.0F;
int arg3 = 101;

DoWorkWithData(arg1, arg2, arg3); // 调用三个参数的重载版本
DoWorkWithData(arg1, arg2);       // 调用两个参数的重载版本
```

到目前为止一切都还好。但是，如果要实现 DoWorkWithData 的另外两个版本，只获
取第一个参数和第二个参数，那么或许会草率地写出以下重载版本：

```
public void DoWorkWithData(int intData)
{
    ...
}
public void DoWorkWithData(int moreIntData)
{
    ...
}
```

问题在于，对于编译器，这两个重载版本完全一样，程序无法通过编译。编译器报告
以下错误：**类型"typename"已定义了一个名为"DoWorkWithData"的具有相同参数类型的
成员**。为了理解为什么会这样，可以采取反证的方式。假定上述代码合法，那么执行以下
语句时：

```
int arg1 = 99;
int arg3 = 101;

DoWorkWithData(arg1);
DoWorkWithData(arg3);
```

应调用 DoWorkWithData 的哪个重载？使用可选参数和具名参数就能有效解决问题。

3.4.1　定义可选参数

为了指定可选参数，可在定义方法时使用赋值操作符为该参数提供默认值。以下 optMethod 方法的第一个参数是必需的，因为它没有提供默认值，但第二个和第三个参数可选：

```
void optMethod(int first, double second = 0.0, string third = "Hello")
{
    ...
}
```

可选参数只能放在必需参数之后。含可选参数的方法在调用方式上与其他方法无异。都是指定方法名，提供任何必需的参数(实参)。区别在于，与可选参数对应的实参可以省略，方法运行时会为省略的实参使用默认值。下例第一个 optMethod 方法调用为三个参数都提供了值。第二个调用只提供两个实参，对应第一个和第二个参数。方法运行时，第三个参数使用默认值"Hello"。

```
optMethod(99, 123.45, "World");     // 全部三个参数都提供了实参
optMethod(100, 54.321);             // 只为前两个参数提供了实参
```

3.4.2　传递具名参数

C#默认根据每个实参在方法调用中的位置判断对应形参。所以在上一节的第二个示例方法调用中，两个实参分别传给 optMethod 方法的 first 和 second 形参，因为它们在方法声明中的顺序如此。C#还允许按名称指定参数。这样就可按照不同顺序传递实参。要将实参作为具名参数传递，必须输入参数名，一个冒号，然后是要传递的值。下例执行和上一节的例子相同的功能，只是参数按名称指定：

```
optMethod(first : 99, second : 123.45, third : "World");
optMethod(first : 100, second : 54.321);
```

利用具名参数，实参可按任意顺序传递。可像下面这样重写 optMethod 方法调用：

```
optMethod(third : "World", second : 123.45, first : 99);
optMethod(second : 54.321, first : 100);
```

这个功能还允许省略实参。例如，调用 optMethod 方法时，可以只指定 first 和 third 这两个参数的值，second 参数使用默认值。如下所示：

```
optMethod(first : 99, third : "World");
```

还可兼按位置和名称指定实参。但这要求先指定按位置的实参，再指定命名实参：

```
optMethod(99, third : "World");     // 第一个实参按位置来定
```

3.4.3 消除可选参数和具名参数的歧义

使用可选参数和具名参数可能造成代码的歧义。需要知道编译器如何解决歧义，否则可能得到出乎预料的结果。假定 optMethod 被定义成重载方法，如下所示：

```
void optMethod(int first, double second = 0.0, string third = "Hello")
{
    ...
}

void optMethod(int first, double second = 1.0, string third = "Goodbye", int fourth = 100 )
{
    ...
}
```

这是完全合法的 C#代码，它符合方法重载规则。编译器能区分两个方法，因为两者的参数列表不同。但如果调用 optMethod 方法，忽略与一个或多个可选参数对应的实参，就可能出问题：

```
optMethod(1, 2.5. "World");
```

上述代码同样合法，但应该调用 optMethod 方法的哪个版本？答案是和方法调用最匹配的。所以，最后选择的是获取 3 个参数的版本，而不是获取 4 个参数的版本。这确实说得通，那么再来看看以下调用：

```
optMethod(1, fourth : 101);
```

在上述代码中，对 optMethod 的调用省略了 second 和 third 参数的实参，但通过具名参数的形式为 fourth 参数提供了实参。optMethod 只有一个版本能匹配这个调用，所以这不是问题。但下面这个调用就有点伤脑筋了：

```
optMethod(1, 2.5);
```

这次 optMethod 的两个版本都不能完全匹配提供的实参。两个版本中，second，third 和 fourth 都是可选参数。所以，应该选择获取 3 个参数的 optMethod 版本，为 third 参数使用默认值，还是应该选择获取 4 个参数的 optMethod 版本，为 third 和 fourth 参数使用默认值呢？答案是两个都不选。编译器认为这是存在歧义的方法调用，所以不允许编译。下面列举了同样存在歧义的 optMethod 方法调用：

```
optMethod(1, third : "World");
optMethod(1);
optMethod(second : 2.5, first : 1);
```

本章最后一个练习将实现获取可选参数的方法，并用具名参数调用它们。还要测试一些常见的例子，了解 C#编译器如何解析涉及可选参数和具名参数的方法调用。

> **定义并调用获取可选参数的方法**

1. 在 Visual Studio 2012 中打开"文档"文件夹下的\Microsoft Press\Visual CSharp Step by Step\Chapter 3\Windows *X*\DailyRate Using Optional Parameters 子文件夹中的 DailyRate 项目。

2. 在"解决方案资源管理器"中双击 Program.cs，在"代码和文本编辑器"窗口中显示代码。目前基本是空白的，除了 Main 方法以及 run 方法的架子。

3. 在 Program 类中，在 run 方法后面添加 calculateFee 方法。它和上一组练习中实现的方法相似，只是要获取两个具有默认值的可选参数。方法还打印一条消息，指出调用的是哪个版本的 calculateFee。(将在后续步骤中添加方法的重载实现。)

```
private double calculateFee(double dailyRate = 500.0, int noOfDays = 1)
{
    Console.WriteLine("calculateFee using two optional parameters");
    return dailyRate * noOfDays;
}
```

4. 在 Program 类中添加 calculateFee 方法的另一个实现，如下所示：这个版本获取一个可选参数(double dailyRate)。计算并返回一天的收费金额。

```
private double calculateFee(double dailyRate = 500.0)
{
    Console.WriteLine("calculateFee using one optional parameter");
    int defaultNoOfDays = 1;
    return dailyRate * defaultNoOfDays;
}
```

5. 添加 calculateFee 的第三个实现。这个版本不获取任何参数，使用硬编码的每日费率(400 元)和收费天数(1 天)。

```
private double calculateFee()
{
    Console.WriteLine("calculateFee using hardcoded values");
    double defaultDailyRate = 400.0;
    int defaultNoOfDays = 1;
    return defaultDailyRate * defaultNoOfDays;
}
```

6. 在 run 方法中添加以下加粗的语句来调用 calculateFee 并显示结果：

```
public void run()
{
    double fee = calculateFee();
    Console.WriteLine("Fee is {0}", fee);
}
```

7. 在"调试"菜单中，单击"开始执行(不调试)"来生成并运行程序。程序在控制台窗口中运行，显示以下消息：

```
calculateFee using hardcoded values
Fee is 400
```

run 方法调用的是不获取任何参数的 calculateFee 版本，而不是获取可选参数的任何版本。这是由于该版本和方法调用最匹配。

按任意键关闭控制台窗口并返回 Visual Studio。

8. 在 run 方法中修改调用 calculateFee 的语句(加粗的地方)：

```
public void run()
{
    double fee = calculateFee(650.0);
    Console.WriteLine("Fee is {0}", fee);
}
```

9. 在"调试"菜单中，单击"开始执行(不调试)"来生成并运行程序。程序在控制台窗口中运行，显示以下消息：

```
calculateFee using one optional parameter
Fee is 650
```

这次调用获取一个可选参数的 calculateFee 版本，仍然是和方法调用最匹配的版本。

按任意键关闭控制台窗口并返回 Visual Studio。

10. 在 run 方法中再次修改调用 calculateFee 的语句：

```
public void run()
{
    double fee = calculateFee(500.0, 3);
    Console.WriteLine("Fee is {0}", fee);
}
```

11. 在"调试"菜单中，单击"开始执行(不调试)"来生成并运行程序。程序在控制台窗口中运行，显示以下消息：

```
calculateFee using two optional parameters
Fee is 1500
```

这次调用获取两个可选参数的 calculateFee 版本。

按任意键关闭控制台窗口并返回 Visual Studio。

12. 在 run 方法中修改调用 calculateFee 的语句，通过名称指定 dailyRate 参数的值：

```
public void run()
{
    double fee = calculateFee(dailyRate : 375.0);
```

```
    Console.WriteLine("Fee is {0}", fee);
}
```

13. 在"调试"菜单中，单击"开始执行(不调试)"来生成并运行程序。程序在控制台
    窗口中运行，显示以下消息：

```
calculateFee using one optional parameter
Fee is 375
```

    和步骤 8 一样，调用的是获取一个可选参数的 calculateFee 版本。虽然使用了具名
    参数，但编译器对方法调用进行解析的方式没有发生改变。

    按任意键关闭控制台窗口并返回 Visual Studio。

14. 在 run 方法中修改调用 calculateFee 的语句，通过名称指定 noOfDays 参数的值：

```
public void run()
{
    double fee = calculateFee(noOfDays : 4);
    Console.WriteLine("Fee is {0}", fee);
}
```

15. 在"调试"菜单中，单击"开始执行(不调试)"来生成并运行程序。程序在控制台
    窗口中运行，显示以下消息：

```
calculateFee using two optional parameters
Fee is 2000
```

    这次调用获取两个可选参数的 calculateFee。调用中省略了第一个参数(dailyRate)，
    并通过名称指定了第二个参数的值。获取两个可选参数的 calculateFee 是唯一匹配
    的版本。

    按任意键关闭控制台窗口并返回 Visual Studio。

16. 修改获取两个可选参数的 calculateFee 方法的实现。将第一个参数的名称更改为
    theDailyRate，并更新 return 语句，如以下加粗的代码所示：

```
private double calculateFee(double theDailyRate = 500.0, int noOfDays = 5)
{
    Console.WriteLine("calculateFee using two optional parameters");
    return theDailyRate * noOfDays;
}
```

17. 在 run 方法中，修改调用 calculateFee 的语句，通过名称来指定 theDailyRate 参数
    的值：

```
public void run()
{
    double fee = calculateFee(theDailyRate : 375.0);
    Console.WriteLine("Fee is {0}", fee);
}
```

18. 在 "调试" 菜单中，单击 "开始执行(不调试)" 来生成并运行程序。程序在控制台窗口中运行，显示以下消息：

```
calculateFee using two optional parameters
Fee is 375
```

步骤 12 指定的参数名是 dailyRate 而非 theDailyRate，所以 run 方法会调用获取一个可选参数的 calculateFee。这次调用获取两个可选参数的 calculateFee。本例使用具名参数改变了编译器对方法调用进行解析的方式。如果提供一个具名参数，编译器会将参数名和方法声明中指定的参数名比较，选择参数名称匹配的方法。

按任意键关闭控制台窗口并返回 Visual Studio。

小　　结

本章讲述了如何定义方法来实现具名代码块。学习了如何向方法传递参数，以及如何从方法返回数据。另外还知道了如何调用方法、传递参数并获取返回值。学习了如何通过不同参数列表来重载方法，还知道了变量的作用域如何影响它的作用范围。然后用 Visual Studio 2012 调试器对代码进行单步调试。最后学习了如何写方法来获取可选参数，以及如何使用具名参数调用方法。

- 如果希望继续学习下一章，请保持 Visual Studio 2012 的运行状态，然后阅读第 4 章。

- 如果希望立即退出 Visual Studio 2012，请在 "文件" 菜单上选择 "退出" 命令。如果看到 "保存" 对话框，单击 "是" 按钮保存项目。

第 3 章快速参考

目标	操作

声明方法	在类内部写方法。指定方法名，参数列表和返回类型。后面是一对大括号中的方法主体。示例如下：
	
	`int addValues(int leftHandSide, int rightHandSide)`
	`{`
	`    ...`
	`}`

从方法内部返回值	在方法内部写 return 语句。示例如下： `return leftHandSide + rightHandSide;`
不从方法返回数据	使用单独的 return 语句： `return;`

续表

目标	操作
调用方法	写方法名，在圆括号中添加必要的实参。示例如下： `addValues(39, 3);`
使用"生成方法存根向导"	右击方法调用，从弹出菜单中选择"生成"|"方法存根"
显示"调试"工具栏	选择"视图"|"工具栏"，勾选"调试"
跳入方法并逐语句调试 (Step into)	单击"调试"工具栏中的"逐语句"按钮，或者从菜单栏选择"调试"|"逐语句"，或者按功能键 F11
跳出方法，忽略对方法中的其他语句的调试，一路执行到方法尾(Step out)	单击"调试"工具栏中的"跳出"按钮，或者从菜单栏选择"调试"|"跳出"，或者按组合键 Shift+F11
直接执行方法而不对其进行调试(Step over)	单击"调试"工具栏中的"逐过程"按钮，或者从菜单栏中选择"调试"|"逐过程"，或者按功能键 F10

为方法指定可选参数	在方法声明中为参数提供默认值。示例如下：
	
	`void optMethod(int first, double second = 0.0,`
	`                string third = "Hello")`
	`{`
	`    ...`
	`}`

利用具名参数向方法提供实参	在方法调用中指定参数名。示例如下： `optMethod(first : 100, third : "World");`

第4章　使用判断语句

本章旨在教会你：

- 声明布尔变量
- 使用布尔操作符创建结果为 true 或 false 的表达式
- 使用 if 语句，依据布尔表达式的结果做出判断
- 使用 switch 语句做出更复杂的判断

第 3 章讲述了如何利用方法来分组相关的语句，还介绍了如何利用参数向方法传入数据，如何使用 return 语句从方法传出数据。将程序分解成一系列方法，每个方法都负责一项具体任务或计算，这是必要的设计策略。许多程序都需要解决既大又复杂的问题。将程序分解成方法有助于理解问题，集中精力每次解决一个问题。

第 3 章写的方法很简单，语句都是顺序执行的。但为了解决现实世界的问题，还需要根据情况在方法中选择不同的执行路径。本章将介绍具体做法。

4.1　声明布尔变量

和现实世界不同，程序世界的每件事情要么黑，要么白；要么对，要么错；要么真，要么假。例如，假定创建数变量 x，把值 99 赋给它，然后问："x 中包含了值 99 吗？"答案显然是肯定的。如果问："x 小于 10 吗？"答案显然是否定的。这些正是**布尔表达式**的例子。布尔表达式的值肯定为 true 或 false。

注意 对于这些问题，并非所有编程语言都会做出相同回答。例如，未赋值的变量包含未定义的值，不能说它肯定小于 10。正是因为这个原因，新手在写 C 和 C++程序时容易出错。Microsoft Visual C#编译器解决这个问题的方案是确保变量在访问前已经赋值。试图访问未赋值变量，程序将拒绝编译。

Microsoft Visual C#提供了 bool 数据类型。bool 变量只能容纳两个值之一：true 或 false。例如以下三个语句声明 bool 变量 areYouReady，将 true 值赋给它，并在控制台上输出它的值：

```
bool areYouReady;
areYouReady = true;
Console.WriteLine(areYouReady); // 在控制台输出 True
```

4.2　使用布尔操作符

布尔操作符是求值为 true 或 false 的操作符。C#提供了几个非常有用的布尔操作符，其中最简单的是 NOT(求反)操作符，它用感叹号(!)表示。!操作符求布尔值的反值。在上例中，

假如变量 areYouReady 为 true，则表达式 !areYouReady 为 false。

4.2.1　理解相等和关系操作符

两个更常用的布尔操作符是相等(==)和不等(!=)操作符。这两个二元操作符判断一个值是否与相同类型的另一个值相等，结果是 bool 值。下表演示这些操作符，以 int 变量 age 为例。

操作符	含义	示例	结果(假定 age = 42)
==	等于	age == 100	false
!=	不等于	age != 0	true

相等操作符(==)和赋值操作符(=)莫要搞混了。表达式 x==y 比较 x 与 y，两个值相同就返回 true。相反，表达式 x=y 将 y 的值赋给 x。

与==和!=密切相关的是**关系操作符**，它们判断一个值是小于还是大于同类型的另一个值。下表演示这些操作符。

操作符	含义	示例	结果(假定 age = 42)
<	小于	age < 21	false
<=	小于或等于	age <= 18	false
>	大于	age > 16	true
>=	大于或等于	age >= 30	true

4.2.2　理解条件逻辑操作符

C#还提供了另外两个布尔操作符：逻辑 AND(逻辑与)操作符(用&&表示)和逻辑 OR(逻辑或)操作符(用||表示)。这两个操作符统称**条件逻辑操作符**，作用是将两个布尔表达式或值合并成一个布尔结果。这两个二元操作符与相等/关系操作符相似的地方是结果也为 true 或 false。不同的地方是操作的值(操作数)本身必须是 true 或 false。

只有作为操作数的两个布尔表达式都为 true，&&操作符的求值结果才为 true。例如，只有在 percent 大于或等于 0，而且 percent 小于或等于 100 的前提下，以下语句才会将 true 值赋给 validPercentage：

```
bool validPercentage;   // 有效百分比
validPercentage = (percent >= 0) && (percent <= 100);
```

📝**提示**　新手常见错误是在合并两个测试时，只对 percent 变量命名一次，就像下面这样：

```
percent >= 0 && <= 100 // 这个语句不能编译
```

使用圆括号有助于避免这种类型的错误, 同时也有助于澄清表达式。例如, 可以对比一下以下两个表达式:

```
validPercentage = percent >= 0 && percent <= 100
validPercentage = (percent >= 0) && (percent <= 100)
```

两个表达式的结果一样, 因为操作符&&的优先级低于>=和<=。但第二个更清晰。

两个操作数任何一个为 true, 操作符||的求值结果都为 true。操作符||判断两个条件是否有任何一个成立。如果 percent 小于 0 或大于 100, 以下语句将值 true 赋给 invalidPercentage:

```
bool invalidPercentage;
invalidPercentage = (percent < 0) || (percent > 100);
```

4.2.3 短路求值

操作符&&和||都支持**短路求值**。有时根本没必要两个操作数都求值。例如, 假定操作符&&的左操作数求值为 false, 整个表达式的结果肯定是 false, 无论右操作数的值是什么。类似地, 如果操作符||的左操作数求值为 true, 那么整个表达式的结果肯定是 true。在这些情况下, 操作符&&和||将跳过对右侧布尔表达式的求值。下面是一些例子:

```
(percent >= 0) && (percent <= 100)
```

在这个表达式中, 假如 percent 小于 0, 那么操作符&&左侧的布尔表达式求值为 false。该值意味着整个表达式的结果肯定是 false, 所以不对右侧表达式进行求值。再如下例:

```
(percent < 0) || (percent > 100)
```

在这个表达式中, 假如 percent 小于 0, 那么操作符||左侧的布尔表达式求值为 true。该值意味着整个表达式的结果肯定是 true。所以不对右侧表达式进行求值。

如果能小心地设计使用了条件逻辑操作符的表达式, 就可避免不必要的工作以提升代码性能。将容易计算、简单的布尔表达式放到条件逻辑操作符左边, 将较复杂的表达式放到右边。在许多情况下, 程序并不需要对更复杂的表达式进行求值。

4.2.4 操作符的优先级和结合性总结

下表总结了迄今为止学过的所有操作符的优先级和结合性。同一个类别中的操作符具有相同的优先级。在"类别"列表中, 各个类别按照从高到低的顺序排列。一个更高类别中的操作符优先于较低类别中的操作符。

类别	操作符	描述	结合性
主要(Primary)	()	覆盖优先级	左
	++	后递增	
	--	后递减	

类别	操作符	描述	结合性
一元(Unary)	!	逻辑 NOT	左
	+	加	
	–	减	
	++	前递增	
	––	前递减	
乘(Multiplicative)	*	乘	左
	/	除	
	%	求余	
加(Additive)	+	加	左
	–	减	
关系(Relational)	<	小于	左
	<=	小于或等于	
	>	大于	
	>=	大于或等于	
相等(Equality)	==	等于	左
	!=	不等于	
条件 AND(Conditional AND)	&&	逻辑 AND	左
条件 OR(Conditional OR)	||	逻辑 OR	左
赋值(Assignment)	=		右

4.3　使用 if 语句做出判断

要根据布尔表达式的结果选择执行两个不同的代码块，就可以使用 if 语句。

4.3.1　理解 if 语句的语法

if 语句的语法如下所示(if 和 else 是 C#关键字)：

```
if ( booleanExpression )
   statement-1;
else
   statement-2;
```

如果 *booleanExpression*(布尔表达式)求值为 true，就运行 *statement-1*；否则运行 *statement-2*。else 关键字和后续的 *statement-2* 是可选的。如果没有 else 子句，而且 *booleanExpression* 为 false，那么什么事情都不会发生，程序继续执行 if 语句之后的代码。注意布尔表达式必须放在圆括号中，否则无法编译。

例如，以下 if 语句递增秒表的秒针(暂时忽略分钟)。如果 seconds 值是 59，就重置为 0；否则就用操作符++来递增：

```
int seconds;
...
if (seconds == 59)
    seconds = 0;
else
    seconds++;
```

拜托，只用布尔表达式!

if 语句中的表达式必须放在一对圆括号中。除此之外，表达式必须是布尔表达式。在另一些语言中(尤其是 C 和 C++)，还可以使用整数表达式，编译器自动将整数值转换成 true(非 0 值)或 false(0)。C#不允许这样做。对于这样的表达式，编译器会报错。

如果在 if 语句中不慎写了赋值表达式，而不是执行相等性测试，C#编译器也能识别出这个错误。例如：

```
int seconds;
...
if (seconds = 59) // 编译时错误
...
if (seconds == 59) // 正确
```

在本来该用==的地方用了=，是 C/C++程序容易出现 bug 的另一个原因。在 C 和 C++中，会将所赋的值(59)悄悄地转换成布尔值(任何非 0 的值都被视为 true)，造成每次都执行 if 语句之后的代码。

另外，布尔变量可以作为 if 语句的表达式使用，但必须包含在一对圆括号中：

```
bool inWord;
...
if (inWord == true) // 可以这样写,但不常用
...
if (inWord) // 更好的写法
```

4.3.2 使用代码块分组语句

在前面的 if 语法中，if(*booleanExpression*)后面只有一个语句，关键字 else 后面也只有一个语句。但经常要在布尔表达式为 true 的前提下执行两个或更多语句。这时可将要运行的语句分组到新方法中，然后调用方法。但更简单的做法是将语句分组到**代码块**中。代码块是用大括号封闭的一组语句。

下例两个语句将 seconds 重置为 0，并使 minutes 递增。这两个语句被放到代码块中。如果 seconds 的值等于 59，整个代码块都会执行：

```
int seconds = 0;
int minutes = 0;
...
if (seconds == 59)
{
    seconds = 0;
    minutes++;
}
else
    seconds++;
```

重要提示　省略大括号将造成两个严重后果。首先，C#编译器只将第一个语句(seconds=0)与 if 语句关联，下一个语句(minutes++)不再成为 if 语句的一部分。其次，当编译器遇到 else 关键字时，不会将它与前一个 if 语句关联，所以会报告一个语法错误。因此，一个好习惯是 if 语句的每个分支都用代码块定义，即使代码块只包含一个语句。以后添加代码会更省心。

代码块还界定了一个新的作用域。可在代码块内部定义变量，这些变量在代码块结束时消失。如以下代码所示：

```
if (...)
{
  int myVar = 0;
  ... // myVar 能在这里使用
} // myVar 在这里消失
else
{
  // 这里不能使用 myVar 了
  ...
}
// 这里不能使用 myVar 了
```

4.3.3　嵌套 if 语句

可在一个 if 语句中嵌套其他 if 语句。这样可以链接一系列布尔表达式。它们依次测试，直至其中一个表达式的值为 true。在下例中，假如 day 值为 0，则第一个测试的值为 true，值"Sunday"将被赋给 dayName 变量。假如 day 值不为 0，则第一个测试失败，控制传递给 else 子句。该子句运行第二个 if 语句，将 day 的值与 1 进行比较。注意，只有第一个 if 测试为 false，才执行第二个 if 语句。类似地，只有第一个 if 测试和第二个 if 测试为 false，才执行第三个 if。

```
if (day == 0)
    dayName = "Sunday";
else if (day == 1)
```

```
  dayName = "Monday";
else if (day == 2)
  dayName = "Tuesday";
else if (day == 3)
  dayName = "Wednesday";
else if (day == 4)
  dayName = "Thursday";
else if (day == 5)
  dayName = "Friday";
else if (day == 6)
  dayName = "Saturday";
else
  dayName = "unknown";
```

以下练习要写一个方法，使用嵌套 if 语句比较两个日期。

➢　**编写 if 语句**

1. 如果尚未运行，请先启动 Microsoft Visual Studio 2012。

2. 打开 Selection 项目，它位于"文档"文件夹下的\Microsoft Press\Visual CSharp Step by Step\Chapter 4\Windows *X*\Selection 子文件夹中。

3. 在"调试"菜单中选择"启动调试"。

   Visual Studio 2012 生成并运行应用程序。窗体显示两个 TextBlock 控件，都包含当前日期，名为 firstDate 和 secondDate。可用滑杆控件在当前日期+或-50 天的范围内调整。

4. 不要改变日期，单击 Compare。

   窗口下半部分的文本框显示以下内容：

```
firstDate == secondDate : False
firstDate != secondDate : True
firstDate < secondDate : False
firstDate <= secondDate : False
firstDate > secondDate : True
firstDate >= secondDate : True
```

   结果显然有问题。布尔表达式 first == second 应该为 true，因为 first 和 second 都被设为今天的日期。事实上，在上述结果中，似乎只有<和>=的结果才是正确的！下图所示为应用程序的 Windows 8 和 Windows 7 版本运行结果。

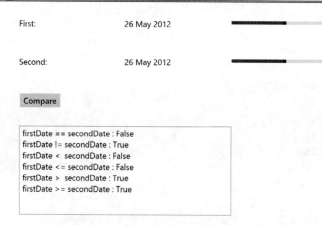

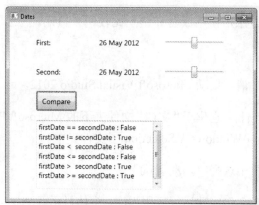

5. 返回 Visual Studio 2012，选择"调试" | "停止调试"。如果使用 Windows 7，可直接单击 Quit 按钮。

6. 在"代码和文本编辑器"窗口中显示 MainWindow.xaml.cs 的代码。

7. 找到 compareClick 方法，如下所示：

```
private void compareClick(object sender, RoutedEventArgs e)
{
    int diff = dateCompare(first, second);
    info.Text = "";
    show("firstDate == secondDate", diff == 0);
    show("firstDate != secondDate", diff != 0);
    show("firstDate < secondDate", diff < 0);
    show("firstDate <= secondDate", diff <= 0);
    show("firstDate > secondDate", diff > 0);
    show("firstDate >= secondDate", diff >= 0);
}
```

单击窗体上的 Compare 按钮将执行该方法。变量 first 和 second 容纳 DateTime 值，在程序别的地方用窗体上的 firstDate 和 second 控件中显示的日期填充。DateTime 数据类型和 int 或 float 等数据类型相似，只是包含子元素，允许访问日期的不同部分，如年、月或日。

compareClick 方法向 dateCompare 方法传递两个 DateTime 值，后者比较两个值。如果相同返回 int 值 0，第一个小于第二个返回-1，第一个大于第二个返回+1。日期按照日历在另一个日期之后，就认为大于那个日期。将在下个步骤中讨论 dateCompare 方法。

show 方法在窗体下半部分的 info 文本框控件中汇总比较结果。

8. 找到 dateCompare 方法，如下所示：

```
private int dateCompare(DateTime leftHandSide, DateTime rightHandSide)
{
    // TO DO
    return 42;
}
```

方法目前返回固定值，而不是通过比较实参返回 0，-1 或+1。这解释了为什么应用程序不像预期的那样工作！ 需要在方法中实现正确比较两个日期的逻辑。

9. 在 dateCompare 方法中删除// TO DO 注释和 return 语句。

10. 在 dateCompare 方法主体中添加以下加粗代码：

```
private int dateCompare(DateTime leftHandSide, DateTime rightHandSide)
{
    int result;

    if (leftHandSide.Year < rightHandSide.Year)
    {
        result = -1;
    }
    else if (leftHandSide.Year > rightHandSide.Year)
    {
        result = 1;
    }
}
```

假如表达式 leftHandSide.Year < rightHandSide.Year 的值为 true，则 leftHandSide 中的日期肯定早于 rightHandSide 中的日期，所以程序会把 result 变量设置为-1。否则，如果表达式 leftHandSide.Year > rightHandSide.Year 的值为 true，leftHandSide 中的日期肯定晚于 rightHandSide 中的日期，所以程序把 result 变量设置为+1。

假如 leftHandSide.Year < rightHandSide.Year 和 leftHandSide.Year > rightHandSide.Year 两个表达式的值都为 false，两个日期的 Year 属性值肯定相同，所以接着比较两个日期中的月份。

11. 向 dateCompare 方法主体添加以下加粗代码(放到前一个步骤添加的代码之后)：

```
private int dateCompare(DateTime leftHandSide, DateTime rightHandSide)
{
    ...
```

```
   else if (leftHandSide.Month < rightHandSide.Month)
   {
      result = -1;
   }
   else if (leftHandSide.Month > rightHandSide.Month)
   {
      result = 1;
   }
}
```

这些语句使用和比较年份相似的逻辑来比较月份。

假 如 leftHandSide.Month < rightHandSide.Month 和 leftHandSide.Month > rightHandSide.Month 两个表达式的值都为 false，两个日期的 Month 属性值肯定相同，所以最后要比较两个日期中的天数。

12. 向 dateCompare 方法主体添加以下加粗代码(放到前两个步骤添加的代码之后)：

```
private int dateCompare(DateTime leftHandSide, DateTime rightHandSide)
{
   ...
   else if (leftHandSide.Day < rightHandSide.Day)
   {
      result = -1;
   }
   else if (leftHandSide.Day > rightHandSide.Day)
   {
      result = 1;
   }
   else
   {
      result = 0;
   }
   return result;
}
```

现在能看出这个逻辑的一些端倪了。

假 如 leftHandSide.Day < rightHandSide.Day 和 leftHandSide.Day > rightHandSide.Day 两个表达式的值均为 false，两个日期的 Day 属性值肯定相同。按照目前的逻辑，Month 和 Year 值已经相同，所以两个日期肯定相同，所以将 result 的值设为 0。

最后一个语句返回 result 变量中存储的值。

13. 在"调试"菜单中，选择 "启动调试"。

应用程序将重新生成和启动。同样地，两个 TextBlock 控件(firstDate 和 secondDate)被设为当前日期。

14. 单击 Compare 按钮。

    文本框显示以下内容：

    ```
    firstDate == secondDate : True
    firstDate != secondDate : False
    firstDate < secondDate: False
    firstDate <= secondDate: True
    firstDate > secondDate: False
    firstDate >= secondDate: True
    ```

    这些结果对于相同的两个日期是正确的。

15. 向右拖动 Second 滑块，前进几天。

    控件应显示新日期。

16. 单击 Compare 按钮。

    文本框显示以下内容：

    ```
    firstDate == secondDate: False
    firstDate != secondDate: True
    firstDate < secondDate: True
    firstDate <= secondDate: True
    firstDate > secondDate: False
    firstDate >= secondDate: False
    ```

    当第一个日期早于第二个日期时，上述结果是正确的。

17. 测试其他日期，验证结果都符合预期。完成后返回 Visual Studio 2012 并停止调试。
    如果使用 Windows 7，可直接关闭应用程序。

实际应用程序中的日期比较

在体验了如何使用一系列相当长而且复杂的 if 和 else 语句之后，我有责任提醒大家，在实际的应用程序中，并不用这种方法比较日期。练习中的 dateCompare 方法有两个参数，即 leftHandSide 和 rightHandSide，它们都是 DateTime 值。程序逻辑只比较日期，没有比较时间(也没有显示)。两个 DateTime 值要真正"相等"，不仅日期要一样，时间也必须一样。比较日期和时间是很常见的操作，所以 DateTime 类型内建了 Compare 方法。Compare 方法获取两个 DateTime 实参并进行比较。返回小于 0 的值表明第一个实参小于第二个实参，返回大于 0 的值表明第一个实参大于第二个，返回 0 表明两个实参代表相同日期和时间。

4.4　使用 switch 语句

使用嵌套 if 语句时，有时所有 if 语句看起来都相似，因为都在对完全相同的表达式进行求值，唯一区别是每个 if 语句都将表达式的结果与不同的值进行比较。例如以下代码块，它用 if 语句判断 day 变量的值对应星期几：

```
if (day == 0)
{
  dayName = "Sunday";
}
else if (day == 1)
{
  dayName = "Monday";
}
else if (day == 2)
{
  dayName = "Tuesday";
}
else if (day == 3)
{
  ...
}
else
{
  dayName = "Unknown";
}
```

这时可将嵌套 if 语句改写成 switch 语句，提高程序效率并增强可读性。

4.4.1 理解 switch 语句的语法

switch 语句语法如下(switch，case 和 default 是 C#关键字)：

```
switch ( controllingExpression )
{
case constantExpression :
  statements
  break;
case constantExpression :
  statements
  break;
...
default :
  statements
  break;
}
```

controllingExpression(控制表达式)只求值一次，而且必须包含在圆括号中。然后逐个检查 constantExpression(常量表达式)，找到和 controllingExpression 的值相等的 constantExpression，就执行由它标识的代码块(constantExpression 也称 **case** 标签)。进入代码块后，将一直执行到 break 语句。遇到 break 后，switch 语句结束，程序从 switch 语句结束大括号之后的第一个语句继续执行。如果没有任何 constantExpression 的值等于 controllingExpression 的值，就运行由可选的 default 标签所标识的代码块。

> 📖 **注意** 每个 *constantExpression* 值都必须唯一，使 *controllingExpression* 只能与它们当中的一个匹配。如果 *controllingExpression* 的值和任何 *constantExpression* 的值都不匹配，也没有 default 标签，程序就从 switch 的结束大括号之后的第一个语句继续执行。

例如，前面的嵌套 if 语句可改写成以下 switch 语句：

```
switch (day)
{
  case 0 :
    dayName = "Sunday";
    break;
  case 1 :
    dayName = "Monday";
    break;
  case 2 :
    dayName = "Tuesday";
    break;
  ...
  default :
    dayName = "Unknown";
    break;
}
```

4.4.2　遵守 switch 语句的规则

switch 语句很有用，但不能想用就用。使用须谨慎。switch 语句要严格遵循以下规则。

- switch 语句的控制表达式只能是基元数据类型，如 int，char 或 string。其他任何类型(包括 float 和 double 类型)只能用 if 语句。

- case 标签必须是常量表达式，如 42(控制表达式是 int)，'4'(控制表达式是 char)或 "42"(控制表达式是 string)。要在运行时计算 case 标签的值，必须使用 if 语句。

- case 标签必须唯一，不允许两个 case 标签具有相同的值。

- 可以连续写多个 case 标签(中间不间插额外的语句)，指定在多种情况下都运行相同的语句。如果像这样写，最后一个 case 标签之后的代码将适用于所有 case。但假如两个标签之间有额外的代码，又没有使用 break 跳出，就不能从第一个标签贯穿(也称直通)到第二个标签，编译器会报错。例如：

```
switch (trumps)
{
  case Hearts :
  case Diamonds :        // 允许直通——标签之间无额外代码
    color = "Red";       // Hearts 和 Diamonds 两种情况都执行相同的代码
    break;
```

```
    case Clubs :
      color = "Black";
    case Spades :                 // 出错——标签之间有额外代码，又没有用 break 跳出
      color = "Black";
      break;
  }
```

> **注意** break 语句是阻止直通的最常见方式，也可用 return 或 throw 语句代替。return 从
> 包含 switch 的方法退出，throw 引发异常并中止 switch 语句。throw 语句的详情
> 将在第 6 章讨论。

switch 语句的直通规则

如果间插了额外语句，就不能从一个 case 直通到下个 case，这样就可以自由安排 switch
语句的各个区域，不用担心会改变其含义(就连 default 标签都能随意摆放；它通常放在最后，
但并非必需)。

C 和 C++程序员注意，C#要求为 switch 语句的每个 case(包括 default)提供 break 语句。
这是好事；在 C 和 C++程序中，很容易因为忘记添加 break 语句而直通到后面的标签，造
成不容易发现的 bug。

但如果真的需要，也可在 C#中模拟 C++的直通行为，具体做法是使用 goto 语句转到
下个 case 或 default 标签。但这是不推荐的，本书也不打算介绍具体怎么做！

下个练习要完成一个程序来读取字符串中的字符，将每个字符映射成对应的 XML 形
式。例如，<字符在 XML 中具有特殊含义(用于构成元素)，所以要正确显示就必须转换成
"<"，使 XML 处理器知道这是数据而不是 XML 指令的一部分。类似规则也适用于>，
&，'和"等字符。要写 switch 语句来测试字符的值，将特殊 XML 字符作为 case 标签使用。

➤ 编写 switch 语句

1. 如果尚未运行 Visual Studio 2012，请启动它。

2. 打开 SwitchStatement 项目，它位于"文档"文件夹下的\Microsoft Press\Visual
    CSharp Step by Step\Chapter 4\Windows *X*\SwitchStatement 子文件夹中。

3. 在"调试"菜单中选择"启动调试"。

    Visual Studio 2012 生成并运行应用程序。窗体包含两个文本框，中间用 Copy 按钮
    分开。

4. 在上方文本框中键入以下示例文本：

    ```
    inRange = (lo <= number) && (hi >= number);
    ```

5. 单击 Copy 按钮。

    所有内容逐字复制到下方文本框，不对<，&和>字符进行转换。下图所示为

Windows 8 版本的结果。

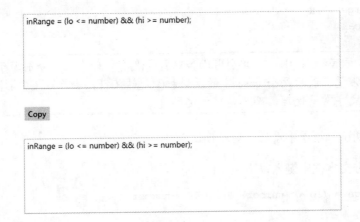

6. 返回 Visual Studio 2012 并停止调试。

7. 在"代码和文本编辑器"窗口中显示 MainWindow.xaml.cs 的代码, 找到 copyOne 方法。

copyOne 方法将作为参数指定的字符附加到下方文本框显示的文本末尾。方法目前包含一个 switch 语句, 其中只有一个 default 操作。后续步骤将修改 switch 语句, 使它能将 XML 特殊字符转换成对应的 XML 形式。例如, <字符将转换成字符串 "<"。

8. 在 switch 语句的{之后、default 标签之前添加以下加粗显示的语句:

```
switch (current)
{
  case '<' :
    target.Text += "&lt;";
    break;
  default:
    target.Text += current;
    break;
}
```

如果当前复制的字符是<, 上述代码将字符串"<"附加到正在输出的文本末尾。

9. 在新加的 break 语句之后、default 标签之前添加以下语句:

```
case '>' :
  target.Text += "&gt;";
  break;
case '&' :
  target.Text += "&amp;";
  break;
case '\"' :
  target.Text += "&#34;";
```

```
      break;
case '\'' :
   target.Text += "&#39;";
   break;
```

> **注意** 在 C#语言和 XML 中，单引号(')和双引号(")有特殊含义，分别用于界定字符和字符串常量。最后两个 case 中的反斜杠(\)是转义符，会导致 C#编译器把这些字符当作文字常量处理，而不是当作定界符。

10. 在"调试"菜单中选择"启动调试"。

11. 在上方文本框中键入以下文本：

    inRange = (lo <= number) && (hi >= number);

12. 单击 Copy 按钮。

    语句被复制到下方文本框。这次每个字符都会在 switch 语句中进行 XML 映射处理。target 文本框显示以下转换结果：

    inRange = (lo <= number) && (hi >= number);

13. 再用其他字符串做试验，验证所有特殊字符(<, >, &, "和')都得到正确处理。

14. 返回 Visual Studio 2012 并停止调试。如果使用 Windows 7，可直接关闭应用程序。

小　　结

本章讨论了布尔表达式和变量，讲述了 if 和 switch 语句如何用布尔表达式做出判断，还练习了用布尔操作符合并布尔表达式。

- 如果希望继续学习下一章，请继续运行 Visual Studio 2012，然后阅读第 5 章。
- 如果希望现在就退出 Visual Studio 2012，请选择"文件"|"退出"。如果看到"保存"对话框，请单击"是"按钮保存项目。

第 4 章快速参考

目标	操作	示例
判断两个值是否相等	使用操作符==或!=	answer == 42
比较两个表达式的值	使用操作符<, <=, >或>=	age >= 21
声明布尔变量	声明 bool 类型的变量	bool inRange;

目标	操作	示例
创建布尔表达式，只在两个条件都为 true，表达式才为 true	使用操作符&&	```inRange = (lo <= number)``` ``` && (number <= hi);```
创建布尔表达式,只要两个条件的任何一个为 true,表达式就为 true	使用操作符||	```outOfRange = (number < lo)``` ``` || (hi < number);```
条件为 true 时运行一个语句	使用 if 语句	```if (inRange)``` ``` process();```

条件为 true 时运行多个语句	使用 if 语句和代码块	```if (seconds == 59)```
		 ```{```
		 ``` seconds = 0;```
		 ``` minutes++;```
		 ```}```

将不同语句与控制表达式的不同值关联	使用 switch 语句	```switch (current)```
		 ```{```
		 ``` case 0:```
		 ``` ...```
		 ``` break;```
		 ``` case 1:```
		 ``` ...```
		 ``` break;```
		 ``` default :```
		 ``` ...```
		 ``` break;```
		 ```}```

第5章　使用复合赋值和循环语句

本章旨在教会你：

● 　使用复合赋值操作符更新变量值
● 　使用 while、for 和 do 循环语句
● 　单步执行 do 语句，观察变量值的变化

第 4 章讲述了如何使用 if 和 switch 语句选择性地运行语句。本章要介绍如何使用各种循环语句重复运行一个或多个语句。写循环语句时通常要控制重复次数。为此可以使用一个变量，每次重复都更新它的值，并在变量抵达特定值时停止重复。因此，还要介绍如何在这些情况下使用特殊的赋值操作符来更新变量值。

5.1　使用复合赋值操作符

前面讲过如何使用算术操作符创建新值。例如以下语句使用操作符+创建比变量 answer 大 42 的值，新值在控制台显示：

```
Console.WriteLine(answer + 42);
```

前文还讲过如何使用赋值语句更改变量值。以下语句使用赋值操作符=将 answer 的值变成 42：

```
answer = 42;
```

要在变量的值上加 42，可在同一个语句中使用赋值和加法操作。例如，以下语句在 answer 上加 42，新值再赋给 answer。换言之，在运行该语句之后，answer 的值比之前大 42：

```
answer = answer + 42;
```

虽然这是有效的语句，但有经验的程序员不会这样写。在变量上加一个值是常见操作，所以 C#专门提供了+=操作符来简化它。要在 answer 上加 42，有经验的程序员会像下面这样写：

```
answer += 42;
```

类似，可将任何算术操作符与赋值操作符合并见下表。这些操作符称为**复合赋值操作符**。

不要这样写	要这样写
`variable = variable * number;`	`variable *= number;`
`variable = variable / number;`	`variable /= number;`
`variable = variable % number;`	`variable %= number;`
`variable = variable + number;`	`variable += number;`
`variable = variable - number;`	`variable -= number;`

📝**提示**　复合赋值操作符和简单赋值操作符具有一样的优先级和右结合性。

　　操作符+=可用于字符串；作用是将一个字符串附加到另一个字符串末尾。例如，以下代码在控制台上显示"Hello John"：

```
string name = "John";
string greeting = "Hello ";
greeting += name;
Console.WriteLine(greeting);
```

　　但其他任何复合赋值操作符都不能用于字符串。

📓**注意**　变量递增或递减 1 不要使用复合赋值操作符，而是使用操作符++和--。例如，不要像下面这样写：

```
count += 1;
```

而是像下面这样写：

```
count++;
```

5.2　使用 while 语句

　　使用 while 语句，可在条件为 true 的前提下重复运行一个语句。while 语句的语法如下：

```
while ( booleanExpression )
statement
```

　　先求值 *booleanExpression*(布尔表达式，注意必须放在圆括号中)，如果为 true，就运行语句。再次求值 *booleanExpression*，仍为 true 就再次运行语句。再次求值 *booleanExpression*……这个过程一直继续，直至结果为 false，此时 while 语句退出，从 while 之后的第一个语句继续。while 语句在语法上与 if 语句有许多相似的地方(事实上，除了关键字不同，语法完全相同)，具体如下。

- 表达式必须是布尔表达式。

- 布尔表达式必须放在圆括号中。

- 首次求值布尔表达为 false，语句不运行。

- 要在 while 的控制下执行两个或更多语句，必须用大括号将语句分组成代码块。

　　以下 while 语句向控制台写入值 0～9。一旦变量 i 的值变成 10，while 语句中止，不再运行代码块。

```
int i = 0;
while (i < 10)
{
```

```
Console.WriteLine(i);
i++;
}
```

所有 while 语句都应在某个时候终止。新手常见错误是忘记添加语句最终造成布尔表达式求值为 false 来终止循环。在上例中，这个语句就是 i++;。

注意　while 循环的变量 i 控制循环次数。这是常见的设计模式，具有这个作用的变量有时也称为**哨兵变量**。还可创建嵌套循环，这种情况下一般延续该命名模式来使用 j，k 甚至 l 等作为哨兵变量名。

提示　和 if 语句一样，建议总是为 while 语句使用代码块，即使其中只有一个语句。这样以后添加代码会更省心。如果不这样做，只有 while 后的第一个语句才会与之关联，造成难以发现的 bug。例如以下代码：

```
int i = 0;
 while (i < 10)
    Console.WriteLine(i);
    i++;
```

代码将无限循环，无限地显示零，因为只有 Console.WriteLine 语句才和 while 关联，i++;语句虽然缩进但编译器不把它视为循环主体的一部分。

以下练习写一个 while 循环，每次从源文件读取一行内容，将其写入文本框。

> ### 编写 while 语句

1. 在 Visual Studio 2012 中打开 WhileStatement 项目，它位于 "文档" 文件夹下的 \Microsoft Press\Visual CSharp Step by Step\Chapter 5\Windows X\WhileStatement 子文件夹中。

2. 在 "调试" 菜单中选择 "启动调试"。

    Visual Studio 2012 生成并运行应用程序。应用程序本身是一个简单的文本文件查看器，用于打开文件并查看内容。

3. 单击 Open File。

    如果使用 Windows 8，将显示文件选取器，如下图所示。

如果使用 Windows 7，将显示"打开"对话框，如下图所示。

无论什么操作系统，都可利用该功能切换至一个文件夹并选择要显示的文件。

4.　切换到"文档"文件夹下的\Microsoft Press\Visual CSharp Step by Step\Chapter 5\Windows *X*\WhileStatement\WhileStatement 子文件夹。

5.　选择 MainWindow.xaml.cs 文件，单击"打开"按钮。

　　文件名 MainWindow.xaml.cs 在小文本框显示,但文件内容没有在大文本框中显示。这是由于尚未实现代码来读取并显示源文件内容。下面的步骤将添加这个功能。

6.　返回 Visual Studio 2012 并停止调试。如果使用 Windows 7，可直接关闭应用程序。

7.　在"代码和文本编辑器"窗口中打开 MainWindow.xaml.cs 文件，找到 openFileClick 方法。在"打开"对话框中选择文件并单击"打开"按钮后将调用该方法。Windows 7 和 Windows 8 以不同方式实现该方法。目前不需要理解方法的细节，只需知道方法提示用户指定文件(通过 FileOpenPicker 或 OpenFileDialog 窗口)并打开指定文件以进行读取。(在 Windows 7 版本中，方法只是显示 OpenFileDialog 窗口。当用户选择文件并单击"打开"按钮后，将调用 openFileDialogFileOk 方法来打开文件以进行读取。)

　　openFileClick 方法(Windows 8)或 openFileDialogFileOk 方法(Windows 7)的最后两

个语句很重要。Windows 8 版本如下：

```
TextReader reader = new StreamReader(inputStream.AsStreamForRead());
displayData(reader);
```

第一个语句声明 TextReader 变量 reader。TextReader 是.NET Framework 提供的类，用于从文件等来源读取字符流。它在 System.IO 命名空间中。该语句使用户指定文件中的数据可供 TextReader 对象使用。最后一个语句调用 displayData 方法，将 reader 作为参数传递。方法使用 reader 对象读取数据并在屏幕上显示，稍后将实现该方法。

Windows 7 版本对应的语句如下：

```
TextReader reader = src.OpenText();
displayData(reader);
```

src 变量是 FileInfo 对象，填充了用户所选文件的信息。FileInfo 类也是.NET Framework 提供的类，它的 OpenText 方法用于打开文件以进行读取。第一个语句打开所选文件，使 reader 变量能接收文件内容。和 Windows 8 版本一样，最后一个语句调用 displayData 方法并将 reader 作为参数传递。

8. 找到 displayData 方法。它的 Windows 7 和 Windows 8 版本是相同的。

```
private void displayData(TextReader reader)
{
    // TODO: add while loop here
}
```

主体只有一行代码，马上就要添加代码来获取并显示数据。

9. 将 TODO 注释替换成以下语句：

```
source.Text = "";
```

source 变量是窗体上最大的那个文本框。把它的 Text 属性设为空字符串("")，就可以清除当前显示的任何文本。

10. 在刚才输入的语句之后，输入以下语句：

```
string line = reader.ReadLine();
```

上述语句声明 string 变量 line，调用 reader.ReadLine 方法把文件中的第一行文本读入变量。方法要么返回读取的一行文本；要么返回特殊值 null 来表明没有更多的行可供读取。如果一行文本都没有返回，表明是空文件。

11. 在刚才输入的代码之后继续输入以下代码：

```
while (line != null)
{
    source.Text += line + '\n';
    line = reader.ReadLine();
```

```
}
```

以上 while 循环依次读取文件每一行，直至没有更多行。

while 循环判断 line 变量值。不为 null 就显示读取的行，具体做法是将该行附加到 source 文本框的 Text 属性，并在行末添加换行符('\n')。TextReader 对象的 ReadLine 方法读取每一行会自动删除换行符，所以要重新添加。然后，在下次循环之前，while 循环读取下一行文本。如果没有更多文本，ReadLine 返回 null 值，造成 while 循环终止。

12. 如果使用 Windows 8，在 while 循环的结束大括号())之后添加以下语句：

```
reader.Dispose();
```

如果使用 Windows 7，在}之后添加以下语句：

```
reader.Close();
```

这将释放与文件关联的资源并关闭文件。这是应该养成的好习惯。除了释放文件占用的内存和其他资源，还使其他应用程序能使用该文件。

> **注意**　我们将在第 14 章学习管理资源。

13. 在"调试"菜单中选择"启动调试"。

14. 窗体出现之后单击 Open File。

15. 在文件选取器或"打开"对话框中，切换到"文档"文件夹下的\Microsoft Press\Visual CSharp Step by Step\Chapter 5\Windows X\WhileStatement\WhileStatement 子文件夹，选择 MainWindow.xaml.cs 文件，单击"打开"。

> **注意**　不要打开非文本文件。例如，打开可执行程序或图形文件会显示二进制信息的文本形式。如果文件很大，应用程序可能挂起，需要强制终止。

这次所选文件的内容在文本框中完整显示，可看到刚才输入的代码。下图展示的是 Windows 8 版本的运行情况。Windows 7 版本与此相似。

16. 在文本框中滚动文本，找到 displayData 方法。验证方法包含刚才添加的代码。

17. 返回 Visual Studio 2012 并停止调试。如果使用 Windows 7，可直接关闭应用程序。

5.3 编写 for 语句

大多数 while 循环语句都具有以下常规结构：

```
initialization
while (Boolean expression)
{
  statement
  update control variable
}
```

for 语句提供了这种结构的更正式版本，它将 *initialization*(初始化)、*Boolean expression*(布尔表达式)与 *update control variable*(更新控制变量)合并到一起。用过 for 语句之后就能体会到它的好处，它能防止遗漏初始化和更新控制变量的代码，减少写出无限循环代码的概率。以下是 for 语句的语法：

```
for (initialization; Boolean expression; update control variable)
    statement
```

其中，*statement*(语句)是 for 循环主体，要么是一个语句，要么是用{}封闭的代码块。

前面展示过 while 循环的一个例子，它显示 0～9 的整数。下面要用 for 循环改写它：

```
for (int i = 0; i < 10; i++)
{
    Console.WriteLine(i);
}
```

初始化(int i = 0)只在循环开始时发生一次。如果布尔表达式(i < 10)的求值结果为 true，就运行语句(Console.WriteLine(i);)。随后，控制变量进行更新(i++)，布尔表达式重新求值，如果仍为 true，语句再次执行，控制变量更新，布尔表达式重新求值……如此反复。

注意三点：①初始化只发生一次；②先执行循环主体语句，再更新控制变量；③更新控制变量前先重新求值布尔表达式。

📝提示　和 while 语句一样，建议总是为 for 循环主体使用代码块，即使其中只有一个语句。这样以后添加代码会更省心。

---

for 语句的三个部分都可以省略。如果省略布尔表达式，布尔表达式就默认为 true。以下 for 语句将一直运行：

```
for (int i = 0; ;i++)
{
    Console.WriteLine("我停不下来!");
}
```

如果省略初始化和更新部分，会得到一个看起来怪怪的 while 循环，如下所示：

```
int i = 0;
for (; i < 10; )
{
    Console.WriteLine(i);
    i++;
}
```

注意　for 语句的初始化、布尔表达式和更新控制变量这三个部分必须用分号分隔，即使某个部分的实际内容并不存在。

如有必要，可在 for 循环中提供多个初始化语句和多个更新语句(布尔表达式只能有一个)。为此，请用逗号分隔不同的初始化和更新语句，如下例所示：

```
for (int i = 0, j = 10; i <= j; i++, j--)
{
    ...
}
```

最后用 for 循环重写上个练习中 while 循环：

```
for (string line = reader.ReadLine(); line != null; line = reader.ReadLine())
{
    source.Text += line + '\n';
}
```

理解 for 语句作用域

前面说过，可在 for 语句的“初始化”部分声明新变量。变量作用域限制于 for 语句主体。for 语句结束，变量消失。该规则造成两个重要结果。首先，不能在 for 语句结束后使用变量，因为它已不在作用域中。下面是一个例子：

```
for (int i = 0; i < 10; i++)
{
    ...
}
Console.WriteLine(i); // 编译时错误
```

其次，可在两个或更多 for 语句中使用相同变量名，因为每个变量都在不同的作用域中。下面是一个例子：

```
for (int i = 0; i < 10; i++)
{
    ...
}

for (int i = 0; i < 20; i += 2) // okay
{
    ...
}
```

5.4   编写 do 语句

while 和 for 语句都在循环开始时测试布尔表达式。这意味着假如首次测试布尔表达式为 false，循环主体一次都不运行。do 语句则不同，它的布尔表达式在每次循环之后求值，所以主体至少执行一次。

do 语句的语法如下(不要忘记最后的分号)：

```
do
    statement
while (booleanExpression);
```

多个语句构成的循环主体必须是放在{}中的代码块。以下语句向控制台输出 0~9，这次使用 do 语句：

```
int i = 0;
do
{
    Console.WriteLine(i);
    i++;
}
while (i < 10);
```

break 语句和 continue 语句

第 4 章用 break 语句跳出 switch 语句。还可用它跳出循环。执行 break 后，系统立即终止循环，并从循环之后的第一个语句继续执行。在这种情况下，循环的"更新"和"继续"条件都不会重新判断。

相反，continue 语句造成当前循环结束，立即开始下一次循环(在对布尔表达式重新求值之后)。下面是在控制台上输出 0~9 的例子的另一个版本，这次使用 break 语句和 continue 语句：

```
int i = 0;
while (true)
{
    Console.WriteLine("continue " + i);
    i++;
    if (i < 10)
        continue;
    else
        break;
}
```

这段代码看起来让人难受。在许多编程守则中，都建议谨慎使用 continue 语句，或者根本不要使用，因为它很容易造成难以理解的代码。continue 语句的行为还让人捉摸不透。例如，在 for 语句中执行 continue 语句，会在运行 for 语句的"更新(控制变量)"部分之后，才开始下一次循环。

下例要写 do 语句将正的十进制数转换成八进制的字符串形式。程序基于以下算法：

```
将十进制数存储到变量 dec 中
do 以下事情:
    dec 除以 8，将余数存储起来
    将 dec 设为上一步得到的商
while dec 不等于 0
    按相反顺序合并每一次得到的余
```

例如，要将十进制数 999 转换成八进制，可执行以下步骤。

1. 999 除以 8，商 124 余 7。

2. 124 除以 8，商 15，余 4。

3. 15 除以 8，商 1 余 7。

4. 1 除以 8，商 0，余 1。

5. 按相反顺序合并每一步得到的余，结果是 1747。这就是 999 转换成八进制的结果。

➤ **写 do 语句**

1. 在 Visual Studio 2012 中打开 DoStatement 项目，它位于"文档"文件夹下的\Microsoft Press\Visual CSharp Step by Step\Chapter 5\Windows X\DoStatement 子文件夹中。

2. 在设计视图中 MainWindow.xaml 窗体。

    窗体左侧是 number 文本框。用户在此输入十进制数。单击 Show Steps 按钮后，会生成该数字的八进制形式。右侧 steps 文本框显示每个计算步骤的结果。

3. 在"代码和文本编辑器"窗口中显示 MainWindow.xaml.cs 的代码。找到 showStepsClick 方法。该方法在单击 Show Steps 按钮后运行。方法目前空白。

4. 将以下加粗的代码添加到 showStepsClick 方法中：

    ```
    private void showStepsClick(object sender, RoutedEventArgs e)
    {
        int amount = int.Parse(number.Text);
        steps.Text = "";
        string current = "";
    }
    ```

    第一个语句使用 int 类型的 Parse 方法将 number 文本框的 Text 属性中存储的字符串值转换成 int 值。

    第二个语句将右侧文本框 steps 的 Text 属性设为空字符串，清除显示的文本。

    第三个语句声明 string 变量 current，初始化为空字符串。该字符串存储每一次 do 循环时生成的八进制数位。

5. 将以下加粗的 do 语句添加到 showStepsClick 方法中：

```
private void showStepsClick(object sender, RoutedEventArgs e)
{
    int amount = int.Parse(number.Text);
    steps.Text = "";
    string current = "";
    do
    {
        int nextDigit = amount % 8;
        amount /= 8;
        int digitCode = '0' + nextDigit;
        char digit = Convert.ToChar(digitCode);
        current = digit + current;
        steps.Text += current + "\n";
    }
    while (amount != 0);
}
```

该算法反复计算 amount 变量除以 8 所得的余数。每次得到的余数都是正在构造的新字符串的下一个数位。最终，amount 变量将减小至 0，循环结束。注意循环主体至少执行一次。这个"至少执行一次"的行为正是我们所需要的，因为即使是数字 0，也有一个八进制的数位。

进一步研究代码，do 循环的第一个语句如下：

```
int nextDigit = amount % 8;
```

该语句声明 int 变量 nextDigit，初始化为 amount 变量除以 8 之余。该值范围是 0～7。

第二个语句如下：

```
amount /= 8;
```

这是复合赋值语句，相当于 amount = amount / 8;。如果 amount 的值是 999，那么在执行这个语句之后，amount 的值就是 124。

下一个语句是：

```
int digitCode = '0' + nextDigit;
```

这个语句要稍微解释一下！根据 Windows 操作系统使用的字符集，每个字符都有唯一代码。在 Windows 操作系统常用的字符集中，字符'0'的代码是整数值 48。字符'1'的代码是 49，字符'2'的代码是 50，以此类推，直到字符'9'，它的代码是 57。C#允许将字符当作整数处理，允许对它们执行算术运算。但这样做会将字符码作为值使用。所以，表达式'0' + nextDigit 的结果是 48～55 之间的值(记住，nextDigit 的值在 0～7 之间)，对应于等价的八进制数位的代码。

do 语句的第四个语句如下：

```
char digit = Convert.ToChar(digitCode);
```

该语句声明 char 变量 digit，把它初始化为 Convert.ToChar(digitCode)方法调用的结果。Convert.ToChar 方法获取字符码(一个整数)，返回与之对应的字符。所以，假如 digitCode 的值是 54，Convert.ToChar(digitCode)返回字符'6'。

总之，do 循环的前 4 个语句计算与用户输入的数字对应的最低有效八进制数位(最右边的数位)。下个任务是将这个数位添加到要输出的字符串的前面，如下所示：

```
current = digit + current;
```

do 循环的下一个语句如下：

```
steps.Text += current + "\n";
```

该语句将迄今为止得到的八进制数位添加到 steps 文本框中，还为每次输出都附加换行符，使每次输出在文本框中都单独占一行。

最后，do 循环末尾用 while 子句对循环条件进行求值：

```
while (amount != 0)
```

如果 amount 的值目前不为 0，就开始下一次循环。

最后一个练习使用 Visual Studio 2012 调试器来单步执行上述 do 语句，帮助理解其工作原理。

➢　单步执行 do 语句

1. 在打开了 MainWindow.xaml.cs 文件的"代码和文本编辑器"窗口中，将光标移到 showStepsClick 方法的第一个语句：

```
int amount = int.Parse(number.Text);
```

2. 右击第一个语句，从弹出的快捷菜单中选择"运行到光标处"命令。

3. 窗体出现后，在左侧文本框中键入 **999**，单击 Show Steps。

   程序暂停运行，Visual Studio 2012 进入调试模式。"代码和文本编辑器"窗口左侧将出现一个黄色箭头，标记出当前要执行的语句。

4. 如果"调试"工具栏不可见，请显示它(选择"视图"|"工具栏"|"调试")。

5. 单击"调试"工具栏的下箭头，指向"添加或移除按钮"，选择"窗口"，如下图所示。

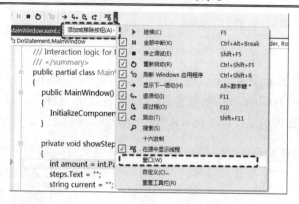

这样会在"调试"工具栏上显示"断点"按钮。

6.　单击"断点"按钮右侧的下箭头，选择"局部变量"，如下图所示。

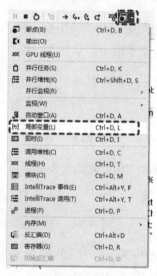

随后将显示下图所示的"局部变量"窗口，其中列出了当前方法的局部变量的名称、值和类型，其中包括局部变量 amount。注意 amount 变量的值目前是 0。

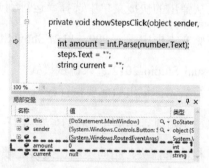

7.　在"调试"工具栏上单击"逐语句"按钮(或者按功能键 F11)。

调试器将运行当前语句：

```
int amount = int.Parse(number.Text);
```

在"局部变量"窗口中，amount 的值变成 999，黄色箭头指向下一个语句。

8. 再次单击"逐语句"按钮。

   调试器运行以下语句：

   ```
   steps.Text = "";
   ```

   该语句不影响"局部变量"窗口的显示，因为 steps 是窗体控件，不是局部变量。黄箭头指向下一个语句。

9. 再次单击"逐语句"按钮。

   调试器将运行以下语句：

   ```
   string current = "";
   ```

   黄箭头指向 do 循环的起始大括号。do 循环主体有三个局部变量，即 nextDigit、digitCode 和 digit。注意这些局部变量在"局部变量"窗口中显示，而且值均为 0。

10. 单击"逐语句"按钮。

    黄箭头指向 do 循环主体的第一个语句。

11. 单击"逐语句"按钮。

    调试器运行以下语句：

    ```
    int nextDigit = amount % 8;
    ```

    在"局部变量"窗口中，nextDigit 的值变成 7，这是 999 除以 8 之余。

12. 单击"逐语句"按钮。

    调试器运行以下语句：

    ```
    amount /= 8;
    ```

    在"局部变量"窗口中，amount 的值变成 124。

13. 单击"逐语句"按钮。

    调试器运行以下语句：

    ```
    int digitCode = '0' + nextDigit;
    ```

    在"局部变量"窗口中，digitCode 变量的值变成 55。这是'7'的字符码(48 + 7)。

14. 单击"逐语句"按钮。

    调试器运行以下语句：

    ```
    char digit = Convert.ToChar(digitCode);
    ```

在 "局部变量" 窗口中，digit 的值变为'7'。"局部变量" 窗口同时显示 char 值的数值形式(本例是 55)和字符形式(本例是'7')。

注意，在 "局部变量" 窗口中，current 变量的值仍是""。

15. 单击 "逐语句" 按钮。

调试器运行以下语句：

```
current = current + digit;
```

在 "局部变量" 窗口中，current 的值变成"7"。

16. 单击 "逐语句" 按钮。

调试器运行以下语句：

```
steps.Text += current + "\n";
```

该语句在 steps 文本框中显示文本"7"，后跟换行符，确保以后的输出从文本框的下一行开始(窗体隐藏在 Visual Studio 后面，所以看不到)。黄箭头移至 do 循环末尾的结束大括号。

17. 单击 "逐语句" 按钮。

黄箭头指向 while 语句，准备求值 while 条件，判断是结束还是继续 do 循环。

18. 单击 "逐语句" 按钮。

调试器运行以下语句：

```
while (amount != 0);
```

amount 的值是 124，表达式 124 != 0 求值结果是 true，所以进行下一次循环。黄箭头跳回 do 循环的起始大括号。

19. 单击 "逐语句" 按钮。

黄箭头再次指向 do 循环的第一个语句。

20. 连续单击 "逐语句" 按钮，重复三次 do 循环，观察变量值在 "局部变量" 窗口中的变化。

21. 第 4 次循环结束时，amount 的值变成 0，current 的值变成"1747"。黄箭头指向 do 循环的 while 条件：

```
while (amount != 0);
```

amount 目前为 0，所以表达式 amount != 0 求值结果为 false，do 循环应该终止。

22. 单击 "逐语句" 按钮。

调试器运行以下语句:

```
while (amount != 0);
```

如同预期的那样, do 循环终止, 黄箭头移至 showStepsClick 方法的结束大括号。

23. 单击工具栏上的"继续"按钮, 或者从"调试"菜单选择"继续"。

    窗体随后将出现, 显示为创建 999 的八进制形式所经历的 4 个步骤: "7", "47", "747"和"1747"(参见下图)。

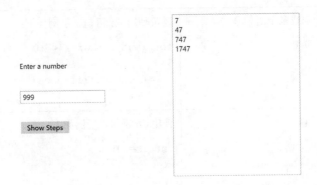

24. 返回 Visual Studio 2012 并停止调试。如果使用 Windows 7, 可直接关闭应用程序。

小　　结

本章讲述了如何使用复合赋值操作符更新数值变量; 讲述了如何使用 while, for 和 do 语句, 在布尔条件为 true 的前提下重复执行代码。

- 如果希望继续学习下一章, 请继续运行 Visual Studio 2012, 然后阅读第 6 章。

- 如果希望现在就退出 Visual Studio 2012, 请选择"文件" | "退出"。如果看到 "保存"对话框, 请单击"是"按钮保存项目。

第 5 章快速参考

目标	操作
在变量(variable)上加一个值(amount)	使用复合加法操作符。示例如下: `variable += amount;`
从变量(variable)中减一个值(amount)	使用复合减法操作符。示例如下: `variable -= amount;`

目标	操作

条件为 true 时运行一个或多个语句	使用 while 语句。示例如下：
	
	``csharp
	int i = 0;
	while (i < 10)
	{
	    Console.WriteLine(i);
	    i++;
	}
	``

条件为 true 时运行一个或多个语句	还可使用 for 语句。示例如下：
	
	``csharp
	for (int i = 0; i < 10; i++)
	{
	    Console.WriteLine(i);
	}
	``

一次或反复多次执行语句	使用 do 语句。示例如下：
	
	``csharp
	int i = 0;
	do
	{
	    Console.WriteLine(i);
	    i++;
	}
	while (i < 10);
	``

第6章　管理错误和异常

本章旨在教会你:

- 使用 try, catch 和 finally 语句处理异常
- 使用 checked 和 unchecked 关键字控制整数溢出
- 使用 throw 关键字从方法中引发异常
- 使用 finally 块写总是运行的代码(即使在发生异常之后)

之前学习了执行常规任务所需的核心 C#语句,这些常规任务包括编写方法,声明变量,用操作符创建值,用 if 和 switch 语句选择运行代码,以及用 while、for 和 do 语句重复运行代码。但一直没有提到程序可能出错的问题。

事实上,很难保证代码总是像希望的那样工作。有许多原因造成出错,其中许多不是程序员能控制的。任何应用程序都必须能检测错误,并采取得体的方式处理:要么进行纠正;如果纠正不了,也要用最清楚的方式报告出错原因。作为第 I 部分的最后一章,本章要讲述 C#如何通过引发异常来通知已发生错误,如何使用 try, catch 和 finally 语句捕捉和处理这些异常所代表的错误。

通过本章的学习,将进一步掌握 C#语言,为顺利学习第 II 部分的内容打下坚实的基础。

6.1　处　理　错　误

生活并非总是一帆风顺。轮胎可能扎破,电池可能耗尽,螺丝起子并非总在老地方,应用程序的用户可能采取了出乎预料的操作。在计算机世界里,磁盘可能出故障,编写不当的程序可能影响机器上运行的其他应用程序(比如由于程序 bug 造成耗尽所有内存),无线网络可能在最不恰当的时刻断开连接,甚至一些自然现象(比如附近的一次闪电)也会造成电源或网络故障。错误可能在程序运行的任何阶段发生,其中许多都不是程序本身的问题。那么,如何检测并尝试修复呢?

人们多年来为此研发了大量机制。早期系统(如 UNIX)采用的典型方案要求在每次方法出错时都由操作系统设置一个特殊全局变量。每次调用方法后都检查全局变量,判断方法是否成功。和大多数面向对象编程语言一样,C#没有使用这种痛苦的、折磨人的方式处理错误。相反,它使用的是**异常**。为了写可靠的 C#应用程序,必须很好地掌握异常。

6.2　尝试执行代码和捕捉异常

错误任何时候都可能发生,使用传统技术为每个语句手动添加错误检测代码,不仅劳

神费力，还很容易出错。另外，如果每个语句都需要错误处理逻辑来管理每个阶段都可能发生的每个错误，会很容易迷失方向，失去对程序主要流程的把握。幸好，在 C#中利用异常和异常处理程序[①]，可以很容易地区分实现程序主逻辑的代码与处理错误的代码。为了写支持异常处理的应用程序，要做下面两件事。

1. 代码放到 try 块中(try 是 C#关键字)。代码运行时，会尝试执行 try 块内的所有语句。如果没有任何语句产生异常，这些语句将一个接一个运行，直到全部完成。但一旦出现异常，就跳出 try 块，进入一个 catch 处理程序中执行。

2. 紧接着 try 块写一个或多个 catch 处理程序(catch 也是 C#关键字)来处理可能发生的错误。每个 catch 处理程序都捕捉并处理特定类型的异常，可在 try 块后面写多个catch 处理程序。try 块中的任何语句造成错误，"运行时"都会生成并引发异常。然后，"运行时"检查 try 块之后的 catch 处理程序，将控制权移交给匹配的处理程序。

下例在 try 块中尝试将文本框中的内容转换成整数值，调用方法计算值，将结果写入另一个文本框。为了将字符串转换成整数，要求字符串包含一组有效的数位，而不能是一组随意的字符。如果字符串包含无效字符，int.Parse 方法引发 FormatException 异常，并将控制权移交给对应的 catch 处理程序。catch 处理程序结束后，程序从整个 try/catch 块之后的第一个语句继续。注意，如果没有和异常对应的处理程序，就说异常未处理(稍后会讨论这种情况)。

```
try
{
    int leftHandSide = int.Parse(lhsOperand.Text);
    int rightHandSide = int.Parse(rhsOperand.Text);
    int answer = doCalculation(leftHandSide, rightHandSide);
    result.Text = answer.ToString();
}
catch (FormatException fEx)
{
    // 处理异常
    ...
}
```

catch 处理程序采用与方法参数相似的语法指定要捕捉的异常。在前例中，一旦引发FormatException 异常，fEx 变量就会被填充一个对象，其中包含了异常细节。FormatException类型提供大量属性供检查造成异常的确切原因。其中不少属性是所有异常通用的。例如，Message 属性包含错误的文本描述。处理异常时可利用这些信息，例如可以把细节记录到日志文件，或者向用户显示有意义的消息，并要求重新输入。

[①] 本书按照约定俗成的译法，将 exception handler 翻译成"异常处理程序"，但请把它理解成"用于异常处理的构造"。同样的道理也适用于"catch 处理程序"，它其实是指"catch 构造"。——译注

6.2.1　未处理的异常

如果 try 块引发异常，但没有对应的 catch 处理程序，那么会发生什么？在前例中，lhsOperand 文本框可能确实包含一个整数，但该整数超出了 C#允许的整数范围(例如 "2147483648")。在这种情况下，int.Parse 语句会引发 OverflowException 异常，而 catch 处理程序目前只能捕捉 FormatException 异常。如果 try 块是某个方法的一部分，那个方法将立即退出，并返回它的调用方法。如果它的调用方法有 try 块，"运行时"会尝试定位 try 块之后的一个匹配 catch 处理程序并执行。如果调用方法没有 try 块，或者没有找到匹配的 catch 处理程序，调用方法退出，返回它的更上一级的调用方法……以此类推。如果最后找到了匹配的 catch 处理程序，就运行它，然后从捕捉(到异常的)方法的 catch 处理程序之后的第一个语句继续执行。

🐟**重要提示**　捕捉了异常之后，将从"捕捉方法"中的 catch 处理程序之后的第一个语句继续，这个 catch 处理程序是实际捕捉到异常的 catch 块。控制不会回到造成异常的方法。

由内向外遍历了所有调用方法之后，如果还是找不到匹配的 catch 处理程序，整个程序终止，报告发生了未处理的异常。

可以很容易地检查应用程序生成的异常。以"调试"模式运行应用程序(选择"调试"|"启动调试")并发生异常，会出现如下图所示的对话框。应用程序暂停，便于判断造成异常的原因。

应用程序在引发异常并导致调试器介入的语句停止。此时可检查变量值，可更改变量的值，还可使用"调试"工具栏和各种调试窗口，从引发异常的位置单步调试代码。

6.2.2　使用多个 catch 处理程序

通过前面的讨论，我们知道不同的错误可能引发不同类型的异常。为了解决这个问题，可以提供多个 catch 处理程序。所有 catch 处理程序依次列出，就像下面这样：

```
try
{
    int leftHandSide = int.Parse(lhsOperand.Text);
    int rightHandSide = int.Parse(rhsOperand.Text);
    int answer = doCalculation(leftHandSide, rightHandSide);
    result.Text = answer.ToString();
}
catch (FormatException fEx)
{
    //...
}
catch (OverflowException oEx)
{
    //...
}
```

如果 try 块中的代码引发 FormatException 异常，和 FormatException 对应的 catch 块开始运行。如果引发 OverflowException 异常，和 OverflowException 对应的 catch 块开始运行。

注意　如果 FormatException catch 块的代码引发 OverflowException 异常，不会造成相邻的那个 OverflowException catch 块的运行。相反，异常会传给调用当前代码的方法。换言之，该异常会"传播"至调用栈的上一层。本节前面有相关的描述。

6.2.3　捕捉多个异常

C#和 Microsoft .NET Framework 的异常捕捉机制相当完善。.NET Framework 定义了许多异常类型，包括程序可能引发的大多数异常！一般不可能为每个可能的异常都写对应的 catch 处理程序——某些异常可能在程序时都没有想到。那么，如何保证所有可能的异常都被捕捉并处理呢？

这个问题的关键在于各个异常之间的关系。异常用**继承层次结构**进行组织。这个继承层次结构由多个"家族"构成(第 12 章将详细讨论继承)。FormatException 和 OverflowException 异常都属于 SystemException 家族。该家族还包含其他许多异常。SystemException 本身又是 Exception 家族的成员，而 Exception 是所有异常的"老祖宗"。捕捉 Exception 相当于捕捉可能发生的所有异常。

注意　Exception 包含众多异常，其中许多异常是专门供.NET Framework 的各种组件使用的。虽然一些异常较难理解，但至少应该知道如何捕捉它们。

下面的代码将展示如何捕捉所有可能的异常：

```
try
{
    int leftHandSide = int.Parse(lhsOperand.Text);
```

```
    int rightHandSide = int.Parse(rhsOperand.Text);
    int answer = doCalculation(leftHandSide, rightHandSide);
    result.Text = answer.ToString();
}
catch (Exception ex)  // 这是常规 catch 处理程序，能捕捉所有异常
{
    //...
}
```

提示　如果真的决定捕捉 Exception，可以从 catch 处理程序中省略它的名称，因为默认捕捉的就是 Exception：

```
catch
{
    // …
}
```

但并不总是推荐这样做。传入 catch 处理程序的异常对象可能包含异常的重要信息。使用这个版本的 catch 构造进行访问，可能无法利用这些信息。

最后还有一个问题：异常与 try 块之后的多个 catch 处理程序匹配会发生什么？假如一个处理程序捕捉 FormatException，另一个捕捉 Exception，最终运行哪一个(还是两个都运行)？

异常发生后将运行由"运行时"发现的第一个匹配的异常处理程序，其他处理程序会被忽略。假如让一个处理程序捕捉 Exception，后面又让另一个捕捉 FormatException，后者永远都不会运行。因此，在 try 块之后，应将较具体的 catch 处理程序放在较常规的 catch 处理程序之前。如果没有较具体的 catch 处理程序与异常匹配，就执行较常规的。

以下练习尝试写 try 块来捕捉异常。

➢　**观察 Windows 如何报告未处理的异常**

1. 如果尚未运行，请启动 Visual Studio 2012。

2. 打开 MathsOperators 解决方案，它位于"文档"文件夹下的\Microsoft Press \Visual CSharp Step By Step\Chapter 6\Windows X\MathsOperators 子文件夹中。

   这是第 2 章同名程序的一个变体，它当初用于演示不同的算术操作符。

3. 在"调试"菜单中选择"开始执行(不调试)"。

注意　对于本练习，请确定不要以调试模式运行应用程序，即使使用 Windows 8。

窗体随之出现。下面要在 Left Operand(左操作数)文本框中故意输入会造成异常的

文本，证明程序的这个版本在健壮性①上的不足。

4. 在 Left Operand 文本框中输入 **John**，在 Right Operand 文本框中输入 **2**，单击+ Addition，再单击 Calculate 按钮。

这个无效输入会触发 Windows 错误报告机制。如果使用 Windows 8，应用程序终止并返回"开始"屏幕。

如果使用 Windows 7，则显示如下图所示的对话框。

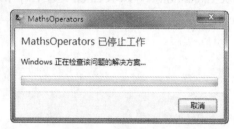

稍后会出现另一个对话框(如下图所示)，报告应用程序发生未处理的异常。

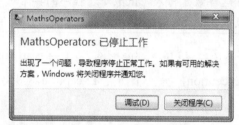

单击"调试"将启动 Visual Studio 2012 的新实例，以调试模式打开应用程序。但目前请选择"关闭程序"。

取决于在 Windows 7 的"问题报告设置"中的设置②，看到的对话框可能和前面显示的不同，如下图所示。

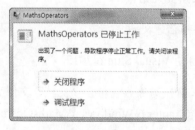

---

① 这里有必要强调一下健壮性和可靠性的区别。两者对应的英文单词分别是 robustness 和 reliability。健壮性描述系统对于参数变化的不敏感性，可靠性描述系统的正确性，也就是在提供固定参数时，它应生成稳定的、能预测的输出。例如一个程序，它的设计目标是获取一个参数并输出一个值。假如它能正确完成这个设计目标，就说它是可靠的。但在这个程序执行完毕后，假如没有正确释放内存，或者说系统没有自动帮它释放占用的资源，就认为程序或者"运行时"的健壮性不足。——译注

② 要进行设置，请在 Windows 7 的「开始」菜单的搜索框中输入 **error**，然后单击"选择如何检查解决方案"。——译注

看到下图所示对话框时，请选择"关闭程序"。

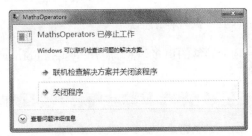

还可能出现一个对话框，询问："你想发送关于问题的信息吗？"Windows 能收集与出错的应用程序有关的信息，并向 Microsoft 发送信息。遇到这个对话框时，请单击"取消"按钮。

　　了解 Windows 如何捕捉和报告未处理异常之后，下一步是处理无效输入和防止发生未处理异常，使应用程序更健壮。

> **写 try/catch 块**

1. 返回 Visual Studio 2012，选择"调试"|"启动调试"。

2. 窗体出现后，在 Left Operand 文本框中输入 **John**，在 Right Operand 文本框中输入 **2**，单击+ Addition，再单击 Calculate 按钮。

　　这会引发与前面相同的异常，但由于以调试模式运行，Visual Studio 会捕捉并报告异常。

注意　如果出现消息框，提醒由于 App.g.i.cs 不属于被调试的项目，所以中断模式失败，请单击"确定"按钮。消息框消失后会正常显示异常。

3. 如下图所示，Visual Studio 突出显示导致异常的代码，在一个对话框中描述异常，本例显示的是"输入字符串的格式不正确。"

可以看出，异常由 addValues 方法内部的 int.Parse 调用引发。现在的问题是方法不

能将文本"John"解析成有效数字。

4.　在异常对话框中单击"查看详细信息"。

会在新对话框中显示异常的更多信息。展开 System.FormatException 将看到下图所示的信息。

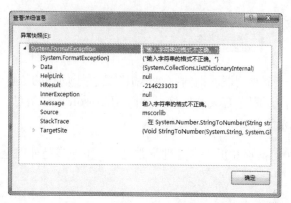

5.　在"查看详细信息"对话框中单击"确定"按钮，在 Visual Studio 中选择"调试" | "停止调试"。

6.　在"代码和文本编辑器"窗口显示 MainWindow.xaml.cs 的代码。找到 addValues 方法。

7.　添加 try 块，把方法内部的 4 个语句包围起来。紧接着添加 FormatException 异常处理程序。下面加粗显示了要新增的代码：

```
try
{
  int lhs = int.Parse(lhsOperand.Text);
  int rhs = int.Parse(rhsOperand.Text);
  int outcome = 0;

  outcome = lhs + rhs;
  expression.Text = lhsOperand.Text + " + " + rhsOperand.Text
  result.Text = outcome.ToString();
}
catch (FormatException fEx)
{
  result.Text = fEx.Message;
}
```

发生 FormatException 异常，它的处理程序会将异常对象的 Message 属性中的文本写入窗体底部的 result 文本框。

8. 在"调试"菜单中选择"启动调试"。

9. 窗体出现后，在 Left Operand 文本框中输入 **John**，在 Right Operand 文本框中输入 **2**，单击+ Addition，再单击 Calculate 按钮。

   catch 处理程序成功捕捉 FormatException，Result 文本框显示消息："输入字符串的格式不正确。"(如下图所示)应用程序的健壮性现在稍有增强。

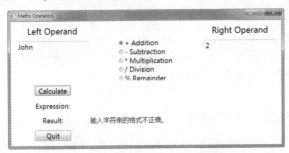

10. 用数字 **10** 替换 John，在 Right Operand 文本框中输入 **Sharp**，单击 Calculate 按钮。

    由于 try 块将对这两个文本框进行解析的语句都包围起来了，所以同一个异常处理程序能处理两个文本框的用户输入错误。

11. 用数字 **20** 替换 Right Operand 文本框中的 Sharp，单击 Calculate 按钮。

    应用程序像预期的那样工作，在 Result 文本框中显示 30。

12. 在 Left Operand 文本框中用 **John** 替换数字 10，单击 - Subtraction 单选钮。

    Visual Studio 启动调试器并再次报告 FormatException 异常。这次错误在 subtractValues 方法中发生，它还没有添加 try/catch 块。

13. 选择"调试"|"停止调试"。

6.2.4 传播异常

为 addValues 方法添加 try/catch 块使这个方法变得更健壮，但相同的异常处理机制还要应用于其他方法，包括 subtractValues、multiplyValues、divideValues 和 remainderValues。所有代码都很相似，每个方法都要重复大量相同的代码。由于每次单击 Calculate 按钮都是通过 calculateClick 方法来调用这些方法。所以为了避免重复的异常处理代码，有必要将异常处理机制放到 calculateClick 方法中。根据 6.2.1 节"未处理的异常"的描述，任何算术运算方法发生 FormatException 异常，都会传回 calculateClick 方法进行处理。

> **将异常传回调用方法**

1. 在"代码和文本编辑器"窗口中显示 MainWindow.xaml.cs 文件的代码，找到 addValues 方法。

2. 删除 addValues 方法中的 **try** 块和 **catch** 处理程序，恢复其原始状态，如下所示。

```
private void addValues()
{
  int leftHandSide = int.Parse(lhsOperand.Text);
  int rightHandSide = int.Parse(rhsOperand.Text);
  int outcome = 0;

  outcome = lhs + rhs;
  expression.Text = lhsOperand.Text + " + " + rhsOperand.Text
  result.Text = outcome.ToString();
}
```

3. 找到 calculateClick 方法并添加 **try/catch** 块，如加粗的代码所示。

```
private void calculateClick(object sender, RoutedEventArgs e)
{
  try
  {
    if ((bool)addition.IsChecked)
    {
      addValues();
    }
    else if ((bool)subtraction.IsChecked)
    {
      subtractValues();
    }
    else if ((bool)multiplication.IsChecked)
    {
      multiplyValues();
    }
    else if ((bool)division.IsChecked)
    {
      divideValues();
    }
    else if ((bool)remainder.IsChecked)
    {
      remainderValues();
    }
  }
  catch (FormatException fEx)
  {
    result.Text = fEx.Message;
  }
}
```

4. 选择"调试"菜单中的"启动调试"命令。

5. 窗体出现后，在 Left Operand 文本框中输入 **John**，在 Right Operand 文本框中输入 **2**，单击+ Addition，再单击 Calculate 按钮。

   和之前一样，catch 处理程序成功捕捉 FormatException，Result 文本框显示消息："输入字符串的格式不正确。"但异常是在 addValues 方法中引发，由 calculateClick 方法的 catch 块捕捉。

6. 单击 - Subtraction 单选钮，单击 Calculate 按钮。

   这次是 subtractValues 方法引发的异常传回 calculateClick 方法进行处理。

7. 测试* Multiplication，/ Division 和% Remainder 等算术运算，验证 FormatException 异常都被正常捕捉和处理。

8. 返回 Visual Studio 并停止调试。

> **注意** 是否在方法中捕捉某个异常取决于应用程序的本质。有时需要尽可能当场捕捉，有时可以让它传播回上级调用方法捕捉。

6.3 使用 checked 和 unchecked 整数运算

第 2 章讲过如何对基元数据类型(如 int 和 double)使用二元算术操作符(如+和*)。还讲过基元数据类型是固定大小。例如，C# 的 int 是 32 位大小。由于 int 大小固定，所以能轻松推算出它支持的值的范围：- 2 147 483 648～2 147 483 647。

> **提示** 要使用 int 的最小或最大值，请分别使用 int.MinValue 和 int.MaxValue 属性。

int 的固定大小引发了一个问题。例如，在当前值已经是 2147483647 的一个 int 上加 1 会发生什么？答案取决于应用程序如何编译。C#编译器默认允许悄悄溢出。换言之，将得到一个错误答案(事实上，在最大值上加 1，会溢出至最大的负数值，结果是 - 2 147 483 648)。这是出于对性能的考虑：在几乎所有程序中，整数算术都是常见的运算，每个整数表达式都进行溢出检查将严重影响性能。为此承担的风险大多数时候都能接受，因为你知道(或希望)自己的 int 值不会超过限制。但假如不想冒这个险，也可手动启用溢出检查功能。

> **提示** 在 Visual Studio 2012 中，可通过设置项目属性来启用或禁用溢出检查。在"解决方案资源管理器"中选定项目，右击并选择"属性"。在项目属性对话框中，单击"生成"标签。单击右下角的"高级"按钮。在随后的"高级生成设置"对话框中，勾选或清除"检查运算上溢/下溢"选项。

不管如何编译，在代码中都可用 checked 和 unchecked 关键字选择性打开和关闭程序的一个特定部分的整数溢出检查。这些关键字将覆盖为项目设置的编译器选项。

6.3.1　编写 checked 语句

checked 语句是以 checked 关键字开头的代码块。checked 语句中的任何整数运算溢出都引发 OverflowException 异常，如下例所示：

```
int number = int.MaxValue;
checked
{
    int willThrow = number++;
    Console.WriteLine("永远都执行不到这里");
}
```

> **重要提示**　只有直接在 checked 块中的整数运算才会检查。例如，对于块中的方法调用，不会检查所调用方法中的整数运算。

还可用 unchecked 关键字创建强制不检查溢出的代码块。unchecked 块中的所有整数运算都不检查，永远不引发 OverflowException 异常。例如：

```
int number =int.MaxValue;
unchecked
{
    int wontThrow = number++;
    Console.WriteLine("会执行到这里");
}
```

6.3.2　编写 checked 表达式

使用 checked 和 unchecked 关键字，还可控制对单独整数表达式的溢出检查。只需用圆括号将表达式封闭起来，并在之前附加 checked 或 unchecked 关键字。如下例所示：

```
int wontThrow = unchecked(int.MaxValue + 1);    // 引发异常
int willThrow = checked(int.MaxValue + 1);      // 不引发异常
```

复合操作符(例如+=和-=)和递增(++)/递减(--)操作符都是算术操作符，都可用 checked 和 unchecked 关键字控制。记住，x += y;等同于 x = x + y;。

> **重要提示**　不能使用 checked 和 unchecked 关键字控制浮点(非整数)运算。checked 和 unchecked 关键字只适合 int 和 long 等整型运算。浮点运算永远不引发 OverflowException 异常——即使让浮点数除以 0.0 (第 2 章说过，.NET Framework 有专门表示无穷大的机制)。

下面练习使用 Visual Studio 2012 执行 checked 算术运算。

> ➤　使用 checked 表达式

1.　返回 Visual Studio 2012。

2. 在"调试"菜单中选择"启动调试"。

   接着试验让两个大数相乘。

3. 在 Left Operand 文本框中输入 **9876543**，在 Right Operand 文本框中也输入 **9876543**，单击* Multiplication，再单击 Calculate 按钮。

   Result 文本框显示值-1195595903。负数肯定不正确。之所以得到错误结果，是因为在执行乘法运算时，悄悄溢出了 int 类型的 32 位限制。

4. 返回 Visual Studio 2012 并停止调试。

5. 在"代码和文本编辑器"窗口显示 MainWindow.xaml.cs 的代码，找到 multiplyValues 方法：

```
private void multiplyValues()
{
  int lhs = int.Parse(lhsOperand.Text);
  int rhs = int.Parse(rhsOperand.Text);
  int outcome = 0;

  outcome = lhs * rhs;
  expression.Text = lhsOperand.Text + " * " + rhsOperand.Text;
  result.Text = outcome.ToString();
}
```

   乘法溢出发生在 outcome = lhs * rhs;语句中。

6. 编辑该语句，对表达式执行 checked 运算：

```
outcome = checked(lhs * rhs;)
```

   这就实现了对乘法运算的检查。发生溢出将引发 OverflowException 异常而不是偷偷返回错误答案。

7. 选择"调试"菜单中的"启动调试"命令继续。

   继续试验两个大数相乘。

8. 在 Left Operand 文本框中输入 **9876543**，在 Right Operand 文本框中也输入 **9876543**，单击* Multiplication，再单击 Calculate。

   Visual Studio 2012 启动调试器，报告乘法运算导致 OverflowException 异常。现在需要捕捉异常，得体地处理错误。

9. 选择"调试" | "停止调试"。

10. 在 MainWindow.xaml.cs 中找到 calculateClick 方法。

11. 在现有的 FormatException 处理程序后添加以下加粗显示的 catch 块。

```
private void calculateClick(object sender, RoutedEventArgs e)
{
  try
  {
    ...
  }
  catch (FormatException fEx)
  {
    result.Text = fEx.Message;
  }
  catch (OverflowException oEx)
  {
    result.Text = oEx.Message;
  }
}
```

这个 catch 处理程序的逻辑就是 FormatException catch 处理程序的逻辑。但仍有必要对两者进行区分，而不是写一个常规的 Exception catch 处理程序，因为将来可能决定以不同方式处理这两种异常。

12. 在"调试"菜单中选择"启动调试"，生成并运行应用程序。

13. 在 Left Operand 文本框中输入 **9876543**，在 Right Operand 文本框中也输入 **9876543**，单击* Multiplication，再单击 Calculate。

   第二个 catch 块成功捕捉 OverflowException 异常，Result 文本框显示消息"算术运算导致溢出。"

14. 返回 Visual Studio 并停止调试。

异常处理和 Visual Studio 调试器

Visual Studio 调试器默认只在发生未处理异常时才中断应用程序。但有时需要调试异常处理程序本身。可以很容易地启用该功能。选择"调试"|"异常"。如下图所示，在"异常"对话框中勾选 Common Language Runtime Exceptions 的"引发"列，然后单击"确定"按钮。

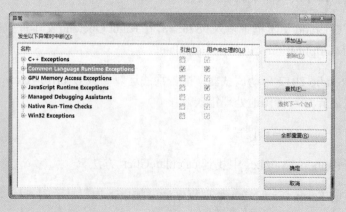

现在若发生 OverflowException 等异常，Visual Studio 将启动调试器，可利用"调试"工具栏上的"逐语句"按钮跳入 catch 处理程序。如果不想捕捉所有 CLR 异常，还可进行更细致的选择。展开 Common Language Runtime Exceptions 节点能看到不同的异常类别(按命名空间组织)。展开任意命名空间就能看到具体的异常，每个都能单独选择。

6.4　引发异常

假定要实现 monthName(月份名称)方法，它接收 int 参数并返回对应月份名称。例如，monthName(1)返回"January"，monthName(2)返回"February"。问题是：如果传递的整数实参小于 1 或大于 12，方法应返回什么？最好的答案是什么都不返回，应该引发异常。.NET Framework 类库包含专为这种情况设计的大量异常类。大多数时候都能从中找到符合要求的类(创建自己的异常类也很容易，但需要掌握更多 C#知识)。对于本例，.NET Framework 的 ArgumentOutOfRangeException 类刚好满足要求。用 throw 语句引发异常，如下例所示：

```
public static string monthName(int month)
{
    switch (month)
    {
        case 1 :
            return "January";
        case 2 :
            return "February";
        ...
        case 12 :
            return "December";
        default :
            throw new ArgumentOutOfRangeException("不存在的月份");
    }
}
```

throw 语句用于引发异常对象，对象包含异常的细节。本例新建并初始化一个 ArgumentOutOfRangeException 对象，构造器(详情在第 7 章讲述)用字符串填充对象的 Message 属性。

以下练习将修改 MathsOperators 项目，在执行未指定操作符的计算时引发异常。

注意　该练习有一点儿"造作"，因为好的设计会提供默认操作符。但这个程序就是为了要证明这一点。

> ➤　引发异常

1. 返回 Visual Studio 2012。

2. 在"调试"菜单中选择"启动调试"。

3. 在 Left Operand 文本框中输入 **24**，在 Right Operand 文本框中输入 **36**，然后单击

Calculate。

Expression 和 Result 文本框什么都不显示。不仔细检查，恐怕还不知道尚未选择操作符。因此有必要在 Result 文本框中输出一条诊断消息，清楚提醒尚未选择操作符。

4. 返回 Visual Studio 并停止调试。

5. 在"代码和文本编辑器"窗口显示 MainWindow.xaml.cs 的代码，找到并检查 calculateClick 方法。该方法如下所示：

```
private int calculateClick(object sender, RoutedEventArgs e)
{
  try
  {
    if ((bool)addition.IsChecked)
    {
      addValues();
    }
    else if ((bool)subtraction.IsChecked)
    {
      subtractValues();
    }
    else if ((bool)multiplication.IsChecked)
    {
      multiplyValues();
    }
    else if ((bool)division.IsChecked)
    {
      divideValues();
    }
    else if ((bool)remainder.IsChecked)
    {
      remainderValues();
    }
  }
  catch (FormatException fEx)
  {
    result.Text = fEx.Message;
  }
  catch (OverflowException oEx)
  {
    result.Text = oEx.Message;
  }
}
```

addition，subtraction，multiplication，division 和 remainder 是窗体上显示的各个操作符单选钮。每个单选钮都有 IsChecked 属性，指出是否已经选定。IsChecked 是**可空**布尔值。如果被选定，值为 true；否则为 false(可空值将在第 8 章讨论)。层叠的 if 语句依次检查每个单选钮，判断具体哪个被选中。(单选按钮是互斥的，一次只能选中一个。)如果没有任何单选钮被选中，就没有任何 if 语句的条件为 true，不会调用任何计算方法。

为了处理没有选中任何单选钮的情况，可在 if-else 结构中添加一个 else 子句，在发生这种情况时向 result 文本框输出消息。但更好的做法是将检测/通知错误的代码与捕捉/处理错误的代码分开。

6. 在 if-else 结构末尾添加 else 子句来引发 InvalidOperationException 异常。如以下加粗的代码所示：

```
if ((bool)addition.IsChecked)
{
  addValues();
}
...
else if ((bool)remainder.IsChecked)
{
  remainderValues();
}
else
{
  throw new InvalidOperationException("No operator selected");
}
```

7. 在"调试"菜单中选择"启动调试"，生成并运行应用程序。

8. 在 Left Operand 文本框中输入 **24**，在 Right Operand 文本框中输入 **36**，不选择要执行什么计算，单击 Calculate 按钮。

Visual Studio 检测到 InvalidOperation 异常并显示异常对话框。应用程序虽然引发异常，但未捕捉它。

9. 选择"调试" | "停止调试"。

前面写了 throw 语句，证实它能引发异常，接着写 catch 处理程序捕捉这个异常。

> **捕捉异常**

1. 在"代码和文本编辑器"窗口显示 MainWindow.xaml.cs，找到 calculateClick 方法。在方法现有的两个 catch 处理程序之后，添加以下加粗显示的 catch 处理程序：

```
...
catch (FormatException fEx)
{
  result.Text = fEx.Message;
}
catch (OverflowException oEx)
{
  result.Text = oEx.Message;
```

```
        }
        catch (InvalidOperationException ioEx)
        {
            result.Text = ioEx.Message;
        }
```

代码捕捉 InvalidOperationException 异常。如果没有选择任何操作符按钮，单击 Calculate 按钮就会引发此异常。

2. 在"调试"菜单中选择"启动调试"，生成并运行应用程序。

3. 在 Left Operand 文本框中输入 **24**，在 Right Operand 文本框中输入 **36**，不选择任何计算，单击 Calculate 按钮。

Result 文本框显示消息："未选择操作符"。

> **注意** 如果此时启动了 Visual Studio 调试器，可能是因为设置 Visual Studio 对异常处理程序本身进行调试，具体请参见之前的描述。在这种情况下，请选择"调试"|"继续"。完成这个练习后，记住禁止 Visual Studio 2012 在引发 CLR 异常时中断(选择"调试"|"异常")。

4. 返回 Visual Studio 并停止调试。

应用程序的健壮性得到大幅增强，但仍有几个可能发生的异常未被捕捉，它们会造成应用程序执行失败。例如，试图除以 0 会引发未处理的 DivideByZeroException(虽然浮点数除以 0 不会引发异常，但整数除以 0 会)。为了解决问题，一个办法是在 calculateClick 方法内添加更多的 catch 处理程序。但更好的方案是在 catch 处理程序列表的末尾添加常规 catch 处理程序来捕捉 Exception。这样就可捕捉所有未处理异常。

> **注意** 虽然能捕捉 Exception 来捕捉所有异常，但特定的异常还是需要单独捕捉的。异常处理越具体，维护代码和发现问题越容易。只有真正罕见的异常才用 Exception 捕捉。我们出于练习的目的将"除以 0"异常划分到这个类别。但在专业软件中，该异常应专门处理。

➤ 捕捉未处理的异常

1. 在"代码和文本编辑器"中显示 MainWindow.xaml.cs，找到 calculateClick 方法，在现有的一系列 catch 处理程序的末尾，添加以下常规 catch 处理程序：

```
catch (Exception ex)
{
    result.Text = ex.Message;
}
```

这个 catch 处理程序捕捉所有未处理的异常，不管异常具体是什么类型。

2. 在"调试"菜单中选择"启动调试"。

现在试验一些已知会造成异常的计算，确定它们都会被捕捉。

3. 在 Left Operand 文本框中输入 **24**，在 Right Operand 文本框中输入 **36**，然后单击 Calculate 按钮。

确定 Result 文本框仍显示"No operator selected"。消息由 InvalidOperationException 处理程序生成。

4. 在 Left Operand 文本框中输入 **John**，单击+Addition，再单击 Calculate 按钮。

确定 Result 文本框显示"输入字符串的格式不正确。"消息由 FormatException 处理程序生成。

5. 在 Left Operand 文本框中输入 **24**，在 Right Operand 文本框中输入 **0**，单击/Divide，再单击 Calculate 按钮。

确定 Result 文本框显示"试图除以 0。"它由刚才添加的常规 Exception 处理程序生成。

6. 试验值的其他组合，验证异常情况都得到处理，不会造成应用程序失败。结束后返回 Visual Studio 并停止调试。

6.5 使用 finally 块

记住，引发异常会改变程序执行流程。这意味着不能保证当一个语句结束之后，它后面的语句肯定运行，因为前一个语句可能引发异常。之前说过，当 catch 处理程序运行完毕，会从整个 try/catch 块之后的语句继续，而不是从引发异常的语句之后继续。

以下是摘自第 5 章的例子。很容易以为 while 循环结束后肯定调用 reader.Dispose(如果使用 Windows 7，将 reader.Dispose 替换成 reader.Close)。

```
TextReader reader = ...;
...
string line = reader.ReadLine();
while (line != null)
{
  ...
  line = reader.ReadLine();
}
reader.Dispose();
```

不执行某个语句，有时没问题，但许多时候都有大问题。假如语句作用是释放它之前的语句获取的资源，不执行就会造成资源得不到释放。上例清楚演示了这一点：如果打开文件进行读取，将获取一个资源(文件句柄)，必须调用 reader.Dispose 释放该资源(在 Windows 7 中，reader.Close 实际会调用 reader.Dispose)，否则迟早会用光所有文件句柄，造成无法打开更多文件(如果觉得文件句柄过于普通，不妨换成数据库连接重新想一想)。

放到 finally 块中的语句总是运行(无论是否引发异常)。finally 块要么紧接在 try 块之后，要么紧接最后一个 catch 块之后。只要程序进入与 finally 块关联的 try 块，finally 块始终都会运行——即使发生异常。如果引发异常，而且在本地捕捉到该异常，那么首先运行异常处理程序，然后运行 finally 块。如果没有在本地捕捉到异常(也就是说，"运行时"必须搜索上级调用方法的列表，以寻找匹配的处理程序)，那么首先运行 finally 块，再搜索异常处理程序。无论如何，finally 块总是运行。

为了确保 reader.Dispose 总是得到调用，可采用下面这个方案：

```
TextReader reader = null;
try
{
  string line = reader.ReadLine();
  while (line != null)
  {
    ...
    line = reader.ReadLine();
  }
}
finally
{
  if (reader != null)
  {
    reader.Dispose();
  }
}
```

即使引发异常，finally 块也能保证 reader.Dispose 语句得到执行。第 14 章将介绍解决该问题的另一个方案。

小　　结

本章讲述了如何使用 try 和 catch 构造来捕捉和处理异常。讲述了如何使用 checked 和 unchecked 关键字来允许和禁止整数溢出检查。还讲述了在检测到异常时如何引发异常。最后讲述了如何用 finally 块确保关键代码总是执行，即使发生了异常。

- 如果希望继续学习下一章，请继续运行 Visual Studio 2012，然后阅读第 7 章。

- 如果希望现在就退出 Visual Studio 2012，请选择"文件"|"退出"。如果看到"保存"对话框，请单击"是"按钮保存项目。

第 6 章快速参考

目标	操作

捕捉特定异常	写 catch 处理程序捕捉特定的异常类。示例如下：
	
	``
	try
	{
	    ...
	}
	catch (FormatException fEx)
	{
	    ...
	}
	``

确保整数运算总是进行溢出检查	使用 checked 关键字。示例如下：
	
	``
	int number = Int32.MaxValue;
	checked
	{
	    number++;
	}
	``

引发特定异常	使用 throw 语句。示例如下：
	
	``
	throw new FormatException(source);
	``

用 catch 处理程序捕捉所有异常	写 catch 处理程序来捕捉 Exception。示例如下：
	
	``
	try
	{
	    ...
	}
	catch (Exception ex)
	{
	    ...
	}
	``

确保特定代码总是运行，即使前面引发了异常	将代码放到 finally 块中，示例如下：
	
	``
	try
	{
	    ...
	}
	finally
	{
	    // 总是运行
	}
	``

第 II 部分

理解 C#对象模型

第 I 部分介绍了如何声明变量、用操作符创建值、调用方法以及写语句实现方法。有了这些知识储备，就可进入下一阶段的学习：将方法和数据合并到自己的功能数据结构中。

第 II 部分要介绍类和结构。它们是建模实体与构成 C#程序的其他数据项的两种基本类型。要介绍如何根据类和结构的定义来创建对象和值类型，CLR 如何管理它们的生存期，如何利用继承创建类层次结构，如何利用数组来容纳数据项。

第 7 章　创建并管理类和对象

本章旨在教会你:

● 定义类来包含一组相关的方法和数据项
● 使用 public 和 private 关键字控制类成员的可访问性
● 使用 new 关键字创建对象并调用构造器来初始化它
● 自己编写并调用构造器
● 使用 static 关键字创建可由类的所有实例共享的方法和数据
● 解释如何创建匿名类

Microsoft Windows Runtime(Windows 8)和 Microsoft .NET Framework(Windows 7 和 Windows 8)包含数量众多的类,前面已用过不少(如 Console 和 Exception)。类提供了对应用程序操纵的实体进行建模的便利机制。**实体**既可代表具体的东西(如客户),也可代表抽象的东西(如事务处理)。任何系统在设计时都要确定哪些实体是重要的,分析它们要容纳什么信息和提供哪些功能。类容纳的信息存储在**字段**中,类提供的功能用**方法**实现。

7.1　理 解 分 类

在英文中,**类**(class)是**分类**(classification)的词根。设计类的过程就是对信息进行分类,将相关信息放到有意义的实体中的过程。任何人都会分类——并非只有程序员才会。例如,所有汽车都有通用的行为(都能转向、停止、加速等)和通用的属性(都有方向盘、发动机等)。人们用"汽车"一词泛指具有这些行为和属性的对象。只要所有人都认同一个词的意思,这个系统就能很好地发挥作用,可以使用简练的形式表达复杂而精确的意思。不会分类,很难想象人们如何思考与交流。

既然分类已在我们思考与交流的过程中根深蒂固,那么在写程序时,也很有必要对问题及其解决方案中固有的概念进行分类,然后用编程语言对这些类进行建模。这正是包括C#在内的现代面向对象编程语言的宗旨。

7.2　封装的目的

封装是定义类的重要原则。它的中心思想是:使用类的程序不应关心类内部如何工作。程序只需创建类的实例并调用类的方法。只要方法能做到它们宣称能做到的事情,程序就不关心它们具体如何实现。例如在调用 Console.WriteLine 方法时,肯定不会想去了解Console 类将数据输出到屏幕的复杂细节。类为了执行其方法,可能要维护各种内部状态信息,还要在内部采取各种行动。在使用类的程序面前,这些额外的状态信息和行动是隐藏的。因此，封装有时称为**信息隐藏**，它实际有下面两个目的：

- 将方法和数据合并到类中；换言之，为了支持分类；

- 控制对方法和数据的访问；换言之，为了控制类的使用。

7.3 定义并使用类

C#用 class 关键字定义新类。类的数据和方法在类的主体中(两个大括号之间)。以下
Circle 类包含方法(计算圆的面积)和数据(圆的半径)：

```
class Circle
{
int radius;

    double Area()
    {
        return Math.PI * radius * radius;
    }
}
```

> **注意**　Math 类包含了用于执行数学计算的方法，另外还用一些字段定义了数学常量。其
> 中，Math.PI 字段包含值 3.14159265358979323846，即圆周率近似值。

类主体包含普通的方法(如 **Area**)和字段(如 radius)。记住，C#术语将类中的变量称为**字
段**。第 2 章讲过如何声明变量，第 3 章讲过如何编写方法，所以实际上没有多少新语法。

Circle 类的使用方式和之前用到的其他类型相似。以 Circle 为类型名称创建变量，再用
有效的数据初始化它。下面是一个例子：

```
Circle c;         // 创建 Circle 变量
c = new Circle();// 初始化
```

注意，这里使用了 new 关键字。以前在初始化 int 或 float 变量时是直接赋值：

```
int i;
i = 42;
```

但**类**类型的变量不能像以前那样赋值。一个原因是 C#没有提供将文字常量赋给类变量
的语法，例如不能像下面这样写：

```
Circle c;
c = 42;
```

等于 42 的 Circle 是什么意思？另一个原因涉及"运行时"对类类型的变量的内存进行
分配与管理的方式，这方面的详情将在第 8 章讨论。目前只需接受这样一个事实：new 关
键字将新建类的实例。所谓"类的实例"，更通俗的说法就是"对象"。

但可直接将类的实例赋给相同类型的另一个变量，例如：

```
Circle c;
c = new Circle();
Circle d;
d = c;
```

但假如这样赋值，实际发生的事情或许并不是你想象的那样。第 8 章将解释具体原因。

> **重要提示** 类和对象不能混淆。类是类型定义，对象则是该类型的实例，是在程序运行时创建的。换言之，类是建筑蓝图，对象是按照蓝图建造的房子。同一个类可以有多个对象，正如同一张蓝图可以建造多个房子。

7.4 控制可访问性

令人惊讶的是，Circle 类目前没有任何实际用处。默认情况下，方法和数据封装到类中，就和外部世界划清了界线。类的字段(如 radius)和方法(如 Area)可被类的其他方法看见，但外界看不到。换言之，它们是类"私有"的。虽然能创建 Circle 对象，但访问不了 radius 字段，也调用不了 Area 方法。正因为如此，该类目前并没有多大用处。可用 public 和 private 关键字修改字段或方法的定义，决定它们是否能从外部访问。

- 只允许从类的内部访问的方法或字段是私有的。为了声明私有方法或字段，要在声明前添加 private 关键字。该关键字是默认的，但作为良好编程实践，应显式将字段和方法声明为 private，以避免困惑。

- 方法或字段假如既能从类的内部访问，也能从外部访问，就说它是公共的。为了声明一个公共方法或字段，要在声明前添加 public 关键字。

以下是修改过的 Circle 类。这次，Area 方法声明为公共方法，radius 声明为私有字段：

```
class Circle
{
    private int radius;

    public double Area()
    {
        return Math.PI * radius * radius;
    }
}
```

> **注意** C++程序员注意，public 或 private 关键字后面不要加冒号。每个字段和方法声明都要重复 public 或 private 关键字。

注意，radius 被声明为私有字段；不能从类的外部访问，但能在类的内部访问。这正是 Area 方法能访问 radius 字段的原因。尽管如此，Circle 类的作用目前依然有限，因为还无法初始化 radius 字段。解决方案是使用构造器。

📝**提示**   方法中声明的变量不会自动初始化，但类的字段会自动初始化为 0，false 或 null，具体视类型而定。不过，作为好的编程实践，应显式初始化字段。

命名和可访问性

许多企业规定了自己的编码样式，标识符命名是其中一环，目的是加强代码的可维护性。出于对类成员可访问性的考虑，推荐采用以下字段和方法命名规范(C#未强制这些规范)。

● 公共标识符以大写字母开头。例如 Area 以 A 而不是 a 开头，因为它是公共的。这是所谓的 PascalCase 命名法(因为最早在 Pascal 语言中使用)。

● 非公共的标识符(包括局部变量)以小写字母开头。例如 radius 以 r 而不是 R 开头，因为它是私有的。这是所谓的 camelCase 命名法。

有的企业只将 camelCase 命名法用于方法，私有字段以下划线开头，例如 _radius。本书的私有方法和字段采用的是 camelCase 命名法。

上述规则仅有一个例外：类名以大写字母开头。构造器必须完全和类同名，所以私有构造器也以大写字母开头。

📝**重要提示**   不要声明名称只是大小写有别的两个公共成员，否则不区分大小写的其他语言(如 Microsoft Visual Basic)的开发者可能无法将该类集成到他们的解决方案中。

7.4.1   使用构造器

使用 new 关键字创建对象时，"运行时"必须根据那个类的定义构造对象。必须从操作系统申请内存区域，在其中填充类定义的字段，然后调用构造器执行任何必要的初始化。

构造器是在创建类的实例时自动运行的方法。它与类同名，能获取参数，但不能返回任何值(即使是 void)。每个类至少要有一个构造器。如果不提供构造器，编译器会自动生成一个什么都不做的默认构造器。自己写默认构造器很容易——添加与类同名的公共方法，不返回任何值就可以了。下例展示了有默认构造器的 Circle 类，这个自己写的构造器能将 radius 字段初始化为 0：

```
class Circle
{
    private int radius;

    public Circle() // 默认构造器
    {
        radius = 0;
    }

    public double Area()
```

```
    {
      return Math.PI * radius * radius;
    }
}
```

> **注意**　C#的默认构造器是指无参构造器。至于由编译器生成还是自己写则并不重要。还可写一系列非默认构造器(有参构造器)，具体参见稍后的 7.4.2 节"重载构造器"。

这个例子的构造器被标识为 public。假如省略该关键字，构造器将默认为私有 (和其他方法和字段一样)。私有构造器不能在类的外部使用，造成无法从 Circle 类的外部创建 Circle 对象。但这并不是说私有构造器没有用处。它们确实有自己的用处，只是不在当前讨论范围内。

添加公共构造器之后，Circle 类就可以使用了，可开始使用它的 Area 方法。注意用圆点表示法调用 Circle 对象的 Area 方法：

```
Circle c;
c = new Circle();
double areaOfCircle = c.Area();
```

7.4.2　重载构造器

现在已经能够声明 Circle 变量，让它指向新建的 Circle 对象，并调用它的 Area 方法。但工作还没有结束，还有最后一个问题需要解决。所有 Circle 对象的面积都是 0，因为默认构造器把 radius 设为 0 之后，radius 的值就没有变过(radius 字段是私有的，初始化后不好改变它的值)。为了解决这个问题，必须认识到构造器本质上还是方法。和所有方法一样，可以进行重载。我们知道，Console.WriteLine 方法有好几个版本，每个版本都获取不同参数。类似地，构造器也可以有多个版本。下面在 Circle 类中添加一个构造器，取 radius 作为参数。

```
class Circle
{
  private int radius;

  public Circle() // 默认构造器
  {
    radius = 0;
  }

  public Circle(int initialRadius) // 重载的构造器
  {
    radius = initialRadius;
  }

  public double Area()
  {
    return Math.PI * radius * radius;
```

```
    }
  }
```

> **注意**   构造器在类中的顺序无关紧要。

然后可在新建 Circle 对象时调用该构造器，如下所示：

```
Circle c;
c = new Circle(45);
```

生成应用程序时，编译器根据为 new 操作符指定的参数判断应该使用哪个构造器。本例传入一个 int，所以编译器生成的代码将调用获取一个 int 参数的构造器。

C#的一个重要特点是，一旦为类写了任何构造器，编译器就不再自动生成默认构造器。所以，一旦写了构造器，让它接收一个或多个参数，同时还想要默认构造器，就必须亲手写一个 (无参构造器)。

分 部 类

类可以包含大量方法、字段、构造器以及以后会讲到的其他项目。一个功能齐全的类可能相当大。C#允许将类的源代码拆分到单独的文件中。这样，大型类的定义就可用较小的、更易管理的部分进行组织。Visual Studio 2012 为 Windows Presentation Foundation(WPF) 和 Windows Store 应用采用的就是这种代码组织技术。开发者可编辑的源代码在一个文件中维护，窗体布局变化时由 Visual Studio 生成的代码在另一个文件中维护。

类被拆分到多个文件中之后，要在每个文件中使用 partial(分部)关键字定义类的不同部分。例如，假定 Circle 类被拆分到两个文件中，分别是 circ1.cs(包含构造器)和 circ2.cs(包含方法和字段)，那么 circ1.cs 的内容如下：

circ2.cs 的内容如下：

```
partial class Circle
{
    public Circle() // 默认构造器
    {
        this.radius = 0;
    }

    public Circle(int initialRadius) // 重载的构造器
    {
        this.radius = initialRadius;
    }
}
partial class Circle
{
    private int radius;

    public double Area()
```

```
    {
        return Math.PI * this.radius * this.radius;
    }
}
```

编译拆分到多个文件的类，必须向编译器提供全部文件。

以下练习将定义一个类，对平面几何中的点进行建模。类包含两个私有字段，用于保存点的横坐标 x 和纵坐标 y。此外，类还包含用于初始化这两个字段的构造器。将用 new 关键字创建类的实例，并调用构造器初始化它。

➢ 编写构造器并创建对象

1. 如果尚未运行 Visual Studio 2012，请先启动它。

2. 打开 Classes 项目，它位于"文档"文件夹下的\Microsoft Press\Visual CSharp Step by Step\Chapter 7\Windows *X*\Classes 子文件夹中。

3. 在"解决方案资源管理器"中双击 Program.cs 文件，在"代码和文本编辑器"窗口中显示它。

4. 找到 Program 类中的 Main 方法。

   Main 方法调用了 doWork 方法。对 doWork 方法的调用封闭在 try 块中，try 块之后是 catch 处理程序。可利用这个 try/catch 块在 doWork 方法中写以前一般出现在 Main 中的代码，并可放心地知道所有异常都会被捕捉。doWork 方法目前还是"光杆司令"，只有一条// TODO:注释。

📝提示　TODO:注释常用于标注以后将进行加工的代码，它应指出此处要完成什么工作。例如// **TODO: 实现 doWork 方法**。Visual Studio 能识别这种注释，可利用"任务列表"窗口快速定位。要打开该窗口，请选择"视图" | "任务列表"。如下图所示，"任务列表"窗口默认在"代码和文本编辑器"窗口下方显示。在窗口顶部下拉列表中选择"注释"列出所有 TODO:注释。双击注释在"代码和文本编辑器"中定位。

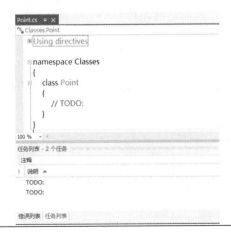

5. 在"代码和文本编辑器"窗口中打开 Point.cs 文件。

文件定义了 Point 类,用于表示 x 和 y 坐标所定义的点。类中目前只// TODO:注释。

6. 返回 Program.cs 文件,找到 Program 类中的 doWork 方法。编辑 doWork 方法的主体,用以下语句替换// TODO:注释:

```
Point origin = new Point();
```

7. 选择"生成"|"生成解决方案"。

程序成功生成,没有报错,因为编译器自动生成了 Point 类的默认构造器。但看不到该构造器的 C#代码,编译器不可能帮你添加源代码。

8. 返回 Point.cs 文件中的 Point 类。用公共构造器(接受两个 int 参数 x 和 y,调用 Console.WriteLine 方法在控制台上输出这些参数的值)替换// TODO:注释,如以下加粗的代码所示。Point 类现在应该像下面这样:

```
class Point
{
    public Point(int x, int y)
    {
        Console.WriteLine("x:{0}, y:{1}", x, y);
    }
}
```

> **注意** 以前说过,Console.WriteLine 方法将{0}和{1}作为占位符使用。对于上述语句,程序运行时会将{0}替换成 x 值,{1}替换成 y 值。

9. 选择"生成"|"生成解决方案"。

这次,编译器报错,如下所示:

```
"Classes.Point" 不包含采用 "0" 个参数的构造函数
```

doWork 对默认构造器的调用失败,因为现在不再有默认构造器。一旦为 Point 类写了自己的构造器,编译器就不再自动生成默认构造器。为了解决这个问题,必须亲手写一个默认构造器。

10. 编辑 Point 类来添加公共默认构造器。它调用 Console.WriteLine 方法,在控制台上输出字符串"Default constructor called"。现在的 Point 类像下面这样:

```
class Point
{
    public Point()
    {
        Console.WriteLine("Default constructor called");
    }

    public Point(int x, int y)
```

```
   {
      Console.WriteLine("x:{0}, y:{1}", x, y);
   }
}
```

11. 选择"生成"|"生成解决方案"。程序成功生成。

12. 如以下加粗的代码所示，在 Program.cs 文件中编辑 doWork 方法主体，声明 Point 变量 bottomRight。使用获取两个参数的构造器初始化该 Point 对象。参数值分别使用 1366 和 768，表示分辨率为 1366×768(Windows 8 平板设备的常用分辨率)的屏幕右下角坐标。现在的 doWork 方法如下：

```
static void doWork()
{
   Point origin = new Point();
   Point bottomRight = new Point(1366, 768);
}
```

13. 在"调试"菜单中选择"开始执行(不调试)"。

应用程序将顺利生成并运行，向控制台输出如下图所示的消息。

14. 按 Enter 键终止程序运行并返回 Visual Studio 2012。

现在要在 Point 类中添加两个 int 字段来表示点的 x 和 y 坐标，然后修改构造器来初始化这些字段。

15. 在 Point.cs 文件中编辑 Point 类，添加两个私有 int 字段 x 和 y，如以下加粗显示的代码所示。现在的 Point 类应该像下面这样：

```
class Point
{
   private int x, y;

   public Point()
   {
      Console.WriteLine("Default constructor called");
   }

   public Point(int x, int y)
   {
      Console.WriteLine("x:{0}, y:{1}", x, y);
   }
}
```

接着编辑第二个 Point 构造器，将 x 和 y 字段初始化成 x 和 y 参数的值。但要留意一个陷阱。不小心可能写出如下所示的构造器：

```
public Point(int x, int y)
{
    x = x;      // 错误写法
    y = y;      // 错误写法
}
```

虽然代码能够编译，但这些语句存在严重歧义。编译器如何知道在 x = x;这样的语句中，第一个 x 是字段，第二个 x 是参数？事实上，编译器根本就不会区分！假如方法的参数与某个字段同名，在该方法的任何语句中，参数将覆盖字段。所以上述构造器实际做的事情是将参数赋给它自己，根本不会修改字段。这显然不是我们所希望的。

解决方案是用 this 关键字限定哪些变量是参数，哪些变量是字段。为变量附加 this 前缀，意思就是"这个对象(this)的字段"。

16. 修改获取两个参数的 Point 构造器，用以下加粗显示的代码替换 Console.WriteLine 语句：

```
public Point(int x, int y)
{
    this.x = x;
    this.y = y;
}
```

17. 编辑 Point 类的默认构造器，将 x 和 y 字段初始化为 – 1(同时删除 Console.WriteLine 语句)。虽然目前没有参数来"捣乱"，但作为好的编程实践，仍应使用 this 明确指出它们是字段引用：

```
public Point()
{
    this.x = -1;
    this.y = -1;
}
```

18. 选择"生成"|"生成解决方案"。确定代码成功编译，不会显示错误或警告(也可运行它，只是还不能产生任何输出)。

如果方法从属于一个类，而且操纵的是类的某个实例的数据，就称为**实例方法**。本章稍后会讲到其他种类的方法。以下练习为 Point 类添加实例方法 DistanceTo，用于计算两点之间的距离。

➢　**编写并调用实例方法**

1. 编辑 Point.cs 文件中的 Point 类，在构造器之后添加以下公共实例方法 DistanceTo。方法接收 Point 参数 other 并返回 double 值。

```
class Point
{
    ...
    public double DistanceTo(Point other)
    {
    }
}
```

下面要向 DistanceTo 实例方法主体添加代码，计算并返回两个 Point 对象之间的距离。这两个对象中，第一个 Point 是发出调用的对象，第二个 Point 是作为参数传递的对象。首先要计算 x 和 y 坐标差值。

2.　在 DistanceTo 方法中声明 int 变量 xDiff，初始化为 this.x 和 other.x 的差值，如加粗代码所示：

```
public double DistanceTo(Point other)
{
    int xDiff = this.x – other.x;
}
```

3.　再声明 int 变量 yDiff，初始化为 this.y 和 other.y 的差值，如加粗代码所示：

```
public double DistanceTo(Point other)
{
    int xDiff = this.x - other.x;
    int yDiff = this.y - other.y;
}
```

> **注意**　虽然 x 和 y 字段是私有的，但类的其他实例是可以访问到它们的。"私有"仅相对于类，而非相对于对象。同一个类的两个实例能相互访问对方的私有数据，但访问不了其他类的实例中的私有数据。

为计算两点之间的距离，利用勾股定理，计算 xDiff 与 yDiff 的平方和的平方根就可以了。System.Math 类提供了 Sqrt 方法来计算平方根。

4.　声明 double 变量 distance 来容纳计算结果。

```
public double DistanceTo(Point other)
{
    int xDiff = this.x - other.x;
    int yDiff = this.y - other.y;
    double distance = Math.Sqrt((xDiff * xDiff) + (yDiff * yDiff));
}
```

5.　在 Distance 方法末尾添加 return 语句返回 distance 值：

```
public double DistanceTo(Point other)
{
    int xDiff = this.x - other.x;
    int yDiff = this.y - other.y;
    double distance = Math.Sqrt((xDiff * xDiff) + (yDiff * yDiff));
```

```
    return distance;
}
```

下面测试 DistanceTo 方法。

6. 返回 Program 类中的 doWork 方法。在声明并初始化 Point 变量 origin 和 bottomRight 的语句后声明 double 变量 distance。调用 origin 对象的 DistanceTo 方法，将 bottomRight 对象作为参数传给方法，用结果初始化 distance 变量。

现在的 doWork 方法应该像下面这样：

```
static void doWork()
{
    Point origin = new Point();
    Point bottomRight = new Point(1366, 768);
    double distance = origin.DistanceTo(bottomRight);
}
```

> **注意**　在"智能感知"的帮助下，输入 origin 之后的句点会自动列出 DistanceTo 方法。

7. 在 doWork 方法中再添加一个语句，使用 Console.WriteLine 方法将 distance 变量的值输出到控制台。最终的 doWork 方法如下所示：

```
static void doWork()
{
    Point origin = new Point();
    Point bottomRight = new Point(1366, 768);
    double distance = origin.DistanceTo(bottomRight);
    Console.WriteLine("Distance is: {0}", distance);
}
```

8. 在"调试"菜单中选择"开始执行(不调试)"。

9. 确定控制台窗口显示 1568.45465347265。按 Enter 键关闭程序并返回 Visual Studio。

7.5　理解静态方法和数据

上个练习使用了 Math 类的 Sqrt 方法；类似地，之前在 Circle 类中用过 Math 类的 PI 字段。有没有觉得调用 Sqrt 方法(Math.Sqrt)和使用 PI 字段(Math.PI)的方式有点儿奇怪？是直接在类的上面调用方法，也是直接在类的上面使用字段，而不是先创建 Math 类的对象，再在这个对象的基础上调用方法和使用字段。这好比使用 Point.DistanceTo 而不是 origin.DistanceTo。到底发生了什么，为什么能这样写？

事实上，并非所有方法都天生属于类的实例。这些称为**工具方法**或**实用方法**，通常提供了有用的、和类的实例无关的功能。Sqrt 方法就是一个例子。假如把 Sqrt 设计成 Math 类的实例方法，就必须先创建 Math 对象，然后才能在那个对象上调用 Sqrt：

```
Math m = new Math();
double d = m.Sqrt(42.24);
```

这太麻烦了。Math 对象对平方根计算没有任何帮助。Sqrt 需要的所有输入数据都已在参数列表中提供，结果也通过方法返回值传给调用者。对象在这里是不必要的，强迫 Sqrt 成为实例方法不是好主意。

> **注意**　除了 Sqrt 方法和 PI 字段，Math 类还包含其他用于数学计算的工具方法，如 Sin，Cos，Tan 和 Log 等。

在 C#中，所有方法都必须在类的内部声明。但假如把方法或字段声明为 static，就可使用类名调用方法或访问字段。下面展示了 Math 类的 Sqrt 方法具体如何声明：

```
class Math
{
public static double Sqrt(double d)
{
    ...
}
    ...
}
```

静态方法不依赖类的实例，不能访问类的任何实例字段或实例方法。相反，只能访问标记为 static 的其他方法和字段。

7.5.1　创建共享字段

静态字段能在类的所有对象之间共享(非静态字段则局部于类的实例)。在下例中，每次新建 Circle 对象，Circle 构造器都使 Circle 类的静态字段 NumCircles 递增 1：

```
class Circle
{
  private int radius;
  public static int NumCircles = 0;

  public Circle() // 默认构造器
  {
    radius = 0;
    NumCircles++;
  }

  public Circle(int initialRadius) // 重载的构造器
  {
    radius = initialRadius;
    NumCircles++;
  }
}
```

NumCircles 字段由所有 Circle 对象共享，所以每次新建实例，NumCircles++;语句递增的都是相同的数据。从类外访问 NumCircles 字段时，要以 Circle 作为前缀，而不是以类的实例名称作为前缀。例如：

```
Console.WriteLine("Number of Circle objects: {0}", Circle.NumCircles);
```

> **注意**　在 C#术语中，静态方法也称为"类方法"。但静态字段通常不叫"类字段"，而是叫"静态字段"，或者叫"静态变量"。

7.5.2　使用 const 关键字创建静态字段

用 const 关键字声明的字段称为常量字段，是一种特殊的静态字段，它的值永远不会改变。关键字 const 是 "constant"(常量)的简称。const 字段虽然也是静态字段，但声明时不用 static 关键字。只有枚举、数值类型(例如 int 或 double)或者字符串类型的字段才能声明为 const 字段(将在第 9 章讨论枚举)。例如，在真正的 Math 类中，PI 就被声明为 const 字段：

```
class Math
{
    ...
    public const double PI = 3.14159265358979323846;
}
```

7.5.3　静态类

C#允许声明静态类。静态类只能包含静态成员。静态类纯粹作为工具方法和字段的容器使用。静态类不能包含任何实例数据或方法。另外，使用 new 操作符创建静态类的对象没有意义，编译器会报错。为了执行初始化，静态类允许包含一个默认构造器，前提是该构造器也被声明为静态。其他任何类型的构造器都是非法的，编译器会报错。

要定义自己的 Math 类，其中只包含静态成员，应该像下面这样写：

```
public static class Math
{
    public static double Sin(double x) {…}
    public static double Cos(double x) {…}
    public static double Sqrt(double x) {…}
    ...
}
```

> **注意**　真正的 Math 类不这样定义，它包含实例方法。

本章最后练习在 Point 类中添加一个私有静态字段。它初始化为 0，在两个构造器中都要递增。还要写公共静态方法返回该字段的值(代表已创建的 Point 对象数量)。

➤ **写静态成员并调用静态方法**

1. 在 Visual Studio 2012 的 "代码和文本编辑器" 窗口中显示 Point 类。

2. 在 Point 类中添加 int 类型的私有静态字段 objectCount。声明时初始化为 0。

```
class Point
{
   ...
   private static int objectCount = 0;
   ...
}
```

> 📖 **注意**　private 和 static 关键字顺序任意。不过，首选顺序是 private 在前，static 在后。

3. 在两个 Point 构造器中添加语句来递增 objectCount 字段，如以下加粗的代码所示：

```
class Point
{
   private int x, y;
   private static int objectCount = 0;

   public Point()
   {
      this.x = -1;
      this.y = -1;
      objectCount++;
   }

   public Point(int x, int y)
   {
      this.x = x;
      this.y = y;
      objectCount++;
   }

public double DistanceTo(Point other)
{
   int xDiff = this.x - other.x;
   int yDiff = this.y - other.y;
   return Math.Sqrt((xDiff * xDiff) + (yDiff * yDiff));
}
}
```

每次创建对象都会调用构造器。只要在每个构造器(包括默认构造器)中递增，objectCount 就能反映出迄今为止创建的对象总数。这个策略之所以有效，是因为 objectCount 是共享的静态字段。如果 objectCount 是实例字段，则每个对象都有自己的 objectCount 字段，会被设为 1。

现在的问题是 Point 类的用户如何知道已创建了多少 Point 对象？objectCount 是私

有字段,不能在类外使用。笨办法是将 objectCount 变成公共字段。但这样会破坏类的封装性,无法保证值是正确的,因为任何人都能改变该字段的值。更好的办法是提供公共静态方法来返回 objectCount 字段值。这正是下面要做的工作。

4. 在 Point 类中添加公共静态方法 ObjectCount,返回 int 值但不获取任何参数。在方法主体中返回 objectCount 字段值,如以下加粗的代码所示:

```
class Point
{
    ...
    public static int ObjectCount()
    {
        return objectCount;
    }
}
```

5. 在"代码和文本编辑器"窗口中显示 Program 类,在 doWork 方法中添加语句(如以下加粗的代码所示)将 Point 类的 ObjectCount 方法返回值输出到屏幕。

```
static void doWork()
{
    Point origin = new Point();
    Point bottomRight = new Point(1366, 768);
    double distance = origin.distanceTo(bottomRight);
    Console.WriteLine("Distance is: {0}", distance);
    Console.WriteLine("No of Point objects: {0}", Point.ObjectCount());
}
```

要用类名 Point 作为前缀来调用 ObjectCount 方法,而不要使用某个 Point 变量的名称作为前缀(如 origin 或 bottomRight)。由于调用 ObjectCount 时已创建了两个 Point 对象,所以方法应返回值 2。

6. 在"调试"菜单中选择"开始执行(不调试)"。

    确认在控制台窗口中,在显示了距离值之后,显示的 Point 对象的数量是 2。

7. 按 Enter 键结束程序并返回 Visual Studio 2012。

7.5.4 匿名类

匿名类是没有名字的类。虽然听起来比较奇怪,但有时这种类相当好用。本书以后会讲到需要这种类的场合,尤其是在使用查询表达式的时候(第 21 章)。目前只需知道它们有用即可。

创建匿名类的办法是以 new 关键字开头,后跟一对{ },在大括号中定义想在类中包含的字段和值,如下所示:

```
myAnonymousObject = new { Name = "John", Age = 47 };
```

该类包含两个公共字段,名为 Name(初始化为字符串"John")和 Age(初始化为整数 47)。编译器根据用于初始化字段的数据类型推断字段类型。

定义匿名类时,编译器为该类生成只有它自己知道的名称。这带来了一个有趣的问题:既然不知道类名,怎样创建正确类型的对象,并把类的实例分配给它?在上例中,myAnonymousObject 变量的类型是什么?答案是根本不知道类型是什么——这正是匿名类的意义。但使用 var 关键字将 myAnonymousObject 声明为隐式类型的变量,问题就解决了,如下所示:

```
var myAnonymousObject = new { Name = "John", Age = 47 };
```

以前说过,如果使用 var 关键字,对变量进行初始化的表达式是什么类型,编译器就用这个类型创建变量。在本例中,表达式的类型名称就是编译器自己为匿名类生成的那个名称。

可用熟悉的点记号法访问对象中的字段,如下所示:

```
Console.WriteLine("Name: {0} Age: {1}", myAnonymousObject.Name, myAnonymousObject.Age);
```

甚至能创建匿名类的其他实例,在其中填充不同的值:

```
var anotherAnonymousObject = new { Name = " Diana", Age = 46 };
```

C#编译器根据字段名称、类型、数量和顺序判断匿名类的两个实例是否具有相同类型。本例的变量 myAnonymousObject 和 anotherAnonymousObject 包含相同数量的字段,而且字段不仅名称和类型相同,顺序也相同,所以两个变量被认为是同一个匿名类的实例。这意味着可以执行下面这样的赋值操作:

```
anotherAnonymousObject = myAnonymousObject;
```

> **注意**　上述赋值语句的结果或许不是像你想的那样。对象变量赋值问题将在第 8 章讲述。

匿名类虽然有时很好用,但内容存在着相当多的限制。匿名类只能包含公共字段,字段必须全部初始化,不可以是静态,而且不能定义任何方法。本书将来还会用到匿名类,届时将学习它们的更多知识。

小　　结

本章讲述了如何定义类,类的字段和方法默认私有,不可由类外部的代码访问。但可用 public 关键字公开字段和方法。讲述了如何使用 new 关键字创建类的新实例,以及如何定义对类的实例进行初始化的构造器。最后讲述了如何实现静态字段和方法,提供和类的任何实例都无关的数据和操作。

- 如果希望继续学习下一章,请继续运行 Visual Studio 2012,然后阅读第 8 章。

- 如果希望现在就退出 Visual Studio 2012，请选择"文件"|"退出"。如果看到"保存"对话框，请单击"是"按钮保存项目。

第 7 章快速参考

目标	操作

声明类	先写 class 关键字，再写类名，再写一对{}。类的方法和字段在大括号中声明。示例如下：
	
	``
	class Point
	{
	    ...
	}
	``

声明构造器	写与类同名的方法，但没有返回类型(包括 void)。示例如下：
	
	``
	class Point
	{
	    public Point(int x, int y)
	    {
	        ...
	    }
	}
	``

调用构造器	使用 new 关键字，后跟恰当的构造器，提供恰当的参数。示例如下： ``` Point origin = new Point(0, 0); ```

声明静态方法	在方法声明之前添加 static 关键字。示例如下：
	
	``
	class Point
	{
	    public static int ObjectCount()
	    {
	        ...
	    }
	}
	``

调用静态方法	使用类名.方法名形式。示例如下：
	
	``
	int pointsCreatedSoFar = Point.ObjectCount();
	``

声明静态字段	在字段的声明之前添加 static 关键字。示例如下：
	
	``
	class Point
	{
	    ...
	    private static int objectCount;
	}
	``

目标	操作
声明常量字段	在字段声明之前添加 const 关键字，省略 static 关键字。示例如下： ```\nclass Math\n{\n ...\n public const double PI = ...;\n}\n```
访问静态字段	使用*类名.静态字段名*形式。示例如下： ```\ndouble area = Math.PI * radius * radius;\n```

第 8 章　理解值和引用

本章旨在教会你：

- 理解值类型和引用类型的区别
- 使用 ref 和 out 关键字修改方法参数的传递方式
- 通过装箱将值转换成引用
- 通过拆箱和转型将引用转换回值

第 7 章讲述了如何声明类，如何使用 new 关键字创建对象。还讲述了如何使用构造器初始化对象。本章要讲述基元数据类型(如 int，double 和 char)和类类型(如 Circle)的区别。

8.1　复制值类型的变量和类

C#的大多数基元类型(包括 int，float，double 和 char 等，但不包括 string，原因稍后讲述)统称为"值类型"。将变量声明为值类型，编译器会生成代码来分配足以容纳这种值的内存块。例如，声明 int 类型的变量会导致编译器分配 4 字节(32 位)内存块。向 int 变量赋值(例如 42)，将导致值被复制到内存块中。

类类型(例如第 7 章讲述的 Circle 类)则有不同的处理方式。声明 Circle 变量时，编译器不会生成代码来分配足以容纳一个 Circle 的内存块。相反，它唯一做的事情就是分配一小块内存，其中刚好可以容纳一个地址。以后，Circle 实际占用内存块的地址会填充到这里。该地址也称为对内存块的引用。Circle 对象实际占用内存是在使用 new 关键字创建对象时分配的。类是引用类型的一个例子。引用类型容纳了对内存块的引用。为了写高效的 C#程序来充分利用 Microsoft .NET Framework，有必要理解值类型和引用类型的区别。

📖 **注意**　C#的 string 实际是类类型。由于字符串大小不固定，所以更高效的策略是在程序运行时动态分配其内存，而不是在编译时静态分配。本章对类这样的引用类型的描述同样适合 string 类型。事实上，C#的 string 关键字仅仅是 System.String 类的别名。

声明 int 变量 i，将值 42 赋给它，再声明 int 变量 copyi，将 i 赋给 copyi，那么 copyi 将容纳与 i 相同的值(42)。但是，虽然 copyi 和 i 容纳的值大小一样，但事实上已经有两个内存块，其中都包含值 42：一个块为 i 分配，一个为 copyi 分配。修改 i 的值不会改变 copyi 的值。下面用代码进行演示：

```
int i = 42;          // 声明并初始化i
int copyi = i;       // copyi包含i中的数据的拷贝，i和copyi都包含值42
i++;                 // i递增不影响copyi；i现在包含43, copyi仍然包含42
```

但是，将 c 声明为 Circle(一个类名)，结果就完全不同。将 c 声明为 Circle，c 就能引用
Circle 对象；c 实际容纳的是内存中的一个 Circle 对象的地址。将变量 refc 也声明为 Circle，
将 c 赋给 refc，refc 将容纳和 c 一样的地址；换言之，现在只存在一个 Circle 对象，refc 和
c 都引用它。下面用代码进行演示：

```
Circle c = new Circle(42);
Circle refc = c;
```

下图对这两个例子进行了说明。Circle 对象中的符号@代表引用，容纳的是内存地址。

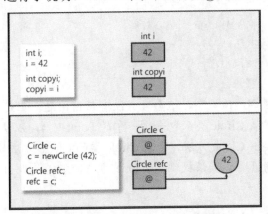

这个差异十分重要。尤其要注意，它意味着方法参数的行为取决于它们是值类型还是
引用类型。将在下面的练习中体验这个差异。[①]

引用类型的复制与私有数据

要将 c 引用的 Circle 对象的内容复制给 refc 引用的 Circle 对象，而不是复制引用，必
须让 refc 引用 Circle 类的新实例，再将数据逐字段地从 c 复制到 refc。一种可能的写法是：

```
Circle refc = new Circle();
refc.radius = c.radius;    // 不要这样做
```

但是，如果 Circle 类的任何成员是私有的(例如 radius 字段)，就不能复制这个数据。私
有字段应该作为属性公开，再通过属性读取 c 的数据并复制给 refc。第 15 章将介绍具体怎
么做。

另外，类可以提供 Clone 方法来返回自己的新实例，并填充相同的数据。Clone 方法能
访问对象的私有数据，并直接将数据复制到同一个类的另一个实例中。例如，Circle 类的
Clone 方法可以这样定义：

```
class Circle
{
    private int radius;
```

[①] 在本书中，parameter 和 argument 一般不加以区分。但在必要的时候，会将 argument 译成"实参"，表示它是实际传入的参
数值；parameter 则会译成"参数"或"形参"，表明它是实参的"占位符"。——译注

```
        // Constructors and other methods omitted
        ...
        public Circle Clone()
        {
            // 创建新的 Circle 对象
            Circle clone = new Circle();

            // 将私有数据从 this 复制到 clone
            clone.radius = this.radius;

            // 返回包含克隆数据的新 Circle 对象
            return clone;
        }
    }
```

　　如果所有私有数据都是值类型，这个方式没有任何问题。但是，如果包含任何引用类型的字段(例如，可以扩展 Circle 类来包含上一章的 Point 对象，以便指定圆在图中的位置)，这种引用类型也需要提供 Clone 方法，否则 Circle 类的 Clone 方法只将引用复制到字段中。只复制引用称为"浅拷贝"。如果提供了 Clone 方法，能够复制引用的对象，就称为"深拷贝"。

　　上述代码还带来了一个有趣的问题：私有数据到底"私有"在哪里？ 前面说过，private 关键字创建了不能从类外访问的字段或方法。但是，这并不是说它只能由一个对象访问。创建同一个类的两个对象，它们分别能访问对方的私有数据。这听起来很怪，但事实上 Clone 这样的方法正是依赖于这个功能。clone.radius = this.radius;这样的语句之所以能够工作，正是因为 clone 对象的私有 radius 字段可以从 Circle 类的当前实例中访问。所以，"私有"实际是指"对类私有"，而非"对对象私有"。另外，私有和静态是两码事。字段声明为私有，类的每个实例都有一份自己的数据。声明为静态，每个实例都共享同一份数据。

> ## 使用值参数和引用参数

1. 如果尚未运行 Microsoft Visual Studio 2012，请先启动它。

2. 打开 Parameters 项目，它位于"文档"文件夹的\Microsoft Press\Visual CSharp Step by Step\Chapter 8\Windows X\Parameters 子文件夹中。

    项目包含三个 C#代码文件，分别是 Pass.cs，Program.cs 和 WrappedInt.cs。

3. 在"代码和文本编辑器"窗口中打开 Pass.cs 文件。该文件定义了 Pass 类。该类目前空白，只有一个// TODO:注释。

📝提示　可以使用"任务列表"窗口定位解决方案中的所有 TODO 注释。

4. 在 Pass 类中添加名为 Value 的公共静态方法，替换原来的// TODO:注释，如以下加粗的代码所示。该方法应接收一个名为 param 的 int 参数(一个值类型)，并返回

void。在 Value 的主体中，直接将值 42 赋给 param。

```
namespace Parameters
{
    class Pass
    {
        public static void Value(int param)
        {
            param = 42;
        }
    }
}
```

> **注意**　将方法定义为静态，目的是简化练习。这样可以直接在 Pass 类上调用 Value 方法，而不必先创建新的 Pass 对象。但是，这个练习所阐述的原则同样适用于实例方法。

5. 在"代码和文本编辑器"窗口中打开 Program.cs 文件，找到 Program 类的 doWork 方法。

   程序开始运行时，doWork 方法将由 Main 方法调用。正如第 7 章解释的那样，该方法调用被封闭在一个 try 块中，try 块之后是一个 catch 处理程序。

6. 在 doWork 方法中添加 4 个语句，分别执行以下任务。

   6.1　声明名为 i 的局部 int 变量，初始化为 0。

   6.2　使用 Console.WriteLine，将 i 的值输出到控制台。

   6.3　调用 Pass.Value 方法，将 i 作为实参传递。

   6.4　将 i 的值再次输出到控制台。

   在调用 Pass.Value 前后调用 Console.WriteLine，可以看出对 Pass.Value 的调用是否改变了 i 的值。完成后的 doWork 方法应该像下面这样：

```
static void doWork()
{
    int i = 0;
    Console.WriteLine(i);
    Pass.Value(i);
    Console.WriteLine(i);
}
```

7. 在"调试"菜单中选择"开始执行(不调试)"，生成并运行程序。

8. 确定值 0 在控制台窗口中输出了两次。

   Pass.Value 内部的赋值操作是用参数值的拷贝来进行的，原始参数 i 完全未受影响。

9. 按 Enter 键关闭应用程序。

接着，让我们来看看传递包装在类中的 int 参数会是什么情况。

10. 在"代码和文本编辑器"窗口中打开 WrappedInt.cs 文件。文件包含 WrappedInt 类。这是一个空白类，只有一条 // TODO:注释。

11. 在 WrappedInt 类中添加一个 int 类型的公共实例字段，名为 Number，如以下加粗的代码所示：

```
namespace Parameters
{
    class WrappedInt
    {
        public int Number;
    }
}
```

12. 在"代码和文本编辑器"窗口中打开 Pass.cs 文件。在 Pass 类中添加名为 Reference 的公共静态方法。该方法应接受一个名为 param 的 WrappedInt 参数，返回类型为 void。Reference 方法的主体应将 42 赋给 param.Number，如下所示：

```
public static void Reference(WrappedInt param)
{
    param.Number = 42;
}
```

13. 在"代码和文本编辑器"窗口中打开 Program.cs 文件。在 doWork 方法中再添加 4 条语句来执行以下任务。

13.1 声明一个 WrappedInt 类型的局部变量 wi，并通过调用默认构造器，把它初始化为一个新的 WrappedInt 对象。

13.2 将 wi.Number 的值输出到控制台。

13.3 调用 Pass.Reference 方法，将 wi 作为实参来传递。

13.4 再次将 wi.Number 的值输出到控制台。

和前面一样，通过调用 Console.WriteLine，可以验证对 Pass.Reference 的调用是否更改了 wi.Number 的值。现在的 doWork 方法应该像下面这样(新增语句加粗显示)：

```
static void doWork()
{
// int i = 0;
    // Console.WriteLine(i);
    // Pass.Value(i);
    // Console.WriteLine(i);

    WrappedInt wi = new WrappedInt();
    Console.WriteLine(wi.Number);
    Pass.Reference(wi);
```

```
        Console.WriteLine(wi.Number);
    }
```

14. 在"调试"菜单中选择"开始执行(不调试)"，生成并运行程序。

这一次，控制台窗口显示的两个值对应于调用 Pass.Reference 方法前后 wi.Number
的值。请验证这两个值是 0 和 42。

15. 按 Enter 键关闭应用程序，返回 Visual Studio 2012。

在前一个练习中，wi.Number 被编译器生成的默认构造器初始化为 0。wi 变量包含对
新建的 WrappedInt 对象(其中包含一个 int)的引用。然后，wi 变量作为实参传给
Pass.Reference 方法。由于 WrappedInt 是类(一个引用类型)，所以 wi 和 param 将引用同一
个 WrappedInt 对象。在 Pass.Reference 方法中，通过 param 变量对对象的内容进行的任何
改动都会在方法结束之后通过 wi 变量反映出来。下图展示了 WrappedInt 对象作为实参传
给 Pass.Reference 方法时发生的事情。

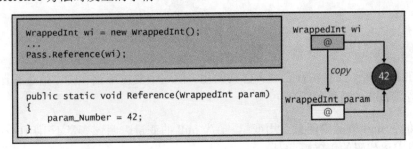

8.2　理解 null 值和可空类型

变量应该尽量在声明时初始化。对于值类型，下述代码可谓司空见惯：

```
int i = 0;
double d = 0.0;
```

为了初始化引用变量(例如类)，可以创建这个类的新实例，并将引用变量赋给新对象，
如下所示：

```
Circle c = new Circle(42);
```

到目前为止，一切都很完美。但是，如果并不想真的创建新对象又该怎么办呢？例如，
或许只想用变量来存储对一个现有对象的引用。在下面的例子中，Circle 类型的变量 copy
先被初始化，但稍后又将对另一个 Circle 对象的引用赋给它。

```
Circle c = new Circle(42);
Circle copy = new Circle(99); // 随便用一个值来初始化copy
...
copy = c;                     // copy 和 c 引用同一个对象
```

将 c 赋给 copy 后，copy 原来引用的 Circle 实例会发生什么事情？在那个实例中，我们

已经用半径值 99 对它进行了初始化。一旦将 c 赋给 copy，copy 就会引用 c 所引用的实例，copy 原来引用的实例就"落单"了，现在不存在对它的任何引用。在这种情况下，"运行时"通过垃圾回收机制来回收内存。第 14 章将详细介绍垃圾回收。就目前来说，只需知道垃圾回收是一个可能比较花时间的操作；不要创建从来不用的对象，否则只会浪费时间和资源。

很多人会产生疑问：既然变量在程序运行到某个地方时都会被赋值为对另一个对象的引用，提前初始化有什么意义呢？但请记住，不在声明时初始化，这是一个很不好的习惯，可能造成代码出问题。例如，迟早会遇到这样的情况：只有在变量不包含引用时才允许该变量引用一个对象，如下所示：

```
Circle c = new Circle(42);
Circle copy;                     // 未初始化!!!
...
if (copy == // 只有copy 未初始化时才向 copy 赋值，但这里应该填什么?)
{
copy = c:                        // copy 和c 引用同一个对象
...
}
```

if 语句测试 copy 变量，看它是否已初始化。但这个变量应该和哪个值进行比较呢？答案是使用名为 null 的特殊值。

C#允许将 null 值赋给任意引用变量。值为 null 的变量表明该变量不引用内存中的任何对象。所以上述代码的正确形式是：

```
Circle c = new Circle(42);
Circle copy = null;              // 声明的同时进行初始化，这是好的编程实践
...
if (copy == null)
{
copy = c:                        // copy 和c 引用同一个对象
...
}
```

8.2.1 使用可空类型

null 值在初始化引用类型时非常有用，但 null 本身就是引用，不能把它赋给值类型，在 C#中，以下语句是非法的：

```
int i = null;  // 非法
```

但是，利用 C#定义的一个修饰符，可将变量声明为**可空值类型**。可空值类型在行为上与普通值类型相似，但可以将 null 值赋给它。要用问号(?)指定可空值类型，如下所示：

```
int? i = null; // 合法
```

为了判断可空变量是否包含 null，可采取和引用类型一样的测试办法：

```
if (i == null)
  ...
```

可以将恰当值类型的表达式直接赋给可空变量。以下例子全部合法：

```
int ? i = null;
int j = 99;
i = 100;              // 将值类型的常量赋给可空变量
i = j;                // 将值类型的变量赋给可空变量
```

反之则不然，不可将一个可空的值赋给普通的值类型的变量，所以基于上面对 i 和 j 的定义，以下语句是非法的：

```
j = i;  // 非法
```

考虑到变量 i 可能包含 null，而 j 是不能包含 null 的值类型，所以像这样处理是合理的。这还意味着假如一个方法希望接收的是一个普通的值类型的参数，就不能将一个可空的变量作为实参传给它。例如在上一个练习中，Pass.Value 方法希望接收普通 int 参数，所以以下方法调用无法编译：

```
int? i = 99;
Pass.Value(i);  // 编译错误
```

8.2.2　理解可空类型的属性

可空类型公开了两个属性，用于判断类型是否真的包含非空的值，以及实际的值是什么。其中，HasValue 属性指出可空类型是包含真正的值，还是包含 null 值。如果包含真正的值，可以利用 Value 属性来获取这个值。如下所示：

```
int? i = null;
...
if (!i.HasValue)
{
   // 如果 i 为 null，就将 99 赋给它
   i = 99;
}
else
{
// 如果 i 不为 null，就显示它的值
Console.WriteLine(i.Value);
}
```

第 4 章讲过，NOT 操作符(!)是对布尔值进行求反操作。以上代码段测试可空变量 i，如果它不包含真正的值(而是包含 null)，就把值 99 赋给它；否则就显示变量的值。在这个例子中，和直接测试 null 值相比，即 if (i == null)，使用 HasValue 属性并没有任何优势。此外，读取 Value 属性和直接读取 i 的值哪一个更直接？显然，前者多走了不少冤枉路。不过，之所以有这些明显的缺陷，是由于 int?本身就是一个非常简单的可空类型。完全可

以创建更复杂的值类型，并用它们来声明可空的变量。在那时，HasValue 和 Value 属性就会优势尽显。第 9 章将演示几个例子。

注意   可空类型的 Value 属性是只读的。可利用这个属性来读取变量的值，但不能修改它。为了更改可空变量的值，请使用普通的赋值语句。

8.3   使用 ref 和 out 参数

通常，向方法传递实参时，对应的参数(形参)会用实参的拷贝来初始化——不管参数是值类型(例如 int)，可空类型(例如 int?)，还是引用类型(例如 WrappedInt)。换言之，随便在方法内部进行什么修改，都不会影响作为参数传递的变量的原始值。例如在以下代码中，向控制台输出的值是 42，而不是 43。doIncrement 方法递增的只是实参(arg)的拷贝，原始实参不递增。

```
static void doIncrement(int param)
{
    param++;
}

static void Main()
{
    int arg = 42;
    doIncrement(arg);
    Console.WriteLine(arg); // 输出 42，而不是 43
}
```

在前一个练习中，我们知道假如一个方法的参数(形参)是引用类型，那么使用那个参数来进行的任何修改都会改变参数引用的数据。其中的关键在于，虽然引用的数据发生了改变，但参数本身没有改变——它仍然引用同一个对象。换言之，虽然可以通过参数来修改实参引用的对象，但不可能修改实参本身(例如，无法让它引用不同的对象)。大多数时候，这个保证都非常重要，它有助于减少程序中的 bug。但少数情况下，我们希望方法能实际地修改一个实参。为此，C#语言专门提供了 ref 和 out 关键字。

8.3.1   创建 ref 参数

为参数(形参)附加 ref 前缀，C#编译器将生成代码传递对实参的引用，而不是传递实参的拷贝。使用 ref 参数，作用于参数所有操作都会作用于原始实参，因为参数和实参引用同一个对象。作为 ref 参数传递的实参也必须附加 ref 前缀。这个语法明确告知开发人员实参可能改变。下面是前一个例子的修改版本，这一次使用了 ref 关键字：

```
static void doIncrement(ref int param) // 使用了 ref
{
    param++;
```

```
    }

static void Main()
{
    int arg = 42;
    doIncrement(ref arg);              // 使用 ref 传递实参
    Console.WriteLine(arg);            // 输出 43
}
```

这一次，由于向 doIncrement 方法传递的是对原始实参的引用，而非拷贝，所以用这个引用进行的任何修改都会反映到原始实参中。因此，向控制台输出的是 43。

"变量使用前必须赋值"这个规则同样适用于方法实参。不能将未初始化的值作为实参传给方法，即便是 ref 实参。例如，下例的 arg 没有初始化，所以代码无法编译。doIncrement 方法中的 param++;语句相当于 arg++;，而只有当 arg 有一个已定义的值的时候，arg++ 才是允许的。

```
static void doIncrement(ref int param)
{
    param++;
}

static void Main()
{
    int arg; // 未初始化
    doIncrement(ref arg);
    Console.WriteLine(arg);
}
```

8.3.2 创建 out 参数

编译器会在调用方法之前，验证它的 ref 参数已被赋值。但有时希望由方法本身初始化参数，所以希望向其传递未初始化的实参。out 关键字正是针对这一目的而设计的。

out 关键字的语法和 ref 关键字相似。可以为参数(形参)附加 out 前缀，使参数成为实参的别名。和使用 ref 一样，向参数应用的任何操作都会应用于实参。为 out 参数传递实参时，实参也必须附加 out 关键字作为前缀。

关键字 out 是 output(输出)的简称。向方法传递 out 参数之后，**必须**在方法内部对其进行赋值，如下例所示：

```
static void DoInitialize(out int param)
{
    param = 42; // 在方法中初始化 param
}
```

下例则无法编译，因为 doInitialize 没有向 param 赋值：

```
static void doInitialize(out int param)
{
    // 什么都不做
}
```

由于 out 参数必须在方法中赋值，所以调用方法时不需要对实参进行初始化。例如，以下代码调用 doInitialize 来初始化变量 arg，然后在控制台上输出它的值：

```
static void doInitialize(out int param)
{
    param = 42;
}

static void Main()
{
    int arg; // 未初始化
    doInitialize(out arg);    //初始化
    Console.WriteLine(arg); // 输出 42
}
```

在下面的练习中，将进一步体验 ref 参数的运用。

> **使用 ref 参数**

1. 返回 Visual Studio 2012 中的 Parameters 项目。

2. 在"代码和文本编辑器"窗口中打开 Pass.cs 文件。

3. 编辑 Value 方法，把它的参数变成一个 ref 参数。

   现在的 Value 方法应该像下面这样：

   ```
   class Pass
   {
       public static void Value(ref int param)
       {
           param = 42;
       }
       ...
   }
   ```

4. 在"代码和文本编辑器"窗口中打开 Program.cs 文件。

5. 撤消对前 4 个语句的注释。注意，doWork 方法的第 3 个语句 Pass.Value(i);显示有错。这是因为 Value 方法现在要求的是 ref 参数。编辑这个语句，在调用 Pass.Value 方法时传递 ref 实参。

注意　创建和测试 WrappedInt 对象的 4 个语句不要去管它们。

现在的 doWork 方法应该像下面这样：

```
class Program
{
    static void doWork()
    {
        int i = 0;
        Console.WriteLine(i);
        Pass.Value(ref i);
        Console.WriteLine(i);
        ...
    }
}
```

6. 在"调试"菜单中选择"开始执行(不调试)"，生成并运行程序。

这一次，在控制台窗口中输出的前两个值将变成 0 和 42，表明 Pass.Value 方法调用修改了实参 i。

按 Enter 键关闭应用程序，返回 Visual Studio 2012。

注意　ref 和 out 修饰符除了能应用于值类型的参数，还能应用于引用类型的参数。效果完全一样。参数将成为实参的别名。

8.4　计算机内存的组织方式

计算机使用内存来容纳要执行的程序以及这些程序使用的数据。为了理解值类型和引用类型的区别，有必要理解数据在内存中是如何组织的。

操作系统和"运行时"(runtime)通常将用于容纳数据的内存划分为两个独立的区域，每个区域都采取不同的方式进行管理。这两个区域通常称为**栈**(stack)和**堆**(heap)。栈和堆的设计目标完全不同。

● 调用一个方法时，它的参数以及它的局部变量需要的内存总是从栈中获取。方法结束后(要么正常返回，要么引发异常)，为参数和局部变量分配的内存将自动归还给栈，并可在另一个方法调用时重新使用。栈上的方法参数和局部变量具有定义好的生存期。方法开始时进入生存期，方法结束时结束生存期。

注意　事实上，这个生存期规则适用于任何代码块中定义的变量。下例的变量 i 在 while 循环主体开始时创建，循环结束时消失，执行将从结束大括号之后的语句继续：

```
while (...)
{
int i = ...; // 这时 i 在栈上创建
...
{
// i 这时就从栈中消失了
```

- 使用 new 关键字创建对象(类的实例)时，构造对象所需的内存总是从堆中获取。前面讲过，使用引用变量，可以从多个地方引用同一个对象。对象的最后一个引用消失之后，对象占用的内存就可供重用(虽然不一定被立即回收)。第 14 章将进一步讨论堆内存是如何回收的。堆上创建的对象具有较不确定的生存期；使用 new 关键字将创建对象，但只有在删除了最后一个对象引用之后的某个时间，它才会消失。

> **注意**　所有值类型都在栈上创建，所有引用类型(对象)都在堆上创建(虽然引用本身还是在栈上)。可空类型实际是引用类型，所以在堆上创建。

"栈"(stack)和"堆"(heap)这两个词来源于"运行时"(runtime)的内存管理方式。

- 栈内存就像一系列堆得越来越高的箱子。调用方法时，它的每个参数都被放入一个箱子，并将这个箱子放到栈的最顶部。每个局部变量也同样分配到一个箱子，并同样放到栈的最顶部。方法结束后，它的所有箱子都从栈中移除。

- 堆内存则像散布在房间里的一大堆箱子，不像栈那样每个箱子都严格地堆在另一个箱子上方。每个箱子都有一个标签，标记了这个箱子是否正在使用。创建新对象时，"运行时"查找空箱子，把它分配给对象。对对象的引用则存储在栈上的一个局部变量中。"运行时"跟踪每个箱子的引用数量(记住，两个变量可能引用同一个对象)。一旦最后一个引用消失，运行时就将箱子标记为"未使用"。将来某个时候，会清除箱子里的东西，使之能被真正重用。

使用栈和堆

研究一下调用以下方法时会发生什么情况：

```
void Method(int param)
{
    Circle c;
    c = new Circle(param);
    ...
}
```

假定传给 param 的值是 42。调用方法时，栈中将分配出一小块内存(刚好能存储一个 int)，并用值 42 来初始化。在方法内部，还要从栈中分配出另一小块内存，它刚好能够存储一个引用(一个内存地址)，只是暂时不进行初始化(它是为 Circle 类型的变量 c 准备的)。接着，要从堆中分配一个足够大的内存区域来容纳一个 Circle 对象。这正是 new 关键字所执行的操作——它运行 Circle 构造器，将这个原始的堆内存转换成 Circle 对象。对这个 Circle 对象的引用将存储到变量 c 中。下图对此进行了演示。

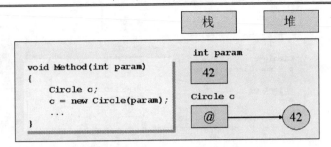

在这个时候，请注意以下两点。

- 虽然对象本身在堆中存储，但对象引用(变量 c)在栈中存储。

- 堆内存是有限的资源。堆内存耗尽，new 操作符将引发 OutOfMemoryException，对象创建失败。

注意 Circle 构造器也可能引发异常。在这种情况下，分配给 Circle 对象的内存会被回收，而且构造器的返回值是 null。

方法结束后，参数和局部变量将离开作用域。为 c 和 param 分配的内存会被自动回收到栈。"运行时"发现已不存在对 Circle 对象的引用，所以会在将来某个时候，安排垃圾回收器将它的内存回收到堆中(参见第 14 章)。

8.5 System.Object 类

.NET Framework 最重要的引用类型之一就是 System 命名空间中的 Object 类。要完全理解 System.Object 类的重要性，需要先理解继承，这是第 12 章要讨论的主题。就目前来说，请暂时接受这样一个说法：所有类都是 System.Object 的一个具体化的类型；另外，使用 System.Object 创建的变量能引用任何对象。由于 System.Object 相当重要，所以 C#提供了 object 关键字来作为 System.Object 的别名。实际写代码时，既可以使用 object，也可以使用 System.Object，两者没有区别。

提示 请优先使用 object 关键字，而不要使用 System.Object。前者更直接，而且与其他类的别名更一致(例如，string 是 System.String 的别名，其他别名请参见第 9 章)。

下例中的变量 c 和 o 引用同一个 Circle 对象。c 的类型是 Circle，o 的类型是 object(System.Object 的别名)，它们从不同角度观察内存中的同一个东西：

```
Circle c;
c = new Circle(42);
object o;
o = c;
```

下图对此进行了演示。

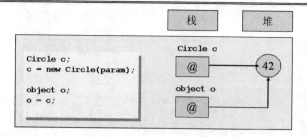

8.6　装　　箱

如前所述，object 类型的变量能引用任何引用类型的任何对象。然而，object 类型的变量也能引用值类型的实例。例如，以下两个语句将 int 类型(一个值类型)的变量 i 初始化为42，并将 object 类型(一个引用类型)的变量 o 初始化为 i：

```
int i = 42;
object o = i;
```

执行第二个语句所发生的事情要仔细思考一下。i 是值类型，所以它在栈中。如果 o 直接引用 i，那么引用的将是栈。然而，所有引用都必须引用堆上的对象；如果引用栈上的数据项，会严重损害"运行时"的健壮性，并造成潜在的安全漏洞，所以是不允许的。实际发生的事情是"运行时"在堆中分配一小块内存，然后 i 值的拷贝被复制到这块内存中，最后让 o 引用该拷贝。这种将数据项从栈自动复制到堆的行为称为**装箱**(boxing)。下图进行了演示。

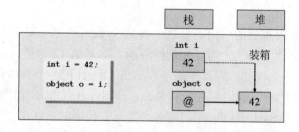

> 重要提示　修改变量 i 的原始值，o 所引用的堆上的值不会改变。类似地，修改堆上的值，变量的原始值也不会改变。

8.7　拆　　箱

由于 object 类型的变量可以引用值的已装箱拷贝，所以通过该变量也应该能获取装箱的值。你或许以为使用简单的赋值语句就可以访问变量 o 引用的已装箱 int 值：

```
int i = o;
```

但这样写会发生编译时错误。稍微想一想，就知道上述语法是不正确的，因为 o 可能引用任何东西，而非仅仅能引用一个 int。假如上述语法是合法的，那么以下代码会发生什么情况？

```
Circle c = new Circle();
int i = 42;
object o;

o = c; // o引用一个圆
i = o; // i中应该存储什么?
```

为了访问已装箱的值，必须进行**强制类型转换**；这个操作会检查是否能安全地将一种类型转换成另一种类型，然后执行转换。为了进行转型，要在 object 变量前添加一对圆括号，并输入类型名称，如下例所示：

```
int i = 42;
object o = i;    // 装箱
i = (int)o;      // 成功编译
```

强制类型转换的过程需要稍微解释一下。编译器发现指定了类型 int，所以会在运行时生成代码来检查 o 实际引用的是什么。它可能引用任何东西。不能因为你在强制类型转换时说 o 引用的是 int，它就真的引用一个 int。假如 o 真的引用一个已装箱的 int，强制类型转换就会成功执行，编译器生成的代码会从装箱的 int 中提取出值(本例是将装箱的值再存回 i)。这个过程称为**拆箱**(unboxing)。下图对此进行了演示。

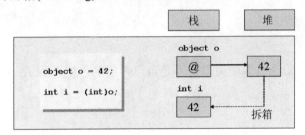

然而，如果 o 引用的不是一个已装箱的 int，就会出现类型不匹配的情况，造成强制类型转换失败。编译器生成的代码将在运行时引发 InvalidCastException。下面是拆箱失败的例子：

```
Circle c = new Circle(42);
object o = c;            // 不装箱，因为 c 是引用类型的变量，而不是值类型的变量
int i = (int)o;          // 编译成功，但在运行时引发异常
```

下图进行了演示。

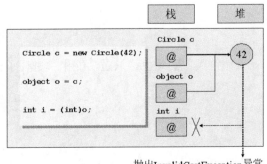

在以后的练习中将使用装箱和拆箱。注意，这两种操作都会产生较大的开销，因为它们涉及不少检查工作，而且需要分配额外的堆内存。装箱有一定的用处，但滥用会严重影响程序的性能。第 18 章将介绍与装箱异曲同工的另一种技术——泛型。

8.8　数据类型的安全转换

通过强制类型转换，可以"一厢情愿"地指定一个对象引用的数据具有某种类型，而且可以用那种类型"安全地"引用对象。这里的关键词是"一厢情愿"。C#编译器在生成应用程序的时候，只能选择相信你的判断。但是，"运行时"会报以怀疑态度，并通过检查来加以确认。如果内存中的对象的类型与指定的类型不匹配，"运行时"会引发 InvalidCastException 异常，就像上一节描述的那样。编写应用程序时，应该考虑捕捉这种异常，并在发生这种异常时进行相应的处理。

但是，在对象类型不符合预期的情况下捕捉异常并试图恢复应用程序的顺利执行，这是一个相当繁琐的过程。C#语言提供了两个相当有用的操作符，有助于以更得体的方式执行强制类型转换，这就是 is 操作符和 as 操作符。

8.8.1　is 操作符

可以用 is 操作符验证对象的类型是不是自己希望的，如下所示：

```
WrappedInt wi = new WrappedInt();
...
object o = wi;
if (o is WrappedInt) {
   WrappedInt temp = (WrappedInt)o;  // 转型是安全的；o确定是一个 WrappedInt
...
}
```

is 操作符取两个操作数：左边是对对象引用，右边是类型名称。如果左边的对象是右边的类型，则 is 表达式的求值结果为 true，反之为 false。换言之，上述代码只有在确定转换能成功的前提下，才会真的将引用变量 o 转型为 WrappedInt。

8.8.2　as 操作符

as 操作符充当了和 is 操作符类似的角色，只是功能稍微进行了删减。可以像下面这样使用 as 操作符：

```
WrappedInt wi = new WrappedInt();
...
object o = wi;
WrappedInt temp = o as WrappedInt;
```

```
if (temp != null)
{
... // 只有转换成功, 这里的代码才会执行
}
```

和 is 操作符一样, as 操作符取对象和类型作为左右操作数。"运行时"尝试将对象转换成指定类型。若转换成功, 就返回转换成功的结果。在本例中, 这个结果被赋给 WrappedInt 类型的变量 temp。相反, 若转换失败, as 表达式的求值结果为 null, 这个值也会被赋给 temp。

第 12 章会进一步讨论 is 和 as 操作符。

指针和不安全的代码

这里的内容仅供参考, 针对的是已经熟悉 C 或 C++ 的开发者。如果是刚开始学习编程的新手, 完全可以跳过这部分内容。

假如熟悉 C 或 C++ 这样的开发语言, 那么前面有关对象引用的讨论听起来应该是比较耳熟的。虽然 C 和 C++ 都没有提供显式的引用类型, 但两种语言都通过一个特殊的构造提供了类似的功能。这个构造就是**指针**。

指针是一种特殊的变量, 其中容纳着内存(堆或栈)中的一个数据项的地址(或者说对这个数据项的引用)。要用特殊语法将变量声明为指针。例如, 以下语句将变量 pi 声明为能指向一个整数的指针:

```
int *pi;
```

虽然变量 pi 声明为指针, 但除非对它进行了初始化, 否则不会指向任何地方。例如, 可以使用以下语句让 pi 指向整数变量 i, 地址操作符&返回变量的地址:

```
int *pi;
int i = 99;
...
pi = &i;
```

可以通过指针变量 pi 来访问和修改变量 i 中容纳的值:

```
*pi = 100;
```

上述代码将变量 i 的值更新为 100, 因为 pi 指向变量 i 的内存位置。

学习 C 和 C++ 语言时, 指针语法是一个重要的主题。操作符*至少有两个含义(另一个含义是乘法操作符), 而且很多人都不清楚什么时候应该使用&, 什么时候应该使用*。指针的另一个问题是很容易指向无效的位置, 或者根本就忘记了让它指向一个位置, 然后企图引用指向的数据。结果要么是垃圾数据, 要么是程序出错, 因为操作系统检测到程序企图访问内存中的一个非法地址。在当前许多操作系统中, 还存在大量因为指针管理不当而引发的安全缺陷; 有的环境(Microsoft Windows 不包括在内)不会强制检查一个指针是否指向从属于另一个进程的内存, 这可能造成机密数据失窃。

C#通过添加引用变量来一劳永逸地解决了这些问题。如果愿意，可以在 C#中继续使用指针，但必须将代码标记为 unsafe(不安全)。unsafe 关键字可标记代码块或整个方法，如下所示：

```
public static void Main(string [] args)
{
    int x = 99, y = 100;
    unsafe
    {
        swap (&x, &y);
    }
    Console.WriteLine("x is now {0}, y is now {1}", x, y);
}

public static unsafe void swap(int *a, int *b)
{
    int temp;
    temp = *a;
    *a = *b;
    *b = temp;
}
```

编译包含 unsafe 代码的程序时，必须在生成项目时指定"允许不安全的代码"选项。做法是在解决方案资源管理器中右击项目名称，选择"属性"。在属性窗口中单击"生成"标签，选择"允许不安全的代码"，选择"文件" | "全部保存"。

unsafe 代码还关系到内存的管理方式；unsafe 代码中创建的对象被称为"非托管"对象。虽然不常见，但偶尔也需要以这种方式访问内存，尤其是在执行一些低级 Windows 操作的时候。将在第 14 章更多地了解如何用代码访问非托管内存。

小　　结

本章讲述了值类型和引用类型的重要区别。值类型直接在栈上存储值，引用类型则间接引用堆上的对象。还介绍了如何在方法参数中使用 ref 和 out 关键字，以便在方法内部对实参进行修改。还讲述了如何将一个值(例如 int 42)赋给 System.Object 类型的变量，从而在堆上创建值的已装箱拷贝，并导致 System.Object 变量引用这个装箱的拷贝。另外，还讲述了如何将 System.Object 类的变量赋给一类型(例如 int)类型的变量，从而将 System.Object 变量所引用的值复制到 int 变量的内存中(拆箱)。

- 如果希望继续学习下一章，请继续运行 Visual Studio 2012，然后阅读第 9 章。

- 如果希望现在就退出 Visual Studio 2012，请选择"文件" | "退出"。如果看到"保存"对话框，请单击"是"按钮保存项目。

第 8 章快速参考

目标	操作

复制值类型的变量	直接复制。由于是值类型，所以将获得同一个值的两个拷贝。示例如下：
	
	``
	int i = 42;
	int copyi = i;
	``

复制引用类型的变量	直接复制。由于变量是引用类型，所以将获得到同一个对象的两个引用。示例如下： ``` Circle c = new Circle(42); Circle refc = c; ```

声明变量，使其可以容纳值类型的值或者 null 值	声明变量时为类型使用?修饰符。示例如下：
	
	``
	   int? i = null;
	``

向 ref 形参传递实参	实参前也要附加 ref 前缀。这使形参成为实参的别名，而非实参的拷贝。方法中可更改形参的值，从而改变实参而非改变本地拷贝。示例如下：
	
	``
	static void Main()
	{
	   int arg = 42;
	   doWork(ref arg);
	   Console.WriteLine(arg);
	}
	``

向 out 形参传递实参	实参前也要附加 out 前缀。这使形参成为实参的别名，而非实参的拷贝。方法中必须向形参赋值，该值将被赋给实参。示例如下：
	
	``
	static void Main()
	{
	   int arg;
	   doWork(out arg);
	   Console.WriteLine(arg);
	}
	``

对值进行装箱	将值赋给 object 类型的变量。示例如下： ``` object o = 42 ```

对值进行拆箱	将引用了已装箱值的 object 引用强制转换成值类型。示例如下：
	
	``
	int i = (int)o;
	``

目标	操作
对对象进行安全的类型转换	使用 is 操作符来测试类型转换是否合法。示例如下：

```
WrappedInt wi = new WrappedInt();
...
object o = wi;
if (o is WrappedInt) {
    WrappedInt temp = (WrappedInt)o;
...
}
```

另一个办法是使用 as 操作符执行类型转换，并测试结果是否为
null。示例如下：

```
WrappedInt wi = new WrappedInt();
...
object o = wi;
WrappedInt temp = o as WrappedInt;
if (temp != null)
    ...
```

第9章 使用枚举和结构创建值类型

本章旨在教会你：

- 声明枚举类型
- 创建并使用枚举类型
- 声明结构类型
- 创建并使用结构类型
- 解释结构和类在行为上的差异

第 8 章解释了 Microsoft Visual C#支持的两种基本类型：值类型和引用类型。值类型的变量将值直接存储到**栈**上，而引用类型的变量包含的是引用(地址)，引用本身存储在栈上，但该引用指向**堆**上的对象。第 7 章讨论了如何定义类来创建自己的引用类型。本章将讨论如何创建自己的值类型。

C#支持两种值类型：枚举和结构。下面逐一解释。

9.1 使 用 枚 举

假定要在程序中表示一年四季。可用整数 0, 1, 2 和 3 分别表示 Spring(春)、Summer(夏)、Fall(秋)和 Winter(冬)。这虽然可行，但并不直观。如果代码中已经使用了整数值 0，那么经常搞不清楚一个特定的 0 是否代表 Spring。另外，这也不是一种十分可靠的方案。例如，假定声明了名为 season 的 int 变量，那么除了 0，1，2 和 3，其他任何合法的整数值都可以赋给它。C#提供了更好的方案。可以使用 enum 关键字来创建枚举类型，限制其值只能是一组符号名称。

9.1.1　声明枚举

定义枚举要先写一个 enum 关键字，后跟一对{}，然后在{}内添加一组符号，这些符号标识了该枚举类型可以拥有的合法的值。下例展示了如何声明名为 Season 的枚举，它的文字常量值限于 Spring，Summer，Fall 和 Winter 这 4 个符号名称：

```
enum Season { Spring, Summer, Fall, Winter }
```

9.1.2　使用枚举

声明好枚举之后，可以像使用其他任何类型那样使用它们。假定枚举名称是 Season，那么可以创建 Season 类型的变量、Season 类型的字段以及 Season 类型的方法参数，如下例所示：

```
enum Season { Spring, Summer, Fall, Winter }

class Example
{
    public void Method(Season parameter)  // 方法参数
    {
        Season localVariable;  // 局部变量
        ...
    }

    private Season currentSeason;   // 字段
}
```

枚举类型的变量只有在赋值之后才能使用。只能将枚举类型定义好的值赋给该类型的变量。例如：

```
Season colorful = Season.Fall;
Console.WriteLine(colorful); // 输出"Fall"
```

> **注意**　和所有值类型一样，可以使用?修饰符来创建可空枚举变量。这样一来，除了能把枚举类型定义的值赋给这个变量，还可以把 null 值赋给它。例如：
>
> ```
> Season? colorful = null;
> ```

注意，必须写 Season.Fall，不能单独写一个 Fall。每个枚举定义的文字常量名称(literal names)都只有这个枚举类型的作用域。这是一个非常必要的设计，它使不同的枚举类型可以包含同名的文字常量。

还要注意，使用 Console.WriteLine 显示枚举变量时，编译器会自动生成代码，输出和变量值匹配的字符串。如有必要，可以使用所有枚举都有的 ToString 方法，显式地将枚举变量转换成代表其当前值的字符串。例如：

```
string name = colorful.ToString();
Console.WriteLine(name); // 也输出"Fall"
```

适用于整数变量的许多标准操作符也适用于枚举变量。唯一例外的是按位(bitwise)和移位(shift)操作符，这两种操作符的详情将在第 16 章讨论。例如，可以使用操作符==来比较相同类型的两个枚举变量，甚至可以对枚举变量执行算术运算(虽然结果并不一定有意义)。

9.1.3 选择枚举文字常量值

枚举内部的每个元素都关联(对应)着一个整数值。默认第一个元素对应整数 0，以后每个元素对应的整数都递增 1。可以获取枚举变量的基础整数值。为此，必须先将它转换为基本类型。第 8 章讨论拆箱时说过，将数据从一种类型转换成另一种类型，只要转换结果是有效的、有意义的，这个转换就会成功。例如，下例在控制台上输出值 2，而不是单词 Fall(Spring 对应 0，Summer 对应 1，Fall 对应 2，Winter 对应 3)：

```
enum Season { Spring, Summer, Fall, Winter }
...
Season colorful = Season.Fall;
Console.WriteLine((int)colorful);   // 输出'2'
```

如果愿意，可以将特定整数常量(例如 1)和枚举类型的文字常量(例如 Spring)手动关联起来，如下例所示：

```
enum Season { Spring = 1, Summer, Fall, Winter }
```

重要提示　用于初始化枚举文字常量的整数值必须是编译时能确定的常量值(例如 1)。

不为枚举的文字常量显式指定常量整数值，编译器会自动为它指定比前一个枚举文字常量大 1 的值(第一个文字常量除外，编译器为它指定默认值 0)。所以在上例中， Spring，Summer，Fall 和 Winter 的基础值将变成 1，2，3 和 4。

多个枚举文字常量可以拥有相同的基础值。例如英国的秋天是 Autumn 而不是 Fall。所以，为了适应这两个国家的文化，可以声明以下枚举类型：

```
enum Season { Spring, Summer, Fall, Autumn = Fall, Winter }
```

9.1.4　选择枚举的基本类型

在声明枚举时，枚举的文字常量将获得 int 类型的值。但是，也可以让枚举类型基于不同的基本整数类型。例如，为了声明 Season 的基本类型是 short 而不是 int，可以像下面这样写：

```
enum Season : short { Spring, Summer, Fall, Winter }
```

这样做的主要目的是节省内存。int 占用的内存比 short 多；如果不需要 int 那么大的取值范围，就可以考虑使用较小的整型。

枚举可基于 8 种整数类型的任何一种：byte，sbyte，short，ushort，int，uint，long 或者 ulong。枚举的所有文字常量值都必须在所选的基本类型的范围中。例如，假定枚举基于 byte 数据类型，那么最多能在其中容纳 256 个文字常量(从 0 开始)。

知道如何创建枚举类型之后，下一步就是使用它。以下练习将在控制台应用程序中声明并使用枚举来表示一年中的各个月份。

> 创建并使用枚举

1. 如果 Microsoft Visual Studio 2012 尚未启动，请先启动它。

2. 打开 StructsAndEnums 项目。该项目位于"文档"文件夹下的\Microsoft Press\Visual

CSharp Step by Step\Chapter 9\Windows *X*\StructsAndEnums 子文件夹中。

3. 在"代码和文本编辑器"窗口中，打开 Month.cs 源代码文件。

    该文件包含一个名为 StructsAndEnums 的空命名空间和// TODO:注释。

4. 删除// TODO:注释，在 StructsAndEnums 命名空间中添加一个名为 Month 的枚举，
    准备用它对一年中的各个月份进行建模。Month 的 12 个枚举文字常量从 January(一
    月)到 December(十二月)。

```
namespace StructsAndEnums
{
    enum Month
    {
        January, February, March, April,
        May, June, July, August,
        September, October, November, December
    }
}
```

5. 在"代码和文本编辑器"窗口中打开 Program.cs 源代码文件。

    和前几章的练习一样，Main 方法将调用 doWork 方法，并捕捉可能发生的异常。

6. 在"代码和文本编辑器"窗口中，在 doWork 方法中添加一个语句来声明 Month
    类型的一个变量，把变量命名为 first，并把它初始化成 Month.January。再添加一
    个语句，将 first 变量的值输出到控制台。

    现在的 doWork 方法应该像下面这样：

```
static void doWork()
{
    Month first = Month.January;
    Console.WriteLine(first);
}
```

> **注意** 输入 **Month** 后再输入一个句点，"智能感知"会自动列出 Month 枚举中的所有值。

7. 在"调试"菜单中选择"开始执行(不调试)"。

    Visual Studio 2012 开始生成并运行应用程序。确定在控制台中输出了单词
    "January"。

8. 按 Enter 键关闭程序，返回 Visual Studio 2012。

9. 向 doWork 方法再添加两个语句，使 first 变量递增 1，并在控制台中输出它的新值。
    如以下加粗显示的代码所示：

```
static void doWork()
{
```

```
    Month first = Month.January;
    Console.WriteLine(first);
    first++;
    Console.WriteLine(first);
}
```

10. 在"调试"菜单中，选择"开始执行(不调试)"。

    Visual Studio 2012 将开始生成并运行应用程序。确定在控制台中输出了单词 "January"和"February"。

    注意，对枚举变量执行数学运算(如递增)，会改变这个变量的内部整数值。输出该变量时，会输出对应的枚举值。

11. 按 Enter 键关闭程序，返回 Visual Studio 2012。

12. 修改 doWork 方法的第一个语句，将 first 变量初始化为 Month.December。如以下加粗显示的代码所示：

```
static void doWork()
{
    Month first = Month.December;
    Console.WriteLine(first);
    first++;
    Console.WriteLine(first);
}
```

13. 在"调试"菜单中选择"开始执行(不调试)"。

    Visual Studio 2012 开始生成并运行应用程序。如下图所示，这一次，控制台上首先输出单词"December"，然后输出数字 12。

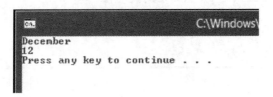

    虽然可以对枚举值执行数学运算，但假如运算结果超出枚举定义的取值范围，"运行时"会将变量的值解释成对应的整数值。

14. 按 Enter 键关闭程序，返回 Visual Studio 2012。

9.2　使　用　结　构

第 8 章讲过，类定义的是引用类型，它总是在堆上创建。某些时候，类中只包含极少的数据，因为管理堆而造成的开销显得极不合算。在这种情况下，更好的做法是将类型定义成**结构**(struct)。结构是值类型，在栈上存储，所以能有效地减少内存管理的开销(当然前提是这个结构足够小)。

结构可以包含自己的字段、方法和构造器(但以后会讲到,构造器存在一个重要的不同)。

常用结构类型

你可能没有意识到,在本书以前的练习中,已经大量地运用了结构。在 C#语言中,基元数值类型 int, long 和 float 分别是 System.Int32,System.Int64 和 System.Single 这三个结构类型的别名。这些结构有自己的字段和方法,可以直接为这些类型的变量和文字常量调用方法。例如,所有这些结构都提供了一个 ToString 方法,能将数值转换成对应的字符串形式。以下语句在 C#中都是合法的:

```
int i = 99;
Console.WriteLine(i.ToString());
Console.WriteLine(55.ToString());
float f = 98.765F;
Console.WriteLine(f.ToString());
Console.WriteLine(98.765F.ToString());
```

但像这样使用 ToString 方法是很罕见的,因为 Console.WriteLine 方法会在需要的时候自动调用它。更常见的是使用这些结构提供的静态方法。例如,前几章曾用静态方法 int.Parse 将字符串转换成对应的整数值。在这种情况下,实际是调用了 Int32 结构的 Parse 方法:

```
string s = "42";
int i = int.Parse(s);   // 完全等同于 Int32.Parse
```

这些结构还包含一些有用的静态字段。例如,Int32.MaxValue 对应的是一个 int 能容纳的最大值,Int32.MinValue 则是 int 能容纳的最小值。

下表显示了 C#基元类型及其在 Microsoft.NET Framework 中对应的类型。注意,string 和 object 类型是类(引用类型)而不是结构。

关键字	等价的类型	类还是结构
bool	System.Boolean	结构
byte	System.Byte	结构
decimal	System.Decimal	结构
double	System.Double	结构
float	System.Single	结构
int	System.Int32	结构
long	System.Int64	结构
object	System.Object	类
sbyte	System.Sbyte	结构
short	System.Int16	结构

| | | 续表 |
关键字	等价的类型	类还是结构
string	System.String	类
uint	System.UInt32	结构
ulong	System.UInt64	结构
ushort	System.UInt16	结构

9.2.1　声明结构

声明结构要以 struct 关键字开头，后跟类型名称，最后是大括号中的结构主体。语法上和声明类是一样的。例如，下面是一个名为 Time 的结构，其中包含 3 个公共 int 字段，分别是 hours，minutes 和 seconds：

```
struct Time
{
    public int hours, minutes, seconds;
}
```

和类一样，大多数时候都不要在结构中声明公共字段，因为无法控制它的值。例如，任何人都能将 minutes(分)或 seconds(秒)设为大于 60 的值。更好的做法是使用私有字段，并为结构添加构造器和方法来初始化和处理这些字段。如下例所示：

```
struct Time
{
private int hours, minutes, seconds;
...
    public Time(int hh, int mm, int ss)
    {
        this.hours = hh % 24;
        this.minutes = mm % 60;
        this.seconds = ss % 60;
    }

    public int Hours()
    {
        return this.hours;
    }
}
```

> **注意**　许多常用的操作符都不能自动应用于自定义结构类型。例如，==和!=操作符就不能自动应用于你定义的结构类型的变量。然而，可以使用所有结构都公开的 Equals()方法来比较，还可为自己的结构类型显式声明并实现操作符。具体语法将在第 22 章讲述。

复制值类型的变量，将获得值的两个拷贝。相反，复制引用类型的变量，将获得对同一个对象的两个引用。总之,对于简单的、比较小的数据值,如果复制值的效率等同于或者基本等同于复制地址的效率,就使用结构。但是,对于较复杂的数据,就考虑使用类。这样就可以选择只复制数据的地址,从而提高代码的执行效率。

📖提示　如果一个概念的重点在于值而不是功能,就用结构来实现。

9.2.2　理解结构和类的区别

结构和类在语法上极其相似,但两者也存在一些重要的区别,具体如下。

- 不能为结构声明默认构造器(无参构造器)。在下面的例子中,如果将 Time 换成一个类,就能编译成功;但是,由于 Time 是结构,所以无法编译:

```
struct Time
{
    public Time() { ... } // 编译时错误
    ...
}
```

之所以不能为结构声明自己的默认构造器,是由于编译器**始终**都会自动生成一个。而在类中,只有在没有自己写构造器的时候,编译器才会自动生成一个默认构造器。在编译器为结构生成的默认构造器中,总是将字段设为 0,false 或者 null,这和类一样。所以,要保证由默认构造器创建的结构值具有符合逻辑的行为,而且这些默认值对它来说是有意义的。详情参见下一个练习。

假如不想使用这些默认值,还可以提供一个非默认的构造器,用它将字段初始化成不同的值。然而,自己写的构造器必须显式初始化所有字段,否则会发生编译错误。例如,假定 Time 是类,那么下面的例子是能通过编译的,而且 seconds 会被悄悄地初始化为 0。但是,由于 Time 是结构,所以无法编译:

```
struct Time
{
    private int hours, minutes, seconds;
    ...
    public Time(int hh, int mm)
    {
        this.hours = hh;
        this.minutes = mm;
    } // 编译时错误: seconds 未初始化
}
```

- 类的实例字段可以在声明时初始化,但结构不允许。例如,假定 Time 是类,下面的例子是可以编译的。但是,由于 Time 是结构,所以会造成编译时错误:

```
struct Time
{
    private int hours = 0; // 编译时错误
```

```
    private int minutes;
    private int seconds;
    ...
}
```

下表总结了结构和类的主要区别。

问题	结构	类
是值类型还是引用类型？	结构是值类型	类是引用类型
它们的实例存储在栈上还是堆上？	结构的实例称为值，存储在栈上	类的实例称为对象，存储在堆上
可以声明默认构造器吗？	不可以	可以
如果声明自己的构造器，编译器仍会生成默认构造器吗？	会	不会
如果在自己的构造器中不初始化一个字段，编译器自动初始化吗？	不会	会
可以在声明实例字段的同时初始化它吗？	不可以	可以

类和结构在继承上也有所区别。这些区别将在第 12 章讨论。

9.2.3　声明结构变量

定义了一个结构类型之后，可以像使用其他任何类型那样使用它们。例如，如果定义了名为 Time 的结构，就可以创建 Time 类型的变量、字段和参数。如下例所示：

```
struct Time
{
    private int hours, minutes, seconds;
    ...
}

class Example
{
    private Time currentTime;

    public void Method(Time parameter)
    {
        Time localVariable;
        ...
    }
}
```

> 注意　和枚举一样，可以使用?修饰符创建结构变量的可空版本。然后，可以把 null 值赋给变量。
>
> ```
> Time? currentTime = null;
> ```

9.2.4　理解结构的初始化

前面讨论了如何使用构造器来初始化结构中的字段。调用构造器，前面描述的规则将保证结构中的所有字段都得到初始化：

```
Time now = new Time();
```

下图展示了这个结构中的各个字段的状态。

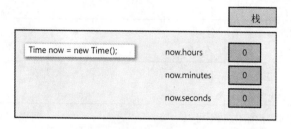

然而，由于结构是值类型，所以不调用构造器也能创建结构变量，如下例所示：

```
Time now;
```

在这个例子中，变量虽已创建，但其中的字段保持未初始化的状态。试图访问这些字段会造成编译时错误，如下图所示。

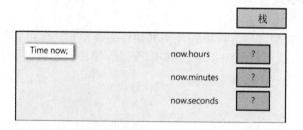

注意　两种情况下的 Time 变量都在栈上创建。

如果写了自己的 struct 构造器，也可以用它来初始化结构变量。如前所述，必须在自己的构造器中显式初始化结构的全部字段。例如：

```
struct Time
{
    private int hours, minutes, seconds;
    ...

    public Time(int hh, int mm)
    {
        hours = hh;
        minutes = mm;
        seconds = 0;
    }
}
```

下例调用自定义的构造器来初始化 Time 类型的变量 now:

```
Time now = new Time(12, 30);
```

下图展示了这个例子的结果。

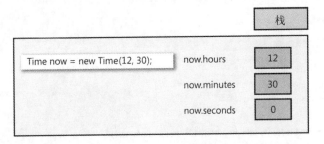

现在将理论转变成实践。下面的练习将创建并使用一个代表日期的结构类型。

> **创建并使用结构类型**

1. 在 StructsAndEnums 项目中，在"代码和文本编辑器"窗口中打开 Date.cs 文件。

2. 在 StructsAndEnums 命名空间中添加名为 Date 的结构。

   结构应包含 3 个私有字段: 一个名为 year, 类型为 int; 一个名为 month, 类型为 Month(使用上一个练习创建的枚举); 一个名为 day, 类型为 int。下面是 Date 结构:

   ```
   struct Date
   {
       private int year;
       private Month month;
       private int day;
   }
   ```

   现在考虑一下编译器为 Date 结构生成的默认构造器。该构造器将 year 初始化为 0, 将 month 初始化 0(January 的值), 将 day 初始化 0。year 为 0 是无效的(没有为 0 的年份), day 为 0 也是无效的(每个月都从 1 号开始)。为了解决这个问题, 一个办法是实现 Date 结构, 对 year 和 day 值进行转换, 当 year 字段在容纳值 Y 的时候, 该值代表 Y + 1900 年(也可选择不同的世纪); 当 day 字段容纳值 D 的时候, 该值代表 D + 1 日。这样一来, 默认构造器就会设置 3 个字段来代表 1900 年 1 月 1 日。

   如果能用自己的默认构造器覆盖自动生成的就好了, 因为这样可以直接将 year 和 day 字段初始化成有效值。但是, 由于结构不允许, 所以只能在结构中实现逻辑, 将编译器生成的默认值转换成有意义的值。

   不过, 虽然不能重写默认构造器, 但好的实践是定义非默认构造器, 允许用户将结构中的字段显式初始化成有意义的、非默认的值。

3. 在 Date 结构中添加一个公共构造器。该构造器应获取 3 个参数: 一个是名为 ccyy 的 int 参数, 代表年; 一个是名为 mm 的 Month 参数, 代表月; 一个是名为 dd 的

int 参数，代表日。用这三个参数初始化相应的字段。值为 Y 的 year 字段代表 Y +
1900 年，所以需要将 year 字段初始化成值 ccyy － 1900；值为 D 的 day 字段代表
D + 1 日，所以需要将 day 字段初始化成值 dd － 1。现在的 Date 结构应该像下面
这样(构造器加粗显示)：

```
struct Date
{

    private int year;
    private Month month;
    private int day;

    public Date(int ccyy, Month mm, int dd)
    {
        this.year = ccyy - 1900;
        this.month = mm;
        this.day = dd - 1;
    }
}
```

4. 在构造器之后，为 Date 结构添加名为 ToString 的公共方法。该方法无参，返回日
期的字符串形式。记住，year 字段的值代表 year + 1900 年，day 字段的值则代表
day + 1 日。

注意 ToString 方法和前面所见过的其他方法有所区别。每种类型(包括自定义结构和类)
都自动拥有一个 ToString 方法——不管是否需要。它的默认行为是将变量中的数
据转换成那个数据的字符串形式。有些时候，这种默认行为是合适的，但也有一
些时候意义不大。例如，为 Date 类生成的 ToString 方法的默认行为是生成字符
串"StructsAndEnums.Date"。需要定义该方法的一个新版本，重写这种没有多大意
义的默认行为，这要求使用 override(重写)关键字。对方法进行重写的主题将在第
12 章详细讨论。

ToString 方法应该像下面这样：

```
public override string ToString()
{
string data = String.Format("{0} {1} {2}", this.month, this.day + 1,
                                            this.year + 1900);
    return data;
}
```

String 类的 Format 方法用于格式化数据。工作方式和 Console.WriteLine 方法相似，
只是不是向控制台显示数据，而是以字符串形式返回格式化结果。在本例中，三
个位置参数分别替换成 month 字段、表达式 this.day + 1 和表达式 this.year + 1900
的值。ToString 返回格式化好的字符串作为结果。

5. 在"代码和文本编辑器"窗口中打开 Program.cs 源代码文件。

6. 在 doWork 方法中，将现有的 4 个语句变成注释。在 doWork 方法中添加代码来声明名为 defaultDate 的局部变量，把它初始化为使用默认 Date 构造器来构造的 Date 值。在 doWork 中添加另一个语句，调用 Console.WriteLine 将 defaultDate 输出到控制台。

> **注意**　Console.WriteLine 方法自动调用实参的 ToString 方法，将实参格式化为字符串。

现在的 doWork 方法应该像下面这样：

```
static void doWork()
{
    ...
    Date defaultDate = new Date();
    Console.WriteLine(defaultDate);
}
```

7. 在"调试"菜单中选择"开始执行(不调试)"，开始生成并运行程序。确定控制台上输出的是日期 January 1 1900。

8. 按 Enter 键返回 Visual Studio 2012。

9. 在"代码和文本编辑器"窗口中，返回刚才的 doWork 方法，再在其中添加两个语句。第一个语句声明名为 weddingAnniversary (结婚纪念日)的局部变量，把它初始化成 July 4 2012。第二个语句将 weddingAnniversary 的值输出到控制台。

现在的 doWork 方法应该像下面这样：

```
static void doWork()
{
    ...
    Date weddingAnniversary = new Date(2012, Month.July, 4);
    Console.WriteLine(weddingAnniversary);
}
```

10. 在"调试"菜单中选择"开始执行(不调试)"，开始生成并运行程序。确定控制台上最后输出的是 July 4 2012。

11. 按 Enter 键关闭程序并返回 Visual Studio 2012。

9.2.5　复制结构变量

可将结构变量初始化或赋值为另一个结构变量，前提是操作符=右侧的结构变量已完全初始化(换言之，所有字段都已初始化)。例如，下例能成功编译，因为 now 已经完全初始化好了(下图展示了赋值后的结果)：

```
Time now = new Time(12, 30);
Time copy = now;
```

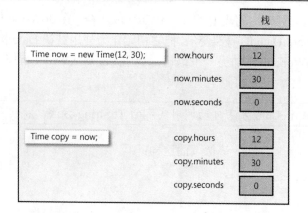

下例则无法通过编译，因为 now 没有被初始化：

```
Time now;
Time copy = now; // 编译时错误: now 未赋值
```

复制结构变量时，=操作符左侧的结构变量的每个字段都直接从右侧结构变量的相应字段中复制。这是一个简单的复制过程，它对整个结构的内容进行复制，而且绝对不会引发异常。而假如 Time 是类，两个变量(now 和 copy)将引用堆上的同一个对象。

📖**注意**   C++程序员应注意，这种复制行为是不可自定义的(人无法干预)。

本章最后一个练习将对比结构和类的复制行为。

➢   **创建并使用结构类型**

1. 在 StructsAndEnums 项目中，在"代码和文本编辑器"窗口中显示 Date.cs 文件。

2. 在 Date 结构中添加以下方法。这个方法使结构中的日期增加 1 个月。如果在增加 1 个月之后，month 字段的值超过了 December(12 月)，代码将 month 重置为 January(1 月)，并将 year 字段的值递增 1。

```csharp
public void AdvanceMonth()
{
    this.month++;
    if (this.month == Month.December + 1)
    {
        this.month = Month.January;
        this.year++;
    }
}
```

3. 在"代码和文本编辑器"窗口中显示 Program.cs 文件。

4. 在 doWork 方法中，将前两个创建和显示 defaultDate 变量的语句变成注释。

5. 将以下加粗的代码添加到 doWork 方法末尾。这些代码创建 weddingAnniversary 变量的拷贝，命名为 weddingAnniversaryCopy，并打印新变量的值。

```
static void doWork()
{
    ...
    Date weddingAnniversaryCopy = weddingAnniversary;
    Console.WriteLine("Value of copy is {0}", weddingAnniversaryCopy);
}
```

6. 将以下语句添加到 doWork 方法末尾，调用 weddingAnniversary 变量的 AdvanceMonth 方法，再显示 weddingAnniversary 和 weddingAnniversaryCopy 变量的值：

```
static void doWork()
{
    ...
    weddingAnniversary.AdvanceMonth();
    Console.WriteLine("New value of weddingAnniversary is {0}", weddingAnniversary);
    Console.WriteLine("Value of copy is still {0}", weddingAnniversaryCopy);
}
```

7. 在"调试"菜单中，单击"开始执行(不调试)"来生成并运行应用程序。验证控制台窗口显示以下消息：

```
July 4 2012
Value of copy is July 4 2012
New value of weddingAnniversary is August 4 2012
Value of copy is still July 4 2012
```

第一条消息显示 weddingAnniversary 变量的初始值(July 4 2012)。第二条消息显示 weddingAnniversaryCopy 变量的值。可以看到，它包含和 weddingAnniversary 变量一样的日期(July 4 2012)。第三条消息显示将 weddingAnniversary 变量的月份增加 1 月，变成 August 4 2012 之后的值。最后一条消息显示 weddingAnniversaryCopy 变量的值，它没有改变，仍然是 July 4 2012。

如果 Date 是类，创建的拷贝引用的还是原始的实例。更改原始实例中的月份，拷贝引用的日期也会改变。下面将对此进行验证。

8. 按 Enter 键返回 Visual Studio 2012。

9. 在"代码和文本编辑器"窗口中显示 Date.cs 文件。

10. 将 Date 结构更改为类，如下例中的加粗代码所示：

```
class Date
{
    ...
}
```

11. 在"调试"菜单中，单击"开始执行(不调试)"来生成并运行应用程序。验证控制台窗口显示以下消息：

```
July 4 2012
Value of copy is July 4 2012
New value of weddingAnniversary is August 4 2012
Value of copy is still August 4 2012
```

前三条消息没变,第 4 条消息证明 weddingAnniversaryCopy 变量的值变成 August 4 2012。

12.　按 Enter 键返回 Visual Studio 2012。

WinRT 的结构和兼容性问题

所有 C#应用程序都使用.NET Framework 的 "公共语言运行时" (Common Language Runtime,CLR)来执行。CLR 以虚拟机的形式为应用程序代码提供了安全执行环境。(对于有 Java 经验的人,这个概念再熟悉不过了。)编译 C#应用程序时,编译器将 C#代码转换成一组伪机器码形式的指令,称为 "公共中间语言" (Common Intermediate Language,CIL)。这些指令存储在程序集中。运行 C#程序时,CLR 将 CIL 指令转换成真正的机器指令,以便处理器理解并执行。整个环境称为托管执行环境,像这样的 C#代码称为托管代码。还可使用.NET Framework 支持的其他语言(比如 Visual Basic 和 F#)写托管代码。Windows 7 和更早的版本允许写非托管应用程序,也称为本机代码。这些代码依赖于能直接和 Windows 操作系统打交道的 Win32 API(运行托管应用程序时,CLR 实际会将许多.NET Framework 函数转换成 Win32 API 调用,只是这个过程是完全透明的)。非托管代码可以使用 C++等语言来写。.NET Framework 允许通过一些互操作性技术在托管应用程序中集成非托管代码,反之亦然。这些技术的详细情况超出了本书范围——只需知道上手不容易。

Windows 8 采用了另一个策略,称为 Windows Runtime(简称 WinRT)。WinRT 在 Win32 API(和其他选中的本机 Windows API)顶部建立了新的一层,针对触摸设备和用户界面(比如 Windows 8 平板上所见到的)进行了优化。创建在 Windows 8 上运行的本机应用程序时,要使用由 WinRT 而不是 Win32 公开的 API。类似地,Windows 8 上的 CLR 也使用 WinRT;使用 C#和其他语言写的托管代码依然由 CLR 执行,但 CLR 会在运行时将代码转换成 WinRT API 而不是 Win32 API 调用。CLR 和 WinRT 负责安全地管理和运行代码。

WinRT 的一个主要目的是简化语言之间的互操作性,更方便地将使用不同语言开发的组件无缝集成到一个应用程序中。但方便是有代价的。取决于各种语言支持的功能集,必须做出一些妥协。尤其是,因为历史的原因,C++虽然支持结构,但不支持其中的成员函数。(C#将成员函数称为实例方法。)所以,要将 C#的结构打包到库中并交给 C++(或其他任何非托管语言)程序员使用,该结构就不能包含任何实例方法。结构中的静态方法也有类似的限制。要想包含实例或静态方法,必须将结构转换成类。除此之外,结构不能包含私有字段,而且所有公共字段都必须是 C#基本类型、合格的值类型或者字符串。

WinRT 还对希望用于本机应用程序的 C#类和结构提出了其他限制,详情参见第 13 章。

小　　结

本章解释了如何创建和使用枚举和结构。解释了结构和类的相似之处和不同之处，并解释了如何定义构造器来初始化结构中的字段。另外，还解释了如何通过重写 ToString 方法将结构表示成字符串。

- 如果希望继续学习下一章，请继续运行 Visual Studio 2012，然后阅读第 10 章。
- 如果希望现在就退出 Visual Studio 2012，请选择"文件"|"退出"。如果看到"保存"对话框，请单击"是"按钮保存项目。

第 9 章快速参考

目标	操作
声明枚举类型	先写关键字 enum，后跟类型名称，再跟一对{}，其中包含以逗号分隔的一组枚举文字常量名称。示例如下： `enum Season { Spring, Summer, Fall, Winter }`
声明枚举变量	先写枚举类型名称，再写变量名，最后写分号。示例如下： `Season currentSeason;`

向枚举变量赋值	以枚举类型作为前缀，对枚举文字常量名称进行限定。示例如下：
	
	`currentSeason = Spring; // 编译时错误`
	`currentSeason = Season.Spring; // 正确`

声明结构类型	先写关键字 struct，后跟结构类型名称，再跟上结构主体(构造器、方法和字段)。示例如下：
	
	`struct Time`
	`{`
	`    public Time(int hh, int mm, int ss)`
	`    { ... }`
	`    ...`
	`    private int hours, minutes, seconds;`
	`}`

声明结构变量	先写结构类型名称，后跟变量名，再跟分号。示例如下： `Time now;`
对结构变量进行初始化	调用结构的构造器，将变量初始化为结构值。示例如下： `Time lunch = new Time(12, 30, 0);`

第10章 使用数组

本章旨在教会你：

- 声明数组变量
- 用一组数据项填充数组
- 访问数组中的数据项
- 遍历数组中的数据项

通过前面的学习，已经知道了如何创建和使用不同类型的变量。然而，前面讨论的所有变量都有一个共同的地方：容纳的都是与单个元素(例如一个 int、一个 float、一个 Circle、一个 Date)有关的信息。如果需要处理元素的集合，又该怎么办呢？一个方案是为集合中的每个元素都创建一个变量，但这又会带来进一步的问题：具体需要多少个变量？如何命名？如果需要对集合中的每个元素都执行相同的操作(例如递增整数集合中的每个变量)，那么如何避免写大量重复性的代码？另外，这个方案假定事先知道需要多少个元素，但这种情况普遍吗？例如，假定程序需要从一个数据库读取并处理记录，那么数据库中有多少条记录？这个数量会经常发生变化吗？

利用数组可以妥善地解决这些问题。

10.1 声明和创建数组

数组是无序的元素序列。数组中的所有元素都具有相同的类型(这一点和结构或类中的字段不同，它们可以是不同的类型)。数组中的元素存储在一个连续性的内存块中，并通过索引来访问(这一点也和结构或类中的字段不同，它们是通过名称来访问的)。

10.1.1 声明数组变量

声明数组变量要先写它的元素类型名称，后跟一对方括号([])，最后写变量名。方括号标志着该变量是数组。例如，为了声明名为 pins 的数组，而且数组中包含的是 int 类型的变量，可以使用以下语句：

```
int[] pins; // pins 是 Personal Identification Numbers 的简称
```

> **注意** Microsoft Visual Basic 程序员请注意，数组声明要使用方括号而不是圆括号。C 和 C++程序员请注意，数组的大小不是声明的一部分。Java 程序员请注意，必须将方括号放在变量名"之前"。

数组元素并非只能使用基本数据类型。数组元素还可以是结构、枚举或者类。例如，为了创建由 Date 结构构成的数组，可以像下面这样写：

```
Date[] dates;
```

📝 提示　最好为数组变量取复数名称，例如 places(表明其中每个元素都是一个 Place)、people(表明每个元素都是一个 Person)或者 times(表明每个元素都是一个 Time)。

10.1.2　创建数组实例

无论元素是什么类型，数组始终都是引用类型。这意味着数组变量引用堆上的内存块，数组元素就存在这个内存块中，就跟类变量引用堆上的对象一样。(关于值类型和引用类型，以及栈和堆的区别，请参考第 8 章。)即使数组元素是 int 这样的值类型；也是在堆上分配内存。这是值类型不在栈上分配内存的一个特殊情况。

以前说过，声明类变量时不会马上为对象分配内存，用 new 关键字创建实例时才会分配。数组也是如此：声明数组变量时不需要指定大小，也不会分配内存(只是将引用存储到栈上)。创建数组实例时才分配内存，数组大小也在这时指定。

为了创建数组实例，要先写 new 关键字，后跟元素的类型名称，然后在一对方括号中指定要创建的数组的大小。创建数组实例时，会使用默认值(0，null 或者 false，分别取决于是数值类型，是引用类型，还是 Boolean 类型)对其元素进行初始化。例如，针对早先声明的 pins 数组变量，为了创建并初始化由 4 个整数构成新数组，可以使用以下语句：

```
pins = new int[4];
```

下图展示了这个语句的结果。

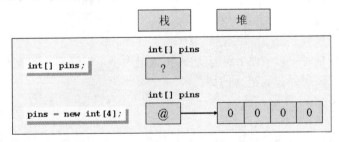

由于数组实例的内存是动态分配的，所以数组实例的大小不一定是常量；而是可以在运行时计算，如下例所示：

```
int size = int.Parse(Console.ReadLine());
int[] pins = new int[size];
```

甚至可以创建大小为 0 的数组。这虽然听起来有点儿奇怪，但有时数组大小需要动态决定，而且可能为 0，所以这个设计是有意义的。大小为 0 的数组不是 null(空)数组，而是包含 0 个元素的数组。

10.1.3 填充和使用数组

创建数组实例时，所有元素都被初始化为默认值(具体取决于元素类型)。例如，所有数值初始化为0，对象初始化为null，DateTime 值初始化为日期时间值"01/01/0001 00:00:00"，而字符串初始化为 null。可以修改这个行为，将数组元素初始化为指定的值。为此，需要在大括号中提供一个以逗号分隔的值列表。例如，以下语句将 pins 初始化为包含 4 个 int值的数组，这些值分别是 9，3，7 和 2：

```
int[] pins = new int[4]{ 9, 3, 7, 2 };
```

大括号中的值不一定是常量，它们可以是在运行时计算的值。下例用 4 个随机数填充pins 数组：

```
Random r = new Random();
int[] pins = new int[4]{  r.Next() % 10, r.Next() % 10,
                          r.Next() % 10, r.Next() % 10 };
```

注意 System.Random 类是伪随机数生成器。它的 Next 方法默认返回 0～Int32.MaxValue之间的一个非负随机整数。Next 方法有多个重载版本，可用其他版本来指定新范围。Random 类的默认构造器用一个依赖于时间的值来作为随机数生成器的种子值，这样就极大降低了一个随机数序列重复出现的概率。构造器的一个重载版本允许自己指定种子值，从而生成可重复的随机数序列供测试。

大括号中的值的数量必须和要创建的数组实例的大小完全匹配：

```
int[] pins = new int[3]{ 9, 3, 7, 2 };      // 编译时错误
int[] pins = new int[4]{ 9, 3, 7 };         // 编译时错误
int[] pins = new int[4]{ 9, 3, 7, 2 };      // 正确
```

初始化数组变量时可以省略 new 表达式和数组大小。编译器将根据初始值的数量来计算大小，并生成代码来创建数组。例如：

```
int[] pins = { 9, 3, 7, 2 };
```

创建由结构或对象构成的数组时，可以调用构造器来初始化数组中的每个元素，例如：

```
Time[] schedule = { new Time(12,30), new Time(5,30) };
```

10.1.4 创建隐式类型的数组

声明数组时，元素类型必须与准备存储的元素类型匹配。例如，将 pins 声明为 int 类型的数组(就像前面的例子那样)，就不能把 double，struct，string 或其他非 int 类型的值保存到其中。如果在声明数组时指定了初始值列表，就可以让 C#编译器自己推断数组元素的类型，如下所示：

```
var names = new[]{"John", "Diana", "James", "Francesca"};
```

在这个例子中，C#编译器推断 names 是 string 类型的数组变量。注意语法有两个特别之处。首先，类型后的方括号没了，本例中的 names 变量被直接声明为 var，而不是 var[]。其次，必须在初始值列表之前添加 new[]。

使用这个语法，必须保证所有初始值都有相同的类型。下例将导致编译器报错："找不到隐式类型数组的最佳类型。"

```
var bad = new[]{"John", "Diana", 99, 100};
```

但有时编译器会把元素转换为不同的类型——前提是结果是有意义的。在下面的例子中，numbers 会被推断成 double 数组，因为常量 3.5 和 99.999 都是 double 值，而 C#编译器能将整数值 1 和 2 转换成 double 值：

```
var numbers = new[]{1, 2, 3.5, 99.999};
```

通常，最好避免混合使用多种类型，不要单纯寄希望于编译器来帮自己转换。

隐式类型的数组尤其适合第 7 章描述的匿名类型。以下代码创建由匿名对象构成的数组，其中每个对象都包含两个字段，这两个字段分别指定了我的家庭成员的姓名和年龄：

```
var name = new[]{new {Name = "John", Age = 47 },
                 new {Name = "Diana", Age = 46 },
                 new {Name = "James", Age = 20 },
                 new {Name = "Francesca", Age = 18 } };
```

匿名类型中的字段对于每个数组元素都必须相同。

10.1.5 访问单独的数组元素

为了访问单独的数组元素，必须提供索引来指出想访问哪个元素。数组索引是基于零的，第一个元素的索引是 0 而不是 1。用索引 1 访问的是第二个元素。例如，以下代码将 pins 数组的索引为 2 的元素的内容读入一个 int 变量：

```
int myPin;
myPin = pins[2];
```

类似地，可以通过索引向元素赋值，从而更改数组的内容：

```
myPin = 1645;
pins[2] = myPin;
```

所有数组元素访问都要进行边界(上下限)检查。使用小于 0 或者大于等于数组长度的整数索引，编译器会引发 IndexOutOfRangeException 异常，如下例所示：

```
try
{
    int[] pins = { 9, 3, 7, 2 };
    Console.WriteLine(pins[4]);    // 错误，pins[4]访问的是第 5 个元素而不是第 4 个
```

```
                                  // 第 4 个元素的索引是 3
}
catch (IndexOutOfRangeException ex)
{
   ...
}
```

10.1.6　遍历数组

所有数组都是 Microsoft .NET Framework 的 System.Array 类的实例，该类定义了许多有用的属性和方法。例如，可以查询 Length 属性来了解数组中包含多少个元素，并借助 for 语句来遍历所有元素。下例将 pins 数组的各个元素的值输出到控制台：

```
int[] pins = { 9, 3, 7, 2 };
for (int index = 0; index < pins.Length; index++)
{
   int pin = pins[index];
   Console.WriteLine(pin);
}
```

> **注意**　Length 是属性而非方法，所以调用它不用圆括号。第 15 章将介绍属性。

新手程序员经常忘记数组从元素 0 开始，而且最后一个元素的索引是 Length - 1。C# 提供了 foreach 语句来遍历数组的所有元素，使用该语句就可以不必关心这些问题。例如，上述 for 语句可以用 foreach 语句修改为下面这个样子：

```
int[] pins = { 9, 3, 7, 2 };
foreach (int pin in pins)
{
   Console.WriteLine(pin);
}
```

foreach 语句声明了一个循环变量(本例是 int pin)来自动获取数组中每个元素的值。这个变量的类型必须与数组元素类型匹配。foreach 语句是遍历数组的首选方式，它更明确地表达了代码的目的，而且避免了使用 for 循环的麻烦。但少数情况 for 语句更佳，如下所示。

- foreach 语句总是遍历整个数组。如果只想遍历数组的一部分(例如前半部分)，或者希望中途跳过特定元素(例如每隔两个元素就跳过一个)，那么使用 for 语句将更容易。

- foreach 语句总是从索引 0 遍历到索引 Length-1。要反向或者以其他顺序遍历，更简单的做法是使用 for 语句。

- 如果循环主体需要知道元素的索引，而非只是元素的值，就必须使用 for 语句。

- 修改数组元素必须使用 for 语句。这是因为 foreach 语句的循环变量是数组的每个元素的只读拷贝。

可将循环变量声明为 var，让 C#编译器根据数组元素的类型来推断变量的类型。如果事先不知道数组元素的类型，例如在数组中包含匿名对象时，这个功能就尤其有用。下例演示了如何遍历早先描述的家庭成员数组：

```
var names = new[] {  new {Name = "John", Age = 47 },
                     new {Name = "Diana", Age = 46 },
                     new {Name = "James", Age = 20 },
                     new {Name = "Francesca", Age = 18 } };
foreach (var familyMember in names)
{
   Console.WriteLine("Name: {0}, Age:{1}", familyMember.Name, familyMember.Age);
}
```

10.1.7　数组作为方法参数和返回值传递

方法可以获取数组类型的参数，也可以把它们作为返回值传递。将数组声明为方法参数的语法和数组的声明语法差不多。例如，以下代码定义 ProcessData 方法来获取一个整数数组。方法主体遍历数组来处理每个元素。

```
public void ProcessData(int[] data)
{
   foreach (int i in data)
   {
      ...
   }
}
```

记住数组是引用类型，在方法内部修改作为参数传递的数组(比如 ProcessData)，所有数组引用都会"看到"修改，其中包括原始实参。

方法要返回一个数组，返回类型必须是数组类型。方法内部要创建并填充数组。下例提示用户输入数组大小，再输入每个元素的数据。最后，方法返回创建好的数组。

```
public int[] ReadData()
{
   Console.WriteLine("How many elements?");
   string reply = Console.ReadLine();
   int numElements = int.Parse(reply);
   int[] data = new int[numElements];
   for (int i = 0; i < numElements; i++)
   {
      Console.WriteLine("Enter data for element {0}", i);
      reply = Console.ReadLine();
      int elementData = int.Parse(reply);
      data[i] = elementData;
```

```
    }
    return data;
}
```

可像下面这样调用 ReadData：

```
int[] data = ReadData();
```

命名空间和程序集

using 指出以后使用的名称来自指定的命名空间，在代码中不必对名称进行完全限定。类编译到程序集中。程序集是文件，通常使用.dll 扩展名。不过，严格地说，带有.exe 扩展名的可执行文件也是程序集。

Main 方法的数组参数

你可能已经注意到，应用程序的 Main 方法获取一个字符串数组作为参数：

```
static void Main(string[] args)
{
   ...
}
```

Main 方法是程序运行时的入口方法。从命令行启动程序时，可以指定附加的命令行参数。Microsoft Windows 操作系统将这些参数传给 CLR，后者将它们作为实参传给 Main 方法。这个机制允许在程序开始运行时直接提供信息，而不必交互式地提示输入信息。编写能通过自动脚本运行的实用程序时，这个机制相当有用。下例来自一个用于文件处理的 MyFileUtil 实用程序。它允许在命令行输入一组文件名，然后调用 ProcessFile 方法(这里没有显示)处理指定的每个文件：

```
static void Main(string[] args)
{
   foreach (string filename in args)
   {
      ProcessFile(filename);
   }
}
```

在命令行上，可以像下面这样运行 MyFileUtil 程序：

```
MyFileUtil C:\Temp\TestData.dat C:\Users\John\Documents\MyDoc.txt
```

每个命令参数都以空格分隔。实参的有效性检查由 MyFileUtil 程序负责。

10.1.8　复制数组

数组是引用类型(记住，数组是 System.Array 类的实例)。数组变量包含对数组实例的引用。这意味着在复制了数组变量之后，将获得对同一个数组实例的两个引用。例如：

```
int[] pins = { 9, 3, 7, 2 };
int[] alias = pins; // alias 和 pins 现在引用的同一个数组实例
```

在这个例子中，如果修改 pins[1]的值，读取 alias[1]时也会看到这个修改。

要真正复制数组实例，获得堆上实际数据的拷贝，那么必须做两件事情。首先，必须创建类型和大小与原始数组相同的一个新的数组实例，然后将数据元素从原始数组逐个复制到新数组，如下例所示：

```
int[] pins = { 9, 3, 7, 2 };
int[] copy = new int[pins.Length];
for (int i = 0; i < copy.Length; i++)
{
    copy[i] = pins[i];
}
```

注意，上例使用原始数组的 Length 属性来指定新数组的大小。

复制数组是相当常见的操作，所以 System.Array 类提供了一些有用的方法来复制数组，避免每次都要写上面那样的代码。例如，CopyTo 方法将一个数组的内容复制到另一个数组，并从指定的起始索引处开始复制。下例从索引 0 开始将 pins 数组的所有元素复制到 copy 数组。

```
int[] pins = { 9, 3, 7, 2 };
int[] copy = new int[pins.Length];
pins.CopyTo(copy, 0);
```

复制值的另一个办法是使用 System.Array 的静态方法 Copy。和 CopyTo 一样，目标数组必须在调用 Copy 之前初始化：

```
int[] pins = { 9, 3, 7, 2 };
int[] copy = new int[pins.Length];
Array.Copy(pins, copy, copy.Length);
```

> **注意**　Array.Copy 方法的长度参数必须是一个有效的值。提供负值会引发 ArgumentOutOfRangeException 异常。提供比元素数量大的值，会引发 ArgumentException 异常。

此外，还可以使用 System.Array 的实例方法 Clone。它允许在一次调用中创建数组并完成复制。

```
int[] pins = { 9, 3, 7, 2 };
int[] copy = (int[])pins.Clone();
```

> **注意**　第 8 章第一次讲到 Clone 方法。Array 类的 Clone 方法返回 object 而不是 Array，所以必须在使用时强制转换成恰当类型的数组。另外，Clone、CopyTo 和 Copy 这三个方法创建的都是数组的**浅拷贝**(第 8 章讨论了浅拷贝和深拷贝的区别)。如

果被复制的数组包含引用，这些方法只复制引用，不复制被引用的对象。复制之后，两个数组都引用同一组对象。要创建数组的深拷贝(即复制被引用的对象)，必须在 for 循环中写恰当的代码来做这件事情。

10.1.9 使用多维数组

目前为止的数组都是一维数组，相当于简单的值列表。另外还可以创建多维数组。例如，二维数组是包含两个整数索引的数组。以下代码创建包含 24 个整数的二维数组 items。可将二维数组想象成表格，第一维是表行，第二维是表列。

```
int[,] items = new int[4, 6];
```

访问二维数组元素需要提供两个索引值来指定目标元素的"单元格"(行列交汇处)。以下代码展示了 items 数组的用法：

```
items[2, 3] = 99;              // 将单元格(2,3)的元素设为 99
items[2, 4] = items [2,3];     // 将单元格(2, 3)的元素复制到单元格(2, 4)
items[2, 4]++;                 // 递增单元格(2, 4)的整数值
```

数组维数没有限制。以下代码创建并使用名为 cube 的三维数组。访问三维数组的元素必须指定 3 个索引。

```
int[, ,] cube = new int[5, 5, 5];
cube[1, 2, 1] = 101;
cube[1, 2, 2] = cube[1, 2, 1] * 3;
```

使用超过三维的数组时要小心，数组可能耗用大量内存。上例的 cube 数组包含 125 个元素(5 * 5 * 5)。而对于每一维大小都是 5 的四维数组，则总共包含 625 个元素。使用多维数组时，一般都要准备好捕捉并处理 OutOfMemoryException 异常。

10.1.10 创建交错数组

在 C#中，普通多维数组有时也称为矩形数组。例如，下面这个表格式二维数组每一行都包含 40 个元素，共计 160 个元素。

```
int[,] items = new int[4, 40];
```

上一节说过，多维数组可能消耗大量内存。如果应用程序只使用每一列的部分数据，为未使用的元素分配内存就是巨大的浪费。这时可以考虑使用交错数组(或称为不规则数组)，其每一列的长度都可以不同，如下所示：

```
int[][] items = new int[4][];
int[] columnForRow0 = new int[3];
int[] columnForRow1 = new int[10];
int[] columnForRow2 = new int[40];
int[] columnForRow3 = new int[25];
```

```
items[0] = columnForRow0;
items[1] = columnForRow1;
items[2] = columnForRow2;
items[3] = columnForRow3;
```

在这个例子中，第一列 3 个元素，第二列 10 个元素，第三列 40 个元素，最后一列 25 个元素。交错数组其实就是由数组构成的数组。和二维数组不同，交错数组只有一维，但那一维中的元素本身就是数组。除此之外，items 数组的总大小是 78 个元素而不是 160 个；不用的元素不分配空间。

注意多维数组的语法。以下代码将 items 数组指定为由 int 数组构成的数组。

```
int[][] items;
```

以下语句初始化 items 来容纳 4 个元素，每个元素都是长度不定的数组。

```
items = new int[4][];
```

从 columnForRow0 到 columnForRow3 的数组都是一维 int 数组，它们初始化来容纳每一列所需的数据量。最后，每个这样的数组都被赋给 items 数组中的对应元素，例如：

```
items[0] = columnForRow0;
```

记住，数组是引用类型的对象，所以上述语句只是为 items 数组的第一个元素添加对 columnForRow0 的引用，不会实际复制任何数据。为了填充该列的数据，要么将值赋给 columnForRow0 中的元素，要么通过 items 数组来引用。以下语句是等价的：

```
columnForRow0[1] = 99;
items[0][1] = 99;
```

同样的概念还可扩展为创建"数组的数组的数组"(而不是矩形三维数组)，以此类推。

> 注意　如果以前写过 Java 程序，这个概念应该不会陌生。Java 没有多维数组的概念，需要像刚才描述的那样写"数组的数组"。

以下练习利用数组在扑克牌游戏中发牌。应用程序显示窗体来模拟向 4 个玩家发一副扑克牌(除去大小王)。你将完成为每一手[1]发牌的代码。

➤ 用数组实现扑克牌游戏

1. 如果尚未运行 Microsoft Visual Studio 2012，请先启动它。

2. 打开 Cards 项目，它位于"文档"文件夹下的\Microsoft Press\Visual CSharp Step by Step\Chapter 10\Windows X\Cards Using Arrays 子文件夹中。

3. 在"调试"菜单中选择"开始执行(不调试)"。

---

[1] 每个玩家一手，总共 4 手牌。——译注

随后会显示标题为 Card Game 的窗体，窗体包含 4 个文本框(标签分别是 North，South，East 和 West)，以及一个标题为 Deal(发牌)的按钮。

Windows 7 系统的窗体如下图所示。

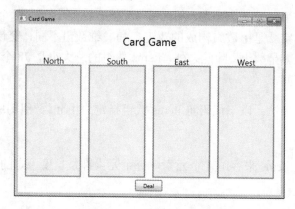

如果是 Windows 8，Deal 按钮会出现在应用栏(app bar)而不是主窗体上，如下图所示。

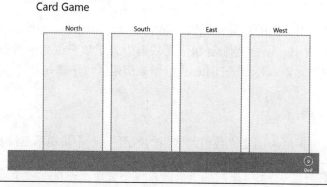

> **注意** 这是在 Windows Store 应用中定位命令按钮的首选方式。从现在起，本书展示的所有 Windows Store 应用都遵循这个样式。右击窗体即可显示应用栏。

4. 单击 Deal 按钮。

  什么都不会发生。目前尚未实现发牌代码，这是本练习要做的事情。

5. 返回 Visual Studio 2012，在"调试"菜单中选择"停止调试"。

6. 在"代码和文本编辑器"窗口中显示 Value.cs 文件。在这个文件中，包含一个名为 Value 的枚举，它代表一张牌所有可能的点数，升序顺序：

```
enum Value { Two, Three, Four, Five, Six, Seven, Eight, Nine, Ten, Jack, Queen,
King, Ace }
```

7. 在"代码和文本编辑器"窗口中显示 Suit.cs 文件。

  这个文件包含一个名为 Suit 的枚举，代表一副牌中的各种花色：

```
enum Suit { Clubs, Diamonds, Hearts, Spades }
```

8. 在"代码和文本编辑器"窗口中显示 PlayingCard.cs 文件。

这个文件包含 PlayingCard 类，用于对一张牌进行建模。

```
class PlayingCard
{
    private readonly Suit suit;
    private readonly Value value;

    public PlayingCard(Suit s, Value v)
    {
        this.suit = s;
        this.value = v;
    }

    public override string ToString()
    {
        string result = string.Format("{0} of {1}", this.value, this.suit);
        return result;
    }

    public Suit CardSuit()
    {
        return this.suit;
    }

    public Value CardValue()
    {
        return this.value;
    }
}
```

该类包含代表牌的点数和花色的两个只读字段(value 和 suit)。构造器初始化两个字段。

注意 如果数据在初始化之后便不再更改，便适合用只读字段来建模。为了向只读字段赋值，需要在声明时初始化它，或者用构造器进行初始化。但在此之后，便不能再更改它。

类包含一对方法，即 CardValue 和 CardSuit，分别返回牌的点数和花色。另外，类还重写了 ToString 方法，以返一张牌的字符串表示。

注意 CardValue 和 CardSuit 方法最好是实现成属性。第 15 章将解释具体如何做。

---

9. 在"代码和文本编辑器"窗口中显示 Pack.cs 文件。

这个文件包含 Pack 类，它对一副牌(或者称为一个牌墩)进行建模。Pack 类的顶部是两个公共常量 int 字段 NumSuits 和 CardsPerSuit，分别指定一副牌有几种花色，以及每种花色多少张牌。私有 cardPack 变量是由 PlayingCard 对象构成的二维数组。(第一维指定花色，第二维指定点数。)randomCardSelector 变量是基于 Random 类生成的随机数。将利用 randomCardSelector 洗牌。

```
class Pack
{
    public const int NumSuits = 4;
    public const int CardsPerSuit = 13;
    private PlayingCard[,] cardPack;
    private Random randomCardSelector = new Random();
    ...
}
```

10. 找到 Pack 类的默认构造器。目前这个构造器是空白的，只有一个 // TODO: 注释。删除注释，添加以下加粗的代码来实例化 cardPack 数组，使其每一维都有正确的长度。

```
public Pack()
{
    this.cardPack = new PlayingCard[NumSuits, CardsPerSuit];
}
```

11. 将以下加粗的代码添加到 Pack 构造器中，它们用一整副排好序的牌填充 cardPack 数组。

```
public Pack()
{
    this.cardPack = new PlayingCard[NumSuits, CardsPerSuit];
    for (Suit suit = Suit.Clubs; suit <= Suit.Spades; suit++)
    {
        for (Value value = Value.Two; value <= Value.Ace; value++)
        {
            this.cardPack[(int)suit, (int)value] = new PlayingCard(suit, value);
        }
    }
}
```

外层 for 循环遍历 Suit 枚举的值列表，内层 for 循环遍历每种花色中的每个点数。内层循环每一次迭代，都创建特定花色和点数的一个新的 PlayingCard 对象(也就是一张牌)，并把它添加到 cardPack 数组的恰当位置。

注意　只能为数组索引使用整数值。suit 和 value 变量是枚举变量。但是，枚举是基于整数类型的，所以可以安全地转型为 int。

---

12. 在 Pack 类中找到 DealCardFromPack 方法。这个方法的作用是从一副牌中随机挑选一张牌，从牌墩中移除这张牌以防止它被再次选中，最后作为方法返回值返回。

方法的第一个任务是随机选择一种花色。删除注释和引发

NotImplementedException 异常的语句，替换成以下加粗显示的语句：

```
public PlayingCard DealCardFromPack()
{
    Suit suit = (Suit)randomCardSelector.Next(NumSuits);
}
```

这个语句使用 randomCardSelector 随机数生成器的 Next 方法返回和一种花色对应的随机数。Next 方法的参数指定了随机数的上限(不含这个上限)；生成的值在 0 到这个值-1 之间。注意返回的是一个 int，所以必须先转型才能赋给 Suit 变量。

总是存在所选花色没有更多的牌这一可能。因此，需要处理这个情况，并在必要时选择另一种花色。

13. 在随机选择花色的代码后面，添加以下加粗的 while 循环。这个循环调用 IsSuitEmpty 方法来检查牌墩中是否还有指定花色的牌(马上就要实现该方法的逻辑)。如果没有，就随机选择另一种花色(可能会选中同样的花色)，并再次进行检查。循环将重复这个过程，直至发现至少还有一张牌的一种花色。

```
public PlayingCard DealCardFromPack()
{
  Suit suit = (Suit)randomCardSelector.Next(NumSuits);
  while (this.IsSuitEmpty(suit))
  {
    suit = (Suit)randomCardSelector.Next(NumSuits);
  }
}
```

14. 到此为止，已经随机选择了一种至少留有一张牌的花色。下一个任务是在这种花色中随机挑选一张牌。可以用随机数生成器选择一个点数，但和前面一样，不能保证选出的那张牌还没有发出。然而，可以采用和前面一样的模式：调用 IsCardAlreadyDealt 方法判断牌是否已经发出(该方法的逻辑将在稍后实现)。如果是，就随机选择另一张牌，并重新尝试。这个过程一直重复，直到找到一张牌为止。在 DealCardFromPack 方法现有的语句后面添加以下加粗的语句。

```
public PlayingCard DealCardFromPack()
{
    ...
    Value value = (Value)randomCardSelector.Next(CardsPerSuit);
    while (this.IsCardAlreadyDealt(suit, value))
    {
        value = (Value)randomCardSelector.Next(CardsPerSuit);
    }
}
```

15. 现在已经选好了一张随机的、以前没有发过的牌。在 DealCardFromPack 方法末尾添加以下代码来返回这张牌，将 cardPack 数组中对应的元素设为 null：

```
public PlayingCard DealCardFromPack()
```

```
{
    ...
    PlayingCard card = this.cardPack[(int)suit, (int)value];
    this.cardPack[(int)suit, (int)value] = null;
    return card;
}
```

16. 找到 IsSuitEmpty 方法。这个方法获取一个 Suit 参数，返回一个 Boolean 值指出是否还有该花色的牌留在牌墩里。删除注释和引发 NotImplementedException 异常的语句，添加以下加粗显示的代码：

```
private bool IsSuitEmpty(Suit suit)
{
    bool result = true;
    for (Value value = Value.Two; value <= Value.Ace; value++)
    {
        if (!IsCardAlreadyDealt(suit, value))
        {
            result = false;
            break;
        }
    }

    return result;
}
```

上述代码遍历所有可能的牌点，使用 IsCardAlreadyDealt 方法(将于下一步完成)判断 cardPack 数组中是否有一张指定花色和指定点数的牌。如果发现有这样的一张牌，就将 result 变量的值设为 false，随后的 break 语句造成循环终止。相反，如果一直到循环完成，都没有找到一张符合要求的牌，result 变量将保持初始值 true。最后，方法返回 result 变量。

17. 找到 IsCardAlreadyDealt 方法。这个方法判断指定花色和点数的牌是否已经发出并从牌墩中删除了。DealFromPack 方法发一张牌时，会将这张牌从 cardPack 数组中删除，并将对应的元素设为 null。在这个方法中，将注释和引发 NotImplementedException 异常的代码替换以下加粗的代码：

```
private bool IsCardAlreadyDealt(Suit suit, Value value)
{
    return (this.cardPack[(int)suit, (int)value] == null);
}
```

如果 cardPack 数组中指定 suit 和 value 的元素为 null，方法就返回 true，否则返回 false。

18. 下一步是将所选的牌添加到一手牌(一个 hand)中。在"代码和文本编辑器"窗口中显示 Hand.cs 文件。该文件包含 Hand 类，用于实现"一手牌"的概念(也就是发给一个玩家的所有牌)。

文件中包含名为 HandSize 的 public const int 字段,它设置成一手牌有多少张牌(13)。还包含由 PlayingCard 对象构成的一个数组,该数组用 HandSize 常量来初始化。利用 playingCardCount 字段,代码可以在填充一手牌期间跟踪手上当前包含多少张牌。

```
class Hand
{
    public const int HandSize = 13;
    private PlayingCard[] cards = new PlayingCard[HandSize];
    private int playingCardCount = 0;
    ...
}
```

ToString 方法生成手上所有牌的字符串表示。它用 foreach 循环遍历 cards 数组中的项,为它发现的每个 PlayingCard 对象调用 ToString 方法。出于格式化的目的,这些字符串用一个换行符('\n'字符)连接。

```
public override string ToString()
{
    string result = "";
    foreach (PlayingCard card in this.cards)
    {
        result += card.ToString() + "\n";
    }
    return result;
}
```

19. 找到 Hand 类的 AddCardToHand 方法。该方法将作为参数指定的牌添加到一手牌中。在方法中添加以下加粗的语句:

```
public void AddCardToHand(PlayingCard cardDealt)
{
    if (this.playingCardCount >= HandSize)
    {
        throw new ArgumentException("Too many cards");
    }
    this.cards[this.playingCardCount] = cardDealt;
    this.playingCardCount++;
}
```

上述代码首先验证这一手牌还没有满。如果满了,就引发一个 ArgumentException 异常。否则,就将牌(一个 PlayingCard 对象)添加到 cards 数组中由 playingCardCount 变量指定的索引位置。然后,这个变量递增 1。

20. 在解决方案资源管理器中展开 MainWindow.xam 节点,再在"代码和文本编辑器"窗口中打打开 MainWindow.xaml.cs 文件。这些是 Card Game 窗口的代码。找到 dealClick 方法。单击 Deal(发牌)按钮将调用该方法。方法目前包含空的 try 块和一个异常处理程序(发生异常时显示一条消息)。

21. 在 try 块中添加以下加粗显示的语句：

```
private void dealClick(object sender, RoutedEventArgs e)
{
  try
  {
    pack = new Pack();
  }
  catch (Exception ex)
  {
    ...
  }
}
```

该语句创建一副新牌。前面说过，该类包含容纳了牌墩的二维数组，构造器用每张牌的细节来填充数组。现在需要从这个牌墩创建 4 手牌。

22. 在 try 块中添加以下加粗显示的语句：

```
try
{
  pack = new Pack();

  for (int handNum = 0; handNum < NumHands; handNum++)
  {
    hands[handNum] = new Hand();
  }
}
catch (Exception ex)
{
  ...
}
```

for 循环从一副牌中创建 4 手牌，把它们存储到名为 hands 的数组中。每一手牌最开始都是空的，需要将牌发给每一手。

23. 为 for 循环添加以下加粗显示的代码：

```
try
{
  ...
  for (int handNum = 0; handNum < NumHands; handNum++)
  {
    hands[handNum] = new Hand();
    for (int numCards = 0; numCards < Hand.HandSize; numCards++)
    {
      PlayingCard cardDealt = pack.DealCardFromPack();
      hands[handNum].AddCardToHand(cardDealt);
    }
  }
}
catch (Exception ex)
```

```
{
    ...
}
```

内层 for 循环使用 DealCardFromPack 方法从牌墩里随机获取一张牌，而 AddCardToHand 方法将这张牌添加到一手牌中。

所有牌都发好之后，每一手牌都在窗体上的文本框中显示。这些文本框称为 north，south，east 和 west。代码用每个 hand 的 ToString 方法格式化输出。

任何位置发生一个异常，catch 处理程序都会显示一个消息框，并显示异常的错误消息。

24. 在外层 for 循环后面添加以下加粗显示的代码：

```
try
{
    ...
    for (int handNum = 0; handNum < NumHands; handNum++)
    {
        ...
    }

    north.Text = hands[0].ToString();
    south.Text = hands[1].ToString();
    east.Text = hands[2].ToString();
    west.Text = hands[3].ToString();
}
catch (Exception ex)
{
    ...
}
```

所有牌都发好之后，上述代码在窗体上的文本框中显示每一手牌。这些文本框的名称是 north，south，east 和 west。代码用每个 hand 的 ToString 方法格式化输出。

任何位置发生一个异常，catch 处理程序都会显示一个消息框，并显示异常的错误消息。

25. 在"调试"菜单中选择"开始执行(不调试)"。Card Game 窗口出现后点击 Deal。牌墩中的牌应随机发给每一手，每一手的牌都应该在窗体上显示，如下图所示。

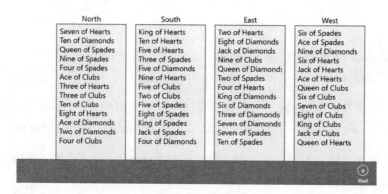

26. 再次单击 Deal 按钮会重新发牌，每一手牌都会变化。

27. 返回 Visual Studio 并停止调试。

小　　结

本章讲述了如何创建和使用数组来处理数据集合。讲述了如何声明和初始化数组，访问数组中的数据，将数组作为参数传递，以及从方法中返回数组。还讲述了如何创建多维数组以及如何使用"数组的数组"。

● 如果希望继续学习下一章，请继续运行 Visual Studio 2012，然后阅读第 11 章。

● 如果希望现在就退出 Visual Studio 2012，请选择"文件" | "退出"命令。如果看到"保存"对话框，请单击"是"按钮保存项目。

第 10 章快速参考

目标	操作
声明数组变量	先写元素类型名称，后跟一对方括号，变量名，最后分号。示例如下： `bool[] flags;`
创建数组实例	先写关键字 new，后跟元素类型名称，在方括号中指定数组的大小。示例如下： `bool[] flags = new bool[10];`
初始化数组元素	在大括号中提供以逗号分隔的值列表。示例如下： `bool[] flags = { true, false, true, false };`

目标	操作

查询数组的元素数量	使用 Length 属性。示例如下：
	
	`int[] flags = ...;`
	`...`
	`int noOfElements = flags.Length;`

访问数组元素	先写数组变量的名称，在一对方括号中添加要访问的元素的整数索引。记住，数组索引是从 0 而不是 1 开始的。示例如下： `bool initialElement = flags[0];`

遍历数组元素	使用 for 或 foreach 语句。示例如下：
	
	`bool[] flags = { true, false, true, false };`
	`for (int i = 0; i < flags.Length; i++)`
	`{`
	`    Console.WriteLine(flags[i]);`
	`}`
	
	`foreach (bool flag in flags)`
	`{`
	`    Console.WriteLine(flag);`
	`}`

声明多维数组变量	先写元素类型名称，在方括号中通过逗号数量来指定维数，添加变量名，再添加分号。例如，以下代码创建二维数组 table： `int[,] table;`

第 11 章　理解参数数组

本章旨在教会你：

- 写方法使用 params 关键字来接受任意数量的参数
- 写方法使用 params 关键字和 object 类型接受任意类型和数量的参数
- 比较获取参数数组的方法和获取可选参数的方法

假如方法需要获取数量可变、类型也可能不同的参数，就可考虑使用**参数数组**。熟悉面向对象概念的人或许不喜欢这种方式。毕竟，面向对象解决这个问题的方案是定义方法的重载版本。但重载不是万金油，尤其是参数数量真的变化很大，而且参数类型也可能不同的时候。本章描述了如何利用参数数组来应对这种情况。

11.1　回　顾　重　载

重载是指在同一个作用域中声明两个或更多同名方法。如果要对不同类型的参数执行相同的操作，重载就非常有用。C#的一个经典重载例子是 Console.WriteLine。该方法被重载了许多次，确保可以向它传递任何基本类型的参数。以下代码展示了 WriteLine 方法在 Console 类中的定义：

```
class Console
{
    public static void WriteLine(Int32 value)
    public static void WriteLine(Double value)
    public static void WriteLine(Decimal value)
    public static void WriteLine(Boolean value)
    public static void WriteLine(String value)
    ...
}
```

> **注意**　WriteLine 方法的参数类型实际是在 System 命名空间中定义的结构类型，而非 C# 别名。例如，获取 int 的重载版本实际获取 Int32 作为参数。第 9 章介绍了结构类型和 C#别名的对应关系。

虽然重载很有用，但它并没有照顾到所有情况。尤其是，假如发生变化的不是参数类型，而是参数的数量，重载就有点儿"力不从心"了。例如，假定要向控制台写入许多值，那么该怎么办？是不是必须提供 Console.WriteLine 的更多的版本，让每个版本都获取不同数量的参数？那样做太麻烦了！幸好，有一种技术允许只写一个方法就能接受数量可变的参数。这种技术就是使用参数数组(用 params 关键字声明的参数)。

为了理解参数数组如何解决这个问题，首先需要理解普通数组的用途和缺点。[①]

11.2　使用数组参数

假定要写方法判断作为参数传递的一组值中的最小值。一个办法是使用数组。例如，为了查找几个 int 值中最小的，可以写名为 Min 的静态方法，向其传递一个 int 数组，如下所示：

```
class Util
{
    public static int Min(int[] paramList)
    {
        // Verify that the caller has provided at least one parameter.
        // If not, throw an ArgumentException exception - it is not possible
        // to find the smallest value in an empty list.
        if (paramList == null || paramList.Length == 0)
        {
            throw new ArgumentException("Util.Min: not enough arguments");
        }
        // Set the current minimum value found in the list of parameters
        // to the first item
        int currentMin = paramList[0];

        // Iterate through the list of parameters, searching to see whether any of
        // them are smaller than the value held in currentMin
        foreach (int i in paramList)
        {
            // If the loop finds an item that is smaller than the value held in
            // currentMin, then set currentMin to this value
            if (i < currentMin)
            {
                currentMin = i;
            }
        }

        // At the end of the loop, currentMin holds the value of the smallest
        // item in the list of parameters, so return this value.
        return currentMin;
    }
}
```

注意　如果提供的参数值不满足方法的要求，方法会引发 ArgumentException。

为了使用 Min 方法判断两个 int 变量(first 和 second)的最小值，可以像下面这样写：

[①] 参数数组和数组参数怎么区分？其实很简单，说到"参数数组"的时候，是指用 params 关键字声明的数组参数，而"数组参数"就是普通的、没有附加 params 关键字的数组类型的参数。——译注

```
int[] array = new int[2];
array[0] = first;
array[1] = second;
int min = Util.Min(array);
```

要想使用 Min 方法判断三个 int 变量(first，second 和 third)的最小值，可以像下面这样写：

```
int[] array = new int[3];
array[0] = first;
array[1] = second;
array[2] = third;
int min = Util.Min(array);
```

可以看出，这个方案避免了对大量重载的需求，但也为此付出了代价：必须编写额外的代码来填充传入的数组。当然，也可以像下面这样使用匿名数组：

```
int min = Util.Min(new int[] {first, second, third});
```

但本质没有变化，仍然需要创建和填充数组，而且这个语法还有点儿不容易理解。解决方案是向 Min 方法传递用 params 关键字声明的一个参数数组，让编译器自动生成这样的代码。

11.2.1　声明参数数组

参数数组允许将数量可变的实参传给方法。为了定义参数数组，要用 params 关键字修饰数组参数。例如下面这个修改过的 Min 方法。这一次，它的数组参数被声明成参数数组：

```
class Util
{
    public static int Min(params int[] paramList)
    {
        // 这里的代码和以前完全一样
    }
}
```

在这儿，params 关键字对 Min 方法产生的影响是：调用该方法时，可以传递任意数量的整数参数，而不必担心创建数组的问题。例如，要判断两个整数值哪个最小，可以像下面这样写：

```
int min = Util.Min(first, second);
```

编译器自动将上述调用转换成如下所示的代码：

```
int[] array = new int[2];
array[0] = first;
array[1] = second;
int min = Util.Min(array);
```

以下代码判断三个整数哪个最小,它同样被编译器转换成使用了数组的等价代码:

```
int min = Util.Min(first, second, third);
```

两个 Min 调用(一个传递了两个参数,另一个传递了三个)都被解析成使用了 params 关键字的同一个 Min 方法。事实上,可以在调用 Min 方法时传递任意数量的 int 参数。编译器每次都会统计 int 参数值的数量,然后创建这个大小的 int 数组,在数组中填充参数值,最后调用方法,将单独一个数组参数传给它。

> **注意**　C 和 C++程序员可将 params 理解成头文件 stdarg.h 所定义的 varargs 宏的“类型安全”的等价物。

关于参数数组,有以下几点需要注意。

- 只能为一维数组使用 params 关键字,不能为多维数组使用,以下代码不能编译:

  ```
  // 编译时错误
  public static int Min(params int[,] table)
  ...
  ```

- 不能只依赖 params 关键字来重载方法。params 关键字不是方法签名的一部分,如下例所示:

  ```
  // 编译时错误: 重复的声明
  public static int Min(int[] paramList)
  ...
  public static int Min(params int[] paramList)
  ...
  ```

- 不允许为参数数组指定 ref 或 out 修饰符,如下例所示:

  ```
  // 编译时错误
  public static int Min(ref params int[] paramList)
  ...
  public static int Min(out params int[] paramList)
  ...
  ```

- params 数组必须是方法的最后一个参数。这意味着每个方法只能有一个参数数组。如下例所示:

  ```
  // 编译时错误
  public static int Min(params int[] paramList, int i)
  ...
  ```

- 非 params 方法总是优先于 params 方法。也就是说,如果愿意,仍然可以创建方法的重载版本,让它应用于更常规的情况:

  ```
  public static int Min(int leftHandSide, int rightHandSide)
  ...
  public static int Min(params int[] paramList)
  ...
  ```

　　调用 Min 时，如果传递了两个 int 参数值，就使用 Min 的第一个版本。如果传递了其他任意数量的 int 参数值(其中包括无任何参数值的情况)，就使用第二个版本。

　　为方法声明无参数数组的版本或许是一个有用的优化技术。这样可以避免编译器创建和填充太多的数组。

11.2.2　使用 params object[]

　　int 类型的参数数组很有用，它允许在方法调用中传递任意数量的 int 参数。但是，假如参数数量不固定，参数类型也不固定，又该怎么办呢？C#也为此提供了解决之道。该技术基于这样一个事实：object 是所有类的根，编译器通过**装箱**将值类型(那些不是类的东西)转换成对象(具体参见第 8 章)。可以让方法接收 object 类型的一个参数数组，从而接收任意数量的 object 参数；换言之，不仅参数的数量是任意的，参数的类型也可以是任意的，如下例所示：

```
class Black
{
    public static void Hole(params object [] paramList)
    ...
}
```

　　我将这个方法命名为 Black.Hole(黑洞)，因为任何参数都不能从中逃脱。

● 　可以不向它传递任何实参。在这种情况下，编译器传递长度为 0 的 object 数组：

```
Black.Hole();
// 转换成Black.Hole(new object[0]);
```

● 　可以在调用 Black.Hole 时传递 null 作为实参。数组是引用类型，所以允许使用 null 来初始化数组：

```
Black.Hole(null);
```

● 　可以向 Black.Hole 方法传递一个实际的数组。也就是说，可以手动创建本应由编译器创建的数组：

```
object[] array = new object[2];
array[0] = "forty two";
array[1] = 42;
Black.Hole(array);
```

● 　可向 Black.Hole 传递不同类型的实参，这些实参自动包装到 object 数组中：

```
Black.Hole("forty two", 42);
// 转换成Black.Hole(new object[]{"forty two", 42});
```

Console.WriteLine 方法

Console 类包含 WriteLine 方法的大量重载版本，下面是其中一个：

```
public static void WriteLine(string format, params object[] arg);
```

这个重载版本使 WriteLine 方法能获取包含占位符的一个格式字符串参数，每个占位符都在运行时替换成任意类型的变量。下面是调用该方法的一个例子(fname 和 lname 是字符串，mi 是 char，age 是 int)：

```
Console.WriteLine("Forename:{0}, Middle Initial:{1}, Last name:{2}, Age:{3}",
  fname, mi, lname, age);
```

编译器将此调用解析成以下形式：

```
Console.WriteLine("Forename:{0}, Middle Initial:{1}, Last name:{2}, Age:{3}",
new object[4]{fname, mi, lname, age});
```

11.2.3　使用参数数组

以下练习将实现并测试名为 Sum 的静态方法。方法的作用是计算数量可变的 int 实参之和，结果作为一个 int 返回。为此，Sum 要获取一个 params int[]参数。将实现对参数数组的两项检查来确保 Sum 方法的健壮性。然后，将使用各种实参测试 Sum 方法。

➢ 写接受参数数组的方法

1. 如果 Visual Studio 2012 尚未启动，请先启动它。

2. 打开 ParamsArray 项目，该项目位于"文档"文件夹下的\Microsoft Press\Visual CSharp Step by Step\Chapter 11\Windows X\ParamArrays 子文件夹中。

   ParamsArray 项目在 Progam.cs 中包含 Program 类，其中包含在前几章看见过的 doWork 方法框架。Sum 方法将作为另一个名为 Util ("utility" 的简称)类的静态方法实现。该类将在本练习中添加。

3. 在解决方案资源管理器中右击 ParamsArray 项目，选择"添加"|"类"。

4. 在"添加新项 – ParamsArray"对话框中，单击中间窗格的"类"模板，在"名称"文本框中输入 **Util.cs**，然后单击"添加"按钮。

   随后会创建 Util.cs 文件，并把它添加到项目。其中包含 ParamsArray 命名空间中的空白类 Util。

5. 在 Util 类中添加名为 Sum 的公共静态方法。Sum 方法返回一个 int，接受一个由 int 值构成的参数数组。Sum 方法应该像下面这样：

```
public static int Sum(params int[] paramList)
    {
    }
```

实现 Sum 方法的第一步是检查 paramList 参数。除了包含有效的整数集合，它还可能是 null，或者可能是长度为 0 的数组。这两种情况都难以求和，所以最好的方案是引发 ArgumentException 异常(你可能会说，在长度为 0 的数组中，整数之和不应该是 0 吗？本例将这种情况视为异常)。

6. 在 Sum 方法中添加以下加粗的语句，它在 paramList 为 null 时引发 ArgumentException。

现在的 Sum 方法应该像下面这样：

```
public static int Sum(params int[] paramList)
{
    if (paramList == null)
    {
        throw new ArgumentException("Util.Sum: null parameter list");
    }
}
```

7. 在 Sum 方法中添加另一个语句，在数组长度为 0 时引发 ArgumentException。如以下加粗的语句所示：

```
public static int Sum(params int[] paramList)
{
    if (paramList == null)
    {
        throw new ArgumentException("Util.Sum: null parameter list");
    }

    if (paramList.Length == 0)
    {
        throw new ArgumentException("Util.Sum: empty parameter list");
    }
}
```

如果数组通过了这两个测试，下一步就是将数组内的所有元素加到一起。可以用 foreach 语句求所有元素之和。需要一个局部变量来容纳求和结果。

8. 在上一步的代码之后，声明名为 sumTotal 的 int 变量，把它初始化 0。

```
public static int Sum(params int[] paramList)
{
    ...
    if (paramList.Length == 0)
    {
        throw new ArgumentException("Util.Sum: empty parameter list");
    }
```

```
      int sumTotal = 0;
   }
```

9. 为 Sum 方法添加 foreach 语句，让它遍历 paramList 数组。这个 foreach 循环的主体应该将数组中的每个元素的值都累加到 sumTotal 上。在方法末尾，用 return 语句返回 sumTotal 的值，如以下加粗的代码所示。

```
public static int Sum(params int[] paramList)
{
   ...
   int sumTotal = 0;
   foreach (int i in paramList)
   {
      sumTotal += i;
   }
   return sumTotal;
}
```

10. 选择"生成"|"生成解决方案"命令。确定代码中没有错误。

> ### 测试 Util.Sum 方法

1. 在"代码和文本编辑器"窗口中打开 Program.cs 源代码文件。

2. 在"代码和文本编辑器"窗口中，删除 doWork 方法的// TODO:注释，添加以下语句：

```
Console.WriteLine(Util.Sum(null));
```

3. 选择"调试"|"开始执行(不调试)"命令。

   程序将生成并运行，并在控制台上输出以下消息：

```
Exception: Util.Sum: null parameter list
```

   这证明方法中的第一个检查是有效的。

4. 按 Enter 键结束程序，返回 Visual Studio 2012。

5. 在"代码和文本编辑器"窗口中修改 doWork 中的 Console.WriteLine 调用：

```
Console.WriteLine(Util.Sum());
```

   这一次，调用方法没有传递任何实参。编译器将空白参数列表解释成一个空数组。

6. 选择"调试"|"开始执行(不调试)"命令。

   程序将生成并运行，并在控制台上输出以下消息：

```
Exception: Util.Sum: empty parameter list
```

   这证明方法中的第二个检查也是有效的。

7. 按 Enter 键结束程序，返回 Visual Studio 2012。

8. 将 doWork 中的 Console.WriteLine 的调用改成：

```
Console.WriteLine(Util.Sum(10, 9, 8, 7, 6, 5, 4, 3, 2, 1));
```

9. 选择"调试"|"开始执行(不调试)"命令。

程序生成并运行，并在控制台上输出 55。

10. 按 Enter 键关闭应用程序并返回 Visual Studio 2012。

11.3　比较参数数组和可选参数

第 3 章讲述了如何定义方法来获取可选参数。从表面看，获取参数数组的方法和获取可选参数的方法似乎存在着一定程度的重叠。然而，两者有着根本的不同。

● 对于获取可选参数的方法，它仍然有固定的参数列表，不能传递一组任意的实参。编译器会生成代码，在方法运行前，为任何遗漏的实参在栈上插入默认值。方法不关心哪些实参是由调用者提供的，哪些是由编译器生成的默认值。

● 使用参数数组的方法相当于有一个完全任意的参数列表，没有任何参数有默认值。此外，方法可准确判断调用者提供了多少个实参。

通常，如果方法要获取任意数量的参数(包括 0 个)，就使用参数数组。只有在不方便强迫调用者为每个参数都提供实参时才使用可选参数。

最后还要注意，如果定义方法获取参数数组，同时提供了重载版本来获取可选参数，那么在调用时传递的实参和两个方法签名都匹配的时候，具体调用哪个版本并非总是让人一目了然。本章最后一个练习将探讨这种情况。

➢ 比较参数数组和可选参数

1. 返回 Visual Studio 2012 中的 ParamsArray 解决方案，在"代码和文本编辑器"窗口中显示 Util.cs 文件。

2. 将以下加粗显示的 Console.WriteLine 语句添加到 Util 类的 Sum 方法的开头：

```
public static int Sum(params int[] paramList)
{
    Console.WriteLine("Using parameter list"); // 使用参数数组
    ...
}
```

3. 在 Util 类中添加 Sum 方法的另一个实现。这个版本应该获取 4 个可选的 int 参数，默认值都是 0。在方法主体输出消息："Using optional parameters"，然后计算并返回 4 个参数之和。完成后的方法如下所示：

```
public static int Sum(int param1 = 0, int param2 = 0, int param3 = 0, int param4
= 0)
{
    Console.WriteLine("Using optional parameters");  // 使用可选参数
    int sumTotal = param1 + param2 + param3 + param4;
    return sumTotal;
}
```

4. 在"代码和文本编辑器"窗口中显示 Program.cs 文件。

5. 在 doWork 方法中，将现有的代码注释掉，再添加以下语句：

```
Console.WriteLine(Util.Sum(2, 4, 6, 8));
```

这个语句调用 Sum 方法，传递 4 个 int 参数。这个调用匹配 Sum 方法的两个重载版本。

6. 在"调试"菜单中，单击"开始执行(不调试)"来生成并运行应用程序。

应用程序运行时，会显示以下消息：

```
Using optional parameters
20
```

在本例中，编译器生成的代码会调用获取 4 个可选参数的版本。这个版本和方法调用是最匹配的。

7. 按 Enter 键返回 Visual Studio。

8. 在 doWork 方法中，修改调用 Sum 方法的语句，如下所示：

```
Console.WriteLine(Util.Sum(2, 4, 6));
```

9. 在"调试"菜单中，单击"开始执行(不调试)"来生成并运行应用程序。

应用程序运行时，会显示以下消息：

```
Using optional parameters
12
```

编译器生成的代码仍然调用获取 4 个可选参数的版本，即使这个版本的签名和实际的方法调用并不完全匹配。要在获取可选参数和获取参数列表的两个版本之间选择，C#编译器优先选择获取可选参数的版本。

10. 按 Enter 键返回 Visual Studio。

11. 在 doWork 方法中，再次修改调用 Sum 方法的语句：

```
Console.WriteLine(Util.Sum(2, 4, 6, 8, 10));
```

12. 在"调试"菜单中，单击"开始执行(不调试)"生成并运行应用程序。

应用程序运行时，会显示以下消息：

```
Using parameter list
30
```

这一次，因为参数的数量超过了获取可选参数的那个版本指定的数量，所以编译器生成的代码会调用获取参数数组的版本。

13. 按 Enter 键返回 Visual Studio。

小　　结

本章解释了如何使用参数数组来定义方法，使它能接受任意数量的参数。另外，还解释了如何用 object 类型的参数数组向方法传递不同类型的多个参数。最后，还解释了编译器如何在获取参数数组和可选参数的两个方法版本之间做出抉择。

- 如果希望继续学习下一章，请继续运行 Visual Studio 2012，然后阅读第 12 章。

- 如果希望现在就退出 Visual Studio 2012，请选择“文件”|“退出”命令。如果看到“保存”对话框，请单击“是”按钮保存项目。

第 11 章快速参考

目标	操作

写方法来接受指定类型的任意数量的参数	声明方法来接收指定类型的参数数组。例如，为了让方法接受任意数量的 bool 参数，可以像下面这样声明：
	
	```someType Method(params bool[] flags)```
	```{```
	``` ...```
	```}```

写方法来接受任意类型、任意数量的参数	声明方法来接收 object 类型的参数数组。示例如下：
	
	```someType Method(params object[] paramList)```
	```{```
	``` ...```
	```}```

第 12 章 使用继承

本章旨在教会你：

- 创建派生类来继承基类的功能
- 使用 new，virtual 和 override 关键字控制方法的隐藏和重写
- 使用 protected 关键字限制继承层次结构中的可访问性
- 将扩展方法作为继承的替代机制使用

继承是面向对象编程世界的关键概念。假如不同的类有许多通用的特性，而且这些类相互之间的关系非常清晰，那么利用继承，就可以避免大量重复性的工作。这些类或许是同一种类型的不同的类，每个都有自己与众不同的特性。例如，工厂的主管和体力劳动者都是"员工"。如果写程序来模拟这家工厂，应该如何指定主管和体力劳动者的共性和个性呢？例如，它们都有员工识别号，但主管所担负的职责和体力劳动者不同，并执行不同的任务。

这正是继承可以"大展身手"的时候。

12.1 什么是继承

随便问几个人他们如何理解"继承"，往往会得到不同的且相互冲突的答案。这部分是由于"继承"一词本身就存在歧义。假如某人在遗嘱中将什么东西留给你，就说你继承了他的财产。类似地，我们说人一半的基因遗传①自母亲，一半遗传自父亲。但是，这两种"继承"都和程序设计中的继承没有多大关系。

在程序设计中，继承的问题就是分类的问题——继承反映了类和类的关系。例如，我们学过生物，知道马和鲸都属于哺乳动物。这两种动物具有哺乳动物的共性(都能呼吸空气，都能哺乳，都是温血的……)。但是，两者还有自己的个性(马有蹄子，鲸有鳍状肢和尾片)。

那么，如何在程序中对马和鲸进行建模？一个办法是创建两个不同的类，一个叫Horse(马)，另一个叫 Whale(鲸)。每个类都可以实现那种哺乳动物特有的行为，例如为 Horse实现 Trot(小跑)，为 Whale 类实现 Swim(游泳)。那么，如何处理马和鲸通用的行为呢？例如，Breathe(呼吸)和 SuckleYoung(哺乳)是哺乳动物的共性。可在刚才两个类中添加具有上述名称的重复的方法，但这无疑会使维护成为噩梦，尤其是考虑到以后可能还要建模其他类型的哺乳动物，例如 Human(人)和 Aardvark(土豚)等。

在 C#中，可以通过类的继承来解决这些问题。马、鲸、人和土豚都属于 Mammal(哺乳

---

① "继承"和"遗传"在英语中是同一个词的不同释义。——译注

动物)类型,所以可以创建名为 Mammal 的类,用它对所有哺乳动物的共性进行建模。然后,声明 Horse,Whale,Human 和 Aardvark 等类都从 Mammal 类继承。继承的类自动包含 Mammal 类的所有功能(Breathe、SuckleYoung 等),但还可以为每种具体的哺乳动物添加它独有的功能。例如,可以为 Horse 类声明 Trot 方法,为 Whale 类声明 Swim 方法。如果需要修改一个通用的方法(例如 Breathe)的工作方式,那么只需在一个位置修改,也就是在 Mammal 中。

12.2　使用继承

为了声明一个类从另一个类继承,需要使用以下语法:

```
class DerivedClass : BaseClass
{
    ...
}
```

DerivedClass(派生类)将从 *BaseClass*(基类)继承,基类中的方法会成为派生类的一部分。在 C#中,一个类最多只允许从一个其他的类派生;不允许从两个或者更多的类派生。然而,除非将 *DerivedClass* 声明为 sealed(也就是声明为"密封类",参见 13 章),否则可以使用相同的语法,从 *DerivedClas* 派生出更深一级的派生类。

```
class DerivedSubClass : DerivedClass
{
    ...
}
```

在前面描述的哺乳动物的例子中,可以像下面这样声明 Mammal 类。Breathe 和 SuckleYoung 是所有哺乳动物都有的功能。

```
class Mammal
{
    public void Breathe()        // 呼吸
    {
        ...
    }
    public void SuckleYoung()   // 哺乳
    {
        ...
    }
    ...
}
```

然后可以定义每一种不同的哺乳动物,并根据需要添加额外的方法。例如:

```
class Horse : Mammal         // 定义 Horse 继承自 Mammal
{
    ...
    public void Trot()
    {
```

```
      ...
   }
}

class Whale : Mammal        // 定义 Whale 继承自 Mammal
{
   ...
   public void Swim()
   {
      ...
   }
}
```

> **注意**　C++程序员请注意，不需要、也不能显式指定继承是公共、私有还是受保护。C#的继承总是隐式为公共。Java 程序员请注意，这里使用的是冒号，而且没有使用 extends 关键字。

在程序中创建 Horse 对象后，可以像下面这样调用 Trot，Breathe 和 SuckleYoung 方法：

```
Horse myHorse = new Horse();
myHorse.Trot();
myHorse.Breathe();
myHorse.SuckleYoung();
```

可用类似的方式创建 Whale 对象，但这一次能调用的是 Swim，Breathe 和 SuckleYoung 方法。Trot 是 Horse 类定义的，不适用于 Whale。

> **重要提示**　继承只适用于类，不适用于结构。不能定义由结构组成的继承链，也不能从类或其他结构派生出一个结构。
>
> 所有结构都派生自一个名为 System.ValueType 的抽象类。(抽象类的概念将在第 13 章学习。)但这只是.NET Framework 为"基于栈的值类型"定义通用行为所采用的一种实现细节。不能在自己的程序中直接使用 ValueType 类。

12.2.1　复习 System.Object 类

System.Object 类是所有类的根。所有类都隐式派生自 System.Object 类。所以，C#编译器会悄悄地将 Mammal 类重写为以下代码(如果愿意，甚至可以自己这样写)：

```
class Mammal : System.Object
{
   ...
}
```

System.Object 类中的所有方法都会沿着继承链向下传递给从 Mammal 派生的类，例如 Horse 和 Whale。换言之，你定义的所有类都会自动继承 System.Object 类的所有功能，其中包括 ToString 方法(本书首次讨论该方法是在第 2 章)，它将 object 转换成 string 以便显示。

12.2.2　调用基类构造器

除了继承得到的方法，派生类还自动包含来自基类的所有字段。创建对象时，这些字段通常需要初始化。通常用构造器执行这种初始化。记住，所有类都至少有一个构造器(如果你没有提供一个，编译器会自动生成一个默认构造器)。

作为好的编程实践，派生类的构造器在执行初始化时，最好调用一下它的基类构造器。为派生类定义构造器时，可以使用 base 关键字调用基类构造器。下面是一个例子：

```
class Mammal    // Mammal 是基类
{
    public Mammal(string name)      // 基类构造器
    {
        ...
    }
    ...
}

class Horse : Mammal                 // Horse 是派生类
{
    public Horse(string name)
        : base(name)                 // 调用 Mammal(name)
    {
        ...
    }
    ...
}
```

如果不在派生类构造器中显式调用基类构造器，编译器会自动插入对基类的默认构造器的调用，然后才会执行派生类构造器中的代码。例如，以下代码：

```
class Horse : Mammal
{
    public Horse(string name)
    {
        ...
    }
    ...
}
```

会被编译器改写为以下形式：

```
class Horse : Mammal
{
    public Horse(string name)
        : base()
    {
        ...
```

```
    }
    ...
}
```

如果 Mammal 有公共默认构造器，上述代码就能成功编译。但是，并非所有类都有公共默认构造器(记住，只有在没有写任何非默认构造器的前提下，编译器才会自动生成一个默认构造器)；在这种情况下，如果忘记调用正确的基类构造器，就会造成编译时错误。

12.2.3　类的赋值

本书前面解释了如何声明类(class)类型的变量，以及如何使用 new 关键字创建对象。还解释了 C#的类型检查规则如何防止将一种类型的值赋给另一种类型的变量。例如，根据 Mammal、Horse 和 Whale 类的定义，在定义之后的代码是非法的：

```
class Mammal
{
    ...
}

class Horse : Mammal
{
    ...
}

class Whale : Mammal
{
    ...
}

...
Horse myHorse = new Horse(...);
Whale myWhale = myHorse;              // 错误 - 不同的类型
```

然而，完全可以将一种类型的对象赋给继承层次结构中较高位置的一个类的变量，以下语句是合法的：

```
Horse myHorse = new Horse(...);
Mammal myMammal = myHorse;              // 合法，因为 Mammal 是 Horse 的基类
```

这其实是很合乎逻辑的。由于所有 Horse(马)都是 Mammal(哺乳动物)，所以可以安全地将 Horse 对象赋给 Mammal 类型的变量。继承层次结构意味着可以将一个 Horse 视为特殊类型的 Mammal(Mammal 定义了所有哺乳动物的共性)，但又多了一些额外的东西，具体由添加到 Horse 类中的方法和字段来决定。但要注意，这样做有一个重大的限制：假如用 Mammal 变量引用一个 Horse 或 Whale 对象，就只能访问由 Mammal 类定义的方法和字段。Horse 或 Whale 类定义的任何额外的方法都不能通过 Mammal 类来访问：

```
Horse myHorse = new Horse(...);
Mammal myMammal = myHorse;
myMammal.Breathe();        // 这个调用合法，Breathe 是 Mammal 类的一部分
myMammal.Trot();           // 这个调用非法，Trot 不是 Mammal 类的一部分
```

> **注意** 这就解释了为什么一切都能赋给 object 变量。记住，object 是 System.Object 的别名，所有类都直接或间接从 System.Object 继承。

但是，反方向的转换是不允许的，不能将 Mammal 对象赋给 Horse 变量：

```
Mammal myMammal = new myMammal(...);
Horse myHorse = myMammal;   // 错误
```

这表面上是一个奇怪的限制，但记住虽然所有 Horse 都是 Mammal，但并非所有 Mammal 对象都是 Horse——例如，有的 Mammal 可能是 Whale。所以，不能直接将 Mammal 对象赋给 Horse 变量，除非先进行检查，确认这个 Mammal 确实是 Horse。这个检查是使用 as 或 is 操作符，或者通过一次强制类型转换来进行的(第 7 章已经讲解了这些技术)。下例使用 as 操作符检查 myMammal 是否引用一个 Horse，如果是，对 myHorseAgain 进行赋值后，myHorseAgain 将引用那个 Horse 对象；如果 myMammal 引用的是其他类型的 Mammal，as 操作符就会返回 null。

```
Horse myHorse = new Horse(...);
Mammal myMammal = myHorse;                       // myMammal 引用一个 Horse
...
Horse myHorseAgain = myMammal as Horse;          // 通过 -myMammal 确实是一个 Horse
...
Whale myWhale = new Whale();
myMammal = myWhale;
...
myHorseAgain = myMammal as Horse;                // 返回 null - myMammal 不是 Horse 而是 Whale
```

12.2.4　声明新方法

编程最困难的地方之一是为标识符想一个独特的、有意义的名称。为继承层次结构中的类定义方法时，选择的方法名迟早会与层次结构中较高的一个类中的名称重复。如果基类和派生类声明了两个具有相同签名的方法，编译时会显示一个警告。

> **注意** 方法签名由方法名、参数数量和参数类型共同决定，方法的返回类型不计入签名。两个同名方法如果获取相同的参数列表，就说它们有相同的签名，即使它们的返回类型不同。

派生类中的方法会屏蔽(或隐藏)基类中具有相同签名的方法。例如，编译以下代码时，编译器将显示警告消息，指出 Horse.Talk 方法隐藏了继承的 Mammal.Talk 方法：

```
class Mammal
{
```

```
    ...
    public void Talk()              // 假定所有哺乳动物都能talk
    {
        ...
    }
}

class Horse : Mammal
{
    ...
    public void Talk()              // 马的talk方式有别于其他哺乳动物!
    {
        ...
    }
}
```

虽然代码能编译并运行，但应该严肃对待这个警告。如果另一个类从 Horse 派生，并调用 Talk 方法，它希望调用的可能是 Mammal 类实现的 Talk 方法，但该方法被 Horse 中的 Talk 方法隐藏了，所以实际调用的是 Horse.Talk 方法。大多数时候，像这样的巧合会成为混乱的根源。应该重命名方法以避免冲突。然而，假如确实希望两个方法有相同的签名，从而隐藏 Mammal.Talk 方法，可以使用 new 关键字消除警告：

```
class Mammal
{
    ...
    public void Talk()
    {
        ...
    }
}

class Horse : Mammal
{
    ...
    new public void Talk()
    {
        ...
    }
}
```

像这样使用 new 关键字，隐藏仍会发生。它唯一的作用就是关闭警报。事实上，new 关键字的意思是说："我知道自己在干什么，不要再警告我了。"

12.2.5　声明虚方法

有时想隐藏方法在基类中的实现方式。以 System.Object 的 ToString 方法为例。方法的目的是将对象转换成字符串形式。由于很有用，所以设计者把它作为 System.Object 的成员，从而自动为所有类都提供 ToString 方法。但是，System.Object 实现的 ToString 怎么知道如何将派生类的实例转换成字符串呢？派生类可能包含任意数量的字段，这些字段包含的值应该是字符串的一部分。答案是 System.Object 中实现的 ToString 确实过于简单。它唯一能做的就是将对象转换成包含其类型名称的字符串，例如"Mammal"或"Horse"。这种转换显然没有什么用处。那么，为什么要提供一个没用的方法呢？为了理解这个问题，我们需要多加思考。

显然，ToString 是一个很好的概念，所有类都应当提供一个方法将对象转换成字符串，以便进行显示或者调试。现在只是实现起来有问题。事实上，根本就不应该调用由 System.Object 定义的 ToString 方法，它只是一个"占位符"。正确的做法是，应该在自己定义的每个类中提供自己版本的 ToString 方法，重写 System.Object 中的默认实现。System.Object 提供的版本只是为了预防万一，因为可能有某个类没有实现自己的 ToString 方法。这样一来，就可以放心大胆地在所有对象上调用 ToString，它肯定会返回一个包含某些内容的字符串。

故意设计成被重写的方法称为虚(virtual)方法。"重写(overriding)方法"和"隐藏(hiding)方法"的区别现在已经很明显了。重写是提供同一个方法的不同实现，这些方法相互关联，因为它们旨在完成相同的任务，只是不同的类用不同的方式完成。然而，隐藏是指方法被替换成另一个方法，方法通常不相关，而且可能执行完全不同的任务。对方法进行重写是有用的编程概念；而假如方法被隐藏，则意味着可能发生了一处编程错误。

我们使用 virtual 关键字来标记虚方法。例如，System.Object 的 ToString 方法像下面这样定义：

```
namespace System
{
    class Object
    {
      public virtual string ToString()
      {
          ...
      }
      ...
    }
    ...
}
```

> 注意　Java 开发人员请注意，C#方法默认是非虚的。

12.2.6　声明重写方法

派生类用 override 关键字重写基类的虚方法，从而提供该方法的另一个实现，如下例所示：

```
class Horse : Mammal
{
    ...
    public override string ToString()
    {
        ...
    }
}
```

在派生类中，方法的新实现可用 base 关键字调用方法的基类版本，如下所示：

```
public override string ToString()
{
    base.ToString();
    ...
}
```

使用 virtual 和 override 关键字声明多态性的方法时(参见稍后的补充内容"虚方法和多态性")，以下这些重要的规则是必须遵守的。

- **虚方法不能是私有的**。这种方法目的就是通过继承向其他类公开。类似地，重写方法不能私有，因为类不能改变它继承的方法的保护级别。但是，重写方法可用 protected 关键字来实现所谓的"受保护"保密性，详情参见下一节。

- **虚方法和重写方法的签名必须完全一致**。必须具有相同的名称、相同的参数类型/数量。此外，两个方法必须返回相同的类型。

- **只能重写虚方法**。对基类的非虚方法进行重写会显示编译时错误。这个设计是合理的，应该由基类的设计者来决定方法是否能被重写。

- **如果派生类不用 override 关键字声明方法，就不是重写基类方法，而是隐藏方法**。也就是说，成为和基类方法完全无关的另一个方法，该方法只是恰巧与基类方法同名。如前所述，这会造成编译时显示警告称该方法会隐藏继承的同名方法。前面说过，可以使用 new 关键字消除警告。

- **两个方法必须有相同的可访问性**。例如，假如其中一个方法是公共的，那么另一个也必须是公共的(方法也可以是受保护的，下一节将说明这一点)。

- **重写方法隐式地成为虚方法**，可在派生类中被重写。然而，不允许用 virtual 关键字将重写方法显式声明为虚方法。

虚方法和多态性

　虚方法允许调用同一个方法的不同版本，具体取决于运行时动态确定的对象类型。下例定义了前面描述的 Mammal(哺乳动物)层次结构的一个变体：

```
class Mammal
{
    ...
    public virtual string GetTypeName()
    {
        return "This is a mammal"; // 这是哺乳动物
    }
}

class Horse : Mammal
{
    ...
    public override string GetTypeName()
    {
        return "This is a horse"; // 这是马
    }
}

class Whale : Mammal
{
    ...
    public override string GetTypeName ()
    {
        return "This is a whale"; // 这是鲸
    }
}

class Aardvark : Mammal
{
    ...
}
```

有两个地方需要注意：第一，Horse 和 Whale 类的 GetTypeName 方法使用了 override 关键字；第二，Aardvark 类没有 GetTypeName 方法。

现在研究以下代码块：

```
Mammal myMammal;
Horse myHorse = new Horse(...);
Whale myWhale = new Whale(...);
Aardvark myAardvark = new Aardvark(...);

myMammal = myHorse;
Console.WriteLine(myMammal.GetTypeName()); // Horse(马)
myMammal = myWhale;
Console.WriteLine(myMammal.GetTypeName()); // Whale(鲸)
myMammal = myAardvark;
Console.WriteLine(myMammal.GetTypeName()); // Aardvark(土豚)
```

三个不同的 Console.WriteLine 语句分别输出什么？从表面看，它们都会打印"This is a mammal"，因为每个语句都在 myMammal 变量上调用 GetTypeName 方法，而 myMammal

是一个 Mammal。但是，在第一种情况下，myMammal 实际是对一个 Horse 的引用(之所以允许将一个 Horse 赋给 Mammal 变量，是因为 Horse 类派生自 Mammal 类——所有 Horse 都是 Mammal)。由于 GetTypeName 被定义成虚方法，所以"运行时"判断应调用 Horse.GetTypeName 方法，因此语句实际打印的是"This is a horse."同样的逻辑也适用于第二个 Console.WriteLine 语句，它打印消息"This is a whale."。第三个语句在 Aardvark 对象上调用 Console.WriteLine。然而，由于 Aardvark 类没有 GetTypeName 方法，所以会调用 Mammal 类的默认方法，打印字符串"This is a mammal."。

写法一样的语句，却能调用不同的方法，这称为"多态性"(Polymorphism)，它的字面意思是"多种形态的"(many form)。

12.2.7　理解受保护的访问

public 和 private 关键字代表两种极端的可访问性：类的公共(public)字段和方法可由每个人访问，而类的私有(private)字段和方法只能由类自身访问。

假如只是孤立地考察一个类，这两种极端的访问完全够用了。但是，有经验的面向对象程序员会告诉你，孤立的类解决不了复杂的问题！继承是将不同的类联系到一起的重要方式，在派生类及其基类之间，明显存在一种特别而紧密的关系。经常都要允许基类的派生类访问基类的部分成员，同时要阻止不属于这个继承层次结构的类访问这些成员。在这种情况下，就可以使用 protected(受保护)关键字来标记成员。

- 如果类 A 派生自类 B，就能访问 B 的受保护成员。也就是说，在派生类 A 中，B 的受保护成员实际是公共的。

- 如果类 A 不从类 B 派生，就不能访问 B 的受保护成员。也就是说，在 A 中，B 的受保护成员实际是私有的。

C#允许程序员自由地将方法和字段声明为受保护。但是，大多数面向对象编程指南都建议尽量使用私有字段，只在绝对必要时才放宽限制。公共字段破坏了封装性，因为类的所有用户都能直接地、不受限制地访问字段。受保护字段虽然维持了封装性(类的用户无法访问受保护字段)，但由于受保护字段在派生类中实际就是公共字段，所以这个封装性仍然可能被派生类破坏。

注意　不仅派生类能访问受保护的基类成员，派生类的派生类也能访问。受保护的基类成员在继承层次结构的任何派生类中都能访问。

以下练习定义了一个简单的类层次结构来建模不同类型的交通工具(vehicle)。我们要定义名为 Vehicle 的基类和名为 Airplane 和 Car 的派生类。我们将在 Vehicle 类中定义两个通用的方法，分别是 StartEngine 和 StopEngine。我们还会在两个派生类中添加一些这些类特有的方法。最后，我们要为 Vehicle 类添加名为 Drive 的虚方法，并在两个派生类中重写这个方法的默认实现。

➢ **创建类层次结构**

1. 如果 Microsoft Visual Studio 2012 尚未启动，请先启动它。

2. 打开 Vehicles 项目，它位于"文档"文件夹下的\Microsoft Press\Visual CSharp Step by Step\Chapter 12\Windows *X*\Vehicles 子文件夹中。

   Vehicles 项目包含 Program.cs 文件，它定义了 Program 类，其中含有以前练习中出现过的 Main 和 doWork 方法。

3. 在解决方案资源管理器中右击 Vehicles 项目，选择"添加"｜"类"命令打开"添加新项 - Vehicles"对话框。

4. 在"添加新项 - Vehicles"对话框中，验证中间窗格选定了"类"模板。在"名称"文本框中输入 **Vehicle.cs**，然后单击"添加"按钮。

   随后会创建 Vehicle.cs，并把它添加到项目。"代码和文本编辑器"窗口会显示这个文件的内容。文件中包含一个名为 Vehicle 的类的定义，只是暂时是空白的。

5. 为 Vehicle 类添加 StartEngine(发动引擎)和 StopEngine(停止引擎)方法，如以下加粗的代码所示：

```
class Vehicle
{
public void StartEngine(string noiseToMakeWhenStarting)
{
    Console.WriteLine("Starting engine: {0}", noiseToMakeWhenStarting);
}

public void StopEngine(string noiseToMakeWhenStopping)
{
    Console.WriteLine("Stopping engine: {0}", noiseToMakeWhenStopping);
}
}
```

   从 Vehicle 类派生的所有类都会继承这两个方法。noiseToMakeWhenStarting(发动时发生的噪音)和 noiseToMakeWhenStopping(停止时发出的噪音)参数的值对于每种类型的交通工具来说都是不同的，这有助于以后识别发动和停止的是哪一种交通工具。

6. 在"项目"菜单中选择"添加类"命令。

   随后会再次出现"添加新项 - Vehicles"对话框。

7. 在"名称"文本框中输入 **Airplane.cs**，然后单击"添加"按钮。

   随后会在项目中添加一个新文件，其中包含名为 Airplane(飞机)的空白类。这个文件的内容会在"代码和文本编辑器"窗口中出现。

8. 在"代码和文本编辑器"窗口中,修改 Airplane 类的定义,指定它从 Vehicle 类派生,如以下加粗显示的代码所示:

```
class Airplane : Vehicle
{
}
```

9. 在 Airplane 类中添加 TakeOff(起飞)和 Land(着陆)方法,如以下加粗的代码所示:

```
class Airplane : Vehicle
{
public void TakeOff()
{
    Console.WriteLine("Taking off");
}
public void Land()
{
    Console.WriteLine("Landing");
}
}
```

10. 在"项目"菜单中选择"添加类"命令。

随后会再次出现"添加新项 - Vehicles"对话框。

11. 在"名称"文本框中输入 **Car.cs**,然后单击"添加"按钮。

随后会在项目中添加一个新文件,其中包含名为 Car(汽车)的空白类。这个文件的内容会在"代码和文本编辑器"窗口中出现。

12. 在"代码和文本编辑器"窗口中,修改 Car 类的定义,指定它从 Vehicle 类派生,如以下加粗显示的代码所示:

```
class Car : Vehicle
{
}
```

13. 为 Car 类添加 Accelerate(加速)和 Brake(刹车)方法,如以下加粗的代码所示:

```
class Car : Vehicle
{
public void Accelerate()
{
    Console.WriteLine("Accelerating");
}
public void Brake()
{
    Console.WriteLine("Braking");
}
}
```

14. 在"代码和文本编辑器"窗口中显示 Vehicle.cs 文件的内容。

15. 为 Vehicle 类添加名为 Drive 的虚方法(所有交通工具都可以"驾驶"),如以下加粗的代码所示:

```
class Vehicle
{
...
public virtual void Drive()
{
    Console.WriteLine("Default implementation of the Drive method");
}
}
```

16. 在"代码和文本编辑器"窗口中显示 Program.cs 文件。

17. 在 doWork 方法中删除// TODO:注释,创建 Airplane 类的实例,模拟一次飞行来测试该方法,如下所示:

```
static void doWork()
{
Console.WriteLine("Journey by airplane:");
Airplane myPlane = new Airplane();
myPlane.StartEngine("Contact");
myPlane.TakeOff();
myPlane.Drive();
myPlane.Land();
myPlane.StopEngine("Whirr");
}
```

18. 在 doWork 方法刚才输入的代码之后,添加以下加粗显示的语句。这些语句将创建 Car 类的实例,并测试它的方法。

```
static void doWork()
{
...
Console.WriteLine("\nJourney by car:");
Car myCar = new Car();
myCar.StartEngine("Brm brm");
myCar.Accelerate();
myCar.Drive();
myCar.Brake();
myCar.StopEngine("Phut phut");
}
```

19. 在"调试"菜单中选择"开始执行(不调试)"命令。

验证程序以输出消息的形式来模拟乘坐飞机和汽车旅行时的不同阶段,如下图所示。

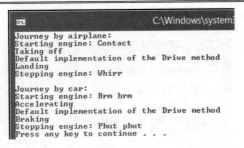

注意,两种交通方式(乘坐飞机和汽车)都会调用 Drive 这个虚方法的默认实现,因为两个类目前都没有重写这个方法。

20. 按 Enter 键关闭应用程序,返回 Visual Studio 2012。

21. 在"代码和文本编辑器"窗口中显示 Airplane 类。在 Airplane 类中重写 Drive 方法,如下所示:

```
class Airplane : Vehicle
{
    ...
    public override void Drive()
    {
        Console.WriteLine("Flying");
    }
}
```

> **注意** 输入 override 后,"智能感知"自动显示可用的虚方法。从列表中选择 Drive 方法,Visual Studio 会自动插入方法主体,并自动插入一个语句来调用 base.Drive 方法。如果发生这种情况,请删除它自动添加的语句,本练习不需要。

22. 在"代码和文本编辑器"中显示 Car 类。在 Car 类中重写 Drive 方法,如下所示:

```
class Car : Vehicle
{
    ...
    public override void Drive()
    {
        Console.WriteLine("Motoring");
    }
}
```

23. 在"调试"菜单中选择 "开始执行(不调试)"命令。

注意,在控制台窗口中,在应用程序调用 Drive 方法时,Airplane 对象现在会显示消息 Flying,而 Car 对象会显示消息 Motoring。[1]

---

[1] flying 是飞机的 drive 方式,motoring 是汽车的 drive 方式。——译注

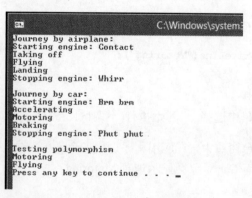

24. 按 Enter 键关闭应用程序，返回 Visual Studio 2012。

25. 在"代码和文本编辑器"中显示 Program.cs 文件。

26. 将以下加粗显示的语句添加到 doWork 方法末尾：

```
static void doWork()
{
...
    Console.WriteLine("\nTesting polymorphism");
    Vehicle v = myCar;
    v.Drive();
    v = myPlane;
    v.Drive();
}
```

上述代码测试虚方法 Drive 的多态性。代码让一个 Vehicle 变量引用一个 Car 对象
(这是安全的，因为所有 Car 都是 Vehicle)，然后使用 Vehicle 变量来调用 Drive 方
法。最后两个语句让 Vehicle 变量引用一个 Airplane 对象，同样调用 Drive 方法。

27. 在"调试"菜单中选择"开始执行(不调试)"命令。

如下图所示，在控制台窗口中，前面显示的消息和以前一样，关键是最后几行字：

```
Testing polymorphism
Motoring
Flying
```

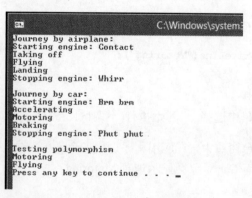

Drive 是虚方法，所以"运行时"(而不是编译器)会动态判断应该调用哪个版本的
Drive 方法，这是由变量引用的真实对象类型来决定的。第一种情况，Vehicle 变

量引用一个 Car，所以应用程序调用 Car.Drive 方法。第二种情况，Vehicle 变量引用一个 Airplane，所以调用 Airplane.Drive 方法。

28. 按 Enter 键关闭应用程序，返回 Visual Studio 2012。

12.3　理解扩展方法

继承很强大，允许从一个类派生出另一个类来扩展类的功能。但有时为了添加新的行为，继承并不一定是最合适的方案，尤其是需要快速扩展类型，同时不想影响现有代码的时候。

例如，假定要为 int 类型添加新功能——一个名为 Negate 的方法，它返回当前整数的相反数。我知道可以使用一元求反操作符(-)来做这件事情，但请先不要管它。为此，可以采取的一个办法是定义新类型 NegInt32，让它从 System.Int32 派生(int 是 System.Int32 的别名)，在派生类中添加 Negate 方法：

```
class NegInt32 : System.Int32 // 别这样写!
{
    public int Negate()
    {
        ...
    }
}
```

NegInt32 理论上应继承 System.Int32 类型的所有功能，并添加自己的 Negate 方法。但基于以下两方面的原因，这样写是行不通的。

- 新方法只适合 NegInt32 类型，要把它用于现有的 int 变量，就必须将每个 int 变量的定义修改成 NegInt32 类型。

- System.Int32 是结构，而不是一个类，而结构是不能继承的。

这正是扩展方法可以大显身手的时候。

扩展方法允许添加静态方法来扩展现有的类型(无论类还是结构)。引用被扩展类型的数据即可调用扩展方法。

扩展方法在静态类中定义，被扩展的类型必须是方法的第一个参数，而且必须附加 this 关键字。下例展示了如何为 int 类型实现 Negate 扩展方法：

```
static class Util
{
    public static int Negate(this int i)
    {
        return -i;
    }
}
```

语法看起来有点儿奇怪,但请记住:正是由于为 Negate 方法的参数附加了 this 关键字作为前缀,才表明这是一个扩展方法;另外,this 修饰的是 int,意味着要扩展的是 int 类型。

要使用扩展方法,只需让 Util 类进入作用域(如有必要,添加一个 using 语句,指定 Util 类所在的命名空间),然后就可以简单地使用 "." 记号法来引用方法,如下所示:

```
int x = 591;
Console.WriteLine("x.Negate {0}", x.Negate());
```

注意,在调用 Negate 方法的语句中,根本不需要引用 Util 类。C#编译器自动检测当前在作用域中的所有静态类,找出为给定类型定义的所有扩展方法。此外,还可调用 Utils.Negate 方法,将 int 值作为参数传递,这和以前用的普通语法是相同的。但是,这样做丧失了将方法定义成扩展方法的意义:

```
int x = 591;
Console.WriteLine("x.Negate {0}", Util.Negate(x));
```

以下练习将为 int 类型添加扩展方法,允许将 int 变量包含的值从十进制(base 10)转换成其他进制.

> ### ➢ 创建扩展方法

1. 在 Visual Studio 2012 中打开 ExtensionMethod 项目,它位于 "文档" 文件夹下的 \Microsoft Press\Visual CSharp Step by Step\Chapter 12\Windows *X*\ExtensionMethod 文件夹中。

2. 在 "代码和文本编辑器" 中打开 Util.cs 文件。

    文件中包含名静态类 Util,该类位于 Extensions 命名空间,目前空白,只有一条// TODO:注释。记住,只能在静态类中定义扩展方法。

3. 删除注释并在 Util 类中声明公共静态方法 ConvertToBase。该方法应获取两个参数:一个是 int 参数 i,附加 this 关键字作为前缀,指出该方法是 int 类型的扩展方法。第二个参数是普通的 int 参数,名为 baseToConvertTo。方法的作用是将 i 中的值转换成由 baseToConvertTo 指定的进制。方法应该返回一个 int 值,其中包含转换好的值。

    ConvertToBase 方法现在应该像下面这样:

```
static class Util
{
  public static int ConvertToBase(this int i, int baseToConvertTo)
  {
  }
}
```

4. 在 ConvertToBase 方法中添加 if 语句来检查 baseToConvertTo 参数的值是否在 2~ 10 之间。超出这个范围,本练习所用的算法就不能可靠地工作了。如果

baseToConvertTo 的值超出范围，就引发 ArgumentException 异常，并传递恰当的消息。ConvertToBase 方法现在应该像下面这样：

```
public static int ConvertToBase(this int i, int baseToConvertTo)
{
    if (baseToConvertTo < 2 || baseToConvertTo > 10)
        throw new ArgumentException("Value cannot be converted to base " +
        baseToConvertTo.ToString());
}
```

5.　在 ConvertToBase 方法中，在引发 ArgumentException 的语句之后，添加以下加粗的语句。这些代码实现了一个已知的算法将数字从十进制转换成不同的进制。(5.4 节已经展示了这个算法的一个版本，不过当时是将十进制数转换成八进制。)

```
public static int ConvertToBase(this int i, int baseToConvertTo)
{
    ...
    int result = 0;
    int iterations = 0;
    do
    {
        int nextDigit = i % baseToConvertTo;
        i /= baseToConvertTo;
        result += nextDigit * (int)Math.Pow(10, iterations);
        iterations++;
    }
    while (i != 0);

    return result;
}
```

6.　在"代码和文本编辑器"中显示 Program.cs 文件。

7.　在文件顶部的 using System; 语句后面，添加以下语句：

```
using Extensions;
```

该语句使包含 Util 类的命名空间进入作用域。如果不添加这个语句，在 Program.cs 文件中，扩展方法 ConvertToBase 就不会进入可见状态。

8.　在 Program 类的 doWork 方法中添加以下加粗的语句来替换 // TODO: 注释：

```
static void doWork()
{
    int x = 591;
    for (int i = 2; i <= 10; i++)
    {
        Console.WriteLine("{0} in base {1} is {2}",
            x, i, x.ConvertToBase(i));
    }
}
```

上述代码创建 int 变量 x，把它设为值 591(可以指定想要测试的任何整数值)。然后，代码用 for 循环来打印值 591 的 2～10 进制表示。注意，在 Console.WriteLine 语句中，一旦输出 x 之后的句点符号(.)，"智能感知"就会自动列出扩展方法 ConvertToBase。

9. 在"调试"菜单中选择"开始执行(不调试)"命令。验证程序会显示 591 在不同进制中的表示，如下图所示。

10. 按 Enter 键关闭程序并返回 Visual Studio 2012.

小　　结

本章讲述了如何使用继承来定义类的层次结构，现在应该理解了如何重写继承的方法并实现虚方法。另外，还讲述了如何为现有的类型添加扩展方法。

- 如果希望继续学习下一章，请继续运行 Visual Studio 2012，然后阅读第 13 章。

- 如果希望现在就退出 Visual Studio 2012，请选择"文件" | "退出"命令。如果看到"保存"对话框，请单击"是"按钮保存项目。

第 12 章快速参考

目标	操作
| 从基类创建派生类 | 声明新的类名，后跟冒号和基类名称。示例如下：<br><br>```csharp
class Derived : Base
{
    ...
}
``` |
| 在派生类的构造器中调用基类构造器 | 使用 base 关键字调用基类构造器。示例如下：<br><br>```csharp
class Derived : Base
{
    ...
    public Derived(int x) : base(x)
    {
        ...
    }
    ...
}
``` |
| 声明虚方法 | 声明方法时使用 virtual 关键字。示例如下：<br><br>```csharp
class Mammal
{
    public virtual void Breathe()
    {
        ...
    }
    ...
}
``` |
| 在派生类中重写基类的虚方法 | 在派生类中声明方法时使用 override 关键字。示例如下：<br><br>```csharp
class Whale : Mammal
{
    public override void Breathe()
    {
        ...
    }
    ...
}
``` |

目标	操作
为类型定义扩展方法	在静态类中添加静态公共方法。方法的第一个参数必须是要扩展的类型，而且必须附加 this 关键字作为前缀。示例如下：

```
static class Util
{
    public static int Negate(this int i)
    {
        Return -i;
    }
}
```

第 13 章　创建接口和定义抽象类

本章旨在教会你:

- 定义接口来指定方法的签名和返回类型
- 在结构或类中实现接口
- 通过接口引用类
- 在抽象类中捕捉通用的实现细节
- 使用 sealed 关键字声明一个类不能派生出新类

从类继承是很强大的机制,但继承真正强大之处是能从**接口**继承。接口不包含任何代码或数据;它只规定了从接口继承的类必须提供哪些方法和属性。使用接口,方法的名称/签名可以和方法的具体实现完全隔绝。

抽象类在许多方面都和接口相似,只是它们可以包含代码和数据。然而,可以将抽象类的某些方法指定为虚方法,指示从抽象类继承的类必须以自己的方式实现这些方法。抽象类经常与接口配合使用,它们联合起来提供了一项关键性的技术,允许构建可扩展的编程框架,本章将对此进行详述。

13.1　理 解 接 口

假定现在要定义一个新类来存储对象集合(有点儿像数组)。但和使用数组不同,要提供名为 RetrieveInOrder 的方法,允许应用程序根据集合中的对象类型来顺序获取对象。(普通数组只允许遍历其内容,默认按索引来获取数组元素。)例如,如果集合容纳了字母/数字对象(比如字符串),集合应根据计算机的排序规则对对象进行排序。如果集合容纳的是数值对象(比如整数),集合应根据数字顺序对对象进行排序。

定义集合类时,不希望限制它能容纳的对象的类型,所以定义时并不知道如何对对象进行排序。但是,需要提供一种方式对这些未指定的对象进行排序。现在的问题是,如何提供一个方法,对定义集合类时不知道类型的对象进行排序? 从表面看,这个问题类似于第 12 章描述的 ToString 问题,可以通过声明一个能由派生类重写的虚方法来解决。但是,目前的情况并不是这样的。在集合类和它容纳的对象之间,通常不存在任何形式的继承关系,所以虚方法用处不大。仔细思考一下,便知道现在的问题:集合中的对象的排序方式应该取决于对象本身的类型,而不是取决于集合。所以,正确的解决方案是规定集合中的所有对象都必须提供一个可由集合调用的方法,允许对象相互进行比较,例如下面的 CompareTo 方法(将由集合的 RetrieveInOrder 方法进行调用):

```
int CompareTo(object obj)
{
```

```
// 如果这个实例等于obj，就返回0
// 如果这个实例小于obj，就返回<0
// 如果这个实例大于obj，就返回>0
...
}
```

可定义一个接口来包含这个方法，规定只有实现了该接口的类才是集合类。这样一来，接口就相当于一份契约(contract)。类实现了接口后(签订了契约之后)，接口(契约)就能保证类包含了接口所指定的全部方法。这个机制保证可以为集合中的所有对象调用 CompareTo 方法，并对它们进行排序。

使用接口，可以真正地将"what"(有什么)和"how"(如何做)区分开。接口指定"有什么"，也就是方法的名称、返回类型和参数。至于具体"如何做"，或者说方法具体如何实现，则不是接口所关心的。接口描述了类提供的功能，但不描述功能如何实现。

13.1.1　定义接口

定义接口类似于定义类，只是要用 interface 关键字而不是 class 关键字。在接口中，要按照与在类或结构中一样的方式声明方法，只是不允许指定任何访问修饰符(public，private 和 protected 都不可以用)。另外，接口中的方法是没有实现的，它们只是声明。实现接口的所有类型都必须提供自己的实现。所以，方法主体被替换成一个分号。下面是一个例子：

```
interface IComparable
{
    int CompareTo(object obj);
}
```

📝**提示**　Microsoft .NET Framework 文档建议接口名以大写字母 I 开头。这个约定是匈牙利记号法在 C#中的最后一处残余。顺便说一句，System 命名空间已经像上述代码描述的那样定义了 IComparable 接口。

接口不含任何数据；不可以向接口添加字段(私有的也不行)。

13.1.2　实现接口

为了实现接口，需要声明类或结构从接口继承，并实现接口指定的**全部**方法。这其实不是真正的"继承"——虽然语法一样，而且如同本章稍后会讲到的那样，语义存在继承的大量印记。注意，虽然不能从一个结构派生出另一个结构，但结构是可以实现接口的(从接口"继承")。

例如，假定要定义第 12 章讲述的 Mammal(哺乳动物)层次结构，但要求所有陆栖哺乳动物都提供名为 NumberOfLegs(腿数)的方法，它返回一个 int 值，指出一种哺乳动物有几条腿。为此，可以定义一个 ILandBound(land bound 是指陆栖)接口，并在其中包含这个方法：

```
interface ILandBound
{
    string NumberOfLegs();
}
```

然后可以在 Horse(马)类中实现该接口，具体就是从接口继承，并为接口定义的所有方法提供实现(本例只有一个 NumberOfLegs 方法)：

```
class Horse : ILandBound
{
    ...
    public int NumberLegs()
    {
        return 4;    // 马有 4 条腿
    }
}
```

实现接口时，必须保证每个方法都完全匹配对应的接口方法，具体遵循以下几个规则。

- 方法名和返回类型完全匹配。

- 所有参数(包括 ref 和 out 关键字修饰符)都完全匹配。

- 用于实现接口的所有方法都必须具有 public 可访问性。但是，如果使用显式接口实现，则不应该为方法添加访问修饰符。

接口的定义和实现存在任何差异，类都无法编译。

> 📝提示　Microsoft Visual Studio IDE 能帮助你实现接口方法。"实现接口"向导为接口定义的每个方法生成存根。你只需用恰当的代码填充存根。将在本章稍后的练习中解释具体如何做。

一个类可以在扩展另一个类的同时实现接口。在这种情况下，C#不像 Java 那样用关键字 as 来区分基类和接口。相反，C#用一种位置记号法来加以区分。首先写基类名，再写逗号，最后写接口名。例如，下例定义 Horse 从 Mammal 继承，同时实现了 ILandBound 接口：

```
interface ILandBound
{
    ...
}

class Mammal
{
    ...
}

class Horse : Mammal, ILandBound
```

```
{
    ...
}
```

> 📖 **注意**　一个接口(InterfaceA)可以从另一个接口(InterfaceB)继承。这在技术上称为接口扩展而不是继承。在本例中，实现 InterfaceA 的类或结构必须实现两个接口中定义的方法。

13.1.3　通过接口来引用类

和基类变量能引用派生类对象一样，接口变量也能引用实现了该接口的类的对象。例如，ILandBound 变量能引用 Horse 对象，如下所示：

```
Horse myHorse = new Horse(...);
ILandBound iMyHorse = myHorse; // 合法
```

能这样写是由于所有马都是陆栖哺乳动物。但反之不成立，不能直接将 ILandBound 对象赋给 Horse 变量，除非先进行强制类型转换，验证它确实引用一个 Horse 对象，而不是其他恰好也实现了 ILandBound 接口的类。

通过接口来引用一个对象，是一项相当有用的技术。因为能由此定义方法来获取不同类型的参数——只要类型实现了指定的接口。例如，以下 FindLandSpeed 方法可获取任何实现了 ILandBound 接口的实参：

```
int FindLandSpeed(ILandBound landBoundMammal)
{
    ...
}
```

可用 is 操作符验证对象是实现了指定接口的一个类的实例。第一次遇到该操作符是在第 8 章，当时用它判断对象是否具有指定类型。除了适用于类和结构，它还适用于接口。例如，以下代码检查 myHorse 变量是否实现了 ILandBound 接口，如果是就把它赋给一个 ILandBound 变量。

```
if (myHorse is ILandBound)
{
ILandBound iLandBoundAnimal = myHorse;
}
```

注意，通过接口引用对象时，只有通过接口可见的方法才能被调用。

13.1.4　使用多个接口

一个类最多只能有一个基类，但可以实现不限数量的接口。类必须实现它从它的所有接口继承的所有方法。

　　结构或类如果要实现多个接口，可以用以逗号分隔的列表来列出接口。如果还要从一个基类继承，那么接口应该在基类**之后**列出。例如，假定已经定义了一个 IGrazable(草食)接口，它包含 ChewGrass(咀嚼草)方法，规定所有草食类动物都要实现自己的 ChewGrass 方法。在这种情况下，可以像下面这样定义 Horse 类，它表明 Mammal 是基类，而 ILandBound 和 IGrazable 是 Horse 要实现的两个接口。

```
class Horse : Mammal, ILandBound, IGrazable
{
    ...
}
```

13.1.5　显式实现接口

　　前面的例子是隐式实现接口。注意 ILandBound 接口和 Horse 类的代码(如下所示)，虽然 Horse 类实现了 ILandBound 接口，但在 Horse 类的 NumberOfLegs 方法的实现中，没有任何地方说它是 ILandBound 接口的一部分。

```
interface ILandBound
{
    int NumberOfLegs();
}

class Horse : ILandBound
{
    ...
    public int NumberOfLegs()
    {
        return 4;    // 马有 4 条腿
    }
}
```

　　这在简单的情况下不会成为问题，但假定 Horse 类实现了多个接口。没有什么能防止多个接口指定同名的方法，虽然这些方法可能有不同的语义。例如，假定要实现基于马车的运输系统。一次长途旅行可以被分成几个阶段，或者称为几"站"(legs)[①]。要跟踪每匹马拉马车跑了几"站"，可以像下面这样定义接口：

```
interface IJourney
{
    int NumberOfLegs();  // 跑的站(leg)数
}
```

　　现在，如果在 Horse 类中实现这个接口，就会发生一个有趣的问题：

[①] 在英语中，常用 "leg" 表示任何路程的一部分。比如 "the last leg of a trip"（此行的最后一站）。正是因为它和 "腿" 是同一个词，才造成了定义接口时的冲突。——译注

```
class Horse : ILandBound, IJourney
{
   ...
   public int NumberOfLegs()
   {
      return 4;
   }
}
```

代码是合法的，但到底是马有 4 条腿，还是它拉车拉了 4 站呢？在 C#看来，两者都是成立的！默认情况下，C#不区分方法实现的哪个接口，所以实际是用一个方法实现了两个接口。

为了解决这个问题，并区分哪个方法实现的是哪个接口，可以显式实现接口。为此，要在实现时指明方法从属于哪个接口，如下所示：

```
class Horse : ILandBound, IJourney
{
   ...
   int ILandBound.NumberOfLegs()
   {
      return 4;
   }

   int IJourney.NumberOfLegs()
   {
      return 3;
   }
}
```

现在可以清楚地定义马有 4 条腿，而且马拉车共拉了 3 站。

除了为方法名附加接口名前缀，上述语法还有另一个容易被人忽视的变化：方法没有用 public 标记。如果方法是显式接口实现的一部分，就不能为方法指定访问修饰符。这造成了另一个有趣的问题。在代码中创建一个 Horse 变量，两个 NumberOfLegs 方法都不能通过该变量来调用，因为它们都不可见。两个方法对于 Horse 类来说是私有的。这个设计是有道理的。如果方法能通过 Horse 类访问，那么以下代码会调用哪一个——ILandBound 接口的？还是 IJourney 接口的？

```
Horse horse = new Horse();
...
int legs = horse.NumberOfLegs();
```

那么，怎样访问这些方法呢？答案是通过恰当的接口来引用 Horse 对象，如下所示：

```
Horse horse = new Horse();
...
IJourney journeyHorse = horse;
int legsInJourney = journeyHorse.NumberOfLegs();
ILandBound landBoundHorse = horse;
int legsOnHorse = landBoundHorse.NumberOfLegs();
```

建议尽量显式实现接口。

13.1.6　接口的限制

牢记接口永远不包含任何实现。这意味着以下几点限制。

- 不允许在接口中定义任何字段，包括静态字段。字段本质上是类或结构的实现细节。

- 不允许在接口中定义任何构造器。构造器也是类或结构的实现细节。

- 不允许在接口中定义任何析构器。析构器包含用于析构(销毁)对象实例的语句，详情参见第 14 章。

- 不允许为任何方法指定访问修饰符。接口中的所有方法都隐式为公共方法。

- 不允许在接口中嵌套任何类型(例如枚举、结构、类或接口)。

- 虽然一个接口能从另一个接口继承，但不允许从结构或者类中继承一个接口。结构和类含有实现；如果允许接口从它们继承，就会继承实现。

13.1.7　定义和使用接口

以下练习将定义和实现两个接口，它们是一个简单的绘图软件包的一部分。接口名为 IDraw 和 IColor，要定义实现这两个接口的类。每个类都定义了能在窗体的一个画布上描绘的形状。(画布是允许在屏幕上画线、文本和形状的一种控件。)

IDraw 接口定义了以下两个方法。

- **SetLocation**　该方法允许指定形状在画布上的 XY 坐标。

- **Draw**　该方法在 SetLocation 方法指定的位置实际地描绘形状。

IColor 接口定义了以下方法。

- **SetColor**　该方法允许指定形状的颜色。形状在画布上描绘时，它会以这种颜色呈现。

> ➤　定义 IDraw 和 IColor 接口

1. 如果 Microsoft Visual Studio 2012 尚未启动 ，请先启动它。

2. 打开 Drawing 项目，它位于"文档"文件夹下的\Microsoft Press\Visual CSharp Step by Step\Chapter 13\Windows *X*\Drawing 子文件夹中。

   Drawing 项目是图形应用程序，包含名为 DrawingPad 的窗体。窗体中包含画布控件 drawingCanvas。将用这个窗体和画布测试代码。

3.   在解决方案资源管理器中选择 Drawing 项目。从"项目"菜单中选择"添加新项"。

      随后会出现"添加新项 - Drawing"对话框。

4.   在"添加新项 - Drawing"对话框左侧窗格中单击 Visual C#，再单击"代码"。
      在中间窗格中，单击"接口"模板。在"名称"文本框中，输入 **IDraw.cs**，单击
      "添加"。

      Visual Studio 会创建 IDraw.cs 文件，并把它添加到项目中。"代码和文本编辑器"
      会打开 IDraw.cs 文件，它现在的代码如下：

```
using System;
using System.Collections.Generic;
using System.Linq;
using System.Text;
using System.Threading.Tasks;

namespace Drawing
{
    interface IDraw
    {
    }
}
```

5.   在 IDraw.cs 文件中，如果使用 Windows 8 就在文件顶部的列表中添加以下 using
      语句：

```
using Windows.UI.Xaml.Controls;
```

      如果使用 Windows 7，则添加以下 using 语句：

```
using System.Windows.Controls;
```

      要在这个接口中引用 Canvas(画布)类。对于 Windows Store 应用，该类在
      Windows.UI.Xaml.Controls 命名空间中；而对于 WPF 应用程序，该类在
      System.Windows.Controls 命名空间中。

6.   将以下加粗所示的方法声明添加到 IDraw 接口：

```
interface IDraw
{
    void SetLocation(int xCoord, int yCoord);
    void Draw(Canvas canvas);
}
```

7.   再次选择"项目"|"添加新项"。

8.   在"添加新项 - Drawing"对话框中间窗格中单击"接口"模板。在"名称"文本
      框中输入 **IColor.cs**，然后单击"添加"按钮。

Visual Studio 创建 IColor.cs 文件并把它添加到项目中。"代码和文本编辑器"会打开 IColor.cs 文件。

9. 在 IColor.cs 文件中，如果使用 Windows 8 就在文件顶部的列表中添加以下 using 语句：

```
using Windows.UI;
```

如果使用 Windows 7，则添加以下 using 语句：

```
using System.Windows.Media;
```

要在这个接口中引用 Color(颜色)类，对于 Windows Store 应用，该类在 Windows.UI 命名空间中；而对于 WPF 应用程序，该类在 System.Windows.Media 命名空间中。

10. 将以下加粗的方法声明添加到 IColor 接口中：

```
interface IColor
{
    void SetColor(Color color);
}
```

现在已定义好 IDraw 和 IColor 接口。下一步是创建一些类来实现它们。以下练习将创建形状类 Square 和 Circle 来实现这两个接口。

> ### 创建 Square 和 Circle 类来实现接口

1. 选择"项目"|"添加类"。

2. 在"添加新项 - Drawing"对话框中，验证中间窗格已经选定了"类"模板。在"名称"文本框中输入 **Square.cs**，然后单击"添加"按钮。

Visual Studio 会创建 Square.cs 文件，并在"代码和文本编辑器"中显示它。

3. 如果使用 Windows 8，在 Square.cs 文件顶部的列表中添加以下 using 语句：

```
using Windows.UI;
using Windows.UI.Xaml.Media;
using Windows.UI.Xaml.Shapes;
using Windows.UI.Xaml.Controls;
```

使用 Windows 7 则添加以下 using 语句：

```
using System.Windows.Media;
using System.Windows.Shapes;
using System.Windows.Controls;
```

4. 修改 Square 类的定义，使它实现 IDraw 和 IColor 接口，如以下加粗显示的代码所示：

```
class Square : IDraw, IColor
{
}
```

5. 将以下加粗显示的私有变量添加到 Square 类。这些变量用于容纳 Square 对象在画布上的位置和大小。对于 Windows Store 应用，Rectangle 类在 Windows.UI.Xaml.Shapes 命名空间；对于 WPF 应用程序，则在 System.Windows.Shapes 命名空间。将用这个类画正方形(square)：

```csharp
class Square : IDraw, IColor
{
    private int sideLength;
    private int locX = 0, locY = 0;
    private Rectangle rect = null;
}
```

6. 在 Suqre 类中添加以下加粗的构造器。它初始化 sideLength 字段，指定正方形边长。

```csharp
class Square : IDraw, IColor
{
    ...
    public Square(int sideLength)
    {
        this.sideLength = sideLength;
    }
}
```

7. 在 Square 类的定义中右击 IDraw 接口。随后会出现一个快捷菜单，请选择"实现接口"，再选择"显式实现接口"，如下图所示。

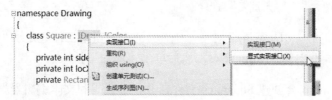

随后，Visual Studio 会为 IDraw 接口中的方法生成默认实现。当然，愿意的话可以手动在 Square 类中添加方法。下面是 Visual Studio 生成的代码：

```csharp
void IDraw.SetLocation(int xCoord, int yCoord)
{
    throw new NotImplementedException();
}

void IDraw.Draw(Canvas canvas)
{
    throw new NotImplementedException();
}
```

每个方法默认都是引发 NotImplementedException 异常。要用自己的代码替换。

8. 在 SetLocation 方法中，将现有的代码替换成以下加粗的语句。这些代码将通过参数传递的值存储到 Suqre 对象的 locX 和 locY 字段中。

```
void IDraw.SetLocation(int xCoord, int yCoord)
{
   this.locX = xCoord;
   this.locY = yCoord;
}
```

9. 将 Draw 方法中的代码替换成以下加粗显示的语句：

```
void IDraw.Draw(Canvas canvas)
{
   if (this.rect != null)
   {
      canvas.Children.Remove(this.rect);
   }
   else
   {
      this.rect = new Rectangle();
   }

   this.rect.Height = this.sideLength;
   this.rect.Width = this.sideLength;
   Canvas.SetTop(this.rect, this.locY);
   Canvas.SetLeft(this.rect, this.locX);
   canvas.Children.Add(this.rect);
}
```

该方法在画布上画一个 Rectangle 形状来描绘出 Square 对象。(高度和宽度相同的矩形就是正方形)。如果以前画了一个 Rectangle(也许位置和颜色不同)，就把它从画布上删除。Rectangle 的高度和宽度都设置成 sideLength 字段的值。Rectangle 在画布上的位置使用 Canvas 类的静态方法 SetTop 和 SetLeft 来设置。最后，将设置好的 Rectangle 添加到画布上(这时才会真正显示出来)。

10. 在 Suare 类中显式实现 IColor 接口的 SetColor 方法，如下所示：

```
void IColor.SetColor(Color color)
{
   if (this.rect != null)
   {
      SolidColorBrush brush = new SolidColorBrush(color);
      this.rect.Fill = brush;
   }
}
```

该方法先验证 Square 对象是否已经显示。(如果还没有描绘好，rect 字段将为 null。)如果是，就将 rect 对象的 Fill 属性设为指定的颜色，这是用一个 SolidColorBrush 对象来做到的。(SolidBrushClass 的细节超出了本书的范围。)

11. 选择"项目"|"添加类"。在"添加新项－Drawing"对话框中，在"名称"文本框中输入 **Circle.cs**，然后单击"添加"按钮。随后，Visual Studio 会创建 Circle.cs

文件,并在"代码和文本编辑器"中显示它。

12. 如果使用 Windows 8,在 Circle.cs 文件顶部添加以下 using 语句:

```
using Windows.UI;
using Windows.UI.Xaml.Media;
using Windows.UI.Xaml.Shapes;
using Windows.UI.Xaml.Controls;
```

使用 Windows 7 则添加以下 using 语句:

```
using System.Windows.Media;
using System.Windows.Shapes;
using System.Windows.Controls;
```

13. 修改 Circle 类的定义来实现 IDraw 和 IColor 接口,如以下加粗部分所示:

```
class Circle : IDraw, IColor
{
}
```

14. 将以下加粗的私有变量添加到 Circle 类中。这些变量将容纳 Circle 对象在画布上的位置和大小。Ellipse 类提供了画圆的功能。

```
class Circle : IDraw, IColor
{
    private int diameter;
    private int locX = 0, locY = 0;
    private Ellipse circle = null;
}
```

15. 将以下加粗的构造器添加到 Circle 类中,它初始化 diameter(直径)字段。

```
class Circle : IDraw, IColor
{
    ...
    public Circle(int diameter)
    {
        this.diameter = diameter;
    }
}
```

16. 将以下 SetLocation 方法添加到 Circle 类中。这个方法实现了 IDraw 接口的一部分,它的实现和在 Square 类中的实现完全一样。

```
void IDraw.SetLocation(int xCoord, int yCoord)
{
    this.locX = xCoord;
    this.locY = yCoord;
}
```

17. 将以下 Draw 方法添加到 Circle 类中。这个方法也是 IDraw 接口的一部分。

```
void IDraw.Draw(Canvas canvas)
{
   if (this.circle != null)
   {
      canvas.Children.Remove(this.circle);
   }
   else
   {
      this.circle = new Ellipse();
   }

   this.circle.Height = this.diameter;
   this.circle.Width = this.diameter;
   Canvas.SetTop(this.circle, this.locY);
   Canvas.SetLeft(this.circle, this.locX);
   canvas.Children.Add(this.circle);
}
```

这个方法和 Square 类中的 Draw 方法相似，只是它通过在画布上画一个 Ellipse 形状来描绘一个 Circle 对象。(宽度和高度相同的椭圆就是圆。)

18. 将 SetColor 方法添加到 Circle 类中。这个方法是 IColor 接口的一部分。方法的实现和 Square 类中的实现是相似的。

```
void IColor.SetColor(Color color)
{
   if (circle != null)
   {
      SolidColorBrush brush = new SolidColorBrush(color);
      this.circle.Fill = brush;
   }
}
```

现在已经完成了 Square 和 Circle 类，接着用窗体进行测试。

➤ 测试 Squre 和 Circle 类

1. 在设计视图中显示 DrawingPad.xaml 文件。

2. 单击窗体中间的阴影区域。

   阴影区域是 Canvas 对象。单击会造成该对象获得焦点。

3. 在属性窗口中，单击"事件处理程序"按钮(闪电图标)。

4. 如果使用 Windows 8，在事件列表中找到 Tapped 事件并双击它。如果使用 Windows 7，找到 MouseLeftButtonDown 事件并双击它。

   随后，Visual Studio 会为 DrawingPad 类创建 drawingCanvas_Tapped 方法(Windows Store 应用)或者 drawingCanvas_MouseLeftButtonDown 方法(WPF)，并在"代码和

文本编辑器"中显示它。这是事件处理方法。用户在画布上用手指点击(Windows Store 应用)或者单击鼠标左键(WPF)，就会运行这个方法。(有关事件处理方法的详情，请参见第 18 章。)

注意   在 Windows 8 中也可用鼠标单击，但生成的事件和点击手势一样。

5. 如果使用 Windows 8，将以下加粗的 using 语句添加到 DrawingPad.xaml.cs 顶部：

using Windows.UI;

6. 将以下加粗的代码添加到 drawingCanvas_Tapped 方法或 drawingCanvas_MouseLeftButtonDown 方法：

```
private void drawingCanvas_Tapped(object sender, TappedRoutedEventArgs e)
// 如果使用WPF,方法要像下面这样声明:
// private void drawingCanvas_MouseLeftButtonDown(object sender, MouseButtonEventArgs e)
{
    Point mouseLocation = e.GetPosition(this.drawingCanvas);
    Square mySquare = new Square(100);
    if (mySquare is IDraw)
    {
        IDraw drawSquare = mySquare;
        drawSquare.SetLocation((int)mouseLocation.X, (int)mouseLocation.Y);
        drawSquare.Draw(drawingCanvas);
    }
}
```

TappedRoutedEventArgs 参数(Windows Store 应用)或 MouseButtonEventArgs 参数(WPF)向方法提供了关于鼠标位置的有用信息。具体地说，方法内部调用了 GetPosition 方法，它会返回一个 Point 结构，其中包含了鼠标的 X 和 Y 坐标。刚才添加的代码创建了一个新的 Square 对象。然后，代码验证该对象实现了 IDraw 接口(这是一个好的编程实践)，然后通过该接口创建一个 Square 对象引用。记住，显式实现接口时，只有通过接口引用才能使用接口定义的方法。(SetLocation 和 Draw 方法是 Square 类私有的，只能通过 IDraw 接口来使用。)然后，代码将 Square 的位置设置成用户当前手指或鼠标的位置。注意，Point 结构中的 X 和 Y 坐标实际是 double 值，所以代码要把它们转型为 int。然后，代码调用 Draw 方法来显示 Square 对象。

7. 将以下加粗显示的代码添加到 drawingCanvas_Tapped 方法末尾或 drawingCanvas_MouseLeftButtonDown 方法末尾：

```
private void drawingCanvas_Tapped(object sender, TappedRoutedEventArgs e)
// 如果使用WPF,方法要像下面这样声明:
// private void drawingCanvas_MouseLeftButtonDown(object sender, MouseButtonEventArgs e)
{
    ...
    if (mySquare is IColor)
```

```
    {
        IColor colorSquare = mySquare;
        colorSquare.SetColor(Colors.BlueViolet);
    }
}
```

上述代码验证 Square 类实现了 IColor 接口；如果是，就通过该接口创建一个 Square
对象引用，并调用 SetColor 方法将 Square 对象的颜色设为 Colors.BlueViolet。
(Colors 枚举已由.NET Framework 定义。)

📝**重要提示**   Draw 必须在 SetColor 前调用。这是由于 SetColor 方法只有在 Square 对象描
绘好之后才会设置它的颜色。在 Draw 之前调用 SetColor，颜色不会设置，
Square 对象也不会出现。

---

8.   返回 DrawingPad.xaml 文件的设计视图，单击窗体中间的 Canvas 对象(就是阴影区
     域)。

9.   如果使用 Windows 8，在事件列表中双击 RightTapped 事件。使用 Windows 7 则双
     击 MouseRightButtonDown 事件。

     在画布上用手指长按(Windows Store 应用)或者按鼠标右键(WPF)，就会发生这些
     事件。

📝**注意**   在 Windows 8 中，既可以用鼠标右击，也可以用手指长按，但生成的都是
RightTapped 事件。

---

10. 将以下加粗显示的代码添加到 drawingCanvas_RightTapped 方法(Windows Store 应
     用)或者 drawingCanvas_MouseRightButtonDown 方法(WPF)。代码逻辑与处理手指
     点击或鼠标左键单击事件的逻辑相似，只是用 HotPink 颜色显示一个 Circle 对象。

```
private void drawingCanvas_RightTapped(object sender, HoldingRoutedEventArgs e)
// 如果使用 WPF，方法要像下面这样声明:
// private void drawingCanvas_MouseRightButtonDown(object sender, MouseButtonEventArgs e)
{
    Point mouseLocation = e.GetPosition(this.drawingCanvas);
    Circle myCircle = new Circle(100);

    if (myCircle is IDraw)
    {
        IDraw drawCircle = myCircle;
        drawCircle.SetLocation((int)mouseLocation.X, (int)mouseLocation.Y);
        drawCircle.Draw(drawingCanvas);
    }

    if (myCircle is IColor)
    {
        IColor colorCircle = myCircle;
        colorCircle.SetColor(Colors.HotPink);
```

```
    }
  }
```

11. 在"调试"菜单中选择"开始调试"来生成并运行应用程序。

12. 等出现 Drawing Pad 窗口后，用手指点击或者用鼠标左键单击画布的任何地方。
    会显示一个紫罗兰色的正方形。

13. 长按或右击画布的任何地方，会显示一个粉色的圆。可以随意点击或长按，或者
    按鼠标左右键，每次都会在相应的位置画正方形或圆。如下图所示。

Drawing Pad

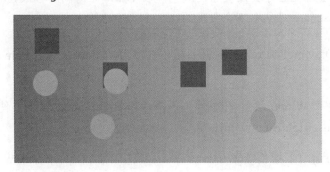

14. 返回 Visual Studio 并停止调试。

13.2　抽　象　类

本章前面讨论的 ILandBound(陆栖)和 IGrazable(草食)接口可由许多不同的类来实现，
具体取决于想在自己的 C#应用程序中建模多少类型的哺乳动物。在这种情形下，经常都可
以让派生类的一部分共享通用的实现。例如，以下两个类明显有重复：

```
// Horse 和 Sheep 都是草食动物
class Horse : Mammal, ILandBound, IGrazable
{
  ...
  void IGrazable.ChewGrass()
  {
    Console.WriteLine("Chewing grass");
    // 用于描述咀嚼草的过程的代码
  };
}

class Sheep : Mammal, ILandBound, IGrazable
{
  ...
  void IGrazable.ChewGrass()
  {
    Console.WriteLine("Chewing grass");
```

```
    // 和马咀嚼草一样的代码
  };
}
```

重复的代码是警告信号，表明应该重构代码以避免重复，并减少维护开销。一个办法是将通用的实现放到专门为此目的而创建的新类中。换言之，要在类的层次结构中插入一个新类。例如：

```
class GrazingMammal : Mammal, IGrazable // GrazingMammal 是指草食性哺乳动物
{
  ...
  void IGrazable.ChewGrass()
  {
    // 用于表示咀嚼草的通用代码
    Console.WriteLine("Chewing grass");
  }
}

class Horse : GrazingMammal, ILandBound
{
  ...
}

class Sheep : GrazingMammal, ILandBound
{
  ...
}
```

这是一个不错的方案，但仍然有一件事情不太对：可以实际地创建 GrazingMammal 类(以及 Mammal)的实例，这是不合逻辑的。GrazingMammal(草食性哺乳动物)类存在的目的是提供通用的默认实现。它唯一的作用就是让一个具体的草食性哺乳动物(例如马、羊)类从它继承。GrazingMammal 类是通用功能的抽象，不是能实际存在的实体。

> **注意**　如果感觉这个说法不好理解，可以这样考虑。在 Mammal(哺乳动物)、Horse(马)、Whale(鲸)和 Kangaroo(袋鼠)的例子中，Mammal 和 GrazingMammal 是抽象类的一个典型的例子。在现实世界中，我们能看到马、鲸和袋鼠做出跑、游和跳等动作。但是，绝对看不到一个名为"哺乳动物"或者"草食性哺乳动物"的实体做出上述任何一种动作。Mammal 和 GrazingMammal 纯粹是抽象概念，目的是对实际的动物进行分类。

为了明确声明不允许创建某个类的实例，必须将那个类显式声明为**抽象类**，这是用 abstract 关键字完成的。如下所示：

```
abstract class GrazingMammal : Mammal, IGrazable
{
  ...
}
```

试图实例化一个 GrazingMammal 对象，代码将无法通过编译。示例如下：

```
GrazingMammal myGrazingMammal = new GrazingMammal(...);   // 非法
```

抽象方法

抽象类可以包含**抽象方法**。抽象方法原则上与虚方法相似(虚方法的详情已在第 12 章讲述),只是它不含方法主体。派生类必须重写 (override)这种方法。下例将 GrazingMammal 类中的 DigestGrass(消化草)方法定义成抽象方法;草食动物可以使用相同的代码来表示咀嚼草的过程,但它们必须提供自己的 DigestGrass 方法的实现(即使咀嚼草的过程相同,但消化草的方式不同)。抽象方法适合在以下情形下使用:一个方法在抽象类中提供默认实现没有意义,但又需要继承类提供该方法的实现。

```
abstract class GrazingMammal : Mammal, IGrazable
{
    abstract void DigestGrass();
    ...
}
```

13.3 密 封 类

继承不一定总是好的,它要求深谋远虑。如果决定创建接口或者抽象类,就表明故意要写一些便于未来继承的东西。但麻烦在于,未来的事情很难预测。需要掌握一定的技巧,付出一定的努力,并对试图解决的问题有深刻的认识,才能打造出一个灵活的、易于使用的接口、抽象类和类层次结构。换言之,除非在刚开始设计一个类的时候就有意把它打造成基类,否则它以后很难作为基类使用。如果不想一个类作为基类使用,可以使用 C#提供的 sealed(密封)关键字防止类被用作基类。例如:

```
sealed class Horse : GrazingMammal, ILandBound
{
    ...
}
```

任何类试图将 Horse 用作基类,都会发生编译时错误。在密封类中不能声明任何虚方法,另外抽象类不能密封。

> **注意** 结构(struct)隐式密封。永远不能从一个结构派生。

13.3.1 密封方法

可用 sealed 关键字密封继承到的虚方法,阻止当前类的派生类继续重写该方法。只有重写方法才能密封(用 sealed override 来修饰方法)。可像下面这样理解 interface,virtual,override 和 sealed 等关键字。

● interface(接口)引入方法的名称。

- virtual(虚)是方法的第一个实现，可由派生类重写。

- override(重写)是派生类重写的实现，是方法的第二个实现。

- sealed(密封)是方法的最后一个实现、再下面的派生类不能重写了。

13.3.2　实现并使用抽象类

以下练习用一个抽象类对上个练习中开发的代码进行归纳。Square 和 Circle 类包含高度重复的代码。合理的做法是将这些代码放到名为 DrawingShape 的抽象类中，以便将来可以方便地对 Square 和 Circle 类进行维护。

> ➤　**创建 DrawingShape 抽象类**

1. 返回 Visual Studio 中的 Drawing 项目。

注意　目前已完成的项目副本存储在"文档"文件夹下的\Microsoft Press\Visual CSharp Step By Step\Chapter 13\Windows *X*\Drawing Using Interfaces 子文件夹中。

---

2. 在解决方案资源管理器中，单击 Drawing 解决方案中的 Drawing 项目。从"项目"菜单中选择"添加类"。

   随后会出现"添加新项 - Drawing"对话框。

3. 在"名称"文本框中，输入 **DrawingShape.cs**，然后单击"添加"按钮。

   Visual Studio 会创建文件，并在"代码和文本编辑器"中显示它。

4. 在 DrawingShape.cs 文件中，如果使用 Windows 8 就在顶部添加以下 using 语句：

```
using Windows.UI;
using Windows.UI.Xaml.Media;
using Windows.UI.Xaml.Shapes;
using Windows.UI.Xaml.Controls;
```

   如果使用 Windows 7 就添加以下 using 语句：

```
using System.Windows.Media;
using System.Windows.Shapes;
using System.Windows.Controls;
```

   类的作用是包含 Circle 和 Square 类的通用代码。程序不应直接实例化 DrawingShape 对象。

5. 修改 DrawingShape 类的定义，把它声明为抽象类，如以下加粗的部分所示：

```
abstract class DrawingShape
{
}
```

6. 将以下加粗的受保护变量添加到 DrawingShape 类中：

```
abstract class DrawingShape
{
    protected int size;
    protected int locX = 0, locY = 0;
    protected Shape shape = null;
}
```

Square 和 Circle 类都用 locX 和 locY 字段指定对象在画布上的位置，所以可以把这些字段移到抽象类中。类似地，Square 和 Circle 类都用一个字段指定对象描绘时的大小；虽然它在不同的类中有不同的名字(sideLength 和 diameter)，但从语义上说，该字段在两个类中执行相同的任务。"size" 这个名字是对该字段的一个很好的抽象。

在内部，Square 类用一个 Rectangle 对象将自己描绘到画布上，而 Circle 类用一个 Ellipse 对象。两个类都是基于.NET Framework 抽象类 Shape 的一个层次结构的一部分。所以 DrawingShape 类用一个 Shape 字段代表这两个类型。

7. 为 DrawingShape 类添加以下构造器：

```
abstract class DrawingShape
{
    ...
    public DrawingShape(int size)
    {
        this.size = size;
    }
}
```

上述代码对 DrawingShape 对象中的 size 字段进行了初始化。

8. 在 DrawingShape 类中添加 SetLocation 和 SetColor 方法，如以下加粗的代码所示。这些方法提供了由 DrawingShape 的所有派生类继承的实现。注意，它们没有标记为 virtual(虚方法)，不要求派生类重写。另外，DrawingShape 类没有被声明为实现 IDraw 或 IColor 接口(实现接口是 Square 和 Circle 类的事儿,不是抽象类的事儿)，所以这些方法直接声明为 public。

```
abstract class DrawingShape
{
    ...
    public void SetLocation(int xCoord, int yCoord)
    {
        this.locX = xCoord;
        this.locY = yCoord;
    }

    public void SetColor(Color color)
    {
```

```
      if (shape != null)
      {
          SolidColorBrush brush = new SolidColorBrush(color);
          this.shape.Fill = brush;
      }
   }
}
```

9. 为 DrawingShape 类添加 Draw 方法。和之前的方法不同，这个方法要声明为虚方法，派生类应进行重写以扩展功能。方法中的代码验证 shape 字段不为 null，并在画布上把它画出来。继承这个方法的类必须提供它们自己的代码来实例化 shape 对象。(记住，Square 类创建一个 Rectangle 对象，而 Circle 类创建一个 Ellipse 对象。)

```
abstract class DrawingShape
{
   ...
   public virtual void Draw(Canvas canvas)
   {
      if (this.shape == null)
      {
         throw new InvalidOperationException("Shape is null");
      }

      this.shape.Height = this.size;
      this.shape.Width = this.size;
      Canvas.SetTop(this.shape, this.locY);
      Canvas.SetLeft(this.shape, this.locX);
      canvas.Children.Add(this.shape);
   }
}
```

现在已经完成了 DrawingShape 抽象类的编写。下一步是更改 Square 和 Circle 类，使它们从这个类继承，并删除重复的代码。

➢ 修改 Square 和 Circl 类从 DrawingShape 类继承

1. 在"代码和文本编辑器"中显示 Square 类的代码。

2. 修改 Square 类的定义，使它从 DrawingShape 类继承并实现 IDraw 接口和 IColor 接口。

```
class Square : DrawingShape, IDraw, IColor
{
   ...
}
```

注意 Square 要继承的类必须在任何接口之前指定。

3. 在 Square 中删除 sideLength，rect，locX 和 locY 字段的定义。

4. 将现有的构造器替换成以下代码，它直接调用基类构造器。注意，构造器的主体是空白的，因为基类构造器执行了所有必要的初始化。

```
class Square : DrawingShape, IDraw, IColor
{
    public Square(int sideLength) : base(sideLength)
    {
    }
    ...
}
```

5. 从 Square 类删除 SetLocation 和 SetColor 方法。现在由 DrawingShape 类提供这两个方法的实现。

6. 修改 Draw 方法的定义。把它声明为 public override，删除对 IDraw 接口的引用(即不再显式实现接口)。同样地，DrawingShape 类已提供了这个方法的基本功能，只需使用 Square 类特有的代码扩展一下即可。

```
public override void Draw(Canvas canvas)
{
    ...
}
```

7. 将 Draw 方法主体替换为以下加粗的语句。这些语句将从 DrawingShape 类继承的 shape 字段实例化成 Rectangle 类的新实例(如果还没有实例化的话)，然后调用 DrawingShape 类的 Draw 方法。

```
public override void Draw(Canvas canvas)
{
    if (this.shape != null)
    {
        canvas.Children.Remove(this.shape);
    }
    else
    {
        this.shape = new Rectangle();
    }

    base.Draw(canvas);
}
```

8. 为 Circle 类重复步骤 2 到 7，只是把构造器的名字改成 Circle，把参数改成 diameter。在 Draw 方法中，应该将 shape 字段实例化成新的 Ellipse 对象。Circle 类的完整代码如下所示：

```
class Circle : DrawingShape, IDraw, IColor
{
    public Circle(int diameter) : base(diameter)
    {
    }
```

```
public override void Draw(Canvas canvas)
{
    if (this.shape != null)
    {
        canvas.Children.Remove(this.shape);
    }
    else
    {
        this.shape = new Ellipse();
    }

    base.Draw(canvas);
}
```

9. 在"调试"菜单中选择"开始调试"。等 Drawing Pad 窗口出现时，验证左击窗口显示 Square 对象，右击窗口显示 Circle 对象。应用程序的外观和感觉和以前完全一样。

10. 返回 Visual Studio 并停止调试。

再论 Windows 8 的 Windows Runtime 兼容性

第 9 章说过，Windows 8 是将 Windows Runtime(WinRT)作为本机 Windows API 顶部的一层来实现，提供简化的编程接口来生成非托管应用程序(非托管应用程序不通过.NET Framework 运行，使用 C++这样的语言而不是 C#进行编写)。托管应用程序使用 CLR 来运行。.NET Framework 提供了完备的库和功能。在 Windows 7 和更早的版本中，CLR 是用本机 Windows API 来实现这些功能。在 Windows 8 中开发建桌面或企业应用程序时仍可使用这些功能(虽然.NET Framework 本身已升级到版本 4.5)。任何 C#程序只要能在 Windows 7 上运行，就能在 Windows 8 上运行。

在 Windows 8 上，Windows Store 应用总是使用 WinRT 来运行。这意味着如果使用 C# 这样的托管语言来开发 Windows Store 应用，CLR 实际会调用 WinRT 而不是本机 Windows API。Microsoft 在 CLR 和 WinRT 之间提供了一个映射层，能将发送给.NET Framework 的对象创建与方法调用请求透明转换成 WinRT 中的对象创建和方法调用请求。例如，在创建.NET Framework Int32 值时(C#的一个 int)，代码会转换成使用等价的 WinRT 数据类型来创建。虽然 CLR 和 WinRT 在功能上有许多重复的地方，但不是.NET Framework 4.5 的所有功能都在 WinRT 中进行了实现。因此，Windows Store 应用能用的只是.NET Framework 4.5 类型和方法的一个子集。用 C#创建 Windows Store 应用程序时，Visual Studio 2012 的"智能感知"会自动显示可用功能的一个受限视图，在 WinRT 中用不了的类型和方法不会显示。

另一方面，WinRT 的一些功能和类型在.NET Framework 中也没有等价物，或者工作方式显著不同，所以不能简单地转换。WinRT 通过映射层向 CLR 提供这些功能，使之看起来就像是.NET Framework 的类型和方法，可直接在托管代码中调用它们。对于 Windows Store 应用，这种设计最主要影响到的就是 UI 的实现，以及就像本书的某些练习那样，要求在创建图形应用程序时为 Windows 7 和 Windows 8 引用不同的命名空间。System.Windows 及其子命名空间是 Windows 7 使用的，而 Windows.UI 及其子命名空间是 Windows 8 使用的。这些命名空间包含的类型由不同程序集实现。System.Windows 命名空间中的类型位于 .NET Framework 4.5 的 WindowsBase，PresentationCore 和 PresentationFramework 程序集；而 Windows.UI 命名空间中的类型位于 WinRT 的 Windows 程序集。

注意，WinRT 严格来说不是使用程序集，而是用自己的结构容纳可执行代码库。但是，WinRT 库公开的元数据采用和 .NET Framework 程序集一样的格式存储，这样才能由 CLR 读取。CLR 能创建这些库定义的对象并调用其方法。所以，WinRT 库的外观和行为都像是 .NET Framework 程序集。

所以，CLR 和 WinRT 所实现的集成使 CLR 能透明地使用 WinRT 类型，但同时也支持反方向的互操作性。也就是说，可用托管代码定义类型，使其能由非托管应用程序使用，只要这些类型符合 WinRT 的期待即可。第 9 章解释了结构在这方面的要求(结构中的实例和静态方法不能通过 WinRT 使用，私有字段也不支持)。

如果类需要由非托管应用程序通过 WinRT 使用，就必须满足以下规则。

- 任何公共字段，以及任何公共方法的参数和返回值，都必须是 WinRT 类型或者能由 WinRT 透明转换成 WinRT 类型的 .NET Framework 类型。在支持的 .NET Framework 类型中，包括合格的值类型(比如结构和枚举)，以及和 C#基本类型(int, long, float, double, string 等)对应的。类中可以有私有字段，它们可以是 .NET Framework 中的任何类型，不需要符合 WinRT。

- 类不能重写 System.Object 的除 ToString 之外的方法，而且不可声明受保护构造器。

- 定义类的命名空间必须与实现类的程序集同名。另外，命名空间的名称(进而包括程序集名称)一定不能以 "Windows" 开头。

- 不能在通过 WinRT 运行的非托管应用程序中从托管类型继承。因此，所有公共类都要密封。要实现多态性，可创建公共接口并在必须多态的类中实现该接口。

- 可以引发 Windows Store 应用程序支持的任何 .NET Framework 异常类型，但不能创建自己的异常类。从非托管应用程序调用时，如果代码引发未处理异常，WinRT 会在非托管代码中引发等价的异常。

WinRT 对本书以后要讲到的 C#语言功能还提出了其他要求，届时会一一进行解释。

小　结

本章解释了如何定义和实现接口与抽象类。下表总结了为接口、类和结构定义方法时，各种 yes(有效)、no(无效)和 required (必需)的关键字组合。

关键字	接口(interface)	抽象类(abstract)	类(class)	密封类(sealed)	结构(struct)
abstract	no	yes	no	no	no
new	yes[①]	yes	yes	yes	no[②]
override	no	yes	yes	yes	no[③]
private	no	yes	yes	yes	yes
protected	no	yes	yes	yes	no[④]
public	no	yes	yes	yes	yes
sealed	no	yes	yes	required	no
virtual	no	yes	yes	no	no

① 接口可以扩展另一个接口，并引入一个具有相同签名的新方法。

② 结构不支持继承，所以不能隐藏方法。

③ 结构不支持继承，所以不能重写方法。

④ 结构不支持继承；结构隐式密封，所以不能从它派生。

● 如果希望继续学习下一章，请继续运行 Visual Studio 2012，然后阅读第 14 章。

● 如果希望现在就退出 Visual Studio 2012，请选择“文件”|“退出”。如果看到“保存”对话框，请单击“是”按钮保存项目。

第 13 章快速参考

目标	操作

声明接口	使用 interface 关键字。示例如下：
	
	``interface IDemo
	{
	    string GetName();
	    string GetDescription();
	}```

实现接口	使用与类继承相同的语法来声明类，在类中实现接口定义的所有方法。示例如下：
	
	``class Test : IDemo
	{
	    public string IDemo.GetName()
	    {
	        ...
	    }
	
	    public string IDemo.GetDescription()
	    {
	        ...
	    }
	}```

目标	操作

创建只能作为基类使用的抽象类，并在其中包含抽象方法	类用 abstract 关键字声明，抽象方法同样用 abstract 关键字声明，不添加方法主体。示例如下：
	
	``
	abstract class GrazingMammal
	{
	    abstract void DigestGrass();
	    ...
	}
	``

创建不能作为基类使用的密封类	使用 sealed 关键字声明类。示例如下：
	
	``
	sealed class Horse
	{
	    ...
	}
	``

第 14 章　使用垃圾回收和资源管理

本章旨在教会你：

- 使用垃圾回收机制来管理系统资源
- 编写在析构器终结对象时运行的代码
- 编写 try/finally 语句，以异常安全[①]的方式，在已知的时间点释放资源
- 编写 using 语句，以异常安全的方式，在已知的时间点释放资源
- 实现 IDisposable 接口在类中实现异常安全的资源清理

通过前面的学习，知道了如何创建变量和对象，并理解了在创建变量和对象的时候内存的分配方式(稍微提醒一下：值类型在栈上创建，而引用类型分配的是堆内存)。计算机内存有限，所以当变量或对象不再需要内存时候，必须回收这些内存。值类型离开作用域就会被销毁，内存会被回收。这个操作很容易完成。但引用类型呢？对象是用 new 关键字来创建的，但应该在什么时候，采取什么方式来销毁对象呢？这正是本章要讨论的主题。

14.1　对象的生存期

首先回忆一下创建对象时发生的事情。对象用 new 操作符创建。下例创建 Square (正方形)类的新实例，该类已经在上一章写好了。

```
Square mySquare = new Square(); // Square 是引用类型
```

new 表面上是单步操作，但实际要分两步走。

1. 首先，new 操作从堆中分配原始内存。这个阶段无法进行任何干预。

2. 然后，new 操作将原始内存转换成对象；它必须初始化对象。可用构造器控制这一阶段。

> **注意**　C++程序员请注意，C#不允许重载 new 来控制内存分配。

创建好对象后，可用点操作符(.)访问其成员。例如，Square 类包含一个名为 Draw 的方法：

```
mySquare.Draw();
```

> **注意**　上述代码基于从 DrawingShape 抽象类继承的那个版本的 Square 类，它不是显式实现 IDraw 接口。欲知详情，参见第 13 章。

---

① 即 exception-safe，或者说"发生异常时安全"。"异常"在这里是名词而非形容词。——译注

mySquare 变量离开作用域时,它引用的 Square 对象就没人引用了,所以对象可以销毁,占用的内存可以被回收(稍后会讲到,这并不是马上就发生的)。和对象的创建相似,对象的销毁也分两步走,过程刚好与创建相反。

1. CLR 执行清理工作,可以写一个析构器来加以控制。

2. CLR 将对象占用的内存归还给堆,解除对象内存的分配。对这个阶段你没有控制权。

销毁对象并将内存归还给堆的过程称为**垃圾回收**。

注意 C++程序员请注意,C#没有提供个 delete 操作符。完全由 CLR 控制何时摧毁对象。

14.1.1 编写析构器

使用**析构器**,可以在对象被垃圾回收时执行必要的清理工作。CLR 能自动清理对象使用的任何托管资源,所以许多时候都不需要自己写析构器。但是,如果托管资源很大(比如一个多维数组),就可考虑将对该资源的所有引用都设为 null,使资源能被立即清理。另外,如果对象引用了非托管资源(无论直接还是间接),析构器就更有用了。

注意 间接的非托管资源其实很常见。文件流、网络连接、数据库连接和 Windows 操作系统管理的其他资源都是例子。所以,如果方法要打开一个文件,就应考虑添加析构器在对象被销毁时关闭文件。但取决于类中的代码的结构,或许有更好、更及时的办法关闭文件,详情参见稍后对 using 语句的讨论。

和**构造器**相似,析构器也是一个特殊的方法,只是 CLR 会在对象的所有引用都消失之后调用它。析构器的语法是先写一个~符号,然后添加类名。例如,下面的类在构造器中打开文件进行读取,在析构器中关闭文件(注意这只是例子,不建议总是按这个模式打开和关闭文件):

```
class FileProcessor
{
  FileStream file = null;
  public FileProcessor(string fileName)
  {
    this.file = File.OpenRead(fileName); // 打开文件来读取
  }

  ~FileProcessor()
  {
    this.file.Close(); // 关闭文件
  }
}
```

析构器存在下面这些非常重要的不足。

● 析构器只适合引用类型。值类型(例如结构)中不能声明析构器。

```
struct MyStruct
{
    ~MyStruct() { ... } // 编译时错误
}
```

- 不能为析构器指定访问修饰符(例如 public)。这是由于永远不在自己的代码中调用
  析构器——总是由垃圾回收器(CLR 的一部分)帮你调用。

```
public ~FileProcessor() { ... } // 编译时错误
```

- 析构器不能获取任何参数。同样地，这是由于永远不由你自己调用析构器。

```
~FileProcessor(int parameter) { ... } // 编译时错误
```

编译器内部自动将析构器转换成对 Object.Finalize 方法的一个重写版本的调用。例如，
编译器将以下析构器：

```
class FileProcessor
{
    ~FileProcessor() { // 你的代码放到这里 }
}
```

转换成以下形式：

```
class FileProcessor
{
    protected override void Finalize()
    {
        try { // 你的代码放在这里 }
        finally { base.Finalize(); }
    }
}
```

编译器生成的 Finalize 方法将析构器的主体包含到一个 try 块中，后跟一个 finally 块来
调用基类的 Finalize 方法(try 和 finally 关键字已在第 6 章讲述)。这样就确保一个析构器总
是调用其基类析构器，即使在你的析构器代码中发生了异常。

注意，只有编译器才能进行这个转换。你不能自己重写 Finalize，也不能自己调用
Finalize。

14.1.2　为什么要使用垃圾回收器

在 C#中，你永远不能亲自销毁对象。没有任何语法支持这个操作。相对，CLR 在它认
为合适的时间帮你做这件事情。注意，可能存在对一个对象的多个引用。在下例中，变量
myFp 和 referenceToMyFp 引用同一个 FileProcessor 对象。

```
FileProcessor myFp = new FileProcessor();
FileProcessor referenceToMyFp = myFp;
```

能创建对一个对象的多少个引用？答案是没有限制。这对对象的生存期产生了影响。

CLR 必须跟踪所有这些引用。如果变量 myFp 不存在了(离开作用域)，其他变量(比如 referenceToMyFp)可能仍然存在，FileProcessor 对象使用的资源还不能被回收(文件还不能被关闭)。因此，对象的生存期不能和特定的引用变量绑定。只有在对一个对象的所有引用都消失之后，才可以销毁该对象，回收其内存以进行重用。

可以看出，对象生存期管理是相当复杂的一件事情，这正是 C#的设计者决定禁止由你销毁对象的原因。如果由程序员负责销毁对象，迟早会遇到以下情况之一。

- 忘记销毁对象。这意味着对象的析构器(如果有的话)不会运行，清理工作不会进行，内存不会回收到堆。最终的结果是，内存很快被消耗完。

- 试图销毁活动对象，造成一个或多个变量容纳对已销毁的对象的引用，即所谓的**虚悬引用**。虚悬引用要么引用未使用的内存，要么引用同一个内存位置的一个完全不相干的对象。无论如何，使用虚悬引用的结果都是不确定的，甚至可能带来安全上的风险。什么都可能发生。

- 试图多次销毁同一个对象。这可能是、也可能不是灾难性的，具体取决于析构器中的代码怎么写。

在 C#这种将可靠性和安全性摆在首要位置的语言中，这些问题当然是不能接受的。取而代之的是，必须由垃圾回收器负责销毁对象。垃圾回收器能做出以下几点担保。

- 每个对象都会被销毁，它的析构器会运行。程序终止时，所有未销毁的对象都会被销毁。

- 每个对象只被销毁一次。

- 每个对象只有在它不可抵达时(不再有对该对象的任何引用)才会被销毁。

这些担保的好处是明显的，它们使程序员可以告别麻烦的且很容易出错的清理工作。从此，只需将注意力集中在程序本身的逻辑上，从而显著提升了工作效率。

那么，垃圾回收在什么时候进行？这似乎是一个奇怪的问题。毕竟，肯定是在一个对象不再需要的时候进行。但要注意，垃圾回收不一定在对象不再需要之后立即进行。垃圾回收可能是一个代价较高的过程，所以"运行时"只有在觉得必要时才进行垃圾回收(例如，在它认为可用内存不够的时候，或者堆的大小超过系统定义阀值的时候)。然后，它会回收尽可能多的内存。对内存进行几次大扫除，效率显然高于进行许多次"小打小闹"的打扫！

注意 可通过静态方法 System.GC.Collect 在程序中调用垃圾回收器。但除非万不得已，否则不建议这样做。System.GC.Collect 方法将启动垃圾回收器，但回收过程是异步发生的。方法结束时，程序员仍然不知道对象是否已被销毁。让 CLR 决定垃圾回收的最佳时机！

垃圾回收器的特点是，程序员不知道(也不应依赖)对象的销毁顺序。需要理解的最后一个重点是，析构器只有在对象被垃圾回收时才运行。析构器肯定会运行，只是不保证在

什么时间运行。因此，写代码的时候，不要对析构器的运行顺序或时间做出任何假设。.

14.1.3　垃圾回收器的工作原理

　　垃圾回收器在它自己的线程中运行，而且只在特定的时候才会执行(通常是当应用程序抵达一个方法的结尾的时候)。它运行时，应用程序中运行的其他线程将暂停。这是由于垃圾回收器可能需要移动对象并更新对象引用；不能对仍在使用的对象执行这些操作。

> **注意**　　线程是应用程序的一个单独的执行路径。Windows 用线程使应用程序同时执行多个操作。

　　垃圾回收器是非常复杂的软件，能自行调整，并进行了大量优化以便在内存需求与应用程序性能之间取得一个很好的平衡。内部算法和结构超出了本书的范围(Microsoft 自己也在不断地改进垃圾回收器的性能)，但它采取的大体步骤如下。

1. 构造包含所有可抵达对象的一个映射。为此，它会反复跟随对象中的引用字段。垃圾回收器会非常小心地构造映射，确保循环引用不会造成无限递归。任何不在映射中的对象**肯定**是不可达的。

2. 检查是否有任何不可抵达的对象含有一个需要运行的析构器(运行析构器的过程称为"终结")。需要终结的任何不可抵达的对象都放到一个特殊队列中。该队列称为 freachable (发音是 F-reachable)队列。

3. 回收剩下的不可抵达的对象(即不需要终结的对象)。为此，它会在堆中向下面移动可抵达的对象，对堆进行"碎片整理"，释放位于堆顶部的内存。移动了一个可抵达的对象后，会更新对该对象的所有引用。

4. 然后，允许其他线程恢复执行。

5. 在一个独立的线程中，对需要终结的不可抵达对象(现在，这些对象在 freachable 队列中了)执行终结操作。

14.1.4　慎用析构器

　　写包含析构器的类，会使代码和垃圾回收过程变复杂。此外，还会影响程序的运行速度。如果程序不包含任何析构器，垃圾回收器就不需要将不可抵达的对象放到 freachable 队列并对它们进行"终结"(也就是不需要运行析构器)。显然，一件事情做和不做相比，不做会快一些。所以，除非确有必要，否则请尽量避免使用析构器。例如，可以改为使用 using 语句(参见本章稍后的讨论)。

　　写析构器时要小心。尤其注意，假如在析构器中调用其他对象，那些对象的析构器可能已被垃圾回收器调用。记住，"终结"(调用析构器的过程)的顺序是得不到任何保证的。

所以，要确定析构器不相互依赖，或相互重叠(例如，不要让两个析构器释放同一个资源)。

14.2　资 源 管 理

有时在析构器中释放资源并不明智。有的资源过于宝贵，用完后应马上释放，而不是等待垃圾回收器在将来某个不确定的时间释放。内存、数据库连接和文件句柄等稀缺资源应尽快释放。这时唯一的选择就是亲自释放资源。这是通过自己写的资源清理(disposal)[①]方法来实现的。可显式调用类的资源清理方法，从而控制释放资源的时机。

14.2.1　资源清理方法

实现了资源清理方法的一个例子是来自 System.IO 命名空间的 TextReader 类。该类提供了从一个顺序输入流中读取字符的机制。TextReader 包含虚方法 Close，它负责关闭流，这就是一个资源清理方法。StreamReader 类从流(例如一个打开的文件)中读取字符，StringReader 类则从字符串中读取字符。这两个类均从 TextReader 类派生，都重写了 Close 方法。下例使用 StreamReader 类从文件中读取文本行，然后在屏幕上显示它们：

```
TextReader reader = new StreamReader(filename);
string line;
while ((line = reader.ReadLine()) != null)
{
    Console.WriteLine(line);
}
reader.Close();
```

ReadLine 方法将流中的下一行文本读入字符串。如果流中不剩下任何东西，ReadLine 方法将返回 null。用完 reader 后，很重要的一点就是调用 Close 来释放文件句柄以及相关的资源。但是，这个例子存在一个问题——它不是异常安全的。如果对 ReadLine(或 WriteLine)的调用引发异常，对 Close 的调用就不会发生。如果经常发生这种情况，最终会耗尽文件句柄资源，无法打开任何更多的文件。

14.2.2　异常安全的资源清理

为了确保资源清理方法(例如 Close)总是得到调用——无论是否发生异常——一个办法

[①] 文档将 disposal 和 dispose 翻译成"释放"。之所以不赞成这个翻译，而是宁愿将其翻译为"资源清理"或"清理"，是因为在英语中，它们的意思是"摆脱"或"除去"(get rid of)一个东西，尤其是在这个东西很难除去的情况下。之所以认为"释放"不恰当，除了和 release 一词冲突，还因为 dispose 强调了"清理资源"，而且在完成(对象中包装的)资源的清理之后，对象本身的内存并不会释放。所以，"dispose 一个对象"或者"close 一个对象"真正的意思是：清理对象中包装的资源(比如它的字段所引用的对象)，然后等待垃圾回收器自动回收该对象本身占用的内存(这时才真正释放)。——译注

是在 finally 块中调用该方法。下面对前面的例子进行了修改：

```
TextReader reader = new StreamReader(filename);
try
{
    string line;
    while ((line = reader.ReadLine()) != null)
    {
        Console.WriteLine(line);
    }
}
finally
{
    reader.Close();
}
```

像这样使用 finally 块是可行的，但由于它存在几个缺点，所以并不是一个十分理想的
方案。

- 如果需要释放多个资源，局面很快就会变得难以控制(将获得嵌套的 try 和 finally
  块)。

- 有时可能需要修改代码(例如，记录资源引用的声明，记住将引用初始化为 null，
  并记住查验 finally 块中的引用不为 null)。

- 它不能创建解决方案的一个抽象。这意味着解决方案难以理解，必须在需要这个
  功能的每个地方重复代码。

- 对资源的引用保留在 finally 块之后的作用域中。这意味着可能不小心使用一个已
  经释放的资源。

using 语句就是为了解决所有这些问题而设计的。

14.2.3　using 语句和 IDisposable 接口

using 语句提供了一个脉络清晰的机制来控制资源的生存期。可以创建一个对象，这个
对象会在 using 语句块结束时销毁。

重要提示　不要将本节描述的 using 语句与用于将一个命名空间引入作用域的 using 指
令混为一谈。很不幸，同一个关键字具有两种不同的含义。

---

using 语句的语法如下：

using (*类型 变量 = 初始化*)
{
    语句块
}

下面是确保代码总是在 TextReader 上调用 Close 的最佳方式：

```
using (TextReader reader = new StreamReader(filename))
{
    string line;
    while ((line = reader.ReadLine()) != null)
    {
        Console.WriteLine(line);
    }
}
```

这个 using 语句完全等价于以下形式：

```
{
    TextReader reader = new StreamReader(filename);
    try
    {
        string line;
        while ((line = reader.ReadLine()) != null)
        {
            Console.WriteLine(line);
        }
    }
    finally
    {
        if (reader != null)
        {
            ((IDisposable)reader).Dispose();
        }
    }
}
```

注意　using 语句引入了它自己的代码块，这个块定义了一个作用域。也就是说，在语句块的末尾，using 语句所声明的变量会自动离开作用域，所以不可能因为不小心而访问已被清理的资源。

---

using 语句声明的变量的类型必须实现 IDisposable 接口。IDisposable 接口在 System 命名空间中，只包含一个名为 Dispose 的方法：

```
namespace System
{
    interface IDisposable
    {
        void Dispose();
    }
}
```

Dispose 方法的作用是清理对象使用的任何资源。StreamReader 类正好实现了 IDisposable 接口，它的 Dispose 方法会调用 Close 来关闭流。可将 using 语句作为一种清晰的、异常安全的以及可靠的方式来保证一个资源总是被释放。这解决了手动 try/finally 方案中存在的所有问题。新的方案具有以下特点。

- 需要清理多个资源时，具有良好的扩展性。

- 不影响程序代码的逻辑。

- 对问题进行良好的抽象，避免重复性编码。

- 非常健壮；using 语句结束后，就不能使用 using 语句中声明的变量(前一个例子是 reader)，因为它已经离开作用域。坚持使用会产生编译时错误。

14.2.4　从析构器中调用 Dispose 方法

　　写自己的类时，是应该写析构器，还是应该实现 IDisposable 接口，使 using 语句能管理类的实例？对析构器的调用肯定会发生，只是不知道具体时间。另一方面，能准确地知道什么时候调用 Dispose 方法，只是不能保证它真的会发生，因为它要求使用类的程序员记住写 using 语句。不过，从析构器中调用 Dispose 方法就能保证它的运行。这样可以多一层保障。忘记调用 Dispose 也没有关系，程序关闭时它总是会被调用的。本章最后的练习会体验这个功能，下例演示了如何实现 IDisposable 接口。

```
class Example : IDisposable
{
  private Resource scarce;        // 要管理和清理的稀缺资源
  private bool disposed = false;  // 指示资源是否已被清理的标志
  ...
  ~Example()
  {
     this.Dispose(false);
  }

  public virtual void Dispose()
  {
     this.Dispose(true);
     GC.SuppressFinalize(this);
  }

  protected virtual void Dispose(bool disposing)
  {
     if (!this.disposed)
     {
        if (disposing)
        {
          // 在此释放大型托管资源
          ...
        }
        // 在此释放非托管资源
        ...
```

```
                this.disposed = true;
            }
        }

    public void SomeBehavior()  // 示例方法
    {
        checkIfDisposed();          // 每个常规方法都要调用这个方法来检查对象是否已经清理
        ...
}

    ...
    private void checkIfDisposed()
    {
        if (this.disposed)
        {
            throw new ObjectDisposedException("示例：对象已经清理");
        }
    }
}
```

请注意以下几点。

- 类实现了 IDisposable 接口。

- 公共 Dispose 方法可由应用程序代码在任何时候调用

- 公共 Dispose 方法调用 Dispose 方法获取一个 Boolean 参数的受保护重载版本，向其传递 true。后者实际清理资源。

- 析构器调用 Dispose 方法获取一个 Boolean 参数的受保护重载版本，向其传递 false。析构器只由垃圾回收器在对象被终结时调用。

- 受保护的 Dispose 方法可以安全地多次调用。变量 disposed 指出方法以前是否运行过。这样可防止在并发调用方法时资源被多次清理。(应用程序可能调用 Dispose，但在方法结束前，对象可能被垃圾回收，CLR 会从析构器中再次运行 Dispose 方法。)方法只有第一次运行才会清理资源。

- 受保护的 Dispose 方法支持托管资源(比如大的数组)和非托管资源(比如文件句柄)的清理。如果 disposing 参数为 true，该方法肯定是从公共 Dispose 方法中调用的，所以托管和非托管资源都会被释放。如果 disposing 参数为 false，该方法肯定是从析构器中调用的，而且垃圾回收器正在终结对象，所以不需要释放托管资源(真要那样做也不是异常安全的)，因为它们将由(或者已经由)垃圾回收器处理；在这种情况下只需释放非托管资源。

- 公共 Dispose 方法调用静态 GC.SuppressFinalize 方法。该方法阻止垃圾回收器为这个对象调用析构器，因为对象已经终结。

- 类的所有常规方法(例如 SomeBehavior)都要检查对象是否已被清理；如果是，就引发一个异常。

14.3　实现异常安全的资源清理

在下面的一组练习中，将体验如何通过 using 语句确保对象使用的资源被及时释放，即使是在应用程序发生异常的前提下。首先实现一个包含析构器的类，然后检查垃圾回收器在什么时候调用该析构器。

注意　练习创建的 Calculator 类旨在演示垃圾回收的基本原则。类实际并不消耗任何大的托管或非托管资源。这种简单类一般不需要创建析构器或实现 IDisposable 接口。

➤　创建使用了析构器的简单类

1. 如果 Microsoft Visual Studio 2012 尚未启动，请启动它。

2. 在"文件"菜单中选择"新建"|"项目"。

3. 在"新建项目"对话框中，单击左侧模板列表中的"Visual C#"，在中间窗格选择"控制台应用程序"，在"名称"文本框中输入 **GarbageCollectionDemo**。在"位置"文本框中指定"文档"文件夹下的 Microsoft Press\Visual CSharp Step By Step\Chapter 14 子文件夹。然后单击"确定"按钮。

提示　还可利用"位置"旁边的"浏览"按钮切换到 Microsoft Press\Visual CSharp Step By Step\Chapter 14，而不必手动输入。

Visual Studio 将新建控制台应用程序，在"代码和文本编辑器"中显示 Program.cs。

4. 选择"项目"|"添加类"。

5. 在"添加新项 - GarbageCollectionDemo"对话框中，验证中间窗格选定了"类"模板。在"名称"文本框中输入 **Calculator.cs**，然后单击"添加"按钮。

将创建 Calculator 类，并在"代码和文本编辑器"窗口中显示。

6. 将以下加粗显示的公共 Divide 方法添加到 Calculator 类。

```
class Calculator
{
    public int Divide(int first, int second)
    {
        return first / second;
    }
}
```

这个方法很简单，就是第一个参数除以第二个，返回结果。提供它的目的是为类添加一些功能，以便应用程序调用。

7. 在 Calculator 类开头(Divide 方法上方)添加以下加粗的公共构造器。构造器作用是验证 Calculator 对象被成功创建:

```
class Calculator
{
  public Calculator()
  {
    Console.WriteLine("Calculator being created");
  }
  ...
}
```

8. 在 Calculator 类中添加以下加粗的析构器:

```
class Calculator
{
  ...
  ~Calculator()
  {
    Console.WriteLine("Calculator being finalized");
  }
  ...
}
```

析构器只是显示一条消息让人知道在什么时候垃圾回收器运行并终结类的实例。写真正的程序时,一般不会在析构器中输出文本。

9. 在"文本和代码编辑器"窗口中显示 Program.cs 文件。

10. 在 Program 类的 Main 方法中添加以下加粗的语句:

```
static void Main(string[] args)
{
  Calculator calculator = new Calculator();
  Console.WriteLine("{0} / {1} = {2}", 120, 15, calculator.Divide(120, 15));
  Console.WriteLine("Program finishing");
}
```

代码创建一个 Calculator 对象,调用对象的 Divide 方法并显示结果,然后输出表明程序结束的消息。

11. 选择"调试" | "开始执行(不调试)"。验证程序显示以下消息:

```
Calculator being created
120 / 15 = 8
Program finishing
Calculator being finalized
```

注意   只有在 Main 方法完成之后、程序要结束时才运行 Calculator 对象的终结器。

12. 在控制台窗口中按 Enter 键返回 Visual Studio 2012。

CLR 保证应用程序创建的所有对象都被垃圾回收，只是不保证在什么时候进行。在这个练习中，应用程序的执行时间较短，所以 Calculator 对象很快就随着程序的结束而被终结了。但假如是一个大型应用程序，其中的类使用了稀缺的资源，除非采取必要的步骤来进行资源清理，否则创建的对象也有可能要等到应用程序结束时才被释放。如果资源是文件，别的用户将长时间无法访问文件；如果资源是数据库连接，别的用户将长时间无法连接同一个数据库。理想情况是资源用完就释放，而不是被动地等着应用程序终止。

下个练习要在 Calculator 类中实现 IDisposable 接口，使程序能在它选择的时间终结 Calculator 对象。

➢　**实现 IDisposable 接口**

1.　在"代码和文本编辑器"窗口中显示 Calculator.cs 文件。

2.　修改 Calculator 类的声明来实现 IDisposable 接口，如以下加粗的部分所示。

```
class Calculator : IDisposable
{
  ...
}
```

3.　在类中添加 IDisposable 接口要求的 Dispose 方法。

```
class Calculator : IDisposable
{
  ...
  public void Dispose()
  {
    Console.WriteLine("Calculator being disposed");
  }
}
```

一般要在 Dispose 方法中添加代码来释放对象占用的资源。但这里只是输出一条消息，在 Dispose 方法运行时通知你。如你所见，析构器和 Dispose 方法的代码可能存在一定的重复。为避免重复，要将代码放到一个地方，并从另一个地方调用。既然不能从 Dispose 方法中显式调用析构器，就只能从析构器中调用 Dispose 方法，并将资源释放逻辑放到 Dispose 方法中。

4.　修改析构器来调用 Dispose 方法，如以下加粗的语句所示。(保留显示对象已被终结的语句，以便知道垃圾回收器在什么时候运行。)

```
~Calculator()
{
  Console.WriteLine("Calculator being finalized");
  this.Dispose();
}
```

想用 Dispose 方法在应用程序中销毁 Calculator 对象时，注意 Dispose 不会自动运行；代码要么显式调用它(使用 calculator.Dispose()这样的语句)，要么在 using 语句中创建 Calculator 对象。本例准备采用第二个方案。

5.   在"代码和文本编辑器"中显示 Program.cs 文件，修改 Main 方法中创建 Calculator
      对象并调用 Divide 方法的语句，如以下加粗的部分所示：

```
static void Main(string[] args)
{
  using (Calculator calculator = new Calculator())
  {
    Console.WriteLine("{0} / {1} = {2}", 120, 15, calculator.Divide(120, 15));
  }
  Console.WriteLine("Program finishing");
}
```

6.   选择"调试" | "开始执行(不调试)"。验证程序显示以下消息：

```
Calculator being created
120 / 15 = 8
Calculator being disposed
Program finishing
Calculator being finalized
Calculator being disposed
```

      using 语句造成 Dispose 方法先于显示"Program finishing"消息的语句运行。但是，
      应用程序终止时仍会运行 Calculator 对象的析构器，它会再次调用 Dispose 方法。
      这显然有点重复了，也是对处理器资源的浪费。

7.   在控制台窗口中按 Enter 键返回 Visual Studio 2012。

      多次清理对象使用的资源可能是、也可能不是灾难性的，但绝不是好的编程实践。
      推荐的方案是在类中添加一个私有 Boolean 字段来指出 Dispose 方法是否已被调
      用，然后在 Dispose 方法中检查该字段。

➤   **阻止对象被多次清理**

1.   在"代码和文本编辑器"窗口中显示 Calculator.cs 文件。

2.   在 Calcuator 类中添加私有 Boolean 字段 disposed，初始化为 false，如以下加粗的
      语句所示：

```
class Calculator : IDisposable
{
  private bool disposed = false;
  ...
}
```

      字段作用是跟踪对象状态，指出是否已在它上面调用 Dispose 方法。

3.   修改 Dispose 方法的代码，只有 disposed 字段为 false 才显示消息。显示消息后，
      将 disposed 字段设为 true，如以下加粗的语句所示：

```
public void Dispose()
{
  if (!disposed)
  {
    Console.WriteLine("Calculator being disposed");
  }
  this.disposed = true;
}
```

4.　选择"调试" | "开始执行(不调试)"。验证程序显示以下消息：

```
Calculator being created
120 / 15 = 8
Calculator being disposed
Program finishing
Calculator being finalized
```

Calculator 对象现在只被清理一次，但析构器仍会运行。这同样是一种浪费，所以下一步是在对象的资源已被释放的前提下阻止运行析构器。

5.　在控制台窗口中按 Enter 键返回 Visual Studio 2012。

6.　将以下加粗显示的语句添加到 Calculator 类的 Dispose 方法末尾：

```
public void Dispose()
{
  if (!disposed)
  {
    Console.WriteLine("Calculator being disposed");
  }
  this.disposed = true;
  GC.SuppressFinalize(this);
}
```

GC 类允许访问垃圾回收器，实现了几个静态方法来控制它的部分行动。SuppressFinalize 方法告诉垃圾回收器不要对指定的对象执行终止操作，阻止析构器运行。

重要提示　GC 类公开了许多用于配置垃圾回收器的方法。但是，一般最好还是让 CLR 自己管理垃圾回收器。若调用这些方法不当，可能严重影响应用程序的性能。SuppressFinalize 方法的使用需要绝对的谨慎，因为清理对象失败可能丢失数据。(例如，如果没有正确关闭文件，内存中缓存但尚未写入磁盘的任何数据都会丢失。)只有在知道对象已被清理的前提下(就像本练习展示的那样)才可调用该方法。

7.　选择"调试" | "开始执行(不调试)"。验证程序显示以下消息：

```
Calculator being created
120 / 15 = 8
```

```
Calculator being disposed
Program finishing
```

可以看到，析构器不再运行，因为在程序结束运行之前，对象已经被清理了。

8.　在控制台窗口中按 Enter 键返回 Visual Studio 2012。

线程安全和 Dispose 方法

用 disposed 字段防止对象被多次清理，这个方法大多数时候都适用，但注意你控制不了终结器的运行时间。对于本章的练习，它总是在程序结束时执行，但其他时候并非一定如此。事实上，在对象的所有引用都消失之后的任何时间可能调用终结器。所以，终结器甚至可能在 Dispose 方法运行时由垃圾回收器调用(记住垃圾回收器在自己的线程上运行)——尤其是在 Dispose 方法有大量工作要做的时候。为了减少资源被多次释放的概率，可将 this.disposed = true;语句挪动到更接近 Dispose 方法开头的位置，但假如这样做，从设置该变量开始到释放资源之前发生的异常将导致资源得不到释放。

为了完全阻止两个线程争着清理同一个资源，可用线程安全的方式写代码，把它们嵌入一个 C# lock 语句中，如下所示:

```csharp
public void Dispose()
{
  lock(this)
  {
    if (!disposed)
    {
      Console.WriteLine("Calculator being disposed");
    }
    this.disposed = true;
    GC.SuppressFinalize(this);
  }
}
```

lock 语句旨在阻止一个代码块同时在不同的线程上运行。lock 语句的参数(上例是 this)应该是对象引用。大括号中的代码定义了 lock 语句的作用域。执行到 lock 语句时，如果指定的对象目前已被锁定，请求锁的线程就会阻塞，代码将暂停执行。一旦当前拥有锁的线程抵达 lock 语句结束大括号，锁将被释放，允许被阻塞的线程获得锁并继续。然而，由于此时 disposed 字段已被设为 true，所以第二个线程不再执行 if (!disposed)块中的代码。

像这样使用锁能确保线程安全，但会对性能产生一定影响。一个替代方案是使用本章早先描述的策略，即只禁止重复清理托管资源(多次清理托管资源不是异常安全的;虽然不会损害计算机的安全性，但试图清理不存在的托管对象,可能影响应用程序的逻辑完整性)。这个策略要求实现 Dispose 方法的重载版本; using 语句自动调用无参的 Dispose()，后者调用重载的 Dispose(true)，而析构器调用 Dispose(false)。调用重载 Dispose 时，只有在参数为 true 时才释放托管资源。欲知详情，请回头参考 14.2.4 节。

using 语句的目的是保证对象总是得到清理，即使使用期间发生了异常。本章最后一个练习将在 using 块中间生成异常来加以验证。

> **验证对象在发生异常后也得到清理**

1. 在"代码和文本编辑器"窗口中显示 Program.cs 文件。

2. 修改调用 Calculator 对象的 Divide 方法的语句以使用 using 块，如下所示：

```
static void Main(string[] args)
{
  using (Calculator calculator = new Calculator())
  {
    Console.WriteLine("{0} / {1} = {2}", 120, 0, calculator.Divide(120, 0));
  }
  Console.WriteLine("Program finishing");
}
```

注意，修订过的语句试图 120 除以 0。

3. 选择"调试" | "开始执行(不调试)"。

如同预期的那样，程序引发未处理的 DivideByZeroException 异常。

4. 在 GarbageCollectionDemo 消息框中单击"取消"按钮(要快一点，在"调试"和"关闭程序"按钮出现之前)。

验证在未处理异常后显示了消息"Calculator being disposed"(如下图所示)。

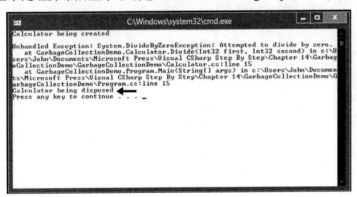

5. 在控制台窗口中按 Enter 键返回 Visual Studio 2012。

小　　结

本章展示了垃圾回收器是如何工作的，并介绍了.NET Framework 如何用它清理(对象占用的资源)和回收(对象占用的内存)。讲述了如何写析构器，以便垃圾回收器在回收内存的时候清理对象使用的资源。还讲述了如何使用 using 语句，以异常安全的方式实现对资源的清理，最后介绍如何实现 IDisposable 接口来支持这种形式的清理。

- 如果希望继续学习下一章，请继续运行 Visual Studio 2012，然后阅读第 15 章。

- 如果希望现在就退出 Visual Studio 2012，请选择"文件"|"退出"。如果看到"保存"对话框，请单击"是"按钮保存项目。

第 14 章快速参考

目标	操作

写析构器	写和类同名的方法，但附加~前缀。方法不能有任何访问修饰符(例如 public)，也不能有任何参数或返回值。示例如下：
	
	``csharp
	class Example
	{
	    ~Example()
	    {
	        ...
	    }
	}
	``

调用析构器	程序员不能自己调用析构器。只有垃圾回收器才能
强制垃圾回收(不推荐)	调用 GC.Collect

在已知时间点释放资源(但假如异常中断了执行过程，就会有内存泄漏的风险)	写一个资源清理方法，从程序中显式调用它。示例如下：
	
	``csharp
	class TextReader
	{
	    ...
	    public virtual void Close()
	    {
	        ...
	    }
	}
	
	class Example
	{
	    void Use()
	    {
	        TextReader reader = ...;
	        // 在这里使用 reader
	        reader.Close();
	    }
	}
	``

目标	操作

使类支持异常安全的资源清理	实现 IDisposable 接口。示例如下：
	
	``
	class SafeResource : IDisposable
	{
	  ...
	  public void Dispose()
	  {
	    // 在这里清理资源
	  }
	}
	``

以异常安全的方式清理资源，要求对象实现 IDisposable 接口	在 using 语句中创建对象。示例如下：
	
	``
	using (SafeResource resource =
	         new SafeResource())
	{
	  // 在这里使用 SafeResource
	  ...
	}
	``

第 III 部分

用 C#定义可扩展类型

本书前两部分介绍了 C#语言的核心语法，展示了如何用 C#构造新类型，其中包括结构、枚举和类。还介绍了在程序运行期间，"运行时"如何管理变量和对象使用的内存，以及 C#对象生存期的问题。第 III 部分将以前面所学的知识为基础，介绍如何使用 C#创建可扩展的类型——即可以在不同应用程序中重用的功能组件。

第 III 部分要介绍许多高级 C#功能，比如属性、索引器、泛型和集合类。还要解释如何用事件构建响应灵敏的系统，以及如何用委托从一个类调用另一个类的逻辑，同时两个类不用紧密结合；这是很强大的一个技术，能极大增强系统的扩展性。还要介绍 C#的语言集成查询(LINQ)功能，它允许以清楚和自然的方式在对象集合上执行可能非常复杂的查询。

第 15 章　实现属性以访问字段

本章旨在教会你：

- 使用属性封装逻辑字段
- 声明 get 访问器(取值方法)控制对属性的读取
- 声明 set 访问器(赋值方法)控制对属性的写入
- 创建声明了属性的接口
- 使用结构和类实现包含属性的接口
- 根据字段定义自动生成属性
- 用属性来初始化对象

本章将探讨如何定义和使用**属性**来隐藏类中的字段。之前强调过，应该将类中的字段设为私有，并提供专门的方法来存取值。这样就可以安全地、受控制地访问字段。另外，还可封装附加的逻辑和规则，规定哪些值能访问，以及以什么方式访问。但是，字段的访问语法就会变得有一点儿怪。读写变量时，你会自然地想要使用赋值语句。如果必须调用方法才能在字段上达到相同的效果，肯定会感觉不自然。毕竟，这些字段本质上就是变量。属性正是为了弥补这一缺陷而设计的。

15.1　使用方法实现封装

首先回忆一下使用方法来隐藏字段的原始动机。

以下结构用坐标(x, y)表示屏幕位置。假定 x 坐标的有效范围是 0~1280，y 坐标的有效范围是 0~1024：

```
struct ScreenPosition
{
    public int X;
    public int Y;

    public ScreenPosition(int x, int y)
    {
        this.X = rangeCheckedX(x);
        this.Y = rangeCheckedY(y);
    }

    private static int rangeCheckedX(int x)
    {
        if (x < 0 || x > 1280)
        {
            throw new ArgumentOutOfRangeException("X");
```

```
    }
    return x;
}

private static int rangeCheckedY(int y)
{
    if (y < 0 || y > 1024)
    {
        throw new ArgumentOutOfRangeException("Y");
    }
    return y;
}
}
```

这个结构的问题在于，它违反了封装原则；没有保持其数据的私有状态。将数据公开是一个糟糕的主意，因为类控制不了应用程序对数据的访问。例如，虽然 ScreenPosition 构造器会对它的参数进行范围检查，但在创建好 ScreenPosition 对象之后，就可以随便访问公共字段了，而此时不存在任何检查。迟早(早的概率更大)，X 或 Y 将超出允许的范围(可能是因为一个编程错误，也可能是因为开发人员理解错误)：

```
ScreenPosition origin = new ScreenPosition(0, 0);
...
int xpos = origin.X;
origin.Y = -100; // 可以随便赋值
```

解决这个问题的常规手段是使字段成为私有，并添加取值和赋值方法，分别读取和写入每个私有字段的值。这样，赋值方法就可以对新的字段值执行范围检查。例如，以下代码为 X 字段添加了取值方法(GetX)和赋值方法(SetX)。注意 SetX 会检查参数值：

```
struct ScreenPosition
{
    ...
    public int GetX()
    {
        return this.x;
    }

    public void SetX(int newX)
    {
        this.x = rangeCheckedX(newX);
    }
    ...
    private static int rangeCheckedX(int x) { ... }
    private static int rangeCheckedY(int y) { ... }
    private int x, y;
}
```

好了，上述代码已成功施加了范围限制，这是一件好事情。然而，为了达到这个目的，我们也付出了不小的代价——现在的 ScreenPosition 不再具有自然的语法形式；它现在使用的是不太方便的、基于方法的语法。下例使 X 的值递增 10。为此，它必须使用取值方法

GetX 从 X 读取，再用赋值方法 SetX 向 X 写入：

```
int xpos = origin.GetX();
origin.SetX(xpos + 10);
```

而在使用公共字段 X 时候，上述代码是像下面这样写的：

```
origin.X += 10;
```

使用公共字段，代码无疑更简洁，缺点是会破坏封装性。不过，在属性的帮助下，可以获得两全其美的结果——既维持了封装性，又可以使用字段风格的语法。

15.2　什么是属性

属性是字段和方法的交集——看起来像字段，用起来像方法。访问属性所用的语法和访问字段相同。然而，编译器会将这种字段风格的语法自动转换成对特定访问器方法[①]的调用。属性的声明如下所示：

```
访问修饰符 类型 属性名
{
    get
    {
        // 取值代码
    }

    set
    {
        // 赋值代码
    }
}
```

属性可以包含两个代码块，分别以 get 和 set 关键字开头。其中，get 块包含读取属性时执行的语句，set 块包含在向属性写入时执行的语句。属性的类型指定了由 get 和 set 访问器读取和写入的数据的类型。

以下代码段展示了使用属性来改写的 ScreenPosition 结构。在阅读代码时，请注意以下几点：小写的 x 和 y 是私有字段；大写的 X 和 Y 是公共属性；所有 set 访问器都用一个隐藏的、内建的参数(名为 value)来传递要写入的数据。

```
struct ScreenPosition
{
  private int _x, _y;

  public ScreenPosition(int X, int Y)
  {
    this._x = rangeCheckedX(X);
```

---

① 取值和赋值方法统称为访问器方法。两个方法有时也称为 get 访问器和 set 访问器。——译注

```
    this._y = rangeCheckedY(Y);
  }

  public int X
  {
    get { return this._x; }
    set { this._x = rangeCheckedX(value); }
  }

  public int Y
  {
    get { return this._y; }
    set { this._y = rangeCheckedY(value); }
  }

  private static int rangeCheckedX(int x) { ... }
  private static int rangeCheckedY(int y) { ... }
}
```

在本例中，每个属性都直接由一个私有字段实现。但这只是实现属性的方式之一。属性唯一要求的就是由 get 访问器返回指定类型的值。值还能动态计算获得，不一定要从存储好的数据中获取。如果像这样实现属性，就不需要物理字段了。

> 注意　虽然本章的例子演示的是如何为结构定义属性，但它们也适合类，语法是相同的。

关于属性和字段名称的提醒

2.3.1 节介绍了变量命名规范。尤其强调要避免标识符以下划线开头。但 ScreenPosition 结构没有遵循这个规范，它的两个字段被命名为 _x 和 _y。这样做是有原因的。7.4 节的补充内容"命名和可访问性"指出公共方法和字段一般以大写字母开头，私有方法和字段一般以小写字母开头。这两个规范可能造成你为属性和私有字段指定只是首字母大小写有区别的名称。许多单位正是这样干的。如果你的单位也在此列，那么注意它的一个重要的缺陷。例如以下代码，它实现了名为 Employee 的类。EmployeeID 属性提供对私有字段 employeeID 字段的公共访问。

```
class Employee
{
  private int employeeID;

  public int EmployeeID
  {
    get { return this.EmployeeID; }
    set { this.EmployeeID = value; }
  }
}
```

代码编译没有问题,但会造成每次访问 EmployeeID 属性时引发 StackOverflowException 异常。这是由于 get 和 set 访问器不小心引用属性(以大写字母 E 开头)而不是私有字段(小写

e)，这造成了无限递归，最终造成可用内存被耗尽。这种 bug 是很难发现的！有鉴于此，本书以下划线开头命名为属性提供数据的私有字段。这样可以更加明显地和属性进行区分。除此之外的其他所有私有字段还是使用不以下划线开头的 camelCase 标识符。

15.2.1　使用属性

在表达式中使用属性时，要么取值，要么赋值。下例展示了如何从 ScreenPosition 结构的 X 和 Y 属性中取值：

```
ScreenPosition origin = new ScreenPosition(0, 0);
int xpos = origin.X;  // 实际调用 origin.X.get
int ypos = origin.Y;  // 实际调用 origin.Y.get
```

注意，现在属性和字段是用相同的语法来访问。对属性取值时，编译器自动将字段风格的代码转换成对属性的 get 访问器的调用。类似地，对属性赋值时，编译器自动将字段风格的代码转换成对该属性的 set 访问器的调用：

```
origin.X = 40;            // 实际调用 origin.X.set，value 设为 40
origin.Y = 100;           // 实际调用 origin.Y.set，value 设为 100
```

如前所述，要赋的新值通过 value 变量传给 set 访问器。"运行时"自动完成这个传值操作。

还可同时对属性进行取值和赋值。在这种情况下，get 和 set 访问器都会被用到。例如，编译器自动将以下语句转换成对 get 和 set 访问器的调用：

```
origin.X += 10;
```

提示　可采取和声明静态字段及方法一样的方式声明静态属性。访问静态属性时，要附加类或结构名称作为前缀，而不是附加类或结构的实例名称作为前缀。

15.2.2　只读属性

可以声明只包含 get 访问器的属性，这称为只读属性。例如，以下代码将 ScreenPosition 结构的 X 属性声明为只读属性：

```
struct ScreenPosition
{
    private int _x;
    ...
    public int X
    {
        get { return this._x; }
    }
}
```

X 属性不含 set 访问器，对 X 进行写入操作会报告编译时错误。示例如下：

```
origin.X = 140; // 编译时错误
```

15.2.3　只写属性

类似地，可声明只包含 set 访问器的属性，这称为只写属性。例如，以下代码将
ScreenPosition 结构的 X 属性声明为只写属性：

```
struct ScreenPosition
{
    private int _x;
    ...
    public int X
    {
        set { this._x = rangeCheckedX(value); }
    }
}
```

X 属性不包含 get 访问器。所以，读取 X 会报告编译时错误。示例如下：

```
Console.WriteLine(origin.X);        // 编译时错误
origin.X = 200;                     // 编译通过
origin.X += 10;                     // 编译时错误
```

> **注意**　只写属性适用于对密码这样的数据进行保护。理想情况下，实现了安全性的应用
> 程序允许设置密码，但不允许读取密码。登录时用户要提供密码。登录方法将用
> 户提供的密码与存储的密码比较，只返回两者是否匹配的消息。

15.2.4　属性的可访问性

声明属性时要指定可访问性(public, private 或 protected)。但在属性声明中，可为 get
和 set 访问器单独指定可访问性，从而覆盖属性的可访问性。例如，下面这个版本的
ScreenPosition 结构将 X 和 Y 属性的 set 访问器定义成私有，而 get 访问器仍为公共 (因为
属性是公共的)：

```
struct ScreenPosition
{
    private int _x, _y;
    ...
    public int X
    {
        get { return this._x; }
        private set { this._x = rangeCheckedX(value); }
    }

    public int Y
```

```
  {
    get { return this._y; }
    private set { this._y = rangeCheckedY(value); }
  }
  ...
}
```

为两个访问器定义不同的可访问性时，必须遵守以下规则。

- 只能改变一个访问器的可访问性。例如，将属性声明为公共，但将它的两个访问器都声明成私有是没有意义的。

- 访问器的访问修饰符(也就是 public，private 或者 protected)所指定的可访问性在限制程度上必须大于属性的可访问性。例如，将属性声明为私有，就不能将 get 访问器声明为公共 (相反，应该属性公共，set 访问器私有)。

15.3   理解属性的局限性

属性在外观、行为和感觉上都像字段。但属性本质上是方法而不是字段。另外，属性存在以下限制。

- 只有在结构或类初始化好之后，才能通过该结构或类的属性来赋值。下例的代码是非法的，因为 location 这个结构变量尚未使用 new 来初始化：

```
ScreenPosition location;
location.X = 40; // 编译时错误，location 尚未赋值
```

> **注意** 假如 X 是一个字段，而不是属性，上述代码就是合法的。虽然这听起来是再正常不过的一件事情，但它真正的意思是说字段和属性是有区别的。定义结构和类时，一开始就应该使用属性，而不是先用字段，后来又变成属性。字段变成属性后，以前使用了这个类或结构的代码就可能无法正常工作。本章后面的 15.5 节 "生成自动属性" 会重拾这个话题。

- 不能将属性作为 ref 或 out 参数值传给方法；但可写的字段能作为 ref 或 out 参数值传递。这是由于属性并不真正指向一个内存位置；相反，它指向的是一个访问器方法。示例如下：

```
MyMethod(ref location.X); // 编译时错误
```

- 属性中最多只能包含一个 get 和一个 set 访问器。不能包含其他方法、字段或属性。

- get 和 set 访问器不能获取任何参数。要赋的值会通过内建的、隐藏的 value 变量自动传给 set 访问器。

- 不能声明 const 属性。示例如下：

```
const int X { get { ... } set { ... } } // 编译时错误
```

合理使用属性

　　属性功能强大，而且具有清晰的、字段风格的语法。合理使用属性，可以使代码更容易理解和维护。然而，仍然应该尽可能采取面向对象的设计，将重点放在对象的行为而不是属性上。通过常规方法访问私有字段，或是通过属性访问，本身并不会使代码的设计变得良好。例如，假定银行账户上有一笔余额，你可能想在 BankAccount(银行账户)类中创建 Balance 属性，如下所示：

```
class BankAccount
{
  private decimal _balance;
  ...
  public decimal Balance
  {
    get { return this._balance; }
    set { this._balance = value; }
  }
}
```

　　这不是一个好的设计。它未能表示存取款时需要的功能(没有任何银行允许在不存款的情况下更改余额)。编程时，要尽量在解决方案中表示要解决的问题，避免迷失于大量低级语法中。例如，要为 BankAccount 类提供 Deposit(存款)和 Withdraw(取款)方法，而不是提供属性取值方法：

```
class BankAccount
{
  private decimal _balance;
  ...
  public decimal Balance { get { return this._balance; } }
  public void Deposit(money amount) { ... }
  public bool Withdraw(money amount) { ... }
}
```

15.4　在接口中声明属性

　　第 13 章讲述了接口。除了可以在接口中定义方法之外，还可以定义属性。为此，需要指定 get 或 set 关键字，或者同时指定这两个关键字。但要将 get 或 set 访问器的主体替换成分号。示例如下：

```
interface IScreenPosition
{
    int X { get; set; }
    int Y { get; set; }
}
```

　　实现这个接口的任何类或结构都必须实现 X 和 Y 属性，并在属性中定义 get 和 set 访问器。示例如下：

```
struct ScreenPosition : IScreenPosition
{
    ...
    public int X
    {
        get { ... }
        set { ... }
    }

    public int Y
    {
        get { ... }
        set { ... }
    }
    ...
}
```

　　在类中实现接口的属性时，可将属性的实现声明为 virtual，从而允许派生类重写实现。示例如下：

```
class ScreenPosition : IScreenPosition
{
    ...
    public virtual int X
    {
        get { ... }
        set { ... }
    }

    public virtual int Y
    {
        get { ... }
        set { ... }
    }
    ...
}
```

> **注意**　这个例子展示的是类。virtual 关键字在结构中无效，结构隐式密封，不支持继承。

　　还可使用显式接口实现语法(参见 13.1.5 节)来实现属性。属性的显式实现是非公共和非虚的(因而不能被重写)。示例如下：

```
struct ScreenPosition : IScreenPosition
{
    ...
    int IScreenPosition.X  // 显式实现接口中的属性时，要附加接口名作为前缀
    {
        get { ... }
```

```
      set { ... }
   }

   int IScreenPosition.Y  // 显式实现接口中的属性时，要附加接口名作为前缀
   {
      get { ... }
      set { ... }
   }
   ...
}
```

用属性代替方法

第 13 章创建了一个绘图应用程序，允许在画布上画圆和正方形。抽象类 DrawingShape 包含了 Circle 和 Square 类的通用功能。它提供了 SetLocation 和 SetColor 方法，允许应用程序指定形状在屏幕上的位置和颜色。以下练习将修改 DrawingShape 类，将形状的位置和颜色作为属性公开。

> **使用属性**

1. 如果 Visual Studio 2012 尚未启动，请启动它。

2. 打开 Drawing 项目，该项目位于"文档"文件夹下的\Microsoft Press\Visual CSharp Step By Step\Chapter 15\Windows X\Drawing Using Properties 子文件夹中。

3. 在"代码和文本编辑器"中显示 DrawingShape.cs 文件。

   该文件中包含和第 13 章一样的 DrawingShape 类，只是遵照本章前面的建议，将 size 字段重命名为_size，locX 和 locY 字段重命名为_x 和_y。

```
abstract class DrawingShape
{
   protected int _size;
   protected int _x = 0, _y = 0;
   ...
}
```

4. 在"代码和文本编辑器"窗口中打开 Drawing 项目的 IDraw.cs 文件。该接口指定了 SetLocation 方法，如下所示：

```
interface IDraw
{
   SetLocation(int xCoord, in yCoord);
   ...
}
```

   方法的作用是用传入的值设置 DrawingShape 对象的_x 和_y 字段。该方法可用一对属性代替。

5.　删除方法，把它替换成属性 X 和 Y，如以下加粗的代码所示：

```
interface IDraw
{
  int X { get; set; }
  int Y { get; set; }
  ...
}
```

6.　在 DrawingShape 类中删除 SetLocation 方法，把它替换成 X 和 Y 属性的实现：

```
public int X
{
  get { return this._x; }
  set { this._x = value; }
}

public int Y
{
  get { return this._y; }
  set { this._y = value; }
}
```

7.　在"代码和文本编辑器"窗口中显示 DrawingPad.xaml.cs 文件。如果使用 Windows 8，请找到 drawingCanvas_Tapped 方法。如果使用 Windows 7，请找到 drawingCanvas_MouseLeftButtonDown 方法。

这些方法将在手指点击屏幕或者单击鼠标左键时运行，会在点击或单击的位置画正方形。

8.　找到调用 SetLocation 方法来设置正方形位置的语句，它在以下 if 块中：

```
if (mySquare is IDraw)
{
  IDraw drawSquare = mySquare;
  drawSquare.SetLocation((int)mouseLocation.X, (int)mouseLocation.Y);
  drawSquare.Draw(drawingCanvas);
}
```

9.　修改该语句来设置 Square 对象的 X 和 Y 属性，如以下加粗的语句所示：

```
if (mySquare is IDraw)
{
  IDraw drawSquare = mySquare;
  drawSquare.X = (int)mouseLocation.X;
  drawSquare.Y = (int)mouseLocation.Y;
  drawSquare.Draw(drawingCanvas);
}
```

10.　如果使用 Windows 8，请找到 drawingCanvas_RightTapped 方法。如果使用 Windows 7，请找到 drawingCanvas_MouseRightButtonDown 方法。

这些方法将在手指长按屏幕或者单击鼠标右键时运行，会在长按或右击的位置画圆。

11. 修改方法中调用 Circle 对象的 SetLocation 方法的语句以设置 X 和 Y 属性，如以下加粗的语句所示：

```
if (myCircle is IDraw)
{
    IDraw drawCircle = myCircle;
    drawCircle.X = (int)mouseLocation.X;
    drawCircle.Y = (int)mouseLocation.Y;
    drawCircle.Draw(drawingCanvas);
}
```

12. 在"代码和文本编辑器"窗口中打开 Drawing 项目的 IColor.cs 文件。该接口指定了 SetColor 方法，如下所示：

```
interface IColor
{
    SetColor(Color color);
}
```

13. 删除该方法，替换成 Color 属性，如以下加粗的代码所示：

```
interface IColor
{
    Color Color { set; }
}
```

在只写属性中只有 set 访问器，没有 get 访问器。这是由于颜色实际不在 DrawingShape 类中，仅在每个形状描绘时指定，无法通过查询形状来了解它的颜色是什么。

注意　属性一般和类型的名称(本例就是 Color)相同。

---

14. 返回"代码和文本编辑器"中的 DrawingShape 类。将 SetColor 方法替换成 Color 属性，如下所示：

```
public Color Color
{
    set
    {
        if (this.shape != null)
        {
            SolidColorBrush brush = new SolidColorBrush(value);
            this.shape.Fill = brush;
        }
    }
}
```

提示 set 访问器的代码和原始的 SetColor 方法几乎完全相同，只是向 SolidColorBrush
构造器传递的是 value 参数。

15. 返回"代码和文本编辑器"中的 DrawingPad.xaml.cs 文件。在 drawingCanvas_Tapped
方法(Windows 8)或 drawingCanvas_MouseLeftButtonDown 方法(Windows 7)中修改
设置 Square 对象颜色的语句，如以下加粗的代码所示：

```
if (mySquare is IColor)
{
    IColor colorSquare = mySquare;
    colorSquare.Color = Colors.BlueViolet;
}
```

16. 类似地，在 drawingCanvas_RightTapped 方法 (Windows 8) 或者
drawingCanvas_MouseRightButtonDown 方法(Windows 7)中修改设置 Circle 对象颜
色的语句：

```
if (myCircle is IColor)
{
    IColor colorCircle = myCircle;
    colorCircle.Color = Colors.HotPink;
}
```

17. 在"调试"菜单中选择"开始调试"命令，生成并运行应用程序。

18. 验证应用程序和以前一样工作。手指点击或鼠标单击画布，应用程序应该画正方
形；长按或右键则画圆(参见下图)。

Drawing Pad

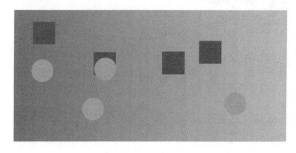

19. 返回 Visual Studio 2012 并停止调试。

15.5 生成自动属性

本章前面说过，属性旨在向外界隐藏字段的实现。如果属性确实要执行一些有用的工
作，这个设计毫无问题。但是，如果 get 和 set 访问器封装的操作只是读取字段的值，或者
只是向字段赋值，你或许就会质疑这个设计的价值。事实上，至少出于两方面的考虑，应

该坚持定义属性,而不是将数据作为公共字段公开。

- **与应用程序的兼容性**   字段和属性在程序集中用不同的元数据进行公开。如果开发一个类,并决定使用公共字段,使用该类的任何应用程序都将以字段的形式引用这些数据项。虽然字段和属性的读写语法相同,但编译得到的代码截然不同。换言之,是 C#编译器隐藏了两者的差异。如果以后决定将字段变成属性(可能是业务需求发生了变化,在赋值时需要额外的逻辑),现有的应用程序除非重新编译,否则就不能使用类的新版本。如果是大企业的开发人员,为大量用户的台式机都部署了相同的应用程序,这就会成为一个巨大的麻烦。虽然有办法可以解决这个问题,但最好还是未雨绸缪,从一开始就避免将来陷入困境。

- **与接口的兼容性**   如果要实现接口,而且接口将数据项定义成属性,就必须实现这个属性,使之与接口规范相符——即使这个属性只是读写私有字段的数据。不可以只是添加一个同名的公共字段来"交差"。

C#语言的设计者知道程序员都是"大忙人",不该花时间写多余的代码。所以,C#编译器现在能自动为属性生成代码,如下所示:

```
class Circle
{
    public int Radius{ get; set; }
    ...
}
```

在这个例子中,Circle 类包含名为 Radius 的属性。除了属性的类型,不必指定这个属性是如何工作的——get 和 set 访问器都是空白的。C#编译器自动将这个定义转换成私有字段以及一个默认的实现,如下所示:

```
class Circle
{
    private int _radius;
    public int Radius{
        get
        {
            return this._radius;
        }
        set
        {
            this._radius = value;
        }
    }
    ...
}
```

所以,只需写很少的代码,就可以实现一个简单的属性。以后如果添加了额外的逻辑,也不会干扰现有的任何应用程序。但要注意,只要使用了自动生成的属性,get 和 set 访问器就都要指定。自动属性不可以是只读或只写的。

注意　定义自动属性时，语法与在接口中定义属性几乎完全相同。区别在于，自动属性可以指定访问修饰符，例如 private，public 或者 protected。

利用这一点可以将 get 或 set 访问器指定为 private，从而模拟只读和只写的自动属性。但这不是好的编程实践，会在代码中引入不易察觉的 bug。所以，这里就不再举例说明了！

15.6　使用属性来初始化对象

第 7 章解释了如何定义构造器来初始化对象。对象可以有多个构造器，可为不同构造器指定不同参数来初始化对象中的不同元素。例如，为了对三角形进行建模，可以定义下面这个类：

```
public class Triangle
{
 // 声明三个边长
  private int side1Length;
  private int side2Length;
  private int side3Length;

  // 默认构造器 - 所有边长都取默认值10
  public Triangle()
  {
     this.side1Length = this.side2Length = this.side3Length = 10;
  }

  // 指定side1Length的长度，其他边长仍然默认为10
  public Triangle(int length1)
  {
     this.side1Length = length1;
     this.side2Length = this.side3Length = 10;
  }

  // 指定side1Length和side2Length的长度
  // side3Length为默认值10
  public Triangle(int length1, int length2)
  {
     this.side1Length = length1;
     this.side2Length = length2;
     this.side3Length = 10;
  }

  // 指定所有边长，都没有默认值
  public Triangle(int length1, int length2, int length3)
  {
     this.side1Length = length1;
     this.side2Length = length2;
     this.side3Length = length3;
```

```
      }
   }
```

　　取决于类包含多少个字段，以及想用什么组合来初始化字段，最终可能要写非常多的构造器。另外，假如多个字段都有相同的类型，那么还有可能遇到一个令人头痛的问题：可能无法为字段的每一种组合都写唯一的构造器。例如，在前面的 Triangle 类中，不能轻易地添加一个构造器，让它只初始化 side1Length 和 side3Length 字段，因为它没有唯一性的签名。假如真的要写这样的构造器，构造器必须获取两个 int 参数，但现在已经有一个构造器(负责初始化 side1Length 和 side2Length 的那个)具有这个签名了。一个解决方案是定义获取可选参数的构造器，并在创建 Triangle 对象时，通过指定参数名的方式为特定的参数传递实参(这称为具名参数)。[①]然而，一个更好和更透明的方式是将私有变量初始化为一组默认值并将它们作为属性公开，如下所示：

```csharp
public class Triangle
{
   private int side1Length = 10;
   private int side2Length = 10;
   private int side3Length = 10;

   public int Side1Length
   {
      set { this.side1Length = value; }
   }

   public int Side2Length
   {
      set { this.side2Length = value; }
   }

   public int Side3Length
   {
      set { this.side3Length = value; }
   }
}
```

　　创建类的实例时，可为提供了 set 访问器的任何公共属性指定名称和值。例如，可创建 Triangle 对象，并对三个边的任意组合进行初始化：

```csharp
Triangle tri1 = new Triangle { Side3Length = 15 };
Triangle tri2 = new Triangle { Side1Length = 15, Side3Length = 20 };
Triangle tri3 = new Triangle { Side2Length = 12, Side3Length = 17 };
Triangle tri4 = new Triangle { Side1Length = 9, Side2Length = 12,
                               Side3Length = 15 };
```

　　这个语法称为**对象初始化器**。像这样调用对象初始化器，C#编译器会自动生成代码来调用默认构造器，然后调用每个具名属性的 set 访问器，把它初始化成指定值。还可将对象

[①] 可选参数和具名参数的主题请参见 3.4 节。——译注

初始化器与非默认构造器配合使用。例如，假定 Triangle 类还有一个构造器能获取单个字符串参数(描述三角形的类型)，那么可以调用这个构造器，同时对其他属性进行初始化：

```
Triangle tri5 = new Triangle("等边三角形") { Side1Length = 3,
                                            Side2Length = 3,
                                            Side3Length = 3 };
```

重点在于，肯定是先运行构造器，再对属性进行设置。如果构造器将对象中的字段设为特定的值，再由属性更改这些值，这个顺序就显得至关重要了。

对象初始化器还可与自动属性配合使用，这将在下一个练习中演示。在练习中，将定义一个类来建模正多边形，它包含自动属性来访问多边形的边数和边长。

> **定义自动属性并使用对象初始化器**

1. 在 Visual Studio 2012 中，打开 AutomaticProperties 项目，该项目位于"文档"文件夹下的 \Microsoft Press\Visual CSharp Step by Step\Chapter 15\Windows X\AutomaticProperties 子文件夹中。

   AutomaticProperties 项目包含 Program.cs 文件，它定义了 Program 类。类中含有 Main 和 doWork 方法，以前的练习中出现过这些方法。

2. 在解决方案资源管理器中，右击 AutomaticProperties 项目，从弹出菜单中选择"添加"，再选择"类"。在"添加新项 - AutomaticProperties"对话框中，在"名称"文本框中输入 **Polygon.cs**，然后单击"添加"按钮。

   随后会自动创建并打开 Polygon.cs 文件，其中包含了自动添加的 Polygon 类。

3. 在 Polygon 类中添加自动属性 NumSides(边数)和 SideLength(边长)，如以下加粗显示的代码所示：

```
class Polygon
{
    public int NumSides { get; set; }
    public double SideLength { get; set; }
}
```

4. 为 Polygon 类添加以下加粗显示的默认构造器。该构造器用默认值初始化 NumSides 和 SideLength 字段：

```
class Polygon
{
    ...
    public Polygon()
    {
        this.NumSides = 4;
        this.SideLength = 10.0;
    }
}
```

这个练习的默认多边形是边长为 10 的正方形。

5.　在"代码和文本编辑器"窗口中打开 Program.cs 文件。

6.　将以下加粗的代码添加到 doWork 方法，替换其中的// TODO 注释：

```
static void doWork()
{
    Polygon square = new Polygon();
    Polygon triangle = new Polygon { NumSides = 3 };
    Polygon pentagon = new Polygon { SideLength = 15.5, NumSides = 5 };
}
```

这些语句创建三个 Polygon 对象。square(正方形)变量使用默认构造器初始化。triangle(三角形)和 pentagon(五边形)变量先用默认构造器初始化，再通过"对象初始化器"更改 Polygon 类所公开的属性的值。在 triangle 变量的情况下，NumSides(边数)属性设为 3，但 SideLength(边长)属性保持默认值 10.0。在 pentagon 变量的情况下，SideLength 和 NumSides 属性的值都进行了修改。

7.　在 doWork 方法末尾添加以下加粗显示的代码：

```
static void doWork()
{
    ...
    Console.WriteLine("Square: number of sides is {0}, length of each side is {1}",
        square.NumSides, square.SideLength);
    Console.WriteLine("Triangle: number of sides is {0}, length of each side is {1}",
        triangle.NumSides, triangle.SideLength);
    Console.WriteLine("Pentagon: number of sides is {0}, length of each side is {1}",
        pentagon.NumSides, pentagon.SideLength);
}
```

这些语句显示每个 Polygon 对象的 NumSides 和 SideLength 属性值。

8.　选择"调试" | "开始执行(不调试)"。

验证程序顺利生成并运行，并在控制台上输出下图所示的消息。

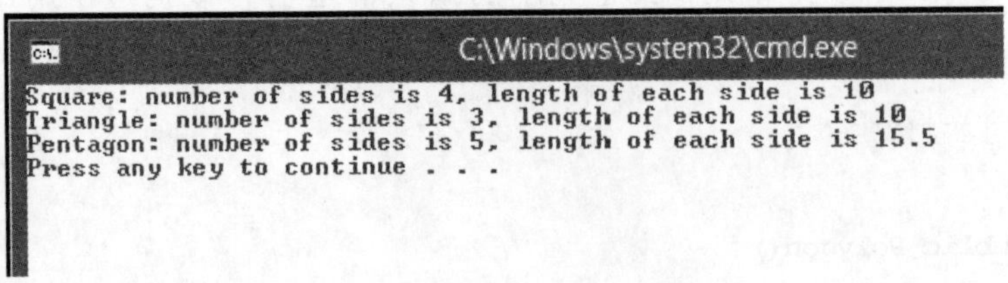

9.　按 Enter 键关闭应用程序，返回 Visual Studio 2012。

小　　结

本章展示了如何创建和使用属性，以便对一个对象中的数据进行有控制的访问。还讲述了如何创建自动属性，以及如何在初始化对象时使用属性。

- 如果希望继续学习下一章，请继续运行 Visual Studio 2012，然后阅读第 16 章。

- 如果希望现在就退出 Visual Studio 2012，请选择"文件"|"退出"。如果看到"保存"对话框，请单击"是"按钮保存项目。

第 15 章快速参考

目标	操作
| 为结构或者类声明可读/可写属性 | 声明属性的类型、名称、一个 get 访问器和一个 set 访问器。示例如下：<br><br>```
struct ScreenPosition
{
    ...
    public int X
    {
        get { ... }
        set { ... }
    }
    ...
}
``` |
| 为结构或者类声明只读属性 | 在声明的属性中只包含 get 访问器。示例如下：<br><br>```
struct ScreenPosition
{
    ...
    public int X
    {
        get { ... }
    }
    ...
}
``` |
| 为结构或者类声明只写属性 | 在声明的属性中只包含 set 访问器。示例如下：<br><br>```
struct ScreenPosition
{
    ...
    public int X
    {
        set { ... }
    }
    ...
}
``` |
```

目标	操作

在接口中声明属性	在声明的属性中，只包含 get 或 set 关键字，或者同时包含这两个关键字。示例如下：
	
	``
	interface IScreenPosition
	{
	    int X { get; set; } // 无主体
	    int Y { get; set; } // 无主体
	}
	``

在结构或者类中实现接口属性	在实现接口的类或结构中，声明属性并实现具体的访问器。示例如下：
	
	``
	struct ScreenPosition : IScreenPosition
	{
	    public int X
	    {
	        get { ... }
	        set { ... }
	    }
	    public int Y
	    {
	        get { ... }
	        set { ... }
	    }
	}
	``

创建自动属性	在类或结构中，定义带有空白 get 和 set 访问器的属性。示例如下：
	
	``
	class Polygon
	{
	    pubic int NumSides { get; set;}
	}
	``

使用属性初始化对象	构造对象时，在{}中以列表形式指定属性及其值。示例如下： ``` Triangle tri3 = new Triangle { Side2Length = 12 Side3Length = 17}; ```

第16章　使用索引器

本章旨在教会你：

- 使用索引器以数组风格访问对象
- 声明 get 访问器来控制索引器的读取访问
- 声明 set 访问器来控制索引器的写入访问
- 在接口中声明索引器
- 在从接口继承的结构和类中实现索引器

第 15 章讲述了如何使用和实现属性，以及如何用属性控制对类中的字段的访问。对包含单个值的字段进行处理时，属性非常有用。然而，如果想以一种自然和熟悉的语法访问含有多个值的数据项，索引器更有用。

16.1　什么是索引器

属性可被视为一种智能字段；类似地，**索引器**可被视为一种智能数组[①]。属性封装了类中的一个值，而索引器封装了一组值。使用索引器时，语法和使用数组完全相同。

理解索引器的最佳方式就是通过一个例子。首先要展示一个例子，说明在不使用索引器的前提下，解决方案会存在哪些缺陷。然后，用索引器对解决方案进行优化。这个例子是围绕整数(更准确地说是 int 类型)展开的。

16.1.1　不用索引器的例子

通常用 int 容纳整数值。int 内部将值存储为 32 位，每一位要么为 0，要么为 1。作为程序员，大多数时候都不需要关心内部的二进制表示；相反，直接将 int 类型作为整数值的容器。但有的时候，需要将 int 类型用于其他用途；有的程序将 int 作为二进制标志集合使用。换言之，程序偶尔会因为 int 能容纳 32 个二进制位而使用 int，而不是因为它能代表一个整数。(C 程序员肯定明白我在说什么！)

> **注意**　一些老程序通过 int 类型节省内存。那时的计算机内存以 KB 计，而不是以 GB 计。每 KB 的内存都非常宝贵。一个 int 能容纳 32 位，每一位都可以是 1 或 0。为了节省内存，程序员用 1 表示 true 值；用 0 表示 false 值，然后将这个 int 作为 Boolean 值集合使用。

[①] 事实上，索引器就是"有参属性"；而上一章所说的普通属性是"无参属性"。"索引器"只是 C#对"有参属性"的叫法。
　　——译注

C#提供了以下操作符来访问和操纵 int 中的单独的二进制位。

- **NOT(~)操作符**　这是一元操作符，执行的是按位求补操作。例如，如果对 8 位值 11001100(十进制 204)应用~操作符，结果是 00110011(十进制 51)。原始值中的所有 1 都变成 0，所有 0 都变成 1。

注意　这些例子纯属演示，仅对 8 位成立。C# int 类型是 32 位的，所以在 C#应用程序中试验这些例子，会得到有别于这些例子的 32 位结果。例如，32 位的 204 是 00000000000000000000000011001100，所以 C# 的 ~204 等于 11111111111111111111111100110011(相当于 C#的 int 值 205)。

- **左移位(<<)操作符**　这是二元操作符，执行的是左移位操作。表达式 204 << 2 将返回值 48(在二进制中，204 对应于 11001100，所有位向左移动 2 个位置，结果是 00110000，也就是十进制 48)。最左边的位会被丢弃，最右边则用 0 来补足。与此对应的是右移位操作符>>。
- **OR(|)操作符**　这是二元操作符，执行的是按位 OR 操作。在两个操作数中，任何一个操作数的某一位是 1，返回值的对应位置就是 1。例如，表达式 204 | 24 的返回值是 220(204 对应 11001100，24 对应 00011000，而 220 对应 11011100)。
- **AND(&)操作符**　这是二元操作符，执行的是按位 AND 操作。AND 与按位 OR 操作符相似，但只有两个操作数的同一个位置都是 1，返回值的对应位置才是 1。所以，204 & 24 的结果是 8(204 对应 11001100，24 对应 00011000，而 8 对应 00001000)。
- **XOR(^)操作符**　这是二元操作符，执行的是按位 XOR(异或)操作，只有在两个位置的值不同的前提下，返回值的对应位置才是 1。所以，204 ^ 24 的结果是 212(11001100 ^ 00011000 的结果是 11010100)。

可综合运用这些操作符来判断一个 int 中单独位的值。例如，以下表达式使用左移位(<<)和按位 AND(&)操作符来判断在名为 bits 的一个 int 中，位于位置 5(右数第 6 位)的二进制位是 0 还是 1：

```
(bits & (1 << 5)) != 0
```

注意　按位操作符从右向左计算位置。最右侧的位是位置 0，位置 5 就是右数第 6 位。

假定 bits 变量包含十进制值 42，即二进制的 00101010。十进制值 1 的二进制是 00000001，所以表达式 1 << 5 的结果是 00100000，右数第 6 位是 1。因此，表达式 bits & (1 << 5)相当于 00101010 & 00100000，结果是 00100000(非零)。如果 bits 变量包含值 65，或者说 01000001，那么表达式 01000001 & 00100000,的结果是 00000000，即十进制的 0。

虽然这已经是一个比较复杂的表达式，但和下面这个表达式(使用复合赋值操作符&= 将位置 6 的位设为 0)相比，其复杂性又显得微不足道了：

```
bits &= ~(1 << 5)
```

类似地，如果想将位置 6 的位设为 1，可以使用按位 OR(|)操作符。下面这个复杂的表达式是以复合赋值操作符|=为基础的：

```
bits |= (1 << 5)
```

这些例子的通病在于，虽然能起作用，但不能清楚表示为什么要这样写，我们搞不清楚它们是如何工作的。它们过于复杂，解决方案很低级。也就是说，它们无法对要解决的问题进行抽象，会造成难以维护的代码。

16.1.2　使用索引器的同一个例子

现在，暂停对前面的低级解决方案的讨论，着重思考一下问题的本质。现在需要的是将 int 作为一个由 32 个二进制位构成的数组使用，而不是作为 int 使用。所以，解决问题的最佳方案是将 int 想象成包含 32 位的一个数组！也就是说，假如 bits 是 int，那么为了访问右数第 6 个二进制位，我们想这样写(记住索引从 0 开始)：

```
bits[5]
```

为了将右数第 4 位设为 true，我们希望能像下面这样写：

```
bits[3] = true;
```

注意　C 开发人员注意，Boolean 值 true 等同于二进制值 1，false 等同于二进制值 0。所以，表达式 bits[3] = true 是指"将 bits 变量右数第 4 位设为 1"。

遗憾的是，不能为 int 使用方括号表示法。这种表示法仅适用于数组或者行为与数组相似的类型。所以，解决这个问题的方案是新建一种类型，它在行为、外观和用法上都类似于 bool 数组，但它是用 int 来实现的。需要为此定义一个**索引器**。假定新类型名为 IntBits。IntBits 将包含一个 int 值(在它的构造器中初始化)，但我们要将 IntBits 作为由 bool 变量构成的数组使用：

```
struct IntBits
{
    private int bits;

    public IntBits(int initialBitValue)
    {
        bits = initialBitValue;
    }

    // 在这里写索引器

}
```

提示　由于 IntBits 很小，是轻量级的，所以有必要把它作为结构而不是类来创建。

　　定义索引器要采取一种兼具属性和数组特征的表示法。索引器由 this 关键字引入，this 之前指定索引器的返回值类型。在 this 之后的方括号中，要指定作为索引器的索引使用的值的类型。IntBits 结构的索引器使用整数作为索引类型，返回 bool 类型的值，如下所示：

```
struct IntBits
{
    ...
    public bool this [ int index ]
    {
        get
        {
            return (bits & (1 << index)) != 0;
        }

        set
        {
            if (value) // 如果 value 为 true，就将指定的位设为 1(打开)；否则设为 0(关闭)
                bits |= (1 << index);
            else
                bits &= ~(1 << index);
        }
    }
}
```

注意以下几点。

● 　索引器不是方法——没有一对包含参数的圆括号，但有一对指定了索引的方括号。索引指定要访问哪一个元素。[①]

● 　所有索引器都使用 this 关键字取代方法名。每个类或结构只允许定义一个索引器(虽然可以重载并有多个实现)，而且总是命名为 this。

● 　和属性一样，索引器也包含 get 和 set 这两个访问器。本例的 get 和 set 访问器包含前面讨论过的按位表达式。

● 　索引器声明中指定的 index 将用调用索引器时指定的索引值来填充。get 和 set 访问器方法可以读取这个实参，判断应访问哪一个元素。

注意　索引器应对索引值执行范围检查，防止索引器代码发生任何不希望的异常。

　　声明好索引器之后，就可用 IntBits(而非 int)类型的变量，并像下面这样使用方括号表示法：

```
int adapted = 126;          // 126 的二进制形式是 01111110
```

[①] 索引器只是表现得不像方法，但实际还是方法。编译器在编译它时，会自动把它转换成在内部使用的方法。事实上，CLR 本身并不区分无参属性和有参属性(索引器)。对 CLR 来说，每个属性都只是类型中定义的一对方法和一些元数据。详情参见《CLR via C#(第 4 版)》(清华大学出版社，2014 年)。——译注

```
IntBits bits = new IntBits(adapted);
bool peek = bits[6];          // 获取索引位置 6 的 bool 值; 应该是 true(1)
bits[0] = true;               // 将索引 0 的位设为 true(1)
bits[3] = false;              // 将索引 3 的位设为 false(0)
                              // 现在 bits 的值是 01110111 或十进制 119
```

这个语法显然更容易理解。它非常直观, 而且充分捕捉到了问题的本质。

16.1.3　理解索引器的访问器

读取索引器时, 编译器自动将数组风格的代码转换成对那个索引器的 get 访问器的调用。如以下代码转换成对 bits 的 get 访问器的调用, index 参数值设为 6:

```
bool peek = bits[6];
```

类似地, 向索引器写入时, 编译器将数组风格的代码转换成对索引器的 set 访问器的调用, 并将 index 参数设为方括号中指定的值。例如以下代码:

```
bits[3] = true;
```

这个语句将转换成对 bits 的 set 访问器的调用, index 值设为 3。和普通属性一样, 向索引器写入的值(本例是 true)是通过 value 关键字来访问的。value 的类型与索引器本身的类型相同(本例是 bool)。

还可在同时读取和写入的情况下使用索引器。在这种情况下, 要同时用到 get 和 set 访问器。例如, 以下代码所示:

```
bits[6] ^= true;
```

就自动转换成以下形式:

```
bits[6] = bits[6] ^ true;
```

上述代码之所以能奏效, 是由于索引器同时声明了 get 和 set 访问器。

注意　还可声明只包含 get 访问器的索引器(只读索引器), 或声明只包含 set 访问器的索引器(只写索引器)。

16.1.4　对比索引器和数组

索引器的语法和数组非常相似。然而, 索引器和数组仍然存在重要区别。

- 索引器能使用非数值下标, 而数组只能使用整数下标, 示例如下:

  ```
  public int this [ string name ] { ... } // 合法
  ```

提示　一些集合类以键/值(key/value)对为基础实现了关联式(associative)查找功能。许多这样的集合类(如 Hashtable)都实现了索引器, 从而避免了使用不直观的 Add 方法来添加新值，还避免了遍历 Values 属性来定位特定的值。

例如，可以不这样写：

```
Hashtable ages = new Hashtable();
ages.Add("John", 42);
```

而是这样写：

```
Hashtable ages = new Hashtable();
ages["John"] = 42;
```

- 索引器能重载(这和方法相似)，数组则不能：

```
public Name        this [ PhoneNumber number ] { ... }
public PhoneNumber this [ Name name ] { ... }
```

- 索引器不能作为 ref 或 out 参数使用，数组元素则能：

```
IntBits bits;              // bits 包含一个索引器
Method(ref bits[1]);       // 编译时错误
```

属性、数组和索引器

可以让属性返回一个数组，但要记住的是，数组属于引用类型。因此，将数组作为属性公开，就有可能不慎覆盖大量数据。以下结构公开了名为 Data 的数组属性：

```
struct Wrapper
{
    private int[] data;
    ...
    public int[] Data
    {
        get { return this.data; }
        set { this.data = value; }
    }
}
```

再来看看使用了这个属性的代码：

```
Wrapper wrap = new Wrapper();
...
int[] myData = wrap.Data;
myData[0]++;
myData[1]++;
```

从表面看，这些代码似乎是无害的。然而，由于数组是引用类型，所以变量 myData 引用的对象就是 Wrapper 结构中的私有 data 变量所引用的对象。对 myData 中的元素进行的任何修改，都会同时作用于 data 数组；表达式 myData[0]++的效果与 data[0]++完全相同。假如这并非你的本意，那么为了避免发生问题，应该在 Data 属性的 get 和 set 访问器中使用 Clone 方法返回 data 数组的拷贝，或者创建要设置的值的拷贝，如下所示(Clone 方法返回一个 object，必须把它转型为整数数组)：

```
struct Wrapper
{
    private int[] data;
    ...
    public int[] Data
    {
        get { return this.data.Clone() as int[]; }
        set { this.data = value.Clone() as int[]; }
    }
}
```

但是，这会造成相当大的混乱，而且内存的利用率也会显著下降。索引器提供了这个问题的一个非常自然的解决之道——不将整个数组都作为属性公开；相反，只允许其中单独的元素通过索引器来访问：

```
struct Wrapper
{
    private int[] data;
    ...
    public int this [int i]
    {
        get { return this.data[i]; }
        set { this.data[i] = value; }
    }
}
```

以下代码采取与前面使用属性相似的方式来使用索引器：

```
Wrapper wrap = new Wrapper();
...
int[] myData = new int[2];
myData[0] = wrap[0];
myData[1] = wrap[1];
myData[0]++;
myData[1]++;
```

这一次，对 MyData 数组中的值进行递增，不会影响 Wrapper 对象中的原始数组。如果真的想修改 Wrapper 对象中的数据，必须像下面这样写：

```
wrap[0]++;
```

这显得更清晰，也更安全！

16.2　接口中的索引器

可在接口中声明索引器。为此，需要指定 get 以及/或者 set 关键字。但是，get 和 set 访问器的主体要替换成分号。实现该接口的任何类或结构都必须实现接口所声明的索引器的访问器。示例如下：

```
interface IRawInt
{
    bool this [ int index ] { get; set; }
}

struct RawInt : IRawInt
{
    ...
    public bool this [ int index ]
    {
        get { ... }
        set { ... }
    }
    ...
}
```

在类中实现接口要求的索引器时，可将索引器的实现声明为 virtual，从而允许派生类重写 get 和 set 访问器。例如，前面的例子可以改写成以下形式：

```
class RawInt : IRawInt
{
    ...
    public virtual bool this [ int index ]
    {
        get { ... }
        set { ... }
    }
    ...
}
```

还可以附加接口名称作为前缀，通过"显式接口实现"语法(参见 13.1.5 节)来实现索引器。索引器的显式实现是非公共和非虚的(所以不能被重写)。示例如下：

```
struct RawInt : IRawInt
{
    ...
    bool IRawInt.this [ int index ]
    {
        get { ... }
        set { ... }
    }
    ...
}
```

16.3　在 Windows 应用程序中使用索引器

以下练习将研究一个简单的电话簿应用程序，并完成它的实现。任务是在 PhoneBook 类中写两个索引器：一个索引器接受一个 Name 参数，返回一个 PhoneNumber；另一个索引器接受一个 PhoneNumber 参数，返回一个 Name。(Name 和 PhoneNumber 这两个结构已经写好了。)还要从程序的正确位置调用这些索引器。

➤ **熟悉应用程序**

1. 如果 Microsoft Visual Studio 2012 尚未启动，请启动它。

2. 打开 Indexers 项目，该项目位于"文档"文件夹下的\Microsoft Press\Visual CSharp Step by Step\Chapter 16\Windows X\Indexers 子文件夹中。

   这个图形应用程序允许用户搜索联系人的电话号码，或搜索与电话号码匹配的联系人。

3. 选择"调试" | "开始调试"。

   将生成并运行项目。屏幕显示一个窗体，其中包含两个空白文本框，标签分别是 Name(姓名)和 Phone Number(电话号码)。窗体包含三个按钮：一个按钮将一对姓名/电话号码添加到应用程序维护的姓名和电话号码清单中；一个按钮根据姓名查找电话；另一个按钮根据电话号码查找姓名。目前，这些按钮什么都不会做。你的任务就是完成应用程序，使这些按钮能够工作起来。

   如果使用 Windows 7，应用程序的外观如下图所示。

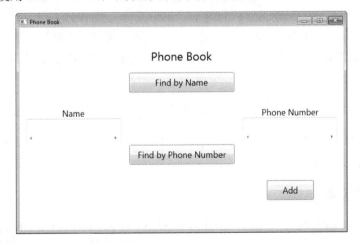

   如果使用 Windows 8，Add 按钮会在应用栏而不是主窗体上出现，如下图所示。记住，Windows 8 是通过右击应用程序窗体来显示应用栏的。

Phone Book

Find by Name

Name   Phone Number

Find by Phone Number

Add

4. 返回 Visual Studio 2012 并停止调试。

5. 在"代码和文本编辑器"中打开 Name.cs 源代码文件。检查 Name 结构，它用于容纳所有姓名。

   姓名作为字符串提供给构造器。姓名可以使用名为 Text 的只读字符串都属性来获取(在由 Name 值构成的一个数组中搜索时，要使用 Equals 和 GetHashCode 方法来比较 Name——暂时可以忽略这两个方法)。

6. 在"代码和文本编辑器"中打开 PhoneNumber.cs 源代码文件，检查 PhoneNumber 结构。它和 Name 结构非常相似。

7. 在"代码和文本编辑器"中打开 PhoneBook.cs 源代码文件，检查 PhoneBook 类。该类包含两个私有数组：一个数组由 Name 值构成，名为 names；另一个数组由 PhoneNumber 值构成，名为 phoneNumbers。PhoneBook 类还包含一个 Add 方法，用于向电话簿添加电话号码和姓名。单击窗体上的 Add 按钮将调用该方法。Add 会调用 enlargeIfFull 方法，以便在用户添加数据项时检查数组是否已满。如有必要，enlargeIfFull 方法会创建两个新的、更大的数组，将现有数组的内容复制过去，然后丢弃旧数组。

   Add 方法故意设计得这么简单，它不检查姓名或电话号码是否已添加到电话簿中。

   PhoneBook 类目前没有提供查找姓名或电话号码的功能，要在下个练习中添加两个索引器来提供这些功能。

> 编写索引器

1. 在 PhoneBook.cs 源代码文件中删除// TODO: write 1st indexer here 注释，把它替换成 PhoneBook 类的公共只读索引器(如以下加粗的代码所示)，它返回一个 Name，接受一个 PhoneNumber 作为参数。让 get 访问器的主体为空。

   索引器应该像下面这样：

```
sealed class PhoneBook
{
    ...
    public Name this [PhoneNumber number]
    {
        get
        {
        }
    }
    ...
}
```

2. 实现 get 访问器，如以下加粗的代码所示。这个访问器的作用是查找与指定电话号码匹配的姓名。为此，需要调用 Array 类的静态方法 IndexOf。IndexOf 方法搜索数组，返回与指定值匹配的第一项的索引。IndexOf 方法的第一个参数是要搜索的数组(phoneNumbers)；第二个参数是要搜索的项。找到匹配的项，IndexOf 就返回该元素的整数索引；否则，IndexOf 返回-1。如果索引器找到电话号码，就应该返回它；否则，就应该返回一个空的 Name 值。(注意，Name 是结构，所以肯定有一个默认构造器将它的私有 name 字段设为 null)。

```
sealed class PhoneBook
{
    ...
    public Name this [PhoneNumber number]
    {
        get
        {
            int i = Array.IndexOf(this.phoneNumbers, number);
            if (i != -1)
            {
                return this.names[i];
            }
            else
            {
                return new Name();
            }
        }
    }
    ...
}
```

3. 在 PhoneBook 类中删除// TODO: write 2nd indexer here 注释，把它替换成第二个公共只读索引器，它返回一个 PhoneNumber，接受一个 Name 参数。采用和第一个索引器相同的方式来实现这个索引器。(再次提醒，PhoneNumber 是结构，所以始终都有一个默认构造器)。

第二个索引器如下所示：

```
sealed class PhoneBook
{
```

```
...
public PhoneNumber this [Name name]
{
    get
    {
        int i = Array.IndexOf(this.names, name);
        if (i != -1)
        {
            return this.phoneNumbers[i];
        }
        else
        {
            return new PhoneNumber();
        }
    }
}
...
}
```

注意，这两个重载的索引器可以共存，因为它们的签名不同(获取不同的参数)。将
Name 和 PhoneNumber 这两个结构替换成简单字符串(也就是它们包装的内容)，两
个重载的索引器就具有相同的签名，类将无法通过编译。

4. 选择"生成" | "生成解决方案"。纠正任何语法错误；如有必要，请重新生成。

> **调用索引器**

1. 在"代码和文本编辑器"中打开 MainWindow.xaml.cs 源代码文件，找到其中的
findByNameClick 方法。

单击 Find by Name(根据名称搜索)按钮将调用这个方法。方法目前空白。将// TODO:
注释替换成后面加粗的代码，从而执行以下任务。

1.1 读取窗体上的 name 文本框的 Text 属性的值。这是一个字符串，其中包含用
户键入的联系人姓名。

1.2 如果字符串不为空，就使用索引器，在 PhoneBook 中搜索与那个姓名对应的
电话号码(注意，MainWindow 类包含名为 phoneBook 的私有 PhoneBook 字段)；
根据字符串来构造 Name 对象，把它作为参数传给 PhoneBook 索引器。

1.3 如果索引器返回的 PhoneNumber 结构的 Text 属性值不为 null 或者空白字符
串，就将该属性的值写入 phoneNumber 文本框；否则显示"Not Found"。

完成后的 findByNameClick 方法应该像下面这样：

```
private void findByNameClick(object sender, RoutedEventArgs e)
{
    string text = name.Text;
    if (!String.IsNullOrEmpty(text))
```

```
    {
        Name personsName = new Name(text);
        PhoneNumber personsPhoneNumber = this.phoneBook[personsName];
        phoneNumber.Text = String.IsNullOrEmpty(personsPhoneNumber.Text) ?
                           "Not Found" : personsPhoneNumber.Text;
    }
}
```

除了访问索引器的语句，上述代码还有两个值得注意的地方。

a.　String 的静态方法 IsNullOrEmpty 判断字符串是否空白或包含 null 值。这是测试字符串是否包含值的首选方法。包含 null 或空字符串("")将返回 true，否则返回 false。

b.　?:操作符就像嵌入的 if…else 语句那样填充 phoneNumber 文本框的 Text 属性。作为三元操作符，它要获取以下三个操作数：Boolean 表达式，在 Boolean 表达式为 true 时求值并返回的表达式，以及在 Boolean 表达式为 false 时求值并返回的表达式。在上述代码中，如果表达式.IsNullOrEmpty(personsPhoneNumber.Text) 为 true，表明电话簿中未找到匹配项，所以显示文本"Not Found"，否则显示 personsPhoneNumber 变量的 Text 属性值

?:操作符的常规形式如下：

```
Result = <Boolean 表达式> ? <为 true 时求值的表达式> : <为 false 时求值的表达式>
```

2.　在 MainWindow.xaml.cs 文件中找到 findByPhoneNumberClick 方法(位于 findByNameClick 方法下方)。

单击 Find by Phone Number (根据电话搜索)按钮将调用 findByPhoneNumberClick 方法。该方法目前空白，只有一个// TODO:注释。需要像下面这样实现它。(要添加的代码加粗显示。)

2.1　读取窗体上的 phoneNumber 文本框的 Text 属性的值。这是字符串，其中包含用户键入的电话号码。

2.2　如果字符串不为空，就使用索引器，在 PhoneBook 中搜索与电话对应的姓名。

2.3　将索引器返回的 Name 结构的 Text 属性的值写入 name 文本框。

完成之后的 findByPhoneNumberClick 方法应该像下面这样：

```
private void findByPhoneNumberClick(object sender, RoutedEventArgs e)
{
    string text = phoneNumber.Text;
    if (!String.IsNullOrEmpty(text))
    {
        PhoneNumber personsPhoneNumber = new PhoneNumber(text);
        Name personsName = this.phoneBook[personsPhoneNumber];
        name.Text = String.IsNullOrEmpty(personsName.Text) ?
```

```
                    "Not Found" : personsName.Text;
        }
    }
```

3. 选择"生成"｜"生成解决方案"命令。纠正所有的打字错误。

> **测试应用程序**

1. 选择"调试"｜"开始调试"命令。

2. 在文本框中输入你的姓名和电话号码，然后单击 Add 按钮。

   单击 Add 后，Add 方法会将数据项放到电话簿中，并清除文本框，使它们准备好执行一次搜索。

3. 重复步骤 2 数次，每次都输入不同的姓名和电话号码，使电话簿中包含多个数据项。注意应用程序不对输入进行有效性检查，而且允许多次输入相同的姓名和电话号码。为避免混淆，请确定每次都提供不同的姓名和电话号码。

4. 将步骤 2-3 输入的一个姓名输入 Name 文本框，单击 Find by Name 按钮。

   会从电话簿中检索到添加的电话号码，并在 Phone Number 文本框中显示。

5. 在 Phone Number 文本框中输入一个不同的联系人的电话号码，单击 Find by Phone Number 按钮。

   会从电话簿中检索到联系人的姓名，并在 Name 文本框中显示。

6. 在 Name 文本框中输入没有在电话簿中输入过的姓名，单击 Find by Name 按钮。

   这一次，Phone Number 文本框显示"Not Found"。

7. 关闭窗体，返回 Visual Studio 2012。

小　　结

本章讲述了如何使用索引器，以数组风格访问类中的数据。还讲述了如何创建索引器来获取一个索引，使用 get 访问器定义的逻辑返回该索引位置的值。另外，还讲述了如何使用 set 访问器，在指定索引位置填充一个值。

- 如果希望继续学习下一章，请继续运行 Visual Studio 2012，然后阅读第 17 章。

- 如果希望现在就退出 Visual Studio 2012，请选择"文件"|"退出"。如果看到"保存"对话框，请单击"是"按钮保存项目。

第 16 章快速参考

目标	操作

为类或结构创建索引器	声明索引器类型，后跟关键字 this，然后在方括号中添加索引器参数。索引器主体可包含一个 get 以及/或者 set 访问器。示例如下：
	
	``csharp
	struct RawInt
	{
	    ...
	    public bool this [int index]
	    {
	        get { ... }
	        set { ... }
	    }
	    ...
	}
	``

在接口中定义索引器	使用 get 以及/或者 set 关键字定义索引器。示例如下：
	
	``csharp
	interface IRawInt
	{
	    bool this [int index] { get; set; }
	}
	``

在类或结构中实现接口要求的索引器	在实现接口的类或结构中，定义索引器并实现要求的访问器。示例如下：
	
	``csharp
	struct RawInt : IRawInt
	{
	    ...
	    public bool this [int index]
	    {
	        get { ... }
	        set { ... }
	    }
	    ...
	}
	``

在类或结构中，通过"显式接口实现"来实现接口要求的索引器	在实现接口的类或结构中，显式命名接口，但不要指定索引器的可访问性。示例如下：
	
	``csharp
	struct RawInt : IRawInt
	{
	    ...
	    bool IRawInt.this [int index]
	    {
	        get { ... }
	        set { ... }
	    }
	    ...
	}
	``

第 17 章　泛　型　概　述

本章旨在教会你：

- 解释泛型的用途
- 使用泛型定义类型安全的类
- 指定类型参数，创建泛型类的实例
- 实现泛型接口
- 定义泛型方法，实现与要操作的数据类型无关的算法
- 理解协变性和逆变性(统称可变性)

第 8 章描述了如何使用 object 类型引用任何类的实例。可用 object 类型存储任意类型的值。此外，要将任意类型的值传给方法，可定义 object 类型的参数。将 object 作为返回类型，还可以让方法返回任意类型的值。虽然这是一个十分灵活的设计，但也增加了程序员的负担，因为程序员必须记住实际使用的是哪种数据。如果不小心犯错，就可能造成运行时错误。本章将探讨**泛型**的概念，它的设计宗旨就是帮助程序员避免这种错误。

17.1　object 的问题

为了理解泛型，首先要理解它们用于解决什么问题。

假定要建模一个先入先出的队列，可以创建像下面这样的一个类。

```
class Queue
{
  private const int DEFAULTQUEUESIZE = 100;
  private int[] data;
  private int head = 0, tail = 0;
  private int numElements = 0;

  public Queue()
  {
    this.data = new int[DEFAULTQUEUESIZE];
  }

  public Queue(int size)
  {
    if (size > 0)
    {
      this.data = new int[size];
    }
    else
    {
```

```
      throw new ArgumentOutOfRangeException("size", "Must be greater than zero");
    }
  }

  public void Enqueue(int item)
  {
    if (this.numElements == this.data.Length)
    {
      throw new Exception("Queue full");
    }

    this.data[this.head] = item;
    this.head++;
    this.head %= this.data.Length;
    this.numElements++;
  }

  public int Dequeue()
  {
    if (this.numElements == 0)
    {
      throw new Exception("Queue empty");
    }

    int queueItem = this.data[this.tail];
    this.tail++;
    this.tail %= this.data.Length;
    this.numElements--;
    return queueItem;
  }
}
```

该类利用一个数组提供循环缓冲区来容纳数据。数组大小由构造器指定。应用程序使用 Enqueue(入队)方法向队列添加数据项，用 Dequeue(出队)方法从队列中取出数据项。私有 head(头)和 tail(尾)字段跟踪在数组中插入和取出数据项的位置。numElements 字段指出数组中有多少数据项。Enqueue 和 Dequeue 方法利用这些字段判断在哪里存储或获取数据项，以及执行一些基本的错误检查。

应用程序可像下面这样创建 Queue 对象并调用这些方法。注意，数据项的出队顺序和入队顺序一样。

```
Queue queue = new Queue(); // Create a new Queue
queue.Enqueue(100);
queue.Enqueue(-25);
queue.Enqueue(33);
Console.WriteLine("{0}", queue.Dequeue()); // 显示100
Console.WriteLine("{0}", queue.Dequeue()); // 显示-25
Console.WriteLine("{0}", queue.Dequeue()); // 显示33
```

Queue 类能很好地支持 int 队列，但如果要创建字符串队列，float 队列，甚至更复杂类型(比如第 7 章讲过的 Circle,或者第 12 章讲过的 Horse 或 Whale)的队列又该怎么办呢？现在的问题是,Queue 类的实现限定 int 类型的数据项。试图入队一个 Horse 会发生编译时错误。

```
Queue queue = new Queue();
Horse myHorse = new Horse();
queue.Enqueue(myHorse); // 编译时错误: 不能将 Horse 转换成 int
```

绕开该限制的一个办法是指定 Queue 类包含 object 类型的数据项，更新构造器，修改 Enqueue 和 Dequeue 方法来获取 object 参数并返回 object，如下所示：

```
class Queue
{
  ...
  private object[] data;
  ...
  public Queue()
  {
    this.data = new object[DEFAULTQUEUESIZE];
  }

  public Queue(int size)
  {
    ...
    this.data = new object[size];
    ...
  }
  public void Enqueue(object item)
  {
    ...
  }
  public object Dequeue()
  {
    ...
    object queueItem = this.data[this.tail];
    ...
    return queueItem;
  }
}
```

可以使用 object 类型来引用任意类型的值或变量。所有引用类型都自动从.NET Framework 的 System.Object 类继承(不管是直接还是间接地)。C#的 object 是 System.Object 的别名。现在，由于 Enqueue 和 Dequeue 方法操纵的是 object，所以可以处理 Circle、Horse、Whale 或者其他任何类型的队列。但必须记住将 Dequeue 方法的返回值转换为恰当的类型，因为编译器不自动执行从 object 向其他类型的转换。

```
Queue queue = new Queue();
Horse myHorse = new Horse();
queue.Enqueue(myHorse); // 现在合法了 - Horse 是 object
...
Horse dequeuedHorse =(Horse)queue.Dequeue(); // 需要将 object 转换回 Horse
```

如果没有对返回值进行类型转换，就会报告如下所示的编译器错误：

无法将类型从"object"隐式转换为"Horse"

由于要求显式类型转换，导致 object 类型所提供的灵活性大打折扣。很容易写出下面这样的代码：

```
Queue queue = new Queue();
Horse myHorse = new Horse();
queue.Enqueue(myHorse);
...
Circle myCircle = (Circle)queue.Dequeue(); // 运行时错误
```

上述代码虽然能通过编译，但运行时会引发 System.InvalidCastException 异常。之所以出错，是因为代码试图将一个 Horse 引用存储到一个 Clock 变量中，但两种类型不兼容。这个错误只有在运行时才会显现出来，因为编译器在编译时没有足够多的信息来执行检查。只有到运行时，才能确定出队对象的实际类型。

使用 object 类型创建常规类和方法的另一个缺点是，如果"运行时"需要先将 object 转换成值类型，再从值类型转换回来，就会消耗额外的内存和处理器时间。例如，以下代码对包含 int 变量的队列进行操作：

```
Queue myQueue = new Queue();
int myInt = 99;
myQueue.Enqueue(myInt);              // 将 int 装箱成 object
...
myInt = (int)myQueue.Dequeue();      // 将 object 拆箱成 int
```

Queue 数据类型要求它容纳的数据项是 object，而 object 是引用类型。对值类型(例如 int)进行入队操作，要求通过装箱来转换成引用类型。类似地，为了出队成 int，要求通过拆箱来转换回值类型。这方面更多的细节请参见 8.6 节"装箱"和 8.7 节"拆箱"。虽然装箱和拆箱是透明的，但造成了性能上的开销，因为需要进行动态内存分配。虽然对于每个数据项来说开销并不大，但当程序创建由大量值类型构成的队列时，累积起来的开销还是非常可观的。

17.2　泛型解决方案

C#通过**泛型**避免进行强制类型转换，增强类型安全性，减少装箱量，并让程序员更轻松地创建常规化的类和方法。泛型类和方法接受**类型参数**，它们指定了要操作的对象的类型。C#是在尖括号中提供类型参数来指定泛型类，如下所示

```
class Queue<T>
{
    ...
}
```

T 就是类型参数，它作为占位符使用，会在编译时被真正的类型取代。写代码实例化

泛型 Queue 时，需指定用于取代 T 的类型(Circle，Horse，int 等)。在类中定义字段和方法时，可用同样的占位符指定这些项的类型，例如：

```
class Queue<T>
{
  ...
  private T[] data; // 数组是'T'类型, 'T'称为类型参数
  ...
  public Queue()
  {
    this.data = new T[DEFAULTQUEUESIZE]; // 'T'作为数据类型
  }
  public Queue(int size)
  {
    ...
    this.data = new T[size];
    ...
  }
  public void Enqueue(T item) // 'T'作为方法参数类型
  {
    ...
  }
  public T Dequeue() // 'T'作为返回类型
  {
    ...
    T queueItem = this.data[this.tail]; // 数组中的数据是'T'类型
    ...
    return queueItem;
  }
}
```

类型参数 T 可为任意合法的 C#标识符，虽然平时大多使用单字符 T。它会被创建 Queue 对象时指定的类型取代。下例创建一个 int 队列和一个 Horse 队列：

```
Queue<int> intQueue = new Queue<int>();
Queue<Horse> horseQueue = new Queue<Horse>();
```

另外，编译器现在有足够的信息进行类型检查。不再需要在调用 Dequeue 方法时执行类型转换，编译器能提早(而不是等到运行时)发现任何类型匹配错误：

```
intQueue.Enqueue(99);
int myInt = intQueue.Dequeue();          // 不需要转型
Horse myHorse = intQueue.Dequeue();      // 编译时错误
                                         // 无法将类型从"int"隐式转换为"Horse"
```

要注意，用指定类型替换 T 不是简单的文本替换机制。相反，编译器会执行全面的语义替换，所以可以为 T 指定任何有效的类型。下面列出了更多的例子。

```
struct Person
{
    ...
```

```
}
...
Queue<int> intQueue = new Queue<int>();
Queue<Person> personQueue = new Queue<Person>();
```

第一个例子创建整数队列，第二个创建由 Person 值构成的队列。编译器还会为每个队列生成各自版本的 Enqueue 和 Dequeue 方法。intQueue 队列的方法如下：

```
public void Enqueue(int item);
public int Dequeue();
```

personQueue 队列的方法如下：

```
public void Enqueue(Person item);
public Person Dequeue();
```

将这些定义与上一节基于 object 的版本比较。在从泛型类派生的方法中，Enqueue 的 item 参数作为值类型传递，所以不要求在入队时装箱。类似地，Dequeue 返回的值也是值类型，不需要在出队时拆箱。

> **注意** System.Collections.Generics 命名空间提供了 Queue 类的实现，它的工作方式和刚才描述的类相似。该命名空间还包含其他集合类，详情将在第 18 章讲述。

类型参数不一定是简单类或值类型。例如，可以创建由整数队列构成的队列(如果觉得有用的话)：

```
Queue<Queue<int>> queueQueue = new Queue<Queue<int>>();
```

泛型类还可以指定多个类型参数。例如，泛型类 System.Collections.Generic.Dictionary 需要两个类型参数：一个是键(key)的类型，另一个是值(value)的类型。详情参见第 18 章。

> **注意** 使用和定义泛型类一样的语法，还可以定义泛型结构和接口。

17.2.1 对比泛型类与常规类

必须注意，使用类型参数的泛型类(generic class)有别于常规类(generalized class)，后者的参数能强制转换为不同的类型。例如，前面基于 object 的 Queue 类就是常规类。该类只有一个实现，它的所有方法获取的都是 object 类型的参数，返回的也是 object 类型。可用这个类来容纳和处理 int、string 以及其他许多类型的值，但任何情况使用的都是同一个类的实例，必须将使用的数据转型为 object，或者从 object 转型为正确的数据类型。

把它与泛型类 Queue<T>类进行比较。每次为泛型类指定类型参数时(例如 Queue<int> 或者 Queue<Horse>)，实际都会造成编译器生成一个全新的类，它"恰好"具有泛型类定义的功能。这意味着 Queue<int>和 Queue<Horse>是全然不同的两个类，只是"恰好"具有相同的行为。可以想象泛型类定义了一个模板，编译器根据需要用该模板来生成新的、有具体类型的类。泛型类的具体类型版本(例如 Queue<int>，Queue<Horse>等)称为**已构造类型**(constructed type)。它们应被视为不同的类型(尽管有一组类似的方法和属性集)。

17.2.2　泛型和约束

有时要确保泛型类使用的类型参数是提供了特定方法的类型。例如，假定要定义一个 PrintableCollection 类，就可能想确保该类存储的所有对象都提供了 Print 方法。这时，可以用**约束**来规定该条件。

约束限制泛型类的类型参数实现了一组特定的接口，因而提供了接口定义的方法。例如，假定 IPrintable 接口定义了 Print 方法，就可以像下面这样定义 PrintableCollection 类：

```
public class PrintableCollection<T> where T : IPrintable
```

这个类编译时，编译器会验证用于替换 T 的类型实现了 IPrintable 接口。如果没有实现这个接口，就会报告一个编译时错误。

17.3　创建泛型类

.NET Framework 类库在 System.Collections.Generic 命名空间提供了大量现成的泛型类。当然，也可定义自己的泛型类，本节将教你如何做。但在此之前，首先要掌握一点儿背景知识。

17.3.1　二叉树理论

以下练习将定义并使用一个代表二叉树的类。

二叉树(binary tree)是一种有用的数据结构，可用它实现大量操作，其中包括以极快的速度来排序和搜索数据。市面上有大量关于二叉树的专著。然而，对二叉树的方方面面进行探讨并不是本书的目的。我们只涉及一般性的细节。如果你有兴趣，推荐阅读《计算机程序设计艺术(第3卷)：排序与查找》。

二叉树是一种递归(自引用)数据结构，它要么为空，要么包含 3 个元素：一个数据，通常把它称为**节点**；以及两个**子树**(本身也是二叉树)。两个子树通常称为**左子树**和**右子树**，因为它们分别位于节点的左侧和右侧。每个左子树或右子树要么为空，要么包含一个节点和另外两个子树。从理论上说，整个结构可以无限地继续下去。下图展示了一个小型二叉树结构。

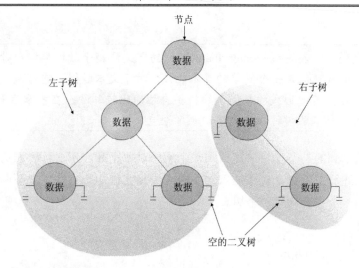

用二叉树对数据进行排序时，二叉树的强大之处就会体现出来。假定最开始获得的是一组无序排列的对象，所有对象都有相同的类型，就可以用它们来构造一个排好序的二叉树，然后遍历这个树，访问其中的每一个节点。下面展示了在排序二叉树 T 中插入数据项 I 的算法(伪代码)：

```
If the tree, T, is empty          // 如果树T为空
Then
  Construct a new tree T with the new item I as the node, and empty left and
  right sub-trees                  // 就构造树T，新项I作为节点，并构造空白的左右子树
Else
  Examine the value of the node, N, of the tree, T           // 检查树T的节点N的值
  If the value of N is greater than that of the new item, I  // 如N大于新项I的值
  Then
    If the left sub-tree of T is empty        // 如果T的左子树为空
    Then
      Construct a new left sub-tree of T with the item I as the node, and
      empty left and right sub-trees          // 就为T构造一个新的左子树，I作为节点，
                                              // 左右子树空白
    Else
      Insert I into the left sub-tree of T    // 将I插入T的左子树
    End If
  Else
    If the right sub-tree of T is empty       // 如果T的右子树为空
    Then
      Construct a new right sub-tree of T with the item I as the node, and
      empty left and right sub-trees          // 就为T构造一个新的右子树，I作为节点，
                                              // 左右子树空白
    Else
      Insert I into the right sub-tree of T   // 将I插入T的右子树
    End If
  End If
End If
```

注意这是递归算法，它反复调用自身，将数据项插入左子树或右子树——具体取决于

数据项与树的当前节点进行比较的结果。

> **注意**　在伪代码中，表达式 greater than(大于)的定义依赖于数据类型。对于数值数据，greater than 可能是一个简单的算术比较；对于文本数据，它可能是一个字符串比较；但是，其他形式的数据必须提供自己的比较算法。在本章后面(17.3.2 节)真正实现一个二叉树时，将更详细地讨论这个问题。

假如刚开始拿到的是一个空二叉树和一个无序对象序列，那么可以遍历这个无序的对象序列，使用上述算法将每个对象插入二叉树，最终获得一个有序树。下图展示了如何为包含 5 个整数的一个集合构造一个树。

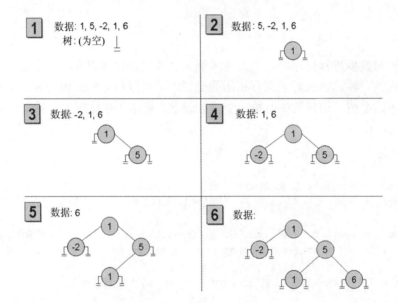

构造好一个有序二叉树之后，就可依次访问每个节点，打印找到的值，最终完整显示这个树的内容。完成这个任务的算法也是递归的：

```
If the left sub-tree is not empty                 // 如果左子树非空
Then
  Display the contents of the left sub-tree       // 显示左子树的内容
End If
Display the value of the node                     // 显示节点的值
If the right sub-tree is not empty                // 如果右子树非空
Then
  Display the contents of the right sub-tree      // 显示右子树的内容
End If
```

下图展示了输出在前面一个图中构造好的树的过程。注意，在这个例子中，整数是以升序来排列的。

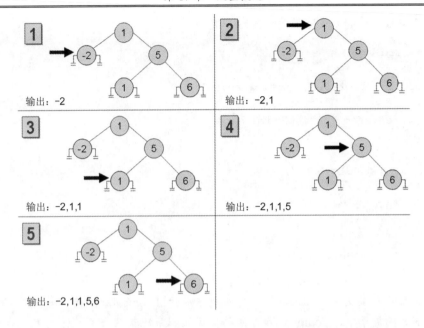

17.3.2　使用泛型构造二叉树类

在下面的练习中，将用泛型来定义一个二叉树类，它能容纳几乎任意类型的数据。唯一的限制是：任何类型都必须提供一种方式来比较两个实例的值。

二叉树类在许多应用程序中都能大显身手。所以，最好把它作为一个类库来实现，而不是作为一个单独的应用程序来实现。这样就可以在其他地方重用这个类，无需复制源代码，也无需重新编译它。**类库**是已经编译好的多个类(以及其他类型，例如结构和委托)的集合，所有这些类都存储在程序集中。**程序集**是一个通常采用.dll 扩展名的文件。为了在其他项目和应用程序中使用类库，可添加对它的程序集的引用，然后使用 using 语句将它的命名空间引入当前作用域。稍后测试二叉树类时将展示具体做法。

System.IComparable 接口和 System.IComparable<T>接口

在二叉树中插入节点要求将插入节点的值与树中现有的节点进行比较。如果使用数值类型，比如 int，那么完全可以使用<，>和==操作符。然而，如果使用的是其他类型，比如以前描述的 Mammal 或 Circle，如何比较对象？

如果要创建类，要求能根据某种自然(或非自然)的排序方式对值进行比较，就应该实现 IComparable 接口。该接口包含 CompareTo 方法，它接受单个参数(该参数指定了要和当前实例进行比较的对象)，返回代表比较结果的整数，如下表所示。

值	含义
小于 0	当前实例小于参数值
0	当前实例等于参数值
大于 0	当前实例大于参数值

以第 7 章描述过的 Circle 类为例。这个类的定义如下：

```
class Circle
{
    public Circle(int initialRadius)
    {
        radius = initialRadius;
    }

    public double Area()
    {
        return Math.PI * radius * radius;
    }

    private double radius;
}
```

为了使 Circle 类变得"可比较"，要实现 System.IComparable 接口并提供 CompareTo 方法。在下面的例子中，CompareTo 方法将根据面积来比较两个 Circle 对象。我们说面积较大的圆"大于"面积较小的圆。

```
class Circle : System.IComparable
{
    ...
    public int CompareTo(object obj)
    {
        Circle circObj = (Circle)obj; // 将参数转换为它的真正类型
        if (this.Area() == circObj.Area())
            return 0;

        if (this.Area() > circObj.Area())
            return 1;
        return -1;
    }
}
```

研究一下 System.IComparable 接口，就会发现它的参数被定义成一个 object。然而，这种方式不是类型安全的。为什么会这样？请考虑一下这种情况，如果试图将一个不是 Circle 的东西传给 CompareTo 方法时会出现什么情况。System.IComparable 接口要求使用一次强制类型转换来访问 Area 方法。如果实参不是一个 Circle，而是其他类型的一个对象，转型就会失败。为确保类型安全，应使用 System 命名空间中定义的泛型 IComparable<T>接口，它定义了以下方法：

```
int CompareTo(T other);
```

注意，方法获取的是类型参数(T)，而不是 object。所以，它们比接口的非泛型版本安全得多。以下代码展示了如何在 Circle 类中实现这个接口：

```
class Circle : System.IComparable<Circle>
{
    ...
    public int CompareTo(Circle other)
    {
        if (this.Area() == other.Area())
                return 0;
        if (this.Area() > other.Area())
                return 1;
        return -1;
    }
}
```

    CompareTo 方法的参数必须与接口 IComparable<Circle>中指定的类型匹配。通常，最好是实现 System. IComparable<T>接口，而不是 System.IComparable 接口。当然，也可以同时实现这两个接口；事实上，.NET Framework 中的许多类型都采用了这一做法(同时实现两个版本的接口)。

> ➤ 创建 Tree<TItem>类

1. 如果 Visual Studio 2012 尚未启动，请启动它。

2. 选择"文件" | "新建" | "项目"。

3. 在"新建项目"对话框中，在左侧的模板窗格中单击 Visual C#。在中间窗格选择"可移植类库"模板。在"名称"文本框中输入 **BinaryTree**。在"位置"文本框中指定"文档"文件夹下的\Microsoft Press\Visual CSharp Step By Step\Chapter 17\Windows *X* 子文件夹。单击"确定"按钮。

注意　用"可移植类库"模板创建程序集能集成到在使用.NET Framework 的任何平台上运行的托管应用程序中，包括 Windows Store 应用程序、Silverlight 应用程序(用于 Web)、Windows Phone 7 应用程序和 Xbox 360 应用程序。这种程序集实际是二进制可移植体；不需要编译就能在不同平台上运行。结果是一旦使用了这种模板，就只能使用所有目标平台都有的类型和方法了。

4. 在"添加可移植类库"对话框中，接受默认目标平台并单击"确定"按钮。

5. 在解决方案资源管理器中，右击 Class1.cs，选择"重命名"，将文件的名变成 **Tree.cs**。如果看到提示，请允许 Visual Studio 更改类名和文件名。

6. 在"代码和文本编辑器"中，将 Tree 类的定义变成 Tree<TItem>，如以下加粗显示的代码所示：

```
public class Tree<TItem>
{
}
```

7. 在 "代码和文本编辑器" 中修改 Tree<TItem>类的定义, 指定类型参数 TItem 必须是实现了泛型 IComparable<TItem>接口的类型, 如以下加粗显示的代码所示:

```
public class Tree<TItem> where TItem : IComparable<TItem>
{
}
```

8. 在 Tree<TItem>类中添加三个公共自动属性: 一个是 TItem 属性, 名为 NodeData; 另两个是 Tree<TItem>属性, 分别名为 LeftTree 和 RightTree, 如以下加粗显示的代码所示:

```
public class Tree<TItem> where TItem : IComparable<TItem>
{
    public TItem NodeData { get; set; }
    public Tree<TItem> LeftTree { get; set; }
    public Tree<TItem> RightTree { get; set; }
}
```

9. 在 Tree<TItem>类中添加构造器, 它获取一个名为 nodeValue 的 TItem 参数。在构造器中, 将 NodeDate 属性设为 nodeValue, 并将 LeftTee 和 RightTree 属性初始化为 null, 如以下加粗显示的代码所示:

```
public class Tree<TItem> where TItem : IComparable<TItem>
{
    public Tree(TItem nodeValue)
    {
        this.NodeData = nodeValue;
        this.LeftTree = null;
        this.RightTree = null;
    }
    ...
}
```

> 📙注意　构造器的名称不能包含类型参数, 它名为 Tree, 而不是 Tree<TItem>。

10. 在 Tree<TItem>类中添加公共方法 Insert, 如以下加粗的代码所示。该方法负责将一个 TItem 值插入树。

```
public class Tree<TItem> where TItem: IComparable<TItem>
{
    ...
    public void Insert(TItem newItem)
    {
    }
    ...
}
```

Insert 方法将实现早先描述的递归算法, 从而创建一个排好序的二叉树。由于程序员要用构造器在树中插入初始节点(类没有默认构造器), 所以 Insert 方法可以假定树是非空的。下面重复了前面的伪代码算法的一部分, 它们是在检查了树是否空白之后执行的。稍后，将根据这些伪代码来编写 Insert 方法：

```
...
Examine the value of the node, N, of the tree, T        // 检查树 T 的节点 N 的值
If the value of N is greater than that of the new item, I // 如 N 大于新项 I 的值
Then
   If the left sub-tree of T is empty                   // 如果 T 的左子树为空
   Then
    Construct a new left sub-tree of T with the item I as the node, and
    empty left and right sub-trees                      // 就为 T 构造一个新的左子树，I 作为节点，
                                                        // 左右子树空白
   Else
    Insert I into the left sub-tree of T                // 将 I 插入 T 的左子树
   End If
...
```

11. 在 Insert 方法中添加一个语句来声明 TItem 类型的局部变量，命名为 currentNodeValue。将这个变量初始化成树的 NodeData 属性的值，如下所示：

```
public void Insert(TItem newItem)
{
    TItem currentNodeValue = this.NodeData;
}
```

12. 在 Insert 方法中，在刚才添加的 currentNodeValue 变量定义之后，添加以下加粗显示的 if-else 语句。该语句使用 IComparable<TItem> 接口的 CompareTo 方法判断当前节点的值是否大于新项(newItem)的值：

```
public void Insert(TItem newItem)
{
    TItem currentNodeValue = this.NodeData;
    if (currentNodeValue.CompareTo(newItem) > 0)
    {
        // 将新项插入左子树
    }
    else
    {
        // 将新项插入右子树
    }
}
```

13. 将注释"// 将新项插入左子树"替换成以下代码块：

```
if (this.LeftTree == null)
{
    this.LeftTree = new Tree<TItem>(newItem);
}
else
{
    this.LeftTree.Insert(newItem);
}
```

这些语句将检查左子树是否为空。如果是，就用新项来创建一个新树，并把它设为当前节点的左子树；否则，将递归调用 Insert 方法，将新项插入现有的左子树中。

14. 将注释"// 将新项插入右子树"替换成相似的代码，将新节点插入右子树：

```
if (this.RightTree == null)
{
    this.RightTree = new Tree<TItem>(newItem);
}
else
{
    this.RightTree.Insert(newItem);
}
```

15. 在 Tree<TItem>类中添加另一个公共方法，命名为 WalkTree。该方法将遍历树，顺序访问每个节点，并生成节点数据的字符串形式。

方法定义如下所示：

```
public void WalkTree()
{
}
```

16. 在 WalkTree 方法中添加以下加粗的语句。这些语句实现了早先描述过的二叉树遍历算法。访问每个节点时，都将节点值连接到结果字符串中。

```
public string WalkTree()
{
    string result = "";

    if (this.LeftTree != null)
    {
        result = this.LeftTree.WalkTree();
    }

    result += String.Format(" {0} ", this.NodeData.ToString());

    if (this.RightTree != null)
    {
        result += this.RightTree.WalkTree();
    }

    return result;
}
```

17. 选择"生成"│"生成解决方案"。类应该正确地编译。如有必要，请纠正任何打字错误，并重新生成解决方案。

下一个练习将创建由整数和字符串构成的二叉树，从而测试 Tree<TItem>类。

> ➢ 测试 Tree<TItem>类

1. 在解决方案资源管理器中，右击 BinaryTree 解决方案，选择"添加"|"新建项目"。

注意 一定要右击 BinaryTree 解决方案，不要右击 BinaryTree 项目。

2. 使用"控制台应用程序"模板来添加新项目。将项目命名为 **BinaryTreeTest**，并将位置设为"文档"文件夹下的\Microsoft Press\Visual CSharp Step By Step\Chapter 17\Windows *X* 子文件夹。单击"确定"按钮。

注意 每个 Visual Studio 2012 解决方案都可以包含多个项目。目前正是利用这个功能在 BinaryTree 解决方案中添加第二个项目来测试 Tree<TItem>类。

3. 确定已在解决方案资源管理器中选中了 BinaryTreeTest 项目。从"项目"菜单中选择"设为启动项目"命令。

    这样一来，BinaryTreeTest 项目会在解决方案资源管理器中突出显示。运行应用程序时，实际执行的项目就是它。

4. 确定仍在解决方案资源管理器中选中了 BinaryTreeTest 项目。从"项目"菜单中选择"添加引用"。在"引用管理器"对话框中，单击左侧窗格的"解决方案"，在中间窗格选择 BinaryTree 项目，再单击"确定"按钮。

    BinaryTree 程序集将在解决方案资源管理器的 BinaryTreeTest 项目的引用列表中出现。检查 BinaryTreeTest 项目的"引用"文件夹，会发现最顶部就是 BinaryTree 程序集。现在可以在 BinaryTreeTest 项目中创建 Tree<TItem>对象。

注意 如果类库项目和使用该类库的项目不在同一个解决方案中，就必须添加对程序集 (.dll 文件)的引用，而不是添加对类库项目的引用。为此，需要在"引用管理器"对话框中浏览程序集。本章最后一个练习将采用这个技术。

5. 在"代码和文本编辑器"中显示 Program 类，在类的顶部添加以下 using 指令：

```
using BinaryTree;
```

6.　在 Main 方法中添加以下加粗显示的语句：

```
static void Main(string[] args)
{
    Tree<int> tree1 = new Tree<int>(10);
    tree1.Insert(5);
    tree1.Insert(11);
    tree1.Insert(5);
    tree1.Insert(-12);
    tree1.Insert(15);
    tree1.Insert(0);
    tree1.Insert(14);
    tree1.Insert(-8);
    tree1.Insert(10);
    tree1.Insert(8);
    tree1.Insert(8);

    string sortedData = tree1.WalkTree();
    Console.WriteLine("Sorted data is: {0}", sortedData);
}
```

这些语句新建二叉树来容纳 int 值。构造器创建初始节点，其中包含值 10。Insert 语句在树中添加节点，WalkTree 方法返回代表树内容的字符串，内容应该按升序排序。

注意　C#的 int 关键字实际是 System.Int32 类型的别名。每次声明 int 变量，实际声明的是 System.Int32 类型的结构变量。System.Int32 类型实现了 IComparable 和 IComparable<T>接口，因此才可以创建 Tree<int>对象。类似地，string 关键字是 System.String 的别名，它也实现了 IComparable 和 IComparable<T>。

7.　选择"生成" | "生成解决方案"命令。然后，验证解决方案能够正常编译，纠正任何可能出现的错误。

8.　保存项目，然后选择"调试" | "开始执行(不调试)"。

程序将运行并显示以下值序列：

```
-12, -8, 0, 5, 5, 8, 8, 10, 10, 11, 14, 15
```

9.　按 Enter 键返回 Visual Studio 2012。

10.　在 Main 方法的尾部添加以下加粗显示的语句(在现有代码之后)：

```
static void Main(string[] args)
{
    ...
    Tree<string> tree2 = new Tree<string>("Hello");
    tree2.Insert("World");
    tree2.Insert("How");
    tree2.Insert("Are");
```

```
        tree2.Insert("You");
        tree2.Insert("Today");
        tree2.Insert("I");
        tree2.Insert("Hope");
        tree2.Insert("You");
        tree2.Insert("Are");
        tree2.Insert("Feeling");
        tree2.Insert("Well");
        tree2.Insert("!");

        sortedData = tree2.WalkTree();
        Console.WriteLine("Sorted data is: {0}", sortedData);
    }
```

这些语句创建另一个二叉树来容纳字符串，在其中填充一些测试数据，然后打印树的内容。这一次，数据将按字母顺序排序。

11. 选择"生成" | "生成解决方案"命令。验证解决方案能够正常编译，纠正任何可能出现的错误。

12. 选择"调试" | "开始执行(不调试)"。

程序将运行，显示刚才展示过的整数值，然后显示以下字符串序列(如下图所示)：

```
!, Are, Are, Feeling, Hello, Hope, How, I, Today, Well, World, You, You
```

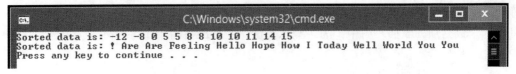

13. 按 Enter 键返回 Visual Studio 2012。

17.4 创建泛型方法

除了定义泛型类，还可以创建泛型方法。

泛型方法允许采取和定义泛型类时相似的方式，用类型参数来指定参数和返回类型。这样一来，就可以定义出类型安全的常规方法，同时避免强制类型转换(以及某些情况下的装箱)所造成的开销。泛型方法经常与泛型类组合使用——例如，方法获取泛型类型的参数，或者返回泛型类型。

要定义泛型方法，需要使用与创建泛型类时相同的"类型参数"语法(同样能指定约束)。例如，以下泛型方法 Swap<T>可交换它的参数中的值。不管交换的数据是什么类型，这个功能都非常有用，所以适合把它定义成泛型方法：

```
static void Swap<T>( ref T first, ref T second)
{
    T temp = first;
```

```
        first = second;
        second = temp;
    }
```

调用这个方法时，必须为类型参数指定具体类型。下例展示了如何使用 Swap<T>方法来交换两个 int 和两个 string：

```
int a = 1, b = 2;
Swap<int>(ref a, ref b);
...
string s1 = "Hello", s2 = "World";
Swap<string>(ref s1, ref s2);
```

> **注意** 我们知道，实例化指定了不同具体类型参数的泛型类，会造成编译器生成不同的类型。类似地，每次使用 Swap<T>方法，都会造成编译器生成方法的一个不同的版本。Swap<int>和 Swap<string>是不同的方法；这两个方法只是"碰巧"从同一个泛型方法生成，所以具有相同的行为——但这些行为作用于不同的类型。

定义泛型方法来构造二叉树

上一个练习展示了如何创建泛型类来实现二叉树。Tree<TItem>类提供了 Insert 方法在树中添加数据项。然而，如果想添加大量数据项，反复调用 Insert 方法是不可取的。以下练习准备定义一个名为 InsertIntoTree 的泛型方法。使用这个方法，只需一次方法调用，即可将一个数据项列表插入树中。为了测试方法，我们准备将一个字符列表插入一个字符树中。

➢ 编写 InsertIntoTree 方法

1. 在 Visual Studio 2012 中，使用"控制台应用程序"模板新建一个项目。在"新建项目"对话框中，将项目命名为 **BuildTree**。将"位置"设为"文档"文件夹下的 \Microsoft Press\Visual CSharp Step By Step\Chapter 17\Windows X 子文件夹。从"解决方案"下拉列表选择"创建新解决方案"。单击"确定"按钮。

2. 在"项目"菜单中选择"添加引用"。在"引用管理器"对话框中，单击"浏览"按钮(不是左侧窗格的"浏览"标签)。

3. 在"选择要引用的文件"对话框中，切换到"文档"文件夹下的\Microsoft Press\Visual CSharp Step By Step\Chapter 17\Windows X\BinaryTree\bin\Debug 子文件夹，单击 BinaryTree.dll，再单击"添加"按钮。

4. 在"引用管理器"对话框中，验证 BinaryTree.dll 程序集已经列出，单击"确定"按钮。

   随后，BinaryTree 程序集将添加到解决方案资源管理器显示的引用列表中。

5. 在"代码和文本编辑器"中，在 Program.cs 文件的顶部添加以下 using 预编译指令：

```
using BinaryTree;
```

这个命名空间包含了 Tree<TItem>类。

6. 在 Program 类中添加名为 InsertIntoTree 的方法(可以放到 Main 方法后面)。这应该是一个静态 void 方法，它获取两个参数。一个参数是名为 tree 的 Tree<TItem>变量。另一个参数是名为 data 的参数数组，数组由 TItem 元素构成。

方法定义如下所示：

```
static void InsertIntoTree<TItem>(ref Tree<Item> tree, params TItem[] data)
{
}
```

📝提示 可采取另一种方式实现该方法。可以为 Tree<TItem>类创建一个扩展方法。为此，只需为 Tree<TItem>参数附加 this 关键字作为前缀，并在静态类中定义该方法。如下所示：

```
public static class TreeMethods
{
    public static void InsertIntoTree<TItem>(this Tree<TItem> tree,
                                             params TItem[] data)
    {
        ...
    }
    ...
}
```

这样做的好处在于，以后可以直接在一个 Tree<TItem>对象上调用 InsertIntoTree 方法，不必将 Tree<TItem>作为参数来传递。然而，就目前这个练习来说，我们会尽量保持代码的简单。

7. 插入二叉树的元素的类型(TItem 类型)必须实现 IComparable<TItem>接口。修改 InsertIntoTree 方法定义，添加恰当的 where 子句来定义约束。如以下加粗显示的代码所示：

```
static void InsertIntoTree<TItem>(ref Tree<TItem> tree,
    params TItem[] data) where TItem : IComparable<TItem>
{
}
```

6. 将以下加粗显示的语句添加到 InsertIntoTree 方法中。这些语句遍历 params 列表，使用 Insert 方法将每个数据项添加到树中。如果 tree 参数指定的值最初是 null，就创建一个新的 Tree<TItem>；这正是 tree 参数要传引用的原因。

```
static void InsertIntoTree<TItem>(ref Tree<TItem> tree,
    params TItem[] data) where TItem : IComparable<TItem>
```

```
    {
        foreach (TItem datum in data)
        {
            if (tree == null)
            {
                tree = new Tree<TItem>(datum);
            }
            else
            {
                tree.Insert(datum);
            }
        }
    }
}
```

> ➤ 测试 InsertIntoTree 方法

1. 在 Program 类的 Main 方法中，添加以下加粗的语句来新建一个 Tree，它用于容纳字符数据。然后，使用 InsertIntoTree 方法在其中填充一些样本数据。最后，显示 Tree 的 WalkTree 方法返回的树内容：

```
static void Main(string[] args)
{
    Tree<char> charTree = null;
    InsertIntoTree<char>(ref charTree, 'M', 'X', 'A', 'M', 'Z', 'Z', 'N');
    string sortedData = charTree.WalkTree();
    Console.WriteLine("Sorted data is: {0}", sortedData);
}
```

2. 选择"生成"|"生成解决方案"。纠正任何错误；如有必要，请重新生成。

3. 选择"调试"|"开始执行(不调试)"。

程序开始运行，字符值会顺序显示出来：

```
A, M, M, N, X, Z, Z
```

4. 按 Enter 键返回 Visual Studio 2012。

17.5　可变性和泛型接口

第 8 章讲过，可以使用 object 类型来容纳其他任何类型的值或引用。例如，以下代码能正常编译：

```
string myString = "Hello";
object myObject = myString;
```

用继承的话来说，String 类派生自 Object 类，因此所有字符串都是对象。再来看看以下泛型接口和类：

```
interface IWrapper<T>
```

```
{
    void SetData(T data);
    T GetData();
}

class Wrapper<T> : IWrapper<T>
{
    private T storedData;

    void IWrapper<T>.SetData(T data)
    {
        this.storedData = data;
    }

    T IWrapper<T>.GetData()
    {
        return this.storedData;
    }
}
```

Wrapper<T>类围绕指定的类型提供了一个简单的包装器(wrapper)。IWrapper 接口定义了 SetData 和 GetData 方法，Wrapper<T>类实现这些方法来存储和获取数据。可以像下面这样创建这个类的实例，并用它包装一个字符串：

```
Wrapper<string> stringWrapper = new Wrapper<string>();
IWrapper<string> storedStringWrapper = stringWrapper;
storedStringWrapper.SetData("Hello");
Console.WriteLine("存储的值是{0}", storedStringWrapper.GetData());
```

上述代码创建了 Wrapper<string>类型的实例，通过 IWrapper<string>接口来引用该对象并调用 SetData 方法。(Wrapper<T>类型显式实现它的接口，所以必须通过正确的接口引用来调用方法。)代码还通过 IWrapper<string>接口调用 GetData 方法。如果运行上述代码，应输出消息"存储的值是 Hello"。

再来看看下面这行代码：

```
IWrapper<object> storedObjectWrapper = stringWrapper;
```

这个语句和前面创建 IWrapper<string>引用的语句相似，区别在于，类型参数是 object 而不是 string。这个语句是合法的吗？记住，所有字符串都是对象(可以将 string 值赋给一个 object 引用)，所以这个语句理论上是可行的。然而，如果尝试执行它，会出现编译错误并显示消息：

无法将类型"Wrapper<string>"隐式转换为"IWrapper<object>"，存在一个显式转换(是否缺少强制转换?)

可以尝试显式转换：

```
IWrapper<object> storedObjectWrapper = (IWrapper<object>)stringWrapper;
```

上述代码能够编译，但在运行时会引发 InvalidCastException 异常。问题在于，虽然所有字符串都是对象，但反之不成立。如果上述语句合法，就可以像下面这样写代码，造成将 Circle 对象存储到 string 字段中都是合法的，这显然有悖于常理：

```
IWrapper<object> storedObjectWrapper = (IWrapper<object>)stringWrapper;
Circle myCircle = new Circle();
storedObjectWrapper.SetData(myCircle);
```

IWrapper<T>接口称为**不变量**(invariant)。不能将 IWrapper<A>对象赋给 IWrapper<B>类型的引用，即使类型 A 派生自类型 B。C#默认强制贯彻了这一限制，确保代码的类型安全性。

17.5.1 协变接口

假定像下面这样定义 IStoreWrapper<T> 和 IRetrieveWrapper<T> 接口以替代 IWrapper<T>，并在 Wrapper<T>类中实现这些接口：

```
interface IStoreWrapper<T>
{
    void SetData(T data);
}

interface IRetrieveWrapper<T>
{
    T GetData();
}

class Wrapper<T> : IStoreWrapper<T>, IRetrieveWrapper<T>
{
private T storedData;

    void IStoreWrapper<T>.SetData(T data)
    {
        this.storedData = data;
    }

    T IRetrieveWrapper<T>.GetData()
    {
        return this.storedData;
    }
}
```

在功能上，Wrapper<T>类和以前完全一样，只是要通过不同的接口访问 SetData 和 GetData 方法：

```
Wrapper<string> stringWrapper = new Wrapper<string>();
IStoreWrapper<string> storedStringWrapper = stringWrapper;
storedStringWrapper.SetData("Hello");
IRetrieveWrapper<string> retrievedStringWrapper = stringWrapper;
Console.WriteLine("存储的值是{0}", retrievedStringWrapper.GetData());
```

现在，以下代码合法吗？

```
IRetrieveWrapper<object> retrievedObjectWrapper = stringWrapper;
```

如果简单地回答，就是"不合法"，会和前面一样编译失败，显示相同的错误消息。但是，仔细想一想，就会发现虽然 C#编译器认定该语句不是类型安全的，但这个认定有一点儿武断，因为这个认定的前提条件已经不存在了。IRetrieveWrapper<T>接口只允许使用 GetData 方法读取 IWrapper<T>对象中存储的数据，没有提供任何途径更改数据。对于泛型接口定义的方法，如果类型参数(T)只在方法的返回值中出现，就可明确地告诉编译器一些隐式转换是合法的，没有必要再强制严格的类型安全性。为此，要在声明类型参数时指定 out 关键字，如下所示：

```
interface IRetrieveWrapper<out T>
{
    T GetData();
}
```

这个功能称为**协变性**(covariance)。只要存在从类型 A 到类型 B 的有效转换，或者类型 A 派生自类型 B，就可以将 IRetrieveWrapper<A>对象赋给 IRetrieveWrapper<B>引用。以下代码现在能成功编译并运行：

```
// string 派生自 object，所以现在是合法的
IRetrieveWrapper<object> retrievedObjectWrapper = stringWrapper;
```

只有在类型参数作为方法的返回类型指定时，才能为类型参数指定 out 限定符。如果用类型参数指定任何方法参数类型，out 限定符就是非法的，代码不会通过编译。另外，协变性只适合引用类型，因为值类型不能建立继承层次结构。以下代码无法编译，因为 int 是值类型：

```
Wrapper<int> intWrapper = new Wrapper<int>();
IStoreWrapper<int> storedIntWrapper = intWrapper; // 这是合法的
...
// 以下语句非法 - int 是值类型
IRetrieveWrapper<object> retrievedObjectWrapper = intWrapper;
```

.NET Framework 定义的几个接口支持协变性，包括要在第 19 章介绍的 IEnumerable<T>接口。

> **注意**　只有接口和委托类型(将在第 18 章讲述)能声明为协变量。不能为泛型类使用 out 修饰符。

17.5.2　逆变接口

既然有协变性，必然就有**逆变性**(Contravariance)。它允许使用泛型接口，通过 A 类型(比如 String 类型)的一个引用来引用 B 类型(比如 Object 类型)的一个对象，只要 A 是从 B 派生的(或者说 B 的派生程度比 A 小)。这听起来比较复杂，所以让我们用.NET Framework 类

库的一个例子来解释。

.NET Framework 中的 System.Collections.Generic 命名空间提供了名为 IComparer 的接口，如下所示：

```
public interface IComparer<in T>
{
    int Compare(T x, T y);
}
```

实现了这个接口的类必须定义 Compare 方法，它比较由 T 类型参数指定的那种类型的两个对象。Compare 方法返回一个整数值：如果 x 和 y 有相同的值，就返回 0；如果 x 小于 y，就返回负值；如果 x 大于 y，就返回正值。以下代码展示了如何根据对象的哈希码对它们进行排序。(GetHashCode 方法已由 Object 类实现。它只是返回一个代表对象的整数。所有引用类型都继承了这个方法，并可用自己的实现重写它。)

```
class ObjectComparer : IComparer<Object>
{
    int Comparer<object>.Compare(Object x, Object y)
    {
        int xHash = x.GetHashCode();
        int yHash = y.GetHashCode();
        if (xHash == yHash)
            return 0;
        if (xHash < yHash)
            return -1;
        return 1;
    }
}
```

可创建一个 ObjectComparer 对象，并通过 IComparer<Object>接口调用 Compare 方法来比较两个对象，如下所示：

```
Object x = ...;
Object y = ...;
ObjectComparer comparer = new ObjectComparer();
IComparer<Object> objectComparator = objectComparer;
int result = objectComparator.Compare(x, y);
```

到目前为止，似乎一切再普通不过。但有趣的是，可以通过对字符串进行比较的 IComparer 接口来引用同一个对象，如下所示：

```
IComparer<String> stringComparator = objectComparer;
```

从表面看，这个语句似乎违反了类型安全性的一切规则。然而，如果仔细考虑 IComparer<T>接口所做的事情，就明白上述语句是没有问题的。Compare 方法的目的是对传入的实参进行比较，根据结果来返回一个值。能比较 Object，自然就能比较 String。String 不过是 Object 的一种特化的类型而已。毕竟，一个 String 应该能做 Object 能做的任何事情——这不正是继承的意义吗？！

当然，这样说仍然有一点牵强。在 Compare 方法的代码中，你可能会执行依赖于特定类型的操作。而通过基于不同类型的接口来调用方法，操作就会失败。所以，必须让编译器在这一点上安心才行。检查 IComparer 接口的定义，会看到在类型参数前添加了 in 限定符：

```
public interface IComparer<in T>
{
    int Compare(T x, T y);
}
```

in 关键字明确告诉 C#编译器，要么传递 T 作为方法的参数类型，要么传递从 T 派生的任何类型。T 不能作为任何方法的返回类型使用。这样一来，通过泛型接口引用对象时，就限定了该接口要么基于 T，要么基于从 T 派生的类型。简单地说，如果类型 A 公开了一些操作、属性或字段，那么从类型 A 派生出类型 B 时，B 也肯定会公开同样的操作(如果重写这些操作，它们允许有不同的行为)、属性和字段。因此，可以安全地用类型 B 的对象替换类型 A 的对象。

协变性和逆变性在泛型世界中似乎是一个边缘化的主题，但它们实际上是相当有用的。例如，List<T>泛型集合类(在 System.Collections.Generic 命名空间中)使用 IComparer<T>对象实现 Sort 和 BinarySearch 方法。一个 List<Object>对象可以包含任何类型的对象的集合，所以 Sort 和 BinarySearch 方法要求能对任何类型的对象进行排序。如果不使用逆变，Sort 和 BinarySearch 方法就需要添加逻辑来判断要排序或搜索的数据项的真实类型，然后实现类型特有的排序或搜索机制。

当然，协变性和逆变性这两个词确实有一些拗口，所以刚开始可能搞不清楚两者的作用。根据本节的例子，我是像下面这样记忆它们的。

- **协变性(Covariance)** 如果泛型接口中的方法能返回字符串，它们也能返回对象。(所有字符串都是对象。)

- **逆变性(Contravariance)** 如果泛型接口中的方法能获取对象参数，它们也能获取字符串参数。(用一个对象能执行的操作，用字符串同样能；所有字符串都是对象。)

注意　和协变一样，只有接口和委托类型能声明为逆变量。不能为泛型类使用 in 修饰符。

小　　结

本章讲述了如何使用泛型创建类型安全的类。讲述了如何通过提供类型参数来实例化泛型类型。还讲述了如何实现泛型接口并定义泛型方法。最后，本章讲述了如何定义协变和逆变泛型接口，以方便对类型层次结构进行操作。

- 如果希望继续学习下一章，请继续运行 Visual Studio 2012，然后阅读第 18 章。

- 如果希望现在就退出 Visual Studio 2012，请选择"文件"|"退出"。如果看到"保存"对话框，请单击"是"按钮保存项目。

第 17 章快速参考

目标	操作

创建泛型类型	使用类型参数来定义类。示例如下：
	
	``
	public class Tree<TItem>
	{
	    ...
	}
	``

使用泛型类型实例化对象	提供具体的类型参数。示例如下： ``` Queue<int> myQueue = new Queue<int>(); ```

对泛型类型的类型参数进行限制	定义类时，使用 where 子句指定约束。示例如下：
	
	``
	public class Tree<TItem> where TItem :
	    IComparable<TItem>
	{
	    ...
	}
	``

定义泛型方法	使用类型参数来定义方法。示例如下：
	
	``
	static void InsertIntoTree<TItem>
	(Tree<TItem> tree, params TItem[] data)
	{
	    ...
	}
	``

调用泛型方法	为每个类型参数都提供恰当的类型。示例如下： ``` InsertIntoTree<char>(charTree, 'Z', 'X'); ```

定义协变接口	为协变类型参数指定 out 限定符。协变量泛型类型参数只能出现在输出位置，比如作为方法的返回类型。不能作为方法的参数类型。示例如下：
	
	``
	interface IRetrieveWrapper<out T>
	{
	    T GetData();
	}
	``

定义逆变接口	为逆变类型参数指定 in 限定符。逆变量泛型类型参数只出现在输入位置，比如作为方法的参数。不能作为方法的返回类型。示例如下：
	
	``
	public interface IComparer<in T>
	{
	    int Compare(T x, T y);
	}
	``

第18章 使 用 集 合

本章旨在教会你:

- 解释.NET Framework 的不同集合类的功能
- 创建类型安全的集合
- 用一组数据填充集合
- 操纵和访问集合中的数据项
- 使用谓词在面向列表的集合中查找匹配项

第 10 章介绍了如何用数组容纳数据。数组非常有用,但限制也不少。数组只提供了有限的功能,例如不方便增大或减小数组大小,还不方便对数组中的数据进行排序。另一个问题是必须用整数索引来访问数组元素。如果应用程序需要使用其他机制(比如第 17 章提到过的先入先出队列)存储和获取数据,数组就不是最合适的数据结构了。这正是集合可以大显身手的地方。

18.1 什么是集合类

Microsoft .NET Framework 提供了几个类,它们集合元素,并允许应用程序以特殊方式访问这此元素。这些类正是第 17 章提到过的集合类,它们在 System.Collections.Generic 命名空间中。

从名字可以看出,这些集合都是泛型类型,都要求提供类型参数来指定存储什么类型的数据。每个集合类都针对特定形式的数据存储和访问进行了优化,每个都提供了专门的方法来支持集合的特殊功能。例如,Stack<T>类实现了后入先出模型,Push 方法将数据项添加到栈的顶部,Pop 方法则从顶部取出数据项。Pop 总是获取并删除最新入栈的项。相反,Queue<T>类型提供了第 17 章讲过的 Enqueue 和 Dequeue 方法。Enqueue 使一个项入队,Dequeue 按相同顺序获取并删除项,从而实现了先入先出的数据结构。还有其他许多集合类,下表总结了最常用的。

集合	说明
List<T>	可像数组一样按索引访问列表,但提供了其他方法来搜索和排序
Queue<T>	先入先出数据结构,提供了方法将数据项添加到队列的一端,从另一端删除项,以及只检查而不删除
Stack<T>	先入后出数据结构,提供了方法将数据项压入栈顶,从栈顶出栈,以及只检查栈顶的项而不删除
LinkedList<T>	双向有序列表,为任何一端的插入和删除进行了优化。这种集合既可作为队列,也可作为栈,还可像列表那样支持随机访问

集合	说明
HashSet<T>	无序值列表，为快速数据获取而优化。提供了面向集合的方法来判断它容纳的项是不是另一个 HashSet<T>对象中的项的子集，以及计算 HashSet<T>对象的交集和并集
Dictionary<TKey, TValue>	字典集合允许根据键而不是索引来获取值
SortedList<TKey, TValue>	键/值对的有序列表。键必须实现 IComparable<T>接口

后面几个小节将简单描述这些集合类。每个类的更多细节请参见 MSDN 文档。

注意　　.NET Framework 还在 System.Collections 命名空间中提供了另一套集合类型，它们是非泛型集合,是在 C#支持泛型类型之前设计的。(泛型是在为.NET Framework 2.0 开发的 C#版本中加入的。)除了一个例外，这些类型全都存储对象引用，必须在存储和获取数据项时执行恰当的类型转换。这些类的作用是和现有的应用程序向后兼容，新解决方案不推荐使用。事实上，如果开发的是 Windows Store 应用程序，这些类甚至根本不可用。

例外的是 BitArray 类，它不存储对象引用。该类使用一个 int 实现精简的 Boolean 数组。int 的每一位都代表 true(1)或 false(0)。它类似于第 16 章介绍过的 IntBits 结构。BitArray 类是可以在 Windows Store 应用中使用的。

System.Generic.Concurrent 命名空间定义了另一组重要的集合。它们是线程安全的集合类，可在开发多线程应用程序时利用。第 24 章将提供这些类的更多细节。

18.1.1　List<T>集合类

泛型 List<T>类是最简单的集合类。用法和数组差不多，可以使用标准数组语法(方括号和元素索引)来引用集合中的元素(但不能用这种语法在集合初始化之后添加新元素)。List<T>类比数组灵活，避免了数组的以下限制。

● 为了改变数组大小，必须创建新数组，复制数组元素(如果新数组较小，甚至还复制不完)，然后更新对原始数组的引用，使其引用新数组。

● 如果删除一个数组元素，之后的所有元素都必须上移一位。即使这样还不行，因为最后一个元素会产生两个拷贝。

● 如果插入一个数组元素，必须使元素下移一位来腾出空位。但最后一个元素就丢失了！

● List<T>集合类通过以下功能来避免这些限制：

● 不需要在创建 List<T>集合时指定容量，它能随着元素的增加而自动伸缩。这种动态行为当然是有开销的，如有必要可以指定初始大小。超过这个大小，List<T>集合会自动增大。

- 可用 Remove 方法从 List<T>集合中删除指定元素。List<T>集合自动重新排序并关闭裂口。还可用 RemoveAt 方法删除 List<T>集合指定位置的项。

- 可用 Add 方法在 List<T>集合尾部添加元素。只需提供要添加的元素，List<T>集合的大小会自动改变。

- 可用 Insert 方法在 List<T>集合中部插入元素。同样地，List<T>集合的大小会自动改变。

- 可调用 Sort 方法轻松对 List<T>对象中的数据排序。

注意 和数组一样，用 foreach 遍历 List<T>集合时，不能用循环变量修改集合内容。另外，在遍历 List<T>的 foreach 循环中不能调用 Remove，Add 或 Insert 方法，否则会引发 InvalidOperationException。

下例展示了如何创建、处理和遍历 List<int>集合的内容。

```
using System;
using System.Collections.Generic;
...
List<int> numbers = new List<int>();

// 使用 Add 方法填充 List<int>
foreach (int number in new int[12]{10, 9, 8, 7, 7, 6, 5, 10, 4, 3, 2, 1})
{
   numbers.Add(number);
}

// 在列表倒数第二个位置插入一个元素
// 第一个参数是位置，第二个参数是要插入的值
numbers.Insert(numbers.Count-1, 99);

// 删除值是 7 的第一个元素 (第 4 个元素，索引 4)
numbers.Remove(7);
// 删除当前第 7 个元素，索引 6 (10)
numbers.RemoveAt(6);

// 用 for 语句遍历剩余 11 个元素
Console.WriteLine("Iterating using a for statement:");
for (int i = 0; i < numbers.Count; i++)
{
   int number = numbers[i]; // 注意使用了数组语法
   Console.WriteLine(number);
}

// 用 foreach 语句遍历同样的 11 个元素
```

```
Console.WriteLine("\nIterating using a foreach statement:");
foreach (int number in numbers)
{
    Console.WriteLine(number);
}
```

代码的输出如下所示:

```
Iterating using a for statement:
10
9
8
7
6
5
4
3
2
99
1

Iterating using a foreach statement:
10
9
8
7
6
5
4
3
2
99
1
```

> **注意** List<T>集合和数组用不同的方式判断元素数量。列表是用 Count 属性，数组是用 Length 属性。

18.1.2 LinkedList<T>集合类

LinkedList<T>集合类实现了双向链表。列表中的每一项除了容纳数据项的值，还容纳了对下一项的引用(Next 属性)以及对上一项的引用(Previous 属性)。列表起始项的 Previous 属性设为 null，最后一项的 Next 属性设为 null。

和 List<T>类不同，LinkedList<T>不支持用数组语法插入和获取元素。相反，要用 AddFirst 方法在列表开头插入元素，下移原来的第一项并将它的 Previous 属性设为对新项的引用。或者用 AddLast 方法在列表尾插入元素，将原先最后一项的 Next 属性设为对新项的引用。还可使用 AddBefore 和 AddAfter 方法在指定项前后插入元素(要先获取项)。

Firest 属性返回对 LinkedList<T>集合第一项的引用，Last 属性返回对最后一项的引用。为了遍历链表，可以从它的任何一端开始，查询 Next 或 Previous 引用，直到返回 null 为止。还可使用 foreach 语句*正向*遍历 LinkedList<T>对象，抵达末尾会自动停止。

从 LinkedList<T>集合中删除项是使用 Remove，RemoveFirst 和 RemoveLast 方法。

下例展示了一一个 LinkedList<T>集合。注意如何用 for 语句遍历列表，它查询 Next(或 Previous)属性，直到属性返回 null 引用(表明已抵达列表末尾)。

```
using System;
using System.Collections.Generic;
...
LinkedList<int> numbers = new LinkedList<int>();

// 使用 AddFirst 方法填充列表
foreach (int number in new int[] { 10, 8, 6, 4, 2 })
{
    numbers.AddFirst(number);
}

// 用 for 语句遍历
Console.WriteLine("Iterating using a for statement:");
for (LinkedListNode<int> node = numbers.First; node != null; node = node.Next)
{
    int number = node.Value;
    Console.WriteLine(number);
}

// 用 foreach 语句遍历
Console.WriteLine("\nIterating using a foreach statement:");
foreach (int number in numbers)
{
    Console.WriteLine(number);
}

// 反向遍历(只能用 for，foreach 只能正向遍历)
Console.WriteLine("\nIterating list in reverse order:");
for (LinkedListNode<int> node = numbers.Last; node != null; node = node.Previous)
{
    int number = node.Value;
    Console.WriteLine(number);
}
```

代码的输出如下所示:

```
Iterating using a for statement:
2
4
6
8
10
```

```
Iterating using a foreach statement:
2
4
6
8
10

Iterating list in reverse order:
10
8
6
4
2
```

18.1.3　Queue<T>集合类

Queue<T>类实现了先入先出队列。元素在队尾插入(入队或 Enqueue)，从队头移除(出队或 Dequeue)。

下例展示了 Queue<int>集合及其常见操作：

```
using System;
using System.Collections.Generic;
...
Queue<int> numbers = new Queue<int>();

// 填充队列
Console.WriteLine("Populating the queue:");
foreach (int number in new int[4]{9, 3, 7, 2})
{
  numbers.Enqueue(number);
  Console.WriteLine("{0} has joined the queue", number);
}

// 遍历队列
Console.WriteLine("\nThe queue contains the following items:");
foreach (int number in numbers)
{
    Console.WriteLine(number);
}

// 清空队列
Console.WriteLine("\nDraining the queue:");
while (numbers.Count > 0)
{
  int number = numbers.Dequeue();
  Console.WriteLine("{0} has left the queue", number);
}
```

上述代码的输出如下：

```
Populating the queue:
9 has joined the queue
3 has joined the queue
7 has joined the queue
2 has joined the queue

The queue contains the following items:
9
3
7
2

Draining the queue:
9 has left the queue
3 has left the queue
7 has left the queue
2 has left the queue
```

18.1.4　Stack<T>集合类

Stack<T>类实现了后入先出的栈。元素在顶部入栈(push)，从顶部出栈(pop)。通常可以将栈想象成一叠盘子：新盘子叠加到顶部，同样从顶部取走盘子。换言之，最后一个入栈的总是第一个被取走的。下面是一个例子(注意 foreach 循环列出项的顺序)：

```
using System;
using System.Collections.Generic;
...
Stack<int> numbers = new Stack<int>();

// 填充栈 - 入栈
Console.WriteLine("Pushing items onto the stack:");
foreach (int number in new int[4]{9, 3, 7, 2})
{
  bers.Push(number);
  sole.WriteLine("{0} has been pushed on the stack", number);
}

// 遍历栈
Console.WriteLine("\nThe stack now contains:");
foreach (int number in numbers)
{
  sole.WriteLine(number);
}

// 清空栈
Console.WriteLine("\nPopping items from the stack:");
while (numbers.Count > 0)
```

```
{
    int number = numbers.Pop();
    Console.WriteLine("{0} has been popped off the stack", number);
}
```

下面是程序的输出：

```
Pushing items onto the stack:
9 has been pushed on the stack
3 has been pushed on the stack
7 has been pushed on the stack
2 has been pushed on the stack

The stack now contains:
2
7
3
9

Popping items from the stack:
2 has been popped off the stack
7 has been popped off the stack
3 has been popped off the stack
9 has been popped off the stack
```

18.1.5　Dictionary<TKey, TValue>集合类

数组和 List<T>类型提供了将整数索引映射到元素的方式。在方括号中指定整数索引(例如[4])来获取索引 4 的元素(实际是第 5 个元素)。但有时需要从非 int 类型(比如 string，double 或 Time)映射。其他语言一般把这称为**关联数组**。C#的 Dictionary<TKey, TValue>类在内部维护两个数组来实现该功能。一个 keys 数组容纳要从其映射的**键**，另一个 values 容纳映射到的**值**。在 Dictionary<TKey, TValue>集合中插入键/值对时，将自动记录哪个键和哪个值关联，从而允许开发人员快速和简单地获取具有指定键的值。Dictionary<TKey, TValue>类的设计有一些重要的后果。

- Dictionary<TKey, TValue>集合不能包含重复的键。调用 Add 方法添加键数组中已有的键将引发异常。但是，如果使用方括号记号法来添加键/值对(如下例所示)，就不用担心异常——即使之前已添加了相同的键。如果键已经存在，其值会被新值覆盖。可用 ContainKey 方法测试 Dictionary<TKey, TValue>集合是否已包含特定的键。

- Dictionary<TKey, TValue>集合内部采用一种稀疏数据结构，在有大量内存可用时才最高效。随着更多元素的插入，Dictionary<TKey, TValue>集合可能快速消耗大量内存。

- 用 foreach 语句遍历 Dictionary<TKey, TValue>集合返回一个 KeyValuePair<TKey,

TValue>。该结构包含数据项的键和值拷贝，可通过 Key 和 Value 属性访问每个元素。元素是只读的，不能用它们修改 Dictionary<TKey, TValue>集合中的数据。

下例将家庭成员年龄和姓名关联并打印信息。

```
using System;
using System.Collections.Generic;
...
Dictionary<string, int> ages = new Dictionary<string, int>();

// 填充字典
ages.Add("John", 47); // 使用 Add 方法
ages.Add("Diana", 46);
ages["James"] = 20; // 使用数组语法
ages["Francesca"] = 18;

// 用 foreach 语句遍历字典
// 迭代器生成的是一个 KeyValuePair 项
Console.WriteLine("The Dictionary contains:");
foreach (KeyValuePair<string, int> element in ages)
{
  string name = element.Key;
  int age = element.Value;
  Console.WriteLine("Name: {0}, Age: {1}", name, age);
}
```

程序输出如下所示：

```
The Dictionary contains:
Name: John, Age: 47
Name: Diana, Age: 46
Name: James, Age: 20
Name: Francesca, Age: 18
```

注意　System.Collections.Generic 命名空间还包含 SortedDictionary<TKey, TValue>集合类型。该类能保持集合有序(根据键进行排序)。

18.1.6　SortedList<TKey, TValue>集合类

SortedList<TKey, TValue>类与 Dictionary<TKey, TValue>类非常相似，都允许将键和值关联。主要区别是，前者的 keys 数组总是排好序的(不然也不会叫 SortedList 了)。在 SortedList<TKey, TValue>对象中插入数据花的时间比 SortedDictionary<TKey, TValue>对象长，但获取数据会快一些(至少一样快)，而且 SortedList<TKey, TValue>类消耗的内存较少。

在 SortedList<TKey, TValue>集合中插入一个键/值对时，键会插入 keys 数组的正确索引位置，目的是确保 keys 数组始终处于排好序的状态。然后，值会插入 values 数组的相同索引位置。SortedList<TKey, TValue>类自动保证键值同步，即使是在添加和删除了元素之

后。这意味着可按任意顺序将键/值对插入一个 SortedList<TKey, TValue>，它们总是根据键来排序。

和 Dictionary<TKey, TValue>类相似，SortedList<TKey, TValue>集合不能包含重复的键。用 foreach 语句遍历 SortedList<TKey, TValue>集合返回的是 KeyValuePair<TKey, TValue>对象，只是这些 KeyValuePair<TKey, TValue>对象会根据 Key 属性排好序。

下例仍然将家庭成员的年龄和姓名关联并打印结果。但这一次使用的是有序列表而不是字典。

```
using System;
using System.Collections.Generic;
...
SortedList<string, int> ages = new SortedList<string, int>();

// 填充有序列表
ages.Add("John", 47); // 使用 Add 方法
ages.Add("Diana", 46);
ages["James"] = 20; // 使用数组语法
ages["Francesca"] = 18;

// 用 foreach 语句遍历有序列表
// 迭代器生成的是一个 KeyValuePair 项
Console.WriteLine("The SortedList contains:");
foreach (KeyValuePair<string, int> element in ages)
{
  string name = element.Key;
  int age = element.Value;
  Console.WriteLine("Name: {0}, Age: {1}", name, age);
}
```

结果会按照家庭成员姓名(这是键)的字母顺序进行排序(D-F-J-J)：

```
The SortedList contains:
Name: Diana, Age: 46
Name: Francesca, Age: 18
Name: James, Age: 20
Name: John, Age: 47
```

重要提示　SortedList<TKey, TValue>类型在 Windows Store 应用中不可用。需要这个功能可改为使用 SortedDictionary<TKey, TValue>类型。

18.1.7　HashSet<T>集合类

HashSet<T>类专为集合操作优化，操作包括设置成员和生成并集/交集等。

数据项用 Add 方法插入 HashSet<T>集合，用 Remove 方法删除。但是，HashSet<T>类真正强大的是它的 IntersectWith，UnionWith 和 ExceptWith 方法。这些方法修改

HashSet<T>集合来生成与另一个 HashSet<T>相交、合并或者不包含其数据项的新集合。这些操作是破坏性的，因为会用新集合覆盖原始 HashSet<T>对象的内容。另外，还可以使用 IsSubsetOf, IsSupersetOf, IsProperSubsetOf 和 IsProperSupersetOf 方法判断一个 HashSet<T>集合的数据是否另一个 HashSet<T>集合的超集或子集。这些方法返回 Boolean 值，是非破坏性的。

HashSet<T>集合内部作为哈希表实现，可实现数据项的快速查找。但是，一个大的 HashSet<T>集合可能需要消耗大量内存。

下例展示如何填充 HashSet<T>集合并用 IntersectWith 方法找出两个集合都有的数据。

```
using System;
using System.Collections.Generic;
...
HashSet<string> employees = new HashSet<string>(new string[] {"Fred","Bert","Harry","John"});
HashSet<string> customers = new HashSet<string>(new string[] {"John","Sid","Harry","Diana"});

employees.Add("James");
customers.Add("Francesca");

Console.WriteLine("Employees:");
foreach (string name in employees)
{
    Console.WriteLine(name);
}

Console.WriteLine("\nCustomers:");
foreach (string name in customers)
{
    Console.WriteLine(name);
}

Console.WriteLine("\nCustomers who are also employees:"); // 既是客户又是员工的人
customers.IntersectWith(employees);
foreach (string name in customers)
{
    Console.WriteLine(name);
}
```

代码的输出如下所示：

```
Employees:
Fred
Bert
Harry
John
James

Customers:
John
```

```
Sid
Harry
Diana
Francesca

Customers who are also employees:
John
Harry
```

> 📖 **注意** System.Collections.Generic 命名空间还包含 SortedSet<T>集合类型。工作方式和 HashSet<T>相似。主要区别是数据保持有序。SortedSet<T>和 HashSet<T>类可以互操作。例如，可以获取 SortedSet<T>集合和 HashSet<T>集合的并集。

18.2 使用集合初始化器

前面的例子展示了如何使用每种集合最合适的方法来添加元素。例如，List<T>使用 Add，Queue<T>使用 Enqueue，而 Stack<T>使用 Push。一些集合类型还允许在声明时使用和数组相似的语法来初始化。例如，以下语句创建并初始化名为 numbers 的 List<int>对象，这样写就不需要反复调用 Add 方法了：

```
List<int> numbers = new List<int>(){10, 9, 8, 7, 7, 6, 5, 10, 4, 3, 2, 1};
```

C#编译器内部会将初始化转换成一系列 Add 方法调用。换言之，只有支持 Add 方法的集合才能这样写(Stack<T>和 Queue<T>就不能)。

对于获取键/值对的复杂集合(例如 Dictionary<TKey, TValue>)，可在集合初始化器中将每个键/值对指定为匿名类型，如下所示：

```
Dictionary<string, int> ages = new Dictionary<string, int>()
    {{"John", 47}, {"Diana", 48}, {"James", 21}, {"Francesca", 18}};
```

每一对的第一项是键，第二项是值。

18.3 Find 方法、谓词和 Lambda 表达式

面向字典的集合(Dictionary<TKey, TValue>，SortedDictionary<TKey, TValue> 和 SortedList<TKey, TValue>)允许根据键来快速查找值，支持用数组语法访问值。对于 List<T> 和 LinkedList<T>等支持无键随机访问的集合，它们无法通过数组语法来查找项，所以专门提供了 Find 方法。Find 方法的实参是代表搜索条件的谓词。谓词就是一个方法，它检查集合的每一项，返回 Boolean 值指出该项是否匹配。Find 方法返回的是发现的第一个匹配项。List<T>和 LinkedList<T>类还支持其他方法，例如 FindLast 返回最后一个匹配项。List<T>类还专门有一个 FindAll 方法，它返回所有匹配项的一个 List<T>集合。

谓词最好用 Lambda 表达式指定。简单地理解，Lambda 表达式是能返回方法的表达式。

这听起来很怪，因为迄今为止遇到的大多数 C#表达式都是返回值。但如果熟悉函数式编程语言，比如 Haskell，对这个概念就一点儿都不会陌生。其他人也不必害怕，Lambda 表达式并不复杂，熟悉后会发现它们相当有用。

注意　访问 Haskell 主页 *http://www.haskell.org/haskellwiki/Haskell*，深入了解如何用
　　　Haskell 进行函数式编程。

第 3 章讲过，方法通常由 4 部分组成：返回类型、方法名、参数列表和方法主体。但 Lambda 表达式只包含其中的两个元素：参数列表和方法主体。Lambda 表达式没有定义方法名，返回类型(如果有的话)则根据 Lambda 表达式的使用上下文推断。在 Find 方法的情况下，谓词依次处理集合中的每一项；谓词的主体必须检查项，根据是否匹配搜索条件返回 true 或 false。以下加粗的语句在一个 List<Person>上调用 Find 方法(Person 是结构)，从而返回 ID 属性为 3 的第一项。

```
struct Person
{
  public int ID { get; set; }
  public string Name { get; set; }
  public int Age { get; set; }
}
...
// 创建并填充 personnel 列表
List<Person> personnel = new List<Person>()
{
  new Person() { ID = 1, Name = "John", Age = 47 },
  new Person() { ID = 2, Name = "Sid", Age = 28 },
  new Person() { ID = 3, Name = "Fred", Age = 34 },
  new Person() { ID = 4, Name = "Paul", Age = 22 },
};

// 查找 ID 为 3 的第一个列表成员
Person match = personnel.Find((Person p) => { return p.ID == 3; });

Console.WriteLine("ID:{0}\nName:{1}\nAge:{2}", match.ID, match.Name, match.Age);
```

上述代码的输出如下：

```
ID: 3
Name: Fred
Age: 34
```

调用 Find 方法时，实参(Person p) => { return p.ID == 3; }就是实际"干活儿"的 Lambda 表达式，它包含以下语法元素。

● 圆括号中的参数列表。和普通方法一样，即使 Lambda 表达式代表的方法不获取任何参数，也要提供一对空白圆括号。对于 Find 方法，谓词要针对每一项运行，该项作为参数传给 Lambda 表达式。

- =>操作符，它向 C#编译器指出这是一个 Lambda 表达式。

- Lambda 表达式主体(方法主体)。这个例子的主体很简单，只有一个语句，返回 Boolean 值来指出参数所指定的项是否符合搜索条件。然而，Lambda 表达式完全可以包含多个语句，而且可以采用你觉得最易读的方式来排版。只是要记住，和普通方法一样，每个语句都要以分号结束。

严格地说，Lambda 表达式的主体可以是包含多个语句的方法主体，也可以只是一个表达式。如果 Lambda 表达式的主体只包含一个表达式，大括号和分号就可以省略了(最后仍然需要一个分号来完成整个语句)。另外，如果表达式只有一个参数，用于封闭参数的圆括号也可省略。最后，许多时候都可以省略参数类型，让计算机根据 Lambda 表达式的调用上下文推断。下面是刚才的 Find 语句简化版本，它更容易阅读和理解：

```
Person match = personnel.Find(p => p.ID == 3);
```

Lambda 表达式是非常强大的语法构造，将在第 20 章详细讲解它。

18.4　比较数组和集合

数组和集合的重要差异总结如下。

- 数组实例具有固定大小，不能增大或缩小。集合则可根据需要动态改变大小。

- 数组可以是多维的，集合则是线性的。然而，集合中的项可以是集合自身，所以可以用集合的集合来模拟多维数组。

- 数据中的项通过索引来存储和获取。并非所有集合都支持数组语法。例如，要用 Add 或 Insert 方法在初始化好的 List<T>集合中存储一项,查找项则要用 Find 方法。

- 许多集合类都提供了 ToArray 方法，能创建数组并用集合中的项来填充。复制到数组的项不从集合中删除。另外,这些集合还提供了直接从数组填充集合的构造器。

使用集合类来玩牌

以下练习修改第 10 章的扑克牌游戏来使用集合而不是数组。

> **用集合实现扑克牌游戏**

1. 如果尚未运行 Microsoft Visual Studio 2012，请先启动它。

2. 打开 Cards 项目，它位于“文档”文件夹下的\Microsoft Press\Visual CSharp Step by Step\Chapter 18\Windows X\Cards 子文件夹。

  该项目包含第 10 章项目的升级版本。**PlayingCard** 类进行了修改，牌的点数和花色作为只读属性公开。

3. 在"代码和文本编辑器"窗口中显示 Pack.cs。在文件顶部添加以下 using 指令:

```
using System.Collections.Generic;
```

4. 在 Pack 类中,将二维数组 cardPack 修改成 Dictionary<Suit, List< PlayingCard>>对象,如以下加粗的代码所示:

```
class Pack
{
    ...
    private Dictionary<Suit, List<PlayingCard>> cardPack;
    ...
}
```

原始应用程序使用二维数组表示牌墩。这里把它替换成字典,键是花色,值是那个花色的所有牌的一个列表。

5. 找到 Pack 构造器。修改构造器的第一个语句,将 cardPack 变量实例化成新的字典集合而不是数组,如以下加粗的代码所示:

```
public Pack()
{
    this.cardPack = new Dictionary<Suit, List<PlayingCard>>(NumSuits);
    ...
}
```

虽然字典集合能随着数据项的加入而自动改变大小,但假如大小一般不怎么变化,就可在实例化时指定初始大小。这有助于优化内存分配,虽然超过这个大小时字典集合还是会自动增大。本例的字典集合固定包含 4 个列表(每种花色一个),所以应分配初始大小 4(NumSuits 是值为 4 的常量)。

6. 在外层 for 循环中声明名为 cardsInSuit 的 List<PlayingCard>集合对象。它要足够大来容纳每种花色的牌数(使用 CardsPerSuit 常量),如以下加粗的语句所示:

```
public Pack()
{
    this.cardPack = new Dictionary<Suit, List<PlayingCard>>(NumSuits);

    for (Suit suit = Suit.Clubs; suit <= Suit.Spades; suit++)
    {
        List<PlayingCard> cardsInSuit = new List<PlayingCard>(CardsPerSuit);
        for (Value value = Value.Two; value <= Value.Ace; value++)
        {
            ...
        }
    }
}
```

7. 修改内层 for 循环的代码,将新的 PlayingCard 对象添加到集合而不是数组中。如以下加粗的语句所示：

```
for (Suit suit = Suit.Clubs; suit <= Suit.Spades; suit++)
{
    List<PlayingCard> cardsInSuit = new List<PlayingCard>(CardsPerSuit);
    for (Value value = Value.Two; value <= Value.Ace; value++)
    {
        cardsInSuit.Add(new PlayingCard(suit, value));
    }
}
```

8. 在内层 for 循环之后，将列表对象添加到字典集合 cardPack 中，将 suit 变量的值指定为字典每一项的键。如以下加粗的语句所示：

```
for (Suit suit = Suit.Clubs; suit <= Suit.Spades; suit++)
{
    List<PlayingCard> cardsInSuit = new List<PlayingCard>(CardsPerSuit);
    for (Value value = Value.Two; value <= Value.Ace; value++)
    {
        cardsInSuit.Add(new PlayingCard(suit, value));
    }
    this.cardPack.Add(suit, cardsInSuit);
}
```

9. 找到 DealCardFromPack 方法。该方法从一副牌中随机挑选一张牌，将牌从牌墩中删除，再返回这张牌。在本例中，挑选牌的逻辑不必进行任何更改，但方法末尾获取牌的语句必须更新以使用字典集合。另外，从数组中删除已发牌的代码也需要修改。现在要在列表中找到牌并将其删除。查找牌要使用 Find 方法并指定一个谓词来查找具有指定点数(value)的牌。谓词的参数应该是一个 PlayingCard 对象(列表包含的就是 PlayingCard 对象)。

修改第二个 while 循环的结束大括号之后的代码，如以下加粗的代码所示：

```
public PlayingCard DealCardFromPack()
{
    Suit suit = (Suit)randomCardSelector.Next(NumSuits);
    while (this.IsSuitEmpty(suit))
    {
        suit = (Suit)randomCardSelector.Next(NumSuits);
    }

    Value value = (Value)randomCardSelector.Next(CardsPerSuit);
    while (this.IsCardAlreadyDealt(suit, value))
    {
        value = (Value)randomCardSelector.Next(CardsPerSuit);
    }

    List<PlayingCard> cardsInSuit = this.cardPack[suit];
    PlayingCard card = cardsInSuit.Find(c => c.CardValue == value);
    cardsInSuit.Remove(card);
```

```
   return card;
}
```

10. 找到 IsCardAlreadyDealt 方法。这个方法判断一张牌之前是不是已经发过了。它采用的办法是检查数组中对应的元素是否已被设为 null。需要修改这个方法，判断在字典集合 cardPack 中，在与指定花色对应的列表中，是否已包含具有指定点数的一张牌。

使用 Exists 方法判断 List<T>集合是否包含指定数据项。该方法和 Find 相似，都要获取一个谓词作为实参。谓词(记住谓词是方法)获取集合中的每一项，如果该项符合指定条件就返回 true，否则返回 false。本例的 List<T>集合容纳的是 PlayingCard 对象。所以，如果一个 PlayingCard 的花色和点数与传给 IsCardAlreadyDealt 方法的实参匹配，Exists 谓词就应返回 true。

以下加粗的代码更新方法：

```
private bool IsCardAlreadyDealt(Suit suit, Value value)
{
   List<PlayingCard> cardsInSuit = this.cardPack[suit];
   return (!cardsInSuit.Exists(c => c.CardSuit == suit && c.CardValue ==
value));
}
```

11. 在"代码和文本编辑器"中显示 Hand.cs 文件。在文件顶部添加以下 using 指令：

```
using System.Collections.Generic
```

12. Hand 类目前用数组容纳一手牌。修改代码来使用一个 List<PlayingCard>集合，如以下加粗的代码所示：

```
class Hand
{
   public const int HandSize = 13;
   private List<PlayingCard> cards = new List<PlayingCard>(HandSize);
   ...
}
```

13. 找到 AddCardToHand 方法。该方法目前检查是否已抓满了一手牌。如果还没有，就将作为参数提供的牌(一个 PlayingCard 对象)添加到 cards 数组中由 playingCardCount 变量指定的索引位置。

更新这个方法，改为使用 List<PlayingCard>集合的 Add 方法。修改后就没必要用一个变量显式跟踪集合中的牌数了，因为可以改为使用 Count 属性。

从类中删除 playingCardCount 变量，修改检查是否已抓满一手牌的 if 语句来引用 Count 属性。完成后的方法如下所示，改动的地方加粗显示：

```
public void AddCardToHand(PlayingCard cardDealt)
{
   if (this.cards.Count >= HandSize)
```

```
        {
            throw new ArgumentException("Too many cards");
        }
        this.cards.Add(cardDealt);
    }
```

14. 在"调试"菜单中选择"开始调试"来生成并运行应用程序。

15. Card Game 窗口出现后,请单击 Deal。

注意 记住,在 Windows Store 应用中,Deal 按钮位于应用栏。

验证和前一个例子一样,所有牌都会发出去,每一手牌都正确显示。再次单击 Deal, 会重新随机发牌。

下图展示了应用程序的 Windows 8 版本。

Card Game

North	South	East	West
Seven of Hearts	King of Hearts	Two of Hearts	Six of Spades
Ten of Diamonds	Ten of Hearts	Eight of Diamonds	Ace of Spades
Queen of Spades	Five of Hearts	Jack of Diamonds	Nine of Diamonds
Nine of Spades	Three of Spades	Nine of Clubs	Six of Hearts
Four of Spades	Five of Diamonds	Queen of Diamond:	Jack of Hearts
Ace of Clubs	Nine of Hearts	Two of Spades	Ace of Hearts
Three of Hearts	Five of Clubs	Four of Hearts	Queen of Clubs
Three of Clubs	Two of Clubs	King of Diamonds	Six of Clubs
Ten of Clubs	Five of Spades	Six of Diamonds	Seven of Clubs
Eight of Hearts	Eight of Spades	Three of Diamonds	Eight of Clubs
Ace of Diamonds	King of Spades	Seven of Diamonds	King of Clubs
Two of Diamonds	Jack of Spades	Seven of Spades	Jack of Clubs
Four of Clubs	Four of Diamonds	Ten of Spades	Queen of Hearts

Deal

16. 返回 Visual Studio 2012 并停止调试。

小　　结

本章讲述了如何使用常见的泛型集合类来存储和访问数据,还描述了集合和数组的区别。

- 如果希望继续学习下一章,请继续运行 Visual Studio 2012,然后阅读第 19 章。

- 如果希望现在就退出 Visual Studio 2012,请选择"文件"|"退出"命令。如果看到"保存"对话框,请单击"是"按钮保存项目。

第 18 章快速参考

目标	操作
新建集合	使用集合类的构造器。示例如下： `List<PlayingCard> cards = new List<PlayingCard>();`

将新项添加到集合	为列表、哈希集合和面向字典的集合使用 Add 或 Insert 方法(视具体情况而定)。为 Queue<T>集合使用 Enqueue 方法。为 Stack<T>集合使用 Push 方法。示例如下：
	
	`HashSet<string> employees = new HashSet<string>();`
	`employees.Add("John");`
	`...`
	`LinkedList<int> data = new LinkedList<int>();`
	`data.AddFirst(101);`
	`...`
	`Stack<int> numbers = new Stack<int>();`
	`numbers.Push(99);`

从集合删除项	为列表、哈希集合和面向字典的集合使用 Remove 方法。为 Queue<T>集合使用 Dequeue 方法。为 Stack<T>集合使用 Pop 方法。示例如下：
	
	`HashSet<string> employees = new HashSet<string>();`
	`employees.Remove("John");`
	`...`
	`LinkedList<int> data = new LinkedList<int>();`
	`data.Remove(101);`
	`...`
	`Stack<int> numbers = new Stack<int>();`
	`int item = numbers.Pop();`

查询集合中的元素数量	使用 Count 属性。示例如下：
	
	`List<PlayingCard> cards = new List<PlayingCard>();`
	`...`
	`int noOfCards = cards.Count;`

目标	操作
在集合中查找项	对于面向字典的集合，使用数组语法即可。列表则要使用 Find 方法。示例如下： ```csharp\nDictionary<string, int> ages =\n new Dictionary<string, int>();\nages.Add("John", 47);\nint johnsAge = ages["John"];\n...\nList<Person> personnel = new List<Person>();\nPerson match = personnel.Find(p => p.ID == 3);\n``` 注意，Stack<T>，Queue<T>和 HashSet<T>集合不支持搜索，只能使用 Contains 方法测试一个项是否包含在其中
遍历集合中的元素	使用 for 或 foreach 语句。示例如下： ```csharp\nLinkedList<int> numbers = new LinkedList<int>();\n...\nfor (LinkedListNode<int> node = numbers.First;\n node != null; node = node.Next)\n{\n int number = node.Value;\n Console.WriteLine(number);\n}\n...\nforeach (int number in numbers)\n{\n Console.WriteLine(number);\n}\n```

第19章 枚 举 集 合

本章旨在教会你：

- 手动定义枚举器来遍历集合中的元素
- 创建迭代器来自动实现枚举器
- 提供附加的迭代器，按不同的顺序遍历集合中的元素

第 10 章和第 18 章章介绍了如何使用数组和集合来容纳数据序列或集合。还介绍了如何使用 foreach 语句遍历数组或集合中的元素。当时，foreach 语句只是作为访问数组或集合内容的一种快速、方便的手段来使用的。本章将深入了解这个语句，探讨它实际如何工作。定义自己的集合类时，这个主题会变得十分重要，本章将解释如何使集合"可枚举"。

19.1 枚举集合中的元素

第 10 章的一个例子展示了如何用 foreach 语句列出一个简单数组中的数据项。代码如下所示：

```
int[] pins = { 9, 3, 7, 2 };
foreach (int pin in pins)
{
    Console.WriteLine(pin);
}
```

foreach 极大地简化了需要编写的代码，但它只能在特定情况下使用——只能使用 foreach 遍历**可枚举**集合。

什么是可枚举集合？简单地说就是实现了 System.Collections.IEnumerable 接口的集合。

> **注意**　C#的所有数组都是 System.Array 类的实例。而 System.Array 类是实现了 IEnumerable 接口的集合类。

IEnumerable 接口包含一个名为 GetEnumerator 的方法：

```
IEnumerator GetEnumerator();
```

GetEnumerator 方法应该返回实现了 System.Collections.IEnumerator 接口的**枚举器**对象。枚举器对象用于遍历(枚举)集合中的元素。IEnumerator 接口指定了以下属性和方法：

```
object Current { get; }
bool MoveNext();
void Reset();
```

可将枚举器想像成指向列表中的元素的指针。最开始，指针指向第一个元素**之前**的位

置。调用 MoveNext 方法,即可使指针移至列表中的下一项(第一项);如果能实际地移到下一项,MoveNext 方法返回 true,否则返回 false。可用 Current 属性访问当前指向的那一项;使用 Reset 方法,则可使指针回到列表第一项之前的位置。使用集合的 GetEnumerator 方法来创建枚举器,然后反复调用 MoveNext 方法,并获取 Current 属性的值,就可以每次在该集合中移动一个元素的位置。这正是 foreach 语句所做的事情。所以,要自己创建可枚举集合类,就必须实现 IEnumerable 接口。还要提供 IEnumerator 接口的一个实现,以便由集合类的 GetEnumerator 方法返回。

重要提示　IEnumerable<T>和 IEnumerator<T>这两个接口的名称很容易混淆。千万注意区分。

稍微想一下,就会发现 IEnumerator 接口的 Current 属性具有非类型安全的行为,因为它返回 object 而非具体类型。幸好,.NET Framework 类库还提供了泛型 IEnumerator<T>接口,该接口同样有 Current 属性,但返回的是一个 T。类似地,还有一个 IEnumerable<T>接口,其中的 GetEnumerator 方法返回的是一个 Enumerator<T>对象。这两个接口都在 System.Collections.Generic 命名空间中定义。为 2.0 或之后的.NET Framework 生成应用程序时,应在定义可枚举集合时使用这些泛型接口,不应使用非泛型版本。

注意　IEnumerator<T>接口和 IEnumerator 接口还有另一些区别,例如,它不包含 Reset 方法,但是扩展了 IDisposable 接口。

19.1.1　手动实现枚举器

下一个练习将定义类来实现泛型 IEnumerator<T>接口,并为第 17 章的二叉树类创建枚举器。

第 17 章演示了如何轻松遍历二叉树并显示其内容。这是否意味着定义枚举器,以相同顺序检索二叉树中的每个元素是一件轻松的工作呢?遗憾的是,实情并非如此。主要问题是,定义枚举器要记住自己在结构中的位置,使对 MoveNext 方法的后续调用能相应地更新位置。递归算法(例如遍历二叉树时使用的算法)本身无法通过一种易于访问的方式,在方法调用之间维持状态信息。因此,需要对二叉树中的数据进行预处理,把它们转换成更容易访问的数据结构(一个队列),再对该数据结构进行枚举。当然,用户遍历二叉树的元素时,这些幕后操作会在用户面前隐藏起来。

➤ 创建 TreeEnumerator 类

1. 如果 Visual Studio 2012 尚未运行,请启动它。

2. 打开"文档"文件夹下的\Microsoft Press\Visual CSharp Step By Step \Chapter 19\Windows *X*\BinaryTree 子文件夹中的 BinaryTree 解决方案。该解决方案包含在 17 章创建的 BinaryTree 项目的一个可以正常工作的副本。

3. 在项目中添加一个新类。请打开"项目"菜单,单击"添加类",选择"类"模板,在"名称"文本框中输入 **TreeEnumerator.cs**,单击"添加"按钮。

   TreeEnumerator 类为 Tree\<TItem>对象生成枚举器。为了确保类是类型安全的,必须提供类型参数并实现 IEnumerator\<T>接口。此外,类型参数对于 TreeEnumerator 类要枚举的 Tree\<TItem>对象来说必须是一个有效的类型,所以必须进行约束,规定必须实现 IComparable\<TItem>>接口。(出于排序的目的,BinaryTree 类要求树中的数据项提供一种方式使它们能被比较。)

4. 在"代码和文本编辑器"中显示 TreeEnumerator.cs 文件,修改 TreeEnumerator 类的定义,使之满足上述要求,如以下加粗的代码所示:

```
public class TreeEnumerator<TItem> : IEnumerator<TItem> where TItem : IComparable<TItem>
{
}
```

5. 如加粗的语句所示,在 TreeEnumerator\<TItem>类中添加 3 个私有变量:

```
class TreeEnumerator<TItem> : IEnumerator<TItem> where TItem : IComparable<TItem>
{
    private Tree<TItem> currentData = null;
    private TItem currentItem = default(TItem);
    private Queue<TItem> enumData = null;
}
```

   currentData 变量容纳对要枚举的树的引用,currentItem 变量容纳 Current 属性返回的值。将用从树的节点提取的值填充 enumData 队列,并用 MoveNext 方法依次从队列返回每一项。至于其中的"default"关键字是什么意思,请参见稍后的补充内容"初始化使用类型参数来定义的变量"。

6. 添加 TreeEnumerator 构造器,它获取名为 data 的 Tree\<TItem>参数。在构造器主体中,添加语句将 currentData 变量初始化成 data:

```
class TreeEnumerator<TItem> : IEnumerator<TItem> where TItem : IComparable<TItem>
{
    public TreeEnumerator(Tree<TItem> data)
    {
        this.currentData = data;
    }
    ...
}
```

7. 在 TreeEnumerator\<TItem>类中,紧接在构造器后面添加名为 populate(填充)的私有方法:

```
private void populate(Queue<TItem> enumQueue, Tree<TItem> tree)
{
    if (tree.LeftTree != null)
    {
        populate(enumQueue, tree.LeftTree);
```

```
      }

      enumQueue.Enqueue(tree.NodeData);

      if (tree.RightTree != null)
      {
         populate(enumQueue, tree.RightTree);
      }
   }
```

这个方法遍历二叉树,将二叉树中的数据添加到队列。所用的算法与第 17 章讲过
的 Tree<TItem>类所用的 WalkTree 方法非常相似。主要区别是,这里不是将
NodeData 值输出到屏幕,而是存储到队列中。

8. 回到 TreeEnumerator<TItem>类的定义。在类声明中,右击 IEnumerator<TItem>字
   样中的任何地方,从弹出菜单中选择"实现接口",再选择"显式实现接口"。
   这个操作将为 IEnumerator<TItem>和 IEnumerator 接口中的方法生成存根方法(即
   stub 方法,相当于"占位符",等着你去实现),并把它们添加到类的尾部。还会
   为 IDisposable 接口生成 Dispose 方法。

📝注意 IEnumerator<TItem>接口同时继承了 IEnumerator 和 IDisposable 接口,这解释了
        为什么还会出现这些接口要求的方法。事实上,唯一真正属于 IEnumerator<TItem>
        接口的只有泛型 Current 属性。MoveNext 和 Reset 方法从属于非泛型 IEnumerator
        接口。IDisposable 接口的详情已在第 14 讲述。

---

9. 检查自动生成的代码。属性和方法主体包含默认实现,它唯一的功能就是引发
   NotImplementedException 异常。我们将在后面的步骤中,用真正的实现来替换这
   些代码。

10. 用以下加粗显示的语句更新 MoveNext 方法主体:

```
bool System.Collections.IEnumerator.MoveNext()
{
   if (this.enumData == null)
   {
      this.enumData = new Queue<TItem>();
      populate(this.enumData, this.currentData);
   }
   if (this.enumData.Count > 0)
   {
      this.currentItem = this.enumData.Dequeue();
      return true;
   }
   return false;
}
```

枚举器的 MoveNext 方法有两方面的功能。首次调用时,它初始化枚举器使用的
数据,并向前跳进到要返回的第一个数据项(记住,首次调用 MoveNext 方法之前,

Current 属性返回的值是未定义的，会造成异常)。在本例中，初始化过程包括对队列进行实例化，然后调用 populate 方法向队列填充从树中提取的数据。

对 MoveNext 方法的后续调用应该只是跳过不同的数据项，直到没有更多的数据项为止。在本例中，就是对队列中的数据项进行出队操作，直到队列变空。重点注意的是，MoveNext 实际并不返回数据项——那是 Current 属性的功能。MoveNext 唯一做的事情就是更新枚举器的内部状态(将 currentItem 变量的值设为出队的数据项)，以便由 Current 属性使用。还有下一个值就返回 true，否则返回 false。

11. 如加粗的语句所示修改泛型 Current 属性的 get 访问器：

```
TItem IEnumerator<TItem>.Current
{
    get
    {
        if (this.enumData == null)
        {
            // 调用Current前要先调用一次MoveNext
            throw new InvalidOperationException("Use MoveNext before calling Current");
        }

        return this.currentItem;
    }
}
```

重要提示　Current 有两个实现，一定要把上述代码添加到正确的实现中。非泛型版本(System.Collections.IEnumerator.Current)不用管。

Current 属性检查 enumData 变量，确定已调用了一次 MoveNext(首次调用 MoveNext 前，enumData 变量的值为 null)。还没有调用就引发 InvalidOperationException 异常——.NET Framework 应用程序利用机制指出某个操作在当前状态下执行不了。如果 MoveNext 之前调用过，表明已更新好了 currentItem 变量，所以 Current 属性唯一要做的就是返回这个变量的值。

12. 找到 IDisposable.Dispose 方法。将 throw new NotImplementedException();语句注释掉，如以下加粗的代码所示。枚举器没有使用任何需要显式清理的资源，所以这个方法不需要做任何事情。但它仍然必须存在。要了解 Dispose 方法的详情，请参考第 14 章。

```
void IDisposable.Dispose()
{
    // throw new NotImplementedException();
}
```

13. 生成解决方案，纠正报告的任何错误。

初始化使用类型参数来定义的变量

你或许已经注意到，定义并初始化 currentItem 变量的语句使用了 default 关键字。currentItem 变量是用类型参数 TItem 来定义的。写程序时，用于替代 TItem 的实际类型可能是未知的——只有程序运行时，才知道具体类型是什么。由于这个原因，难以指定如何对变量进行初始化。有人可能想把它设为 null。然而，如果用于替代 T 的类型是值类型，这个赋值就是非法的(不能将值类型设为 null，只有引用类型才可以)。类似地，如果初始化为 0 并期待提供数值类型，那么一旦提供引用类型，就同样变成非法。还存在其他可能性——例如，TItem 可能是 Boolean 类型。default 关键字就是为了解决这个问题设计的。用于初始化变量的值将在语句执行时确定。如果 TItem 是引用类型，default(TItem)返回 null；如果 TItem 是数值，default(TItem)返回 0；如果 TItem 是 Boolean 类型，default(TItem)就返回 false。如果 TItem 是结构，结构中各个字段将采取类似的方式来初始化(引用字段初始化为 null，数值字段初始化为 0，Boolean 字段初始化为 false)。

19.1.2 实现 IEnumerable 接口

以下练习将修改二叉树类来实现 IEnumerable 接口。GetEnumerator 方法返回一个 TreeEnumerator<TItem>对象。

> ➤　在 Tree<TItem>类中实现 IEnumerable<TItem>接口

1.　在解决方案资源管理器中双击 Tree.cs 文件，从而在"代码和文本编辑器"中显示 Tree<TItem>类。

2.　修改 Tree<TItem>类的定义，使之实现 IEnumerable<TItem>接口，如以下加粗显示的代码所示：

```
public class Tree<TItem> : IEnumerable<TItem> where TItem : IComparable<TItem>
```

注意，始终将约束(where 子句)放在类声明的末尾。

3.　右击类定义中的 IEnumerable<TItem>接口，从弹出菜单中选择"实现接口"|"显式实现接口"。

这个操作将生成 IEnumerable<TItem>.GetEnumerator 和 IEnumerable.GetEnumerator 方法的默认实现，并添加到类的尾部。之所以要实现非泛型接口 IEnumerable 的方法，是由于 IEnumerable<TItem>接口继承了 IEnumerable。

4.　找到类尾部泛型接口的方法 IEnumerable<TItem>.GetEnumerator。修改 GetEnumerator()方法主体，将现有的 throw 语句替换成以下加粗显示的代码：

```
IEnumerator<TItem> IEnumerable<TItem>.GetEnumerator()
{
    return new TreeEnumerator<TItem>(this);
}
```

GetEnumerator 方法的作用是构造枚举器对象来遍历集合。本例唯一要做的就是使用树中的数据来构造一个新的 TreeEnumerator<TItem>对象。

5.　生成解决方案。

项目将正确编译。如有必要，请改正报告的任何错误，并重新生成解决方案。

接着用 foreach 语句遍历二叉树并显示其内容，测试刚才修改好的 Tree<TItem>类。

> **测试枚举器**

1.　在解决方案资源管理器中，右击 BinaryTree 解决方案，选择"添加"｜"新建项目"。用"控制台应用程序"模板来添加一个新项目。将项目命名为 **EnumeratorTest**，将位置设为"文档"下的\Microsoft Press\Visual CSharp Step By Step\Chapter 19\Windows X 子文件夹，单击"确定"按钮。

注意　要确定选择的是 Visual C#的"控制台应用程序"模板。有时"添加新项目"对话框默认显示的是 Visual Basic 或 C++的模板。

2.　在解决方案资源管理器中右击 EnumeratorTest 项目，从弹出菜单中选择"设为启动项目"命令。

3.　选择"项目"｜"添加引用"命令。在"添加引用"对话框中，单击左侧窗格"解决方案"，在中间窗格选择 BinaryTree 项目，单击"确定"按钮。

随后，在解决方案资源管理器中，BinaryTree 程序集将出现在 EnumeratorTest 项目的"引用"列表中。

4.　在"代码和文本编辑器"中显示 Program 类，在文件顶部添加以下 using 指令：

```
using BinaryTree;
```

5.　在 Main 方法中添加以下加粗显示的代码，创建并填充由 int 值构成的二叉树：

```
static void Main(string[] args)
{
    Tree<int> tree1 = new Tree<int>(10);
    tree1.Insert(5);
    tree1.Insert(11);
    tree1.Insert(5);
    tree1.Insert(-12);
    tree1.Insert(15);
    tree1.Insert(0);
    tree1.Insert(14);
    tree1.Insert(-8);
    tree1.Insert(10);
}
```

6.　如以下加粗的代码所示添加 foreach 语句来枚举树的内容并显示结果：

```
static void Main(string[] args)
{
...
foreach (int item in tree1)
{
    Console.WriteLine(item);
}
}
```

7.　选择"调试" | "开始执行(不调试)"命令。

　　程序将开始运行，并显示以下值序列(见下图)：

　　-12, -8, 0, 5, 5, 10, 10, 11, 14, 15

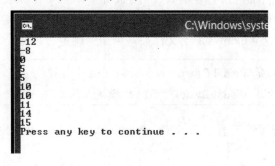

8.　按 Enter 键返回 Visual Studio 2012。

19.2　使用迭代器来实现枚举器

　　由此可见，为了将集合变得"可枚举"，其过程非常复杂，很容易出错。为了减轻程序员的负担，C#提供了迭代器来帮程序员完成其中的大部分工作。

　　根据 C#规范的描述，**迭代器**(iterator)是能生成(yield)已排序值序列的一个代码块。注意，迭代器实际不是"可枚举"类的成员。相反，它只是指定了一个序列，枚举器应该用这个序列返回值。也就是说，迭代器只是对枚举序列的一个描述，C#编译器可利用它来自动生成枚举器。为了正确理解这个概念，先来看一个简单的例子。

19.2.1　一个简单的迭代器

　　如下所示的 BasicCollection<T>类展示了实现一个迭代器的基本原理。类用一个 List<T>容纳数据，并提供了 FillList 方法来填充列表。还要注意，BasicCollection<T>类实现了 IEnumerable<T>接口。GetEnumerator 方法使用一个迭代器来实现。

```
using System;
using System.Collections.Generic;
using System.Collections;
```

```
class BasicCollection<T> : IEnumerable<T>
{
    private List<T> data = new List<T>();

    public void FillList(params T [] items)
    {
        foreach (var datum in items)
        {
            data.Add(datum);
        }
    }

    IEnumerator<T> IEnumerable<T>.GetEnumerator()
    {
        foreach (var datum in data)
        {
            yield return datum;
        }
    }

    IEnumerator IEnumerable.GetEnumerator()
    {
        // 这是非泛型版本，本例未实现
        throw new NotImplementedException();
    }
}
```

GetEnumerator 方法虽然一目了然，但仍有必要多讨论一下。首先注意，它并不返回 IEnumerator<T>类型的对象。相反，它是遍历 data 数组中的各项，并依次返回每一项。重点在于 yield 关键字的使用。yield 关键字指定了每一次迭代要返回的值。可以这样来想象 yield 语句：它临时将方法"叫停"，将一个值传回调用者。当调用者需要下一个值时，GetEnumerator 方法就从上次暂停的地方继续，生成下一个值。最终，所有数据都被耗尽，循环结束，GetEnumerator 方法终止。到这个时候，迭代过程就结束了。

记住，这并不是一个平常所见的方法。GetEnumerator 方法中的代码定义了一个**迭代器**。编译器利用这些代码来实现 IEnumerator<T>接口，其中包含 Current 属性和 MoveNext 方法。这个实现与 GetEnumerator 方法所指定的功能完全匹配。但程序员无法看见这些自动生成的代码(除非对程序集进行反编译)。与获得的便利相比，这一点儿代价(看不到自动生成的代码)微不足道。可以采取和平常一样的方式调用迭代器生成的枚举器，如以下代码块所示：

```
BasicCollection<string> bc = new BasicCollection<string>();
bc.FillList("Twas", "brillig", "and", "the", slithy", "toves");
foreach (string word in bc)
{
    Console.WriteLine(word);
}
```

上述代码以下顺序输出 bc 对象中的内容：

```
Twas, brillig, and, the, slithy, toves
```

如果想提供不同的迭代机制，按不同的顺序显示数据，可以实现附加的属性来实现 IEnumerable 接口，并用一个迭代器返回数据。例如，下面展示了 BasicCollection<T>类的 Reverse 属性，它按相反的顺序获取数据：

```
public IEnumerable<T> Reverse
{
    get
    {
        for (int i = data.Count - 1; i >= 0; i--)
            yield return data[i];
    }
}
```

可以像下面这样调用该属性：

```
BasicCollection<string> bc = new BasicCollection<string>();
bc.FillList("Twas", "brillig", "and", "the", slithy", "toves");
foreach (string word in bc.Reverse)
    Console.WriteLine(word);
```

上述代码将按相反的顺序输出 bc 的内容：

```
toves, slithy, the, and, brillig, Twas
```

19.2.2 使用迭代器为 Tree<TItem>类定义枚举器

以下练习使用迭代器为 Tree<TItem>类实现枚举器。在之前的练习中，要求先用 MoveNext 方法对树中的数据进行预处理，并在处理得到的一个队列的基础上进行操作。相反，本练习将定义迭代器，使用更自然的递归机制来遍历树，这类似于第 17 章讨论的 WalkTree 方法。

➤ 为 Tree<TItem>类添加枚举器

1. 在 Visual Studio 2012 中打开"文档"文件夹下的\Microsoft Press\Visual CSharp Step By Step\Chapter 19\Windows X\IteratorBinaryTree 子文件夹中的 BinaryTree 解决方案。该解决方案包含第 17 章创建的 BinaryTree 项目的副本。

2. 在"代码和文本编辑器"中显示文件 Tree.cs。修改 Tree<TItem>类的声明来实现 IEnumerable<TItem>接口，如以下加粗的代码所示：

```
public class Tree<TItem> : IEnumerable<TItem> where TItem : IComparable<TItem>
{
    ...
}
```

3. 右击类定义中的 IEnumerable<TItem>字样，从弹出菜单中选择"实现接口"，再选择"显式实现接口"。

IEnumerable<TIten>.GetEnumerator 和 IEnumerable.GetEnumerator 这两个方法将添加到类的尾部(一个是泛型版本，一个是非泛型版本)。

4. 找到泛型 IEnumerable<TItem>.GetEnumerator 方法，将 GetEnumerator 方法的主体(原本是一条 throw 语句)替换成以下加粗显示的代码：

```
IEnumerator<TItem> IEnumerable<TItem>.GetEnumerator()
{
    if (this.LeftTree != null)
    {
        foreach (TItem item in this.LeftTree)
        {
            yield return item;
        }
    }

    yield return this.NodeData;

    if (this.RightTree != null)
    {
        foreach (TItem item in this.RightTree)
        {
            yield return item;
        }
    }
}
```

表面上或许不太明显，但上述代码遵循的确实是第 17 章描述的用于列出二叉树内容的递归算法。如果 LeftTree 非空，第一个 foreach 语句将隐式调用它的 GetEnumerator 方法(也就是当前在定义的方法)。这个过程将一直持续，直到发现一个没有左子树的节点。至此，NodeData 属性中的值已经生成(yield)完毕。接着，按相同的方式检查右子树。当右子树的数据用光之后，将返回父节点，输出父节点的 NodeData 属性，并检查父节点的右子树。这一套动作将反复进行，直到枚举完整个树，以及输出所有节点。

➤ 测试新枚举器

1. 在解决方案资源管理器中，右击 BinaryTree 解决方案，选择 "添加" | "现有项目"。切换到文件夹\Microsoft Press\Visual CSharp Step By Step\Chapter 19\Windows X\EnumeratorTest，选择 EnumeratorTest 项目文件，单击 "打开" 按钮。

这是本章前面创建的用来测试枚举器的一个项目。

2. 在解决方案资源管理器中右击 EnumeratorTest 项目，选择 "设为启动项目" 命令。

3. 展开 EnumeratorTest 项目的 "引用" 节点。右击 BinaryTree 程序集，从弹出菜单中选择 "移除" 命令。

4. 选择 "项目" | "添加引用"。在 "添加引用" 对话框中，在左侧窗格单击 "解

决方案"，在中间窗格选择 BinaryTree 项目，单击"确定"按钮。

新的 BinaryTree 程序集会在 EnumeratorTest 项目的引用列表中出现。

注意 这两个步骤确保 EnumeratorTest 项目引用的是用迭代器来创建枚举器的那个版本的 BinaryTree 程序集，而不是旧版本。

---

5. 在"代码和文本编辑器"中打开 EnumeratorTest 项目的 Program.cs 文件。检查 Program.cs 文件中的 Main 方法。和测试旧版本的枚举器时一样，这个方法实例化一个 Tree<int>对象，在其中填充一些数据，然后用 foreach 语句显示内容。

6. 生成解决方案，纠正任何错误。

7. 选择"调试" | "开始执行(不调试)"。

   程序运行时，应该显示和以前一样的值序列：

   ```
   -12, -8, 0, 5, 5, 10, 10, 11, 14, 15
   ```

8. 按 Enter 键返回 Visual Studio 2012。

小　　结

本章讲述了如何为集合类实现 IEnumerable<T>和 IEnumerator<T>接口，从而允许应用程序遍历集合中的项。还讲述了如何使用迭代器实现枚举器。

- 如果希望继续学习下一章，请继续运行 Visual Studio 2012，然后阅读第 20 章。

- 如果希望现在就退出 Visual Studio 2012，请选择"文件"|"退出"。如果看到"保存"对话框，请单击"是"按钮保存项目。

第 19 章快速参考

目标	操作

使集合类"可枚举"以支持 foreach 操作	实现 IEnumerable 接口，提供 GetEnumerator 方法来返回 IEnumerator 对象。示例如下：
	
	`public class Tree<TItem>:IEnumerable<TItem>`
	`{`
	`    ...`
	`    IEnumerator<TItem> GetEnumerator()`
	`    {`
	`        ...`
	`    }`
	`}`

目标	操作

在不用迭代器的前提下实现枚举器	定义枚举器类垭实现 IEnumerator 接口，在接口中提供 Current 属性和 MoveNext 方法(可选择提供 Reset)方法。示例如下：
	
	`public class TreeEnumerator<TItem> : IEnumerator<TItem>`
	`{`
	`   ...`
	`   TItem Current`
	`   {`
	`      get`
	`      {`
	`         ...`
	`      }`
	`   }`
	
	`   bool MoveNext()`
	`   {`
	`      ...`
	`   }`
	`}`

用迭代器实现枚举器	实现枚举器来指出应返回哪些数据项(使用 yield 语句)，以及以什么顺序返回。示例如下：
	
	`IEnumerator<TItem> GetEnumerator()`
	`{`
	`for (...)`
	`{`
	`    yield return ...`
	`   }`
	`}`

第 20 章　分离应用程序逻辑并处理事件

本章旨在教会你：

- 声明委托类型来抽象方法签名
- 创建委托实例来引用具体方法
- 通过委托调用方法
- 定义 Lambda 表达式来指定委托要执行的代码
- 声明 event 字段
- 使用委托处理事件
- 引发事件

本书许多示例和练习都强调要精心定义类和结构来强制封装性。这样一来，以后修改方法的实现时，就不至于影响正在使用它们的应用程序。但有时不能或者不适合封装类型的完整功能。例如，类中的一个方法的逻辑可能要依赖于调用该方法的组件或应用程序，它可能要执行应用程序或组件特有的处理。问题是，在构造类并实现其方法时，可能还不知道使用它的是哪些应用程序和组件。同时，要避免使代码产生依赖，因为这恐怕会限制类的使用。委托提供了理想的解决方案，方法的逻辑和调用方法的应用程序完全可以分开。

C#中的事件用于支持与此相关的一种情况。本书各个练习中写的大多数代码都假定语句顺序执行。虽然这确实很常见，但偶尔必须打断当前执行流程，转为另一个更重要的任务。任务结束后，程序可从当初暂停的地方恢复执行。一个经典的例子就是 Windows 窗体(记住，本书的窗体是指"WPF 窗口"或"Windows Store 应用页面")。窗体上显示了像按钮和文本框这样的控件。单击按钮，或者在文本框中输入，我们希望窗体能立即响应。应用程序必须暂停它当前正在做的事情，转为处理我们的输入。这种风格的操作不仅适用于图形用户界面，还适用于必须紧急执行一个操作的任何应用程序——例如，在一个核反应堆过热的时候关闭它。为此，"运行时"必须提供两个机制：一个机制通知发生了紧急事件；另一个机制规定在发生事件时应该运行某个方法。这正是事件和委托的用途。

我们先讨论委托。

20.1　理 解 委 托

委托是对方法的引用。概念很简单，但其幕后的道理却一点都不简单。下面让我们进行解释。

📖**注意**　之所以称为委托，是因为一旦被调用，就将具体的处理"委托"给引用的方法。

平时调用方法是指定方法名(可指定方法所属的对象或结构名称)。看代码就知道要运行哪个方法，以及在什么时候运行。下例调用 Processor 对象的 performCalculation 方法(它具体做什么以及 Processor 类的定义并不重要)：

```
Processor p = new Processor();
p.performCalculation();
```

委托对象引用了方法。和将 int 值赋给 int 变量一样，是将方法引用赋给委托对象。下例创建 performCalculationDelegate 委托来引用 Processor 对象的 performCalculation 方法。这里故意省略了委托的声明，因为当前应该关注概念而非语法(稍后就会学到完整的语法)。

```
Processor p = new Processor();
delegate ... performCalculationDelegate ...;
performCalculationDelegate = p.performCalculation;
```

将方法引用赋给委托时，并不是马上就运行方法。方法名之后没有圆括号，也不指定任何参数。这纯粹就是一个赋值语句。

将对 Processor 对象的 performCalculation 方法的引用存储到委托中之后，应用程序就可通过委托来调用方法了，如下所示：

```
performCalculationDelegate();
```

看起来和普通方法调用无异；不知情的话还以为运行的是名为 performCalculationDelegate 的方法。但 CLR 知道它是委托，所以自动获取引用的方法并运行之。之后可以更改委托引用的方法，使调用委托的语句每次执行都运行不同的方法。另外，委托可一次引用多个方法(把它想象成方法引用集合)。一旦调用委托，所有方法都会运行。

> **注意**　如果熟悉 C++，会发现委托与函数指针很相似。但和函数指针不同，委托是类型安全的；换言之，只能让委托引用与委托签名匹配的方法。另外，尚未引用有效方法的委托是不能调用的。

20.1.1　.NET Framework 类库的委托例子

.NET Framework 类库在它的许多类型中广泛运用了委托，第 18 章已遇到了其中的两个例子：List<T>类的 Find 和 Exists 方法。这两个方法搜索 List<T>集合，返回匹配项或测试匹配项是否存在。设计 List<T>类时肯定不知道何谓"匹配"，所以要让开发人员自己定义，以"谓词"的形式来指定匹配条件。谓词其实就是委托，只不过它恰好返回 Boolean 值而已。以下代码帮助你复习 Find 方法的用法。

```
struct Person
{
  public int ID { get; set; }
  public string Name { get; set; }
  public int Age { get; set; }
```

```
}
...
List<Person> personnel = new List<Person>()
{
  new Person() { ID = 1, Name = "John", Age = 47 },
  new Person() { ID = 2, Name = "Sid", Age = 28 },
  new Person() { ID = 3, Name = "Fred", Age = 34 },
  new Person() { ID = 4, Name = "Paul", Age = 22 },
};
...
// 查找 ID 为 3 的第一个列表成员
Person match = personnel.Find(p => p.ID == 3);
```

List<T>类利用委托执行操作的其他方法还有 Average，Max，Min，Count 和 Sum。这些方法获取一个 Func 委托。Func 委托引用的是要返回值的方法(一个函数)。下例使用 Average 方法计算 personnel 集合中的人的平均年龄(Func<T>委托只是返回集合中每一项的 Age 字段的值)，使用 Max 方法判断 ID 最大的人，并使用 Count 方法计算多少个人年龄在 30 到 39 岁(含)之间。

```
double averageAge = personnel.Average(p => p.Age);
Console.WriteLine("Average age is {0}", averageAge);
...
int id = personnel.Max(p => p.ID);
Console.WriteLine("Person with highest ID is {0}", id);
...
int thirties = personnel.Count(p => p.Age >= 30 && p.Age <= 39);
Console.WriteLine("Number of personnel in their thirties is {0}", thirties);
```

代码的输出如下：

```
Average age is 32.75
Person with highest ID is 4
Number of personnel in their thirties is 1
```

本书剩余部分还会演示.NET Framework 类库使用的其他许多委托类型。当然还能定义自己的委托。下面用例子来演示如何以及在什么时候创建自己的委托。

Func<T, ...>和 Action<T, ...>委托类型

List<T>类的 Average、Max、Count 和其他方法获取的参数实际是泛型 Func<T, TResult> 委托；两个类型参数分别是传给委托的类型和返回类型。对于 List<Person>的 Average，Max 和 Count 方法，第一个类型参数 T 是列表数据的类型(Person 结构)，而 TResult 类型参数由委托的使用上下文决定。下例的 TResult 是 int，因为 Count 方法返回整数：

```
int thirties = personnel.Count(p => p.Age >= 30 && p.Age <= 39);
```

所以，在这个例子中，Count 方法期待的委托类型是 Func<Person, int>。这听起来有点学究气，因为编译器会根据 List<T>的类型自动生成委托，但最好还是熟悉一下这个机制，因为它在.NET Framework 类库中实在是太常见了。事实上，System 命名空间定义了一整套

Func 委托类型，从不获取参数而返回结果的 Func<TResult>，到获取 16 个参数的 Func<T1, T2, T3, T4, …, T16, TResult>。如果发现需要自己创建符合这种模式的委托类型，就应考虑改为使用一个合适的 Func 委托类型。将在第 21 章重新讨论 Func 委托类型。

　　除了 Func，System 命名空间还定义了一系列 Action 委托类型。Action 委托引用的是采取行动而不是返回值的方法，即 void 方法。同样地，从获取单个参数的 Action<T>到 Action<T1, T2, T3, T4, …, T16>都有。

20.1.2　自动化工厂的例子

　　假定要为一间自动化工厂写控制系统。工厂包含大量机器。生产时，每台机器都执行不同的任务——切割和折叠金属片、将金属片焊接到一起、印刷金属片等。每台机器都由一家专业厂商制造和安装。机器均由计算机控制，每个厂商都提供了一套 API；可利用这些 API 来控制他们的机器。你的任务是将机器使用的不同的系统集成到单独一个控制程序中。作为控制程序的一部分，你决定提供在必要时快速关闭所有机器的一个机制。

　　每台机器都有自己的、由计算机控制的过程(和函数)来安全关机。具体如下：

```
StopFolding();     // 折叠和切割机
FinishWelding();   // 焊接机
PaintOff();        // 彩印机
```

20.1.3　不使用委托来实现工厂

　　为了在控制程序中实现关机功能，可采用以下简单的方式：

```
class Controller
{
    // 代表不同机器的字段
    private FoldingMachine folder;
    private WeldingMachine welder;
    private PaintingMachine painter;

    ...
    public void ShutDown()
    {
        folder.StopFolding();
        welder.FinishWelding();
        painter.PaintOff();
    }
    ...
}
```

　　虽然这种方式可行，但扩展性和灵活性都不好。如果工厂采购了新机器，就必须修改这些代码，因为 Controller 类和机器是紧密联系在一起的。

20.1.4　使用委托来实现工厂

虽然每个方法的名称不同，但都具有相同的"形式"——都不获取参数，也都不返回值(以后会解释如果情况不是这样会发生什么)。所以，每个方法的常规形式如下：

```
void methodName();
```

这正是委托可以发挥作用的时候。使用与上述形式匹配的**委托**，就可引用任何机器关机方法。像下面这样声明委托：

```
delegate void stopMachineryDelegate();
```

注意以下几点。

● 声明委托要使用 delegate 关键字。

● 委托定义了它所引用的方法的"形式"。要指定返回类型(本例是 void)、委托名称(stopMachineryDelegate)以及任何参数(本例无参数)。

定义好委托后，就可创建它的实例，并用+=操作符让该实例引用匹配的方法。在 Controller 类的构造器中，可以像下面这样写：

```
class Controller
{
    delegate void stopMachineryDelegate();          // 声明委托类型
    private stopMachineryDelegate stopMachinery;     // 创建委托实例
    ...
    public Controller()
    {
        this.stopMachinery += folder.StopFolding;
    }
    ...
}
```

上述语法需要一段时间来熟悉。它只是将方法**加**到委托中；此时并没有实际调用方法。+操作符已进行了重载，所以在随同委托使用时，才具有了这个新的含义。(操作符重载的主题将在第 22 章讨论。)注意，只需指定方法名，不要包含任何圆括号或者参数。

可安全地将+=操作符用于未初始化的委托。该委托将自动初始化。还可使用 new 关键字显式初始化委托，让它引用一个特定的方法，示例如下：

```
this.stopMachinery = new stopMachineryDelegate(folder.stopFolding);
```

可通过调用委托来调用它引用的方法，示例如下：

```
public void ShutDown()
{
```

```
    this.stopMachinery();
    ...
}
```

委托调用语法与方法完全相同。如果引用的方法要获取参数，应在此时指定(在圆括号内)。

注意　调用没有初始化的委托会引发 NullReferenceException 异常。

委托的主要优势在于它能引用多个方法；使用+=操作符把这些方法添加到委托中即可，就像下面这样：

```
public Controller()
{
    this.stopMachinery += folder.StopFolding;
    this.stopMachinery += welder.FinishWelding;
    this.stopMachinery += painter.PaintOff;
}
```

在 Controller 类的 Shutdown 方法中调用 this.stopMachinery()，将自动依次调用上述每一个方法。Shutdown 方法不需要知道具体有多少台机器，也不需要知道方法名。

使用-=复合赋值操作符，则可从委托中移除一个方法：

```
this.stopMachinery -= folder.StopFolding;
```

我们当前的方案是在 Controller 类的构造器中，将机器的关机方法添加到委托中。为了使 Controller 类完全独立于各种机器，需要使 stopMachineryDelegate 成为公共，并提供一种方式允许 Controller 外部的类向委托添加方法。有以下几个选项。

- 将委托变量 stopMachinery 声明为公共：

  ```
  public stopMachineryDelegate stopMachinery;
  ```

- 保持 stopMachinery 委托变量私有，但提供可读/可写属性来访问它：

  ```
  public delegate void stopMachineryDelegate();
  ...
  public stopMachineryDelegate StopMachinery
  {
      get
      {
          return this.stopMachinery;
      }

      set
      {
          this.stopMachinery = value;
      }
  }
  ```

- 实现单独的 Add 和 Remove 方法来提供完全的封装性。Add 方法获取一个方法作为参数，并把它添加到委托中；Remove 则从委托中移除指定的方法(注意，添加或移除的方法要作为参数来传递，参数的类型就是委托类型)：

```
public void Add(stopMachineryDelegate stopMethod)
{
    this.stopMachinery += stopMethod;
}

public void Remove(stopMachineryDelegate stopMethod)
{
    this.stopMachinery -= stopMethod;
}
```

如果坚持面向对象的编程原则，或许会倾向于 Add/Remove 方案。但其他方案同样可行，也同样被广泛运用，所以这里列出了全部方案。

无论采用哪个方案，在 Controller 构造器中都应移除将机器方法添加到委托的代码。然后，可以实例化 Controller，并实例化代表其他机器的对象，如下所示(采用 Add/Remove 方案)：

```
Controller control = new Controller();
FoldingMachine folder = new FoldingMachine();
WeldingMachine welder = new WeldingMachine();
PaintingMachine painter = new PaintingMachine();
...
control.Add(folder.StopFolding);
control.Add(welder.FinishWelding);
control.Add(painter.PaintOff);
...
control.ShutDown();
...
```

20.1.5　声明和使用委托

以下练习将完成 Wide World Importers 公司的一个应用程序。该公司进口并销售建筑材料和工具，应用程序允许客户浏览库存商品并下单。应用程序在窗体上显示当前可用的商品，并用一个窗格列出客户选中的商品。单击窗体上的 Checkout 按钮即可下单。随后将处理订单并关闭窗格。

客户下单时会执行以下几个行动。

- 客户请求付款。

- 检查订购的商品，如果任何商品要限制年龄(比如电动工具)，就审计并跟踪订单细节。

● 生成发货单，其中包含订单的汇总信息。

审计和发货逻辑独立于结账逻辑。将来可能对这些逻辑进行修改，例如可能需要修改结账过程。所以，付款/结账逻辑最好与审计/发货逻辑分开，以简化应用程序的维护和升级。首先检查应用程序，判断它目前在哪些方面还满足不了这些要求。然后修改应用程序，删除在结账逻辑和审计/发货逻辑之间的依赖性。

➢ 　**检查 Wide World Importers 应用程序的逻辑**

1. 如果 Microsoft Visual Studio 2012 尚未启动，请启动它。

2. 打开 Delegates 项目，它位于"文档"文件夹下的\Microsoft Press\Visual CSharp Step by Step\Chapter 20\Windows X\Delegates 子文件夹。

3. 选择"调试" | "开始调试"。

   项目将开始生成并运行。随后会出现一个窗体，其中显示了可用的商品(如下图所示)。还有一个窗格显示了订单细节(刚开始空白)。取决于使用的是 Windows 8 还是 Windows 7，窗体外观有所不同。在 Windows 8 上，Windows Store 应用在水平滚动的 GridView 控件上显示商品(Windows Store 应用用这种风格显示数据)。

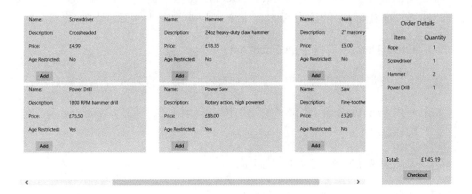

而在 Windows 7 上，WPF 应用程序在垂直滚动的 ListView 控件上显示商品(如下图所示)。

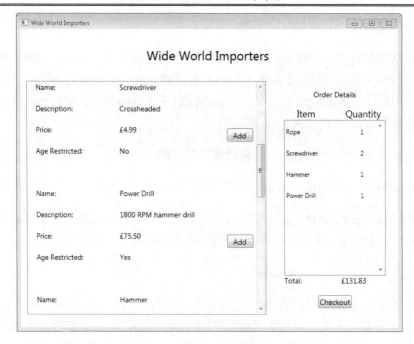

除了外观和感觉，应用程序在两种环境中的功能完全一样。

4. 选中一个或多个商品，单击 Add 把它们添加到购物车。确定至少选择一件要限制年龄的商品(Age Restricted 显示为 Yes)。

   商品添加后会出现在右侧的 Order Details 窗格。同样的商品添加两次，数量会自动递增。(应用程序的这个版本尚未实现从购物车中删除商品的功能。)

5. 单击 Order Details 窗格中的 Checkout。

   会显示一条消息指出已下单。订单具有唯一 ID，将随同订购金额显示该 ID。

   如果使用 Windows 8，单击"关闭"按钮取消消息。使用 Windows 7，则单击"确定"按钮。

6. 返回 Visual Studio 2012 并停止调试。

7. 在 Windows 资源管理器中切换到"文档"文件夹。

   有两个文件，一个名为 audit-*nnnnnn*.xml(*nnnnnn* 是订单 ID)，另一个名为 dispatch-*nnnnnn*.txt。第一个文件由审计组件生成，第二个文件是发货组件生成的发货单。

注意　　如果没有 audit-*nnnnnn*.xml 文件，表明下单时没有选择有年龄限制的商品。在这种情况下，请切换回应用程序，新建包含一个或多个这种商品的订单。

---

8. 在 Internet Explorer 中打开 audit-*nnnnnn*.xml 文件。该文件包含有年龄限制的商品列表，还有订单编号和日期。如下图所示。

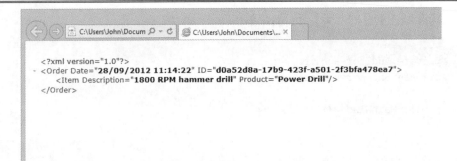

```
<?xml version="1.0"?>
- <Order Date="28/09/2012 11:14:22" ID="d0a52d8a-17b9-423f-a501-2f3bfa478ea7">
      <Item Description="1800 RPM hammer drill" Product="Power Drill"/>
  </Order>
```

检视完文件之后，关闭 Internet Explorer。

9.　使用记事本打开 dispatch-*nnnnnn*.txt 文件。文件包含订单 ID 以及总金额。如下图所示。

dispatch-d0a52d8a-17b9-423f-a501-2f3bfa478ea7 - Notepad

```
File  Edit  Format  View  Help
Order Summary:
Order ID: d0a52d8a-17b9-423f-a501-2f3bfa478ea7
Order Total: £202.34
```

关闭记事本程序，返回 Visual Studio 2012 并停止调试。

10.　注意，在 Visual Studio 中，解决方案由以下几个项目构成。

- **Delegates**　该项目包含应用程序本身。MainWindow.xaml 文件定义用户界面，应用程序逻辑包含在 MainWindow.xaml.cs 文件中。

- **AuditService**　该项目包含用于实现审计过程的组件。作为类库来打包，包含名为 Auditor 的类。该类公开了名为 AuditOrder 的公共方法。方法检查订单，如果包含有年龄限制的商品就生成 audit-*nnnnnn*.xml 文件。

- **DeliveryService**　该项目包含用于执行发货逻辑的组件，作为类库来打包。发货功能包含在 Shipper 类中。该类提供了名为 ShipOrder 的公共方法，负责处理发货过程并生成发货单。

> **注意**　欢迎研究 Auditor 和 Shipper 类的代码，但就本应用程序来说，暂无必要完全理解组件的内部工作原理。

- **DataTypes**　该项目包含其他项目要使用的数据类型。Product 类定义商品细节，商品数据保存在 ProductDataSource 类中。(应用程序目前使用硬编码的商品集合。在真实的应用程序中，这些信息**应该**从数据库或 Web 服务获取。)Order 和 OrderItem 类实现了订单结构，每个订单都由一件或多件商品构成。

11.　显示 Delegates 项目的 MainWindow.xaml.cs 文件，检查私有字段和 MainWindow

构造器。重要的元素如下所示：

```
...
private Auditor auditor = null;
private Shipper shipper = null;

public MainWindow()
{
  ...
  this.auditor = new Auditor();
  this.shipper = new Shipper();
}
```

auditor 和 shipper 私有字段包含对 Auditor 和 Shipper 类的实例的引用，构造器实例化这些对象。

12. 找到 CheckoutButtonClicked 方法。单击 Checkout 来结账时将运行该方法。方法的前几行如下所示：

```
private void CheckoutButtonClicked(object sender, RoutedEventArgs e)
{
  try
  {
    // 执行结账过程
    if (this.requestPayment())
    {
      this.auditor.AuditOrder(this.order);
      this.shipper.ShipOrder(this.order);
    }
    ...
  }
  ...
}
```

方法实现了结账过程。它请求客户付款，然后调用 auditor 对象的 AuditOrder 方法，再调用 shipper 对象的 ShipOrder 方法。未来需要的任何业务逻辑都在这里添加。if 语句后的代码涉及 UI 管理，包括向用户显示消息框，以及清理右侧 Order Details 窗格。

> **注意**　为了简化讨论，requestPayment 方法目前只是返回 true 来指出已收到付款。真正的应用程序必须执行完整的付款处理。

　　虽然应用程序能正常工作，但 Auditor 和 Shipper 组件与结账过程紧密集成。这些组件如果发生变化，整个应用程序都需要更新。类似地，要在结账过程中集成额外的逻辑(例如添加额外的组件)，就必须对应用程序的这一部分进行修订。

　　下个练习将结账过程与应用程序分开。结账仍需调用 Auditor 和 Shipper 组件，但必须具有很强的扩展性，以方便集成额外的组件。为此需要创建名为 CheckoutController 的新组件。CheckoutController 组件要实现结账逻辑，并公开一个委托，允许应用程序指定在这个过程中集成的组件和方法。CheckoutController 组件使用委托来调用这些方法。

➤ 创建 CheckoutController 组件

1. 在解决方案资源管理器中右击 Delegates 解决方案，选择"添加"|"新建项目"。

2. 在"添加新项目"对话框中，如果使用 Windows 8，就在左侧窗格单击"Windows 应用商店"。如果使用 Windows 7，就在左侧窗格单击 Windows。两种情况下，都在中间窗格选择"类库"模板。在"名称"文本框中输入 **CheckoutService**。然后单击"确定"。

3. 在解决方案资源管理器中展开 CheckoutService 项目，右击 Class1.cs，选择"重命名"。将文件名更改为 CheckoutController.cs。看见提示后，允许 Visual Studio 将所有 Class1 引用更改为 CheckoutController。

4. 右击 CheckoutService 项目的"引用"文件夹，单击"添加引用"。

5. 在"引用管理器 - CheckoutService"对话框中，单击左侧窗格的"解决方案"。在中部窗格选择 DataTypes 项目，单击"确定"按钮。

   CheckoutController 类将使用 DataTypes 项目中定义的 Order 类。

> **注意**　如果使用 Windows 8 并在这个时候报错，表明可能没有使用 Windows 应用商店的"类库"模板创建 CheckoutService 项目。在这种情况下，请右击 CheckoutService 项目并选择"移除"。在 Windows 资源管理器中，切换到"文档"文件夹中的 \Microsoft Press\Visual CSharp Step By Step\Chapter 20\Windows 8\Delegates 子文件夹，删除 CheckoutService 文件夹，重新从步骤 1 开始。

6. 打开 CheckoutController.cs 文件，在顶部添加以下 using 指令：

```
using DataTypes;
```

7. 向 CheckoutController 类添加公共委托类型 CheckoutDelegate，如加粗的语句所示：

```
public class CheckoutController
{
    public delegate void CheckoutDelegate(Order order);
}
```

该委托类型引用的是获取 Order 参数而且不返回结果的方法，正好匹配 Auditor 和 Shipper 类的 AuditOrder 和 ShipOrder 方法。

8. 基于该委托类型添加名为 CheckoutProcessing 的公共委托，如下所示：

```
public class CheckoutController
{
    public delegate void CheckoutDelegate(Order order);
```

```
    public CheckoutDelegate CheckoutProcessing = null;
}
```

9.　打开 Delegates 项目的 MainWindow.xaml.cs 文件，找到文件末尾的 requestPayment 方法。从 MainWindow 类中剪切掉该方法。返回 CheckoutController.cs 文件，将 requestPayment 方法粘贴到 CheckoutController 类中，如以下加粗的代码所示：

```
public class CheckoutController
{
    public delegate void CheckoutDelegate(Order order);
public CheckoutDelegate CheckoutProcessing = null;

    private bool requestPayment()
    {
        // Payment processing goes here
        // Payment logic is not implemented in this example
        // - simply return true to indicate payment has been received
        return true;
    }
}
```

10.　将以下加粗的 StartCheckoutProcessing 方法添加到 CheckoutController 类中：

```
public class CheckoutController
{
    public delegate void CheckoutDelegate(Order order);
    public CheckoutDelegate CheckoutProcessing = null;

    private bool requestPayment()
    {
        ...
    }

    public void StartCheckoutProcessing(Order order)
    {
        // Perform the checkout processing
        if (this.requestPayment())
        {
            if (this.CheckoutProcessing != null)
            {
                this.CheckoutProcessing(order);
            }
        }
    }
}
```

该方法提供之前由 MainWindow 类的 CheckoutButtonClicked 方法实现的结账功能。它请求付款并检查 CheckoutProcessing 委托。如果委托非空(引用一个或多个方法)，就调用委托。此时，委托引用的所有方法都将运行。

11.　右击 Delegates 项目的"引用"文件夹，单击"添加引用"。在引用管理器中，单击左侧窗格的"解决方案",在中间窗格选择 CheckoutService 项目,单击"确定"。

12. 返回 Delegates 项目的 MainWindow.xaml.cs 文件,在顶部添加以下 using 指令:

```
using CheckoutService;
```

13. 在 MainWindow 类中添加 CheckoutController 类型的私有变量 checkoutController:

```
public ... class MainWindow : ...
{
    ...
    private Auditor auditor = null;
    private Shipper shipper = null;
    private CheckoutController checkoutController = null;
    ...
}
```

14. 找到 MainWindow 构造器。在创建 Auditor 和 Shipper 组件的语句之后实例化 CheckoutController 组件:

```
public MainWindow()
{
    ...
    this.auditor = new Auditor();
    this.shipper = new Shipper();
    this.checkoutController = new CheckoutController();
}
```

15. 在构造器中刚才输入的语句后添加以下加粗的语句:

```
public MainWindow()
{
    ...
    this.checkoutController = new CheckoutController();
    this.checkoutController.CheckoutProcessing += this.auditor.AuditOrder;
    this.checkoutController.CheckoutProcessing += this.shipper.ShipOrder;
}
```

这些代码在 CheckoutController 对象的 CheckoutProcessing 委托中添加对 Auditor 和 Shipper 对象的 AuditOrder 和 ShipOrder 方法的引用。

16. 找到 CheckoutButtonClicked 方法。在 try 块中,将现有的结账代码(if 语句块)替换成以下加粗的语句:

```
private void CheckoutButtonClicked(object sender, RoutedEventArgs e)
{
    try
    {
        // 执行结账过程
        this.checkoutController.StartCheckoutProcessing(this.order);

        // 显示订单汇总
```

```
        ...
      }
      ...
    }
```

现在已成功将结账逻辑与结账所用的组件分开。MainWindow 类的业务逻辑指定 CheckoutController 应使用什么组件。

1.　选择"调试"｜"开始调试"来生成并运行应用程序。

2.　出现 Wide World Importers 窗体后，选择一些商品(至少选择一个有年龄限制的)，单击 Checkout。

3.　出现 Order Placed 消息后，记录订单号并单击"关闭"或"确定"。

4.　在 Windows 资源管理器中切换到"文档"文件夹。验证已生成新的 audit-*nnnnnn*.xml 和 dispatch-*nnnnnn*.txt 文件。*nnnnnn* 是订单号。检查文件，验证它们包含订单细节。

5.　返回 Visual Studio 2012 并停止调试。

20.2　Lambda 表达式和委托

迄今为止，在向委托添加方法的所有例子中，都只是使用方法名。例如，还是前面所说的自动化工厂的例子，为了将 folder 对象的 StopFolding 方法添加到 stopMachinery 委托中，我们是下面这样写的：

```
this.stopMachinery += folder.StopFolding;
```

假如有一个简便方法与委托的签名匹配，这种写法是合适的。但是，假如情况并非如此，又该怎么办呢？假定 StopFolding 方法的签名实际是：

```
void StopFolding(int shutDownTime); // 在指定秒数后关机
```

它的签名现在有别于 FinishWelding 及 PaintOff 方法，所以，不能再拿同一个委托处理全部三个方法。

20.2.1　创建方法适配器

解决这个问题的办法是创建另一个方法，它在内部调用 StopFolding，自身不获取任何参数：

```
void FinishFolding()
{
    folder.StopFolding(0); // 立即关机(也就是在 0 秒后关机)
}
```

然后，就可以将 FinishFolding 方法(而不是 StopFolding 方法)添加到 stopMachinery 委托中。使用的语法和以前是相同的：

```
this.stopMachinery += folder.FinishFolding;
```

调用 stopMachinery 委托时，实际会调用 FinishFolding，后者又会调用 StopFolding 方法，并传递参数值 0。

> **注意**　FinishFolding 方法是适配器的典型例子。**适配器**是指一个特殊方法，它能转换(或者说"适配")一个方法，为它提供不同的签名。这是十分常见的模式，已在《设计模式：可复用面向对象软件的基础》一书中进行了规范。

许多时候，像这样的适配器方法非常小，很难在方法的"汪洋大海"中找到它们(尤其是在一个很大的类中)。除此之外，除了"适配"StopFolding 方法供委托使用，其他地方一般用不上它。C#针对这种情况提供了 Lambda 表达式。Lambda 表达式最初是在第 18 章提出的，本章前面也展示了不少例子。在工厂的例子中，可以使用以下 Lambda 表达式：

```
this.stopMachinery += (() => folder.StopFolding(0));
```

使用 stopMachinery 委托时，它会运行 Lambda 表达式定义的代码，后者调用 StopFolding 方法并传递恰当的参数。

20.2.2 Lambda 表达式的形式

Lambda 表达式可以使用多种形式，每种形式的区别需要用心体会。Lambda 表达式最初是 Lambda Calculus(或者称为 λ 演算，λ 的发音就是 Lambda)这种数学逻辑系统的一部分，它提供了对函数进行描述的一种表示法(可将函数想象成会返回值的方法)。虽然 C#语言所实现的 Lambda 表达式对 λ 演算的语法和语义进行了扩展，但许多基本概念仍然保留下来了。下面这些例子展示了 C#中的 Lambda 表达式的各种形式：

```
x => x * x                  // 一个简单表达式，返回参数值的平方
                            // 参数x的类型根据上下文推导
x => { return x * x ; }     // 语义和上一个表达式相同，
                            // 但将一个C#语句块用作主体，而非只是一个简单表达式
(int x) => x / 2            // 一个简单表达式，返回参数值除以2的结果
                            // 参数x的类型显式指定
() => folder.StopFolding(0)  // 调用一个方法，
                            // 表达式不获取参数，
                            // 表达式可能会、也可能不会返回值
(x, y) => { x++; return x / y; }    // 多个参数；编译器自己推断参数类型
                                    // 参数x以值的形式传递，
                                    // 所以++操作的效果是局部于表达式的
(ref int x, int y) { x++; return x / y; }   // 多个参数，都显式指定类型
                                    // 参数x以引用的形式传递，
                                    // 所以++操作的效果是永久性的
```

下面总结了 Lambda 表达式的一些特点。

- 如果 Lambda 表达式要获取参数，就在=>操作符左侧的圆括号内指定。可省略参数类型，C#编译器能根据 Lambda 表达式的上下文进行推断。如果希望 Lambda 表达式永久(而不是局部)更改参数值，可以用"传引用"的方式传递参数(使用 ref 关键字)，但不推荐这样做。

- Lambda 表达式可以返回值，但返回类型必须与即将添加这个 Lambda 表达式的委托的类型匹配。

- Lambda 表达式的主体可以是简单表达式，也可以是 C#代码块(代码块可包含多个语句、方法调用、变量定义等等)。

- Lambda 表达式方法中定义的变量会在方法结束时离开作用域(失效)。

- Lambda 表达式可访问和修改 Lambda 表达式外部的所有变量，只要那些变量在 Lambda 表达式定义时，和 Lambda 表达式处在相同的作用域中。一定要非常留意这个特点！

Lambda 表达式和匿名方法

Lambda 表达式是 C# 3.0 新增的功能。C# 2.0 引入的是匿名方法。匿名方法执行相似的任务，但却不如 Lambda 表达式灵活。之所以设计匿名方法，主要是为了方便开发者在定义委托时不必创建具名方法。只需在方法名的位置提供方法主体的定义就可以了，如下所示:

```
this.stopMachinery += delegate { folder.StopFolding(0); };
```

还可将匿名方法作为参数传递以取代委托，如下所示:

```
control.Add(delegate { folder.StopFolding(0); } );
```

注意，引入匿名方法时必须附加 delegate 前缀。另外，所需的任何参数都在 delegate 关键字后的圆括号中指定。例如:

```
control.Add(delegate(int param1, string param2)
{ /* 使用param1 和param2 的代码放在这里 */ ... });
```

习惯之后，会发现 Lambda 表达式提供的语法比匿名方法更简洁和自然。另外，正如本书后面要讲到的，在 C#的许多比较高级的领域，会大量使用 Lambda 表达式。总的来说，应该尽可能在代码中使用 Lambda 表达式而不是匿名方法。

20.3　启用事件通知

本章前面展示了如何声明委托类型、调用委托以及创建委托实例。然而，我们的工作只做了一半。虽然委托允许间接调用任意数量的方法，但仍然必须显式调用委托。许多时候，需要在发生某事时自动运行委托。例如，在自动化工厂的例子中，假如一台机器过热，就应该自动调用 stopMachinery 委托来关闭设备。

.NET Framework 提供了**事件**。可定义并捕捉特定的事件，并在发生特定事件时调用委托来进行处理。.NET Framework 的许多类都公开了事件。能放到窗体中的大多数控件以及 Window 类本身，都允许在发生特定事件时(例如，当单击按钮，或者输入了文字时)运行代码。还可声明自己的事件。

20.3.1　声明事件

事件在准备作为事件来源的类中声明。**事件来源**类监视其环境，在发生某件事情时引发事件。在自动化工厂的例子中，事件来源是监视每台机器温度的一个类。检测到机器超出热辐射上限(变得过热)，温度监视器类就引发"机器过热"事件。事件维护着方法列表，引发事件将调用这些方法。有时将这些方法称为**订阅者**。这些方法应准备好处理"机器过热"事件，并能采取必要的纠正行动：关机！

声明事件的方式与字段很相似。但由于事件随同委托使用，所以事件的类型必须是委托，而且必须在声明前附加 event 前缀。用以下语法声明事件：

```
event delegateTypeName eventName        // delegateTypeName 是委托类型名称,
                                        // eventName 是事件名称
```

例如，以下是自动化工厂的 StopMachineryDelegate 委托。它现在被转移到新类 TemperatureMonitor(温度监视器)中。该类为监视设备温度的各种电子探头提供了接口(相较于 Controller 类，这是放置事件的一个更为合理的地方)。

```
class TemperatureMonitor
{
    public delegate void StopMachineryDelegate();
    ...
}
```

可以定义 MachineOverheating 事件，该事件将调用 stopMachineryDelegate，就像下面这样：

```
class TemperatureMonitor
{
    public delegate void StopMachineryDelegate();
    public event StopMachineryDelegate MachineOverheating;
    ...
}
```

TemperatureMonitor 类内部的逻辑(这里未显示)将在必要时引发 MachineOverheating 事件。至于具体如何引发事件，将在稍后的 20.3.4 节"引发事件"讨论。另外，要把方法添加到事件中——这个过程称为**订阅事件**或者**向事件登记**(subscribe to a event)——而不是添加到事件基于的委托中。下一小节将讨论如何订阅事件。

20.3.2　订阅事件

类似于委托，事件也用+=操作符进入就绪状态。我们使用+=操作符订阅事件。在自动工厂的例子中，一旦引发 MachineOverheating 事件就调用各种关机方法，如下所示：

```
class TemperatureMonitor
{
    public delegate void StopMachineryDelegate();
    public event StopMachineryDelegate MachineOverheating;
    ...

}
...
TemperatureMonitor tempMonitor = new TemperatureMonitor();
...
tempMonitor.MachineOverheating += () => { folder.StopFolding(0); };
tempMonitor.MachineOverheating += welder.FinishWelding;
tempMonitor.MachineOverheating += painter.PaintOff;
```

注意语法和将方法添加到委托中的语法相同。甚至可以使用 Lambda 表达式来订阅。tempMonitor.MachineOverheating 事件发生时，会调用所有订阅了该事件的方法，从而关闭所有机器。

20.3.3　取消订阅事件

+=操作符用于订阅事件；对应地，-=操作符用于取消订阅。-=操作符将一个方法从事件的内部方法集合中移除。这个行动通常称为**取消订阅事件**或者**从事件注销**(unsubscribing from a event)。[①]

20.3.4　引发事件

和委托相似，可以把事件当作方法来调用，从而引发该事件。引发事件后，订阅了该事件的方法会被依次调用。例如，下面这个 TemperatureMonitor 类声明了名为 Notify 的私有方法，它能引发 MachineOverheating 事件：

```
class TemperatureMonitor
{
    public delegate void StopMachineryDelegate;
    public event StopMachineryDelegate MachineOverheating;
```

---

① 如果希望进一步了解取消订阅事件，请查看 MSDN 文档，网址是 *http://msdn.microsoft.com/zh-cn/library/ms366768.aspx*。
　——译注

```
   ...
   private void Notify()
   {
     if (this.MachineOverheating != null)
     {
        this.MachineOverheating();
     }
   }
   ...
}
```

这是一种常见的写法。null 检查是必要的，因为事件字段隐式为 null，只有在一个方法使用+=操作符来订阅它之后，才会变成非 null。引发 null 事件将引发 NullReferenceException 异常。如果定义事件的委托要求任何参数，引发事件时也必须提供合适的参数。稍后会提供这样的一些例子。

> **重要提示**　事件有一个非常有用的内置安全特性。公共事件(例如 MachineOverheating)只能由定义它的那个类(TemperatureMonitor 类)中的方法引发。在类的外部引发事件，会造成编译时错误。

20.4　理解用户界面事件

如前所述，用于构造 GUI 的.NET Framework 类和控件广泛运用了事件。例如，从 ButtonBase 类派生的 Button 类继承了名为 Click 的公共事件。作为事件类型的 RoutedEventHandler 委托要求两个参数：一个是对象引用，是该对象造成了事件的引发；另一个是 EventArgs 对象，它包含关于事件的额外信息：

```
public delegate void RoutedEventHandler(object sender, RoutedEventArgs e) ;
```

Button 类的定义如下：

```
public class ButtonBase: ...
{
   public event RoutedEventHandler Click;
   ...
}

public class Button : ButtonBase
{
   ...
}
```

单击按钮，Button 类将引发 Click 事件。这样就可以非常简单地为选中的方法创建委托，并将委托与希望的事件关联。下例展示了一个 WPF 窗体，其中包含名为 okay 的按钮。按钮的 Click 事件与 okayClick 方法关联(Windows Store 应用程序的窗体以相似的方式工作)：

```
public partial class Example : System.Windows.Window,
           System.Windows.Markup.IComponentConnector
```

```
{
    internal System.Windows.Controls.Button okay;
    ...
    void System.Windows.Markup.IComponentConnector.Connect(...)
    {
        ...
        this.okay.Click += new System.Windows.RoutedEventHandler(this.okayClick);
        ...
    }
    ...
}
```

这些代码通常是隐藏起来的。在 Visual Studio 2012 中使用设计视图，并在窗体的 XAML 描述中将 okay 按钮的 Click 属性设为 okayClick 时，Visual Studio 2012 会自动生成上述代码。开发人员唯一要做的就是在事件处理方法 okayClick 中写自己的应用程序逻辑。本例的 okayClick 方法位于 Example.xaml.cs 文件内部：

```
public partial class Example : System.Windows.Window
{
    ...
    private void okayClick(object sender, RoutedEventArgs args)
    {
        // 在这里写处理 Click 事件的代码
    }
}
```

各种 GUI 控件生成的事件总是遵循相同的模式。事件是委托类型，签名包含 void 返回类型和两个参数。第一个参数始终是事件的 sender(来源)，第二个参数始终是 EventArgs 参数(或者 EventArgs 的派生类)。

可利用 sender 参数为多个事件重用一个方法。被委托的方法可检查 sender 参数值，并相应采取行动。例如，可指示同一个方法订阅两个按钮的 Click 事件(为两个事件添加同一个方法)。事件引发时，方法中的代码可检查 sender 参数，判断单击的到底是哪个按钮。

使用事件

上个练习完成了 Wide World Importers 应用程序，它将审计/发货过程与结账过程分开。CheckoutController 类使用委托来调用审计/发货组件，它并不了解这些组件或者它运行的方法；这些是创建 CheckoutController 对象和添加委托引用的应用程序的职责。但是，组件还是有必要在完成处理后通知应用程序，使应用程序有机会执行必要的整理工作。有人会产生疑惑——应用程序调用 CheckoutController 对象中的委托时，委托所引用的方法会运行，难道只当这些方法结束时，应用程序才能继续？实情并非如此！如第 24 章所述，方法是可以异步运行的。调用方法后可立即从下一个语句继续，而此时方法并未结束。Windows Store 应用程序更是如此，长时间运行的操作可以在后台线程中执行，使 UI 一直保持灵敏响应的状态。在 Wide World Importers 应用程序的 CheckoutButtonClicked 方法中，调用委托后立即显示对话框，告诉用户已经下单。Windows 8 的代码如下所示：

```
private void CheckoutButtonClicked(object sender, RoutedEventArgs e)
{
  try
  {
    // 执行结账过程
    this.checkoutController.StartCheckoutProcessing(this.order);

    // 显示订单汇总
    MessageDialog dlg = new MessageDialog(...);
    dlg.ShowAsync();
  ...
  }
  ...
}
```

Windows 7 的代码相似，只是 WPF 用不同的 API 来显示消息。

```
private void CheckoutButtonClicked(object sender, RoutedEventArgs e)
{
    try
    {
      // 执行结账过程
    this.checkoutController.StartCheckoutProcessing(this.order);

      // 显示订单汇总
      MessageBox.Show(...);
      ...
    }
    ...
}
```

　　事实上，对话框显示时并不保证委托的方法已执行完毕。所以消息多少有一些误导人。这正是事件可以发挥作用的时候。Auditor 和 Shipper 组件都可发布由应用程序订阅的事件。只有在组件完成处理时才引发该事件。应用程序只有在接收到事件时才显示消息，从而确保了消息的准确性。

➤ 为 CheckoutController 类添加事件

1. 返回 Visual Studio 2012 并显示 Delegates 解决方案。

2. 在 AuditService 项目中打开 Auditor.cs 文件。

3. 在 Auditor 类中添加名为 AuditingCompleteDelegate 的公共委托。该委托指定的方法要获取名为 message 的字符串参数，返回 void。委托的定义如以下加粗的代码所示：

```
class Auditor
{
    public delegate void AuditingCompleteDelegate(string message);
```

```
   ...
}
```

4. 在 Auditor 类 中 ， 在 AuditingCompleteDelegate 委 托 后 添 加 名 为
AuditProcessingComplete 的公共事件。该事件基于 AuditingCompleteDelegate 委托，
如以下加粗的代码所示：

```
{
    public delegate void AuditingCompleteDelegate(string message);
    public event AuditingCompleteDelegate AuditProcessingComplete;
    ...
}
```

5. 找到 AuditOrder 方法。该方法通过 CheckoutController 对象中的委托运行。它调用
另一个名为 doAuditing 的私有方法来执行审计操作。如下所示：

```
public void AuditOrder(Order order)
{
    this.doAuditing(order);
}
```

6. 向下滚动到 doAuditing 方法。方法的代码封闭在 try/catch 块中；它使用.NET
Framework 类库的 XML API 来生成被审计订单的 XML 形式，并保存到文件中。(具
体过程超出了本书的范围，而且 Windows Store 应用的实现方式和 Windows 7 的
传统实现方式还不一样。)

在 catch 块之后添加 finally 块来引发 AuditProcessingComplete 事件，如以下加粗的
代码所示：

```
private async void doAuditing(Order order)
{
    List<OrderItem> ageRestrictedItems = findAgeRestrictedItems(order);
    if (ageRestrictedItems.Count > 0)
    {
        try
        {
            ...
        }
        catch (Exception ex)
        {
            ...
        }
        finally
        {
            if (this.AuditProcessingComplete != null)
            {
                this.AuditProcessingComplete(String.Format(
                    "Audit record written for Order {0}", order.OrderID));
            }
        }
    }
}
```

7. 在 DeliveryService 项目中打开 Shipper.cs 文件。

8. 为 Shipper 类添加名为 ShippingCompleteDelegate 的公共委托。该委托指定的方法
   要获取名为 message 的字符串参数，返回 void。委托的定义如以下加粗的代码
   所示：

```
class Shipper
{
    public delegate void ShippingCompleteDelegate(string message);
    ...
}
```

9. 在 Shipper 类中添加名为 ShipProcessingComplete 的公共事件。该事件基于
   ShippingCompleteDelegate 委托，如以下加粗的代码所示：

```
class Shipper
{
    public delegate void ShippingCompleteDelegate(string message);
    public event ShippingCompleteDelegate ShipProcessingComplete;
    ...
}
```

10. 找到 doShipping 方法。该方法执行发货逻辑。在 catch 块后添加 finally 块来引发
    ShipProcessingComplete 事件，如加粗的代码所示：

```
private async void doShipping(Order order)
{
    try
    {
        ...
    }
    catch (Exception ex)
    {
        ...
    }
    finally
    {
        if (this.ShipProcessingComplete != null)
        {
            this.ShipProcessingComplete(String.Format(
                "Dispatch note generated for Order {0}", order.OrderID));
        }
    }
}
```

11. 在 Delegates 项目中，用设计视图显示 MainWindow.xaml 文件。在 XAML 窗格中
    向下滚动到第一组 RowDefinition 项。如果使用 Windows 8，XAML 代码如下所示：

```
<Grid Background="{StaticResource ApplicationPageBackgroundBrush}">
    <Grid Margin="12,0,12,0">
        <G rid.RowDefinitions>
```

```
        <RowDefinition Height="*"/>
        <RowDefinition Height="2*"/>
        <RowDefinition Height="*"/>
        <RowDefinition Height="10*"/>
        <RowDefinition Height="*"/>
    </Grid.RowDefinitions>
...
```

如果使用 Windows 7，XAML 代码如下所示。

```
<Grid Margin="12,0,12,0">
    <Grid.RowDefinitions>
        <RowDefinition Height="*"/>
        <RowDefinition Height="2*"/>
        <RowDefinition Height="*"/>
        <RowDefinition Height="18*"/>
        <RowDefinition Height="*"/>
    </Grid.RowDefinitions>
        ...
```

12. 如果使用 Windows 8，将最后一个 RowDefinition 项的 Height 属性更改为 2*，如加粗的代码所示：

```
<Grid.RowDefinitions>
    ...
    <RowDefinition Height="10*"/>
    <RowDefinition Height="2*"/>
</Grid.RowDefinitions>
```

如果使用 Windows 7，则将最后一个 RowDefinition 的 Height 属性更改为 3*。

```
<Grid.RowDefinitions>
    ...
    <RowDefinition Height="18*"/>
    <RowDefinition Height="3*"/>
</Grid.RowDefinitions>
```

13. 滚动到 XAML 窗格底部。如果使用 Windows 8，在倒数第二个</Grid>标记前添加以下 ScrollViewer 和 TextBlock 元素：

```
    ...
    </Grid>
        <ScrollViewer Grid.Row="4" VerticalScrollBarVisibility="Visible">
            <TextBlock x:Name="messageBar" FontSize="18" />
        </ScrollViewer>
    </Grid>
    </Grid>
</Page>
```

如果使用 Windows 7，在最后一个</Grid>标记前添加如下所示的 ScrollViewer 和 TextBlock 元素(注意，FontSize 和 Windows 8 不同)：

```
        ...
      </Grid>
      <ScrollViewer Grid.Row="4" VerticalScrollBarVisibility="Visible">
        <TextBlock x:Name="messageBar" FontSize="14" />
      </ScrollViewer>
    </Grid>
  </Window>
```

这个标记在屏幕底部添加名为 messageBar 的 TextBlock 控件。

14. 在"代码和文本编辑器"中显示 MainWindow.xaml.cs 文件。找到 CheckoutButtonClicked 方法，删除显示订单汇总的代码。完成后的方法如下所示：

```
private void CheckoutButtonClicked(object sender, RoutedEventArgs e)
{
    try
    {
        // 执行结账过程
        this.checkoutController.StartCheckoutProcessing(this.order);

        // 清除订单细节，使用户能用新订单重新开始
        this.order = new Order { Date = DateTime.Now, Items = new List<OrderItem>(),
                                 OrderID = Guid.NewGuid(), TotalValue = 0 };
        this.orderDetails.DataContext = null;
        this.orderValue.Text = String.Format("{0:C}", order.TotalValue);
        this.listViewHeader.Visibility = Visibility.Collapsed;
        this.checkout.IsEnabled = false;
    }
    catch (Exception ex)
    {
        ...
    }
}
```

15. 在 MainWindow 类中添加名为 displayMessage 的私有方法。该方法获取名为 message 的字符串参数，返回 void。在方法主体中添加语句将 message 参数值附加到 messageBar TextBlock 控件的 Text 属性上，后跟换行符，如以下加粗的代码所示：

```
private void displayMessage(string message)
{
    this.messageBar.Text += message + "\n";
}
```

上述代码造成在窗体底部的消息区域显示消息。

16. 找到 MainWindow 类的构造器，添加以下加粗显示的代码：

```
public MainWindow()
{
    ...
    this.auditor = new Auditor();
    this.shipper = new Shipper();
```

```
this.checkoutController = new CheckoutController();
this.checkoutController.CheckoutProcessing += this.auditor.AuditOrder;
this.checkoutController.CheckoutProcessing += this.shipper.ShipOrder;

this.auditor.AuditProcessingComplete += this.displayMessage;
this.shipper.ShipProcessingComplete += this.displayMessage;
}
```

这些语句订阅由 Auditor 和 Shipper 对象公开的事件。事件发生时将运行 displayMessage 方法。注意，两个事件用同一个方法处理。

17. 在"调试"菜单中选择"开始调试"生成并运行应用程序。

18. Wide World Importers 窗体出现后，选择一些商品(至少选择一件要限制年龄的商品)，单击 Checkout。

19. 验证窗体底部的 TextBlock 中显示了"Audit record written"消息，后跟一条"Dispatch note generated"消息(参见下图)。

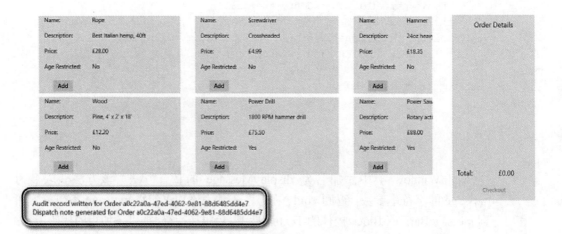

20. 多下几次单，注意，每次单击 Checkout 都会显示新消息(消息区域满了之后，可能要向下滚动才能看到新消息)。

21. 结束后返回 Visual Studio 2012 并停止调试。

小 结

本章讲述了如何用委托来引用并调用方法。讲述了如何定义 Lambda 表达式并通过委托来运行。最后，讲述了如何定义和使用事件，以触发方法的自动运行。

- 如果希望继续学习下一章，请继续运行 Visual Studio 2012，然后阅读第 21 章。

- 如果希望现在就退出 Visual Studio 2012，请选择"文件"|"退出"。如果看到"保存"对话框，请单击"是"按钮保存项目。

第 20 章快速参考

目标	操作
声明委托类型	先写关键字 delegate，再写返回类型，再写委托类型的名称，然后在()中添加参数列表。示例如下： `delegate void myDelegate();`

创建委托实例，用方法初始化它	使用与类或结构相同的语法。先写关键字 new，再写类型名称(也就是委托名称)，然后在一对()中添加参数值。参数值(实参)必须是方法，其签名必须与委托的签名匹配。示例如下：
	
	`delegate void myDelegate();`
	`private void myMethod() { ... }`
	`...`
	`myDelegate del = new myDelegate(this.myMethod);`

调用委托	使用和调用方法一样的语法。示例如下：
	
	`myDelegate del;`
	`...`
	`del();`

声明事件	先写关键字 event，再写类型名称(必须是委托类型)，再写事件名称。示例如下：
	
	`delegate void myDelagate();`
	
	`class MyClass`
	`{`
	`    public event myDelegate MyEvent;`
	`}`

目标	操作

订阅事件(向事件登记，成为事件的订阅者，订阅事件通知，登记对事件的关注)	用 new 操作符创建委托实例(委托具有与事件相同的类型)，使用+=操作符将委托实例同事件关联。示例如下：
	
	```csharp\nclass MyEventHandlingClass\n{\n private MyClass myClass = new MyClass();\n ...\n public void Start()\n {\n myClass.MyEvent += new myDelegate(this.eventHandlingMethod);\n }\n\n private void eventHandlingMethod()\n {\n ...\n }\n}\n```
	
	还可像下面这样直接指定订阅方法，让编译器自动生成新的委托：
	
	```csharp\npublic void Start()\n{\n myClass.MyEvent += this.eventHandlingMethod;\n}\n```

取消订阅事件(不再成为事件的订阅者，向事件注销)	创建委托实例(委托具有与事件相同的类型)，然后使用-=操作符，使委托实例从事件中脱离。示例如下：
	
	```csharp\nclass MyEventHandlingClass\n{\n private MyClass myClass = new MyClass();\n ...\n public void Stop()\n {\n myClass.MyEvent -= new myDelegate(this.eventHandlingMethod);\n }\n ...\n}\n```
	
	或者：
	
	```csharp\npublic void Stop()\n{\n myClass.myEvent -= this.eventHandlingMethod;\n}\n```

目标	操作
引发事件	像调用方法那样"调用"事件(在事件名称后添加一对圆括号)。如果定义事件的委托要求参数,那么还要提供对应的实参。引发事件之前,不要忘记检查事件是否为 null。示例如下: ```csharp\nclass MyClass\n{\n public event myDelegate MyEvent;\n ...\n private void RaiseEvent()\n {\n if (this.MyEvent != null)\n {\n this.MyEvent();\n }\n }\n ...\n}\n```

第21章　使用查询表达式来查询内存中的数据

本章旨在教会你:

- 定义 LINQ 查询来检查可枚举集合的内容
- 使用 LINQ 扩展方法和查询操作符
- 理解 LINQ 如何推迟查询的求值, 以及如何强迫立即执行 LINQ 查询并缓存结果

到目前为止, 你已经学习了 C#语言的大多数功能。然而, 语言有一个重要的功能是许多应用程序都要使用的——即对数据进行查询的功能。以前说过, 可定义结构和类对数据进行建模, 可用集合和数组将数据临时存储到内存中。但是, 如何执行一些通用的任务, 例如在集合中搜索与特定条件匹配的数据项? 例如, 假定有一个容纳 Customer(客户)对象的集合, 如何找出位于伦敦的所有客户, 或者如何找出客户数量最多的城市? 当然, 可以自己写代码来遍历集合, 检查每个 Customer 对象中的字段。但是, 由于这种形式的任务经常都要执行, 所以 C#的设计者决定包含一些功能来减少编码量。本章将解释如何使用这些高级的 C#语言功能来查询和处理数据。

21.1　什么是语言集成查询

除了最简单的应用程序, 几乎所有应用程序都需要处理数据! 历史上, 大多数应用程序都是提供自己的逻辑来执行这些操作。然而, 这个设计会造成应用程序中的代码与它要处理的数据紧密"耦合"; 一旦数据结构发生变化, 就可能需要大幅修改代码才能适应变化。Microsoft .NET Framework 的设计者对程序员的苦恼感同身受。经过长时间的慎重考虑, 他们最终提供了一个功能, 对从应用程序代码中查询数据的机制进行了"抽象"。这个功能称为"语言集成查询"(Language Integrated Query, LINQ)。

LINQ 的设计者大量借鉴了关系数据库管理系统(例如 Microsoft SQL Server)的处理方式, 将"数据库查询语言"与"数据在数据库中的内部格式"分隔开。为了访问 SQL Server 数据库, 程序员要向数据库管理系统发送 SQL 语句。SQL 提供了对想要获取的数据的一个高级描述, 但并没有明确指出数据库管理系统应该如何获取这些数据。这些细节由数据库管理系统自身控制。所以, 调用 SQL 语句的应用程序不需要关心数据库管理系统如何物理性地存储或检索数据。如果数据库管理系统使用的格式发生改变(例如, 当新版本发布的时候), 应用程序的开发者不需要修改应用程序使用的 SQL 语句。

LINQ 的语法和语义 SQL 很像, 具有许多相同的优势。要查询的数据的内部结构发生

改变后,不必修改查询代码。注意,虽然 LINQ 和 SQL 看起来很像,但 LINQ 更加灵活,而且能处理范围更大的逻辑数据结构。例如,LINQ 能处理以层次化的方式组织的数据,例如 XML 文档中的数据。然而,本章将重点放在如何以"关系式"的方式使用 LINQ。

21.2 在 C#应用程序中使用 LINQ

为了解释如何利用 C#对 LINQ 的支持,最简单的办法就是拿一系列简单的例子来"说事儿"。下面这些例子基于以下客户和地址信息。

客户信息

CustomerID	FirstName	LastName	CompanyName
1	Kim	Abercrombie	Alpine Ski House
2	Jeff	Hay	Coho Winery
3	Charlie	Herb	Alpine Ski House
4	Chris	Preston	Trey Research
5	Dave	Barnett	Wingtip Toys
6	Ann	Beebe	Coho Winery
7	John	Kane	Wingtip Toys
8	David	Simpson	Trey Research
9	Greg	Chapman	Wingtip Toys
10	Tim	Litton	Wide World Importers

地址信息

CompanyName	City	Country
Alpine Ski House	Berne	Switzerland
Coho Winery	San Francisco	United States
Trey Research	New York	United States
Wingtip Toys	London	United Kingdom
Wide World Importers	Tetbury	United Kingdom

LINQ 要求数据用实现了 IEnumerable 或 IEnumerable<T>接口的数据结构进行存储(这些接口的详情已在第 19 章讲述)。具体使用什么数据结构不重要。可以使用数组、HashSet<T>、Queue<T>或者其他任何集合类型(甚至可自己定义)。唯一的要求就是这种类型是"可枚举"的。然而,为了方便讨论,本章的例子假定客户和地址信息存储在如下例所示的 customers 和 addresses 数组中。

> 注意　在真正的应用程序中，应该使用从文件或数据库获取的数据对数组进行填充。

```
var customers = new[] {
    new { CustomerID = 1, FirstName = "Kim", LastName = "Abercrombie",
        CompanyName = "Alpine Ski House" },
    new { CustomerID = 2, FirstName = "Jeff", LastName = "Hay",
        CompanyName = "Coho Winery" },
    new { CustomerID = 3, FirstName = "Charlie", LastName = "Herb",
        CompanyName = "Alpine Ski House" },
    new { CustomerID = 4, FirstName = "Chris", LastName = "Preston",
        CompanyName = "Trey Research" },
    new { CustomerID = 5, FirstName = "Dave", LastName = "Barnett",
        CompanyName = "Wingtip Toys" },
    new { CustomerID = 6, FirstName = "Ann", LastName = "Beebe",
        CompanyName = "Coho Winery" },
    new { CustomerID = 7, FirstName = "John", LastName = "Kane",
        CompanyName = "Wingtip Toys" },
    new { CustomerID = 8, FirstName = "David", LastName = "Simpson",
        CompanyName = "Trey Research" },
    new { CustomerID = 9, FirstName = "Greg", LastName = "Chapman",
        CompanyName = "Wingtip Toys" },
    new { CustomerID = 10, FirstName = "Tim", LastName = "Litton",
        CompanyName = "Wide World Importers" }
};

var addresses = new[] {
    new { CompanyName = "Alpine Ski House", City = "Berne",
        Country = "Switzerland"},
    new { CompanyName = "Coho Winery", City = "San Francisco",
        Country = "United States"},
    new { CompanyName = "Trey Research", City = "New York",
        Country = "United States"},
    new { CompanyName = "Wingtip Toys", City = "London",
        Country = "United Kingdom"},
    new { CompanyName = "Wide World Importers", City = "Tetbury",
        Country = "United Kingdom"}
};
```

> 注意　本章剩余的小节展示了用 LINQ 方法查询数据的基本功能和语法。语法有时显得比较复杂。当你读到 21.2.5 节的时候，会发现实际并不需要记忆这么复杂的语法。然而，至少应该快速浏览一下 21.2.1～21.2.4 节的内容，以便深入理解 C#查询操作符在幕后是如何执行任务的。

21.2.1　选择数据

为了显示由 customers 数组中每个客户的名字(FirstName)组成的列表，可以写以下代码：

```
IEnumerable<string> customerFirstNames =
    customers.Select(cust => cust.FirstName);

foreach (string name in customerFirstNames)
{
    Console.WriteLine(name);
}
```

虽然上述代码相当短，但它实际做了大量事情，需要进行一定程度的讲解才能理解。先看看为 customers 数组调用 Select 方法时发生的事情。

Select 方法允许从数组获取特定信息——本例就是获取每个数组元素的 FirstName 字段值。它具体是如何工作的？传给 Select 方法的参数实际是另一个方法，该方法从 customers 数组中获取一行，并返回从那一行选择的数据。可用自定义的方法执行这个任务，但最简单的机制是用 Lambda 表达式定义匿名方法，就像上例展示的那样。目前要注意以下 3 个重点。

- cust 变量是传给方法的参数。可认为 cust 是 customers 数组中的每一行的别名。由于是为 customers 数组调用 Select 方法(customers.Select(...))，所以编译器能推断出这一点。可用任何有效的 C#标识符代替 cust。

- Select 方法目前还没有开始获取数据；相反，它只是返回一个"可枚举"对象。稍后遍历(枚举)它时，才会真正获取由 Select 方法指定的数据。21.2.7 节"LINQ 和推迟求值"将更多地讨论这个问题。

- Select 其实不是 Array 类型的方法。它是 Enumerable 类的扩展方法。Enumerable 类位于 System.Linq 命名空间，它提供了大量静态方法来查询实现了泛型 IEnumerable<T>接口的对象。

上例为 customers 数组使用 Select 方法来生成名为 customerFirstNames 的 IEnumerable<string>对象。(类型之所以是 IEnumerable<string>，是因为 Select 方法返回客户名字的可枚举集合，这些名字是字符串。)foreach 语句遍历字符串集合，按以下顺序打印每个客户的名字：

```
Kim
Jeff
Charlie
Chris
Dave
Ann
John
David
Greg
Tim
```

现在能显示每个客户的名字。那么，如何获取每个客户的名字(FirstName)和姓氏(LastName)呢？这就要稍微讲究一下技巧了。在 Microsoft Visual Studio 2012 的文档中检查

System.Linq 命名空间中的 Enumerable.Select 方法的定义，会发现它是像下面这样定义的：

```
public static IEnumerable<TResult> Select<TSource, TResult> (
    this IEnumerable<TSource> source,
    Func<TSource, TResult> selector
)
```

这表明 Select 是泛型方法，要获取 TSource 和 TResult 这两个类型参数。还要获取两个普通参数 source 和 selector。其中，TSource 是要为其生成可枚举结果集的集合 (本例是 customer 对象) 的类型，TResult 是可枚举结果集中的数据 (本例是 string 对象) 的类型。记住，Select 是扩展方法，所以 source 参数是对要扩展的类型的一个引用(在本例中，要扩展的是由 customer 对象构成的泛型集合，该集合实现了 IEnumerable 接口)。selector 参数指定了一个泛型方法，它标识了要获取的字段(Func 是.NET Framework 采用的泛型委托类型名称，用于封装要返回结果的泛型方法，即函数)。selector 参数所引用的方法要获取一个 TSource(本例是 customer)参数，并返回一个 TResult(本例是 string)。Select 方法返回由 TResult(同样是 string)对象构成的可枚举集合。

> **注意**　如果需要复习扩展方法的工作原理以及第一个参数之于扩展方法的重要性，请阅读 12.3 节。

虽然说了这么多，但重点只有一个：Select 方法返回基于某具体类型的可枚举集合。如果希望枚举器返回多个数据项，例如返回每个客户的名字和姓氏，至少有以下两个方案可供采纳。

- 可以在 Select 方法中，将名字和姓氏连接成单独的字符串，示例如下：

```
IEnumerable<string> customerNames =
  customers.Select(cust => String.Format("{0} {1}", cust.FirstName, cust.LastName));
```

- 可定义新类型来封装名字和姓氏，并用 Select 方法构造这个类型的实例，例如：

```
class FullName
{
    public string FirstName{ get; set; }
    public string LastName{ get; set; }
}
...
IEnumerable<Names> customerName =
    customers.Select(cust => new FullName
    {
        FirstName = cust.FirstName,
        LastName = cust.LastName
    } );
```

第二个选项本来应该是首选的。但如果 FullName 类型的作用仅限于此，就可考虑使用匿名类型，而不是专门为一个操作定义一个新类型。下面是使用匿名类型的例子：

```
var customerName =
    customers.Select(cust => new { FirstName = cust.FirstName, LastName = cust.LastName } );
```

注意，这里使用 var 关键字定义可枚举集合的类型。集合中的对象类型是匿名的，所以不知道集合中的对象的具体类型。

21.2.2　筛选数据

Select 方法允许“指定”(用更专业的术语来说，就是“投射”)想包含到可枚举集合中的字段。然而，有时希望对可枚举集合中包含的行进行限制。例如，为了列出 address 数组中地址在美国的所有公司的名称，可以像下面这样使用 Where 方法：

```
IEnumerable<string> usCompanies =
    addresses.Where(addr => String.Equals(addr.Country, "United States"))
            .Select(usComp => usComp.CompanyName);

foreach (string name in usCompanies)
{
    Console.WriteLine(name);
}
```

Where 方法的语法类似于 Select 方法。它的参数定义了一个方法，该方法可以根据你指定的条件对数据进行筛选。本例使用了另一个 Lambda 表达式。addr 类型是 addresses 数组中的行的别名，Lambda 表达式返回 Country 字段同字符串"United States"匹配的所有行。Where 方法返回行的一个可枚举集合，这些行包含原始集合的所有字段。然后，Select 方法应用于这些行，只从可枚举集合中投射出 CompanyName 字段，返回由字符串对象构成的另一个可枚举集合。(usComp 类型是 Where 方法返回的可枚举集合的每一行的类型的别名。)因此，整个表达式的最终结果的类型应该是 IEnumerable<string>。必须正确地理解方法的应用顺序——首先应用 Where 方法，从而筛选出行；再应用 Select 方法，从而指定(或者说投射)其中特定的字段。遍历这个集合的 foreach 语句会显示以下公司名称：

```
Coho Winery
Trey Research
```

21.2.3　排序、分组和聚合数据

如果熟悉 SQL，就知道 SQL 除了简单的投射和筛选操作，还允许执行大量关系式操作。例如，可指定数据以特定顺序返回，可根据一个或多个键字段对返回的行进行分组，还可根据每个组中的行来计算汇总值。LINQ 提供了相同的功能。

按特定顺序获取数据要使用 OrderBy 方法。与 Select 和 Where 方法相似，OrderBy 也要求以一个方法作为实参。该方法标识了对数据进行排序的表达式。例如，要以升序显示 addresses 数组中的每家公司的名称，可以使用以下代码：

```
IEnumerable<string> companyNames =
    addresses.OrderBy(addr => addr.CompanyName).Select(comp => comp.CompanyName);
```

```
foreach (string name in companyNames)
{
  Console.WriteLine(name);
}
```

以上代码按字母顺序显示 **addresses** 表中的公司名称:

```
Alpine Ski House
Coho Winery
Trey Research
Wide World Importers
Wingtip Toys
```

要以降序枚举数据,可以换用 OrderByDescending 方法。要按多个键来排序,可以在 OrderBy 或 OrderByDescending 之后使用 ThenBy 或 ThenByDescending 方法。

要按一个或多个字段中共同的值对数据进行分组,可以使用 GroupBy 方法。下例展示了如何按照国家对 **addresses** 数组中的公司进行分组:

```
var companiesGroupedByCountry =
    addresses.GroupBy(addrs => addrs.Country);

foreach (var companiesPerCountry in companiesGroupedByCountry)
{
    Console.WriteLine("Country: {0}\t{1} companies",
        companiesPerCountry.Key, companiesPerCountry.Count());
    foreach (var companies in companiesPerCountry)
    {
        Console.WriteLine("\t{0}", companies.CompanyName);
    }
}
```

现在能看出一些规律来了。GroupBy 方法要求它的参数是一个方法,该方法指定了作为分组依据的字段。但是,GroupBy 方法和前面讲过的其他方法有一些细微的差别。

最主要的一点,不需要用 Select 方法将字段投射到结果。GroupBy 返回的可枚举集合包含来源集合中的所有字段,只是所有行都根据"GroupBy 指定的方法所标识的字段"进行分组,每个"组"本身也是可枚举集合。换言之,GroupBy 方法的结果是由一系列"组"构成的可枚举集合。每个"组"都是由一系列行构成的可枚举集合。在上例中,可枚举集合 companiesGroupedByCountry 是国家的集合。集合中的每个数据项本身也是可枚举集合,其中包含在每个国家中的公司。为了显示每个国家的公司,代码用 foreach 循环遍历 companiesGroupedByCountry 集合,从而生成(yield)并显示每个国家,再用一个嵌套的 foreach 循环遍历每个国家的公司集合。注意,在外层的 foreach 循环中,可以使用每个数据项的 Key 字段来访问作为分组依据的值,还可使用一些方法(例如 Count、Max 和 Min 等)来计算每个"组"的汇总数据。上例的输出如下:

```
Country: Switzerland 1 companies
        Alpine Ski House
Country: United States 2 companies
```

```
            Coho Winery
            Trey Research
Country: United Kingdom 2 companies
            Wingtip Toys
            Wide World Importers
```

可直接为 Select 方法的结果使用许多汇总方法，例如 Count，Max 和 Min 等。例如，为了知道 addresses 数组中有多少家公司，可以使用如下所示的代码：

```
int numberOfCompanies = addresses.Select(addr => addr.CompanyName).Count();
Console.WriteLine("Number of companies: {0}", numberOfCompanies);
```

注意，这些方法返回一个标量值，而不是可枚举集合。上述代码的输出如下：

```
Number of companies: 5
```

注意，对于要投射的字段，如果多个行的该字段包含相同的值，这些汇总方法是不会进行区分的。这意味着从严格意义上讲，上例显示的只是 addresses 数组中有多少行的 CompanyName 字段包含了一个值。要想知道表中出现了多少个不同的国家，很容易写出下面这样的代码：

```
int numberOfCountries = addresses.Select(addr => addr.Country).Count();
Console.WriteLine("Number of countries: {0}", numberOfCountries);
```

输出如下：

```
Number of countries: 5
```

但事实上，addresses 数组中总共只出现了 3 个不同的国家。之所以结果是 5，是由于 United States 和 United Kingdom 出现了两次。可用 Distinct 方法来删除重复，如下所示：

```
int numberOfCountries =
    addresses.Select(addr => addr.Country).Distinct().Count();
Console.WriteLine("Number of companies: {0}", numberOfCompanies);
```

现在，Console.WriteLine 语句就能输出符合要求的结果了：

```
Number of countries: 3
```

21.2.4　联接数据

和 SQL 一样，LINQ 也允许根据一个或多个匹配键(common key)字段来联接多个数据集。下例展示了如何显示每个客户的名字和姓氏，同时显示他们所在国家的名称：

```
var companiesAndCustomers = customers
  .Select(c => new { c.FirstName, c.LastName, c.CompanyName })
  .Join(addresses, custs => custs.CompanyName, addrs => addrs.CompanyName,
     (custs, addrs) => new {custs.FirstName, custs.LastName, addrs.Country });

foreach (var row in companiesAndCustomers)
{
```

```
    Console.WriteLine(row);
}
```

客户的名字和姓氏存储在 customers 数组中,但他们的公司所在的国家存储在 addresses
数组中。customers 和 addresses 这两个数组的匹配键是公司名(CompanyName)。上述 Select
方法指定了 customers 数组中你感兴趣的字段(FirstName 和 LastName),另外还指定了作为
匹配键使用的字段(CompanyName)。然后,使用 Join 方法将 Select 方法标识的数据同另一
个可枚举集合联接起来。Join 方法的参数如下所示。

- 要联接的可枚举集合。

- 一个对 Select 方法标识的数据中的匹配键字段进行了标识的方法。

- 一个对目标集合中的匹配键字段进行了标识的方法。

- 一个对 Join 方法返回的结果集中的列进行了标识的方法。

在本例中,Join 方法将一个可枚举集合(其中包含来自 customers 数组的 FirstName,
LastName 和 CompanyName 字段)同 addresses 数组中的行联接起来。联接依据就是 customers
数组的 CompanyName 字段值与 address 数组中的 CompanyName 字段值匹配。结果集包含
来自 customers 数组的 FirstName 和 LastName 字段,以及来自 addresses 数组的 Country 字
段。用 foreach 遍历 companiesAndCustomers 集合,将显示以下信息:

```
{ FirstName = Kim, LastName = Abercrombie, Country = Switzerland }
{ FirstName = Jeff, LastName = Hay, Country = United States }
{ FirstName = Charlie, LastName = Herb, Country = Switzerland }
{ FirstName = Chris, LastName = Preston, Country = United States }
{ FirstName = Dave, LastName = Barnett, Country = United Kingdom }
{ FirstName = Ann, LastName = Beebe, Country = United States }
{ FirstName = John, LastName = Kane, Country = United Kingdom }
{ FirstName = David, LastName = Simpson, Country = United States }
{ FirstName = Greg, LastName = Chapman, Country = United Kingdom }
{ FirstName = Tim, LastName = Litton, Country = United Kingdom }
```

注意 内存中的集合和关系式数据库的"表"不同,它们包含的数据不具有相同的数据
完整性约束。在关系式数据库中,可假定每个客户都有一家对应的公司,而且每
家公司都有独一无二的地址。但是,集合并不强制相同级别的数据完整性,所以
可以轻易地让一个客户引用 addresses 数组中不存在的公司,甚至可以让同一家公
司在 address 数组中多次出现。在这些情况下,获得的结果虽然是准确的,但可
能并不是你希望的。只有充分理解了要联接的数据之间的关系之后,Join 操作才
能发挥出最大的作用。

21.2.5 使用查询操作符

前几节展示了如何使用 System.Linq 命名空间中的 Enumerable 类的扩展方法来查询内

存中的数据。语法利用了几个高级的 C#语言功能，这样产生的代码显得难以理解和维护。
为了减轻开发人员的负担，C#的设计者为语言添加了一系列**查询操作符**，允许开发人员使
用与 SQL 更相似的语法来使用 LINQ 功能。

根据本章前面的例子，可以像下面这样获取每个客户的名字(first name)：

```
IEnumerable<string> customerFirstNames =
    customers.Select(cust => cust.FirstName);
```

可用查询操作符 from 和 select 改写上述语句使之更容易理解：

```
var customerFirstNames = from cust in customers
                         select cust.FirstName;
```

编译时，C#编译器将上述表达式解析成对应的 Select 方法。from 操作符为来源集合定
义了别名，select 操作符利用该别名指定了要获取的字段。结果是一个可枚举集合，其中包
含客户的名字。如果你熟悉 SQL，请注意这里的 from 操作符出现在 select 操作符之前。[①]

类似地，为了获取每个客户的名字和姓氏，可以使用以下语句。(请和前面用 Select 扩
展方法实现的版本进行比较。)

```
var customerNames = from c in customers
                    select new { c.FirstName, c.LastName };
```

where 操作符用于筛选数据，下例展示了如何根据来自 address 数组中的国家名称
"United States"来返回公司名：

```
var usCompanies = from a in addresses
                  where String.Equals(a.Country, "United States")
                  select a.CompanyName;
```

要对数据进行排序，则使用 orderby 操作符，如下所示：

```
var companyNames = from a in addresses
                   orderby a.CompanyName
                   select a.CompanyName;
```

group 操作符用于对数据进行分组：

```
var companiesGroupedByCountry = from a in addresses
                                group a by a.Country;
```

注意，和前面用 GroupBy 方法对数据进行分组的例子一样，这里不需要提供 select 操
作符，而且可以使用和以前一样的代码遍历结果：

```
foreach (var companiesPerCountry in companiesGroupedByCountry)
  {
    Console.WriteLine("Country: {0}\t{1} companies",
      companiesPerCountry.Key, companiesPerCountry.Count());
```

---

① SQL 的形式是 select *aaa* from *bbb*。——译注

```
      foreach (var companies in companiesPerCountry)
      {
         Console.WriteLine("\t{0}", companies.CompanyName);
      }
   }
```

可为返回的可枚举集合调用各种汇总函数，例如 Count 方法：

```
int numberOfCompanies = (from a in addresses
                         select a.CompanyName).Count();
```

注意，表达式要封闭到一对圆括号中。忽略重复值可以使用 Distinct 方法：

```
int numberOfCountries = (from a in addresses
                         select a.Country).Distinct().Count();
```

> 📝**提示**　许多时候只是想统计集合中的行数，而不是字段值在集合的所有行中的数量。这时可直接调用原始集合的 Count 方法：
>
> ```
> int numberOfCompanies = addresses.Count();
> ```

　　可以使用 join 运算符，根据一个匹配键来联接两个集合。下例展示了如何根据每个集合中都有的 CompanyName 列来联接两个集合，并返回客户姓名和地址。注意要用 on 子句和 equals 操作符指定两个集合如何关联。

> 📓**注意**　LINQ 目前只支持同等联接，即 equi-joins，或者说基于相等性的联接。熟悉 SQL的数据库开发人员可能熟悉基于其他操作符(比如>和<)的联接，但 LINQ 不提供这些功能。

```
var citiesAndCustomers = from a in addresses
                         join c in customers
                         on a.CompanyName equals c.CompanyName
                         select new { c.FirstName, c.LastName, a.Country };
```

> 📓**注意**　和 SQL 相反，在 LINQ 表达式的 on 子句中，表达式的顺序是重要的。equals 操作符左边必须是来源集合中的匹配键 (引用由 from 子句指定的集合中的数据)，右边必须是目标集合中的匹配键(引用由 join 子句指定的集合中的数据)。

　　LINQ 还提供了其他许多方法对数据进行汇总、联接、分组和搜索。本节只讨论了其中最常用的。例如，利用 LINQ 提供的 Intersect 和 Union 方法，可以对整个集合执行操作。另外还提供了像 Any 和 All 这样的方法，可用它们判断集合中是否至少有一项或者所有项与指定的条件匹配。可用 Take 和 Skip 方法对可枚举集合中的值进行分区。欲知这些方法的详情，请查阅 Visual Studio 2012 文档。[①]

---

① 查阅文档中的 "Enumerable 成员" 主题。——译注

21.2.6　查询 Tree<TItem>对象中的数据

到目前为止，本章讲过的例子都只是演示如何查询数组中的数据。相同的技术可应用于任何集合类，只要这个集合类实现了 IEnumerable 接口。以下练习将定义一个新类对某公司的员工进行建模。将创建一个 BinaryTree 对象，其中包含 Employee 对象的一个集合。然后，将使用 LINQ 查询信息。最开始直接调用 LINQ 扩展方法，然后修改代码，使用更简便的查询操作符。

> ➤ 使用扩展方法从 BinaryTree 获取数据

1. 如果 Visual Studio 2012 尚未启动，请启动它。

2. 打开 QueryBinaryTree 项目，它位于"文档"文件夹下的\Microsoft Press\Visual CSharp Step by Step\Chapter 21\Windows *X*\QueryBinaryTree 子文件夹中。项目包含 Program.cs 文件，它定义了 Program 类以及 Main 和 doWork 方法，这和以前的练习是一样的。

3. 在解决方案资源管理器中，右击 QueryBinaryTree 项目，从弹出菜单中选择"添加"|"类"。在"添加新项 - QueryBinaryTree"对话框中，在"名称"文本框中输入 **Employee.cs**，然后单击"添加"按钮。

4. 在 Employee 类中添加如以下加粗的代码所示的自动属性：

```
class Employee
{
    public string FirstName { get; set; }
    public string LastName { get; set; }
    public string Department { get; set; }
    public int Id { get; set; }
}
```

5. 将以下加粗的 ToString 方法添加到 Employee 类。.NET Framework 中的类在将对象转换成字符串形式时，会使用这个方法，例如在使用 Console.WriteLine 方法显示的时候：

```
class Employee
{
    ...
    public override string ToString()
    {
        return String.Format( "Id: {0}, Name: {1} {2}, Dept: {3}",
                              this.Id, this.FirstName, this.LastName,
                              this.Department);
    }
}
```

6.　在 Employee.cs 文件中修改 Employee 类的定义，让它实现 IComparable<Employee> 接口，如以下加粗的部分所示：

```
class Employee : IComparable<Employee>
{
    ...
}
```

这个步骤是必要的，因为 BinaryTree 类规定它的元素必须是"可比较"的。

7.　右击类定义中的 IComparable<Employee>，从弹出菜单中选择"实现接口" | "显式实现接口"。这个操作会生成 CompareTo 方法的默认实现。记住，BinaryTree 类将元素插入树时，需要调用这个方法来比较元素。

8.　将 CompareTo 方法的主体替换成以下加粗显示的代码。在 CompareTo 方法的这个实现中，将根据 Id 字段的值比较 Employee 对象。

```
int IComparable<Employee>.CompareTo(Employee other)
{
    if (other == null)
    {
        return 1;
    }

    if (this.Id > other.Id)
    {
        return 1;
    }

    if (this.Id < other.Id)
    {
        return -1;
    }

    return 0;
}
```

注意　如果忘记了 IComparable 接口的知识，请复习第 17 章。[①]

9.　在解决方案资源管理器中，右击 QueryBinaryTree 解决方案(注意，在步骤 3 右击的是 QueryBinaryTree 项目，这里要右击同名的解决方案)，然后从弹出菜单中选择"添加" | "现有项目"。在"添加现有项目"对话框中，切换到"文档"文件夹下的 Microsoft Press\Visual CSharp Step By Step\Chapter 21\Windows X\BinaryTree 子文件夹，选定 BinaryTree 项目，单击"打开"。

BinaryTree 项目包含了在第 19 章实现的可枚举 BinaryTree 类的一个副本。

---

① 具体参见 17.3.2 节的补充内容"System.Icomparable 接口和 System.IComparable<T>接口"。

10. 在解决方案资源管理器中，右击 QueryBinaryTree 项目，选择"添加引用"命令。
    在"引用管理器 – QueryBinaryTree"对话框中，单击左侧窗格的"解决方案"，
    在中间窗格选择 BinaryTree 项目，单击"确定"按钮。

11. 在"代码和文本编辑器"中打开 QueryBinaryTree 项目的 Program.cs 文件，验证文
    件顶部包含以下 using 指令：

```
using System.Linq;
```

12. 在 Program.cs 文件顶部添加以下 using 指令：

```
using BinaryTree;
```

13. 在 Program 类的 doWork 方法中删除// TODO:注释，添加以下加粗显示的语句，构
    造并填充 BinaryTree 类的实例：

```
static void doWork()
{
    Tree<Employee> empTree = new Tree<Employee>(new Employee {
        Id = 1, FirstName = "Kim", LastName = "Abercrombie", Department = "IT"});
    empTree.Insert(new Employee {
        Id = 2, FirstName = "Jeff", LastName = "Hay", Department = "Marketing"});
    empTree.Insert(new Employee {
        Id = 4, FirstName = "Charlie", LastName = "Herb", Department = "IT"});
    empTree.Insert(new Employee {
        Id = 6, FirstName = "Chris", LastName = "Preston", Department = "Sales"});
    empTree.Insert(new Employee {
        Id = 3, FirstName = "Dave", LastName = "Barnett", Department = "Sales"});
    empTree.Insert(new Employee {
        Id = 5, FirstName = "Tim", LastName = "Litton", Department="Marketing"});
}
```

14. 将以下加粗显示的语句添加到 doWork 方法的末尾。这些代码使用 Select 方法来列
    出二叉树中发现的部门：

```
static void doWork()
{
    ...
    Console.WriteLine("List of departments");
    var depts = empTree.Select(d => d.Department);

    foreach (var dept in depts)
    {
        Console.WriteLine("Department: {0}", dept);
    }
}
```

15. 选择"调试"|"开始执行(不调试)"。

    应用程序应输出以下部门列表：

```
List of departments
Department: IT
Department: Marketing
Department: Sales
Department: IT
Department: Marketing
Department: Sales
```

每个部门名称都出现两次，因为每个部门都有两名员工。部门顺序由 Employee 类
CompareTo 方法决定。该方法用每个员工的 Id 属性对数据进行排序。第一个部门
是 id 值为 1 的那个员工的部门，第二个部门是 id 值为 2 的那个员工的部门，以此
类推。

16. 按 Enter 键返回 Visual Studio 2012。

17. 修改创建可枚举部门集合的语句，如以下加粗显示的部分所示：

```
var depts = empTree.Select(d => d.Department).Distinct();
```

Distinct 方法用于消除可枚举集合中重复的行。

18. 选择"调试"|"开始执行(不调试)"。

验证重复的部门名称已经被消除了，应用程序现在只显示每个部门一次：

```
List of departments
Department: IT
Department: Marketing
Department: Sales
```

19. 按 Enter 键返回 Visual Studio 2012。

20. 在 doWork 方法末尾添加以下语句。这个代码块使用 Where 方法筛选员工，只返
回在 IT 部门的。Select 方法返回整行，而非只投射特定的列。

```
static void doWork()
{
    ...
    Console.WriteLine("\nEmployees in the IT department");
    var ITEmployees =
        empTree.Where(e => String.Equals(e.Department, "IT"))
        .Select(emp => emp);

    foreach (var emp in ITEmployees)
    {
        Console.WriteLine(emp);
    }
}
```

21. 在 doWork 方法末尾，在刚才添加的代码之后，继续添加以下代码。这些代码使
用 GroupBy 方法，按照部门对二叉树中发现的员工进行分组。外层 foreach 语句遍

历每个组，显示部门的名称。内层 foreach 语句显示每个部门中的员工姓名。

```
static void doWork()
{
    ...
    Console.WriteLine("\nAll employees grouped by department");
    var employeesByDept = empTree.GroupBy(e => e.Department);

    foreach (var dept in employeesByDept)
    {
        Console.WriteLine("Department: {0}", dept.Key);
        foreach (var emp in dept)
        {
            Console.WriteLine("\t{0} {1}", emp.FirstName, emp.LastName);
        }
    }
}
```

22. 选择"调试" | "开始执行(不调试)"。验证应用程序的输出和下面一样：

```
List of departments
Department: IT
Department: Marketing
Department: Sales

Employees in the IT department
Id: 1, Name: Kim Abercrombie, Dept: IT
Id: 4, Name: Charlie Herb, Dept: IT

All employees grouped by department
Department: IT
        Kim Abercrombie
        Charlie Herb
Department: Marketing
        Jeff Hay
        Tim Litton
Department: Sales
        Dave Barnett
        Chris Preston
```

23. 按 Enter 键返回 Visual Studio 2012。

> **使用查询操作符从 BinaryTree 获取数据**

1. 在 doWork 方法中，将生成部门可枚举集合的语句注释掉，替换成以下加粗显示的语句，它是基于 from 和 select 查询操作符来写的：

```
//var depts = empTree.Select(d => d.Department).Distinct();
var depts = (from d in empTree
             select d.Department).Distinct();
```

2. 将生成 IT 员工可枚举集合的语句注释掉，它替换成以下加粗显示的代码：

```
//  var ITEmployees =
//     empTree.Where(e => String.Equals(e.Department, "IT"))
//     .Select(emp => emp);
var ITEmployees = from e in empTree
                  where String.Equals(e.Department, "IT")
                  select e;
```

3. 将按部门对员工进行分组的语句注释掉，替换成以下加粗显示的代码：

```
// var employeesByDept = empTree.GroupBy(e => e.Department);
var employeesByDept = from e in empTree
                      group e by e.Department;
```

4. 选择"调试"|"开始执行(不调试)"。验证应用程序的输出和以前一样：

```
List of departments
Department: IT
Department: Marketing
Department: Sales

Employees in the IT department
Id: 1, Name: Kim Abercrombie, Dept: IT
Id: 4, Name: Charlie Herb, Dept: IT

All employees grouped by department
Department: IT
        Kim Abercrombie
        Charlie Herb
Department: Marketing
        Jeff Hay
        Tim Litton
Department: Sales
        Dave Barnett
        Chris Preston
```

5. 按 Enter 键返回 Visual Studio 2012。

21.2.7   LINQ 和推迟求值

使用 LINQ 定义可枚举集合时，不管是使用 LINQ 扩展方法，还是使用查询操作符，都应该记住这样一点：LINQ 扩展方法执行时，应用程序不会真正构建集合；只有在遍历集合时，才会对集合进行枚举。也就是，从执行一个 LINQ 查询之后，到取回这个查询所标识的数据之前，原始集合中的数据可能发生改变。但是，获取的始终是最新的数据。例如，以下查询(前面已演示过这个查询)定义了由美国公司构成的可枚举集合：

```
var usCompanies =from a in addresses
             where String.Equals(a.Country, "United States")
             select a.CompanyName;
```

除非使用以下代码遍历 usCompanies 集合，否则 addresses 数据中的数据不会获取，

Where 筛选器中指定的条件也不会进行求值：

```
foreach (string name in usCompanies)
{
    Console.WriteLine(name);
}
```

从定义 usCompanies 集合到遍历这个集合，在此期间如果对 addresses 数组中的数据进行了修改(例如添加了在美国的一家新公司)，就会看到新的数据。这个策略就是所谓的**推迟求值**。

可在定义 LINQ 查询时强制求值，从而生成一个静态的、缓存的集合。这个集合是原始数据的拷贝。如果原始集合中的数据发生了改变，这个拷贝中的数据是不会相应改变的。LINQ 提供了 ToList 方法来构建静态 List 对象以包含数据的缓存拷贝。如下所示：

```
var usCompanies =from a in addresses.ToList()
              where String.Equals(a.Country, "United States")
              select a.CompanyName;
```

这一次，在定义查询时，公司列表就会固定下来。如果在 addresses 数组中添加了更多的美国公司，那么在遍历 usCompanies 集合时，是不会获得这些新数据的。LINQ 还提供了 ToArray 方法将集合缓存到数组中。

本章最后一个练习先推迟求值一个 LINQ 查询，再试验立即求值以生成集合的缓存拷贝。最后对这两种方案进行对比。

> **推迟和立即对 LINQ 查询进行求值，并比较结果**

1. 返回 Visual Studio 2012，编辑 QueryBinaryTree 项目的 Program.cs 文件。

2. doWork 方法只保留构造 empTree 二叉树的代码，其他代码都注释掉，如下所示：

```
static void doWork()
{
    Tree<Employee> empTree = new Tree<Employee>(new Employee {
        Id = 1, FirstName = "Kim", LastName = "Abercrombie", Department = "IT"});
    empTree.Insert(new Employee {
        Id = 2, FirstName = "Jeff", LastName = "Hay", Department = "Marketing"});
    empTree.Insert(new Employee {
        Id = 4, FirstName = "Charlie", LastName = "Herb", Department = "IT"});
    empTree.Insert(new Employee {
        Id = 6, FirstName = "Chris", LastName = "Preston", Department = "Sales"});
    empTree.Insert(new Employee {
        Id = 3, FirstName = "Dave", LastName = "Barnett", Department = "Sales"});
    empTree.Insert(new Employee {
        Id = 5, FirstName = "Tim", LastName = "Litton", Department="Marketing"});

    // 方法其余部分都注释掉
    ...
}
```

📝**提示** 有一个简便的办法可以注释掉大段代码。只需在"代码和文本编辑器"中选定代码块，然后单击工具栏上的"注释选中行"按钮，或者按组合键 Ctrl+E, C。

3. 将以下语句添加到 doWork 方法中，这些语句应该在构造了 empTree 二叉树之后执行：

```
static void doWork()
{
   ...
   Console.WriteLine("All employees");
   var allEmployees = from e in empTree
                      select e;

   foreach (var emp in allEmployees)
   {
      Console.WriteLine(emp);
   }
}
```

代码生成名为 allEmployees 的可枚举员工集合，并遍历这个集合，显示每个员工的细节。

4. 在刚才输入的代码之后，添加以下代码：

```
static void doWork()
{
   ...
   empTree.Insert(new Employee
   {
      Id = 7,
      FirstName = "David",
      LastName = "Simpson",
      Department = "IT"
   });
   Console.WriteLine("\nEmployee added");
   Console.WriteLine("All employees");
   foreach (var emp in allEmployees)
   {
      Console.WriteLine(emp);
   }
}
```

这些代码在 empTree 树中添加一个新员工，并再次遍历 allEmployees 集合。

5. 选择"调试" | "开始执行(不调试)"。验证程序输出和下面一致：

```
All employees
Id: 1, Name: Kim Abercrombie, Dept: IT
Id: 2, Name: Jeff Hay, Dept: Marketing
Id: 3, Name: Dave Barnett, Dept: Sales
Id: 4, Name: Charlie Herb, Dept: IT
```

```
Id: 5, Name: Tim Litton, Dept: Marketing
Id: 6, Name: Chris Preston, Dept: Sales

Employee added
All employees
Id: 1, Name: Kim Abercrombie, Dept: IT
Id: 2, Name: Jeff Hay, Dept: Marketing
Id: 3, Name: Dave Barnett, Dept: Sales
Id: 4, Name: Charlie Herb, Dept: IT
Id: 5, Name: Tim Litton, Dept: Marketing
Id: 6, Name: Chris Preston, Dept: Sales
Id: 7, Name: David Simpson, Dept: IT
```

注意，第二次遍历 allEmployees 集合时，在列表中会包含新员工 David Simpson——虽然该员工是在 allEmployees 集合定义好之后才添加的。

6. 按 Enter 键返回 Visual Studio 2012。

7. 在 doWork 方法中，修改生成 allEmployees 集合的语句，从而立即获取并缓存数据，如以下加粗的代码所示：

```
var allEmployees = from e in empTree.ToList<Employee>()
                   select e;
```

LINQ 提供了 ToList 和 ToArray 方法的泛型和非泛型版本。应尽可能使用这两个方法的泛型版本，以确保结果的类型安全性。select 操作符返回一个 Employee 对象，上述代码将 allEmployees 作为一个泛型 List<Employee>集合来生成。相反，如果使用非泛型 ToList 方法，allEmployees 集合会成为由 object 类型构成的 List。

8. 选择"调试" | "开始执行(不调试)"。验证程序输出和下面一致：

```
All employees
Id: 1, Name: Kim Abercrombie, Dept: IT
Id: 2, Name: Jeff Hay, Dept: Marketing
Id: 3, Name: Dave Barnett, Dept: Sales
Id: 4, Name: Charlie Herb, Dept: IT
Id: 5, Name: Tim Litton, Dept: Marketing
Id: 6, Name: Chris Preston, Dept: Sales

Employee added
All employees
Id: 1, Name: Kim Abercrombie, Dept: IT
Id: 2, Name: Jeff Hay, Dept: Marketing
Id: 3, Name: Dave Barnett, Dept: Sales
Id: 4, Name: Charlie Herb, Dept: IT
Id: 5, Name: Tim Litton, Dept: Marketing
Id: 6, Name: Chris Preston, Dept: Sales
```

注意，应用程序第二次遍历 allEmployees 集合时，显示的列表中不包含 David Simpson。这是由于在 David Simpson 添加到 empTree 树之前，查询就被求值完成，而且结果被缓存起来。

9.　按 Enter 键返回 Visual Studio 2012。

小　　结

本章讲述了 LINQ 如何使用 IEnumerable<T>接口和扩展方法来提供一个数据查询机制。还讲述了如何利用 C#提供的查询表达式语法来使用这些功能。

● 如果希望继续学习下一章，请继续运行 Visual Studio 2012，然后阅读第 22 章。

● 如果希望现在就退出 Visual Studio 2012，请选择"文件"|"退出"。如果看到"保存"对话框，请单击"是"按钮保存项目。

第 21 章快速参考

目标	操作

从可枚举集合投射指定的字段	使用 Select 方法，用 Lambda 表达式标识要投射的字段。示例如下：
	
	`var customerFirstNames = customers.Select(cust => cust.FirstName);`
	
	或者使用 from 和 select 查询操作符。示例如下：
	
	`var customerFirstNames =`
	`    from cust in customers`
	`    select cust.FirstName;`

筛选来自可枚举集合的行	使用 Where 方法，用 Lambda 表达式指定行的匹配条件。示例如下：
	
	`var usCompanies =`
	`    addresses.Where(addr =>`
	`        String.Equals(addr.Country, "United States"))`
	`            .Select(usComp => usComp.CompanyName);`
	
	或者使用 where 查询操作符。示例如下：
	
	`var usCompanies =`
	`    from a in addresses`
	`    where String.Equals(a.Country, "United States")`
	`    select a.CompanyName;`

续表

目标	操作

按特定顺序枚举数据	使用 **OrderBy** 方法，用 Lambda 表达式标识用于对行进行排序的字段。示例如下：
	
	```\nvar companyNames =\n addresses.OrderBy(addr => addr.CompanyName)\n .Select(comp => comp.CompanyName);\n```
	
	或者使用 orderby 查询操作符。示例如下：
	
	```\nvar companyNames =\n from a in addresses\n orderby a.CompanyName\n select a.CompanyName;\n```

根据一个字段的值对数据进行分组	使用 **GroupBy** 方法，用 Lambda 表达式标识用于对行进行分组的字段。示例如下：
	
	```\nvar companiesGroupedByCountry =\n addresses.GroupBy(addrs => addrs.Country);\n```
	
	或者使用 group by 查询操作符。示例如下：
	
	```\nvar companiesGroupedByCountry =\n from a in addresses\n group a by a.Country;\n```

联接两个不同集合中的数据	使用 **Join** 方法指定联接的集合\联接条件以及结果字段。示例如下：
	
	```\nvar citiesAndCustomers =\n customers.\n Select(c=>new { c.FirstName, c.LastName,c.CompanyName }).\n Join(addresses, custs => custs.CompanyName,\n addrs => addrs.CompanyName,\n (custs, addrs) => new {custs.FirstName,\n custs.LastName, addrs.Country });\n```
	
	或者使用 join 查询操作符。示例如下：
	
	```\nvar citiesAndCustomers =\n from a in addresses\n join c in customers\n on a.CompanyName equals c.CompanyName\n select new { c.FirstName, c.LastName, a.Country };\n```

强制立即生成 LINQ 查询结果	使用 **ToList** 或 **ToArray** 方法生成包含结果的列表或数组。示例如下： ```\nvar allEmployees =\n from e in empTree.ToList<Employee>()\n select e;\n```

第22章　操作符重载

本章旨在教会你：

- 为自己的类型实现二元操作符
- 为自己的类型实现一元操作符
- 为自己的类型编写递增操作符和递减操作符
- 理解为什么需要成对实现某些操作符
- 为自己的类型实现隐式转换操作符
- 为自己的类型实现显式转换操作符

在此之前，我们大量运用标准操作符符号(例如+和 -)对类型(例如 int 和 double)执行标准操作(例如加和减)。针对每一个操作符，许多内建类型都提供了它们自己的、预先定义好的行为。另外，还可自己定义操作符之于结构和类的行为方式，这正是本章的主题。

22.1　理解操作符

在深入了解操作符的工作方式以及如何对它们进行重载之前，有必要复习一下操作符的一些基础知识。总结如下。

- 操作符将操作数合并成表达式。每个操作符都有自己的语义，具体取决于它操作的类型。例如，操作符+在操作数值类型时意味着"加"，操作字符串时意味着"连接"。

- 每个操作符都有优先级。例如，操作符*具有比+更高的优先级。这意味着表达式 a + b * c 等同于 a + (b * c)。

- 每个操作符还有**结合性**，它定义了操作符是从左向右求值，还是从右向左求值。例如，操作符=具有右结合性(从右向左求值)，所以 a = b = c 等同于 a = (b = c)。

- 一元操作符是只有一个操作数的操作符。例如，递增操作符(++)就是一元操作符。

- 二元操作符是要求有两个操作数的操作符。例如，乘法操作符(*)就是二元操作符。

22.1.1　操作符的限制

C#允许在定义自己的类型时重载方法。除此之外，虽然语法稍有区别，但还可以为自己的类型重载许多现有的操作符。重载操作符时，你实现的操作符将自动归入一个良好定义的框架。但是，这个框架存在以下几点限制。

- 不能更改操作符的优先级和结合性。优先级和结合性是以操作符的符号(例如+这个符号)为基础的,而不是以操作符应用的类型(例如 int)为基础。所以,表达式 a + b * c 总是等同于 a + (b * c),无论 a,b 和 c 的类型是什么。

- 不能更改操作符的元数(操作数的数量)。例如,乘法操作符*是二元操作符。如果为自己的类型声明操作符*,它必然还是二元操作符。

- 不能发明新的操作符符号。例如,不能创建新的操作符符号,例如用**求乘方。执行这样的计算必须创建一个方法。

- 将操作符应用于内建类型时,不能更改操作符的含义。例如,表达式 1 + 2 有一个预定义的含义,这个含义不允许重写,否则会造成极大的混乱。

- 一些操作符不能重载。例如,不能重载点(.)操作符,它表示访问类成员,否则同样会造成极大的混乱。

📝提示　可用索引器将[]模拟成操作符。类似地,可用属性将=(赋值)模拟成操作符,还可使用委托将函数调用模拟成操作符。

22.1.2　重载的操作符

为了自定义操作符的行为,必须重载这个操作符。需要使用与方法相似的语法。它同样有返回类型和参数。但是,方法名必须更换为关键字 operator 以及想要声明的操作符。例如,以下是一个名为 Hour 的用户自定义结构,它定义了二元操作符+,用于将 Hour 的两个实例加到一起:

```
struct Hour
{
    public Hour(int initialValue)
    {
        this.value = initialValue;
    }

    public static Hour operator +(Hour lhs, Hour rhs)
    {
        return new Hour(lhs.value + rhs.value);
    }
    ...
    private int value;
}
```

注意以下几点。

- 操作符是公共的。所有操作符都必须是公共的。

- 操作符是静态的。所有操作符必须是静态的。操作符永远不具有多态性,不能使用 virtual、abstract、override 或者 sealed 修饰符。

- 二元操作符(例如上述的+)有两个显式的参数；一元操作符有一个显式的参数(C++程序员请注意，操作符永远没有一个隐藏的 this 参数)。

📝提示 声明为了方便写程序而开发的一个功能(例如操作符)时，有必要统一参数的命名规范。例如，开发者常为二元操作符使用 lhs 和 rhs 参数(分别代表左侧和右侧的操作数，即 left-hand side 和 right-hand side)。

对 Hour 类型的两个表达式使用+操作符，C#编译器自动将代码转换成对 operator +方法的调用。例如，C#编译器将以下代码：

```
Hour Example(Hour a, Hour b)
{
    return a + b;
}
```

转换成以下形式：

```
Hour Example(Hour a, Hour b)
{
    return Hour.operator +(a,b); // 伪代码
}
```

但要注意，这个语法是伪代码，不是有效的 C#代码。使用二元操作符时，只能采取标准的中缀表示法(即将符号放在两个操作数中间)。

声明操作符时，还有最后一个规则需要遵守，否则代码无法成功编译。这个规则就是：至少有一个参数的类型必须是包容类型。换言之，在前面的 operator+的例子中，至少有一个参数(a 或 b)必须是 Hour 类型。虽然在这个例子中，两个参数都是 Hour 类型的对象。但是，有的时候可能想定义 operator+的其他实现。例如，你可能想允许一个整数(代表多少小时)加到一个 Hour 对象上。在这种情况下，第一个参数可以是 Hour，第二个参数可以是整数。有了这个规则之后，编译器在解析一个操作符调用时，就能更轻松地找到重载的版本。同时，它还有效地阻止了开发者更改内建操作符的含义。

22.1.3 创建对称操作符

上一节讲述了如何声明二元操作符+，从而将两个 Hour 类型的实例"加"到一起。Hour结构还有一个构造器，它能根据一个 int 来创建 Hour。这意味着可以将一个 Hour 和一个 int加到一起——只是首先必须使用 Hour 构造器将 int 转换成 Hour。例如：

```
Hour a = ...;
int b = ...;
Hour sum = a + new Hour(b);
```

虽然代码本身是有效的，但相较于让一个 Hour 和一个 int 直接相加(如下所示)，前面

的写法既不明确，也不简洁：

```
Hour a = ...;
int b = ...;
Hour sum = a + b;
```

为了使表达式(a + b)变得有效，必须指定当一个 Hour(左侧的 a)和一个 int(右侧的 b)相加时，具有什么含义。也就是说，必须声明一个二元操作符+，它的第一个参数是 Hour，第二个参数是 int。以下代码展示了推荐的做法：

```
struct Hour
{
    public Hour(int initialValue)
    {
        this.value = initialValue;
    }
    ...
    public static Hour operator +(Hour lhs, Hour rhs)
    {
        return new Hour(lhs.value + rhs.value);
    }

    public static Hour operator +(Hour lhs, int rhs)
    {
        return lhs + new Hour(rhs);
    }
    ...
    private int value;
}
```

注意，操作符的第二个版本唯一做的事情就是根据它的 int 参数来构造一个 Hour，然后调用第一个版本。这样，操作符的真正逻辑就可以保持在单独一个位置。这里要记住的要点是，额外的 operator +只是让现有的功能更容易使用。另外还要注意，不应提供操作符的多个不同的版本，并让每个版本都支持一个不同的第二参数类型。也就是说，只需为常见和有意义的情况提供支持，让类的用户自己采取额外的步骤来支持不寻常的情况。

这个 operator +声明了如何将左边的操作数 Hour 和右边的操作数 int 加到一起。它没有声明如何将左边的 int 和右边的操作数 Hour 加到一起：

```
int a = ...;
Hour b = ...;
Hour sum = a + b; // 编译时错误
```

这有悖于用户的直觉。用户会认为自己既然能写出像 a + b 这样的表达式，那么肯定也能够写 b + a。所以，还应提供 operator +的另一个重载版本：

```
struct Hour
{
    public Hour(int initialValue)
    {
```

```
        this.value = initialValue;
    }
    ...
    public static Hour operator +(Hour lhs, int rhs)
    {
        return lhs + new Hour(rhs);
    }

    public static Hour operator +(int lhs, Hour rhs)
    {
        return new Hour(lhs) + rhs;
    }
    ...
    private int value;
}
```

注意　C++程序员请注意，必须自己提供重载。编译器不会帮你写，也不会悄悄地交换两个操作数的位置来查找一个匹配的操作符。

操作符和语言互操作性

并非使用公共语言运行时(Common Language Runtime，CLR)来执行的所有语言都支持或理解操作符重载。Microsoft Visual Basic 就是典型的例子。假如你创建的类要在其他语言中使用，那么在重载操作符时，应该提供一个备选的机制来支持相同的功能。例如，假定为 Hour 结构实现了 operator +：

```
public static Hour operator +(Hour lhs, int rhs)
{
    ...
}
```

那么为了在 Visual Basic 应用程序中使用这个结构，还应该提供一个 Add 方法来做同样的事情：

```
public static Hour Add(Hour lhs, int rhs)
{
    ...
}
```

22.2　理解复合赋值

复合赋值操作符(例如+=)总是根据与它关联的操作符(例如+)来求值。也就是说，以下语句：

```
a += b;
```

将自动求值如下：

```
a = a + b;
```

通常，表达式 a @= b(其中@代表任何有效的操作符)总是求值为 a = a @ b。如果已重载了恰当的简单操作符，那么在使用与它关联的复合赋值操作符时，就会自动调用已重载的那个版本。例如：

```
Hour a = ...;
int b = ...;
a += a; // 等同于a = a + a
a += b; // 等同于a = a + b
```

第一个复合赋值表达式(a += a)是有效的，因为 a 是 Hour 类型，而 Hour 类型声明了一个二元 operator+，它的参数是两个 Hour。类似地，第二个复合赋值表达式(a += b)也是有效的，因为 a 是 Hour 类型，而 b 是 int 类型。Hour 类型也声明了一个二元 operator+，它的第一个参数是 Hour，第二个参数是 int。但注意，表达式 b += a 是非法的，它等同于 b = b + a。两者相加虽然不会出问题，但赋值就有问题了，因为我们不能将一个 Hour 赋给内建的 int 类型。

22.3 声明递增和递减操作符

C#允许开发者自定义递增(++)和递减(--)操作符。声明这些操作符时要遵守三条规则：它们必须是公共和静态的，而且必须是一元的。以下是 Hour 结构的递增操作符：

```
struct Hour
{
    ...
    public static Hour operator ++(Hour arg)
    {
        arg.value++;
        return arg;
    }
    ...
    private int value;
}
```

递增操作符和递减操作符的特殊之处在于，它们可以采取前缀和后缀形式来使用。前缀形式是指操作符在变量之前，例如++now；而后缀形式是指操作符在变量之后，例如now++。C#智能地为前缀和后缀版本使用同一个操作符。但要注意，后缀表达式的结果是表达式执行之前的操作数的值。换言之，编译器会将以下代码：

```
Hour now = new Hour(9);
Hour postfix = now++;
```

转换成以下形式：

```
Hour now = new Hour(9);
Hour postfix = now;
now = Hour.operator ++(now); // 伪代码，不是有效的C#代码
```

前缀表达式的结果则是操作符的返回值。C#编译器会将以下代码：

```
Hour now = new Hour(9);
Hour prefix = ++now;
```

转换成以下形式：

```
Hour now = new Hour(9);
now = Hour.operator ++(now); // 伪代码，不是有效的C#代码
Hour prefix = now;
```

由于转换后要执行 now = Hour.operator ++(now);这个语句，所以递增操作符和递减操作符的返回类型必须与参数类型相同。[①]

22.4　比较结构和类中的操作符

必须注意，递增操作符在 Hour 结构中的实现之所以有效，完全是因为 Hour 是结构。假如将 Hour 变成类，但不改变它的递增操作符的实现，后缀转换不会给出正确的答案。如果记得类是一种引用类型，再回顾一下前面解释过的编译器转换，就会知道为什么会有这样的结果：

```
Hour now = new Hour(9);
Hour postfix = now;
now = Hour.operator ++(now); // 伪代码，不是有效的C#
```

如果 Hour 是类，赋值语句 postfix = now 会使变量 postfix 和 now 引用同一个对象。更新 now 会自动更新 postfix！如果 Hour 是结构，赋值语句会把 now 的一个拷贝赋给 postfix，对 now 的任何更改都不会应用于 postfix，这正是我们所希望的。

在 Hour 是类的情况下，递增操作符的正确实现如下：

```
class Hour
{
    public Hour(int initialValue)
    {
        this.value = initialValue;
    }
    ...
    public static Hour operator ++(Hour arg)
    {
        return new Hour(arg.value + 1);
    }
    ...
    private int value;
}
```

---

① 虽然前面对前缀和后缀形式解释了这么多，但其实有一个窍门可以帮助你记忆它们的区别，只需注意操作符和变量的顺序。谁最先出现，就最先"执行"谁。例如，++now 意味着先对 now 进行"++"，再返回"++"之后的 now 的值；而 now++ 意味着先返回 now 的值，再对 now 进行"++"。——译注

注意, operator++ 现在根据原始数据来创建了一个新对象。新对象中的数据会得到递增, 但原始数据保持不变。虽然这是一种有效的方案, 但每次使用递增操作符, 都会因为编译器的自动转换而新建一个对象。这会增大内存和垃圾回收上的开销。所以, 建议在定义类的时候尽量避免操作符重载。这个建议适用于所有操作符, 而非只是适用于递增操作符。

22.5 定义成对的操作符

有的操作符自然而然就是成对使用的。例如, 如果能用 != 操作符来比较两个 Hour 值, 那么肯定还希望用 == 操作符来比较两个 Hour 值。C#编译器对这种非常合理的期望采取了硬性规定, 一旦定义了 operator== 或者 operator!= 中的任何一个, 两者都必须定义。这个"要么全无, 要么全有"的规则同样适用于 < 和 > 操作符以及 <= 和 >= 操作符。C#编译器不会帮你写任何操作符。所有操作符都必须亲自定义, 无论它们看起来有多么明显。以下是 Hour 结构的 == 和 != 操作符:

```
struct Hour
{
    public Hour(int initialValue)
    {
        this.value = initialValue;
    }
    ...
    public static bool operator ==(Hour lhs, Hour rhs)
    {
        return lhs.value == rhs.value;
    }

    public static bool operator !=(Hour lhs, Hour rhs)
    {
        return lhs.value != rhs.value;
    }
    ...
    private int value;
}
```

这些操作符的返回类型不一定非要是 bool 类型。不过, 要使用其他类型, 必须有充分的理由, 否则这些操作符会给类的用户造成非常大的困扰!

> **注意** 如果定义了 operator== 和 operator!=, 还应重写从 System.Object 继承的 Equals 和 GetHashCode 方法。Equals 方法的行为应该与 operator== 完全一样(依一个方法来"画"另一个方法)。GetHashCode 方法由.NET Framework 中的其他类使用。例如, 将一个对象作为哈希表中的键使用时, 就会为对象调用 GetHashCode 方法, 以帮助计算一个哈希值。欲知详情, 请参考 MSDN 文档。方法唯一要做的就是返回一个与众不同的整数值。(但是, 不要让所有对象的 GetHashCode 方法都返回同一个整数, 否则会使哈希处理失去意义。)

22.6 实现操作符

在下面的练习中，将开发一个类来模拟复数(complex number)。

复数有两个元素：一个是实部(real component)，一个是虚部(imaginary component)。复数一般表示成(x + yi)，其中 x 是实部，yi 是虚部。x 和 y 的值是普通整数，i 则是虚数单位 $\sqrt{-1}$(这正是为什么说 yi 是虚部的原因)。虽然复数平时很少使用，而且学术味很浓，但在电子、应用数学、物理和许多工程领域都非常有用。欲知复数的详情，请参考维基百科的文章。

> **注意** .NET Framework 4.0 和后续版本自带 Complex 类型(位于 System.Numerics 命名空间)，它很好地实现了复数。所以，自己实现复数其实并没有多大必要。但是，仍有必要知道如何为这个类型实现一些常用的操作符。

我们将复数作为一对整数来实现，它们代表实部和虚部的系数 x 和 y。还要实现用复数来执行简单数学运算所需的操作符。下表总结了针对一对实数(a + bi)和(c + di)如何执行四则运算。

四则运算	计算方式
(a + bi) + (c + di)	((a + c) + (b + d)i)
(a + bi) – (c + di)	((a – c) + (b – d)i)
(a + bi) * (c + di)	((a * c – b * d) + (b * c + a * d)i)
(a + bi) / (c + di)	(((a * c + b * d) / (c * c + d * d)) + (b * c - a * d) / (c * c + d * d))i)

> ➢ **创建 Complex 类，实现算术操作符**

1. 如果 Microsoft Visual Studio 2012 尚未运行，请启动它。

2. 打开 ComplexNumbers 项目，该项目位于"文档"文件夹下的\Microsoft Press\Visual CSharp Step by Step\Chapter 22\Windows *X*\ComplexNumbers 子文件夹中。这是一个控制台应用程序，用于生成和测试你的代码。Program.cs 文件包含你熟悉的 doWork 方法。

3. 在解决方案资源管理器中选中 ComplexNumbers 项目。选择"项目"|"添加类"。

    "添加新项 - ComplexNumbers"对话框中，在"名称"文本框中输入 **Complex.cs**，然后单击"添加"按钮。

    Visual Studio 会创建 Complex 类，并在"代码和文本编辑器"中打开 Complex.cs 文件。

4. 在 Complex 类中添加自动整数属性 Real 和 Imaginary，如以下加粗的代码所示。这两个属性将用于容纳复数的实部和虚部。

```
class Complex
{
    public int Real { get; set; }
    public int Imaginary { get; set; }
}
```

5. 将以下加粗显示的构造器添加到 Complex 类中。这个构造器获取两个 int 参数,并
   用它们填充 Real 和 Imaginary 属性。

```
class Complex
{
    ...
    public Complex (int real, int imaginary)
    {
        this.Real = real;
        this.Imaginary = imaginary;
    }
}
```

6. 如加粗的代码所示重写 ToString 方法。该方法返回代表复数的字符串,形如(x + yi)。

```
class Complex
{
    ...
    public override string ToString()
    {
        return String.Format("({0} + {1}i)", this.Real, this.Imaginary);
    }
}
```

7. 将以下加粗显示的重载+操作符添加到 Complex 类中。这是二元加操作符。它获
   取两个 Complex 对象,根据前表的计算方式把它们加到一起。操作符返回新的
   Complex 对象,其中包含计算结果。

```
class Complex
{
    ...
    public static Complex operator +(Complex lhs, Complex rhs)
    {
        return new Complex(lhs.Real + rhs.Real, lhs.Imaginary + rhs.Imaginary);
    }
}
```

8. 将重载 - 运算符添加到Complex类中。这个操作符遵循和重载+操作符相同的模式。

```
class Complex
{
    ...
    public static Complex operator -(Complex lhs, Complex rhs)
    {
        return new Complex(lhs.Real - rhs.Real, lhs.Imaginary - rhs.Imaginary);
    }
}
```

9. 实现*和/操作符。这两个操作符遵循和前面两个操作符相同的模式，虽然计算稍复杂一些。(/操作符的计算过程被分解成两个步骤，避免一个代码行太长。)

```csharp
class Complex
{
    ...
    public static Complex operator *(Complex lhs, Complex rhs)
    {
        return new Complex(lhs.Real * rhs.Real + lhs.Imaginary * rhs.Real,
            lhs.Imaginary * rhs.Imaginary + lhs.Real * rhs.Imaginary);
    }

    public static Complex operator /(Complex lhs, Complex rhs)
    {
        int realElement = (lhs.Real * rhs.Real + lhs.Imaginary * rhs.Imaginary) /
            (rhs.Real * rhs.Real + rhs.Imaginary * rhs.Imaginary);
        int imaginaryElement = (lhs.Imaginary * rhs.Real - lhs.Real * rhs.Imaginary) /
            (rhs.Real * rhs.Real + rhs.Imaginary * rhs.Imaginary);
        return new Complex(realElement, imaginaryElement);
    }
}
```

10. 在"代码和文本编辑器"中显示 Program.cs 文件。将以下加粗显示的语句添加到 Program 类的 doWork 方法中并删除// TODO:注释。

```csharp
static void doWork()
{
    Complex first = new Complex(10, 4);
    Complex second = new Complex(5, 2);

    Console.WriteLine("first is {0}", first);
    Console.WriteLine("second is {0}", second);

    Complex temp = first + second;
    Console.WriteLine("Add: result is {0}", temp);

    temp = first - second;
    Console.WriteLine("Subtract: result is {0}", temp);

    temp = first * second;
    Console.WriteLine("Multiply: result is {0}", temp);

    temp = first / second;
    Console.WriteLine("Divide: result is {0}", temp);
}
```

上述代码创建两个 Complex 对象，分别代表复数值$(10 + 4i)$和$(5 + 2i)$。代码显示这两个复数，并测试刚才定义的各个操作符，显示每种计算的结果。

11. 在"调试"菜单中选择"开始执行(不调试)"来生成并运行应用程序。 验证应用
    程序显示如下图所示的结果。

```
C:\Windows\syste
first is (10 + 4i)
second is (5 + 2i)
Add: result is (15 + 6i)
Subtract: result is (5 + 2i)
Multiply: result is (42 + 40i)
Divide: result is (2 + 0i)
Press any key to continue . . .
```

12. 关闭应用程序，返回 Visual Studio 2012。

现在已经用一个类型对复数进行了建模，并提供了对基本算术运算的支持。下个练习
将扩展 Complex 类，提供相等操作符==和!=。以前说过，如果实现了这些操作符，还应重
写从 Object 类型继承的 Equals 和 GetHashCode 方法。

> ➢　**实现相等操作符**

1. 在 Visual Studio 2012 中，在"代码和文本编辑器"中显示 Complex.cs 文件。

2. 如以下加粗的代码所示，将==和!=操作符添加到 Complex 类。注意，两个操作符
   都利用了 Equal 方法。Equal 方法将类的一个实例与作为实参指定的另一个实例进
   行比较。两者相等就返回 true，否则返回 false。

```
class Complex
{
    ...
    public static bool operator ==(Complex lhs, Complex rhs)
    {
        return lhs.Equals(rhs);
    }

    public static bool operator !=(Complex lhs, Complex rhs)
    {
        return !(lhs.Equals(rhs));
    }
}
```

3. 选择"生成"|"重新生成解决方案"。

   "错误列表"窗口会显示以下警告消息：

```
"ComplexNumbers.Complex"定义运算符==或运算符!=，但不重写 Object.GetHashCode()
"ComplexNumbers.Complex"定义运算符==或运算符!=，但不重写 Object.Equals(object o)
```

   定义!=和==操作符后，还要重写从 System.Object 继承的 Equal 和 GetHashCode
   方法。

📖**注意**　如果没有看到"错误列表"窗口，请选择"视图"|"错误列表"。

4. 如以下加粗的代码所示，在 Complex 类中重写 Equals 方法：

```
class Complex
{
    ...
    public override bool Equals(Object obj)
    {
        if (obj is Complex)
        {
            Complex compare = (Complex)obj;
            return (this.Real == compare.Real) &&
                    (this.Imaginary == compare.Imaginary);
        }
        else
        {
            return false;
        }
    }
}
```

Equals 方法获取一个 Object 参数。代码验证参数的类型真的是一个 Complex 对象。如果是，代码就拿当前实例的 Real 和 Imaginary 属性值与作为参数传入的那个实例的 Real 和 Imaginary 属性值进行比较。如果都相同，方法返回 true；否则返回 false。如果传入的参数根本就不是一个 Complex 对象，方法直接返回 false。

📝**重要提示** 有人或许会像这样写 Equals 方法：

```
public override bool Equals(Object obj)
{
    Complex compare = obj as Complex;
    if (compare != null)
    {
        return (this.Real == compare.Real) &&
            (this.Imaginary == compare.Imaginary);
    }
    else
    {
        return false;
    }
}
```

然而，表达式 compare != null 会调用 Complex 类的!=操作符，进而调用 Equals 方法本身，造成无限循环。

---

5. 重写 GetHashCode 方法。这个实现直接调用从 Object 类继承的方法。但是，如果愿意，完全可以用自己的方式生成哈希码。

```
Class Complex
{
    ...
    public override int GetHashCode()
```

```
    {
        return base.GetHashCode();
    }
}
```

6.　选择"生成"|"重新生成解决方案"。

　　验证解决方案现在成功生成，无任何警告消息。

7.　在"代码和文本编辑器"中显示 Program.cs 文件。在 doWork 方法末尾添加以下
　　代码：

```
static void DoWork()
{
    ...
    if (temp == first)
    {
        Console.WriteLine("Comparison: temp == first");
    }
    else
    {
        Console.WriteLine("Comparison: temp != first");
    }
    if (temp == temp)
    {
        Console.WriteLine("Comparison: temp == temp");
    }
    else
    {
        Console.WriteLine("Comparison: temp != temp");
    }
}
```

注意　表达式 temp == temp 会生成一条警告消息"对同一变量进行比较：是否希望比较
其他变量？"。目前可以忽略这个警告，因为是故意如此的；目的是验证==操作
符能正常工作。

8.　在"调试"菜单中选择"开始执行(不调试)"来生成并运行应用程序。验证最后会
　　显示以下两条消息：

```
Comparison: temp != first
Comparison: temp == temp
```

9.　关闭应用程序，返回 Visual Studio 2012。

22.7　理解转换操作符

　　有时需要将一种类型的表达式转换成另一种类型。例如，以下方法声明为获取一个
double 参数：

```
class Example
{
    public static void MyDoubleMethod(double parameter)
    {
        ...
    }
}
```

你或许以为，在调用 MyDoubleMethod 时，只有 double 类型的值才能作为参数使用。但实际并非如此。C#编译器还允许 MyDoubleMethod 获取类型不为 double、但能转换成 double 的值。调用方法时，编译器自动生成代码来执行这个转换(称为隐式类型转换)。

22.7.1 提供内建转换

内建的类型支持一些内建的转换。例如，int 能隐式转换成 double。隐式转换不要求特殊语法，也永远不会引发异常：

```
Example.MyDoubleMethod(42); // int 隐式转换为double
```

有时也将隐式转换称为**扩大转换**，因为结果比原始值的范围大——它至少包含了原始值的信息，而且什么都不丢失。反之则不然，double 不能隐式转换成 int：

```
class Example
{
    public static void MyIntMethod(int parameter)
    {
        ...
    }
}
...
Example.MyIntMethod(42.0); // 编译时错误
```

从 double 类型向 int 类型的转换存在丢失信息的风险，所以不允许自动进行这个转换(例如，假定传给 MyIntMethod 的参数值是 42.5，那么应该如何转换？) double 仍然可以转换成 int，但只能显式进行(称为强制类型转换)：

```
Example.MyIntMethod((int)42.0);
```

有时也将显式转换称为**收缩转换**，因为结果比原始值的范围小(只能包含较少的信息)，而且可能引发 OverflowException 异常。C#允许为用户自定义类型提供转换操作符，控制它们隐式或显式转换成其他类型。

22.7.2 实现用户自定义的转换操作符

声明用户自定义转换操作符时，语法与重载操作符相似。转换操作符必须是公共和静态的。下面这个转换操作符允许将 Hour 对象隐式转换成 int：

```
struct Hour
{
    ...
    public static implicit operator int (Hour from)
    {
        return this.value;
    }

    private int value;
}
```

转换时，源类型要声明成一个参数(本例是 Hour)，目标类型则声明为关键字 operator 之后的类型名称(本例是 int)。在关键字 operator 之前不要指定返回类型。

声明自己的转换操作符时，必须指定它们是隐式还是显式的。这分别是用 implicit 和 explicit 关键字来指定的。在上例中，Hour 到 int 的转换操作符是隐式的，所以 C#编译器可以在不进行强制类型转换的前提下使用它：

```
class Example
{
    public static void Method(int parameter) { ... }
    public static void Main()
    {
        Hour lunch = new Hour(12);
        Example.MyOtherMethod(lunch); // Hour 隐式转换为 int
    }
}
```

如果将转换操作符声明为 explicit，上例将无法编译，因为显式转换操作符需要一次显式的强制类型转换：

```
Example.MyOtherMethod((int)lunch); // Hour 显式转换为 int
```

那么，什么时候应该声明为显式，什么时候应该声明为隐式？如果转换总是安全的，没有丢失信息的风险，而且不能在转换时引发异常，就应声明为隐式转换。否则，就应声明为显式转换。从 Hour 到 int 的转换总是安全的——每个 Hour 都有一个对应的 int 值，所以声明为隐式是合理的。相反，从 string 到 Hour 的转换操作符应该是显式的，因为并不是所有字符串都代表有效的 Hour 值。例如，虽然字符串"7"是有效的，但"Hello, World"这个字符串如何转换成一个 Hour？

22.7.3 再论创建对称操作符

转换操作符提供了另一种方式来解决提供对称的操作符的问题。例如，不必像以前那样为 Hour 结构提供 operator+的 3 个"对称"版本(Hour + Hour，Hour + int 和 int + Hour)。相反，只需提供一个版本的 operator+，让它获取两个 Hour 参数，再提供从 int 到 Hour 的隐式转换：

```
struct Hour
{
    public Hour(int initialValue)
    {
        this.value = initialValue;
    }

    public static Hour operator +(Hour lhs, Hour rhs)
    {
        return new Hour(lhs.value + rhs.value);
    }

    public static implicit operator Hour (int from)
    {
        return new Hour (from);
    }
    ...
    private int value;
}
```

Hour 和 int 相加(无论哪个在前，哪个在后)，C#都自动将 int 转换成 Hour，然后调用获取两个 Hour 参数的 operator +：

```
void Example(Hour a, int b)
{
    Hour eg1 = a + b; // b转换成Hour
    Hour eg2 = b + a; // b转换成Hour
}
```

22.7.4　添加隐式转换操作符

在下面的练习中，将为 Complex 类添加更多的操作符。首先要写一对转换操作符，它们允许在 int 和 Complex 类型之间转换。将 int 转换成 Complex 对象总是安全的，永远不会丢失信息(因为 int 其实就是没有虚部的实数)。所以，可以把这个操作实现成隐式转换操作符。反之则不然；为了将 Complex 对象转换成 int，必须丢弃虚部。所以，应显式实现这个转换操作符。

> ➤　**实现转换操作符**

1. 返回 Visual Studio 2012，在"代码和文本编辑器"中显示 Complex.cs 文件。将以下加粗显示的构造器添加到 Complex 类中。构造器获取一个用于初始化 Real 属性的 int 参数。Imaginary 属性设为 0。

```
class Complex
{
    ...
    public Complex(int real)
```

```
    {
        this.Real = real;
        this.Imaginary = 0;
    }
    ...
}
```

2. 将以下加粗显示的隐式转换操作符添加到 Complex 类中。这个操作符将一个 int 转换成一个 Complex 对象。它使用上一节创建的构造器返回 Complex 类的新实例。

```
class Complex
{
    ...
    public static implicit operator Complex(int from)
    {
        return new Complex(from);
    }
}
```

3. 将以下加粗显示的显式转换操作符添加到 Complex 类。这个操作符获取一个 Complex 对象，返回 Real 属性的值。转换会丢弃复数的虚部。

```
class Complex
{
    ...
    public static explicit operator int(Complex from)
    {
        return from.Real;
    }
}
```

4. 在"代码和文本编辑器"中显示 Program.cs 文件。将以下加粗显示的代码添加到 doWork 方法末尾：

```
static void doWork()
{
    ...
    Console.WriteLine("Current value of temp is {0}", temp);

    if (temp == 2)
    {
        Console.WriteLine("Comparison after conversion: temp == 2");
    }
    else
    {
        Console.WriteLine("Comparison after conversion: temp != 2");
    }

    temp += 2;
    Console.WriteLine("Value after adding 2: temp = {0}", temp);
}
```

这些语句测试 int 向 Complex 对象的隐式转换。if 语句将 Complex 对象和 int 进行比较。编译器自动生成代码，先将 int 转换成 Complex 对象，再调用 Complex 类的==运算符。将 2 加到 temp 变量上的语句将 int 值 2 转换成 Complex 对象，再使用 Complex 类的+操作符。

5. 在 doWork 方法末尾添加以下语句：

```
static void DoWork()
{
    ...
    int tempInt = temp;
    Console.WriteLine("Int value after conversion: tempInt = {0}", tempInt);
}
```

第一个语句试图将 Complex 对象赋给 int 变量。

6. 选择"生成"|"重新生成解决方案"。

解决方案生成失败，编译器在"错误列表"窗口中报告以下错误：

无法将类型"ComplexNumbers.Complex"隐式转换成"int"。存在一个显式转换(是否缺少强制转换)？

从 Complex 对象向 int 的转换是显式转换，所以必须指定制类型转换。

7. 修改试图将 Complex 值存储到 int 变量的语句，指定强制类型转换，如下所示：

```
int tempInt = (int)temp;
```

8. 在"调试"菜单中选择"开始执行(不调试)"来生成并运行应用程序。 验证解决方案现在能成功生成，输出的最后 4 行内容如下：

```
Current value of temp is (2 + 0i)
Comparison after conversion: temp == 2
Value after adding 2: temp = (4 + 0i)
Int value after conversion: tempInt = 4
```

9. 关闭应用程序，返回 Visual Studio 2012。

小　　结

本章讲述了如何重载操作符，并提供类或结构特有的功能。实现了大量常用算术操作符，还创建了对类的实例进行比较的操作符。最后讲述了如何创建隐式和显式的转换操作符。

- 如果希望继续学习下一章，请继续运行 Visual Studio 2012，然后阅读第 23 章。
- 如果希望现在就退出 Visual Studio 2012，请选择"文件"|"退出"。如果看到"保存"对话框，请单击"是"按钮保存项目。

第 22 章快速参考

目标	操作
实现操作符	先写关键字 public 和 static，后跟返回类型，后跟 operator 关键字，再后跟要声明的操作符符号，最后在一对圆括号中添加恰当的参数。示例如下： ```\nclass Complex\n{\n ...\n public static bool operator==(Complex lhs, Complex rhs)\n {\n ... // 实现==操作符的逻辑\n }\n ...\n}\n```
声明转换操作符	先写关键字 public 和 static，后跟关键字 implicit 或 explicit，后跟 operator 关键字，后跟要转换成的目标类型，然后在圆括号中用一个参数表示转换时的来源类型。示例如下： ```\nclass Complex\n{\n ...\n public static implicit operator Complex(int from)\n {\n ... // 从 int 转换成当前类型时的代码\n }\n ...\n}\n```

第 IV 部分

使用 C#构建 Windows 8 专业应用

本书前 3 部分重点讲述了如何用 C#构建应用程序和组件。现在应该对 C# 语言的语法和语义有了全面的理解。是时候继续前进了！本章将讨论如何利用 Windows 8 的功能来构建专业、响应灵敏而且外观漂亮的应用程序。

除了极少数情况，本书大多数内容都在很大程度上依赖于 Windows 的版本。所有例子和练习都在 Microsoft Windows 7 和 Windows 8 上进行了测试和验证。唯一要求是安装好 Microsoft Visual Studio 2012 和 Microsoft .NET Framework 4.5。虽然 Windows 7 本身就很强大，能在从高端服务器到桌面/笔记本电脑的各种硬件平台上很好地运行应用程序，但 Windows 8 面向的是下一代移动设备，许多 Windows 8 用户需要在平板电脑或者智能手机上运行相同的软件。Windows 8 专门对此进行了优化，为这种环境下运行的应用程序提供了更好的支持。具体地说，Windows 8 能通过触摸屏接收用户输入，还会关注设备所在的位置和方位(要求硬件提供 GPS 和加速计)。利用 Windows 8 的网络功能可以创建支持漫游的、基于云的应用程序。这种应用程序不局限于特定种类的计算机，用户用其他设备登录可照常享受服务。Windows 8 的新 UI 建立了一个框架来帮助开发人员创建吸引人的、交互式的应用程序，以集成所有这些功能。除此之外，Windows 8 的图形界面是在 Direct3D 硬件的顶部建立的，通过 DirectX API 来访问。操作系统提供了相应的库来帮助开发人员创建快速和流畅的图形应用程序和游戏。简单地说，Windows 8 为高度移动化、高度图形化和高度互联的应用程序提供了理想的平台。开发人员可将自己的应用程序发布到 Windows Store。所以使用 Windows 8 新模型创建的应用程序称为 Windows Store 应用。

不讲如何用 Windows 8 的新功能来创建应用程序，本书就算不上完美。这正是本书最后一部分的目的(本书前几版讲解了这些主题在 Windows 7 中的情况，围绕如何创建 WPF 应用程序而展开)。虽然第 23 章和第 24 章的部分内容适用于 Windows 7, 但重点还是在于 Windows 8 应用程序的开发。将介绍自.NET Framework 4.0 引入并在 4.5 中发扬光大，通过 async 和 await 关键字集成到 C# 语言中的异步编程模型。还要介绍 Visual Studio 2012 提供的许多 Windows 8 应用程序模板，以及如何利用这些模板来简单地格式化和显示数据。最后还要介绍如何构建 Windows 8 应用程序来利用操作系统和用户界面的新功能，以自然和容易导航的方式获取并呈现复杂的信息。

第 23 章　使用任务提高吞吐量

本章旨在教会你:

- 理解在应用程序中实现并行操作的好处
- 使用 Task 类创建和运行并行操作
- 使用 Parallel 类并行化一些常用的编程构造
- 取消长时间运行的任务,处理并行操作引发的异常

前面学习的都是如何用 C#构建单线程应用程序。所谓"单线程",是指在任何给定的时刻,一个程序只能执行一条指令。这并非总是应用程序的最佳运行方式。如果能同时执行多个操作,对资源的利用可能变得更好。有的操作如果分解成并行的执行路径能更快地完成。本章要讲解如何最大化地利用处理能力来提高应用程序的吞吐量。具体地说,就是如何利用 Task 对象使计算密集型的应用程序以多线程的方式运行。

23.1　使用并行处理来执行多任务处理

在应用程序中执行多任务处理主要是出于两个方面的原因。

- **增强响应能力**　将程序划分到并发执行的线程中,允许每个线程轮流运行一小段时间,就可以向应用程序的用户营造出程序一次执行多个任务的"假象"。这是传统的协作式多线程模型,许多有经验的 Windows 用户都很熟悉它。但这并不是真正的多任务处理,因为处理器是在多个线程之间共享的。另外,协作式的本质要求每个线程执行的代码都要具有恰当的行为方式。如果一个线程垄断了 CPU 和资源,让其他线程一直没机会运行,这种方式的好处就丧失殆尽了。有的时候,很难按照这个模型写出一个具有良好行为的应用程序。

  Windows 8 的主要目标之一就是提供解决这些问题的平台。用于实现 Windows 8 执行环境的 Windows Runtime(WinRT)提供了大量 API 来适应这种工作方式。第 24 章将更详细地讨论这些功能。

- **增强伸缩性**　由于能有效地利用处理资源,并用这些资源减少执行应用程序所需的时间,所以能增强伸缩性。[①]开发者判断应用程序的哪些部分能并行执行,并相应地加以安排。随着计算资源越来越多,更多的任务可以并行运行。就在不久之前,这个模型还只适用于安装了多个 CPU 的系统,或者能够在联网的计算机之

---

① 在少量时间里做更多工作的能力,就是所谓的"伸缩性"。从理论上,作为伸缩性好的服务器,应该 CPU 越多,一个耗时操作所需的时间越短。通俗地说,在多个 CPU 之间并行执行,执行时间将根据 CPU 的数量成比例地缩短。——译注

间进行分布处理的系统。在这两种情况下，都必须使用一个模型对并行任务进行协调。Microsoft 提供了 Windows 的一个特别版本，名为 High Performance Compute (HPC) Server 2008，它允许企业构建服务器集群，以便并行地分布和执行任务。开发人员可使用 Microsoft 实现的 Message Passing Interface (MPI)，基于并行任务来构建应用程序。MPI 是一种著名的、跟语言无关的通信协议。这些并行任务相互之间通过发送消息来进行协作。对于大规模的、计算限制①的工程和科学应用程序，基于 Windows HPC Server 2008 和 MPI 的解决方案是非常理想的。但是，对于小规模的桌面和平板电脑来说，它们显得过于昂贵。

根据以上描述，你可能觉得为桌面应用程序构建多任务解决方案时，成本效益最好的方式就是使用协作式多线程模型。但该模型的主要目的是增强应用程序的响应能力——在单处理器计算机上，确保每个任务公平获得处理器时间。在多处理器系统中这个方案就不理想了，因为它不能在不同处理器之间分布负载，所以伸缩性很差。在多处理器台式机还十分昂贵和少见的时候，这个问题还不算严重。但现在情况已发生了变化，下一节将进行解释。

多核处理器的崛起

10 年前，一台主流 PC 的价格在 800～1500 美元之间。现在，一台主流 PC 的价格还是在这个区间——即使经过 10 年的通货膨胀。只是规格有了巨大提升，包括 2 GHz 到 4 GHz 的处理器，500 -1000 GB 硬盘，4 - 8 GB RAM、高速和高分辨率图形以及可刻录 BD/DVD 驱动器。10 年前，主流 PC 的处理器速度在 500 MHz～1 GHz 之间，80 GB 就算是大硬盘，256 MB 或者更少的 RAM 就能让 Windows 流畅运行，而可刻录 CD 驱动器价格在 100 美元以上(那个时候，可刻录 DVD 驱动器相当少，而且价格不菲)。这就是技术进步的乐趣：硬件越来越快，越来越强大，价格却越来越便宜。

这个趋势不是最近才被人发现的。1965 年，Intel 创始人之一戈登·摩尔就写过题为 "Cramming more components onto integrated circuits" (让集成电路填满更多元件)的文章，其中讨论了随着芯片逐渐小型化，越来越多的晶体管可以集成到一个硅芯片上。与此同时，随着技术变得越来越成熟，生产成本会变得越来越低。在这篇文章中，他大胆预计到 1975 年，一个芯片能集成最多 65 000 个元件。这一预言被后人称为"摩尔定律"，它最核心的内容就是，单块硅芯片上所集成的晶体管数目大约每两年增加一倍。(实际上，摩尔最初还要更乐观一些，他指出晶体管数量每年增加一倍，但 1975 年把它修改成了每两年增加一倍。)随着晶体管在硅芯片上的排列变得越来越紧密，数据在它们之间的传输速度也越来越快。

---

① 计算限制(compute-bound)是指一个操作要涉及大量计算，任务的执行速度主要受计算速度的限制。下面是计算限制的操作的一些例子：编译代码、拼写检查、语法检查、电子表格重计算、音频或视频数据转码以及生成图像的缩略图。在金融和工程应用程序中，计算限制的操作也是十分普遍的。一般应该以异步方式执行计算限制的操作，目的是在 GUI 应用程序中保持 UI 的可响应性，用多个 CPU 缩短一个耗时计算所需的时间。——译注(摘自《CLR via C#(第 4 版)》)

这意味着厂商能不断地生产出更快和更强大的微处理器，允许软件开发人员写出更复杂的、运行得更快的软件。

40 多年后，摩尔定律对电子元件小型化趋势的判定依然准确。然而，距离物理上的极限也越来越近。电子信号在晶体管之间的传输速度总有一天无法变得更快，不管将晶体管做得多小或者多密。对于软件开发人员，这个限制最明显的结果就是处理器不再变快。6 年前处理器的工作频率就达到了 3 GHz，现在几乎没怎么增长。

由于电子元件之间的数据传输速度已达到一个瓶颈，所以芯片厂商开始研究替代机制提升处理器在相同时间里完成的工作量。结果是现代的大多数处理器都集成了两个或者更多的处理器内核。这相当于芯片厂商将多个处理器集成到一个芯片中，并添加了必要的逻辑，允许它们相互通信和协作。双核和四核处理器现在已变得很流行。而 8 核、16 核、32 核和 64 核产品也已经被开发出来，相信等它们大量上市的时候，价格会变得更容易令人接受。所以，虽然处理器的工作频率停止了提升，但现在一个处理器能做比以前更多的事情。

这对 C#开发人员有什么意义？

在多核处理器之前的时代，单线程应用程序在一个更快的处理器上运行，速度就能变得更快。但在多核处理器的时代，就不能再这样简单地想问题了。在具有相同时钟频率的单核、双核或者四核处理器上，单线程应用程序的速度是没有任何变化的。区别在于，从应用程序的角度看，在双核处理器上，一个内核会处于空闲状态；四核处理器上，三个会处于空闲状态。要最大化地利用多核处理器，必须在写程序时就想好怎么利用多任务处理。

23.2　用.NET Framework 实现多任务处理

多任务处理(Multitasking)是指同时做多件事情的能力。就在不久之前，它还是一种很容易解释，但很难实现的一个概念。

理想情况下，多核处理器上运行的应用程序应该执行跟处理器的内核数一样多的并发任务，让每个内核都"忙"起来。[①]但有以下问题需要考虑。

- 如何将应用程序分解成一组并发操作？

- 如何安排一组操作在多个处理器上并发执行？

- 如何保证只执行处理器数量那么多的并发操作？

- 如果一个操作被阻塞(比如要等待 I/O 操作完成)，如何检测这个情况，并安排处理器执行另一个操作，而不是在那里傻等？

---

① 或者说一直让 CPU 处于"饱和"状态。如果同时运行的线程数超过核数，就称为"过饱和"；如果少于核数，则称为"欠饱和"。——译注

- 如何知道一个或者多个并发操作已经完成？

- 如何同步对共享数据的访问，防止两个或多个并发操作不慎破坏对方的数据？

开发人员自己只需解决第一个问题。其他问题都可依赖一个编程基础结构来解决。Microsoft 在 System.Threading.Tasks 命名空间提供了 Task 类以及相关类型的集合来解决这些问题。

23.2.1　任务、线程和线程池

Task 类是对一个并发操作的抽象。要创建 Task 对象来运行一个代码块。可实例化多个 Task 对象。然后，如果有足够数量的处理器(或内核)，就可以让它们并发运行。

> 📖注意　从现在起，不再区分处理器和内核，一概称为"处理器"。

在内部，CLR 使用 Thread 对象和 ThreadPool 类实现任务，并调度它们的执行。多线程处理和线程池自.NET Framework 1.0 就已经有了，如果构建传统的桌面应用程序，完全可以直接在代码中使用 System.Threading 命名空间中的 Thread 类。但该类在 Windows Store 应用中用不了，要改为使用 Task 类。

Task 对线程处理进行了强大的抽象，使你可以简单地区分应用程序的并行度(任务)和并行单位(线程)。在单处理器计算机上，这两者通常没有区别。但在多处理器计算机上，两者却是不同的。如果直接依赖线程设计程序，会发现应用程序的伸缩性不是特别好；程序会使用你显式创建的那些数量的线程，操作系统只调度那些数量的线程。如果线程数显著超过可用的处理器数量，会造成 CPU "过饱和"(过载)以及较差的响应能力。如果线程数少于可用的处理器数量，则会造成 CPU "欠饱和"(欠载)，大量处理能力被白白浪费了。

CLR 对实现一组并发任务所需的线程数量进行了优化，并根据可用的处理器数量调度它们。它实现了一个查询机制，在分配给线程池(通过 ThreadPool 对象来实现)的一组线程之间分布工作负荷。程序创建 Task 对象时，任务会进入一个全局队列。等一个线程可用时，任务就从全局队列移除，交由那个线程执行。ThreadPool 实现了大量优化措施，使用一个所谓的 "工作窃取"(work-stealing)算法[①]确保线程得到高效调度。

> 📖注意　ThreadPool 在.NET Framework 以前的版本中便已存在。在.NET Framework 4.0 中，它进行了显著增强以支持 Task。

注意，CLR 创建的用来处理任务的线程数量并不一定就是处理器的数量。取决于当前工作负荷的本质，一个或多个处理器可能要忙于为其他应用程序和服务执行高优先级的工

---

① 简单地说，就是一个池程池线程空闲时，根据一定的算法知道自己在可以预见的将来不是特别忙，所以从另一个线程池线程的工作项队列"窃取"一个工作项来进行处理。千万别想歪了，人家是主动找活儿干。——译注

作。结果就是，你的应用程序的最优线程数可能少于机器中的处理器数量。另外，应用程序的一个或多个线程可能要等待一个耗时的内存访问、I/O 操作或网络操作完成，使对应的处理器变得空闲。在这种情况下，最优的线程数可能多于可用的处理器数量。CLR 采用所谓的"爬山"算法[①]来动态判断当前工作负荷下的理想线程数。

　　重点在于，你在代码中唯一要做的就是将应用程序分解成可并行运行的任务。CLR 根据处理器和计算机的工作负荷创建适当数量的线程，将你的任务和这些线程关联，并安排它们高效运行。将工作分解成太多的任务是没有关系的，因为.NET Framework 会运行符合实际情况那么多的并发线程；事实上，鼓励你对自己的工作进行细致分解，这有助于确保应用程序的伸缩性(拿到处理器数量更多的计算机上运行时，运行时间会缩短)。

23.2.2　创建、运行和控制任务

　　可使用 Task 构造器创建 Task 对象。Task 构造器有多个重载版本，但所有版本的参数都要求提供一个 Action 委托。第 20 章讲过，Action 委托引用的是不返回值的方法(一个"行动")。任务对象在被调度时，将运行委托指定的方法。下例创建 Task 对象，通过委托运行名为 doWork 的方法：

```
Task task = new Task(doWork);
...
private void doWork()
{
    // 任务启动时会运行这里的代码
    ...
}
```

> **注意**　默认的 Action 类型引用的是无参方法。Task 构造器的其他重载版本则要求获取一个 Action<object>参数，后者代表获取单个 object 参数的委托。这些重载版本允许向任务运行的方法传递数据，如下例所示。
>
> ```
> Action<object> action;
> action = doWorkWithObject;
> object parameterData = ...;
> Task task = new Task(action, parameterData);
> ...
> private void doWorkWithObject(object o)
> {
>     ...
> }
> ```

　　创建好 Task 对象后，可用 Start 方法启动它，如下所示：

[①] 爬山算法要求创建线程来运行任务，监视任务性能来找出添加线程使性能不升反降的点。一旦找到这个点，线程数可以降回保持最佳性能的数量。——译注

```
Task task = new Task(...);
task.Start();
```

Start 方法也进行了重载,可选择指定一个 TaskScheduler 对象来控制并发度和其他调度选项。可用 TaskScheduler 类的静态 Default 属性来获取对默认 TaskScheduler 对象的引用。TaskScheduler 类还提供了静态 Current 属性,它返回对当前使用的 TaskScheduler 对象的引用。(如果不显式指定调度器,就使用这个 TaskScheduler 对象。)任务可建议默认 TaskScheduler 应如何调度和运行任务。这是通过在 Task 构造器中指定一个 TaskCreationOptions 枚举值来实现的。

📑 **注意**　要想进一步了解 TaskScheduler 类和 TaskCreationOptions 枚举,请查询 MSDN 文档。

由于经常都要创建和运行任务,所以 Task 类提供了静态 Run 方法来合并这两个操作。Run 方法获取一个指定了要执行的操作的 Action 委托(就像 Task 构造器),但它是立即开始任务,并返回对 Task 对象的引用。可像下面这样使用它:

```
Task task = Task.Run(() => doWork());
```

任务运行的方法结束后,任务会结束,运行任务的线程会返回线程池,以便执行另一个任务。

可创建"延续"(continuation),安排在一个任务结束后执行另一个任务。可调用 Task 对象的 ContinueWith 方法来创建延续。一个 Task 对象的操作完成后,调度器自动创建新的 Task 对象,它将运行由 ContinueWith 方法指定的操作。"延续"所指定的方法要求获取一个 Task 参数,调度器向方法传递对已完成任务的引用。ContinueWith 返回一个新的 Task 对象引用。下例创建一个 Task 对象,它运行 doWork 方法,并通过"延续"指定在第一个任务完成后,在一个新任务中运行 doMoreWork 方法。

```
Task task = new Task(doWork);
task.Start();
Task newTask = task.ContinueWith(doMoreWork);
...
private void doWork()
{
    // 任务开始时运行这里的代码
    ...
}
...
private void doMoreWork(Task task)
{
    // doWork 结束后运行这里的代码
    ...
}
```

ContinueWith 方法有大量重载版本,可通过大量参数来指定额外的项,比如要使用哪一个 TaskScheduler,以及使用哪些 TaskContinuationOptions 值。TaskContinuationOptions

是枚举类型，它包含了 TaskCreationOptions 枚举值的一个超集。其他与任务延续有关的值如下所示。

- **NotOnCanceled 和 OnlyOnCanceled**　　NotOnCanceled 选项指定只有当上一个行动顺利完成，没有被中途取消，延续任务才应该运行。而 OnlyOnCanceled 选项指定只有在上一个行动被取消的前提下，才应该运行这个延续任务。本章后面的 23.4 节会讲述如何取消任务。

- **NotOnFaulted 和 OnlyOnFaulted**　　NotOnFaulted 选项指定只有当上一个行动顺利完成，没有引发未处理的异常，才应该运行延续任务。OnlyOnFaulted 选项指定只有在上一个行动引发未处理异常的前提下，才运行延续任务。23.4 节会更详细地讨论如何管理任务中发生的异常。

- **NotOnRanToCompletion 和 OnlyOnRanToCompletion**　　NotOnRanToCompletion 选项指定只有在上一个操作没有成功完成的情况下才运行延续任务。没成功完成要么是被取消，要么是引发了异常。OnlyOnRanToCompletion 指定延续任务只有在上一个操作成功完成的情况下才运行。

以下代码展示了如何为任务添加延续任务，只有在初始操作没有引发未处理异常的情况下才运行延续任务。

```
Task task = new Task(doWork);
task.ContinueWith(doMoreWork, TaskContinuationOptions.NotOnFaulted);
task.Start();
```

执行并行操作的应用程序经常需要对任务进行同步[①]。Task 类提供了 Wait 方法，它实现了简单的任务协作机制。它允许阻塞(暂停)当前线程，直至指定的任务完成，如下所示：

```
task2.Wait(); // 等待，直到task2完成
```

可用 Task 类的静态 WaitAll 和 WaitAny 方法等待一组任务。两个方法都获取包含一组 Task 对象的参数数组。WaitAll 方法一直等到指定的所有任务都完成，而 WaitAny 等待指定的至少一个任务完成。可以像下面这样使用它们：

```
Task.WaitAll(task, task2); // 等待task和task2都完成
Task.WaitAny(task, task2); // 等待task或task2完成
```

23.2.3　使用 Task 类实现并行处理

下个练习将通过 Task 类并行运行处理器密集型代码。由于计算由多个处理器分担，所

---

① 同步意味着不能同时访问一个资源，只有在你用完了之后，我才能接着用。在多线程编程中，"同步"(Synchronizing)的定义是：当两个或更多的线程需要存取共同的资源时，必须确定在同一时间点只有一个线程能存取共同的资源，而实现这个目标的过程就称为"同步"。——译注

以并行度增加了，应用程序的运行时间缩短了。

应用程序称为 GraphDemo，在一个页面上用 Image 控件显示图表。应用程序执行复杂的计算在图表上画点。

> **注意**　本章的练习设计在安装了多个处理器(或者一个多核处理器)的计算机上运行。如果使用单处理器或单核 CPU，就看不到相同的结果。另外，练习之间不要启动任何额外的程序或服务，否则可能影响到结果。

➤ 检查并运行 GraphDemo 单线程应用程序

1. 如果 Microsoft Visual Studio 2012 还没有启动，就启动它。

2. 打开"文档"文件夹下的\Microsoft Press\Visual CSharp Step By Step\Chapter 27\GraphDemo 子文件夹中的 GraphDemo 项目。

3. 在解决方案资源管理器中，双击 GraphDemo 项目中的 GraphWindow.xaml 文件，显示窗体的设计视图。除了定义布局的 Grid 控件，窗体还包含以下重要控件。

   - 名为 graphImage 的 Image 控件，显示由应用程序渲染的图表。

   - 名为 plotButton 的 Button 控件，单击将生成图表数据并显示。

> **注意**　应用程序直接在页面上显示按钮，目的是简化例子。在生产 Windows Store 应用程序中，该按钮应该放到应用栏上。

   - 名为 duration 的 TextBlock 控件，显示生成并渲染数据所花的时间。

4. 在解决方案资源管理器中，展开 GraphWindow.xaml，双击 GraphWindow.xaml.cs，在"代码和文本编辑器"中显示它的代码。

   窗体用名为 graphBitmap 的 System.Windows.Media.Imaging.WriteableBitmap 对象渲染图表。pixelWidth 和 pixelHeight 变量分别指定 WriteableBitmap 对象的水平和垂直分辨率。

```
public partial class GraphWindow : Window
{
    // 内存空间不足就减小pixelWidth和pixelHeight
    private int pixelWidth = 12000;
    private int pixelHeight = 8000;

    private WriteableBitmap graphBitmap = null;
    ...
}
```

> **注意**　应用程序在 2 GB 内存的平板电脑上通过了测试。如果内存不足，可减小 pixelWidth 和 pixelHeight 变量的值。否则应用程序可能产生 OutOfMemoryException 异常。对应地，如果内存绰绰有余，还以可增大这些变量的值。

5. 检查 GraphWindow 构造器的最后 3 行，如下所示：

```
public GraphWindow()
{
    ...
    int dataSize = bytesPerPixel * pixelWidth * pixelHeight;
    data = new byte[dataSize];

    graphBitmap = new WriteableBitmap(pixelWidth, pixelHeight);
}
```

前两行代码实例化一个字节数组来容纳图表数据。数组大小取决于 WriteableBitmap 对象的分辨率(由 pixelWidth 和 pixelHeight 字段决定)。另外，必须用渲染每个像素所需的内存量来倍增这个大小。WriteableBitmap 类为每个像素使用 4 字节，分别表示红、绿、蓝，以及决定像素透明度和亮度的 alpha 通道值。

最后一个语句用指定分辨率创建 WriteableBtmap 对象。

6. 检查 plotButton_Click 方法的代码：

```
private void plotButton_Click(object sender, RoutedEventArgs e)
{
    Random rand = new Random();
    redValue = (byte)rand.Next(0xFF);
    greenValue = (byte)rand.Next(0xFF);
    blueValue = (byte)rand.Next(0xFF);

    Stopwatch watch = Stopwatch.StartNew();
    generateGraphData(data);

    duration.Text = string.Format("Duration (ms): {0}", watch.ElapsedMilliseconds);

    Stream pixelStream = graphBitmap.PixelBuffer.AsStream();
    pixelStream.Seek(0, SeekOrigin.Begin);
    pixelStream.Write(data, 0, data.Length);
    graphBitmap.Invalidate();
    graphImage.Source = graphBitmap;
}
```

单击 plotButton 按钮就会运行这个方法。多次点击该按钮，方法每次都生成随机的红绿蓝组合，使图表的颜色发生变化。

watch 变量是 System.Diagnostics.Stopwatch 对象。StopWatch 类型用于精确计时。该类型的静态 StartNew 方法创建 StopWatch 对象的新实例并启动它。可查询 ElapsedMilliseconds 属性来了解 StopWatch 对象的运行时间。

generateGraphData 方法在 data 数组中填充要由 WriteableBitmap 对象显示的图表的数据。将在下一步讨论该方法。

generateGraphMethod 方法结束后，在 TextBox 控件 duration 中显示经过的时间(以

毫秒为单位)。

最后一个代码块获取 data 数组中的信息,复制到 WriteableBitmap 对象以进行渲染。为此,最简单的技术就是创建驻留内存的一个流来填充 WriteableBitmap 对象的 PixelBuffer 属性。然后使用流的 Write 方法将 data 数组的内容复制到这个缓冲区。WriteableBitmap 的 Invalidate 方法请求操作系统使用缓冲区中的信息重新绘制位图。Image 控件的 Source 属性指定控件要显示的数据。最后一个语句将 Source 属性设为 WriteableBitmap 对象。

7. 检查 generateGraphData 方法的代码:

```csharp
private void generateGraphData(byte[] data)
{
    int a = pixelWidth / 2;
    int b = a * a;
    int c = pixelHeight / 2;

    for (int x = 0; x < a; x ++)
    {
        int s = x * x;
        double p = Math.Sqrt(b - s);
        for (double i = -p; i < p; i += 3)
        {
            double r = Math.Sqrt(s + i * i) / a;
            double q = (r - 1) * Math.Sin(24 * r);
            double y = i / 3 + (q * c);
            plotXY(data, (int)(-x+(pixelWidth / 2)), (int)(y+(pixelHeight / 2)));
            plotXY(data, (int)(x+(pixelWidth / 2)), (int)(y+(pixelHeight / 2)));
        }
    }
}
```

这个方法执行一系列计算为一幅相当复杂的图表画点。(实际的计算方式并不重要——它只是生成一幅看起来相当复杂的图表而已!)计算每个点时,都调用 plotXY 方法,在与这个点对应的 data 数组中设置恰当的字节。图表的点围绕 X 轴反射,所以每一个计算都要调用两次 plotXY 方法:一次针对 X 轴的正值,另一次针对负值。

8. 检查 plotXY 方法:

```csharp
private void plotXY(byte[] data, int x, int y)
{
    int pixelIndex = (x + y * pixelWidth) * bytesPerPixel;
    data[pixelIndex] = blueValue;
    data[pixelIndex + 1] = greenValue;
    data[pixelIndex + 2] = redValue;
    data[pixelIndex + 3] = 0xBF;
}
```

这是一个很简单的方法,它在 data 数组中设置与作为参数传递的 X 和 Y 坐标对应的字节。画的每个点都对应一个像素,每个像素都由 4 字节构成。未设置的像素显示成黑色。值 0xBF 是 alpha 通道的值,指出对应的像素用中等亮度显示。减小这个值,像素会变暗,设为 0xFF(字节的最大值)会用最大亮度显示像素。

9. 在"调试"菜单中选择"开始调试"来生成并运行应用程序。

10. 出现下图所示 Graph Demo 窗口后点击 Plot Graph,耐心等待。

Graph Demo

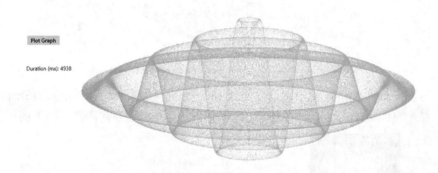

应用程序要花几秒钟的时间生成并显示图表。在此期间应用程序会停止响应(第 24 章会解释为什么以及如何避免这种情况的发生)。下图是一个例子。注意 Duration (ms)标签中的值。在本例中,应用程序花了 4938 毫秒来完成图表的渲染。注意这个值不包括实际渲染图表所花的时间,那需要额外的几秒钟。

> **注意** 应用程序在 2.4 GHz 四核处理器和 4 GB 内存的系统上运行。在不同内核数量和内存大小的机器上运行,结果会有所不同。

11. 再次单击 Plot Graph 按钮,注意所花的时间。多次重复这个操作,获得平均值。

> **注意** 有时图表会花较长时间才能显示(可能超过 20 秒)。这是由于占用内存较大,Windows 8 开始将内存中的数据分页到磁盘上。遇到这种情况请舍弃当前结果,从平均值计算中排除。

12. 保持程序运行,按快捷键 Ctrl+Shift+Esc 打开"任务管理器"。

13. 在任务管理器中,单击"详细信息",单击"性能"标签显示 CPU 利用率。右击 CPU 利用率图表,选择"将图形更改为"|"总体利用率"。这样一来,任务管理器将在一幅图中显示所有处理器核心的利用率。如下图所示。

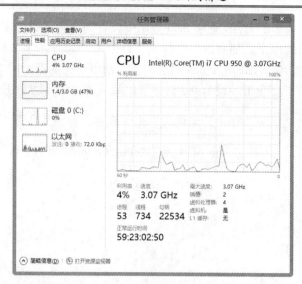

14. 返回 Graph Demo 窗口，使应用程序在屏幕主要部分显示，用贴靠(Snapped)模式显示桌面。确保能同时看到显示了 CPU 利用率的任务管理器，如下图所示。

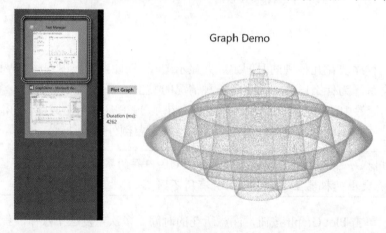

> 注意　为了用贴靠视图显示桌面，请单击屏幕左上角，将代表桌面的图片拖下来并放到左边。触摸屏可以用手指代替鼠标。默认只有 1366 × 768 及以上的分辨率才能使用 Windows 8 的贴靠功能。分辨率比这低，就需要在两者之间切换才能在以下步骤中看到任务管理器。用鼠标或手指点击屏幕左上角即可切换。

15. 等 CPU 利用率变得平缓，在 Graph Demo 窗口中点击 Plot Graph。

16. 等 CPU 利用率再次变得平缓，再次点击 Plot Graph。

17. 重复几次步骤 16，每次都等 CPU 利用率变得平缓再点击。

18. 切换到任务管理器并检查利用率。具体结果在不同的机器上不同。但在双核机器上，CPU 利用率可能在 50%～55% 之间。四核机器可能在 30% 以下，如下图所示。

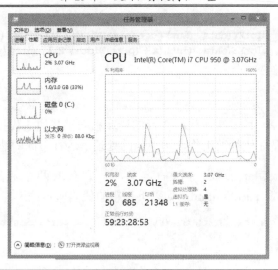

19. 返回 Visual Studio 2012 并停止调试。

你现在对应用程序的计算时间已经有了基本认识。但根据 Windows 任务管理器显示的 CPU 利用率，可以清楚地看出应用程序并没有最充分地利用处理资源。在双核机器上，它只利用了 CPU 计算能力的一半；在四核机器上，只利用了 1/4。之所以会有这个现象，是因为应用程序是单线程的。而在 Windows 应用程序中，单线程只能占用多核处理器中的一个内核。要将负荷分散到所有可用的内核上，必须将应用程序分解成任务，并安排每个任务由不同内核上运行的一个单独的线程来执行。这正是下一个练习要做的事情。

➢ 修改 GraphDemo 应用程序来使用 Task 对象

1. 返回 Visual Studio 2012，在"代码和文本编辑器"中显示 GraphWindow.xaml.cs。

2. 检查 generateGraphData 方法。

该方法的作用是在 data 数组中填充项。外层 for 循环基于 x 循环控制变量来遍历数组，如以下加粗的代码所示：

```
private void generateGraphData(byte[] data)
{
    int a = pixelWidth / 2;
    int b = a * a;
    int c = pixelHeight / 2;

    for (int x = 0; x < a; x ++)
    {
        int s = x * x;
        double p = Math.Sqrt(b - s);
        for (double i = -p; i < p; i += 3)
        {
            double r = Math.Sqrt(s + i * i) / a;
            double q = (r - 1) * Math.Sin(24 * r);
```

```
            double y = i / 3 + (q * c);
            plotXY(data, (int)(-x + (pixelWidth / 2)), (int)(y + (pixelHeight / 2)));
            plotXY(data, (int)(x + (pixelWidth / 2)), (int)(y + (pixelHeight / 2)));
        }
    }
}
```

在这个循环中，每一次迭代所执行的计算独立于其他迭代执行的计算。因此，完全可以分解循环执行的工作，用不同的处理器运行不同的迭代。

3. 修改 generateGraphData 方法的定义，让它获取两个额外的 int 参数，名为 partitionStart 和 partitionEnd，如以下加粗的代码所示：

```
private void generateGraphData(byte[] data, int partitionStart, int partitionEnd)
{
    ...
}
```

4. 在 generateGraphData 方法中，更改外层 for 循环，在 partitionStart 和 partitionEnd 之间迭代，如加粗的代码所示：

```
private void generateGraphData(byte[] data, int partitionStart, int partitionEnd)
{
    ...
    for (int x = partitionStart; x < partitionEnd; x ++)
    {
        ...
    }
}
```

5. 在 GraphWindow.xaml.cs 文件顶部添加以下 using 语句：

```
using System.Threading.Tasks;
```

6. 在 plotButton_Click 方法中，将调用 generateGraphData 方法的语句注释掉，添加以下加粗的语句来创建 Task 对象并开始运行：

```
...
Stopwatch watch = Stopwatch.StartNew();
// generateGraphData(data);
Task first = Task.Run(() => generateGraphData(data, 0, pixelWidth / 4));
...
```

任务运行由 lambda 表达式指定的代码。partitionStart 和 partitionEnd 参数值指出 Task 对象将计算图表前半部分的数据。(完整图表数据是为 0～pixelWidth / 2 之间的值描绘的点。)

7. 添加另一个语句，在另一个线程上创建并运行另一个 Task 对象，如以下加粗代码所示：

```
...
Task first = Task.Run(() => generateGraphData(data, 0, pixelWidth / 4));
```

```
Task second = Task.Run(() => generateGraphData(data, pixelWidth / 4, pixelWidth / 2));
...
```

这个 Task 对象调用 generateGraph 方法，为 pixelWidth / 4 到 pixelWidth / 2 的值计算数据。

8. 添加以下加粗的语句，等待两个 Task 对象都完成再继续：

```
Task second = Task.Run(() => generateGraphData(data, pixelWidth / 4, pixelWidth / 2));
Task.WaitAll(first, second);
...
```

9. 在"调试"菜单中选择"开始调试"来生成并运行应用程序。调整应用程序在屏幕主要部分显示，桌面以贴靠方式显示。和之前一样，要在贴靠视图看见正在显示 CPU 利用率的任务管理器。

10. 在 Graph Demo 窗口中点击 Plot Graph。在任务管理器中等待 CPU 利用率变得平缓。

11. 重复十几次步骤 10，每次都等 CPU 利用率变得平缓再进行点击。每次都记录持续时间，最后计算平均值。

这一次，应用程序的运行速度比以前快得多。在我的计算机上，时间缩短至 2951 毫秒——比以前减少了约 40%的时间。

大多数时候，执行计算所需的时间都几乎减少一半，但应用程序还存在一些单线程的元素，比如在数据生成之后实际显示图表的逻辑。这正是总体时间超过上个版本一半的原因。

12. 切换到任务管理器窗口。

随后会看到应用程序使用了多个 CPU 内核。在我的四核机器上，每次点击按钮后 CPU 峰值利用率为 50%。这是由于只有两个任务在单独的内核上运行，剩下两个内核没有用到。如果是双核机器，处理器利用率理论上会在生成图表时达到 100%。

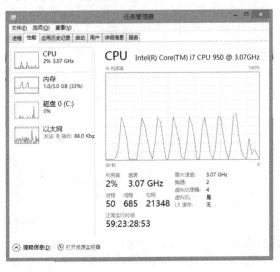

要在四核机器上提高 CPU 利用率，可在 plotButton_Click 方法中修改现的 Task 对象，添加两个新的 Task 对象。现在 4 个内核一起工作，计算速度变得更快了。如加粗的代码所示。

```
...
Task first = Task.Run(() => generateGraphData(data, 0, pixelWidth / 8));
Task second = Task.Run(() => generateGraphData(data, pixelWidth / 8,
pixelWidth / 4));
Task third = Task.Run(() => generateGraphData(data, pixelWidth / 4,
pixelWidth * 3 / 8));
Task fourth = Task.Run(() => generateGraphData(data, pixelWidth * 3 / 8,
pixelWidth / 2));
Task.WaitAll(first, second, third, fourth);
...
```

双核系统也可尝试这个修改，执行时间仍可从中受益。这主要是由于 CLR 的算法很高效，为每个任务都高效地调度线程。

23.2.4 使用 Parallel 类对任务进行抽象

可用 Task 类对应用程序创建的任务数量进行完全的控制。然而，必须修改应用程序的设计来适应 Task 对象的加入。还必须添加代码对操作进行同步，应用程序只有在所有任务都完成后才能开始渲染图表。在复杂的应用程序中，任务同步会变成很重要，稍不注意就会犯错。

Parallel 类允许对常见编程构造进行"并行化"，同时不要求重新设计应用程序。在内部，Parallel 类会创建它自己的一组 Task 对象，并在这些任务完成时自动同步。Parallel 类在 System.Threading.Tasks 命名空间中提供了少量静态方法(如下所示)来指定应尽量并行运行的代码。

- **Parallel.For** 用这个方法代替 C# for 语句。在它定义的循环中，每一次迭代都使用任务来并行运行。这个方法有大量重载版本(9 个)，但每个版本的基本原理是相同的。都要指定起始值和结束值，并指定一个方法引用，该方法要求获取一个整数参数。针对从起始值开始，一直到结束值减 1 的每一个值，方法都会执行一次，参数将用代表当前值的一个整数来填充。例如，在单线程的情况下，以下简单的 for 循环将顺序执行每一次迭代：

```
for (int x = 0; x < 100; x++)
{
// 进行处理
}
```

取决于循环主体执行的是什么处理，也许能将这个循环替换成一个 Parallel.For 构造，它以并行方式执行迭代，如下所示：

```
Parallel.For(0, 100, performLoopProcessing);
...
private void performLoopProcessing(int x)
{
// 执行处理
}
```

利用 Parallel.For 方法的重载版本，可以提供对于每个线程来说都是私有的局部数据，可以指定 For 方法运行的任务的创建选项，并可创建一个 ParallelLoopState 对象，以便将状态信息传给循环的其他并发迭代。(ParallelLoopState 对象的用法稍后介绍。)

● **Parallel.ForEach\<T>**　用这个方法代替 C# foreach 语句。和 For 方法相似，ForEach 定义了每一次迭代都并行运行的一个循环。要指定实现了 IEnumerable\<T>泛型接口的集合对象，还要指定方法引用，方法获取 T 类型的参数。针对集合中的每一项，都会执行该方法，当前项作为参数传给方法。利用方法的重载版本，可以提供私有的、局部于线程的数据，并可指定 ForEach 方法所运行的任务的创建选项。

● **Parallel.Invoke**　以并行任务的形式执行一组无参方法。要指定无参且无返回值的一组委托方法调用(或 Lambda 表达式)。每个方法调用都可以在单独的线程上运行(以任何顺序)。例如，以下代码发出了一系列方法调用：

```
doWork();
doMoreWork();
doYetMoreWork();
```

可将上述语句替换成以下代码，以便通过一系列任务调用这些方法：

```
Parallel.Invoke(
    doWork,
    doMoreWork,
    doYetMoreWork
);
```

要注意的是，最终是由 Parallel 类根据环境和当前的工作负荷决定实际的并行度。例如，如果用 Parallel.For 实现迭代 1000 次的循环，并非一定会创建 1000 个并发的任务(除非你的处理器有 1000 个内核)。相反，.NET Framework 会创建它认为最佳数量的任务，在可用资源和保持处理器"饱和"之间取得一个平衡。一个任务可执行多次迭代，任务相互协作来决定每个任务要执行哪些迭代。因此，作为开发人员，不能对迭代的执行顺序做出任何假设。因此，必须确保迭代和迭代之间没有依赖性；否则就可能得到出乎预料的结果，本章稍后会对此进行演示。

下个练习将返回 GraphData 应用程序的原始版本，并用 Parallel 类并行地执行操作。

> ### ➢ 在 GraphData 应用程序中使用 Parallel 并发地执行操作

1. 在 Visual Studio 2012 中，打开"文档"文件夹下的\Microsoft Press\Visual CSharp Step

By Step\Chapter 23\Parallel GraphDemo 子文件夹中的 GraphDemo 解决方案。

这是原始 GraphDemo 应用程序的一个副本。它目前还没有使用任务。

2. 在解决方案资源管理器中，展开 GraphDemo 项目中的 GraphWindow.xaml 节点。双击 GraphWindow.xaml.cs，在"代码和文本编辑器"中显示窗体的代码。

3. 在文件顶部添加以下 using 语句：

```
using System.Threading.Tasks;
```

4. 找到 generateGraphData 方法，如下所示：

```
private void generateGraphData(byte[] data)
{
    int a = pixelWidth / 2;
    int b = a * a;
    int c = pixelHeight / 2;

    for (int x = 0; x < a; x++)
    {
        int s = x * x;
        double p = Math.Sqrt(b - s);
        for (double i = -p; i < p; i += 3)
        {
            double r = Math.Sqrt(s + i * i) / a;
            double q = (r - 1) * Math.Sin(24 * r);
            double y = i / 3 + (q * c);
            plotXY(data, (int)(-x + (pixelWidth / 2)), (int)(y + (pixelHeight / 2)));
            plotXY(data, (int)(x + (pixelWidth / 2)), (int)(y + (pixelHeight / 2)));
        }
    }
}
```

对整数变量 x 的值进行遍历的外层 for 循环最适合"并行化"。你可能还想对基于变量 i 的内层循环进行"并行化"。但是，这个循环要花费额外的精力才能实现并行化，这都是由于 i 的类型造成的。(Parallel 类的方法要求控制变量是整数。) 除此之外，对于这样的嵌套循环，一个好的编程实践是先对外层循环进行并行化，再测试应用程序的性能是否得到了足够的优化。如果不理想，再对嵌套循环进行处理，由外向内进行并行化。每一级循环在并行化之后，都测试一下性能。许多情况下，外层循环的并行化对性能的影响最大，修改内层循环所产生的收益会越来越小。

5. 移走 for 循环主体的代码，用这些代码创建新的私有 void 方法 calculateData。该方法获取的参数是 int x 和字节数组 data。另外，将声明局部变量 a，b 和 c 的语句从 generateGraphData 方法移到 calculateData 方法起始处。如下所示(暂时不编译)：

```
private void generateGraphData(byte[] data)
{
```

```
    for (int x = 0; x < a; x++)
    {
    }
}

private void calculateData(int x, byte[] data)
{
    int a = pixelWidth / 2;
    int b = a * a;
    int c = pixelHeight / 2;

    int s = x * x;
    double p = Math.Sqrt(b - s);
    for (double i = -p; i < p; i += 3)
    {
        double r = Math.Sqrt(s + i * i) / a;
        double q = (r - 1) * Math.Sin(24 * r);
        double y = i / 3 + (q * c);
        plotXY(data, (int)(-x + (pixelWidth / 2)), (int)(y + (pixelHeight / 2)));
        plotXY(data, (int)(x + (pixelWidth / 2)), (int)(y + (pixelHeight / 2)));
    }
}
```

6.　在 generateGraphData 方法中，将 for 循环更改为调用静态 Paralle.For 方法的一个
　　语句，如以下加粗的部分所示：

```
private void generateGraphData(byte[] data)
{
    Parallel.For (0, pixelWidth / 2, x => calculateData(x, data));
}
```

　　上述代码是原始 for 循环的并行版本。它遍历从 0～pixelWidth / 2 - 1 的值。每一
　　次调用都用一个任务来运行。(每个任务都可能运行多次迭代。)Parallel.For 方法只
　　有在所有任务都完成它们的工作之后才会结束。记住，Parallel.For 方法要求最后
　　一个参数是获取单个整数参数的方法。它调用这个方法，并传递当前循环索引作
　　为参数。在本例中，calculateData 方法和要求的签名不匹配，因为它要获取两个参
　　数：一个整数和一个字节数组。因此，代码用一个 lambda 表达式定义一个具有正
　　确签名的匿名方法，再把它作为一个适配器来调用 calculateData 方法，并传递正
　　确的参数。

7.　在"调试"菜单中选择"开始调试"来生成并运行应用程序。

　　在 Graph Demo 窗口中单击 Plot Graph。图表出现后，记录生成图表所花的时间。
　　重复几次，计算平均值。

　　如下图所示，速度和使用上一个使用 Task 对象的版本差不多(可能更快，具体取
　　决于 CPU 的数量)。观察任务管理器，会发现无论双核还是四核电脑，CPU 的利
　　用率都能达到 100%峰值。

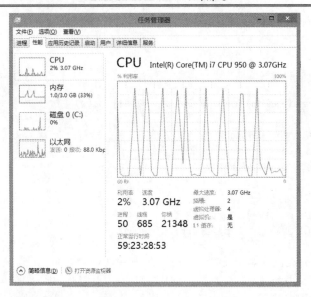

8.　返回 Visual Studio 2012 并停止调试。

23.2.5　什么时候不要使用 Parallel 类

注意，虽然 Visual Studio 开发团队尽了最大努力，但 Parallel 类仍然不是万能的，不能不假思索地使用它，然后就指望自己的应用程序突然变快了，而且能获得和原来一样的计算结果。

如果代码不是计算限制的，并行化就不一定能提升性能。创建任务、在单独线程上运行任务以及等待任务完成的开销有可能大于直接运行这个方法的开销。方法每次调用所产生的额外开销或许不多(几毫秒)，但假如调用许多次呢？如果方法调用位于嵌套循环中，会执行成千上万次，总的开销将相当惊人。一般只有在绝对必要的时候才使用 Parallel.Invoke。只有计算密集型的操作才需要 Parallel.Invoke，其他时候创建和管理任务的开销反而会拖累应用程序。

使用 Parallel 类的另一个前提是并行操作必须独立。例如，如果迭代相互之间有依赖，就不适合用 Parallel.For 来并行化，否则结果将无法预料。下面用一个例子来证明。

```csharp
using System;
using System.Threading;
using System.Threading.Tasks;

namespace ParallelLoop
{
    class Program
    {
        private static int accumulator = 0;

        static void Main(string[] args)
```

```
    {
        for (int i = 0; i < 100; i++)
        {
            AddToAccumulator(i);
        }
        Console.WriteLine("Accumulator is {0}", accumulator);
    }

    private static void AddToAccumulator(int data)
    {
        if ((accumulator % 2) == 0)
        {
            accumulator += data;
        }
        else
        {
            accumulator -= data;
        }
    }
  }
}
```

程序遍历 0~99 的值，为每个值都调用 AddToAccumulator 方法。AddToAccumulator 方法检查 accumulator 变量的当前值，是偶数就将参数值加到 accumulator 变量上；否则就从变量中减去参数值。循环终止后显示结果。这个应用程序在 ParallelLoop 解决方案中提供，它在"文档"文件夹下的 \Microsoft Press\Visual CSharp Step By Step\Chapter 23\ParallelLoop 子文件夹中。运行程序，输出结果应该是 - 100。

一些人为了增大这个简单的应用程序的并行度，草率地将 Main 方法中的 for 循环替换成 Parallel.For，如下所示：

```
static void Main(string[] args)
{
    Parallel.For (0, 100, AddToAccumulator);
    Console.WriteLine("Accumulator is {0}", accumulator);
}
```

然而，完全没有办法保证创建的各个任务按照固定顺序调用 AddToAccumulator 方法。(而且代码不是线程安全的，因为多个线程可能尝试同时修改 accumulator 变量。)AddToAccumulator 方法计算的值取决于计算顺序，所以在进行上述修改之后，应用程序每次运行都可能生成不同的结果。在这个简单的例子中，你可能看不到计算的值有什么变化，因为 AddToAccumulator 方法运行得太快，.NET Framework 可能选择用同一个线程顺序运行每一个调用。然而，如果像以下加粗的部分那样修改 AddToAccumulator 方法，就会得到不同的结果：

```
private static void AddToAccumulator(int data)
{
    if ((accumulator % 2) == 0)
    {
```

```
        accumulator += data;
        Thread.Sleep(10); // 等待 10 毫秒
    }
    else
    {
        accumulator -= data;
    }
}
```

Thread.Sleep 方法导致当前线程等待指定的时间。这个修改模拟线程执行其他工作，会影响到 .NET Framework 的任务调度方式。一般的规则是，只有保证循环的每一次迭代都可以独立地进行，才可以使用 Parallel.For 和 Parallel.ForEach，而且要对代码进行全面测试。Parallel.Invoke 也有类似的考虑：只有方法调用可以独立地进行，而且应用程序不依赖于它们的执行顺序，才允许使用这个构造。

23.3　取消任务和处理异常

应用程序执行耗时较长的操作时，另一个常见的要求是在必要时取消这个操作。不能简单粗暴地终止任务，因为这可能造成应用程序的数据处于不确定的状态。相反，应该使用 Task 类实现的协作式取消，允许任务在方便时停止处理，并允许它在必要时撤销之前的工作。

23.3.1　协作式取消的原理

协作式取消基于取消标志。取消标志是一个结构，它代表取消一个或多个任务的请求。任务运行的方法应包含一个 System.Threading.CancellationToken 参数。想要取消任务的应用程序可将这个参数的 Boolean 属性 IsCancellationRequested 设为 true。任务运行的方法可在处理过程的恰当位置查询该属性。任何时候发现该属性设为 true，就知道应用程序已请求取消任务。另外，方法知道到目前为止都做了哪些工作，所以能在必要时取消做出的任何更改，再结束运行。此外，方法如果不想取消任务，也可以忽略请求并继续运行。

📝提示　应在任务中经常检查取消标志，但以不显著影响任务的性能为宜。如有可能，至少每 10 毫秒检查一下取消标志，但这个频率不应超过 1 毫秒一次。

为了获取 CancellationToken 对象，我们首先要创建一个 System.Threading.CancellationTokenSource 对象，再查询该对象的 Token 属性。然后，应用程序将 Token 属性返回的 CancellationToken 对象作为参数传给任务启动的任何方法。应用程序想取消任务就调用 CancellationTokenSource 对象的 Cancel 方法。这个方法将传给所有任务的 CancellationToken 的 IsCancellationRequested 属性设为 true。

下例展示如何创建取消标志并用它取消任务。initiateTasks 方法实例化 cancellationTokenSource 变量，并通过查询它的 Token 属性获得对 CancellationToken 对象的引用。然后，代码创建并运行任务来执行 doWork 方法。稍后，代码调用 CancellationTokenSource 对象的 Cancel 方法，该方法会设置取消标志(CancellationToken 对象)。doWork 方法查询取消标志的 IsCancellationRequested 属性。如果发现属性已经设置(为 true)，方法就会终止；否则继续运行。

```
public class MyApplication
{
    ...
    // 该方法负责创建并管理一个任务
    private void initiateTasks()
    {
        // 创建 CancellationTokenSource 对象，并查询它的 Token 属性来获得一个取消标志
        CancellationTokenSource cancellationTokenSource = new CancellationTokenSource();
        CancellationToken cancellationToken = cancellationTokenSource.Token;

        // 创建一个任务，启动它来运行 doWork 方法
        Task myTask = Task.Run(() => doWork(cancellationToken));
        ...
        if (...)
        {
            // 取消任务
            cancellationTokenSource.Cancel();
        }
        ...
    }

    // 这是由任务运行的方法
    private void doWork(CancellationToken token)
    {
        ...
        // 如果应用程序已经设置了取消标志，就结束处理
        if (token.IsCancellationRequested)
        {
            // 做一些整理工作，然后结束
            ...
            return;
        }
        // 如果任务没有被取消，就继续运行
        ...
    }
}
```

除了为取消过程提供高度的控制，这种方式还具有很好的伸缩性，能适应任何数量的任务。可启动多个任务，向每个任务传递同一个 CancellationToken 对象。在 CancellationTokenSource 对象上调用 Cancel，每个任务都发现 IsCancellationRequested 属性已经设置，从而相应地做出响应。

还可使用 Register 方法向取消标志登记一个回调方法。应用程序调用 CancellationTokenSource 对象的 Cancel 方法时，这个回调就会运行。然而，不能保证这个

方法在什么时候执行；可能在任务完成取消过程之前或之后，也可能在那个过程之中。

```
...
cancellationToken.Register(doAdditionalWork);
...
private void doAdditionalWork()
{
    // 执行额外的取消处理
}
```

下个练习将为 GraphDemo 应用程序添加取消功能。

> ### 为 GraphDemo 应用程序添加取消功能

1. 在 Visual Studio 2012 中打开"文档"文件夹中的\Microsoft Press\Visual CSharp Step By Step\Chapter 23\GraphDemo With Cancellation 子文件夹中的 GraphDemo 解决方案。

    这是之前用 Task 类来提高应用程序吞吐量的 GraphDemo 应用程序的完整副本。UI 还包含名为 cancelButton 的按钮，用于停止图表数据的计算。

2. 在解决方案资源管理器中，双击 GraphDemo 项目中的 GraphWindow.xaml，在设计视图中显示窗体。注意窗体左侧的 Cancel 按钮。

4. 在文件顶部添加以下 using 指令：

    using System.Threading;

    协作式取消所用的类型就在这个命名空间中。

5. 在 GraphWindow 类中添加名为 tokenSource 的 CancellationTokenSource 成员，把它初始化为 null，如加粗的语句所示：

```
public class GraphWindow : Page
{
    ...
    private Task first, second, third, fourth;
    private CancellationTokenSource tokenSource = null;
    ...
}
```

6. 找到 generateGraphData 方法，在方法定义中添加名为 token 的 CancellationToken 参数：

```
private void generateGraphData(byte[] data, int partitionStart, int partitionEnd,
    CancellationToken token)
{
    ...
}
```

7. 在 generateGraphData 方法中，在内层 for 循环的起始处添加以下加粗显示的代码，从而检查是否请求了取消。如果是，就从方法返回；否则就继续计算值并画图。

```csharp
private void generateGraphData(byte[] data, int partitionStart, int partitionEnd,
CancellationToken token)
{
    int a = pixelWidth / 2;
    int b = a * a;
    int c = pixelHeight / 2;

    for (int x = partitionStart; x < partitionEnd; x ++)
    {
        int s = x * x;
        double p = Math.Sqrt(b - s);
        for (double i = -p; i < p; i += 3)
        {
            if (token.IsCancellationRequested)
            {
                return;
            }

            double r = Math.Sqrt(s + i * i) / a;
            double q = (r - 1) * Math.Sin(24 * r);
            double y = i / 3 + (q * c);
            plotXY(data, (int)(-x + (pixelWidth / 2)), (int)(y + (pixelHeight / 2)));
            plotXY(data, (int)(x + (pixelWidth / 2)), (int)(y + (pixelHeight / 2)));
        }
    }
}
```

8.　在 plotButton_Click 方法中添加以下加粗的语句来实例化 tokenSource 变量，将取消标志赋给 token 变量。

```csharp
private void plotButton_Click(object sender, RoutedEventArgs e)
{
    Random rand = new Random();
    redValue = (byte)rand.Next(0xFF);
    greenValue = (byte)rand.Next(0xFF);
    blueValue = (byte)rand.Next(0xFF);

    tokenSource = new CancellationTokenSource();
    CancellationToken token = tokenSource.Token;
    ...
}
```

9.　修改创建并运行两个任务的语句，将 token 变量作为 generateGraphData 方法的最后一个参数传递。

```csharp
...
Task first = Task.Run(() => generateGraphData(data, 0, pixelWidth / 4, token));
Task second = Task.Run(() => generateGraphData(data, pixelWidth / 4, pixelWidth
/ 2, token));
...
```

10. 编辑 plotButton_Click 方法的定义, 如以下加粗的代码所示添加 async 修饰符。

```
private async void plotButton_Click(object sender, RoutedEventArgs e)
{
    ...
}
```

11. 在 plotButton_Click 方法的主体中, 注释掉等待任务完成的 Task.WaitAll 语句, 替换成以下加粗的语句, 改为使用 await 操作符。

```
...
// Task.WaitAll(first, second);
await first;
await second;

duration.Text = string.Format(...);
...
```

由于 Windows 用户界面的单线程本质, 这两步的更改是必要的。正常情况下, 一个用户界面组件(如按钮)的事件处理程序开始运行, 其他用户界面组件的事件处理程序就被阻塞了, 直至前者结束运行。(即使用任务运行事件处理程序。)本例中, 如果用 Task.WaitAll 方法等待任务完成, Cancel 按钮会变得毫无用处, 因为 Cancel 按钮的事件处理程序在 Plot Graph 按钮的事件处理程序结束后才会恢复动弹。这时已无必要取消了。事实上, 就像之前说过的, 点击 Plot Graph 按钮后, 用户界面将彻底失去响应, 直至图表显示而且 plotButton_Click 方法结束。

await 操作符正是为这种情况设计的。只有在标记为 async 的方法中才能使用该操作符。作用是释放当前线程, 等待一个任务在后台完成。那个任务完成后, 控制会回到方法中, 从下一个语句继续。本例中, 两个 await 语句允许两个任务在后台完成。第二个任务完成后, 方法就将继续, 并在名为 duration 的 TextBlock 中显示这些任务的持续时间。等待已完成的任务不会出错, await 操作符会直接返回, 将控制交予下个语句。

注意   第 24 章将进一步介绍 async 修饰符与 await 操作符。

---

12. 找到 cancelButton_Click 方法, 添加以下加粗的代码。

```
private void cancelButton_Click(object sender, RoutedEventArgs e)
{
    if (tokenSource != null)
    {
        tokenSource.Cancel();
    }
}
```

代码检查 tokenSource 变量是否实例化。如果是, 就在变量上调用 Cancel 方法 。

13. 在“调试”菜单中选择“开始调试”来生成并运行应用程序。

14. 在 GraphDemo 窗口中点击 Plot Graph，验证图表能正常显示。但注意这一次花的时间较长，因为 generateGraphData 方法要执行额外的检查。

15. 再次点击 Plot Graph，然后立即点击 Cancel。

    如果动作足够快，在图表数据完全生成之前单击了 Cancel，就会造成任务所运行的方法返回。生成的数据并不完整，所以图表会出现一些空洞，如下图所示。(空洞的大小取决于单击 Cancel 的速度有多快。)

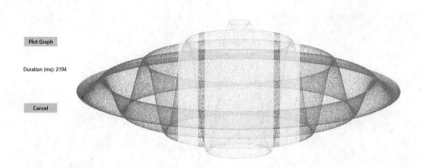

16. 返回 Visual Studio 并停止调试。

可以检查 Task 对象的 Status 属性来了解一个任务是成功完成，还是中途取消。Status 属性包含一个 System.Threading.Tasks.TaskStatus 枚举值。下面总结了经常遇到的状态值。

- **Created**　这是任务的初始状态。表明任务已经创建，还没有调度。

- **WaitingToRun**　任务已经调度，还没有开始运行。

- **Running**　任务正在由一个线程运行。

- **RanToCompletion**　任务成功完成，未发生任何未处理的异常。

- **Canceled**　任务在开始运行前取消；或者中途得体地取消。

- **Faulted**　任务因为异常而终止。

下个练习将尝试报告每个任务的状态，以便查看它们是已经完成，还是被取消。

取消 Parallel.For 或 Parallel.ForEach 循环

Parallel.For 和 Parallel.ForEach 方法不允许直接访问它们创建的 Task 对象。事实上，就连它们创建了多少个任务都不知道。.NET Framework 采用一种启发式算法自行决定最佳数量，具体取决于可用的资源以及计算机的当前工作负荷。

如果想提早停止 Parallel.For 或 Parallel.ForEach 方法，必须使用一个 ParallelLoopState 对象。指定为循环主体的方法必须包含一个额外的 ParallelLoopState 参数。Parallel 类创建一个 ParallelLoopState 对象，将该对象作为 ParallelLoopState 参数传给方法。Parallel 类用这个对象容纳与每个方法调用有关的信息。方法可以调用这个对象的 Stop 方法，告诉 Parallel 类不要再尝试更多的迭代(已经启动和结束的除外)。下例展示了如何用 Parallel.For 方法为每一次迭代都调用 doLoopWork 方法。该方法检查迭代变量：大于 600 就调用 ParallelLoopState 参数的 Stop 方法。这造成 Parallel.For 方法不再进行更多的迭代。(目前正在运行的迭代会继续运行到结束。)

注意，Parallel.For 循环中的迭代不按固定顺序运行。因此，在迭代变量的值大于 600 时取消循环，并不保证之前的 599 次迭代都已运行。同样地，值大于 600 的一些迭代可能已经完成。

```
Parallel.For(0, 1000, doLoopWork);
...
private void doLoopWork(int i, ParallelLoopState p)
{
    ...
    if (i > 600)
    {
        p.Stop();
    }
}
```

> ➢ **显示每个任务的状态**

1. 在 Visual Studio 中，用设计视图显示 GraphWindow.xaml 文件。在 XAML 窗格中，在倒数第二个</Grid>标记前将以下加粗的标记添加到 GraphWindow 窗体的定义中。

```
        <Image x:Name="graphImage" Grid.Column="1" Stretch="Fill" />
      </Grid>
      <TextBlock x:Name="messages" Grid.Row="4" FontSize="18" HorizontalAlignment="Left"/>
    </Grid>
  </Grid>
</Page>
```

这个标记在窗体底部添加名为 messages 的 TextBlock 控件。

2. 在"代码和文本编辑器"中显示 GraphWindow.xaml.cs 文本，找到 plotButton_Click 方法。

3. 将以下加粗显示的代码添加到这个方法。这些语句生成一个字符串，其中包含每个任务在结束运行后的状态，在窗体底部的 TextBlock 控件 messages 中显示该字符串。

```
private async void plotButton_Click(object sender, RoutedEventArgs e)
{
    ...
    await first;
    await second;
```

```
    duration.Text = string.Format(...);

    string message = string.Format("Status of tasks is {0}, {1}",
        first.Status, second.Status);
    messages.Text = message;
...
}
```

4.　在"调试"菜单中选择"开始调试"。

5.　在 GraphDemo 窗口中点击 Plot Graph，但不要点击 Cancel。验证会显示一条消息来报告所有任务的状态都是 RanToCompletion(如下图所示)。

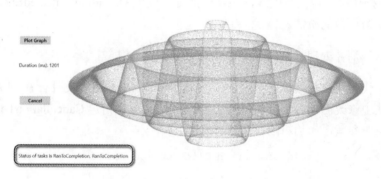

6.　在 GraphDemo 窗口中再次点击 Plot Graph，再快速点击 Cancel。令人惊讶的是，消息仍然报告每个任务的状态都是 RanToCompletion，即使图表上出现了空洞(表明中途被取消)。这是由于虽然使用取消标志向每个任务都发送了取消请求，但它们运行的方法都正常返回。"运行时"不知道任务是被取消，还是忽略取消请求而坚持运行完成。

7.　返回 Visual Studio 并停止调试。

　　那么，如何知道任务是被取消，而非运行完成？答案在于作为参数传给任务所运行方法的 CancellationToken 对象。CancellationToken 类提供了一个 ThrowIfCancellationRequested 方法。它测试取消标志的 IsCancellationRequested 属性；为 true 就引发 OperationCanceledException 异常，并终止任务正在运行的方法。

　　启动线程的应用程序应准备好捕捉这个异常，但这带来了另一个问题。如果任务是通过引发异常来终止的，状态会变成 Faulted。确实如此，即使这是一个 OperationCanceledException(而不是一个 fault)。任务只有在不引发异常的前提下被取消，状态才是 Canceled。那么，任务如何引发一个不被当作异常的 OperationCanceledException？

　　答案在于任务本身。任务为了判断是因为以受控制的方式(得体的方式)取消任务而造成了 OperationCanceledException，而不是其他原因造成的，就必须知道操作已被实际地取消了。只能通过检查取消标志才能知道这一点。虽然标志已作为参数传给任务所运行的方法，但任务并不检查该参数。相反，要在创建任务时提供取消标志。下面是以 GraphDemo 应用程序为基础的例子。注意，token 参数和往常一样传给 generateGraphData 方法，但它还作为一个单独的参数传给 Run 方法：

```
tokenSource = new CancellationTokenSource();
CancellationToken token = tokenSource.Token;
...
Task first = Task.Run(() => generateGraphData(data, 0, pixelWidth / 8, token),
token);
```

现在，一旦任务运行的方法引发 OperationCanceledException 异常，任务基础结构就会检查 CancellationToken。如果检查结果表明任务已取消，就将任务状态设为 Canceled。如果使用 await 操作符等待任务完成，还需要捕捉和处理 OperationCanceledException 异常。这是下一个练习要做的事情。

> ➤ **确认取消并处理 OperationCanceledException 异常**

1. 在"代码和文本编辑器"中显示 GraphWindow.xaml.cs 文件。在 plotButton_Click 方法中修改创建并运行任务的语句，为 Run 方法指定 CancellationToken 对象作为第二个参数，如加粗的代码所示。

```
private async void plotButton_Click(object sender, RoutedEventArgs e)
{
    ...
    tokenSource = new CancellationTokenSource();
    CancellationToken token = tokenSource.Token;

    ...
    Task first = Task.Run(() => generateGraphData(data, 0, pixelWidth / 4,
token), token);
    Task second = Task.Run(() => generateGraphData(data, pixelWidth / 4,
pixelWidth / 2, token), token);
    ...
}
```

2. 围绕创建并运行任务的语句添加 try 块，等待它们完成并显示经过的时间。添加 catch 块来处理 OperationCanceledException 异常。在异常处理程序中，在名为 duration 的 TextBlock 控件中显示异常对象的 Message 属性，从而报告发生异常的原因。加粗的代码是需要修改的地方。

```
private async void plotButton_Click(object sender, RoutedEventArgs e)
{
    ...
    try
    {
        await first;
        await second;
```

```
      duration.Text = string.Format("Duration (ms): {0}",watch.ElapsedMilliseconds);
   }
   catch (OperationCanceledException oce)
   {
      duration.Text = oce.Message;
   }

   string message = string.Format(...);
   ...
}
```

3. 在 generateDataForGraph 方法中将检查 CancellationToken 对象的 IsCancellationProperty 的 if 语句注释掉，添加语句来调用 ThrowIfCancellationRequested 方法，如加粗的代码所示：

```
private void generateDataForGraph(byte[] data, int partitionStart, int partitionEnd,
CancellationToken token)
{
   ...
   for (int x = partitionStart; x < partitionEnd; x++);
   {
      ...
      for (double i = -p; I < p; i += 3)
      {
         //if (token.IsCancellationRequired)
         //{
         // return;
         //}
         token.ThrowIfCancellationRequested();
         ...
      }
   }
   ...
}
```

4. 在"调试"菜单中选择"异常"。在"异常"对话框中清除 Common Language Runtime Exceptions 的"用户未处理的"选框，单击"确定"按钮，如下图所示。

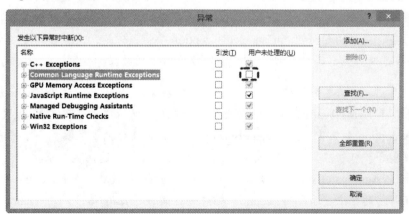

这样做是为了防止 Visual Studio 2012 调试器拦截 OperationCanceledException 异常。

5. 在"调试"菜单中选择"开始调试"。

6. 在下图所示的 Graph Demo 窗口中点击 Plot Graph，验证每个任务的状态都是 RanToCompletion，而且图表显示正常。

Graph Demo

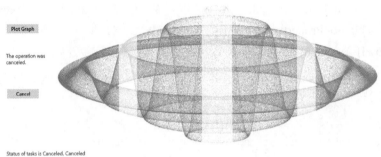

7. 再次点击 Plot Graph，然后快速点击 Cancel 按钮。如果动作足够快，会看到一个或多个任务的状态报告为 Canceled，TextBlock 控件 duration 应显示文本"The operation was canceled。"而且图表中应出现空洞。如果动作不够快，请重复这个步骤，再试一遍。

8. 返回 Visual Studio 并停止调试。

9. 在"调试"菜单中选择"异常"。在"异常"对话框中勾选 Common Language Runtime Exceptions 的"用户未处理的"选框，单击"确定"按钮。

使用 AggregateException 类处理任务的异常

本书一直强调异常处理是任何商业应用程序的重要元素。到目前为止的所有异常处理构造都非常简单。只需决定由什么代码引发异常，并对引发的异常进行捕捉即可。然而，将工作分解成多个并发任务之后，异常的跟踪和处理就变得复杂了。上个练习展示了如何捕捉取消任务时引发的 OperationCanceledException 异常。但是，还有可能发生其他大量异常，不同任务可能产生自己的异常。所以，需要以一种方式捕捉和处理同时引发的多个异常。

如果使用 Task 的某个等待方法来等待多个任务完成(使用实例方法 Wait 或静态方法 Task.WaitAll 和 Task.WaitAny)，任务运行的方法引发的任何异常都被收罗到一个 AggregateException 异常中。AggregateException 是异常集合的包装器。各个任务引发的异常都进入该集合。可在应用程序中捕捉 AggregateException，遍历集合来执行必要的处理。为了简化编程，AggregateException 类提供了 Handle 方法，它获取一个 Func<Exception, bool> 委托。委托引用的方法要获取 Exception 对象并返回 Boolean 值。调用 Handle 时，将为

AggregateException 对象中的集合中的每个异常运行引用的方法。方法可检查异常并采取适当的行动。如果所引用的方法处理了异常，它应该返回 true；否则返回 false。Handle 方法结束时，任何未处理的异常都重新收罗到一个新的 AggregateException 中，并引发该异常。后续的外层异常处理程序可以捕捉并处理它。

下面是针对 AggregateException 的一个异常处理程序。该方法在检测到 DivideByZeroException 时显示消息 "Division by zero occurred"；检测到 IndexOutOfRangeException 时显示 "Array index out of bounds"。其他异常则保持未处理的状态。

```
private bool handleException(Exception e)
{
    if (e is DivideByZeroException)
    {
        displayErrorMessage("Division by zero occurred");
        return true;
    }
    if (e is IndexOutOfRangeException)
    {
        displayErrorMessage("Array index out of bounds");
        return true;
    }
    return false;
}
```

使用 Task 的某个等待方法时，可以捕捉 AggregateException 异常，并像下面这样登记 handleException 方法：

```
try
{
    Task first = Task.Run(...);
    Task second = Task.Run(...);
    Task.WaitAll(first, second);
}
catch (AggregateException ae)
{
    ae.Handle(handleException);
}
```

任何任务生成 DivideByZeroException 或 IndexOutOfRangeException 异常，handleException 方法都会显示对应的消息，并确认异常得到处理。其他异常仍处于未处理状态，会和往常一样从 AggregateException 异常处理程序传播出去。

还有一个问题要注意。取消任务时，CLR 会引发 OperationCanceledException 异常，用 await 操作符等待任务时报告的就是该异常。但如果使用 Task 的某个等待方法，该异常会被转变成 TaskCanceledException，这时就要用 AggregateException 处理程序来处理了。

23.3.2 为 Canceled 和 Faulted 任务使用延续任务

使用 ContinueWith 方法并传递恰当的 TaskContinuationOptions 值，可以在任务被取消或引发未处理异常时执行额外的工作。例如，以下代码创建任务来运行 doWork 方法。如果任务被取消，ContinueWith 方法指定创建另一个任务来运行 doCancellationWork 方法。这个方法可执行一些简单的日志记录或者清理工作。如果任务没有取消，延续任务不会运行。

```
Task task = new Task(doWork);
task.ContinueWith(doCancellationWork, TaskContinuationOptions.OnlyOnCanceled);
task.Start();
...
private void doWork()
{
    // 任务启动后会运行这里的代码
    ...
}
...
private void doCancellationWork(Task task)
{
    // 任务在 doWork 取消时运行这里的代码
    ...
}
```

类似地，可用 TaskContinuationOptions.OnlyOnFaulted 指定一个延续任务只有在任务运行的原始方法引发未处理的异常时运行。

小　　结

本章讲述了为什么有必要写程序将工作分散到多个处理器和处理器内核上。讲述了如何使用 Task 类来并行执行操作，以及如何同步并发操作，并等待它们完成。讲述了如何用 Parallel 类对常见编程构造进行"并行化"，还讲述了在什么时候不应该对代码进行并行化。在图形用户界面中配合使用任务和线程，可提高界面的灵敏度和程序的吞吐量。最后讲述了如何以得体的、受控制的方式取消任务。

- 如果希望继续学习下一章，请继续运行 Visual Studio 2012，然后阅读第 24 章。

- 如果希望现在就退出 Visual Studio 2012，请选择"文件"|"退出"。如果看到"保存"对话框，请单击"是"按钮保存项目。

第 23 章快速参考

目标	操作

创建任务并运行它	使用 Task 类的静态 Run 方法一步完成任务的创建和运行：
	
	```Task task = Task.Run(() => doWork());```
	`...`
	`private void doWork()`
	`{`
	`    // 任务启动时会运行这里的代码`
	`    ...`
	`}`
	
	或者新建一个 Task 对象，让它引用要运行的方法，再调用 Start 方法：
	
	`Task task = new Task(doWork);`
	`task.Start();`

等待任务完成	调用 Task 对象的 Wait 方法：
	
	`Task task = ...;`
	`...`
	`task.Wait();`
	
	或者使用 await 操作符(只能在用 async 关键字修饰的方法中使用)：
	`await task;`

等待几个任务完成	调用 Task 类的静态 WaitAll 方法，指定要等待的所有任务：
	
	`Task task1 = ...;`
	`Task task2 = ...;`
	`Task task3 = ...;`
	`Task task4 = ...;`
	`...`
	`Task.WaitAll(task1, task2, task3, task4);`

指定当一个任务完成后，在一个新任务中运行另一个方法	这就是所谓的"延续"。调用任务的 ContinueWith 方法，将要运行的方法指定为"延续"：
	
	`Task task = new Task(doWork);`
	`task.ContinueWith(doMoreWork,`
	`    TaskContinuationOptions.NotOnFaulted);`

使用并行任务来执行循环迭代和语句序列	使用 Parallel.For 和 Parallel.ForEach 方法，用任务来执行循环迭代：
	
	`Parallel.For(0, 100, performLoopProcessing);`
	`...`
	`private void performLoopProcessing(int x)`
	`{`
	`    // 执行循环处理`
	`}`

目标	操作

使用并行任务来执行循环迭代和语句序列	使用 Parallel.Invoke 方法，用任务并发执行多个方法：
	
	``
	Parallel.Invoke(
	    doWork,
	    doMoreWork,
	    doYetMoreWork
	);
	``

处理一个或多个任务引发的异常	捕捉 AggregateException 异常。使用 Handle 方法指定可对 AggregateException 对象中的每个异常进行处理的方法。在这个方法中，如果异常得到处理，就返回 true；否则返回 false：
	
	``
	try
	{
	    Task task = Task.Run(...);
	    task.Wait();
	    ...
	}
	catch (AggregateException ae)
	{
	    ae.Handle(handleException);
	}
	...
	private bool handleException(Exception e)
	{
	    if (e is TaskCanceledException)
	    {
	        ...
	        return true;
	    }
	    else
	    {
	        return false;
	    }
	}
	``

取消任务	创建 CancellationTokenSource 对象，在任务运行的方法中使用 CancellationToken 参数，从而实现协作式取消。在任务运行的方法中，调用 CancellationToken 参数所代表的取消标志对象的 ThrowIfCancellationRequested 方法，从而引发一个 OperationCanceledException 异常并终止任务：
	
	``
	private void generateGraphData(..., CancellationToken token)
	{
	    ...
	    token.ThrowIfCancellationRequested();
	    ...
	}
	``

第 24 章　通过异步操作提高响应速度

本章旨在教会你：

- 定义并使用异步方法来提高执行长时间操作的应用程序的响应速度
- 了解如何通过并行化来减少执行复杂 LINQ 查询的时间
- 使用并发集合类在并行任务之间安全地共享数据 tasks

第 23 章讲述了如何用 Task 类并行执行操作并提高计算限制应用程序的吞吐量。但是，将处理资源尽可能地分配给应用程序虽然会使它运行得更快，但可响应性同样重要。Windows UI 总是以单线程方式执行，但用户希望程序在点击按钮后能立即响应——即使此时正在执行复杂和耗时的操作。此外，有的任务即使不是计算限制的(例如从远程网站获取信息)，也要花费可观的时间来运行。在等待耗时操作完成期间阻塞用户交互显然不明智。这两个问题的解决方案都是以异步方式执行任务，让 UI 线程有空处理用户交互。过去要达到这个目标是很麻烦的，像 WPF 这样的 UI 框架必须实现大量机制来支持这种工作模式。幸好，Windows 8 和 Windows Runtime(WinRT)在设计时就考虑到了异步问题，C#语言也进行了扩展，能很好地利用 Windows 8 提供的异步功能。现在可以很轻松地定义异步操作。本章第一部分将解释这些功能，以及如何结合任务来运用它们。

响应速度的问题并非仅限于 UI。例如，第 21 章展示了如何使用 LINQ 访问内存中的数据。一般的 LINQ 查询生成的是可枚举结果集，可顺序遍历该集合来获取数据。如果用于生成结果集的数据源很大，对它执行 LINQ 查询将相当耗时。许多数据库管理系统解决这个问题的方案都是将获取查询结果的过程分解成好几个任务，以并行方式运行任务，任务完成后合并结果，从而生成最终的结果集。.NET Framework 的设计者决定以类似的方式实现 LINQ，结果就是所谓的并行 LINQ(Parallel LINQ，简称 PLINQ)。本章第二部分将详细解释 PLINQ。

然而，PLINQ 并非总是开发应用程序的最佳技术。如果手动创建自己的任务，需要确保并发的线程在运行任务时能正确协调各自的行动。.NET Framework 类库提供了一些允许等待任务完成的方法。可用这些方法在一个非常粗糙的等级上协调任务。但是，两个任务试图同时访问和修改相同的数据会发生什么？如果两个任务同时运行，它们的相互重叠的操作就会破坏数据。这会造成 bug，而且由于它们的不确定性，所以很难纠正。

自版本 1.0 起，Microsoft .NET Framework 就提供了一些基本构造来锁定数据和协调线程。但要想有效地使用它们，开发人员必须充分理解线程的交互方式。.NET Framework 类库的最新版本包含了这些基本构造的变体，它们提供了专门的集合类在任务之间同步数据访问。这些类隐藏了协调数据访问时的大多数复杂性。24.3 节将具体解释如何使用新的同步基础构造和集合类。

24.1　实现异步方法

异步方法是不阻塞当前执行线程的方法。应用程序调用异步方法时，隐含订立了方法很快就将控制归还给调用环境的契约。"很快"是指如果异步方法要执行耗时相当长的操作，就用后台线程执行，使调用者在当前线程上继续运行。这个过程听起来复杂，而且在.NET Framework 早期的版本中确实如此，但现在用 async 方法修饰符和 await 操作符可以很容易实现。大量复杂的工作都由编译器在幕后完成，再也不需要为多线程编程的复杂性感到头疼。

24.1.1　定义异步方法：问题

上一章讲述了如何使用 Task 对象实现并发操作。简单地说，可用 Task 类型的 Start 或 Run 方法启动任务，CLR 通过自己的调度算法将任务分配给线程，并在资源充分时运行线程。这种级别的抽象使代码不需要理解和管理计算机的负载。在任务完成后执行另一个操作有两种方案：

● 可以使用 Task 类型的某个等待方法，人工等待任务完成。然后可以执行新的操作(可能以定义另一个任务的方式)。

● 可以定义延续。"延续"是给定任务完成后要执行的操作。.NET Framework 在原始任务完成后，自动将延续作为新任务来调度。

但是，虽然 Task 类型对操作进行了很好的常规化，但经常还是需要写大量难看的代码来解决后台操作问题。例如，假定为 Windows 8 应用程序定义以下方法，它执行一系列耗时很长的操作，这些操作必须顺序执行。最后，在屏幕上的一个 TextBox 控件中显示消息。

```
private void slowMethod()
{
   doFirstLongRunningOperation();
   doSecondLongRunningOperation();
   doThirdLongRunningOperation();
   message.Text = "Processing Completed";
}
private void doFirstLongRunningOperation()
{
   ...
}
private void doSecondLongRunningOperation()
{
   ...
}
private void doThirdLongRunningOperation()
{
```

```
    ...
    }
```

可用 Task 对象来运行 doFirstLongRunningOperation 方法，为同一个任务定义延续来运行 doSecondLongRunningOperation 方法，再以同样的方式运行 doThirdLongRunningOperation 方法，从而增强 slowMethod 方法的可响应性。如下所示：

```
private void slowMethod()
{
    Task task = new Task(doFirstLongRunningOperation);
    task.ContinueWith(doSecondLongRunningOperation);
    task.ContinueWith(doThirdLongRunningOperation);
    task.Start();
    message.Text = "Processing Completed"; // 你猜这条消息在什么时候显示?
}
private void doFirstLongRunningOperation()
{
    ...
}
private void doSecondLongRunningOperation(Task t)
{
    ...
}
private void doThirdLongRunningOperation(Task t)
{
    ...
}
```

虽然重构的版本看起来很简单，但有几点要注意。具体地说，doSecondLongRunningOperation 和 doThirdLongRunningOperation 方法的签名需要进行修改 (Task 作为参数传给延续方法)。更重要的是，必须搞清楚什么时候在 TextBox 控件中显示消息。虽然 Start 方法发起了一个 Task，但并不等待它完成。所以，消息会在操作进行期间而不是结束后显示。

虽然例子很简单，但反映出来的问题值得重视。解决方案至少有两个。第一个是等待 Task 完成再显示消息，如下所示：

```
private void slowMethod()
{
    Task task = new Task(doFirstLongRunningOperation);
    task.ContinueWith(doSecondLongRunningOperation);
    task.ContinueWith(doThirdLongRunningOperation);
    task.Start();
    task.Wait();
    message.Text = "Processing Completed";
}
```

但调用 Wait 方法会阻塞正在执行 slowMethod 方法的线程，这就失去使用 Task 的意义了。更好的方案是定义延续，仅在 doThirdLongRunningOperation 方法结束时才运行并显示消息。这样就可以删除对 Wait 方法的调用了。你或许会像以下加粗的代码那样将延续方法实现为委托(记住，延续方法要获取一个 Task 对象作为实参，所以说我们得向委托传递 t 参数)：

```
private void slowMethod()
{
    Task task = new Task(doFirstLongRunningOperation);
    task.ContinueWith(doSecondLongRunningOperation);
    task.ContinueWith(doThirdLongRunningOperation);
    task.ContinueWith((t) => message.Text = "Processing Complete");
    task.Start();
}
```

遗憾的是，这样写会造成另一个问题。运行上述代码，最后一个延续会生成 System.Exception 异常，并显示让人摸不着头脑的消息："应用程序调用一个已为另一线程整理的接口"。问题在于只有 UI 线程才能处理 UI 控件，而现在是企图从不同的线程(运行 Task 的线程)向 TextBox 控件写入。解决这个问题的办法是使用 Dispatcher 对象。它是 UI 基础结构的组件，可调用其 Invoke 方法请求在 UI 上执行操作。Invoke 方法获取一个 Action 委托，该委托代表了要运行的代码。Dispatcher 对象及其 Invoke 方法的详细说明超出了本书的范围，但以下代码展示了从延续中显示消息：

```
private void slowMethod()
{
    Task task = new Task(doFirstLongRunningOperation);
    task.ContinueWith(doSecondLongRunningOperation);
    task.ContinueWith(doThirdLongRunningOperation);
    task.ContinueWith((t) => this.Dispatcher.Invoke(CoreDispatcherPriority.Normal,
        (sender, args) => messages.Text = "Processing Complete",
        this, null));
    task.Start();
}
```

方案确实可行，但过于烦琐而且不好维护。现在其实是用一个委托(延续)指定另一个委托(Invoke 运行的代码)。

📖注意　访问 *http://msdn.microsoft.com/en-us/library/ms615907.aspx*，进一步了解 Dispatcher 对象和 Invoke 方法。

24.1.2　定义异步方法：解决方案

C#的 async 和 await 关键字的作用正是方便定义异步方法，同时不必操心如何定义延续或调度代码在 Dispatcher 对象上运行以确保用正确的线程处理数据。async 修饰符指出方法含有可能要异步执行的操作，而 await 操作符指定执行异步操作的地点。下例用 async 修饰符和 await 操作符重新实现了 slowMethod 方法：

```
private async void slowMethod()
{
    await doFirstLongRunningOperation();
```

```
    await doSecondLongRunningOperation();
    await doThirdLongRunningOperation();
    messages.Text = "Processing Complete";
}
```

这个方法和原始版本看起来就很相似了,这正是 async 和 await 强大的地方。事实上,背后的烦琐工作都由 C#编译器"承包"了。C#编译器在 async 方法中遇到 await 操作符时,会将操作符后面的操作数重新格式化成一个任务,该任务在和 async 方法一样的线程上运行。剩余的代码转换成延续,将在任务完成后运行,而且是在相同的线程上运行。现在,由于运行 async 方法的线程是 UI 线程,所以能直接访问窗口上的控件,所以能直接更新控件,而不需要通过 Dispatcher 对象。虽然这个方式看起来简单,但还是有几个容易引起误解的地方。

● async 修饰符不是说方法要在单独线程上异步运行。它唯一要表达的就是方法中的代码可分解成一个或多个延续。这些延续和原始方法调用在同一个线程上运行。

● await 操作符指定 C#编译器在什么地方将代码分解成延续。await 操作符本身要求操作数是可等待对象。"可等待对象"是指提供了 GetAwaiter 方法的对象,该方法返回一个对象,后者提供了要运行并等待其完成的代码。C#编译器将你的代码转换成使用了这些方法的语句来创建恰当的延续。

重要提示　只能在 async 方法中使用 await。在 async 方法外部,await 关键字被视为普通标识符(甚至可以创建名为 await 变量,虽然不建议这样做)。除此之外,不能在 catch 或 finally 块中使用 await 操作符(即使在 async 方法中都不可以),也不能在 LINQ 查询表达式中使用。为了使用多个并发任务执行 LINQ 查询,要使用本章后面描述的 PLINQ 扩展。

在 await 操作符当前的实现中,作为操作数的可等待对象通常是一个 Task。这意味着必须修改这三个方法:doFirstLongRunningOperation,doSecondLongRunningOperation 和 doThirdLongRunningOperation。具体地说,每个方法都要创建并运行一个任务来执行工作,并返回对该任务的引用。下面是 doFirstLongRunningOperation 方法的修改版本:

```
private Task doFirstLongRunningOperation()
{
    Task t = Task.Run(() => { /* original code for this method goes here */ });
    return t;
}
```

还要注意是否需要将 doFirstLongRunningOperation 方法的工作分解成一系列并行操作。如果是,可以像第 23 章描述的那样将工作分解成一组 Task。但是,最后应该返回哪个 Task?

```
private Task doFirstLongRunningOperation()
{
    Task first = Task.Run(() => { /* code for first operation */ });
    Task second = Task.Run(() => { /* code for second operation */ });
    return ...; // 返回 first 还是 second?
}
```

返回 first,slowMethod 中的 await 操作符只等待那个任务完成,而不会等待第二个。

返回 second，问题是一样的。解决方案是将 doFirstLongRunningOperation 定义成 async 方法并等待所有任务，如下所示：

```
private async Task doFirstLongRunningOperation()
{
    Task first = Task.Run(() => { /* code for first operation */ });
    Task second = Task.Run(() => { /* code for second operation */ });
    await first;
    await second;
}
```

记住，当编译器遇到 await 操作符时，会生成代码来等待实参指定的任务完成，并以延续的形式运行之后的语句。可以认为 async 方法返回的就是对运行延续的那个 Task 的一个引用(这个说法并不完全准确，但确实有助于理解)。所以，doFirstLongRunningOperation 方法创建并启动并行运行的 first 和 second 任务。编译器重新格式化 await 语句，等待 first 完成，再用延续等待 second 完成。async 修饰符造成编译器返回对该延续的引用。由于现在由编译器决定方法的返回值，所以不能手动指定返回值(如果真的这样做将无法编译)。

> **注意** 如果在 async 方法中没有包含任何 await 语句，方法就是一个 Task 引用，该任务执行方法主体中的代码。结果是调用方法时，它包含的代码实际并不异步运行。这种情况下，编译器会显示警告消息："此异步方法缺少 await 操作符，将同步运行"。

> **提示** 可为委托附加 async 前缀，创建用 await 操作符集成异步操作的委托。

以下练习修改第 23 章的 GraphDemo 应用程序，使用异步方法生成图表数据。

> **修改 GraphDemo 应用程序来使用异步方法**

1. 打开"文档"文件夹下的\Microsoft Press\Visual CSharp Step By Step\Chapter 24\GraphDemo 子文件夹中的 GraphDemo 项目。

2. 在解决方案资源管理器中展开 GraphDemo.xaml 节点，在"代码和文本编辑器"中打开 GraphDemo.xaml.cs 文件。

3. 在 GraphWindow 类中找到 plotButton_Click 方法，如下所示：

```
private void plotButton_Click(object sender, RoutedEventArgs e)
{
    Random rand = new Random();
    redValue = (byte)rand.Next(0xFF);
    greenValue = (byte)rand.Next(0xFF);
    blueValue = (byte)rand.Next(0xFF);

    tokenSource = new CancellationTokenSource();
    CancellationToken token = tokenSource.Token;

    Stopwatch watch = Stopwatch.StartNew();
```

```
    try
    {
        generateGraphData(data, 0, pixelWidth / 2, token);
        duration.Text = string.Format("Duration (ms): {0}", watch.ElapsedMilliseconds);
    }

    catch (OperationCanceledException oce)
    {
        duration.Text = oce.Message;
    }

    Stream pixelStream = graphBitmap.PixelBuffer.AsStream();
    pixelStream.Seek(0, SeekOrigin.Begin);
    pixelStream.Write(data, 0, data.Length);
    graphBitmap.Invalidate();
    graphImage.Source = graphBitmap;
}
```

这是上一章的应用程序的简化版本。它直接在 UI 线程中调用 generateGraphData
方法，不用 Task 对象并行生成图表数据。

注意　第 23 章讲过，如果内存不足就减小 pixelWidth 和 pixelHeight。本例也是如此。

---

4. 在"调试"菜单中选择"开始调试"。

5. 在 GraphDemo 窗口中点击 Plot Graph。生成数据期间试着点击 Cancel。注意在生
   成和显示图表期间，UI 完全没有反应。这是由于 plotButton_Click 方法以同步方
   式执行它的所有工作，包括生成图表数据。

6. 返回 Visual Studio 并停止调试。

7. 在"代码和文本编辑器"中显示 GraphWindow 类，在 generateGraphData 上方添加
   新的私有方法 generateGraphDataAsync。该方法获取和 generateGraphData 方法一
   样的参数列表，但应该返回一个 Task 对象而不是 void。还要将方法标记为 async，
   如下所示：

```
private async Task generateGraphDataAsync(byte[] data,
    int partitionStart, int partitionEnd,
        CancellationToken token)
{
}
```

注意　建议异步方法名都添加 Async 后缀。

---

8. 在 generateGraphDataAsync 方法中添加以下加粗的语句：

```
private async Task generateGraphDataAsync(byte[] data, int partitionStart, int
partitionEnd, CancellationToken token)
```

```
{
    Task task = Task.Run(() => generateGraphData(data, partitionStart, partitionEnd, token));
    await task;
}
```

上述代码创建 Task 对象来运行 generateGraphData 方法，并用 await 操作符等待任务完成。方法的返回值就是编译器为 await 操作符生成的任务。

9. 返回 plotButton_Click 方法，更改方法的定义来包含 async 修饰符，如加粗的代码所示：

```
private async void plotButton_Click(object sender, RoutedEventArgs e)
{
    ...
}
```

10. 在 plotButton_Click 方法的 try 块中修改生成图表数据的语句来异步调用 generateGraphDataAsync 方法，如加粗的语句所示。

```
try
{
    await generateGraphDataAsync(data, 0, pixelWidth / 2, token);
    duration.Text = string.Format("Duration (ms): {0}", watch.ElapsedMilliseconds);
}
...
```

11. 在"调试"菜单中选择"异常"。在"异常"对话框中展开 Common Language Runtime Exceptions，展开 System，清除 System.OperationCanceledException 的"用户未处理的"选框，单击"确定"按钮。

这是为了防止调试器拦截 System.OperationCanceledException 异常。

12. 在"调试"菜单中选择"开始调试"。

13. 在 Graph Demo 窗口中点击 Plot Graph，验证正确生成图表。

Graph Demo

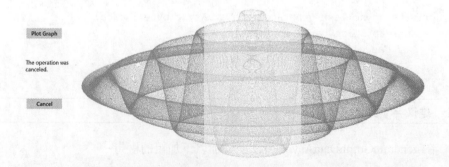

14. 点击 Plot Graph，在数据生成期间点击 Cancel。这一次用户界面能快速响应。只会

生成部分图表，名为 duration 的 TextBlock 控件应显示消息："The operation was canceled."。

15. 返回 Visual Studio 并停止调试。

24.1.3　定义返回值的异步方法

之前的例子都是用 Task 对象执行不返回值的工作，但有时要求方法计算一个结果。为此可以使用泛型 Task<TResult>类，类型参数 TResult 指定了结果的类型。

Task<TResult>对象和普通任务一样创建和开始。主要区别在于执行的代码要返回一个值。例如，下例的 calculateValue 方法将生成一个整数结果。为了用任务调用该方法，要创建并运行一个 Task<int>对象。为了获取返回值，需要查询 Task<int>对象的 Result 属性。如果任务启动的方法尚未运行完毕，而且结果不可用，Result 属性将阻塞调用者。这意味着自己不必执行任何同步动作——当 Result 属性返回一个值的时候，任务的工作就已经完成了。

```
Task<int> calculateValueTask = Task.Run(() => calculateValue(...));
...
int calculatedData = calculateValueTask.Result; // 阻塞至 calculateValueTask 完成
...
private int calculateValue(...)
{
  int someValue;
  // 执行计算并填充 someValue
  ...
  return someValue;
}
```

返回值的异步方法也是基于泛型 Task<TResult>类型来定义的。以前是通过返回一个 Task 来实现异步 void 方法。要生成结果的异步方法应返回一个 Task<TResult>，如下例所示。这个例子创建了 calculateValue 方法的异步版本：

```
private async Task<int> calculateValueAsync(...)
{
  // 用 Task 调用 calculateValue 方法
  Task<int> generateResultTask = Task.Run(() => calculateValue(...));
  await generateResultTask;
  return generateResultTask.Result;
}
```

方法让人有一点困惑，因为返回类型是 Task<int>，而 return 语句返回 int。记住，在定义 async 方法时，编译器会对代码进行重构，实际返回一个 Task 引用，该 Task 运行一个延续，延续的主体就是 return generateResultTask.Result;语句。延续返回的表达式类型是 int，所以方法的返回类型是 Task<int>。

为了调用返回一个值的异步方法，要使用 await 操作符，如下所示：

```
int result = await calculateValueAsync(...);
```

await 操作符从 calculateValueAsync 返回的 Task 中提取值并赋给 result 变量。

24.1.4　异步方法和 Windows Runtime API

Windows 8 的设计者想要尽量确保应用程序的可响应性，所以在实现 WinRT 的时候，决定任何 50 毫秒以上的操作都只能通过异步 API 进行。之前已遇到过这样的例子。例如，显示消息可以用 MessageDialog 对象。但在显示时必须使用 ShowAsync 方法，如下所示。

```
using Windows.UI.Popups;
...
MessageDialog dlg = new MessageDialog("Message to user");
await dlg.ShowAsync();
```

MessageDialog 对象显示消息并等待用户按 Close 按钮。任何形式的用户交互都会花费长度不定的时间(用户可能没有单击 Close 便出去吃饭了)，所以在对话框显示期间，切忌阻塞应用程序，或阻止它执行其他操作(如响应事件)。MessageDialog 类没有提供 ShowAsync 方法的同步版本，但如果要同步显示对话框，可以在不添加 await 操作符的前提下调用 dlg.ShowAsync()。

异步处理的另一个常见的例子涉及 FileOpenPicker 类，第 5 章用过该类。FileOpenPicker 类显示一个文件列表，允许用户从列表中选择。和 MessageDialog 类一样，用户可能要花不少时间浏览和选择文件，所以这个操作不应阻塞应用程序。下例展示了如何用 FileOpenPicker 类显示"文档"文件夹的文件，并在用户选择文件时等待。

```
using Windows.Storage;
using Windows.Storage.Pickers;
...
FileOpenPicker fp = new FileOpenPicker();
fp.SuggestedStartLocation = PickerLocationId.DocumentsLibrary;
fp.ViewMode = PickerViewMode.List;
fp.FileTypeFilter.Add("*");
StorageFile file = await fp.PickSingleFileAsync();
```

其中的关键就是调用 PickSingleFileAsync 方法的那个语句。该方法显示文件列表，允许用户在文件系统中导航并选择文件(FileOpenPicker 类还提供了 PickMultipleFilesAsync 方法，允许选择多个文件)。方法的返回值是一个 Task<StorageFile>，await 操作符从这个结果中提取 StorageFile 对象。StorageFile 类对磁盘文件进行了抽象，可用该类打开文件并进行读写。

注意　严格地讲，PickSingleFileAsync 方法返回的是一个 IAsyncOperation<StorageFile> 对象。WinRT 采用自己的异步操作抽象，会将.NET Framework 的 Task 对象映射到这个抽象；Task 类实现了 IAsyncOperation 接口。用 C#编程时，代码不受这个

　　转换的影响，可直接使用 Task 对象，不用关心它们在幕后如何映射到 WinRT 的
异步操作。

　　文件 I/O 也属于耗时操作。StorageFile 类实现了一大堆异步方法在不影响应用程序的
可响应性的前提下执行这些操作。例如在第 5 章中，在用户使用 FileOpenPicker 对象选择
一个文件后，代码异步打开该文件来进行读取：

```
StorageFile file = await fp.PickSingleFileAsync();
...
var fileStream = await file.OpenAsync(FileAccessMode.Read);
```

　　最后一个例子适用于本章和上一章的练习，它涉及到向流的写入。你肯定已经注意到
了，虽然报告的生成图表数据的时间只有几秒，但图表实际显示前所经历的时间可能是报
告的两倍。这是由于数据需要花时间向位图中写入。位图渲染 WriteableBitmap 对象的一个
缓冲区中存储的数据，AsStream 扩展方法为该缓冲区提供了一个 Stream 接口。数据通过这
个流由 Write 方法写入缓冲区，如下所示：

```
...
Stream pixelStream = graphBitmap.PixelBuffer.AsStream();
pixelStream.Seek(0, SeekOrigin.Begin);
pixelStream.Write(data, 0, data.Length);
...
```

　　除非已减小了 pixelWidth 和 pixelHeight 字段的值来节省内存，否则写入缓冲区的数据
量是 366 MB (12 000 * 8 000 * 4 字节)，所以 Write 操作需要花几秒钟的时间。为了增强界
面的可响应性，可以用 WriteAsync 方法来异步执行这个操作：

```
await pixelStream.WriteAsync(data, 0, data.Length);
```

　　总之。为 Windows 8 构建应用程序时，要尽可能地利用异步。

以前版本的.NET Framework 的 IAsyncResult 设计模式

　　早在.NET Framework 4.0 引入 Task 类之前，人们就认识到了异步性在构建响应灵敏的
应用程序时的重要性。Microsoft 引入了基于 AsyncCallback 委托的 IAsyncResult 设计模式
来应对这些情况。该模式的详情超出了本书的范围，但从程序员的角度看，该模式的实现
意味着.NET Framework 类库的许多类型都要以两种形式公开长时间运行的操作：包含单个
方法的同步形式，以及包含一对方法的异步形式。一对方法是 BeginOperationName 和
EndOperationName。其中，OperationName 指定了要执行的操作。例如，System.IO 命名空
间的 MemoryStream 类提供了 Write 方法向内存流同步写入数据，还提供了 BeginWrite 和
EndWrite 方法异步执行相同的操作。BeginWrite 方法在新线程上发起写入操作。BeginWrite
方法要求程序员提供对一个回调方法的引用，以便在写入操作完成后运行。该引用要采用
AsyncCallback 委托的形式。程序员要在这个方法中实现任何必要的清理工作，并调用
EndWrite 方法来表明操作完成。下例展示了这个模式。

```
...
Byte[] buffer = ...; // 填充了要写入 MemoryStream 的数据
```

```
MemoryStream ms = new MemoryStream();
AsyncCallback callback = new AsyncCallback(handleWriteCompleted);
ms.BeginWrite(buffer, 0, buffer.Length, callback, ms);
...

private void handleWriteCompleted(IAsyncResult ar)
{
    MemoryStream ms = ar.AsyncState as MemoryStream;
    ... // 执行必要的清理工作
    ms.EndWrite(ar);
}
```

传给回调方法的参数(handlWriteCompleted)是一个 IAsyncResult 对象，其中包含和异步操作的状态有关的信息以及其他状态信息。可通过该参数向回调传递用户自定义的信息；提供给 BeginOperationName 方法的最后一个实参被打包到该参数中。在这个例子中，向回调传递的是对 MemoryStream 的引用。

虽然这个模式可行，但过于烦琐，可读性也很差。一个操作的代码被拆分到两个方法中。以后维护代码时，很难看出这些方法的联系。使用 Task 对象，可以调用 TaskFactory 类的静态 FromAsync 方法来进行简化。该方法获取 BeginOperationName 和 EndOperationName 方法，把它们包装到用 Task 执行的代码中。这样就不必创建 AsyncCallback 委托了，它由 FromAsync 方法自动在幕后生成。所以，上一个例子可改写成：

```
...
Byte[] buffer = ...;
MemoryStream s = new MemoryStream();
Task t = Task<int>.Factory.FromAsync(s.Beginwrite, s.EndWrite, buffer, 0,
                                     buffer.Length, null);
t.Start();
await t;
...
```

人们用早期版本的.NET Framework 开发了不少类型，为了使用它们公开的异步功能，还是有必要了解一下这些技术的。

24.2　用 PLINQ 进行并行数据访问

数据访问是另一个需要重点关注响应时间的领域，尤其是需要检索大型数据结构的时候。本书前面已演示过 LINQ 从可枚举数据结构中检索数据时的强大能力，但所用的例子都是单线程的。LINQ 还提供了一组名为 PLINQ(并行 LINQ)的扩展，它基于 Task，能并行执行查询来提高性能。

PLINQ 的原理是将数据集划分成多个"分区"，并利用任务以并行方式获取符合查询条件的数据。所有任务都完成后，为每个分区获取的结果合并成一个可枚举结果集。如果数据集含有大量元素，或者查询条件涉及复杂的、昂贵的操作，PLINQ 就再合适不过了。

　　PLINQ 的一个主要目标是尽量保持向后兼容。如果有大量现成的 LINQ 查询,肯定不愿意在修改了之后才能在最新版本的.NET Framework 中运行。为此,.NET Framework 提供了扩展方法 AsParallel,可将它用于可枚举对象。AsParallel 方法返回一个 ParallelQuery 对象,它的行为和普通的可枚举对象相似,只是为许多 LINQ 操作符都提供了并行实现,这些操作符包括 join 和 where 等等。LINQ 操作符的新实现是基于任务的,会通过多种算法尝试以并行方式运行 LINQ 查询的不同部分。

　　但是,和并行计算世界的其他地方一样,AsParallel 方法并不是万能的。不能保证一用它就加快速度;这完全取决于你的 LINQ 查询的本质,以及它们执行的任务能否并行。为了理解 PLINQ 是如何工作的,以及它们在什么时候最有用,下面要用一些例子来说明。稍后的练习演示了两个十分简单的情形。

24.2.1　用 PLINQ 增强遍历集合时的性能

　　第一个情形很简单。假定有一个 LINQ 查询遍历集合,并通过处理器密集型的计算从集合中获取元素。只要不同的计算相互之间是独立的,这种形式的查询就能从并行执行中获益。集合中的元素可划分为大量分区;确切的分区数量要取决于计算机的当前负荷以及可用的 CPU 数量。每个分区中的元素都可以由一个独立的线程处理。所有分区都处理好之后,结果可合并到一起。任何集合只要允许通过索引访问元素,比如数组或者实现了 IList<T>接口的集合,都可以像这样进行处理。

> 注意　如果计算要求访问共享数据,就必须对并发运行的线程进行同步,否则会造成无法预料的结果。但这会造成额外的开销,可能使并行查询的优势荡然无存。

➤ 通过一个简单集合来并行化 LINQ 查询

1. 在 Microsoft Visual Studio 2012 中打开 PLINQ 解决方案,它在"文档"文件夹下的\Microsoft Press\Visual CSharp Step By Step\Chapter 24\PLINQ 子文件夹中。

2. 在解决方案资源管理器中双击 Program.cs,在"代码和文本编辑器"中显示它。

   这是控制台应用程序。应用程序的主要结构已创建好了。Program 类包含两个方法,名为 Test1 和 Test2。这两个类演示了两种常见的情况。Main 方法依次调用每个测试方法。

   两个测试方法具有相同的常规结构,即都是创建一个 LINQ 查询,运行它,并显示所花的时间。每个方法的代码几乎完全独立于实际创建和运行查询的语句。

3. 找到 Test1 方法。这个方法创建一个大的整数数组,并用 0~200 的随机数填充它。已经为随机数生成器提供了固定的种子值,所以每次运行应用程序,都应该看到相同的结果。

4. 在这个方法的第一个 TO DO 注释之后,添加以下加粗显示的 LINQ 查询:

```
// TO DO: Create a LINQ query that retrieves all numbers that are greater than 100
var over100 = from n in numbers
              where TestIfTrue(n > 100)
              select n;
```

这个 LINQ 查询从 numbers 数组中获取值大于 100 的所有项。n > 100 这个测试本身不是一个计算密集型的操作，不足以演示并行查询的优势。因此，代码调用一个名为 TestIfTrue 的方法，通过执行一个 SpinWait 操作来稍微延缓操作速度。SpinWait 方法造成处理器循环执行特殊的"无操作"(no operation)指令，保持处理器"忙"于"什么事情都不做"一小段时间(这就是所谓的 Spinning，或者称为处理器"自旋")。下面是 TestIfTrue 方法的定义：

```
public static bool TestIfTrue(bool expr)
{
    Thread.SpinWait(1000);
    return expr;
}
```

5. 在 Test1 方法的第二个 TO DO 注释后面，添加以下加粗显示的语句：

```
// TO DO: Run the LINQ query, and save the results in a List<int> object
List<int> numbersOver100 = new List<int>(over100);
```

记住，LINQ 查询使用了延迟执行技术，只有在实际获取结果时，查询才会执行。这个语句创建 List<int>对象，在其中填充运行 over100 这个查询的结果。

6. 在 Test1 方法的第三个 TO DO 注释后面，添加以下加粗显示的语句：

```
// TO DO: Display the results
Console.WriteLine("There are {0} numbers over 100.", numbersOver100.Count);
```

7. 在"调试"菜单中选择"开始执行(不调试)"生成并运行应用程序。注意花了多少时间运行 Test 1 以及数组中有多少项大于 100。

8. 多运行几次，记录平均时间。验证每一次报告的大于 100 的数组元素的数量是相同的。完成后，返回 Visual Studio 2012。

9. LINQ 查询返回的每一项都独立于其他所有项，所以这个查询非常适合进行"分区"。修改定义 LINQ 查询的语句，为 numbers 数组指定 AsParallel 扩展方法，如以下加粗的部分所示：

```
var over100 = from n in numbers.AsParallel()
              where TestIfTrue(n > 100)
              select n;
```

10. 在"调试"菜单中选择"开始执行(不调试)"来生成并运行应用程序。验证 Test1 报告的项数和以前一样，但这一次测试所花的时间显著缩短了。多运行几次测试，记录平均测试时间。如果在双核机器上运行，时间会缩短 40%~45%。如果在更多核数的机器上运行，时间还会更短一些。

11. 关闭应用程序，返回 Visual Studio。

上一个练习证明了只需对 LINQ 查询进行一处极小的改动，就能显著提升性能。但是，只有在查询需要大量 CPU 时间的时候，像这样的"改造"才最见效。我在这里实际是要了一个花招，浪费了不少处理器时间却什么事情都没做。如果不加上这个开销，查询的并行版本实际会比顺序版本慢。在下一个练习中，将用一个 LINQ 查询联接内存中的两个数组。这一次的练习使用了更真实的数据源，所以不需要故意放慢查询速度。

> **并行化联接两个集合的查询**

1. 在"代码和文本编辑器"中打开 Data.cs 文件，找到 CustomersInMemory 类。

   这个类包含名为 Customers 的公共 string 数组。Customers 中的每个字符串都容纳了一个客户的信息，不同字段以逗号分隔。经常要在文本文件中存储以逗号分隔的字段，并从应用程序中读取这种文本文件。第一个字段包含客户 ID，第二个是客户的公司名，其余字段容纳了地址、城市、国家和邮编。

2. 找到 OrdersInMemory 类。

   该类和 CustomersInMemory 类相似，只是它包含名为 Orders 的字符串数组。每个字符串的第一个字段是订单编号，第二个是客户 ID，第三个字段是下单日期。

3. 找到 OrderInfo 类。这个类包含 4 个字节，容纳了客户 ID，公司名称、订单 ID 和下单日期。将用一个 LINQ 查询在 OrderInfo 对象集合中填充来自 Customers 和 Orders 数组的数据。

4. 在"代码和文本编辑器"中显示 Program.cs 文件，找到 Program 类中的 Test2 方法。要在这个方法中创建一个 LINQ 查询，它通过客户 ID 联接 Customers 和 Orders 数组。查询将每一行结果都存储到一个 OrderInfo 对象中。

5. 在方法的 try 块中，将以下加粗的代码添加到第一个 TO DO 注释后面：

```
// TO DO: Create a LINQ query that retrieves customers and orders from arrays
// Store each row returned in an OrderInfo object
var orderInfoQuery = from c in CustomersInMemory.Customers
                     join o in OrdersInMemory.Orders
                     on c.Split(',')[0] equals o.Split(',')[1]
                     select new OrderInfo
                     {
                         CustomerID = c.Split(',')[0],
                         CompanyName = c.Split(',')[1],
                         OrderID = Convert.ToInt32(o.Split(',')[0]),
                         OrderDate = Convert.ToDateTime(o.Split(',')[2],
                             new CultureInfo("en-US"))
                     };
```

   这个语句定义了 LINQ 查询。注意它用 String 类的 Split 方法将每个字符串都分解成一个字符串数组。字符串在逗号位置分解，逗号本身会被删除。要注意的是，数组中的日期是以 US English 格式存储的, 所以将它们转换成 OrderInfo 对象中的 DateTime 对象时, 要指定 US English 格式化器。如果使用本地的默认格式化器, 日期解析就可能出错。

6. 在 Test2 方法中, 在第二个 TO DO 注释后面添加以下加粗显示的语句:

```
// TO DO: Run the LINQ query, and save the results in a List<OrderInfo> object
List<OrderInfo> orderInfo = new List<OrderInfo>(orderInfoQuery);
```

这个语句运行查询, 并填充 orderInfo 集合。

7. 在第三个 TO DO 注释后添加以下加粗显示的语句:

```
// TO DO: Display the results
Console.WriteLine("There are {0} orders", orderInfo.Count);
```

8. 在 Main 方法中注释掉调用 Test1 方法的语句, 取消注释调用 Test2 方法的语句, 如加粗显示的语句所示:

```
static void Main(string[] args)
{
    // Test1();
    Test2();
}
```

9. 在 "调试" 菜单中选择 "开始执行(不调试)"。

验证 Test 2 获取了 830 个订单, 并记录测试时间。多运行几次, 记录平均时间。返回 Visual Studio 2012。

10. 在 Test2 方法中修改 LINQ 查询, 为 Customers 和 Orders 数组添加 AsParallel 扩展方法, 如加粗的部分所示:

```
var orderInfoQuery = from c in CustomersInMemory.Customers.AsParallel()
                     join o in OrdersInMemory.Orders.AsParallel()
                     on c.Split(',')[0] equals o.Split(',')[1]
                     select new OrderInfo
                     {
                         CustomerID = c.Split(',')[0],
                         CompanyName = c.Split(',')[1],
                         OrderID = Convert.ToInt32(o.Split(',')[0]),
                         OrderDate = Convert.ToDateTime(o.Split(',')[2],
                            new CultureInfo("en-US"))
                     };
```

> **注意** 以这种方式联接两个数据源时, 它们必须都是 IEnumerable 对象或者 ParallelQuery 对象。这意味着如果为第一个数据源指定 AsParallel 方法, 也应为另一个指定 AsParallel 方法。不这样做, 代码将不会运行——会报错并终止。

11. 再次运行几次应用程序。注意, Test2 所花的时间应该比上一次测试显著缩短。

PLINQ 可利用多个线程优化联接操作，能并行获取联接的每一部分的数据。

12. 关闭应用程序，返回 Visual Studio。

这两个简单的练习证明了 AsParallel 扩展方法和 PLINQ 的强大功能。然而，PLINQ 是一个正在快速变革的技术，它的内部实现将来极有可能改变。另外，数据量和查询中执行的处理量也对使用 PLINQ 时的有效性具有一定程度的影响。因此，不应单单依靠这两个练习就总结出一套固定的规则。相反，应该在自己的环境中，针对自己的数据仔细权衡使用 PLINQ 所带来的性能或其他方面的优势。

24.2.2　取消 PLINQ 查询

和普通 LINQ 查询不同，PLINQ 查询可以取消。为此要指定来自 CancellationTokenSource 的一个 CancellationToken 对象，并使用 ParallelQuery 的 WithCancellation 扩展方法：

```
CancellationToken tok = ...;
...
var orderInfoQuery =
    from c in CustomersInMemory.Customers.AsParallel().WithCancellation(tok)
    join o in OrdersInMemory.Orders.AsParallel()
    on ...
```

WithCancellation 在查询中只能指定一次。取消会应用于查询中的所有数据源。如果用于生成 CancellationToken 的 CancellationTokenSource 对象被取消，查询就会停止，并引发一个 OperationCanceledException 异常。

24.3　同步对数据的并发访问

Task 类提供了强大的框架来帮助使用多个 CPU 内核并行执行任务。但正如之前指出的那样，执行并发操作一定要非常谨慎，尤其是需要共享访问相同的数据时。

现在的问题是，你对并行操作的调度方式几乎没有什么控制权，就连操作系统使用任务为应用程序提供的并行度都控制不了。这些决定都是"运行时"做出的，具体取决于计算机的负荷和硬件。这个程度的抽象是由 Microsoft 的开发团队来做出的。正是因为这个原因，才使你在构建使用了并发任务的应用程序时，不需要理解低级的线程处理和调度细节。但这种抽象并不是没有代价的。虽然它看起来能够解决问题，但你必须对自己的代码的运行方式有一定程度的理解。否则，最后的结果可能是自己的应用程序的行为变得无法预测(而且出错)，如下例所示：

```
using System;
using System.Threading;

class Program
```

```
{
    private const int NUMELEMENTS = 10;

    static void Main(string[] args)
    {
        SerialTest();
    }

    static void SerialTest()
    {
        int[] data = new int[NUMELEMENTS];
        int j = 0;

        for (int i = 0; i < NUMELEMENTS; i++)
        {
            j = i;
            doAdditionalProcessing();
            data[i] = j;
            doMoreAdditionalProcessing();
        }

        for (int i = 0; i < NUMELEMENTS; i++)
        {
            Console.WriteLine("Element {0} has value {1}", i, data[i]);
        }
    }

    static void doAdditionalProcessing()
    {
        Thread.Sleep(10);
    }

    static void doMoreAdditionalProcessing()
    {
        Thread.Sleep(10);
    }
}
```

SerialTest 方法用一组值填充整数数组(以一种相当繁琐的方式)，然后遍历并打印数组中每一项的索引和值。作为处理过程的一部分，**doAdditionalProcessing** 和 **doMoreAdditionalProcessing** 方法模拟执行长时间的操作，这些操作可能造成"运行时"让出处理器的控制权。程序的输出如下：

```
Element 0 has value 0
Element 1 has value 1
Element 2 has value 2
Element 3 has value 3
Element 4 has value 4
Element 5 has value 5
Element 6 has value 6
```

```
Element 7 has value 7
Element 8 has value 8
Element 9 has value 9
```

再来看看下面显示的 ParallelTest 方法。这个方法等同于 SerialTest 方法，只是它用 Parallel.For 构造，通过并发运行的任务来填充 data 数组。每个任务运行的 Lambda 表达式中的代码与 SerialTest 方法中的第一个 for 循环的代码是一样的。

```
using System.Threading.Tasks;
...

static void ParallelTest()
{
    int[] data = new int[NUMELEMENTS];
    int j = 0;
    Parallel.For (0, NUMELEMENTS, (i) =>
    {
        j = i;
        doAdditionalProcessing();
        data[i] = j;
        doMoreAdditionalProcessing();
    });

    for (int i = 0; i < NUMELEMENTS; i++)
    {
        Console.WriteLine("Element {0} has value {1}", i, data[i]);
    }
}
```

ParallelTest 方法的目的是执行和 SerialTest 方法一样的操作，只是它使用的是并发的任务，并希望能运行得更快一些。但问题在于，这样做并非总是获得预期的结果。下面展示了 ParallelTest 方法的一些示例输出：

```
Element 0 has value 1
Element 1 has value 1
Element 2 has value 4
Element 3 has value 8
Element 4 has value 4
Element 5 has value 1
Element 6 has value 4
Element 7 has value 8
Element 8 has value 8
Element 9 has value 9
```

为 data 数组的每一项赋的值并非总是和 SerialTest 方法生成的值一样。而且每次运行 ParallelTest 方法，都可能产生不同的结果集。

检查一下 Paralell.For 构造中的逻辑，就会发现问题出在哪里。lambda 表达式包含以下语句：

```
j = i;
doAdditionalProcessing();
data[i] = j;
doMoreAdditionalProcessing();
```

代码看起来一点问题都没有。它将变量 i(索引变量，标识循环正运行到哪一次迭代)的当前值复制给变量 j，后来又将 j 的值存储到索引为 i 的 data 数组元素中。如果 i 包含 5，那么 j 就会被赋值 5，稍后 j 的值被存储到 data[5]中。但问题在于，在向 j 赋值和从中读取值之间，代码做了更多的工作；它调用了 doAdditionalProcessing 方法。如果这个方法花的时间较长，"运行时"可能挂起线程，并调度另一个任务。执行另一个迭代的并发任务可能将一个新值赋给 j。结果就是当原始任务恢复时，赋给 data[5]的 j 值已经不是当初存储下来的值。结果就是数据被破坏了。更麻烦的是，有时这样写的代码能按预期的那样工作，并生成正确的结果。但有时又生成错误的结果。这具体要取决于计算机当前有多忙，以及各个任务是在什么时候调度的。如果不注意，像这样的 bug 会在测试期间潜伏起来，在生产环境中突然发作。

变量 j 由所有并发的任务共享。如果一个任务在 j 中存储了一个值，后来又从中读取，就必须保证在此期间没有其他任务修改 j。这要求在所有并发任务之间同步对变量的访问。一个解决方案是对数据进行锁定。

24.3.1　锁定数据

C#语言通过 lock 关键字来提供锁定语义，从而确保对资源的独占访问。lock 关键字像下面这样使用：

```
object myLockObject = new object();
...
lock (myLockObject)
{
    // 需要对共享资源进行独占访问的代码
    ...
}
```

lock 语句尝试在指定对象上获取互斥锁，注意，实际可以使用任何引用类型，而非只能使用 object。如果对象正由另一个线程锁定，它就会阻塞。线程获得锁之后，lock 语句后面的代码块就会运行。在块的末尾，锁会被释放。如果另一个线程正阻塞并等待该锁，就可趁此机会获取锁并得以继续。

24.3.2　用于协调任务的同步基元

lock 关键字在许多简单的情形中很有用，但有时可能有更复杂的要求。System.Threading 命名空间包含大量额外的同步基元来满足这些要求。这些同步基元是和任务共同使用的类；它们公开了锁定机制，在一个任务获得锁的时候限制其他任务对资源的访问。它们支持大量锁定技术，可用来实现不同风格的并发访问，范围从简单的互斥锁(一个任务独占对资源的访问)到信号量(多个任务以一种受控的方式同时访问资源)，再到reader/writer 锁(允许不同任务共享对资源的只读访问，而需要修改资源的线程能保证获得独占访问)。

下面总结了部分基元。更多信息和例子请参见 MSDN 文档。

📒注意　.NET Framework 从最早的版本开始便提供了丰富的同步基元。以下列表只包含System.Threading 命名空间中的一些较新的基元。新基元和以前提供的有一定程度的重叠。应该使用较新的版本，因为它们是专为多处理器/多核 CPU 设计和优化的。

对所有同步机制的理论进行详细讨论已超出了本书的范围。要想深入学习多线程和同步理论，请访问 *http://msdn.microsoft.com/zh-cn/library/vstudio/ms228964.aspx*。

ManualResetEventSlim 类

利用 ManualResetEventSlim 类提供的功能，一个或多个任务可以等待一个事件。ManualResetEventSlim 对象可以是两种状态之一：有信号(true)和无信号(false)。任务要创建一个 ManualResetEventSlim 对象并指定它的初始状态。其他任务可以调用 Wait 方法等待ManualResetEventSlim 对象收到信号。如果 ManualResetEventSlim 对象处于无信号状态，Wait 方法就阻塞线程。另一个任务可以更改 ManualResetEventSlim 对象的状态，调用 Set方法将 ManualResetEventSlim 对象的状态变成有信号。这个行动会释放在ManualResetEventSlim 对象上等待的所有任务，使其可以恢复运行。Reset 方法将ManualResetEventSlim 对象的状态变回无信号。

SemaphoreSlim 类

可用 SemaphoreSlim 类控制对一个资源池的访问。SemaphoreSlim 对象具有初始值(非负整数)和一个可选的最大值。SemaphoreSlim 对象的初始值一般是池中的资源的数量。访问资源的任务首先调用 Wait 方法。这个方法试图递减 SemaphoreSlim 对象的值。如果值非零，就允许任务继续，并可从池中获取一个资源。完成后，任务应该调用 SemaphoreSlim对象的 Release 方法来递增信号量的值。

如果任务调用 Wait 方法，而且对 SemaphoreSlim 对象的值进行递减会造成负值，任务就会等待，直到另一个任务调用 Release。

SemaphoreSlim 类还提供了 CurrentCount 属性，可据此判断一个 Wait 操作是有可能立即成功，还是有可能造成阻塞。

CountdownEvent 类

可将 CountdownEvent 类看成是与信号量的行为相反的构造，而且它在内部使用了一个

ManualResetEventSlim 对象。任务创建 CountdownEvent 对象时要指定初始值(非负整数)。一个或多个任务能调用 CountdownEvent 对象的 Wait 方法。如果它的值非零，任务就会被阻塞。Wait 不递减 CountdownEvent 对象的值；相反，只有其他任务能调用 Signal 方法来递减值。一旦 CountdownEvent 对象的值抵达 0，所有阻塞的任务都会收到信号，可以恢复运行。

任务可以使用 Reset 方法，将 CountdownEvent 对象的值重置为在它的构造器中指定的值。任务可以调用 AddCount 方法来增大这个值。要判断一个 Wait 调用是否可能阻塞，可以检查 CurrentCount 属性。

ReaderWriterLockSlim 类

ReaderWriterLockSlim 类是一个高级同步基元，它支持单个 writer 和多个 reader。基本思路是，对资源的修改(写入)要求独占访问，但读取不需要。因此，多个 reader 能同时访问相同的资源。

读取资源的任务调用 ReaderWriterLockSlim 对象的 EnterReadLock 方法。这个操作会获取对象上的读取锁。线程结束资源的访问之后，就调用 ExitReadLock 方法释放锁。多个线程可同时读取相同的资源，每个线程都获得自己的读取锁。

要修改资源，任务可以调用同一个 ReaderWriterLockSlim 对象的 EnterWriteLock 方法来获取写入锁。如果一个或多个任务当前拥有该对象的读取锁，EnterWriteLock 方法就阻塞，直到它们全部释放。获得写入锁之后，任务可以修改资源，并在完事儿之后调用 ExitWriteLock 方法释放写入锁。

ReaderWriterLockSlim 对象只有一个写入锁。如果另一个任务也试图获取写入锁，就会阻塞，直到第一个任务释放写入锁为止。

为了确保写入线程不会被不确定地阻塞(老有人"插队"读取)，一旦某个线程请求了写入锁，后续的所有 EnterReadLock 调用都会被阻塞，直到写入锁被获取并释放了为止。

Barrier 类

Barrier 类允许在应用程序的特定位置临时暂停执行一组任务，只有在所有任务都到达这个位置之后，才允许继续。可用它对执行一系列并发操作的任务进行同步，从而在算法的不同阶段推进。

任务创建 Barrier 对象时，要指定集合中要同步的线程数。可将这个值想象成 Barrier 类内部维护的一个任务计数。以后可调用 AddParticipant 或者 RemoveParticipant 方法修改该值。当一个任务抵达一个同步点时，就调用 Barrier 对象的 SignalAndWait 方法，从而递减 Barrier 对象内部的任务计数。计数器大于零，任务就被阻塞。只有计数器变成 0 之后，在 Barrier 对象上等待的所有任务才会被释放并继续运行。

Barrier 类提供 ParticipantCount 属性来指定参与同步的任务数；还有 ParticipantsRemaining 属性来指出还有多少个线程需要调用 SignalAndWait，才能升起栅栏并让阻塞的任务继续。

还可在 Barrier 构造器中指定委托。所有线程都抵达栅栏时，这个委托引用的方法就会运行。Barrier 对象作为参数传给方法。只有在方法完成后，才升起栅栏并让任务继续。

24.3.3　取消同步

ManualResetEventSlim，SemaphoreSlim，CountdownEvent 和 Barrier 类都支持第 23 章描述的取消模型。每个类的等待操作都能获取可选的 CancellationToken 参数(即取消标志，它从一个 CancellationTokenSource 对象获得)。一旦调用 CancellationTokenSource 对象的 Cancel 方法，引用了 CancellationToken 的所有等待操作都会终止，并引发 OperationCanceledException 异常(该异常可能包装到一个 AggregateException 中，具体取决于等待操作的上下文)。

以下代码展示了如何调用一个 SemaphoreSlim 对象的 Wait 方法并指定取消标志。如果等待操作被取消，OperationCanceledException 的异常处理程序就会运行。

```
CancellationTokenSource cancellationTokenSource = new CancellationTokenSource();
CancellationToken cancellationToken = cancellationTokenSource.Token;
...
// 保护一个资源池的信号量(池中有 3 个资源)
SemaphoreSlim semaphoreSlim = new SemaphoreSlim(3);
...
// 在信号量上等待，并捕捉 OperationCanceledException，以防另一个线程
// 在 cancellationTokenSource 上调用 Cancel
try
{
    semaphoreSlim.Wait(cancellationToken);
}
catch (OperationCanceledException e)
{
    ...
}
```

24.3.4　并发集合类

许多多线程应用程序都要求用集合来存储和获取数据。.NET Framework 提供的标准集合类默认不是线程安全的。虽然可用之前描述的同步基元添加、查询和删除集合元素的代码包装起来，但是过程容易出错，伸缩性也不好。.NET Framework 在 System.Collections.Concurrent 命名空间提供了几个线程安全的集合类和接口，它们基于任务而设计。下面进行了简单总结。

- **ConcurrentBag<T>**是常规用途的类，用于容纳无序的数据项集合。它包含了用于插入(Add)、删除(TryTake)和检查(TryPeek)数据项的方法。这些方法是线程安全

的。集合可枚举，可用 foreach 语句遍历。

- **ConcurrentDictionary<TKey, TValue>** 实现了第 18 章描述的泛型 Dictionary<TKey, TValue>集合类的线程安全版本。提供了 TryAdd，ContainsKey，TryGetValue，TryRemove 和 TryUpdate 等方法，可添加、查询、删除和修改字典中的项。

- **ConcurrentQueue<T>** 实现了第 18 章描述的泛型 Queue<T>类的线程安全版本。提供了 Enqueue，TryDequeue 和 TryPeek 方法，可添加、删除和查询队列中的项。

- **ConcurrentStack<T>**是第 18 章描述的泛型 Stack<T>类的线程安全版本。提供了 Push，TryPop 和 TryPeek 等方法，以进行入栈、出栈和查询操作。

> **注意** 为集合类的方法添加线程安全性会带来额外的运行时开销，所以这些类和普通的集合类相比会慢一些。决定是否要对一组访问共享资源的操作进行"并行化"时，一定要考虑到这个事实。

24.3.5　使用并发集合和锁来实现线程安全的数据访问

下面的一组练习将实现一个应用程序，通过一个统计采样算法计算 PI。最开始以单线程的方式执行计算。然后修改代码，使用并行任务来执行计算。在此过程中，会遇到一些数据同步问题，并练习用并发集合类和锁来解决问题，确保正确协调任务。

这里用来计算 PI 的算法基于一些简单的数学计算和统计学采样。先画半径为 r 的圆，再画一个外切正方形，它的四个边和圆相切。因此，正方形的边长为 2 * r，如下图所示。

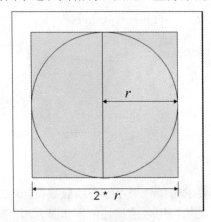

正方形的面积 S 像下面这样计算：

$$S = (2 * r) * (2 * r)$$

或者

$$S = 4 * r * r$$

圆的面积 C 像下面这样计算：

$C = PI * r * r$

根据上述公式得出以下结论：

$r * r = C / PI$

以及：

$r * r = S / 4$

所以：

$S / 4 = C / PI$

所以可以像下面这样计算 PI：

$PI = 4 * C / S$

难点在于判断 C / S 比值是多少。这就要用到统计学采样了。可以生成一组随机点，它们均匀分布在正方形中，同时统计有多少点落在圆内。如果随机样本足够多，落在圆中的点和总共生成的点的比值就是两个形状的面积比值，即 C / S。而你唯一要做的就是计数。

那么，怎样判断一个点是否落在圆内呢？为了帮助你理解解决方案，请在一张坐标纸上画一个正方形，正方形中心是原点$(0, 0)$。然后，可以生成范围在$(-r, -r)$到 $(+r, +r)$的坐标，这些点肯定在正方形内。为了判断任何一个坐标(x, y)是否同时在圆内，可计算这个坐标所代表的点到原点的距离。根据毕格拉斯定理，距离 $d = ((x * x) + (y * y))$的平方根。如果 d 小于或等于 r，则坐标(x, y)代表的点就在圆内。如下图所示。

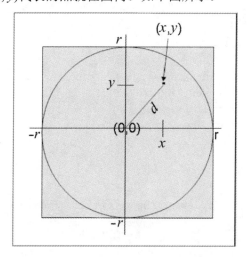

这个算法可进一步简化，只生成右上象限的坐标，也就是在生成坐标时，将随机数的范围限制在 $0 \sim r$ 之内。本练习将采用这个思路。

注意　本章的练习要求在多核计算机上运行。单核 CPU 无法体验到单线程和多线程方案的不同。另外，在执行练习的时候，不应启动额外的程序或服务，否则也会影响效果。

➢ 用单线程计算 PI

1. 如果 Microsoft Visual Studio 2012 还没有启动，就启动它。

2. 打开"文档"文件夹中的\Microsoft Press\Visual CSharp Step By Step\Chapter 24\CalculatePI 子文件夹中的 CalculatePI 解决方案。

3. 在解决方案资源管理器中，双击 Program.cs 在"代码和文本编辑器"中显示它。

   这是控制台应用程序。主干结构已创建好了。

4. 滚动到文件底部，查看 Main 方法。

```
static void Main(string[] args)
{
double pi = SerialPI();
Console.WriteLine("Geometric approximation of PI calculated serially: {0}", pi);
Console.WriteLine();
// pi = ParallelPI();
// Console.WriteLine("Geometric approximateon of PI calculated in parallel: {0}", pi);
}
```

   上述代码调用 SerialPI 方法，该方法使用刚才描述的统计采样算法计算 PI。值作为 double 返回并显示。代码目前注释掉了 ParallelPI 方法调用，它执行相同的计算，但使用并发任务。结果应该和 SerialPI 方法一样。

5. 检查 SerialPI 方法。

```
static double SerialPI()
{
    List<double> pointsList = new List<double>();
    Random random = new Random(SEED);
    int numPointsInCircle = 0;
    Stopwatch timer = new Stopwatch();
    timer.Start();

    try
    {
        // TO DO: Implement the geometric approximation of PI
        return 0;
    }
    finally
    {
        long milliseconds = timer.ElapsedMilliseconds;
        Console.WriteLine("SerialPI complete: Duration: {0} ms", milliseconds);
        Console.WriteLine("Points in pointsList: {0}. Points within circle: {1}",
```

```
        pointsList.Count, numPointsInCircle);
    }
}
```

这个方法会生成大量坐标，并计算每个坐标到原点的距离。集合大小由常量 NUMPOINTS 指定(位于 Program 类的顶部)。这个值越大，坐标集合越大，计算出来的 PI 值越准确。如果有充足的内存，可以试着增大 NUMPOINTS 的值。类似地，如果发现应用程序开始引发 OutOfMemoryException 异常，就应该减少这个值。

每个点到原点的距离存储在 pointsList 这个 List<double>集合中。坐标数据用 random 变量生成。这是一个 Random 对象，种子值是常量，所以应用程序每次运行都会生成同一组随机数。(目的是帮助你判断程序正确运行。)如果愿意，可以在 Program 类的顶部更改 SEED 常量。

numPointsInCircle 变量用于统计 pointsList 集合中落在圆内的点数。圆的半径由 Program 类顶部的 RADIUS 常量指定。为了方便比较这个方法和 ParallelPI 方法的性能，代码创建了名为 timer 的 Stopwatch 变量并启动它。finally 块判断计算花了多少时间，并显示结果。出于稍后会讲到的原因，finally 块还负责显示 pointsList 集合总共有多少数据项，以及落在圆中的点数。

在下面的几个步骤中，将在 try 块中添加代码来执行计算。

6. 在 try 块中，删除注释和 return 语句。(提供这个语句的目的只是为了能够编译。)
   在 try 块中添加以下加粗的 for 循环：

```
try
{
    for (int points = 0; points < NUMPOINTS; points++)
    {
        int xCoord = random.Next(RADIUS);
        int yCoord = random.Next(RADIUS);
        double distanceFromOrigin = Math.Sqrt(xCoord * xCoord + yCoord * yCoord);
        pointsList.Add(distanceFromOrigin);
        doAdditionalProcessing();
    }
}
```

这个代码块生成一对范围在 0～RADIUS 之间的坐标值，并将它们存储到 xCoord 和 yCoord 变量中。然后，使用毕格拉斯定理计算它们代表的点到原点的距离，将结果(一个 double 类型的距离值)添加到 pointsList 集合中。

注意 虽然这个代码块执行的计算有一点多，但真正的科学计算应用程序通常包含更复杂的计算，处理器忙的时间更长。为了模拟这种情况，代码块调用了另一个名为 doAdditionalProcessing 的方法。该方法唯一的作用就是"干耗"一定数量的 CPU 周期，如以下代码所示。这是为了在演示多个任务的数据同步需求时，不必真的通过执行复杂计算(比如执行快速傅里叶变换)来保持 CPU 的忙碌：

```
private static void doAdditionalProcessing()
{
    Thread.SpinWait(SPINWAITS);
}
```

SPINWAITS 也是在 Program 类顶部定义的一个常量。

7. 在 SerialPI 方法的 try 块中，在 for 块之后添加以下加粗显示的 foreach 语句：

```
try
{
    for (int points = 0; points < NUMPOINTS; points++)
    {
        ...
    }

    foreach (double datum in pointsList)
    {
        if (datum <= RADIUS)
        {
            numPointsInCircle++;
        }
    }
}
```

上述代码遍历 pointsList 集合，依次检查每个距离值。如果值小于或等于圆的半径，就递增 numPointsInCircle 变量。循环结束后，numPointsInCircle 包含的就是落在圆中的点的总数。

8. 为 try 块添加以下加粗的语句，把它放到 foreach 块的后面：

```
try
{
    for (int points = 0; points < NUMPOINTS; points++)
    {
        ...
    }

    foreach (double datum in pointsList)
    {
        ...
    }

    double pi = 4.0 * numPointsInCircle / NUMPOINTS;
    return pi;
}
```

第一个语句根据圆内的点数和总点数的比值来计算 PI，公式已在本节开头介绍过了。PI 值作为方法的结果返回。

9. 在"调试"菜单中选择"开始执行(不调试)"。

程序会运行并显示 PI 的近似值，如下图所示。另外还会显示计算所花的时间。(在我的计算机上，程序花了 46 秒运行，所以请耐心等待。)

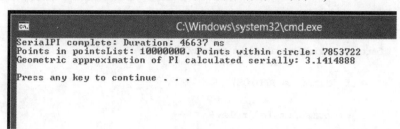

注意　不考虑计时，在你的机器上，显示的 PI 值应该和图中显示的 PI 值相同，除非你更改了 NUMPOINTS，RADIUS 或 SEED 常量。

10. 关闭控制台窗口，返回 Visual Studio。

在 SerialPI 方法中，研究一下 for 循环中的代码，就会发现用于生成点和计算到原点的距离的代码很适合"并行化"。下一个练习将演示具体做法。

> **使用并行任务计算 PI**

1. 在"代码和文本编辑器"中显示 Program.cs 的内容。

2. 找到 ParallelPI 方法。它包含和 SerialPI 方法最开始时(没有在 try 块中计算 PI 时)完全一样的代码。

3. 在 try 块中删除注释和 return 语句。添加以下加粗显示的 Parallel.For 语句。

```
try
{
    Parallel.For (0, NUMPOINTS, (x) =>
    {
        int xCoord = random.Next(RADIUS);
        int yCoord = random.Next(RADIUS);
        double distanceFromOrigin = Math.Sqrt(xCoord * xCoord + yCoord * yCoord);
        pointsList.Add(distanceFromOrigin);
        doAdditionalProcessing();
    });
}
```

这是 SerialPI 方法中的 for 循环的一个并行版本。原始 for 循环的主体包装在一个 Lambdaff 表达式中。这样每一次循环迭代都可以用一个任务来进行，而任务可以并行运行。具体的并行度要取决于处理器内核数量以及其他资源的可用情况。

4. 将以下加粗显示的代码添加到 try 块的 Parallel.For 语句之后。这些代码和 SerialPI 方法中对应的语句完全相同。

```
try
{
```

```
Parallel.For (...
   {
       ...
   });

   foreach (double datum in pointsList)
   {
       if (datum <= RADIUS)
       {
           numPointsInCircle++;
       }
   }

   double pi = 4.0 * numPointsInCircle / NUMPOINTS;
   return pi;
}
```

5. 在 Program.cs 文件末尾的 Main 方法中，不再注释 ParallelPI 方法调用和显示结果的 Console.WriteLine 语句。

6. 在"调试"菜单中选择"开始执行(不调试)"。

程序开始运行，并显示下图所示的结果(你的机器上可能有所不同)。

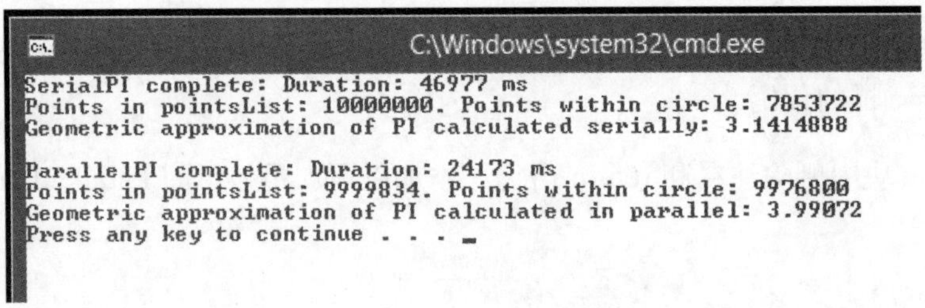

SerialPI 方法的结果和以前完全一样。但 ParallelPI 方法的结果令人不解。随机数生成器获取的是相同的种子值，所以应该生成相同的随机数序列，落在圆中的点数应该是一样的。另一个疑点是，ParallelPI 方法的 pointsList 集合包含的点数(实际是距离值的数量)要比 SerialPI 方法中的集合包含的点数少。

注意　如果 pointsList 集合包含点数和以前一样，请试着再运行一次应用程序。在大多数时候，它包含的数据项都要比以前少一些。

6. 关闭控制台窗口，返回 Visual Studio.

那么，并行计算是哪里出了问题呢？为了调查错误根源，一个很好的起点是 pointsList 集合中数据项的数量。集合是泛型 List<double> 对象。但这个类型不是线程安全的。Parallel.For 语句中的代码调用 Add 方法向集合追加一个值，但要记住，这个代码是由并行的任务执行的。后果就是一些 Add 调用相互干扰，造成数据被破坏。一个解决方案是使用 System.Collections.Concurrent 命名空间中的一个并发集合类，这种集合是线程安全的。其中，泛型 ConcurrentBag<T>类可能最适合目前这种情况。

> ➢ **使用线程安全的集合**

1. 在"代码和文本编辑器"中显示 Program.cs 的内容。

2. 在文件顶部添加以下 using 指令：

   using System.Collections.Concurrent;

3. 找到 ParallelPI 方法。在方法起始处，将实例化 List<double>集合的语句替换成创建 ConcurrentBag<double>集合的语句，如以下加粗的语句所示：

```
static double ParallelPI()
{
    ConcurrentBag<double> pointsList = new ConcurrentBag <double>();
    Random random = ...;
...
}
```

   注意，不能为该类指定默认容量，所以构造器不获取参数。

   不需要修改方法的其他代码；还是用 Add 方法向 ConcurrentBag<T>集合添加项，这和 List<T>集合是一样的。

4. 在"调试"菜单中选择"开始执行(不调试)"。

   随后将运行程序，并使用 SerialPI 和 ParallelPI 方法分别显示 PI 的近似值。下图展示了一次示例输出。

   这一次，ParallelPI 方法中的 pointsList 集合包含了正确数量的点(实际是一些距离值)。但是，落在圆中的点数仍然非常高；它本应和 SerialPI 方法报告的点数一样。

   还要注意，ParallelPI 方法现在花的时间比上一个练习多。这是因为 ConcurrentBag<T>类中的方法必须对数据进行锁定和解锁来确保线程安全性。这个过程增大了调用方法的开销。这证明了在考虑对一个操作进行"并行化"时，必须考虑到随之而来的开销。

5. 关闭控制台窗口，返回 Visual Studio.

   现在，pointsList 集合中的点的数量正确了，但这些点的值令人生疑。Parallel.For 构造中的代码调用 Random 对象的 Next 方法，但和泛型类 List<T>的方法一样，这个方法不是线程安全的。遗憾的是，Random 类没有提供一个并发版本，所以必须采用其他技术固定 Next 方法的调用顺序。由于每个调用都相当短暂，所以可考虑用一个锁来保护对这个方法的调用。

1. 在"代码和文本编辑器"中显示 Program.cs 的内容。

2. 找到 ParallelPI 方法，修改 Parallel.For 语句中的 Lambda 表达式，用 lock 语句将对 random.Next 的调用保护起来。将 pointsList 集合指定为 lock 的目标，如加粗的语句所示：

```
static double ParallelPI()
{
    ...
    Parallel.For(0, NUMPOINTS, (x) =>
    {
        int xCoord;
        int yCoord;

        lock(pointsList)
        {
            xCoord = random.Next(RADIUS);
            yCoord = random.Next(RADIUS);
        }

        double distanceFromOrigin = Math.Sqrt(xCoord * xCoord + yCoord * yCoord);
        pointsList.Add(distanceFromOrigin);
        doAdditionalProcessing();
    });

    ...
}
```

注意，xCoord 和 yCoord 变量在 lock 语句外部声明。这是由于 lock 语句定义了它自己的作用域，块内定义的变量在退出块后消失。

3. 在"调试"菜单中选择"开始执行(不调试)"。

如下图所示，这一次，SerialPI 和 ParallelPI 方法计算的 PI 值终于相同了。唯一区别就是 ParallelPI 方法要快一些。(双核处理器花的时间约一半，四核约四分之一。)

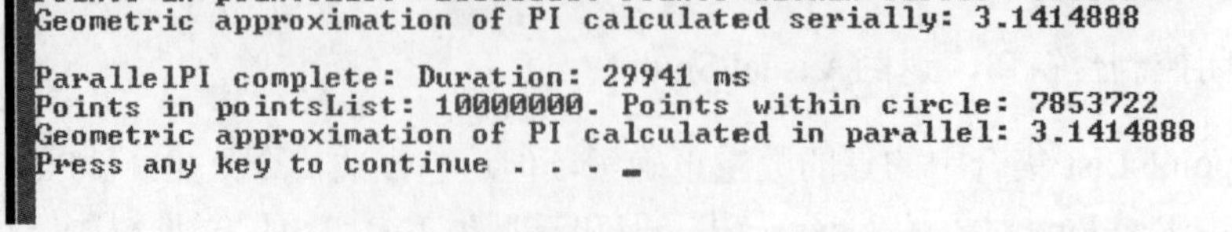

```
C:\Windows\system32\cmd.exe
SerialPI complete: Duration: 46713 ms
Points in pointsList: 10000000. Points within circle: 7853722
Geometric approximation of PI calculated serially: 3.1414888

ParallelPI complete: Duration: 29941 ms
Points in pointsList: 10000000. Points within circle: 7853722
Geometric approximation of PI calculated in parallel: 3.1414888
Press any key to continue . . . _
```

4. 关闭控制台窗口，返回 Visual Studio。

小　　结

本章讲述了如何使用 async 修饰符和 await 操作符定义异步方法。异步方法以任务为基础，await 操作符指定了可用任务来异步执行的位置。

还讲述了 PLINQ 的基础知识，以及如何用 AsParallel 扩展方法并行化一些 LINQ 查询。然而，PLINQ 是一个比较大的主题，本章只是帮助你开始而已。详情参见 MSDN 文档。

还讲述了如何使用基于任务的同步基元，在并发的任务中对数据访问进行同步。讨论了如何使用并行集合类，以线程安全的方式维护数据集合。

- 如果希望继续学习下一章，请继续运行 Visual Studio 2012，然后阅读第 25 章。

- 如果希望现在就退出 Visual Studio 2012，请选择"文件"|"退出"。如果看到"保存"对话框，请单击"是"按钮保存项目。

第 24 章快速参考

目标	操作
实现异步方法	用 async 修饰符定义方法，更改方法类型来返回 Task(或 void)。方法主体用 await 操作符指定可以执行异步操作的地方。示例如下： ```csharp\nprivate async Task<int> calculateValueAsync(...)\n{\n // 用Task 调用calculateValue\n Task<int> generateResultTask =\n Task.Run(() => calculateValue(...));\n await generateResultTask;\n return generateResultTask.Result;\n}\n```
并行化 LINQ 查询	在查询中，为数据源指定 AsParallel 扩展方法。示例如下： ```csharp\nvar over100 = from n in numbers.AsParallel()\n where ...\n select n;\n```
在 PLINQ 查询中支持取消	在 PLINQ 查询中，使用 ParallelQuery 类的 WithCancellation 方法，并指定取消标志。例如： ```csharp\nCancellationToken tok = ...;\n...\nvar orderInfoQuery = from c in\n CustomersInMemory.Customers.AsParallel().\n WithCancellation(tok)\n join o in OrdersInMemory.Orders.AsParallel()\n on ...\n```

目标	操作
同步一个或多个任务，以线程安全的方式独占对共享数据的访问	使用 lock 语句保证对数据的独占访问。示例如下： ```csharp\nobject myLockObject = new object();\n...\nlock (myLockObject)\n{\n // 要独占访问共享资源的代码\n ...\n}\n```
同步线程，使它们等待事件	<ul><li>用 ManualResetEventSlim 对象同步数量不确定的线程</li><li>用 CountdownEvent 对象等待收到信号指定次数</li><li>用 Barrier 对象协调指定数量的线程，在固定的位置同步它们</li></ul>
同步对共享资源池的访问	使用 SemaphoreSlim 对象。在构造器中指定池中有多少个资源。访问共享池中的一个资源之前调用 Wait 方法。完成后调用 Release 方法。示例如下： ```csharp\nSemaphoreSlim semaphore = new SemaphoreSlim(3);\n...\nsemaphore.Wait();\n// 访问池中的一个资源\n...\nsemaphore.Release();\n```
实现对资源的独占写入和共享读取	使用 ReaderWriterLockSlim 对象。读取资源前调用 EnterReadLock 方法。结束读取后调用 ExitReadLock 方法。向共享资源写入前，调用 EnterWriteLock 方法。结束写入后调用 ExitWriteLock 方法。示例如下： ```csharp\nReaderWriterLockSlim readerWriterLock = new ReaderWriterLockSlim();\nTask readerTask = Task.Factory.StartNew(() =>\n{\n readerWriterLock.EnterReadLock();\n // 读取共享资源\n readerWriterLock.ExitReadLock();\n});\nTask writerTask = Task.Factory.StartNew(() =>\n{\n readerWriterLock.EnterWriteLock();\n // 向共享资源写入\n readerWriterLock.ExitWriteLock();\n});\n```

目标	操作

取消阻塞的等待操作	根据 CancellationTokenSource 对象创建取消标志，将标志指定为等待操作的参数。取消等待就调用 CancellationTokenSource 对象的 Cancel 方法。示例如下：
	
	`CancellationTokenSource cancellationTokenSource =`
	`new CancellationTokenSource();`
	`CancellationToken cancellationToken =`
	`cancellationTokenSource.Token;`
	`...`
	`// 此信号量保护包含 3 个资源的一个池`
	`SemaphoreSlim semaphoreSlim = new SemaphoreSlim(3);`
	`...`
	`// 在信号量上等待。如果发现另一个线程调用了`
	`// cancellationTokenSource 的 Cancel 方法，`
	`// 就引发一个 OperationCanceledException`
	`semaphore.Wait(cancellationToken);`

第 25 章 实现 Windows Store 应用程序的用户界面

本章旨在教会你：

- 理解标准 Windows Store 应用程序的功能
- 为 Windows Store 应用程序实现可伸缩的用户界面，能适应不同的屏幕大小和方向
- 为 Windows Store 应用程序创建并应用样式

Windows Store 应用的开发模式较以前发生了革命性变化。Windows 8 沉浸式的触摸界面，使用 Windows 合约与其他应用程序交互、对嵌入感应器的支持以及增强的应用程序安全性和生命周期模型，所有这些改变了用户与应用程序的交互方式。开发者可利用 Visual Studio 2012 方便地设计和实现出利用了 Windows 8 平台新功能的应用程序。

本章将简单介绍这些新模式，帮助你开始用 Visual Studio 2012 构建这种环境下的应用程序。将介绍 Visual Studio 2012 为构建 Windows Store 应用程序而提供的新功能和工具，并介绍构建具有 Windows 8 外观和感觉的 Windows Store 应用程序。重点要解释如何实现易于伸缩用户界面来适应不同的设备分辨率和屏幕大小，以及如何通过应用样式为应用程序赋予不同的外观与感觉。

> **注意** 因篇幅有限，本书无法更深入地讨论 Windows Store 应用程序的构建过程。在本书最后这几章里，将重点讨论构建 Windows 8 用户界面时要注意的基本原则。要想进一步了解如何开发 Windows Store 应用，请访问"如何开发 Windows 应用商店应用"主页，网址是 *http://msdn.microsoft.com/zh-cn/windows/apps/br229519.aspx*。

25.1 什么是 Windows Store 应用

Windows Store 应用(程序)是具有特别外观与感觉的图形应用程序，它基于本章、第 26 章以及第 27 章要学习的一些简单原则。Windows Store 应用具有高度的交互性，始终以用户中心。Microsoft 投入大量时间(和金钱)调查用户使用应用程序的方式，研究出了显示数据和与数据进行交互的最有效的方式。设计人员基于这些研究成果来开发 Windows Store 应用应该遵从的模型。

Windows Store 应用默认全屏运行，虽然如本章稍后撰述，也可以修改成不同的显示模式。它们是无边的，即没有边框、下拉菜单、弹出窗口或者会使用户分心的其他 UI 功能。相反，Windows Store 应用要非常简洁，把重点放在帮助用户执行一组特定的任务上。除此之外，Microsoft 还在可读性等方面加重了笔墨，对字体、字形、间距和定位进行了标准化。

> **注意** 访问 Microsoft 网站可以进一步了解 Windows Store 应用程序的设计特点。其中，
> "Windows 应用商店应用的 UX 指南的索引" (*http://msdn.microsoft.com/*
> *zh-cn/library/windows/apps/hh465424.aspx*)描述了如何规划 Windows Store 应用要
> 实现的功能，如何提供最佳用户体验。

今天的手持和平板设备允许通过触摸方式与应用程序交互，Windows Store 应用程序的设计也要基于这种形式的用户体验。Windows 8 提供了丰富的触屏控制；如果使用的不是触摸屏，也支持用鼠标和键盘来操作。但应用程序不需要分开提供触摸和鼠标功能；只需围绕触摸来设计。如果用户更愿意使用鼠标和键盘，或者设备不支持触摸，他们仍然可以正常地操作。

精致、流畅和形象的动画也是整体用户体验的一个重要部分。GUI 通过对手势的响应向用户提供视觉反馈，从而大幅改观应用程序的专业性。Visual Studio 2012 提供的 Windows Store 应用程序模板包含一个动画库，可用它在自己的应用程序中标准化动画反馈，在风格上实现与操作系统以及 Microsoft 自有软件的统一。

> **注意** "手势"是指用手指执行的各种触摸操作。例如，可手指"点击"，效果等同于用
> 鼠标点击。但是，手势能做的事情比鼠标多得多。例如，两个手指在屏幕上转动可
> 以实现"旋转"。在标准 Windows 8 应用程序中，这个手势造成选中的项目朝转
> 动方向旋转。其他手势还有"捏放"来进行缩小或放大，"长按"来显示项目的更
> 多信息(类似于鼠标右键点击)，以及"滑动"来拖动项目。Windows 8 用户界面采
> 用了大量专门的手势与操作系统交互。例如，可以朝屏幕底部"轻扫"当前运行的
> 应用程序来终止它，或者从屏幕左侧或右侧轻扫来查看 Windows 系统图标。

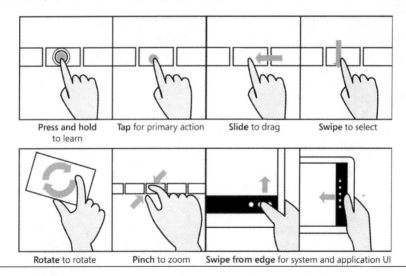

Windows 8 的一个设计目标是支持大范围的设备，从台式机和笔记本电脑，到平板和小型手持设备和智能手机。开发 Windows Store 应用的一个重要的原因就是它能适应环境，能根据屏幕大小和方向自行调整。这样可以打开你的软件的市场。除此之外，许多现代设备都能通过内置的传感器和加速计来检测方向和加速度。Windows Store 应用能在设备发生

倾斜或旋转后调整布局，使用户随时都能以舒适的方式工作。另外，移动性是许多现代应用程序的核心要求，Windows Store 应用允许用户漫游。他们的数据任何时候都能从云端迁移到当前所用的任何设备。

Windows Store 应用还提供了一些特殊功能来支持与其他应用程序和 Windows 8 操作系统的交互。这些功能基于称为**合约**的标准化机制。合约定义了一个 Windows 8 接口，它允许应用程序实现或使用一项由操作系统定义的功能，比如共享数据或支持搜索请求。Windows Store 应用通过合约相互通信，同时不会造成任何应用程序特有的依赖性。第 26 章将详细讨论 Windows 8 合约。

Windows Store 应用的生存期也有别于传统桌面应用程序。任何时刻 Windows 8 只运行占据屏幕焦点的应用程序。切换到不同的应用程序，那个应用程序将成为焦点并移到前台。与此同时，原来的应用程序挂起。如果系统资源(如内存)不足，Windows 8 甚至可能关闭挂起的应用程序。应用程序下一次运行时，应该能从之前离开的位置恢复。这意味着需要在代码中管理应用程序状态信息，把它保存到磁盘，并在需要的时候恢复。

> **注意**　要想进一步了解如何管理 Windows Store 应用的生命周期，请参考"如何挂起应用"(*http://msdn.microsoft.com/library/windows/apps/hh465115.aspx*)和"如何恢复应用"(*http://msdn.microsoft.com/library/windows/apps/hh465110.aspx*)。

开发好 Windows Store 应用之后，可用 Visual Studio 2012 提供的工具打包并上传到 Windows Store 供消费者下载和安装。应用可以收费，也可以免费。这种分发和部署机制的前提是你的应用程序必须可信，而且符合 Microsoft 的安全策略。应用程序上传到 Windows Store 后，会经过一系列检查来验证它不包含恶意代码，而且符合 Windows Store 应用的安全要求。这些安全限制规定了应用程序如何访问计算机上的资源。例如，Windows Store 应用默认不能直接向文件系统写入或者侦听网络的入站请求(病毒和其他恶意软件常见的两种行为)。但是，如果应用程序确实需要执行这些操作，可以使用 Visual Studio 2012 的清单编辑器把它们指定为应用程序的功能。在解决方案资源管理器中双击 Package.appxmanifest 文件打开清单编辑器(参见下图)。

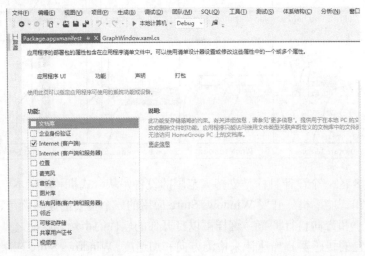

> **注意**　要想进一步了解 Windows Store 应用支持的功能，请参考"应用的功能声明"
> (*http://msdn.microsoft.com/library/windows/apps/hh464936.aspx*)。

信息存储到应用程序的元数据中，Microsoft 执行额外的测试来验证你的应用程序真正在使用这些功能。但仍然会对具体的操作进行限制来保护安装应用程序的设备。例如，如果指定应用程序要访问"文档"文件夹中的文件，就不能读写主机设备上的其他地方的文件。

好了，理论的东西说得够多了，下面开始构建 Windows Store 应用。

25.2　使用空白模板构建 Windows Store 应用

构建 Windows Store 应用最简单的方式就是使用 Visual Studio 2012 在 Windows 8 中自带的模板。主要有 3 个模板：空白应用程序、网格应用程序和拆分布局应用程序。使用每个模板都能快速创建符合 Windows 8 界面规范的应用程序。另外，它们会自动生成许多代码，帮你理解这些代码的结构，以便根据自己的实际情况进行改编。本书之前的应用程序的 Windows 8 版本使用"空白应用程序"模板。它很容易上手。

以下练习将设计和实现一个简单应用程序的用户界面。程序是为一家名为 Adventure Works 的虚拟公司设计的。公司制造并销售自行车及其相关用品。程序允许用户输入并修改 Adventure Works 的客户细节。

> **创建 Adventure Works Customers 应用程序**

1. 启动 Visual Studio 2012。

2. 在"文件"菜单中选择"新建"|"项目"。

3. 在左侧窗格选择"模板"下的"Visual C#"，再选择"Windows 应用商店"。

4. 在中间窗格选择"空白应用程序(XAML)"。

5. 在"名称"文本框中输入 **Customers**。

6. 在"位置"文本框中指定"文档"文件夹下的**Microsoft Press\Visual CSharp Step By Step\Chapter 25** 子文件夹。

7. 单击"确定"按钮。

   随后会创建新应用程序并用"代码和文本编辑器"打开 App.xaml.cs。暂时可以忽略该文件。

8. 在解决方案资源管理器中双击 MainPage.xaml。

随后会在设计视图中显示空白页。可从工具箱中拖放来添加各种控件，这已在第1章体验过了。但考虑到本练习的目的，下面要将重点放在定义窗体布局的 XAML 标记上面，如下所示。

```
<Page
    x:Class="Customers.MainPage"
    xmlns="http://schemas.microsoft.com/winfx/2006/xaml/presentation"
    xmlns:x="http://schemas.microsoft.com/winfx/2006/xaml"
    xmlns:local="using:Customers"
    xmlns:d="http://schemas.microsoft.com/expression/blend/2008"
    xmlns:mc="http://schemas.openxmlformats.org/markup-compatibility/2006"
    mc:Ignorable="d">

    <Grid Background="{StaticResource ApplicationPageBackgroundThemeBrush}">

    </Grid>
</Page>
```

窗体以 XAML 标记<Page>开头，以</Page>结束。之间的一切定义了页面内容。

<Page>标记的特性(attributes)包含许多 xmlns:id = "…"形式的声明。这些是 XAML 命名空间声明，工作方式类似于 C#的 using 指令，都是将项带到作用域中来。添加到页面的许多控件和其他项都是在这些 XAML 命名空间中定义的，目前可以忽略大多数声明。但有一个看起来很奇特的声明要注意：

```
xmlns:local="using:Customers"
```

这个声明将 C# Customers 命名空间中的项带入作用域，使开发人员能在自己的 XAML 代码中通过附加 local 前缀的方式引用该命名空间中的类和其他类型(本章后面会解释为什么需要这样做)。Customers 命名空间是为当前应用程序的代码生成的命名空间。

9. 在解决方案资源管理器中展开 MainPage.xaml，双击 MainPage.xaml.cs 显示它。

10. 本书以前的练习说过，这个 C#文件包含应用程序逻辑和事件处理程序，如下所示(省略顶部的 using 指令以节省篇幅)：

```
// "空白页" 项模板在 http://go.microsoft.com/fwlink/?LinkId=234238 有介绍

namespace Customers
{
    /// <summary>
    /// 可用于自身或导航至 Frame 内部的空白页。
    /// </summary>
    public sealed partial class MainPage : Page
    {
        public MainPage()
        {
            this.InitializeComponent();
        }
```

```
/// <summary>
/// 在此页将要在 Frame 中显示时进行调用。
/// </summary>
/// <param name="e">描述如何访问此页的事件数据。Parameter
/// 属性通常用于配置页。</param>
protected override void OnNavigatedTo(NavigationEventArgs e)
{
}
    }
}
```

文件定义了 Customers 命名空间中的类型。页由名为 MainPage 的类实现，该类派生自 Page 类。Page 类实现了 Windows Store 应用的 XAML 页面的默认功能，所以开发人员只需在 MainPage 类中实现自己应用程序特有的功能。

11. 返回设计视图。查看这个页面的 XAML 标记，会注意到<Page>标记包含以下特性：

```
x:Class="Customers.MainPage"
```

该特性将定义布局的 XAML 标记连接到提供运算逻辑的 MainPage 类。

这就是简单 Windows Store 应用程序最基本的结构。当然，图形应用程序最吸引人的还是它向用户展示信息的方式。但这并非总是想象的那么简单。设计吸引人的、易于使用的图形界面要求专业技能，而不是所有开发人员都掌握了这些技能(我知道这一点是因为我自己就没有掌握)。但是，有这些技能的许多图形艺术家又不是程序员，所以他们虽然能设计出出色的 UI，但不能实现让它变得真正有用的逻辑。幸好，Visual Studio 2012 允许将界面设计与业务逻辑分开。这样艺术家和程序员就可以合作开发又酷又好用的应用程序了。程序员只需关注基本的应用程序布局，样式什么的交给艺术家。

25.2.1　实现可伸缩的用户界面

进行 Windows Store 应用的 UI 布局时，最关键的就是理解如何使它具有伸缩性，能适应不同的设备规格 。以下练习将展示如何实现伸缩性。

> **Customers 应用程序页面布局**

1. 在 Visual Studio 中查看 MainPage 页的 XAML 标记。

2. 页中包含一个 Grid 控件。

```
<Grid Background="{StaticResource ApplicationPageBackgroundThemeBrush}">
</Grid>
```

注意　Grid 控件的 Background 属性是如何指定的目前并不重要。这是使用样式的一个例子，本章稍后会讲述如何使用样式。

3. 要构建可伸缩的、灵活的用户界面，理解 Grid 控件的工作原理是有必要的。Page
   元素只能包含一个项，如果愿意可将 Grid 控件替换成 Button，如下所示。

> **注意** 不要输入以下代码，它纯粹是为了演示。

```
<Page
    ...
    <Button Content="Click Me"/>
</Page>
```

但这样会使应用程序变得没什么用——窗体只包含一个按钮，其他什么都不显示。
如果添加第二个控件(比如 TextBox)，代码将不能编译，显示如下图所示的错误。

Grid 控件的作用是允许在页上添加多个项目。Grid 是容器控件，可在其中包含其
他大量控件，而且可在网格中指定其他控件的位置。还有别的容器控件。例如，
StackPanel 控件自动垂直排列其中的控件，每个控件都紧接在上一个控件下方。

这个应用程序将用 Grid 来容纳供用户输入和查看客户数据的控件。

4. 在页中添加一个 TextBlock 控件，要么从工具箱拖动，要么直接在 XAML 窗格的
   起始<Grid>标记之后输入。如下所示：

```
<Grid Background="{StaticResource ApplicationPageBackgroundThemeBrush}">
    <TextBlock />
</Grid>
```

> **提示** 可直接在 XAML 窗格中输入页面布局代码。并非一定要从工具条拖动。

5. 这个 TextBlock 用于显示页的标题。使用下表的值设置 TextBlock 控件的属性。

属性名称	值
HorizontalAlignment	Left
Margin	400,90,0,0
TextWrapping	Wrap
Text	Adventure Works Customers
VerticalAlignment	Top
FontSize	50

既可使用属性窗口设置，也可直接在 XAML 窗格中输入，如加粗的代码所示：

```
<TextBlock HorizontalAlignment="Left" Margin="400,90,0,0" TextWrapping="Wrap"
Text="Adventure Works Customers" VerticalAlignment="Top" FontSize="50"/>
```

下图所示为目前在设计视图中显示的布局。

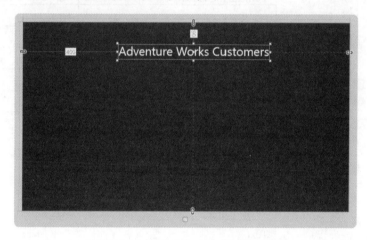

注意，将控件从工具箱拖放到窗体上，有两条连接线会显示控件的两个边距离容器控件边缘的距离。在本例中，TextBlock 控件的两条连接线显示距离网格左边400，距离网格顶边 90。如果在运行时改变 Grid 控件的大小，TextBlock 会自行移动来保持这些距离(锚定)，造成 TextBlock 到 Grid 右边和底边的距离发生改变。要指定控件锚定到哪一边(或者哪些边)，可以设置 HorizontalAlignment 和 VerticalAlignment 属性，然后设置 Margin 属性来指定到锚定边的距离。在本例中，TextBlock 的 HorizontalAlignment 属性设为 Left，VerticalAlignment 属性设为 Top，表明控件锚定网格左边和顶边。Margin 属性包含 4 个值，指定了控件到容器左边、顶边、右边和底边的距离(以此顺序)。如果控件的一边没有锚定到容器的一边，可在 Margin 属性中将对应值设为 0。

6.　添加另外 4 个 TextBlock 控件。它们是要显示的用户数据的标签。用下表的值设置属性。

控件	属性名称	值
第一个标签	HorizontalAlignment	Left
	Margin	330,190,0,0
	TextWrapping	Wrap
第一个标签	Text	ID
	VerticalAlignment	Top
	FontSize	20
第二个标签	HorizontalAlignment	Left
	Margin	460,190,0,0
	TextWrapping	Wrap
	Text	Title
	VerticalAlignment	Top
	FontSize	20
第三个标签	HorizontalAlignment	Left
	Margin	620,190,0,0
	TextWrapping	Wrap
	Text	First Name
	VerticalAlignment	Top
	FontSize	20
第四个标签	HorizontalAlignment	Left
	Margin	975,190,0,0
	TextWrapping	Wrap
	Text	Last Name
	VerticalAlignment	Top
	FontSize	20

和之前一样，可以拖放控件并使用属性窗口来设置，也可直接在 XAML 窗格的现有 TextBlock 控件之后、结束</Page>标记之前输入。

```
<TextBlock HorizontalAlignment="Left" Margin="330,190,0,0" TextWrapping="Wrap"
Text="ID" VerticalAlignment="Top" FontSize="20"/>
<TextBlock HorizontalAlignment="Left" Margin="460,190,0,0" TextWrapping="Wrap"
Text="Title" VerticalAlignment="Top" FontSize="20"/>
<TextBlock HorizontalAlignment="Left" Margin="620,190,0,0" TextWrapping="Wrap"
Text="First Name" VerticalAlignment="Top" FontSize="20"/>
<TextBlock HorizontalAlignment="Left" Margin="975,190,0,0" TextWrapping="Wrap"
Text="Last Name" VerticalAlignment="Top" FontSize="20"/>
```

7. 在显示 ID、First Name 和 Last Name 的 TextBlock 控件下方添加 3 个 TextBox 控件。根据下表设置控件的属性值。注意，Text 属性应该设为空白字符串""。另外，名为 id 的 TextBox 标记为只读，因为客户 ID 由以后添加的代码自动生成。

控件	属性名称	值
第一个 TextBox	x:Name	id
	HorizontalAlignment	Left
	Margin	300,240,0,0
	TextWrapping	Wrap
	Text	留空不填
	VerticalAlignment	Top
	FontSize	20
	IsReadOnly	True
第二个文本框	x:Name	firstName
	HorizontalAlignment	Left
	Margin	550,240,0,0
	TextWrapping	Wrap
	Text	留空不填
	VerticalAlignment	Top
	FontSize	20
第三个文本框	x:Name	lastName
	HorizontalAlignment	Left
	Margin	875,240,0,0
	TextWrapping	Wrap
	Text	留空不填
	VerticalAlignment	Top
	FontSize	20

以下代码是等价的 XAML 标记：

```
<TextBox   x:Name="id"   HorizontalAlignment="Left"   Margin="300,240,0,0"
TextWrapping="Wrap"
Text="" VerticalAlignment="Top" FontSize="20" IsReadOnly="True"/>
<TextBox x:Name="firstName" HorizontalAlignment="Left" Margin="550,240,0,0"
TextWrapping="Wrap" Text="" VerticalAlignment="Top" Width="300" FontSize="20"/>
<TextBox x:Name="lastName" HorizontalAlignment="Left" Margin="875,240,0,0"
TextWrapping="Wrap" Text="" VerticalAlignment="Top" Width="300" FontSize="20"/>
```

Name 属性不是控件必须的，但要在 C#代码中引用控件就必须设置。注意 Name
属性附加了 x:前缀，它引用由顶部的 Page 标记的特性指定的 XML 命名空间
http://schemas.microsoft.com/winfx/2006/xaml。该命名空间定义了所有控件的 Name
属性。

注意　不需要理解为何 Name 属性要这样定义，但如果想知道更多信息，可参考 "x:Name
指令" (*http://msdn.microsoft.com/library/ms752290.aspx*)。

Width 属性指定控件宽度，TextWrapping 属性指定输入的文字超出这个宽度怎么办。本例是自动换行(控件垂直扩充)。设为 NoWrap 则随着输入自动水平滚动。

8. 添加一个 ComboBox 控件，把它放到 id 和 firstName 两个文本框之间的 Title TextBlock 控件下方。如下表所示设置属性。

属性名称	值
x:Name	title
HorizontalAlignment	Left
Margin	420,240,0,0
VerticalAlignment	Top
Width	100
FontSize	20

等价的 XAML 标记如下：

```
<ComboBox x:Name="title" HorizontalAlignment="Left" Margin="420,240,0,0"
VerticalAlignment="Top" Width="100" FontSize="20"/>
```

该 ComboBox 控件显示一组可供用户选择的值。

9. 在设计视图中点击 ComboBox 控件，在属性窗口中展开"公开"类别。单击 Items 属性旁边的省略号。随后显示"Object 集合编辑器"。

10. 从下拉列表中选择 ComboBoxItem，单击"添加"按钮。在显示添加项属性的右侧窗格中展开"公共"区域(如果还没有展开的话)，为 Content 属性输入 **Mr**(参见下图)。

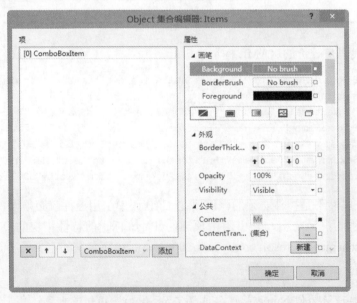

11. 单击"确定"按钮关闭集合编辑器。下面是 title ComboBox 目前的 XAML 标记：

```
<ComboBox x:Name="title" HorizontalAlignment="Left" Margin="420,240,0,0"
VerticalAlignment="Top" Width="100" FontSize="20"/>
    <ComboBoxItem Content="Mr"/>
</ComboBox>
```

注意两个地方。首先是独立的 ComboBox 标记被自动拆分成起始<ComboBox>标记和结束</ComboBox>标记。其次，两个标记之间添加了 ComboBoxItem 元素，它的 Content 属性设为 Mr。应用程序运行时，会在下拉列表中选择该项。

12. 继续在组合框的下拉列表中添加 Mrs 和 Ms。既可使用集合编辑器，也可直接输入 XAML 标记，如下所示：

```
<ComboBox x:Name="title" HorizontalAlignment="Left" Margin="450,240,0,0"
VerticalAlignment="Top" Width="75" FontSize="20"/>
    <ComboBoxItem Content="Mr"/>
    <ComboBoxItem Content="Mrs"/>
    <ComboBoxItem Content="Ms"/>
</ComboBox>
```

注意　ComboBox 控件除了能显示简单元素，比如一组 ComboBoxItem 控件，还能显示较复杂的元素，比如按钮、复选框和单选钮。如果只是添加简单的 ComboBoxItem 控件，直接输入 XAML 标记恐怕更容易。添加复杂控件时，集合编辑器则是不二之选。但是，应避免在组合框中搞太多花样——最好的应用程序是最令人一目了然的。在组合框中嵌入复杂的控件会适得其反。

13. 再添加两个 TextBox 控件和两个 TextBlock 控件。TextBox 控件供用户输入客户电子邮件和电话号码，TextBlock 控件则显示文本框的标签。根据下表设置属性。

控件	属性名称	值
第一个 TextBlock	HorizontalAlignment	Left
	Margin	300,390,0,0
	TextWrapping	Wrap
	Text	Email
	VerticalAlignment	Top
	FontSize	20
第一个 TextBox	x:Name	email
	HorizontalAlignment	Left
	Margin	450,390,0,0
	TextWrapping	Wrap
	Text	Leave empty
	VerticalAlignment	Top
	Width	400
	FontSize	20

续表

控件	属性名称	值
第二个 TextBlock	HorizontalAlignment	Left
	Margin	300,540,0,0
	TextWrapping	Wrap
	Text	Phone
	VerticalAlignment	Top
	FontSize	20
第二个 TextBox	x:Name	phone
	HorizontalAlignment	Left
	Margin	450,540,0,0
	TextWrapping	Wrap
	Text	Leave empty
	VerticalAlignment	Top
	Width	200
	FontSize	20

这些控件的 XAML 标记如下所示：

```
<TextBlock HorizontalAlignment="Left" Margin="300,390,0,0" TextWrapping="Wrap"
Text="Email" VerticalAlignment="Top" FontSize="20"/>
<TextBox x:Name="email" HorizontalAlignment="Left" Margin="450,390,0,0"
TextWrapping="Wrap" Text="" VerticalAlignment="Top" Width="400" FontSize="20"/>
<TextBlock HorizontalAlignment="Left" Margin="300,540,0,0" TextWrapping="Wrap"
Text="Phone" VerticalAlignment="Top" FontSize="20"/>
<TextBox x:Name="phone" HorizontalAlignment="Left" Margin="450,540,0,0"
TextWrapping="Wrap" Text="" VerticalAlignment="Top" Width="200" FontSize="20"/>
```

完成后的窗体如下图所示。

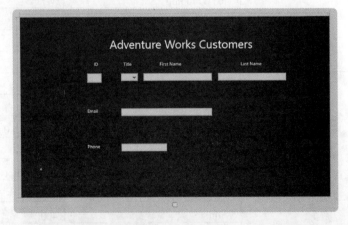

14. 在"调试"菜单中选择"开始调试"生成并运行应用程序。

应用程序启动并显示窗体。可在窗体中输入并从组合框选择头衔，但别的就没什么了。

15. 在应用程序运行期间，点击屏幕左上角并拖动代表 Visual Studio 的图片。Customers 应用程序会变成"填充"视图(这个视图占据大半屏幕，只是左侧 320 像素宽度的区域显示桌面图标)。注意，下图中的 Last Name 字段跑出屏幕右侧了。

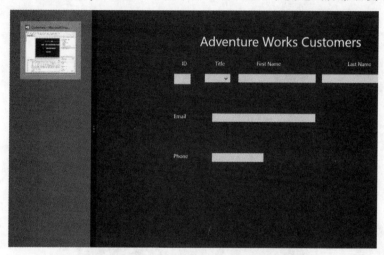

> **⚠重要提示**　屏幕分辨率至少 1366 × 768 像素才能切换到"填充"视图。否则可以用模拟器来模拟高分辨率设备。参见本练习之后的补充内容"用模拟器测试 Windows Store 应用"。

16. 改变 Customers 应用程序的窗口大小，用"贴靠"视图显示它。如下图所示，这一次，窗体的大部分都消失了(在仅 320 像素宽度的区域中显示)。有的 TextBlock 内容发生自动换行并垂直显示，这个时候的窗体没什么用。

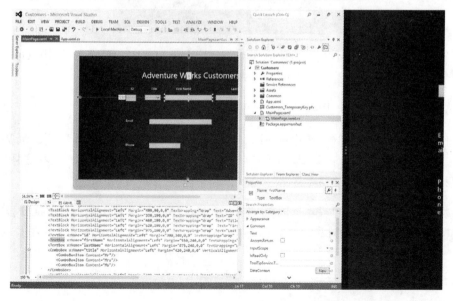

17. 返回 Visual Studio，选择"调试"|"停止调试"。

这个简单的例子让你体验了为什么在布局时要小心。虽然应用程序在全屏幕下看起来不错，但一旦切换到填充或贴靠视图，就变得不好用甚至完全没法用。另外，应用程序假定用户在横放的设备上使用。如果在支持不同方向的平板设备上运行应用程序，同时旋转到竖放模式，就会变成下图这样。[①]

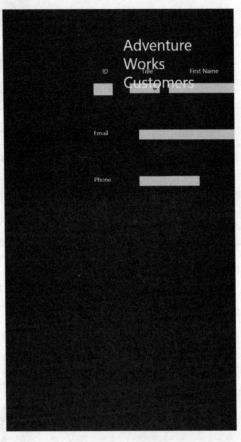

因为目前的布局都还不能伸缩并适应不同屏幕大小和方向。幸好，可利用 Grid 控件的属性一个名为"可视状态管理器"的功能来解决问题。

用模拟器测试 Windows Store 应用

即使手边没有平板电脑，也可用 Visual Studio 2012 提供的"模拟器"来测试 Windows Store 应用在移动设备上的表现。模拟器模拟平板设备，允许模拟像捏放和轻扫这样的手势。还能模拟屏幕旋转和修改分辨率等。

要在模拟器中运行应用程序，请在 Visual Studio 2012 工具栏上选择"调试目标"(就在"调试"菜单的正下方)。默认调试目标是"本地计算机"，这造成应用程序在本地计算机

---

① 横放、竖放在文档中翻译为横向和纵向。——译注

上以全屏模式运行。但可从这个列表中选择"模拟器",从而在调试时自动启动模拟器。

注意调试目标可以设为一台不同的计算机来执行远程调试(会提示输入网络地址)。下图展示了"调试目标"下拉列表。

选好"模拟器"之后,从"调试"菜单中运行应用程序,模拟器就会启动并显示应用程序。模拟器右侧的工具栏允许使用鼠标模仿手势。如果应用程序要求设备的地理位置信息,甚至可以模拟用户的位置。但在测试应用程序布局时,最重要的工具是顺时针旋转、逆时针旋转和更改分辨率。下图展示了 Customers 应用程序在模拟器中运行的样子。右侧的图注描述了模拟器每个按钮的功用。

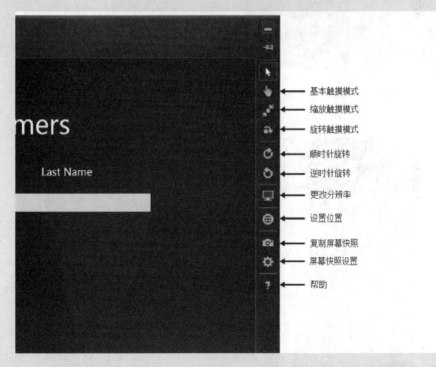

注意,本节的屏幕快照是在 1366 × 768 分辨率的设备上截取的。模拟器默认采用和屏幕一样的分辨率启动。如果使用不同的分辨率,可能要点击"更改分辨率"按钮并切换到 1366 × 768 才能看到和这里的一样的效果。

下图展示了在点击"顺时针"按钮之后应用程序的情况。它现在用竖放模式运行。

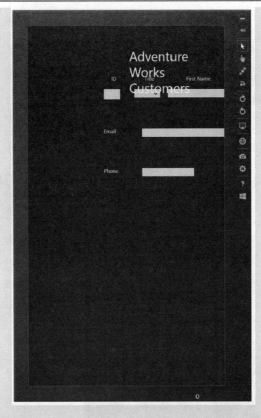

　　还可更改分辨率来体验应用程序的行为。下图是用 27 寸显示器的标准分辨率 2560 ×
1440 显示的结果。可以看到应用程序在屏幕左上角缩成一团了。

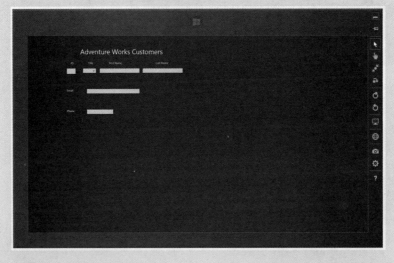

　　模拟器的行为就是真正的 Windows 8 设备的行为(它本质上是到你自己计算机的一个
远程桌面连接)。要停止模拟器，鼠标移到屏幕右侧打开超级按钮栏(charms bar)，点击"设
置"超级按钮，点击"电源"，再点击"断开"。注意，要测试贴靠和填充视图，需要在
模拟器中启动一个或多个额外的应用程序(这两个视图只有在同时运行两个或多个应用程
序时才能调出)。例如可以启动 Windows 8"开始"屏幕上的"天气"应用。

用 Grid 控件实现表格布局

可用 Grid 控件实现表格布局。Grid 包含行和列,可指定要将控件放在哪一行和哪一列。Grid 控件的一个优点是可以用相对值指定行和列的大小。这样当网格缩小或放大来适应不同的屏幕大小和方向时,行和列也能成比例地缩小和放大。行列交汇构成一个单元格。将控件放到单元格中,它们会随着行和列的缩小和放大而移动。所以,实现可伸缩界面的关键就是将界面分解成一组单元格,相关元素放到同一个单元格中。单元格可包含另一个网格,以便对每个元素进行准确定位。

以 Customers 应用程序为例,UI 可以划分为两个主要区域。一个是标题区域,一个是包含客户详细信息的主体区域。不同区域之间要有一定间距,窗体底部要有边距。可以为每个区域都指定相对大小,如下图所示。

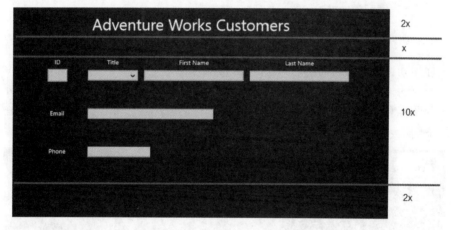

在这个大致的示意图中,标题行的高度是它下方的间隔的两倍。主体的高度是间隔的 10 倍。底部边距则是 2 倍。

容纳这些元素需要定义 4 行,并将相关的项放到各自的行中。其中,主体可以用另一个更复杂的网格来描述,如下图所示。

在下图中标注的相对值:

位置	相对值
行	y
行	y
行	2y
行	y
行	2y
行	y
行	4y

列:z   z   z   2z   2z   z

同样地,每一行的高度都是相对值,宽度也是。另外,注意容纳 Email 和 Phone 信息的 TextBox 和网格有一点冲突。如果愿意,可以定义嵌套更深的网格来对齐这些项。但请注意网格的目的只是定义元素的相对位置和间距,元素完全允许超过单元格的边界。

下个练习将修改 Customers 应用程序的布局,用上述网格布局定位控件。

> **修改布局以适应不同的屏幕大小和方向**

1. 在 Customers 应用程序的 XAML 窗格中,在现有 Grid 元素中添加另一个 Grid。新 Grid 的 margin 设为距离父 Grid 左边 40 像素,距离顶边 54 像素,如加粗的代码 所示。

```
<Grid Background="{StaticResource ApplicationPageBackgroundThemeBrush}">
    <Grid Margin="40,54,0,0">
    </Grid>
    <TextBlock HorizontalAlignment="Left" TextWrapping="Wrap"
      Text="Adventure Works Customers" ... />
    ...
</Grid>
```

行和列也可作为现有 Grid 的一部分定义,但为了保持与其他 Windows Store 应用 一致的外观和感觉,左侧和顶部应该留出一些空。这方便 Windows 8 显示它的各 种图标和工具栏,比如代表当前正在运行的应用程序和"开始"屏幕的图标,如 下图所示。

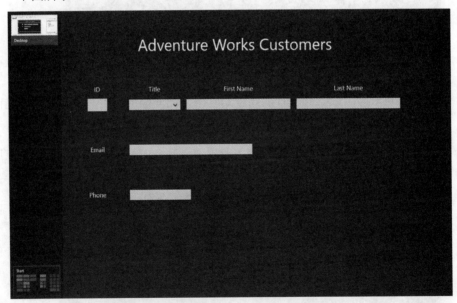

2. 将以下加粗的<Grid.RowDefinitions>区段添加到新的 Grid 元素中。

```
<Grid Margin="40,54,0,0">
    <Grid.RowDefinitions>
        <RowDefinition Height="2*"/>
        <RowDefinition Height="*"/>
        <RowDefinition Height="10*"/>
        <RowDefinition Height="2*"/>
    </Grid.RowDefinitions>
```

```
</Grid>
```

<Grid.RowDefinitions>区段定义了网格中的行。本例定义了 4 行。可用绝对值(以像素为单位)指定行的大小，也可用*操作符指出这是相对大小(造成 Windows 在程序运行时根据屏幕大小和分辨率计算行的大小)。本例的值对应于前面图示的header(标题)、body(主体)、spacer(间隔)和 bottom margin(底部边距)的相对大小。

3. 将定义标题的 TextBlock 控件移到 Grid 中，放到结束</Grid.RowDefinitions>标记之后。

为该 TextBlock 控件添加 Grid.Row 属性，值设为 0，指出 TextBlock 应该定位在Grid 的第一行中(Grid 控件的行列编号都是从 0 开始的)。

> **注意** Grid.Row 是所谓的附加属性(attached property)，也就是从容器控件获得的属性。网格外部的 TextBlock 没有 Row 属性(因为没有意义)，但只要定位到网格中，Row属性就会附加到 TextBlock 上，TextBlock 控件可向其赋值。然后，Grid 控件根据这个值判断在哪里显示 TextBlock 控件。附加属性很明显，因为它必然是*ContainerType.PropertyName* 这样的形式。

删除 Margin 属性，将 HorizontalAlignment 和 VerticalAlignment 属性设为 Center。这造成 TextBlock 在行内居中。

目前 Grid 和 TextBlock 控件的 XAML 标记如下所示(改动的地方加粗)：

```
<Grid Margin="40,54,0,0">
  <Grid.RowDefinitions>
    <RowDefinition Height="2*"/>
    <RowDefinition Height="*"/>
    <RowDefinition Height="10*"/>
    <RowDefinition Height="2*"/>
  </Grid.RowDefinitions>
  <TextBlock Grid.Row="0" HorizontalAlignment="Center" TextWrapping="Wrap"
Text="Adventure Works Customers" VerticalAlignment="Center" FontSize="50"/>
    ...
</Grid>
```

4. 在 TextBlock 控件后添加另一个嵌套 Grid 控件。该网格对主体中的所有控件进行布局，应该出现在外层 Grid 的第 3 行(行的大小是 10*)，所以将 Grid.Row 属性设为 2，如加粗的代码所示：

```
<Grid Margin="40,54,0,0">
  <Grid.RowDefinitions>
    <RowDefinition Height="2*"/>
    <RowDefinition Height="*"/>
    <RowDefinition Height="10*"/>
    <RowDefinition Height="2*"/>
  </Grid.RowDefinitions>
  <TextBlock Grid.Row="0" HorizontalAlignment="Center" .../>
```

```
<Grid Grid.Row="2">
</Grid>
...
</Grid>
```

5. 在新的 Grid 控件中添加以下<Grid.RowDefinition>和<Grid.ColumnDefinition>代码小节：

```
<Grid Grid.Row="2">
    <Grid.RowDefinitions>
        <RowDefinition Height="*"/>
        <RowDefinition Height="*"/>
        <RowDefinition Height="2*"/>
        <RowDefinition Height="*"/>
        <RowDefinition Height="2*"/>
        <RowDefinition Height="*"/>
        <RowDefinition Height="4*"/>
    </Grid.RowDefinitions>
    <Grid.ColumnDefinitions>
        <ColumnDefinition Width="*"/>
        <ColumnDefinition Width="*"/>
        <ColumnDefinition Width="20"/>
        <ColumnDefinition Width="*"/>
        <ColumnDefinition Width="20"/>
        <ColumnDefinition Width="2*"/>
        <ColumnDefinition Width="20"/>
        <ColumnDefinition Width="2*"/>
        <ColumnDefinition Width="*"/>
    </Grid.ColumnDefinitions>
</Grid>
```

这些代码定义了前面示意图所描述的行列高度和宽度。包含控件的每一列间隔 20 像素。

6. 将显示 ID，Title，Last Name 和 First Name 标签的 TextBlock 控件移动到嵌套 Grid 控件中，放到结束<Grid.ColumnDefinitions>标记之后。

7. 将每个 TextBlock 的 Grid.Row 属性设为 0(从而在第一行显示这些标签)。将 ID 标签的 Grid.Column 属性设为 1，Title 标签的 Grid.Column 属性设为 3，First Name 标签的 Grid.Column 属性设为 5，Last Name 标签的 Grid.Column 属性设为 7。

8. 删除所有 TextBlock 控件的 Margin 属性，将 HorizontalAlignment 和 VerticalAlignment 属性设为 Center。

9. 目前这些控件的 XAML 标记如下所示(改动的地方加粗)：

```
<Grid Grid.Row="2">
    <Grid.RowDefinitions>
        ...
    </Grid.RowDefinitions>
```

```
   <Grid.ColumnDefinitions>
      ...
   </Grid.ColumnDefinitions>
   <TextBlock Grid.Row="0" Grid.Column="1" HorizontalAlignment="Center"
TextWrapping="Wrap" Text="ID" VerticalAlignment="Center" FontSize="20"/>
   <TextBlock Grid.Row="0" Grid.Column="3" HorizontalAlignment="Center"
TextWrapping="Wrap" Text="Title" VerticalAlignment="Center" FontSize="20"/>
   <TextBlock Grid.Row="0" Grid.Column="5" HorizontalAlignment="Center"
TextWrapping="Wrap" Text="First Name" VerticalAlignment="Center" FontSize="20"/>
   <TextBlock Grid.Row="0" Grid.Column="7" HorizontalAlignment="Center"
TextWrapping="Wrap" Text="Last Name" VerticalAlignment="Center" FontSize="20"/>
</Grid>
```

10. 将 id，firstName 和 lastName 等 TextBox 控件和 title ComboBox 控件移动到嵌套
    Grid 控件中，放到 Last Name TextBlock 控件之后。

    将这些控件放到 Grid 的行 1。将 id 控件放到列 1，title 控件列 3，firstName 控件
    列 5，lastName 控件列 7。

    删除所有控件的 Margin 属性，将 VerticalAlignment 属性设为 Center。删除 Width
    属性，HorizontalAlignment 属性设为 Stretch——造成控件占据整个单元格，并随
    着单元格大小的改变而自动缩小或变大。

    这些控件最终的 XAML 标记如下所示。

```
<Grid Grid.Row="2">
   <Grid.RowDefinitions>
      ...
   </Grid.RowDefinitions>
   <Grid.ColumnDefinitions>
      ...
   </Grid.ColumnDefinitions>
   ...
   <TextBlock Grid.Row="0" Grid.Column="7" ... Text="Last Name" .../>
   <TextBox Grid.Row="1" Grid.Column="1" x:Name="id" HorizontalAlignment="Stretch"
TextWrapping="Wrap" Text="" VerticalAlignment="Center" FontSize="20" IsReadOnly="True"/>
   <TextBox Grid.Row="1" Grid.Column="5" x:Name="firstName" HorizontalAlignment="Stretch"
TextWrapping="Wrap" Text="" VerticalAlignment="Center" FontSize="20"/>
   <TextBox Grid.Row="1" Grid.Column="7" x:Name="lastName" HorizontalAlignment="Stretch"
TextWrapping="Wrap" Text="" VerticalAlignment="Center" FontSize="20"/>
   <ComboBox Grid.Row="1" Grid.Column="3" x:Name="title" HorizontalAlignment="Stretch"
VerticalAlignment="Center" FontSize="20">
      <ComboBoxItem Content="Mr"/>
      <ComboBoxItem Content="Mrs"/>
      <ComboBoxItem Content="Ms"/>
   </ComboBox>
</Grid>
```

11. 将显示 Email 标签的 TextBlock 控件和 email TextBox 控件移动到嵌套 Grid 控件中，
    放到 title ComboBox 控件之后。

将这些控件放到 Grid 控件的行 3。Email 标签放到列 1, email TextBox 控件放到列 3。另外，将 email TextBox 控件的 Grid.ColumnSpan 属性设为 3; 这使其跨越 3 列, 就像前面的示意图展示的那样。

将 Email 标签控件的 HorizontalAlignment 属性设为 Center, 但 email TextBox 的 HorizontalAlignment 属性仍然设为 Left; 该控件应左对齐它跨越的第一列, 而不是在 3 个列的范围内居中。

将 Email 标签和 email TextBox 控件的 VerticalAlignment 属性设为 Center。

下面是这些控件最终的 XAML 标记:

```xml
<Grid Grid.Row="2">
    <Grid.RowDefinitions>
      ...
    </Grid.RowDefinitions>
    <Grid.ColumnDefinitions>
      ...
    </Grid.ColumnDefinitions>
      ...
    <ComboBox Grid.Row="1" Grid.Column="3" x:Name="title" HorizontalAlignment="Stretch"
VerticalAlignment="Center" FontSize="20">
      ...
    </ComboBox>
    <TextBlock  Grid.Row="3"  Grid.Column="1"  HorizontalAlignment="Center"
TextWrapping="Wrap" Text="Email" VerticalAlignment="Center" FontSize="20"/>
    <TextBox Grid.Row="3" Grid.Column="3" Grid.ColumnSpan="3" x:Name="email"
HorizontalAlignment="Left"  TextWrapping="Wrap"  Text=""  VerticalAlignment="Center"
Width="400" FontSize="20"/>
</Grid>
```

12. 将显示 Phone 标签的 TextBlock 控件和 phone TextBox 控件移动到嵌套 Grid 控件中, 放到 email TextBox 控件之后。

将这些控件放到 Grid 控件的行 5。将 Phone 标签放到列 1, phone TextBox 控件放到列 3。将 phone TextBox 控件的 Grid.ColumnSpan 属性设为 3。

将 Phone 标签控件的 HorizontalAlignment 属性设为 Center, phone TextBox 的 HorizontalAlignment 属性则继续保持 Left。

将两个控件的 VerticalAlignment 属性设为 Center。

两个控件最终的 XAML 标记如下所示。

```xml
<Grid Grid.Row="2">
    <Grid.RowDefinitions>
      ...
    </Grid.RowDefinitions>
    <Grid.ColumnDefinitions>
      ...
```

```
</Grid.ColumnDefinitions>
...<TextBox ..." x:Name="email" .../>
<TextBlock Grid.Row="5" Grid.Column="1" HorizontalAlignment="Center"
TextWrapping="Wrap" Text="Phone" VerticalAlignment="Center" FontSize="20"/>
    <TextBox Grid.Row="5" Grid.Column="3" Grid.ColumnSpan="3" x:Name="phone"
HorizontalAlignment="Left" TextWrapping="Wrap" Text="" VerticalAlignment="Center"
Width="200" FontSize="20"/>
</Grid>
```

13. 在 Visual Studio 2012 工具栏的"调试目标"下拉列表中选择"模拟器"。

    将在模拟器中运行应用程序，查看不同分辨率和屏幕大小的时候布局的自适应情况。

14. 在"调试"菜单中选择"开始调试"。

    将启动模拟器并运行 Customers 应用程序。点击"更改分辨率"使用 1366 × 768
    的分辨率。另外，确保模拟器目前是用横放模式显示(如果竖放模式就点击"顺时
    针旋转")。验证控件的间距非常匀称。

15. 单击"顺时针旋转"以横放模式显示。

    如下图所示，Customers 应用程序会调整用户界面的布局，控件的间距仍然很匀称，
    而且完全可用。

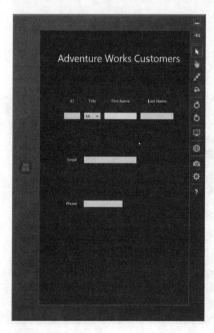

16. 点击"逆时针旋转"来恢复横放模式，然后点击"更改分辨率"使用 2560 × 1400
    的分辨率。注意控件布局还是很匀称，虽然标签文字可能有点看不清(除非当前实
    际使用的就是 27 寸显示器)。

17. 再次点击"更改分辨率"，使用 1024 × 768 的分辨率。

控件的间距和大小同样会自动调整来呈现一个养眼的用户界面，如下图所示。

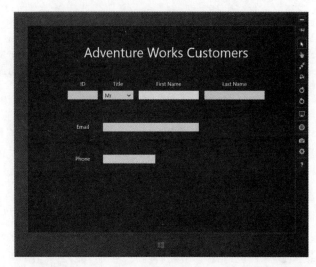

18. 再次点击"更改分辨率"，切换回 1366 × 768 的分辨率。

19. 改变 Customers 应用程序窗口的大小，使其用贴靠视图显示。

提示   要在目前没有其他应用程序运行的前提下以贴靠视图显示当前应用程序，请用轻
       扫手势抓住应用程序顶部，向左或向右拖动。

如下图所示，所有控件都保持可见，但标签文本发生了自动换行，使其难以阅读。
另外，控件用起来不太方便。

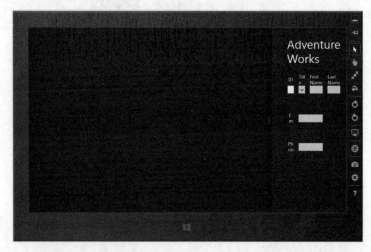

20. 在模拟器中显示超级按钮(按快捷键 Windows+C)，单击"设置"|"电源"|"断开"。
    模拟器关闭并返回 Visual Studio。

21. 在"调试目标"下拉列表中选择"本地计算机"。

用可视状态管理器调整布局

Customers 应用程序的用户界面能适应不同的分辨率和屏幕大小,但贴靠视图仍然不理想。另外,在手机上使用可能效果不佳,因为手机具有和贴靠视图差不多的高度和宽度。稍微思考一下,就知道问题不是在于控件的缩放,而是在于布局。例如,贴靠视图最好是将布局改变成下图所示的这样。

可通过可视状态管理器来实现这个效果。所有 Windows Store 应用都实现了一个可视状态管理器,它跟踪应用程序的可视状态,能检测应用程序在全屏幕(默认)、填充和贴靠视图之间的切换。可捕捉可视状态的切换来显示 UI 动画——例如移动控件或显示/隐藏控件。以下练习将演示具体过程。第一步是定义客户数据在贴靠视图中的布局。

> **定义贴靠视图的布局**

1. 在 Customers 应用程序的 XAML 窗格中,向定义控件表格布局的 Grid 控件添加加粗的 x:Name 和 Visibility 属性。

```
<Grid Background="{StaticResource ApplicationPageBackgroundThemeBrush}">
    <Grid x:Name="customersTabularView" Margin="40,54,0,0" Visibility="Collapsed">
        ...
    </Grid>
</Grid>
```

以后会在其他 XAML 标记中引用该 Grid 控件，所以需要为它指定名称。Visibility 属性指定控件是显示(Visible)还是隐藏(Collapsed)。默认值是 Visible，但暂时隐藏该 Grid，并定义另一个 Grid 以列格式显示数据。

2. 在 customersTabularView Grid 控件的结束</Grid>标记之后添加另一个 Grid 控件，将 x:Name 属性设为 customersColumnarView，将 Margin 属性设为 20,10,20,10，将 Visibility 属性设为 Visible。

📝提示　要使结构更易读，可以点击 XAML 标记左侧的+或 ￭ 符号，从而展开或收缩 XAML 窗格中的元素。

```
<Grid Background="{StaticResource ApplicationPageBackgroundThemeBrush}">
    <Grid x:Name="customersTabularView" Margin="40,54,0,0" Visibility="Collapsed">
        ...
    </Grid>
    <Grid x:Name="customersColumnarView" Margin="10,20,10,20" Visibility="Visible">
    </Grid>
</Grid>
```

3. 在 customersColumnarView Grid 控件中添加以下行定义。

```
<Grid x:Name="customersColumnarView" Margin="10,20,10,20" Visibility="Visible">
    <Grid.RowDefinitions>
        <RowDefinition Height="*"/>
        <RowDefinition Height="10*"/>
    </Grid.RowDefinitions>
</Grid>
```

第一行显示标题，第二行(这一行要大得多)显示供用户输入数据的控件。

4. 在行定义后添加以下 TextBlock 控件，在 Grid 控件的第一行显示被截短的标题 "Customers"。将 FontSize 设为 30。

```
<Grid x:Name="customersColumnarView" Margin="10,20,10,20" Visibility="Visible">
    <Grid.RowDefinitions>
        ...
    </Grid.RowDefinitions>
    <TextBlock Grid.Row="0" HorizontalAlignment="Center" TextWrapping="Wrap"
    Text="Customers" VerticalAlignment="Center" FontSize="30"/>
</Grid>
```

5. 在 customersColumnarView Grid 控件的行 1 添加另一个 Grid 控件，以便用两列显示标签和数据输入控件。在 Grid 中添加以下行列定义。

```
<TextBlock Grid.Row="0" ... />
<Grid Grid.Row="1">
    <Grid.ColumnDefinitions>
        <ColumnDefinition/>
        <ColumnDefinition/>
    </Grid.ColumnDefinitions>
```

```
<Grid.RowDefinitions>
    <RowDefinition/>
    <RowDefinition/>
    <RowDefinition/>
    <RowDefinition/>
    <RowDefinition/>
</Grid.RowDefinitions>
</Grid>
```

注意，如果集合中的所有行或列都有相同的高度或宽度，就不需要指定大小了。

6. 将 ID、Title、First Name 和 Last Name TextBlock 控件的 XAML 标记从 customersTabularView Grid 控件复制到新 Grid 中，放到刚才添加的行定义之后。ID 控件放到行 0，Title 控件行 1，First Name 控件行 2，Last Name 控件行 3。所有控件都放到列 0。

```
<Grid.RowDefinitions>
...
</Grid.RowDefinitions>
<TextBlock Grid.Row="0" Grid.Column="0" HorizontalAlignment="Center"
TextWrapping="Wrap" Text="ID" VerticalAlignment="Center" FontSize="20"/>
<TextBlock Grid.Row="1" Grid.Column="0" HorizontalAlignment="Center"
TextWrapping="Wrap" Text="ID" VerticalAlignment="Center" FontSize="20"/>
<TextBlock Grid.Row="2" Grid.Column="0" HorizontalAlignment="Center"
TextWrapping="Wrap" Text="ID" VerticalAlignment="Center" FontSize="20"/>
<TextBlock Grid.Row="3" Grid.Column="0" HorizontalAlignment="Center"
TextWrapping="Wrap" Text="ID" VerticalAlignment="Center" FontSize="20"/>
```

7. 将 id、firstName 和 lastName TextBox 控件以及 title ComboBox 控件从 customersTabularView Grid 控件复制到新 Grid 中，放到 TextBox 控件之后。id 控件放到行 0，title 行 1，firstName 行 2，lastName 行 3。全部 4 个控件都放到列 1。另外，为所有控件名称附加字母 c(代表 column 或列)来改名。这是为了防止和 customersTabularView Grid 中的现有控件冲突。

```
<TextBlock Grid.Row="3" Grid.Column="0" HorizontalAlignment="Center"
TextWrapping="Wrap" Text="ID" VerticalAlignment="Center" FontSize="20"/>
<TextBox Grid.Row="0" Grid.Column="1" x:Name="cId" HorizontalAlignment="Stretch"
TextWrapping="Wrap" Text="ID" VerticalAlignment="Center" FontSize="20"/>
<TextBox Grid.Row="2" Grid.Column="1" x:Name="cFirstName" HorizontalAlignment="Stretch"
TextWrapping="Wrap" Text="" VerticalAlignment="Center" FontSize="20"/>
TextBox Grid.Row="3" Grid.Column="1" x:Name="cLastName" HorizontalAlignment="Stretch"
TextWrapping="Wrap" Text="" VerticalAlignment="Center" FontSize="20"/>
<ComboBox Grid.Row="1" Grid.Column="1" x:Name="cTitle" HorizontalAlignment="Stretch"
VerticalAlignment="Center" FontSize="20">
    <ComboBoxItem Content="Mr"/>
    <ComboBoxItem Content="Mrs"/>
    <ComboBoxItem Content="Ms"/>
</ComboBox>
```

8. 将代表电子邮件地址和电话号码的 TextBlock 和 TextBox 控件从 customersTabularView Grid 控件复制到新 Grid 中，放到 cTitle ComboBox 控件之后。将 TextBlock 控件放到列 0，TextBox 控件放到列 1，占用行 4 和行 5。将 email TextBox 控件的名称更改为 cEmail，phone TextBox 控件的名称更改为 cPhone。删除 cEmail 和 cPhone 控件的 Width 属性，把它们的 HorizontalAlignment 属性设为 Stretch。

```
<ComboBox ...>
  ...
</ComboBox>
<TextBlock Grid.Row="4" Grid.Column="0" HorizontalAlignment="Center" TextWrapping="Wrap"
Text="Email" VerticalAlignment="Center" FontSize="20"/>
<TextBox Grid.Row="4" Grid.Column="1" x:Name="cEmail" HorizontalAlignment="Stretch"
TextWrapping="Wrap" Text="" VerticalAlignment="Center" FontSize="20"/>
<TextBlock Grid.Row="5" Grid.Column="0" HorizontalAlignment="Center" TextWrapping="Wrap"
Text="Phone" VerticalAlignment="Center" FontSize="20"/>
<TextBox Grid.Row="5" Grid.Column="1" x:Name="cPhone" HorizontalAlignment="Stretch"
TextWrapping="Wrap" Text="" VerticalAlignment="Center" FontSize="20"/>
```

设计视图显示的布局如下图所示。

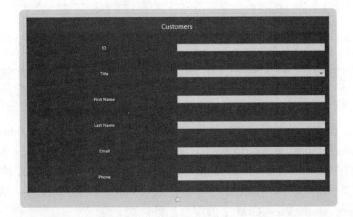

9. 返回 customersTabularView Grid 控件折 XAML 标记，将 Visibility 属性设为 Visible：

```
<Grid x:Name="customersTabularView" Margin="40,54,0,0" Visibility="Visible">
```

10. 在 customersColumnarView Grid 控件的 XAML 标记中，将 Visibility 属性设为 Collapsed：

```
<Grid x:Name="customersColumnarView" Margin="20,10,20,10" Visibility="Collapsed">
```

设置视图将显示 Customers 窗体的原始表格布局。这是应用程序使用的默认视图。

现在已定义好了贴靠视图的布局。目前唯一做的事情就是复制许多控件，并以不同的方式来进行布局。在不同视图之间切换时，一个视图中的数据如何传输到另一个？例如，假定应用程序以全屏幕模式运行时输入了一个客户的详细信息，那么当切换到贴靠视图后，新控件并不包含刚才输入的信息。解决这个问题的方案是数据绑定，它将数据和多个控件关联。数据改变时,所有控件都显示更新的信息。具体过程将在第 26 章讨论。目前只需考虑在视图发生改变时,如何用可视状态管理器在不同布局之间切换。

每个 Windows Store 应用都有自己的可视状态管理器,作用是响应可视状态的改变,并相应更新 UI 布局。要指定可视状态的改变,可以使用 VisualStateManager 对象的 GoToState 方法。可在 XAML 标记中实现一系列可视状态过渡,从而指定可视状态管理器对布局的修改。这正是下一个练习要做的事情。

➤ **使用可视状态管理器修改布局**

1. 在 Customers 应用程序的 XAML 窗格中,在 customersColumnarView Grid 控件的结束</Grid>标记后添加以下标记:

```
<Grid x:Name="customersColumnarView" Margin="10,20,10,20" Visibility="Visible">
    ...
</Grid>
<VisualStateManager.VisualStateGroups>
   <VisualStateGroup>
      <VisualState x:Name="FullScreenLandscape"/>
      <VisualState x:Name="FullScreenPortrait"/>
      <VisualState x:Name="Filled"/>
   </VisualStateGroup>
</VisualStateManager.VisualStateGroups>
```

为了定义可视状态的过渡,需要实现一个或多个**可视状态组**,它指定了当可视状态管理器切换到指定可视状态时应发生什么过渡。在本例中,当可视状态管理器切换到全屏幕视图时(横放或竖放),或者切换到填充视图时,将采取默认操作。之前已演示了这些默认操作,即控件将根据 Grid 控件的行列定义来自动调整宽度和位置。

2. 将以下加粗显示的可视状态过渡添加到可视状态组:

```
<VisualStateManager.VisualStateGroups>
   <VisualStateGroup>
      <VisualState x:Name="FullScreenLandscape"/>
      <VisualState x:Name="FullScreenPortrait"/>
      <VisualState x:Name="Filled"/>
      <VisualState x:Name="Snapped">
      <Storyboard>
         <ObjectAnimationUsingKeyFrames Storyboard.TargetName=
"customersTabularView" Storyboard.TargetProperty="Visibility">
            <DiscreteObjectKeyFrame KeyTime="0" Value="Collapsed"/>
         </ObjectAnimationUsingKeyFrames>
         <ObjectAnimationUsingKeyFrames Storyboard.TargetName=
"customersColumnarView" Storyboard.TargetProperty="Visibility">
            <DiscreteObjectKeyFrame KeyTime="0" Value="Visible"/>
         </ObjectAnimationUsingKeyFrames>
      </Storyboard>
   </VisualStateGroup>
</VisualStateManager.VisualStateGroups>
```

这些过渡在应用程序切换为贴靠(Snapped)视图时发生。过渡(transition)以动画故事板的形式描述。Windows Store 应用程序动画是一个很大的主题,本书因篇幅限制无法详述。代码的重点在于,在这个过渡中包含两个动画,第一个将customersTabularView Grid 控件的 Visibility 属性更改为 Collapsed;第二个将customersColumnarView Grid 控件的 Visibility 属性更改为 Visible。

📖注意　要想进一步了解如何在 Windows Store 应用中使用动画,请参考"快速入门:创建 UI 动画"(*http://msdn.microsoft.com/library/windows/apps/xaml/hh452703.aspx*)。

3. 在解决方案资源管理器中展开 MainPage.xaml,双击 MainPage.xaml.cs 显示它。

4. 在 MainPage 类中添加以下代码:

```
void WindowSizeChanged(object sender, WindowSizeChangedEventArgs e)
{
    ApplicationViewState viewState = ApplicationView.Value;
    VisualStateManager.GoToState(this, viewState.ToString(), false);
}
```

应用程序窗口大小发生改变时(比如从 Fullscreen 切换到 Filled 视图,或者从 Filled 切换到 Snapped 视图)将运行该事件处理程序。事件处理程序中的代码查询 ApplicationView 类的静态 Value 属性来判断当前切换成什么视图(ApplicationView 对象由 Windows Runtime 维护,提供了一组静态方法供应用程序获取与它的当前可视状态有关的信息)。Value 属性返回的是枚举值,可能的值包括 FullScreenLandscape,FullScreenPortrait,Filled 和 Snapped,正好对应 Customers 窗体的 XAML 标记中的可视状态组名称。VisualStateManager 对象的 GoToState 方法在第一个实参指定的对象(本例即 Customers 窗体)上触发视图过渡,并使用和第二个实参同名的可视状态组。第三个 Boolean 实参暂时可以忽略。

5. 在 MainPage 构造器中添加以下加粗显示的语句。

```
public MainPage()
{
    this.InitializeComponent();
    Window.Current.SizeChanged += WindowSizeChanged;
}
```

代码为当前窗口订阅 SizeChanged 事件;上一步定义的 WindowSizeChanged 方法将在事件发生时运行。

6. 在"调试"菜单中选择"开始调试"。

应用程序开始运行并用全屏幕视图显示 Customers 窗体。数据用表格布局显示。

📖注意　如果分辨率低于 1366×768,就像前面描述的那样用模拟器运行。在模拟器中配置 1366×768 的分辨率。

7. 改变应用程序窗口大小，用贴靠视图显示。如下图所示，这一次，数据将切换用列布局显示。

8. 改变窗口大小，切换为填充视图。

   Customers 窗体将还原为表格布局。

9. 返回 Visual Studio 并停止调试。

25.2.2　向用户界面应用样式

了解应用程序的基本布局机制后，下一步是应用样式来增强界面的吸引力。Windows Store 应用程序中的控件提供了大量属性来更改字体、颜色、大小和其他特性。可单独为每个控件设置属性，但如果大量控件都需要相同样式就不合适了。此外，好的应用程序都做到了 UI 样式的统一，单独设置很难保持这种一致性。常在河边走，哪有不湿鞋！

Windows Store 应用程序允许定义可重用的样式。可创建资源字典将其作为应用程序级别的资源来实现，让应用程序所有页中的控件都能使用。还能在一个页的 XAML 标记中定义本地资源，只有那个页才能使用。以下练习为 Customers 应用程序定义一些简单样式，把它应用于 Customers 窗体上的控件。

> ➤　**为 Customers 窗体定义样式**

1. 在解决方案资源管理器中右击 Customers 项目，选择"添加" | "新建项"。

2. 在"添加新项"对话框中点击"资源字典"。在"名称"文本框中输入 **AppStyles.xaml**，单击"添加"按钮。

随后会在"代码和文本编辑器"窗口中显示 AppStyles.xaml 文件。资源字典是一个 XAML 文件，定义了可由应用程序使用的资源。AppStyles.xaml 文件的内容如下所示：

```
<ResourceDictionary
    xmlns="http://schemas.microsoft.com/winfx/2006/xaml/presentation"
    xmlns:x="http://schemas.microsoft.com/winfx/2006/xaml"
    xmlns:local="using:Customers">

</ResourceDictionary>
```

样式只是资源的一种，还有其他许多资源。事实上，首先添加的资源并不是样式，而是用于描绘 Customers 窗体最外层 Grid 控件背景的一个 ImageBrush。

3. 在解决方案资源管理器中右击 Customers 项目，选择"添加"|"新建文件夹"。将新文件夹的名称更改为 **Images**。

4. 右击 Images 文件夹，选择"添加"|"现有项"。

5. 在"添加现有项"对话框中，切换到"文档"文件夹下的\Microsoft Press\Visual CSharp Step By Step\Chapter 25\Resources 文件夹，选中 wood.jpg 并单击"添加"按钮。

   wood.jpg 文件添加到 Customers 项目的 Images 文件夹。这是准备在 Customers 窗体中使用的一张本质花纹背景图片。

6. 在 AppStyles.xaml 文件中添加以下加粗显示的 XAML 标记：

```
<ResourceDictionary
    xmlns="http://schemas.microsoft.com/winfx/2006/xaml/presentation"
    xmlns:x="http://schemas.microsoft.com/winfx/2006/xaml"
    xmlns:local="using:Customers">

    <ImageBrush x:Key="WoodBrush" ImageSource="Images/wood.jpg"/>
</ResourceDictionary>
```

   该标记创建名为 WoodBrush 的 ImageBrush 资源。可用该画笔设置控件背景来显示 wood.jpg。

7. 在 ImageBrush 资源下方添加以下加粗显示的样式。

```
<ResourceDictionary
...>

    <ImageBrush x:Key="WoodBrush" ImageSource="Images/wood.jpg"/>
    <Style x:Key="GridStyle" TargetType="Grid">
      <Setter Property="Background" Value="{StaticResource WoodBrush}"/>
    </Style>
</ResourceDictionary>
```

   该标记演示了如何定义样式。Style 元素要有名称(以便在应用程序中引用)，而且要指定样式应用于什么控件类型。该样式将应用于 Grid 控件。

样式主体包括一个或多个 Setter 元素。Setter 元素指定要设置的属性，以及要将属性设为什么值。本例将 Background 属性设为名为 WoodBrush 的 ImageBrush 资源。但语法有一点怪。既可引用系统定义的属性值(例如，要将背景设为纯红色，就使用"Red")，也可指定已定义的资源。引用资源需要使用 StaticResource 关键字，然后将整个表达式放到大括号中。

8. 使用该样式必须先更新应用程序的全局资源字典，并添加对 AppStyles.xaml 文件的引用。在解决方案资源管理器中双击 App.xaml 来显示它，如下所示。

```xml
<Application
    x:Class="Customers.App"
    xmlns="http://schemas.microsoft.com/winfx/2006/xaml/presentation"
    xmlns:x="http://schemas.microsoft.com/winfx/2006/xaml"
    xmlns:local="using:Customers">

    <Application.Resources>
        <ResourceDictionary>
            <ResourceDictionary.MergedDictionaries>

                <!--
                    Styles that define common aspects of the platform look and feel
                    Required by Visual Studio project and item templates
                -->
                <ResourceDictionary Source="Common/StandardStyles.xaml"/>
            </ResourceDictionary.MergedDictionaries>
        </ResourceDictionary>
    </Application.Resources>
</Application>
```

9. 在 ResourceDictionary.MergedDictionaries 元素中将 AppStyles.xaml 文件添加到资源字典表，如加粗显示的代码所示：

```xml
<ResourceDictionary.MergedDictionaries>
    ...
    <ResourceDictionary Source="Common/StandardStyles.xaml"/>
    <ResourceDictionary Source="AppStyles.xaml"/>
</ResourceDictionary.MergedDictionaries>
```

> **注意**　应用程序已定义了名为 StandardStyles.xaml 的资源字典。该文件在解决方案资源管理器的 Common 文件夹中，包含由 Microsoft 提供的一组预设样式，可在自己的应用程序中使用。样式包含目前用于设置 Customers 页上的 Grid 控件背景色的 ApplicationPageBackgroundThemeBrush 资源(虽然下一步就要改为引用刚才定义的 GridStyle 样式了)。第 26 章将进一步接触 StandardStyles.xaml 中的样式。

10. 切换到正在显示 Customers 应用程序用户界面的 MainPage.xaml 文件。在 XAML 窗格中找到最外层的 Grid 控件。

```xml
<Grid Background="{StaticResource ApplicationPageBackgroundThemeBrush}">
```

将 Background 属性替换成 Style 属性来引用 GridStyle 样式，如加粗显示的部分所示。

```
<Grid Style="{StaticResource GridStyle}">
```

设计视图中的 Grid 控件应变成显示木质背景，如下图所示。

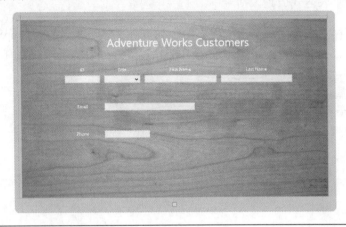

注意　理想情况下，应确定当屏幕大小和方向改变时，应用于页或控件的背景图像不会"走样"。在 30 寸显示器上看起来不错的图片在 Windows Phone 7 手机上就可能严重变形。所以有必要为不同视图和方向提供备用背景，并用可视状态管理器修改控件的 Background 属性，随可视状态的改变而进行切换。

11. 返回 AppStyles.xaml 文件，在 GridStyle 样式后面添加以下 FontStyle 样式。

```
<Style x:Key="GridStyle" TargetType="Grid">
    ...
</Style>
<Style x:Key="FontStyle" TargetType="TextBlock">
    <Setter Property="FontFamily" Value="Buxton Sketch"/>
</Style>
```

该样式应用于 TextBlock 元素，将字体修改成 Buxton Sketch，一种手写体风格的字体。目前的情况是在每个 TextBlock 控件中都能引用 FontStyle 样式，既然如此还不如直接在每个控件的标记中设置 FontFamily 属性。样式真正变得强大是将多个属性合并起来的时候，如后续几个步骤所示。

12. 将以下 HeaderStyle 样式添加到 AppStyles.xaml 文件中。

```
<Style x:Key="FontStyle" TargetType="TextBlock">
    ...
</Style>
<Style x:Key="HeaderStyle" TargetType="TextBlock" BasedOn="{StaticResource
FontStyle}">
    <Setter Property="HorizontalAlignment" Value="Center"/>
    <Setter Property="TextWrapping" Value="Wrap"/>
    <Setter Property="VerticalAlignment" Value="Center"/>
```

```
<Setter Property="Foreground" Value="SteelBlue"/>
</Style>
```

该复合样式设置了 TextBlock 的 HorizontalAlignment、TextWrapping、VerticalAlignment 和 Foreground 属性。另外，HeaderStyle 样式使用 BasedOn 属性引用 FontStyle 样式。BasedOn 属性提供了简单的样式继承形式。

该样式将用于格式化 customersTabularGrid 和 customersColumnarGrid 控件顶部显示的标签。但这些标题的字号不同(表格布局的标题比列布局的大一些)，所以要创建另外两个样式来扩展 HeaderStyle 样式。

13. 在 AppStyles.xaml 文件中添加以下样式。

```
<Style x:Key="HeaderStyle" TargetType="TextBlock" BasedOn="{StaticResource FontStyle}">
    ...
</Style>
<Style x:Key="TabularHeaderStyle" TargetType="TextBlock" BasedOn=" {StaticResource
HeaderStyle}">
    <Setter Property="FontSize" Value="70"/>
</Style>

<Style x:Key="ColumnarHeaderStyle" TargetType="TextBlock" BasedOn=" {StaticResource
HeaderStyle}">
    <Setter Property="FontSize" Value="50"/>
</Style>
```

注意，这些样式选用的字号比 Grid 控件标题目前使用的字号大一些，这是因为 Buxton Sketch 字号比系统默认字体小一些。

14. 返回 MainPage.xaml 文件，找到 customersTabularView Grid 控件中显示 Adventure Works Customers 标签的 TextBlock 控件的 XAML 标记。

```
<TextBlock Grid.Row="0" HorizontalAlignment="Center" TextWrapping="Wrap"
Text="Adventure Works Customers" VerticalAlignment="Center" FontSize="50"/>
```

15. 修改这个控件的属性来引用 TabularHeaderStyle 样式，如加粗的部分所示。

```
<TextBlock Grid.Row="0" Style="{StaticResource TabularHeaderStyle}"
Text="Adventure Works Customers"/>
```

在设计视图中，颜色、字号和字体都应发生变化，如下图所示。

16. 找到 customersColumnarView Grid 控件中显示 Customers 标签的 TextBlock 控件的 XAML 标记。

```
<TextBlock Grid.Row="0" HorizontalAlignment="Center" TextWrapping="Wrap"
Text="Customers" VerticalAlignment="Center" FontSize="30"/>
```

修改这个控件的属性来引用 ColumnarHeaderStyle 样式，如加粗的部分所示。

```
<TextBlock Grid.Row="0" Style="{StaticResource ColumnarHeaderStyle}"
Text="Customers"/>
```

注意设计视图没有变化，因为 ColumnarView Grid 控件默认是折叠的。但运行程序就能看到效果。

17. 返回 AppStyles.xaml 文件。修改 HeaderStyle 样式来添加额外的属性 Setter 元素，如加粗的语句所示。

```
<Style x:Key="HeaderStyle" TargetType="TextBlock" BasedOn="{StaticResource
FontStyle}">
    <Setter Property="HorizontalAlignment" Value="Center"/>
    <Setter Property="TextWrapping" Value="Wrap"/>
    <Setter Property="VerticalAlignment" Value="Center"/>
    <Setter Property="Foreground" Value="SteelBlue"/>
    <Setter Property="RenderTransformOrigin" Value="0.5,0.5"/>
    <Setter Property="RenderTransform">
      <Setter.Value>
          <CompositeTransform Rotation="-5"/>
      </Setter.Value>
    </Setter>
</Style>
```

这些元素通过一个变换使标题文本围绕中点旋转 5 度。

注意   本例展示了一个简单的变换(transformation)。可通过 RenderTransform 属性执行大量变换动作，而且多个变换可以合并。例如，可在 x 和 y 轴进行平移，并可进行倾斜和按比例缩放等等。要了解这个属性的详细情况，请访问 http://msdn.microsoft.com/library/system.windows.uielement.rendertransform.aspx。另外要注意，RenderTransform 属性的值本身就是一个"属性/值"对(本例的属性是 Rotation，值是 5)。这种情况要用<Setter.Value>标记指定值。

18. 切换到 MainPage.xaml 文件。在设计视图中，标题现在应该微微上翘(参见下图)。

19. 在 AppStyles.xaml 文件中添加以下样式。

```
<Style x:Key="LabelStyle" TargetType="TextBlock" BasedOn="{StaticResource FontStyle}">
    <Setter Property="FontSize" Value="30"/>
    <Setter Property="HorizontalAlignment" Value="Center"/>
    <Setter Property="TextWrapping" Value="Wrap"/>
    <Setter Property="VerticalAlignment" Value="Center"/>
    <Setter Property="Foreground" Value="AntiqueWhite"/>
</Style>
```

该样式将应用于为输入客户信息的 TextBlock 和 ComboBox 控件提供标签的 TextBlock 元素。样式引用了和标题一样的字体样式，但将其他属性设为更适合标签的值。

20. 返回 MainPage.xaml 文件。在 XAML 窗格中修改 customersTabularView 和 customersColumnarView Grid 控件中的所有标签 TextBlock 控件；删除 HorizontalAlignment，TextWrapping，VerticalAlignment 和 FontSize 属性并引用 LabelStyle 样式，如加粗的部分所示。

```xml
<Grid x:Name="customersTabularView" Margin="40,54,0,0" Visibility="Visible">
  ...
  <Grid Grid.Row="2">
    ...
    <TextBlock Grid.Row="0" Grid.Column="1" Style="{StaticResource LabelStyle}" Text="ID"/>
    <TextBlock Grid.Row="0" Grid.Column="3" Style="{StaticResource LabelStyle}" Text="Title"/>
    <TextBlock Grid.Row="0" Grid.Column="5" Style="{StaticResource LabelStyle}" Text="First Name"/>
    <TextBlock Grid.Row="0" Grid.Column="7" Style="{StaticResource LabelStyle}" Text="Last Name"/>
    ...
    <TextBlock Grid.Row="3" Grid.Column="1" Style="{StaticResource LabelStyle}" Text="Email"/>
    ...
    <TextBlock Grid.Row="5" Grid.Column="1" Style="{StaticResource LabelStyle}" Text="Phone"/>
    ...
  </Grid>
</Grid>
<Grid x:Name="customersColumnarView" Margin="20,10,20,10" Visibility="Collapsed">
    ...
    <Grid Grid.Row="1">
    ...
    <TextBlock Grid.Row="0" Grid.Column="0" Style="{StaticResource LabelStyle}" Text="ID"/>
    <TextBlock Grid.Row="1" Grid.Column="0" Style="{StaticResource LabelStyle}" Text="Title"/>
    <TextBlock Grid.Row="2" Grid.Column="0" Style="{StaticResource LabelStyle}" Text="First Name"/>
    <TextBlock Grid.Row="3" Grid.Column="0" Style="{StaticResource LabelStyle}" Text="Last Name"/>
    ...
    <TextBlock Grid.Row="4" Grid.Column="0" Style="{StaticResource LabelStyle}" Text="Email"/>
    ...
    <TextBlock Grid.Row="5" Grid.Column="0" Style="{StaticResource LabelStyle}" Text="Phone"/>
    ...
  </Grid>
</Grid>
```

现在，标签应该像下图所示那样变成白色 30 磅 Buxton Sketch 字体。

21. 在"调试"菜单中选择"开始调试"生成并运行应用程序。

注意 分辨率低于 1366 × 768 就用模拟器运行。

---

22. 将显示 Customers 窗体并应用和设计视图一样的样式。在文本框中输入任意英语文本，注意它们使用的是 TextBox 控件的默认字体和样式。

注意 虽然用 Buxton Sketch 字体显示标签和标题效果不错，但用作数据输入不合适，因为有的字符很难区分。例如，字母 l 和数字 1 就很像，大写字母 O 和数字 0 几乎一模一样。因此，就用 TextBox 控件的默认字体好了。

---

23. 以贴靠视图显示应用程序，验证 customersColumnarView 网格中的控件也应用了样式，如下图所示。

24. 返回 Visual Studio 并停止调试。

可用样式容易地实现大量很"酷"的效果。此外，和单独设置属性相比，精心设计的样式还使代码变得更易维护。例如，要改变 Customers 应用程序的标签和标题字体，单独修改 FontStyle 样式就可以了。总之，要尽可能地使用样式。除了增强可维护性，样式还使窗体的 XAML 标记变得更简洁。窗体的 XAML 只需指定控件和布局就可以了，不必指定控件如何在窗体上显示。

> **注意**　还可以用 Microsoft Blend for Visual Studio 2012 定义复杂样式并将其集成到应用程序中。专业图形艺术家可以用 Blend 生成定制样式，以 XAML 标记的形式将样式提供给应用程序开发人员。开发人员为 UI 元素添加合适的 Style 标记来引用这些样式。

小　　结

本章讲述了如何使用 Grid 控件实现可适应不同屏幕大小和方向的用户界面，还讲述了如何使用可视状态管理器在用户切换 Fullscreen，Filled 和 Snapped 视图的时候调整控件布局，最后讲述了如何创建自定义样式并将其应用于窗体上的控件。定义好用户界面后，下一步是为应用程序添加功能，允许用户显示和更新数据，这是下一章的主题。

- 如果希望继续学习下一章，请继续运行 Visual Studio 2012，然后阅读第 26 章。

- 如果希望现在就退出 Visual Studio 2012，请选择"文件"|"退出"。如果看到"保存"对话框，请单击"是"按钮保存项目。

第 25 章快速参考

目标	操作
新建 Windows Store 应用	使用 Visual Studio 2012 提供的某个 Windows Store 应用程序模板，比如"空白应用程序"
实现能适应不同屏幕大小和方向的用户界面	使用 Grid 控件。将网格划分为行和列，将控件放在单元格中，而不要相对于网格进行绝对定位
实现能适应 Fullscreen，Filled 和 Snapped 视图的用户界面	为不同视图创建不同布局，以恰当方式显示控件。然后，用可视状态管理器选择可视状态发生改变时要显示的布局

创建自定义样式	为应用程序添加资源字典。使用<Style>元素在字典中定义样式，指定每个样式要改变什么属性。示例如下：
	
	`<Style x:Key="GridStyle" TargetType="Grid">`
	`    <Setter Property="Background" Value="{StaticResource`
	`        WoodBrush}"/>`
	`</Style>`

向控件应用自定义样式	设置控件的 Style 属性来引用样式名称。示例如下： `<Grid Style="{StaticResource GridStyle}">`

第 26 章　在 Windows Store 应用程序中显示和搜索数据

本章旨在教会你:

- 理解如何使用 Model-View-ViewModel 模式实现 Windows Store 应用程序的逻辑
- 使用数据绑定显示和修改视图中的数据
- 创建 ViewModel 使视图能和模型交互
- 实现搜索合约将 Windows Store 应用程序和 Windows 8 搜索功能集成

第 25 章讲述了如何设计 Windows Store 应用程序的用户界面,使之自动适应屏幕大小、方向和视图。创建的应用程序很简单,就是显示和编辑客户的详细信息。本章要展示如何在用户界面中显示数据,以及如何利用 Windows 8 提供的功能在应用程序中搜索数据。通过执行这些任务,还可更进一步地理解 Windows Store 应用程序的结构。本章讲解了大量基础知识,包括如何通过数据绑定将用户界面连接到它显示的数据,以及如何创建 ViewModel,将 UI 逻辑与数据模型和业务逻辑分开。还要解释如何利用合约来实现 Windows 8 操作系统集成的搜索功能。在构建这个应用程序的过程中,将学习 Visual Studio 2012 专门用来创建 Windows Store 应用程序的其他许多模板。

26.1　实现 Model-View-ViewModel 模式

结构良好的 Windows Store 应用程序会将 UI 设计与应用程序使用的数据和实现应用程序功能的业务逻辑分开。这有助于避免应用程序各个组件之间的依赖性,不同的人可以方便地设计和实现不同的元素。例如,图形艺术家可专注于 UI 外观设计,数据库专家专注于实现高效的数据结构集来存取数据,而 C#开发人员专门负责业务逻辑。这是很常见的开发模式,并非 Windows Store 应用程序独享。过去几年间,人们开发了许多技术朝这个方向努力。其中,最流行的就是 Model-View-ViewModel (MVVM)设计模式。在这个设计模式中,模型(Model)提供应用程序需要的数据,视图(View)指定数据在 UI 中的显示方式,而视图模型(ViewModel)包含用于连接两者的逻辑,能获取用户输入并将其转换成对模型执行业务操作的命令;同时从模型获取数据,并以视图要求的方式格式化。下图展示了 MVVM 模式各元素间的关系。注意,应用程序可能提供相同数据的多个视图。例如在 Windows Store 应用程序中,可以实现 Fullscreen,Filled 和 Snapped 视图,用不同的屏幕布局展示信息。ViewModel 的一个作用就是确保来自相同模型的数据能由不同视图显示和处理。在 Windows Store 应用程序中,视图可配置数据绑定以连接 ViewModel 所呈现的数据。另外,视图可调用由 ViewModel 实现的命令,从而请求 ViewModel 更新模型中的数据或执行业务操作。

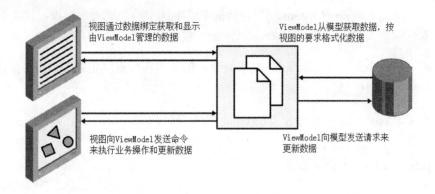

视图通过数据绑定获取和显示
由 ViewModel 管理的数据

ViewModel 从模型获取数据，按
视图的要求格式化数据

视图向 ViewModel 发送命令
来执行业务操作和更新数据

ViewModel 向模型发送请求来
更新数据

26.1.1　通过数据绑定显示数据

开始为 Customers 应用程序实现 ViewModel 之前，有必要先了解一下数据绑定，以及如何运用这种技术在用户界面中显示数据。数据绑定允许将控件的属性和对象的属性链接起来；对象属性值改变，控件属性值也改变。数据绑定还可以是双向的；控件属性值改变，对象属性也改变。以下练习演示了如何用数据绑定显示数据。它基于第 25 章开发的 Customers 应用程序。

➤　**通过数据绑定显示客户信息**

1. 启动 Visual Studio 2012。

2. 打开"文档"文件夹下的\Microsoft Press\Visual CSharp Step By Step\Chapter 26\Data Binding 子文件夹中的 Customers 项目。它克隆了第 25 章生成的 Customers 应用程序，但 UI 布局稍有变动——控件在蓝色背景上显示，使其显得更醒目。

注意　蓝色背景用一个 Rectangle 控件创建，它占据和显示标题与数据的 TextBlock 和 TextBox 控件一样的行和列。矩形用 LinearGradientBrush 进行填充，从顶部的中蓝色渐变到底部的深蓝色。下面是在 Fullscreen 和 Filled 视图中显示的 Rectangle 控件的 XAML 标记。(Snapped 视图的 XAML 标记包含类似的矩形控件，占据那个布局使用的行和列。)

```
<Rectangle Grid.Row="0" Grid.RowSpan="6" Grid.Column="1" Grid.ColumnSpan="7" ...>
   <Rectangle.Fill>
       <LinearGradientBrush EndPoint="0.5,1" StartPoint="0.5,0">
          <GradientStop Color="#FF0E3895"/>
          <GradientStop Color="#FF141415" Offset="0.929"/>
       </LinearGradientBrush>
   </Rectangle.Fill> </Rectangle>
```

3. 在解决方案资源管理器中右击 Customers 项目，选择"添加" | "类"。

4. 在"添加新项 – Customers"对话框中确定选中的是"类"模板，在"名称"文本框中输入 **Customer.cs**，单击"添加"按钮。

将这用这个类实现 Customer 数据类型，然后实现数据绑定在 UI 中显示 Customer 对象的详细信息。

5. 在 Customers.cs 文件中使 Customer 类变成公共类，添加以下加粗所示的字段和属性。

```csharp
public class Customer
{
    private int _customerID;
    public int CustomerID
    {
        get { return this._customerID; }
        set { this._customerID = value; }
    }

    private string _title;
    public string Title
    {
        get { return this._title; }
        set { this._title = value; }
    }
    private string _firstName;
    public string FirstName
    {
        get { return this._firstName; }
        set { this._firstName = value; }
    }
    private string _lastName;
    public string LastName
    {
        get { return this._lastName; }
        set { this._lastName = value; }
    }
    private string _emailAddress;
    public string EmailAddress
    {
        get { return this._emailAddress; }
        set { this._emailAddress = value; }
    }
    private string _phone;
    public string Phone
    {
        get { return this._phone; }
        set { this._phone = value; }
    }
}
```

> **注意** 你可能奇怪这些属性为何不作为自动属性实现,毕竟它们唯一做的事情就是获取和设置私有字段的值。但是,下一个练习将为这些属性添加额外的代码。

6. 在解决方案资源管理器中,双击 Customers 项目的 MainPage.xaml 文件来显示设计视图。

7. 在 XAML 窗格中找到 id TextBox 控件。修改设置该控件的 Text 属性的 XAML 标记,如加粗的部分所示:

```
<TextBox Grid.Row="1" Grid.Column="1" x:Name="id" ...
Text="{Binding CustomerID}" .../>
```

Text="{Binding *路径*}"指出 Text 属性的值在运行时由路径表达式提供。本例的路径是 CustomerID,所以控件将显示 CustomerID 表达式中的值。但是,需要提供更多的信息来指明 CustomerID 实际是 Customer 对象的属性。为此需要设置控件的 DataContext 属性,这将在稍后进行。

8. 为窗体上其他每个文本控件添加以下绑定表达式。将数据绑定应用于 customersTabularView 和 customersColumnView Grid 控件中的 TextBox 控件,如加粗的部分所示。(ComboBox 控件的处理稍有不同,将在本章后面的 26.1.3 节讨论。)

```
<Grid x:Name="customersTabularView" ...>
  ...
    <TextBox Grid.Row="1" Grid.Column="1" x:Name="id" ...
Text="{Binding CustomerID}" .../>
    ...
    <TextBox Grid.Row="1" Grid.Column="5" x:Name="firstName" ...
Text="{Binding FirstName}" .../>
    <TextBox Grid.Row="1" Grid.Column="7" x:Name="lastName" ...
Text="{Binding LastName}" .../>
    ...
    <TextBox Grid.Row="3" Grid.Column="3" Grid.ColumnSpan="3"
x:Name="email" ... Text="{Binding EmailAddress}" .../>
    ...
    <TextBox Grid.Row="5" Grid.Column="3" Grid.ColumnSpan="3"
x:Name="phone" ... Text="{Binding Phone}" ..."/>
</Grid>
<Grid x:Name="customersColumnarView" Margin="20,10,20,110"
Visibility="Collapsed">
    ...
    <TextBox Grid.Row="0" Grid.Column="1" x:Name="cId" ...
Text="{Binding CustomerID}" .../>
...
    <TextBox Grid.Row="2" Grid.Column="1" x:Name="cFirstName" ...
Text="{Binding FirstName}" .../>
    <TextBox Grid.Row="3" Grid.Column="1" x:Name="cLastName" ...
Text="{Binding LastName}" .../>
    ...
    <TextBox Grid.Row="4" Grid.Column="1" x:Name="cEmail" ...
```

```
Text="{Binding EmailAddress}" .../>
...
    <TextBox Grid.Row="5" Grid.Column="1" x:Name="cPhone" ...
Text="{Binding Phone}" .../>
</Grid>
```

9. 在解决方案资源管理器中展开 MainPage.xaml 文件，双击 MainPage.xaml.cs 文件来显示它。在 MainPage 构造器中添加加粗的语句：

```
public MainPage()
{
    this.InitializeComponent();
    Window.Current.SizeChanged += WindowSizeChanged;
    Customer customer = new Customer
    {
        CustomerID = 1,
        Title = "Mr",
        FirstName = "John",
        LastName = "Sharp",
        EmailAddress = "john@contoso.com",
        Phone = "111-1111"
    };
}
```

代码创建 Customer 类的新实例并填充一些示例数据。

10. 创建好新的 Customer 对象后，添加以下加粗显示的语句。

```
Customer customer = new Customer
{
    ...
};
this.DataContext = customer;
```

该语句指定 MainPage 窗体上的控件要绑定到哪个对象。每个控件的 XAML 标记 Text="{Binding 路径}"都针对该对象进行解析。例如，id TextBox 和 cId TextBox 控件都指定了 Text="{Binding CustomerID}"，所以都显示窗体绑定到的那个 Customer 对象的 CustomerID 属性的值。

> **注意** 本例设置的是窗体的 DataContext 属性，造成窗体上的所有控件都自动应用同一个数据绑定。也可设置单独控件的 DataContext 属性，将不同控件绑定到不同对象。

11. 在"调试"菜单中选择"开始调试"生成并运行应用程序。

验证窗体以全屏幕视图显示客户 John Sharp 的详细信息，如下图所示。

12. 将应用程序切换到贴靠视图，验证显示相同的数据，如下图所示。

贴靠和全屏幕视图中的控件绑定到相同的数据。

🐞**重要提示**　必须使用至少 1366 × 768 像素的分辨率才能切换到贴靠视图。如使用较低的分辨率，可在模拟器中模拟较高的分辨率。详情参见第 25 章的补充内容"用模拟器测试 Windows Store 应用"。此外，需要在模拟器运行一个额外的应用程序才能实现应用程序之间的贴靠。例如，可切换到桌面并启动"天气"应用。

13. 在贴靠视图中，将电子邮件地址更改为 john@treyresearch.com。

14. 将应用程序切换回全屏幕视图，注意这个视图中的电子邮件地址没有变化。

15. 返回 Visual Studio 并停止调试。

16. 在 Visual Studio 2012 中显示 Customer 类的代码，在 EmailAddress 属性的 set 属性访问器中设置断点。

17. 在"调试"菜单中选择"开始调试"。

18. 调试器第一次到达断点时，按 F5 键继续运行。

19. Customers 应用程序 UI 出现后，切换到贴靠视图将电子邮件改为 john@treyresearch.com。

20. 切换回全屏幕视图。注意调试器没有到达 EmailAddress 属性的 set 访问器的断点。也就是说，email TextBox 失去焦点时，更新的值没有写回 Customer 对象。

21. 返回 Visual Studio 并停止调试。

22. 删除断点。

26.1.2　通过数据绑定修改数据

上个练习演示了如何通过数据绑定显示对象中的数据。但数据绑定默认是单向操作，对所显示的数据进行的任何改动都不会写回数据源。证据就是修改了贴靠视图中的电子邮件地址之后，切换回全屏幕视图发现数据根本没有变化。可修改 XAML 标记的 Binding 规范的 Mode 参数来实现双向数据绑定。Mode 参数指定数据绑定是单向(默认)还是双向。下一步将演示具体如何做。

> ➢ **实现双向数据绑定来修改客户信息**

1. 在设计视图中显示 MainPage.xaml 文件，修改每个 TextBox 控件的 XAML 标记，如加粗的部分所示：

```
<Grid x:Name="customersTabularView" ...>
  ...
    <TextBox Grid.Row="1" Grid.Column="1" x:Name="id" ...
Text="{Binding CustomerID, Mode=TwoWay}" .../>
  ...
    <TextBox Grid.Row="1" Grid.Column="5" x:Name="firstName" ...
Text="{Binding FirstName, Mode=TwoWay}" .../>
    <TextBox Grid.Row="1" Grid.Column="7" x:Name="lastName" ...
Text="{Binding LastName, Mode=TwoWay}" .../>
  ...
    <TextBox Grid.Row="3" Grid.Column="3" Grid.ColumnSpan="3"
```

```
x:Name="email" ... Text="{Binding EmailAddress, Mode=TwoWay}" .../>
    ...
    <TextBox Grid.Row="5" Grid.Column="3" Grid.ColumnSpan="3"
x:Name="phone" ... Text="{Binding Phone, Mode=TwoWay}" ..."/>
</Grid>
<Grid x:Name="customersColumnarView" Margin="20,10,20,110" ...>
    ...
    <TextBox Grid.Row="0" Grid.Column="1" x:Name="cId" ...
Text="{Binding CustomerID, Mode=TwoWay}" .../>
    ...
    <TextBox Grid.Row="2" Grid.Column="1" x:Name="cFirstName" ...
Text="{Binding FirstName, Mode=TwoWay}" .../>
    <TextBox Grid.Row="3" Grid.Column="1" x:Name="cLastName" ...
Text="{Binding LastName, Mode=TwoWay}" .../>
...
    <TextBox Grid.Row="4" Grid.Column="1" x:Name="cEmail" ...
Text="{Binding EmailAddress, Mode=TwoWay}" .../>
...
    <TextBox Grid.Row="5" Grid.Column="1" x:Name="cPhone" ...
Text="{Binding Phone, Mode=TwoWay}" .../>
</Grid>
```

将 Binding 规范的 Mode 参数设为 TwoWay，任何更改都将传回控件所绑定的对象。

2.　在"调试"菜单中选择"开始调试"来生成并运行应用程序。

3.　以全屏幕视图显示应用程序时，将电子邮件地址更改为 john@treyresearch.com，切换到贴靠视图。注意，虽然将数据绑定模式更改为 TwoWay，但贴靠视图显示的电子邮件地址还是没有更新，仍然是 john@contoso.com。

4.　返回 Visual Studio 并停止调试。

　　显然，有什么地方不对！现在的问题不是数据没有更新，而是视图不显示数据的最新版本(重新在 Customer 类的 EmailAddress 属性的 set 访问器中设置断点，会发现每当电子邮件地址发生改变，而且焦点从 TextBox 控件离开时，都会到达断点)。数据绑定不是魔法，它无法知道所绑定的数据何时已发生变化。对象需要向 UI 发送一个 PropertyChanged 事件来告诉数据绑定有变化发生。该事件是 INotifyPropertyChanged 接口的一部分，支持双向数据绑定的所有对象都要实现该接口。这正是下个练习要做的事情。

➢　在 Customer 类中实现 INotifyPropertyChanged 接口

1.　在 Visual Studio 中显示 Customer.cs 文件。

2.　在文件顶部添加以下 using 指令：

```
using System.ComponentModel;
```

该命名空间定义了 INotifyPropertyChanged 接口。

3.　修改 Customer 类，指定它实现 INotifyPropertyChanged 接口，如加粗的部分所示。

```
class Customer : INotifyPropertyChanged
```

4. 将以下加粗的 PropertyChanged 事件添加到 Customer 类，放到 Phone 属性之后：

```
class Customer : INotifyPropertyChanged
{
    ...
    public string _phone;
    public string Phone {
        get { return this._phone; }
        set { this._phone = value; }
    }

    public event PropertyChangedEventHandler PropertyChanged;
}
```

INotifyPropertyChanged 接口只定义了该事件。实现该接口的所有类都必须提供该事件，而且每次要向外部世界通知一个属性值的变动时都应引发该事件。

5. 在 Customer 类中添加以下方法，放到 PropertyChanged 事件后：

```
class Customer : INotifyPropertyChanged
{
    ...
    public event PropertyChangedEventHandler PropertyChanged;

    protected virtual void OnPropertyChanged(string propertyName)
    {
        if (PropertyChanged != null)
        {
            PropertyChanged(this, new PropertyChangedEventArgs(propertyName));
        }
    }
}
```

OnPropertyChanged 方法引发 PropertyChanged 事件。PropertyChanged 事件的 PropertyChangedEventArgs 参数指定了发生改变的属性的名称。该值作为参数传给 OnPropertyChanged 方法。

6. 修改 Customer 类的所有属性的 set 访问器，指定在值被修改时都调用 OnPropertyChanged 方法。如加粗的部分所示：

```
class Customer : INotifyPropertyChanged
{
    public int _customerID;
    public int CustomerID
    {
        get { return this._customerID; }
        set
        {
            this._customerID = value;
```

```csharp
            this.OnPropertyChanged("CustomerID");
        }
    }
    public string _title;
    public string Title
    {
        get { return this._title; }
        set
        {
            this._title = value;
            this.OnPropertyChanged("Title");
        }
    }
    public string _firstName;
    public string FirstName
    {
        get { return this._firstName; }
        set
        {
            this._firstName = value;
            this.OnPropertyChanged("FirstName");
        }
    }
    public string _lastName;
    public string LastName
    {
        get { return this._lastName; }
        set
        {
            this._lastName = value;
            this.OnPropertyChanged("LastName");
        }
    }
    public string _emailAddress;
    public string EmailAddress
    {
        get { return this._emailAddress; }
        set
        {
            this._emailAddress = value;
            this.OnPropertyChanged("EmailAddress");
        }
    }
    public string _phone;
    public string Phone
    {
        get { return this._phone; }
        set
        {
            this._phone = value;
            this.OnPropertyChanged("Phone");
```

```
            }
        }
        ...
    }
```

7. 在"调试"菜单中选择"开始调试"来生成并运行应用程序。

8. 以全屏幕视图显示应用程序时，将电子邮件地址更改为 **john@treyresearch.com**，将电话号码更改为 **222-2222**。

9. 以贴靠视图显示应用程序，验证电子邮件和电话都已改变。

10. 在贴靠视图中将 First Name 更改为 **James**，切换回全屏幕视图，验证名字已经改变了。

11. 返回 Visual Studio 并停止调试。

26.1.3 为 ComboBox 控件使用数据绑定

为 TextBox 或 TextBlock 等控件使用数据绑定是再简单不过的一件事情，但 ComboBox 控件较为特殊，因为它实际要显示两样东西：下拉列表(供用户从中选择一项)和当前选定的那一项的值。可实现数据绑定，从而在 ComboBox 控件的下拉列表中显示一个项目列表，用户选择的值必须是该列表的成员。在 Customers 应用程序中，可通过设置 SelectedValue 属性，为 title ComboBox 控件的当前选定值配置数据绑定，如下所示。

```
<ComboBox ... x:Name="title" ... SelectedValue="{Binding Title}" ... />
```

但要记住，下拉列表的值列表是硬编码到 XAML 标记中的，如下所示。

```
<ComboBox ... x:Name="title" ... >
   <ComboBoxItem Content="Mr"/>
   <ComboBoxItem Content="Mrs"/>
   <ComboBoxItem Content="Ms"/>
</ComboBox>
```

这个标记在控件创建后才会实际应用，所以数据绑定指定的值在列表中是找不到的，因为在构造数据绑定时，列表还不存在呢！结果是值不会显示。如果愿意可自行尝试——像上面展示的那样配置 SelectedValue 属性的数据绑定并运行应用程序。最初显示时，title ComboBox 将是空白，即使客户有 Mr.的头衔。

有几个解决方案，最简单的就是创建包含有效值列表的数据源，然后指定 ComboBox 控件将这个列表作为下拉列表的值列表。要在 ComboBbox 的数据绑定应用之前完成这个步骤。

> ➤ **为 title ComboBox 控件实现数据绑定**

1. 在 Visual Studio 中显示 MainPage.xaml.cs 文件。

2. 将以下加粗的代码添加到 MainPage 构造器中。

```
public MainPage()
{
    this.InitializeComponent();
    Window.Current.SizeChanged += WindowSizeChanged;

    List<string> titles = new List<string>
    {
        "Mr", "Mrs", "Ms"
    };

    this.title.ItemsSource = titles;
    this.cTitle.ItemsSource = titles; ①

    Customer customer = new Customer
    {
        ...
    };

    this.DataContext = customer;
}
```

上述代码创建一个字符串列表，其中含有客户所有可能的头衔。然后，代码设置两个 title ComboBox 控件的 ItemsSource 属性来引用该列表(记住每个视图都有一个 ComboBox 控件)。

> **注意**　商业应用程序一般从数据库或其他数据源获取 ComboBox 控件所显示的值列表，而不是使用硬编码的列表。

这些代码的位置至关重要。它们必须在设置 MainPage 窗体的 DataContext 属性之前运行，也就是必须在数据和窗体上的控件绑定之前运行。

3. 用设计视图显示 MainPage.xaml。

4. 如以下加粗的代码所示修改 title 和 cTitle ComboBox 控件的 XAML 标记。

```
<Grid x:Name="customersTabularView" ...>
    ...
    <ComboBox Grid.Row="1" Grid.Column="3" x:Name="title" ...
SelectedValue="{Binding Title, Mode=TwoWay}">
    </ComboBox>
    ...
</Grid>
<Grid x:Name="customersColumnarView" ...>
    ...
    <ComboBox Grid.Row="1" Grid.Column="1" x:Name="cTitle" ...
```

---

① c 代表 ColumnarView。——译注

```
SelectedValue="{Binding Title, Mode=TwoWay}">
   </ComboBox>
   ...
</Grid>
```

注意，每个控件的 ComboBoxItem 元素列表已删除了，而且 SelectedValue 属性配置成与 Customer 对象 Title 字段绑定。

5. 在"调试"菜单中选择"开始调试"生成并运行应用程序。

6. 在全屏幕视图中，验证客户头衔正确显示(默认 Mr)。点击 ComboBox 控件的下箭头，验证其中包含 Mr、Mrs 和 Ms 等值。

7. 切换到贴靠视图并进行相同的检查。注意，可在贴靠视图中更改头衔。切换回全屏幕视图后将显示新头衔。

8. 返回 Visual Studio 并停止调试。

26.1.4 创建 ViewModel

前面探讨了如何配置数据绑定将数据源同 UI 控件连接，但所用的数据源非常简单，仅由单个客户构成。现实世界的数据源一般复杂得多，由不同对象类型的集合构成。用 MVVM 的术语来说，数据源一般由模型来提供，而 UI(视图)通过一个 ViewModel 与模型进行间接通信。这里的基本出发点是，模型和视图应相互独立；修改 UI 不需要修改模型，而修改了模型之后，UI 不需要跟着修改。

ViewModel 在视图和模型之间建立了连接，它还实现了应用程序的业务逻辑。同样地，业务逻辑应独立于视图和模型。ViewModel 通过实现一组命令向视图公开业务逻辑。UI 可根据用户在应用程序中的导航方式来触发命令。下个练习将扩展 Customers 应用程序，将实现一个 Customer 对象列表，并创建 ViewModel 来提供命令，使视图能在不同客户之间移动。

> ➤ **创建 ViewModel 来管理客户信息**

1. 打开"文档"文件夹下的\Microsoft Press\Visual CSharp Step By Step\Chapter 26\ViewModel 文件夹中的 Customers 项目，它是之前的同名应用程序的完成版本。如果愿意，可以继续使用自己的版本。

2. 在解决方案资源管理器中右击 Customers 项目，选择"添加"|"类"。

3. 在"添加新项 – Customers"对话框的"名称"文本框中输入 **ViewModel.cs**，然后单击"添加"按钮。

该类用于提供基本的 ViewModel，其中包含一个 Customer 对象集合。UI 将和该 ViewModel 公开的数据绑定。

4. 在 ViewModel.cs 文件中将类标记为 public，添加加粗显示的代码：

```
public class ViewModel
{
private List<Customer> customers;

    public ViewModel()
    {
        this.customers = new List<Customer>
        {
            new Customer {
                CustomerID = 1,
                Title = "Mr",
                FirstName="John",
                LastName="Sharp",
                EmailAddress="john@contoso.com",
                Phone="111-1111"},
             new Customer {
                CustomerID = 2,
                Title = "Mrs",
                FirstName="Diana",
                LastName="Sharp",
                EmailAddress="diana@contoso.com",
                Phone="111-1112"},
              new Customer {
                CustomerID = 3,
                Title = "Ms",
                FirstName="Francesca",
                LastName="Sharp",
                EmailAddress="frankie@contoso.com",
                Phone="111-1113"
            }
        };
    }
}
```

ViewModel 类将一个 List<Customer>对象作为它的模型，构造器用示例数据填充该列表。

5. 在 ViewModel 类中添加以下加粗的私有变量 currentCustomer，在构造器中把它初始化为零：

```
class ViewModel
{
    private List<Customer> customers;
    private int currentCustomer;

    public ViewModel()
    {
        this.currentCustomer = 0;
        this.customers = new List<Customer>
```

```
            {
                ...
            }
        }
    }
```

ViewModel 类用这个变量跟踪视图当前显示的 Customer 对象。

6.   在 ViewModel 类中添加 Current 属性，放到构造器之后：

```
class ViewModel
{
...

    public ViewModel()
    {
        ...
    }

    public Customer Current
    {
        get { return this.customers[currentCustomer]; }
    }
}
```

Current 属性用于访问模型中的当前 Customer 对象。

注意   最好为数据模型提供受控访问；只有 ViewModel 才能修改模型。但是，这并不会阻止视图更新 ViewModel 呈现的数据——只是无法修改模型来引用不同的数据源。

7.   打开 MainPage.xaml.cs 文件。

8.   在 MainPage 构造器中删除创建 Customer 对象的代码，替换成创建 ViewModel 类实例的一个语句。修改设置 MainPage 对象的 DataContext 属性的语句来引用新的 ViewModel 对象，如加粗的语句所示：

```
public MainPage()
{
    ...
    this.cTitle.ItemsSource = titles;

    ViewModel viewModel = new ViewModel();
    this.DataContext = viewModel;
}
```

9.   在设计视图中打开 MainPage.xaml 文件。

10.   在 XAML 窗格中修改 TextBox 和 ComboBox 控件的数据绑定，引用 ViewModel 所呈现的 Current 对象的属性，如加粗的部分所示。

```
<Grid x:Name="customersTabularView" ...>
    ...
```

```
    <TextBox Grid.Row="1" Grid.Column="1" x:Name="id" ...
Text="{Binding Current.CustomerID, Mode=TwoWay}" .../>
    <ComboBox Grid.Row="1" Grid.Column="3" x:Name="title" ...
SelectedValue="{Binding Current.Title, Mode=TwoWay}">
    </ComboBox>
    <TextBox Grid.Row="1" Grid.Column="5" x:Name="firstName" ...
Text="{Binding Current.FirstName, Mode=TwoWay }" .../>
    <TextBox Grid.Row="1" Grid.Column="7" x:Name="lastName" ...
Text="{Binding Current.LastName, Mode=TwoWay }" .../>
    ...
    <TextBox Grid.Row="3" Grid.Column="3" ... x:Name="email" ...
Text="{Binding Current.EmailAddress, Mode=TwoWay }" .../>
    ...
    <TextBox Grid.Row="5" Grid.Column="3" ... x:Name="phone" ...
Text="{Binding Current.Phone, Mode=TwoWay }" ..."/>
</Grid>
<Grid x:Name="customersColumnarView" Margin="20,10,20,110" ...>
    ...
    <TextBox Grid.Row="0" Grid.Column="1" x:Name="cId" ...
Text="{Binding Current.CustomerID, Mode=TwoWay }" .../>
    <ComboBox Grid.Row="1" Grid.Column="1" x:Name="cTitle" ...
SelectedValue="{Binding Current.Title, Mode=TwoWay}">
    </ComboBox>
    <TextBox Grid.Row="2" Grid.Column="1" x:Name="cFirstName" ...
Text="{Binding Current.FirstName, Mode=TwoWay }" .../>
    <TextBox Grid.Row="3" Grid.Column="1" x:Name="cLastName" ...
Text="{Binding Current.LastName, Mode=TwoWay }" .../>
...
    <TextBox Grid.Row="4" Grid.Column="1" x:Name="cEmail" ...
Text="{Binding Current.EmailAddress, Mode=TwoWay }" .../>
...
    <TextBox Grid.Row="5" Grid.Column="1" x:Name="cPhone" ...
Text="{Binding Current.Phone, Mode=TwoWay }" .../>
</Grid>
```

11. 在"调试"菜单中选择"开始调试"生成并运行应用程序。

12. 验证应用程序显示客户 John Sharp(客户列表的第一个客户)的详细信息。

13. 返回 Visual Studio 并停止调试。

ViewModel 通过 Current 属性提供对客户信息的访问,但它没有提供在不同客户之间导航的方式。可实现方法来递增和递减 currentCustomer 变量,使 Current 属性能获取不同的客户。但在这样做的时候,又不能使视图对 ViewModel 产生依赖。最常见的解决方案是 Command 模式。在这个模式中,ViewModel 用方法来实现可由视图调用的命令。这里的关键在于不能在视图的代码中显式引用这些方法名。所以,需要将命令绑定到由 UI 控件触发的操作。这正是下一节的练习要做的事情。

26.1.5　向 ViewModel 添加命令

ViewModel 所公开的命令必须实现 ICommand 接口，才能将控件的操作与命令绑定。接口定义了以下方法和事件。

- **CanExecute**　该方法返回 Boolean 值来指出命令是否能够运行。通过该方法，ViewModel 可基于上下文来启用或禁用命令。例如，从列表获取下一个客户的命令只有在确实有客户时才执行。没有更多客户，命令应被禁用。

- **Execute**　命令被调用时运行该方法。

- **CanExecuteChanged**　ViewModel 的状态改变时触发该事件。之前能运行的命令现在可能被禁用，反之亦然。例如，假定 UI 调用命令从列表获取下一个客户，如果这是最后一个客户，则后续 CanExecute 调用返回 false。这时应触发 CanExecuteChanged 事件来指出命令已被禁用。

下个练习将创建 Command 类来实现 ICommand 接口。

> **实现 Command 类**

1. 在 Visual Studio 右击 Customers 项目，选择"添加"|"类"。

2. 在"添加新项 – Customers"对话框的"名称"文本框中输入 **Command.cs**，然后单击"添加"按钮。

3. 在 Command.cs 文件顶部添加以下 using 指令：

   ```
   using System.Windows.Input;
   ```

   ICommand 接口在该命名空间中。

4. 使 Command 类成为公共类，指定它要实现 ICommand 接口，如加粗的部分所示：

   ```
   public class Command : ICommand
   {
   }
   ```

5. 在 Command 类中添加以下私有字段：

   ```
   public class Command : ICommand
   {
       private Action methodToExecute = null;
       private Func<bool> methodToDetectCanExecute = null;
   }
   ```

第 20 章简单描述了 Action 和 Func 类型。Action 引用无参和无返回值的方法。Func<T>引用的方法也无参，但要返回由类型参数 T 指定那个类型的值。

methodToExecute 字段引用的方法将在 Command 对象被视图调用时运行，而
methodToDetectCanExecute 字段引用的方法负责检测命令是否能够运行。

6. 为 Command 类添加构造器。构造器获取两个参数：一个 Action 对象和一个
Func<T>对象，参数值赋给 methodToExecute 和 methodToDetectCanExecute 字段，
如加粗代码所示：

```
public Command : ICommand
{
    ...
    public Command(Action methodToExecute, Func<bool> methodToDetectCanExecute)
    {
        this.methodToExecute = methodToExecute;
        this.methodToDetectCanExecute =
            methodToDetectCanExecute;
    }
}
```

ViewModel 为每个命令都创建该类的实例。ViewModel 提供用于运行命令的方法，
以及在调用构造器时检测命令是否应该启用的方法。

7. 使用 methodToExecute 和 methodToDetectCanExecute 字段引用的方法来实现
Command 类的 Execute 和 CanExecute 方法，如下所示：

```
public Command : ICommand
{
    ...
    public Command(Action methodToExecute,
    Func<bool> methodToDetectCanExecute)
    {
        ...
    }

    public void Execute(object parameter)
    {
        this.methodToExecute();
    }

    public bool CanExecute(object parameter)
    {
        if (this.methodToDetectCanExecute == null)
        {
            return true;
        }
        else
        {
            return this.methodToDetectCanExecute();
        }
    }
}
```

如果 ViewModel 为构造器的 methodToDetectCanExecute 参数提供了 null 引用，表明命令总是可以运行，CanExecute 返回 true。

8. 为 Command 类添加公共 CanExecuteChanged 事件：

```
public Command : ICommand
{
    ...
    public bool CanExecute(object parameter)
    {
        ...
    }

    public event EventHandler CanExecuteChanged;
}
```

将命令绑定到控件时，控件将自动订阅该事件。如果 ViewModel 的状态发生更新，或者 CanExecute 的返回值发生改变，就应该引发该事件。在以前的 Windows 版本中，WPF 提供了 CommandManager 对象来检测状态的变化并引发 CanExecuteChanged 事件，但 Windows Store 应用程序用不了 CommandManager 对象，所以必须手动实现该功能。最简单的办法是使用计时器按照大致每秒一次的频率引发 CanExecuteChanged 事件。

9. 在文件顶部添加以下 using 指令：

```
using Windows.UI.Xaml;
```

10. 在 Command 类中添加以下字段，放到构造器之前：

```
public class Command : ICommand
{
    ...
    private Func<bool> methodToDetectCanExecute = null;
    private DispatcherTimer canExecuteChangedEventTimer = null;

    public Command(Action methodToExecute,
        Func<bool> methodToDetectCanExecute)
    {
        ...
    }
}
```

Windows.UI.Xaml 命名空间定义的 DispatcherTimer 类实现了一个计时器，它按指定周期引发事件。将用 canExecuteChangedEventTimer 字段以 1 秒的周期引发 CanExecuteChanged 事件。

11. 在 Command 类末尾添加以下加粗显示的 canExecuteChangedEventTimer_Tick 方法：

```
public class Command : ICommand
{
```

```
...
public event EventHandler CanExecuteChanged;

void canExecuteChangedEventTimer_Tick(object sender, object e)
{
    if (this.CanExecuteChanged != null)
    {
        this.CanExecuteChanged(this, EventArgs.Empty);
    }
}
}
```

起码有一个控件绑定到命令，该方法就引发 CanExecuteChanged 事件。严格地说，引发事件之前，方法还应检查对象的状态是否发生改变。但是，由于计时器周期较长(相对于处理器周期)，所以不检查状态变化对性能的影响微乎其微。

12. 在 Command 构造器中添加以下加粗的语句：

```
public class Command : ICommand
{
    ...
    public Command(Action methodToExecute, Func<bool> methodToDetectCanExecute)
    {
        this.methodToExecute = methodToExecute;
        this.methodToDetectCanExecute = methodToDetectCanExecute;

        this.canExecuteChangedEventTimer = new DispatcherTimer();
        this.canExecuteChangedEventTimer.Tick += canExecuteChangedEventTimer_Tick;
        this.canExecuteChangedEventTimer.Interval = new TimeSpan(0, 0, 1);
        this.canExecuteChangedEventTimer.Start();
    }
    ...
}
```

这些代码初始化 DispatcherTimer 对象，将计时器周期设为 1 秒并启动计时器。

13. 在"生成"菜单中，单击"生成解决方案"。验证应用程序正确生成。

现在就可以用 Command 类向 ViewModel 类添加命令了。下个练习将定义命令，使视图能在不同客户之间移动。

> **向 ViewModel 类添加 NextCustomer 和 PreviousCustomer 命令**

1. 在 Visual Studio 中显示 ViewModel.cs 文件。

2. 在文件顶部添加以下 using 指令，修改 ViewModel 类的定义来实现 INotifyPropertyChanged 接口：

```
...
using System.ComponentModel;
```

```
namespace Customers
{
    public class ViewModel : INotifyPropertyChanged
    {
        ...
    }
}
```

3. 在 ViewModel 类末尾添加 PropertyChanged 事件和 OnPropertyChanged 方法。其实就是在 Customer 类中添加的代码：

```
public class ViewModel : INotifyPropertyChanged
{
    ...
    public event PropertyChangedEventHandler PropertyChanged;

    protected virtual void OnPropertyChanged(string propertyName)
    {
        if (PropertyChanged != null)
        {
            PropertyChanged(this, new PropertyChangedEventArgs(propertyName));
        }
    }
}
```

记住，视图在控件的数据绑定表达式中通过 Current 属性来引用数据。ViewModel 类移动至不同的客户时，必须引发 PropertyChanged 事件通知视图所显示的数据发生改变。

4. 在 ViewModel 类中添加以下字段和属性，放到构造器之后：

```
public class ViewModel : INotifyPropertyChanged
{
    ...
    public ViewModel()
    {
        ...
    }

    private bool _isAtStart;
    public bool IsAtStart
    {
        get { return this._isAtStart; }
        set
        {
            this._isAtStart = value;
            this.OnPropertyChanged("IsAtStart");
        }
    }

    private bool _isAtEnd;
```

```
public bool IsAtEnd
{
    get { return this._isAtEnd; }
    set
    {
        this._isAtEnd = value;
        this.OnPropertyChanged("IsAtEnd");
    }
}
}
```

将用这两个属性跟踪 ViewModel 的状态。如果 ViewModel 的 currentCustomer 字段定位在 customers 集合起始处，IsAtStart 属性将设为 true；如果定位在 customers 集合末尾，IsAtEnd 属性将设为 true。

5.　修改构造器来设置 IsAtStart 和 IsAtEnd 属性，如加粗的语句所示：

```
public ViewModel()
{
    this.currentCustomer = 0;
    this.IsAtStart = true;
    this.IsAtEnd = false;
    ...
}
```

6.　将加粗的私有方法 Next 和 Previous 添加到 ViewModel 类，放到 Current 属性之后：

```
public class ViewModel : INotifyPropertyChanged
{
    ...
    public Customer Current
    {
        get { return this.customers[currentCustomer]; }
    }

    private void Next()
    {
        if (this.customers.Count - 1 > this.currentCustomer)
        {
            this.currentCustomer++;
            this.OnPropertyChanged("Current");
            this.IsAtStart = false;
            this.IsAtEnd =
                (this.customers.Count - 1 == this.currentCustomer);
        }
    }

    private void Previous()
    {
        if (this.currentCustomer > 0)
        {
```

```
            this.currentCustomer--;
            this.OnPropertyChanged("Current");
            this.IsAtEnd = false;
            this.IsAtStart = (this.currentCustomer == 0);
        }
    }
    ...
}
```

注意   Count 属性返回集合中的数据项的数量,但记住集合项的编号是从 0 到 Count – 1。

这些方法更新 currentCustomer 变量来引用客户列表中的下一个(或上一个)客户。注意,方法负责维护 IsAtStart 和 IsAtEnd 属性的值,并通过为 Current 属性引发 PropertyChanged 事件来指出当前客户已发生改变。两个方法都是私有方法,它们不应从 ViewModel 类的外部访问。外部类通过命令来运行这些方法。命令将在下面的步骤中添加。

7. 在 ViewModel 类中添加 NextCustomer 和 PreviousCustomer 自动属性:

```
public class ViewModel : INotifyPropertyChanged
{
    private List<Customer> customers;
    private int currentCustomer;
    public Command NextCustomer { get; private set; }
    public Command PreviousCustomer { get; private set; }
    ...
}
```

视图将绑定到这些 Command 对象,允许在客户之间导航。

8. 在 ViewModel 构造器中设置 NextCustomer 和 PreviousCustomer 属性来引用新的 Command 对象,如下所示:

```
public ViewModel()
{
    this.currentCustomer = 0;
    this.IsAtStart = true;
    this.IsAtEnd = false;
    this.NextCustomer = new Command(this.Next, () =>
        { return this.customers.Count > 0 && !this.IsAtEnd; });
    this.PreviousCustomer = new Command(this.Previous, () =>
        { return this.customers.Count > 0 && !this.IsAtStart; });
    ...
}
```

NextCustomer Command 指定在调用 Execute 方法时执行 Next 方法。Lambda 表达式 expression () => { return this.customers.Count > 0 && !this.IsAtEnd; }是运行 CanExecuteMethod 方法时要调用的函数。只要客户列表包含至少一个客户,而且 ViewModel 当前定位的不是列表的最后一个客户,表达式就返回 true。

PreviousCustomer Command 大同小异，它调用 Previous 方法从列表获取上一个客户，CanExecuteMethod 引用的是表达式() => { return this.customers.Count > 0 && !this.IsAtStart; }。如果客户列表包含至少一个客户，而且 ViewModel 当前定位的不是第一个客户，表达式就返回 true。

9.　在"生成"菜单中，单击"生成解决方案"。验证应用程序正确生成。

将 NextCustomer 和 PreviousCustomer 命令添加到 ViewModel 中之后，就可以将这些命令和视图中的按钮绑定。点击按钮将运行对应的命令。

Microsoft 发布了在 Windows Store 应用程序中为视图添加按钮的规范。调用命令的按钮一般要放到应用栏(app bar)上。有两种应用栏：一个在窗体顶部；另一个在底部。在应用程序或数据中导航的按钮通常放到顶部，下个练习将采用这个布局。

> 注意　访问 *http://msdn.microsoft.com/library/windows/apps/hh465302.aspx*，进一步了解 Microsoft 的应用栏实现规范。

➤　**在 Customers 窗体中添加 Next 和 Previous 按钮**

1.　以设计视图显示 MainPage.xaml 文件。

2.　滚动到 XAML 窗格底部，将以下加粗显示的标记添加到结束</Page>标记上方。

```
    ...
    <Page.TopAppBar >
      <AppBar IsSticky="True">
        <StackPanel Orientation="Horizontal" HorizontalAlignment="Center">
          <Button x:Name="previousCustomer"
Style="{StaticResource PreviousAppBarButtonStyle}"
Command="{Binding Path=PreviousCustomer}"/>
          <Button x:Name="nextCustomer"
Style="{StaticResource NextAppBarButtonStyle}"
Command="{Binding Path=NextCustomer}"/>
        </StackPanel>
      </AppBar>
    </Page.TopAppBar>
</Page>
```

这些 XAML 标记有几点需要注意。

● 默认是右击窗体、按 Windows+Z 或从窗体顶部/底部轻扫来显示应用栏。在窗体中执行另一个操作，应用栏将自动消失。要防止应用栏自动消失，可像本例这样将 IsSticky 属性设为 true。这样一来，除非用户右击窗体、按 Windows+Z 或者将应用栏从窗体顶边轻扫走，否则应用栏将一直显示。这样可方便用户快速地在客户之间移动，而不必每次都重复一下手势来显示应用栏。

- AppBar 控件包含一个 StackPanel 控件。和其他许多控件一样，AppBar 只能包含一样内容。要在控件中同时显示多个项，就必须使用 Grid 或 StackPanel 这样的容器控件。在本例中，StackPanel 是最好用的，它显示的项将水平排列。

- 按钮样式用一个静态资源指定。PreviousAppBarButtonStyle 和 NextAppBarButtonStyle 这两个样式都在 Common 文件夹提供的 StandardStyles.xaml 文件中定义。该文件是"空白应用程序"模板的一部分，其中包含许多有用的样式，可用它们快速创建具有标准"外观与感觉"的应用程序。但是，这些按钮样式默认是没有启用的(将在下个步骤启用)，所以 XAML 编辑器会突出显示这些代码，并抱怨样式解析不了。

- 每个按钮都有 Command 属性。该属性可绑定到实现了 ICommand 接口的对象。在这个应用程序中，已经将按钮绑定到 ViewModel 类中的 PreviousCustomer 和 NextCustomer 命令。在运行时点击这两个按钮，将运行对应的命令。

3. 在解决方案资源管理器中，展开 Customers 项目的 Common 文件夹，双击 StandardStyles.xaml 显示它。

4. 在 StandardStyles.xaml 文件中查找 NextAppBarButtonStyle 和 PreviousAppBarButtonStyle 样式的定义标记(写作本书时，这些样式在模板文件中从第 496 行开始)。注意，这些样式被注释掉了。

5. 取消对这些样式的注释：在 NextAppBarButtonStyle 之前的那个样式的结束</Style>标记之后添加*注释结束*标记-->，然后在 PreviousAppBarButtonStyle 之后的那个样式的起始<Style>标记之前添加*注释开始*标记<!--，如下所示：

```
...
</Style> -->
<Style x:Key="NextAppBarButtonStyle" TargetType="ButtonBase"
BasedOn="{StaticResource AppBarButtonStyle}">
   <Setter Property="AutomationProperties.AutomationId"
Value="NextAppBarButton"/>
   <Setter Property="AutomationProperties.Name" Value="Next"/>
   <Setter Property="Content" Value="&#xE111;"/>
</Style>
<Style x:Key="PreviousAppBarButtonStyle" TargetType="ButtonBase"
BasedOn="{StaticResource AppBarButtonStyle}">
   <Setter Property="AutomationProperties.AutomationId"
Value="PreviousAppBarButton"/>
   <Setter Property="AutomationProperties.Name" Value="Previous"/>
   <Setter Property="Content" Value="&#xE112;"/>
</Style>
<!--<Style x:Key="FavoriteAppBarButtonStyle" TargetType="ButtonBase"
...
```

这些样式被注释的原因现在应该很明显了。StandardStyles.xaml 文件中定义了太多的按钮样式，各种按钮都有自己的样式。如果不注释掉这些样式，应用程序每次启动都会花很长时间，因为每个样式都要实例化。所以，只有真正需要的样式才应解除注释。

6. 在"调试"菜单中，单击"开始执行(不调试)"。

将显示 Customers 窗体，其中包含了 John Sharp 的详细信息。

7. 右击窗体背景的任何地方。会在窗体顶部显示应用栏，其中包含 Next 和 Previous 按钮，如下图所示。

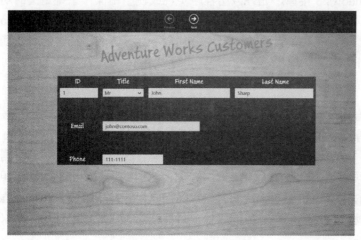

注意，Previous 按钮被禁用，这是由于 ViewModel 的 IsAtStart 属性为 true，Previous 按钮引用的 Command 对象的 CanExecute 方法指出命令不能运行。

8. 在应用栏中点击 Next。

随后将显示客户 2(Diana Sharp)的详细信息。短暂延迟(最多 1 秒)后，Previous 按钮被启用。IsAtStart 属性不再为 true，所以命令的 CanExecute 方法返回 true。但是，在命令中的计时器对象到期并触发 CanExecuteChanged 事件之前(这要花最多 1 秒的时间)，按钮是不会收到这个更改通知的。

注意　要对命令状态的变化做出更迅捷的反应，可在 Command 类中设置更短的计时器周期。但不要使这个时间太短，因为过于频繁引发 CanExecuteChanged 事件会影响到 UI 性能。

9. 在应用栏中再次点击 Next。

10. 将显示客户 3(Francesca Sharp)的详细信息，短暂延迟后将禁用 Next 按钮。这一次 ViewModel 的 IsAtEnd 属性变为 true，所以 Next 按钮引用的 Command 对象的 CanExecute 方法返回 true，命令被禁用。

11. 切换到贴靠视图，验证应用程序仍能正常工作。利用 Next 和 Previous 按钮可在客户列表中前后移动。

12. 右击窗体背景的任何地方，应用栏应消失。

13. 返回 Visual Studio 并停止调试。

26.2　Windows 8 合约

第 25 章简单提到 Windows Store 应用程序可以实现一个或多个 Windows 8 合约。合约定义了一个 Windows 8 接口，允许应用程序实现或使用由操作系统定义的功能，比如搜索信息、共享数据或者作为文件选取器的资源。合约提供了所有 Windows Store 应用程序共享的标准机制；运行实现了合约的应用程序时，不必了解应用程序特有的功能就能执行合约提供的标准任务。简单地说，合约使 Windows Store 应用程序能无缝地协作。最常用的合约如下所示。

- **共享合约**　该合约允许 Windows Store 应用程序和"共享"超级按钮集成，可作为共享数据的目的地使用。共享有两个方面的含义：Windows Store 应用程序可登记为共享来源，指定它要以什么格式共享什么数据。使用共享数据的目标应用程序必须实现共享合约。来源应用程序登记为可共享数据后，用户就可以用"共享"超级按钮显示实现了合约的应用程序列表，并从中选择一个应用程序。合约定义了目标应用程序必须响应的事件。目标应用程序通过这些事件从来源请求和接收数据。

- **文件打开选取器合约**　该合约使 Windows Store 应用程序能响应来自 Windows 8 文件选取器的请求。使用这个合约，Windows Store 应用程序允许用户和其他应用程序以一种受控制的方式访问它管理的数据。该合约使 Windows Store 应用程序成为本地存储的一个伙伴。实现了该合约的 Windows Store 应用程序能完全地控制数据以及向文件选取器呈现的数据的视图。Windows 8 还提供了文件保存选取器合约，允许应用程序控制数据的存储方式。

- **搜索合约**　允许用户通过 Windows 8 的"搜索"超级按钮来搜索应用程序公开的数据。这也是其他 Windows 8 应用程序所使用的标准机制。实现搜索合约意味着用户不需要知道应用程序的任何特殊操作规程，即可在其中搜索数据。Windows 8 已经建立了执行搜索的基础结构，开发人员唯一要做的就是提供获取搜索请求并查找相应数据的逻辑。

> **注意**　欲知 Windows 8 合约的详情并体验具体的例子，请参考"应用合约和扩展"(*http://msdn.microsoft.com/library/windows/apps/hh464906.aspx*)。

26.2.1　实现搜索合约

记录数量较少的时候，Customers 应用程序用起来还是不错的。可以用 Next 和 Previous 按钮方便地浏览客户信息。但在商业环境中，这么少的客户显然不太可能(除非生意太失败了)。用 Next 和 Previous 功能浏览几百条记录并从中查找特定客户，这不仅耗时，而且太没有效率。为了使应用程序变得更有用，应提供搜索功能并实现搜索合约。

Visual Studio 2012 提供了搜索合约模板。它自动生成与"搜索"超级按钮集成的代码。用户选择该超级按钮，将列出实现了搜索合约的所有应用程序，同时显示一个输入框，供输入要搜索的数据。如果选择搜索你的应用程序，搜索词或条件就会传给该应用程序。可利用这些信息在应用程序中对数据进行筛选，判断哪些项符合搜索条件。然后在一个页上显示所有匹配项(该页作为搜索合约模板的一部分提供)。这个过程听起来很复杂，但其实大多数工作都由搜索合约模板"代劳"了。提供搜索合约的所有应用程序都要以相同的方式工作，所以 Microsoft 能在模板中集成大量通用的代码。下个练习将在 Customers 应用程序中添加搜索合约，允许按照名字和姓氏来搜索客户。

> **在 Customers 应用程序中实现搜索合约**

1. 在 Visual Studio 打开"文档"文件夹下的\Microsoft Press\Visual CSharp Step By Step\Chapter 26\Search 子文件夹中的 Customers 项目。这个版本的 Customers 应用程序包含上个练习创建好的 ViewModel，但数据源包含更多客户的详细信息。客户信息仍然用 List<Customer>对象容纳，但这个对象现在由 DataSource.cs 文件中的 DataSource 类创建。ViewModel 类引用该列表而不是像上个练习那样创建包含 3 个客户的小集合。

2. 在解决方案资源管理器中右击 Customers 项目，选择"添加"|"新建项"。

3. 在"添加新项"对话框中，在左侧窗格选择"Windows 应用商店"，在中间窗格选择"搜索协定"[①]模板，在"名称"文本框中输入 **SearchResultsPage.xaml**，单击"添加"按钮，如下图所示。

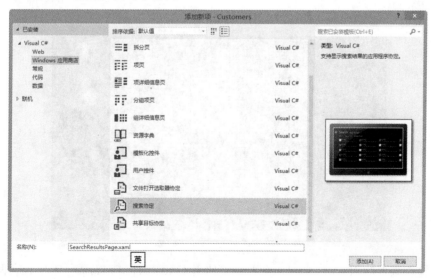

---

① MSDN 文档将 contract 翻译成"合约"，Visual Studio 界面翻译成"协定"。——译注

如下图所示，Visual Studio 显示消息"此添加项依赖于项目中缺少的文件。如果没有这些文件，则必须手动解析对公共命名空间的依赖项。是否自动添加缺少的文件?"。

显示这条消息是由于 Customers 应用程序当初是用"空白应用程序"模板创建的，该模板不包含搜索合约模板要求的代码和其他元素。点击"是"按钮允许模板添加这些项。

模板将生成新的 XAML 页 SearchResultsPage.xaml，还有名为 SearchResultsPage.xaml.cs 的代码文件，后者将在"代码和文本编辑器"窗口中显示。Common 文件添加了大量新文件。这些文件包含 SearchResultsPage.xaml 页需要的代码和数据类型。

📝**注意**　Visual Studio 可能报告说 SearchResultsPage.xaml 文件存在错误。这是由于 SearchResultsPage.xaml 文件先于 Common 文件夹中需要依赖的文件创建。下次生成应用程序时，这些错误应该会消失。

---

4. 选择"生成" | "生成解决方案"。

5. 在解决方案资源管理器中双击 SearchResultsPage.xaml 文件，以设计视图显示它(参见下图)。

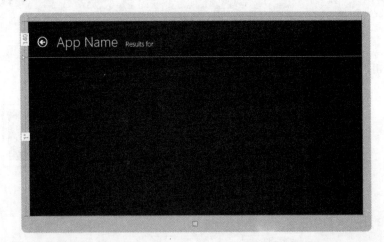

检查该页的 XAML 标记，会看到它使用 Grid 控件进行布局，其中包含两个嵌套的 Grid 控件。第一个名为 typicalPanel，当应用程序使用全屏幕或填充视图时显示。第二个名为 snappedPanel，当应用程序使用贴靠视图时显示。

typicalPanel Grid 控件包含以下内容。

- 名为 filtersItemsControl 的 ItemsControl 控件。在运行时，该控件将显示筛选器列表，允许用户指定如何应用搜索条件。Customers 应用程序将定义搜索名字或姓氏的筛选器。

- 名为 resultsGridView 的 GridView 控件。符合搜索条件的客户将在这个控件中显示，客户使用名为 StandardSmallIcon300x70ItemTemplate 的模板进行格式化。可在 Common 文件夹的 StandardStyles.xaml 文件中找到该模板。将修改它来显示客户数据。

snappedPanel Grid 控件包含以下内容。

- 允许用户从筛选器列表中选择的 ComboBox 控件。该控件具有和 typicalPanel Grid 中的 ItemsControl 控件一样的功能，只是更适合贴靠视图狭小的空间。

- 名为 resultsListView 的 ListView 控件。作用和 typicalPanel Grid 中的 resultsGridView 控件类似。它显示匹配客户的列表，但使用的是列表而不是网格布局。数据本身用 StandardStyles.xaml 文件中的 StandardSmallIcon70ItemTemplate 样式格式化。

snappedPanel Grid 控件下方是另一个 Grid 控件，其中包含要在页的顶部显示的标题和按钮。后跟名为 noResultsTextBlock 的 TextBlock 控件。如果输入的搜索词没有任何匹配项，就显示该 TextBlock 控件。

SearchResultsPage.xaml 文件尾部是可视状态管理器使用的可视状态组，用于在视图改变时切换不同的控件布局。

注意　可修改这个页上的元素所用的样式，为其赋予和应用程序其他部分相同的外观与感觉。但是，不要修改页的布局或者增删控件。搜索合约要想正常工作，需要依赖于这些控件的正确定义。

---

6. 在靠近 SearchResultsPage.xaml 文件顶部的<Page.Resources>区域中，将 AppName 字符串资源的值更改为 **Customers**，如加粗代码所示。

```
<Page.Resources>
    ...
    <!-- TODO: Update the following string to be the name of your app -->
    <x:String x:Key="AppName">Customers</x:String>
</Page.Resources>
```

设计视图窗口显示的标题变成 Customers。

7. 在解决方案资源管理器中展开 SearchResultsPage.xaml，双击 SearchResultsPage.xaml.cs 文件显示它。

该文件包含 SearchResultsPage 类的代码。类定义了以下方法。

- **LoadState**　该方法在用户输入搜索关键词并选择 Customers 应用程序时运行。搜索词传给 navigationParameter 参数指定的方法，为该方法生成的代码提取这个信息，保存到名为 queryText 的局部变量中。方法的目的是查找所有和搜索词匹配的项，并作为集合(称为筛选器)添加到该页实现的 ViewModel 中。模板生成的代码创建名为 All 的默认筛选器。可在其中填充每个客户的详细信息。不过，本应用程序准备删除 All 筛选器，创建筛选器来包含名字或姓氏与 queryText 变量的值匹配的客户的详细信息。

> 📖注意　SearchResultsPage 使用它自己的 ViewModel。该 ViewModel 在 Common 文件夹的 LayoutAwarePage.cs 文件中定义。不要把 ViewModel 和之前为 Customers 应用程序创建的混淆了。

- **Filter_SelectionChanged**　该方法在用户从贴靠视图的 SearchResultsPage 页上选择一个筛选器时运行。筛选器的详细信息在 SelectionChangedEventArgs 参数中指定，为这个方法生成的代码获取这个值，并把它存储到 selectedFilter 局部变量中。要在这个方法中更新 ViewModel 来显示由筛选器指定的数据。

- **Filter_Checked**　该方法在用户从全屏幕或填充视图的 SearchResultsPage 页上选择一个筛选器时运行。不应更改这个方法中的代码。

文件中还包含 SearchResultsPage 类使用的 Filter 类的定义。同样地，不应更改这个类中的代码。

8. 在解决方案资源管理器中展开 App.xaml，双击 App.xaml.cs 显示文件。

9. 在 App 类开头添加私有_mainPageViewModel 字段和公共 MainViewModel 属性，如加粗的代码所示。

```
sealed partial class App : Application
{
    private ViewModel _mainViewModel = null;
    public ViewModel MainViewModel
    {
        get { return this._mainViewModel; }
        set { this._mainViewModel = value; }
    }
    ...
}
```

随后将通过 inViewModel 属性允许 SearchResultsPage 页访问 MainPage 窗体的 ViewModel。

10. 在解决方案资源管理器中展开 MainPage.xaml，双击 MainPage.xaml.cs 来显示它。

11. 在 MainPage 构造器中添加以下加粗的语句。

```
public MainPage()
{
```

```
    ...
    ViewModel viewModel = new ViewModel();
    (Application.Current as App).MainViewModel = viewModel;
    this.DataContext = viewModel;
}
```

这个语句使 MainPage 窗体的 ViewModel 可以通过 App 类的 MainViewModel 属性来使用。注意，是将静态属性 Application.Current 的值转换为 App 类型，从而访问当前正在运行的应用程序的 App 对象。

12. 在解决方案资源管理器中双击 ViewModel.cs 文件显示它。

13. 在 ViewModel 类中添加以下加粗的公共属性 AllCustomers。

```
public class ViewModel : INotifyPropertyChanged
{
    private List<Customer> customers;
    public List<Customer> AllCustomers
    {
        get { return this.customers; }
    }
    ...
}
```

该属性使 ViewModel 类使用的客户集合能由其他类使用；将在 SearchResultsPage 类中请求访问该集合。

14. 显示 SearchPageResults.xaml.cs 文件。在 SearchResultsPage 类的起始处添加以下加粗的私有字段。

```
public sealed partial class SearchResultsPage : ...
{
    private Dictionary<string, List<Customer>> searchResults =
        new Dictionary<string, List<Customer>>();
    ...
}
```

Dictionary 集合将包含符合搜索条件的客户列表。该集合包含两个列表：一个是名字(first name)匹配的客户，一个是姓氏(last name)匹配的。

15. 在 LoadState 方法的 TODO 注释之后添加以下加粗的语句。

```
protected override void LoadState(Object navigationParameter,
Dictionary<String, Object> pageState)
{
    var queryText = navigationParameter as String;
    // TODO: Application-specific searching logic...
    // ...

    List<Customer> allCustomers =
        (Application.Current as App).MainViewModel.AllCustomers;
```

```
    ...
    }
```

16. 在 LoadState 方法中，将以下加粗的行注释掉。

```
...
var filterList = new List<Filter>();
// filterList.Add(new Filter("All", 0, true));
...
```

Customerds 应用程序实现的搜索合约不支持 All 选项。

17. 在这个语句后添加以下加粗的代码块。

```
var filterList = new List<Filter>();
// filterList.Add(new Filter("All", 0, true));

// Find all customers where the first name
// or last name matches the query text
queryText = queryText.ToLower();
List<Customer> matchingFirstNames = new List<Customer>();
List<Customer> matchingLastNames = new List<Customer>();
foreach (Customer customer in allCustomers)
{
    string firstName = customer.FirstName.ToLower();
    string lastName = customer.LastName.ToLower();
    if (firstName.Contains(queryText))
    {
        matchingFirstNames.Add(customer);
    }
    if (lastName.Contains(queryText))
    {
        matchingLastNames.Add(customer);
    }
}
```

这些代码是搜索合约的关键。它遍历 allCustomers 集合来查找 FirstName 或 LastName 属性值与 queryText 变量值匹配的客户。所有数据都先转换成小写，使匹配过程不区分大小写。对每个匹配客户的引用都添加到 matchingFirstNames 或 matchingLastNames 集合中。

18. 将以下加粗的代码添加到 LoadState 方法中，放到上一个代码块之后。

```
filterList.Add(new Filter( "Matching First Names", matchingFirstNames.Count, false));
filterList.Add(new Filter( "Matching Last Names", matchingLastNames.Count, false));
searchResults.Add("Matching First Names", matchingFirstNames);
searchResults.Add("Matching Last Names", matchingLastNames);

// Communicate results through the view model
this.DefaultViewModel["QueryText"] = '\u201c' + queryText + '\u201d';
```

这些代码将 matchingFirstNames 和 matchingLastNames 集合的详细信息添加到要

由搜索结果页显示的筛选器列表。信息包括姓名和匹配计数。集合本身添加到 searchResults 集合。添加到 searchResults 集合的每个客户列表的名称必须和 filterList 集合中指定的每个筛选器的名称匹配。

19. 在 Filter_SelectionChanged 方法中将以下加粗的语句添加到 TODO 注释之后。

```
// TODO: Respond to the change in active filter ...
// ...
this.DefaultViewModel["Results"] = this.searchResults[selectedFilter.Name];
```

该语句造成在搜索结果页上显示由所选筛选器指定的客户列表。客户列表使用筛选器的名称(要么是"Matching First Names"，要么是"Matching Last Names"，在上一步向 filterList 集合添加筛选器时定义)从 searchResults 集合中获取。

20. 在 Filter_SelectionChanged 方法末尾将下面这一行注释掉。

```
// VisualStateManager.GoToState(this, "NoResultsFound", true);
```

如果没有找到任何匹配项，Filter_SelectionChanged 方法的默认逻辑是使用可视状态管理器将页置于 NoResultsFound 状态。在这个状态中，页面将显示文本"No Results Found"。但是，如果有多个筛选器，将页置于这个状态会导致它停止搜索并在找到第一个空白筛选器时显示结果(后续筛选器可能包含应显示的数据)。将这个语句注释掉，页就可以为所有筛选器调用 Filter_SelectionChanged 方法，即使在找到空白筛选器的时候。

21. 在解决方案资源管理器中展开 Common 文件夹，双击 StandardStyles.xaml 显示它。

22. 找到靠近文件尾部的 StandardSmallIcon300x70ItemTemplate DataTemplate。该模板由 SearchResultsPage 用来显示每个匹配的客户。该 DataTemplate 控件中的 Image 和 TextBlock 控件通过数据绑定在全屏幕和填充视图中显示对象的属性

```
<DataTemplate x:Key="StandardSmallIcon300x70ItemTemplate">
  <Grid Width="294" Margin="6">
    ...
    <Border ...>
      <Image Source="{Binding Image}" .../>
    </Border>
    <StackPanel Grid.Column="1" Margin="10,-10,0,0">
      <TextBlock Text="{Binding Title}" .../>
      <TextBlock Text="{Binding Subtitle}" .../>
      <TextBlock Text="{Binding Description}" .../>
    </StackPanel>
  </Grid>
</DataTemplate>
```

Customer 类有 Title 属性，但没有 Image，Subtitle 和 Description 属性。删除 Border 控件以及和它关联的 Image 控件，修改 Subtitle 和 Description TextBlock 控件的数据绑定，改为显示 FirstName 和 LastName 属性。如下所示。

```
<DataTemplate x:Key="StandardSmallIcon300x70ItemTemplate">
    <Grid Width="294" Margin="6">
        ...
        <StackPanel Grid.Column="1" Margin="10,-10,0,0">
            <TextBlock Text="{Binding Title}" .../>
            <TextBlock Text="{Binding FirstName}" .../>
            <TextBlock Text="{Binding LastName}" .../>
        </StackPanel>
    </Grid>
</DataTemplate>
```

23. 在 StandardSmallIcon300x70ItemTemplate DataTemplate 后面的 StandardSmallIcon70ItemTemplate DataTemplate 中进行相同的修改。

```
<DataTemplate x:Key="StandardSmallIcon70ItemTemplate">
    <Grid Margin="6">
        ...
        <StackPanel Grid.Column="1" Margin="10,-10,0,0">
            <TextBlock Text="{Binding Title}" .../>
            <TextBlock Text="{Binding FirstName}" .../>
            <TextBlock Text="{Binding LastName}" .../>
        </StackPanel>
    </Grid>
</DataTemplate>
```

➢ **测试搜索合约**

1. 在"调试"菜单中选择"开始调试"生成并运行应用程序。

2. 应用程序将显示客户 1(Orlando Gee)的详细信息。

3. 按 Windows+C 显示超级按钮栏,点击"搜索"。

4. 随后会出现如下图所示的搜索窗格。点击下箭头将显示实现了搜索合约的所有应用程序的列表。可选择一个要在其中搜索数据的。请选择 Customers 应用程序。

5. 在文本框中输入 **G**,然后点击"搜索"按钮。

6. 随后会出现下图所示的搜索结果页,其中列出了名字或姓氏中包含字母 G 的所有客户。默认显示的是和 Matching First Names 筛选器(filterList 集合的第一个筛选器)

匹配的项。页面顶部将显示向 filterList 集合添加筛选器时指定的名称,同时显示的还有匹配数量。

7. 点击 Matching Last Names。随后会显示姓氏中包含字母 G 的所有客户。

8. 返回 Visual Studio 并停止调试。

26.2.2 导航至所选项

添加基本搜索功能很简单,但还可添加大量功能使其更有用。第一个功能是在搜索结果页中点击客户姓名就直接导航至 Customers 应用程序中的那个客户。下个步骤将实现该功能。

> ➢ 从搜索结果页显示选中的客户

1. 在 Visual Studio 中打开 ViewModel.cs 文件,在 ViewModel 类中添加以下加粗的 GoTo 方法,把它放到 Current 属性和 Next 方法之间。

```
public Customer Current
{
...
}

public void GoTo(Customer customer)
{
    this.currentCustomer = this.customers.IndexOf(customer);
    this.OnPropertyChanged("Current");
}

private void Next()
```

```
{
    ...
}
```

GoTo 方法获取一个 Customer 对象作为参数，用 IndexOf 方法找到这是客户集合中的哪一个客户。然后将其设为当前显示的客户。

2. 打开 SearchResultsPage.xaml 文件。

3. 在 XAML 窗格中找到 resultsGridView GridView 控件的标记，在 IsItemClickEnabled 和 ItemsSource 属性之间添加 ItemClick 属性，如加粗的代码所示。

```
<GridView
    x:Name="resultsGridView"
    ...
    IsItemClickEnabled="True"
    ItemClick="OnItemClick"
    ItemsSource="{Binding Source={...}}"
    ...
</GridView>
```

ItemClick 属性指定当用户点击 GridView 控件中的一项时要运行的事件处理方法的名称。稍后就要写这个方法。

4. 找到 resultsListView ListView 控件的 XAML 标记，添加相同的 ItemClick 属性。

```
<ListView
    x:Name="resultsListView"
    ...
    IsItemClickEnabled="True"
    ItemClick="OnItemClick"
    ItemsSource="{Binding Source={...}}"
    ...
</ListView>
```

5. 打开 SearchPageResults.xaml.cs 文件，将以下 OnItemClick 方法添加到 SearchResultsPage 类中，放到构造器之后。

```
public sealed partial class SearchResultsPage : ...
{
    ...
    public SearchResultsPage()
    {
        this.InitializeComponent();
    }

    private void OnItemClick(object sender, ItemClickEventArgs e)
    {
        this.Frame.Navigate(typeof(MainPage), e.ClickedItem);
    }
    ...
}
```

OnItemClick 方法使用 Frame.Navigate 方法显示 MainPage 窗体。e.ClickedItem 的值作为参数传给 Navigate 方法，它是对用户当前在搜索结果页中点击的客户的引用。Navigate 方法造成目标页(本例就是 MainPage 窗体)中的 OnNavigatedTo 方法运行，作为参数传给 Navigate 方法的项转发给 OnNavigatedTo 方法。

6. 打开 MainPage.xaml.cs 文件，在 MainPage 类底部找到 OnNavigatedTo 方法。该方法目前空白。

7. 将以下加粗的代码添加到 OnNavigatedTo 方法。

```
protected override void OnNavigatedTo(NavigationEventArgs e)
{
    Customer selectedCustomer = e.Parameter as Customer;
    // If the Customer passed in as the parameter is not null
    // then go to that customer
    if (selectedCustomer != null)
    {
        ViewModel viewModel = (Application.Current as App).MainViewModel;
        this.DataContext = viewModel;
        viewModel.GoTo(selectedCustomer);
    }
    this.WindowSizeChanged(this, null);
}
```

代码使用 ViewModel 类的 GoTo 方法导航至指定客户，该客户随后在 MainPage 窗体上显示。OnNavigatedTo 方法还调用 WindowSizeChanged 方法；如果应用程序在贴靠视图中运行，该方法将确保可视状态管理器运行并相应地调整窗体布局。

8. 在"调试"菜单中选择"开始调试"生成并运行应用程序。

9. 应用程序打开后，按 Windows+C 显示超级按钮栏，点击"搜索"按钮。

10. 在文本框中输入 **G**，从下拉列表选择 Customers 应用程序。

11. 在搜索结果页中点击任何客户，比如 Gary Vargas。随后将重新显示 MainPage 窗体，并列出该客户的详细信息，如下图所示。

12. 返回 Visual Studio 并停止调试。

26.2.3 从搜索超级按钮启动程序

目前实现的搜索功能依赖于 Customers 应用程序已经运行。但实际情况可能并非如此。如果搜索时应用程序尚未运行，看到的就是空白屏幕。所以，另一个有用的功能是在搜索时自动启动应用程序。这正是本章最后一个练习要做的事情。另外，还要为 Customers 应用程序添加更有意义的图标。这些图标将取代默认的灰白色复选框图标。

> **使 Customers 应用程序自动启动**

1. 在 Visual Studio 中打开 App.xaml.cs 文件，找到文件底部的 OnSearchActivated 方法。该方法是由搜索合约模板添加到 App 类的，在执行搜索时运行。

   这个方法还作为应用程序的入口方法运行——如果应用程序之前没有运行的话。查看方法末尾，会看到以下语句。

   ```
   frame.Navigate(typeof(SearchResultsPage), args.QueryText);
   Window.Current.Content = frame;

   // Ensure the current window is active
   Window.Current.Activate();
   ```

   这些代码导航至 SearchResultsPage 窗体，传递用户输入的搜索词，然后使那个窗体成为当前页。问题是假如 MainPage 窗体没有运行，那么 ViewModel 还没有创建，所以没有可供搜索的数据。最简单的解决方案是在切换到 SearchResultsPage 窗体前检查 MainViewModel 变量，如果为 null 就实例化一个。

2. 将以下加粗的代码添加到 OnSearchActivated 方法中。

   ```
   protected async override void OnSearchActivated(...)
   {
   ...

       if (this.MainViewModel == null)
       {
           this.MainViewModel = new ViewModel();
       }

       frame.Navigate(typeof(SearchResultsPage), args.QueryText);
       Window.Current.Content = frame;

       // Ensure the current window is active
       Window.Current.Activate();
   }
   ```

3. 在解决方案资源管理器中展开 Assets 文件夹。

　　文件夹包含几个图形文件：应用程序初始屏幕显示的默认图像，"开始"屏幕显示的图标，以及随同"搜索"超级按钮显示的图标(还有一个图片文件是上传到 Windows Store 时使用的)。每张图片都有固定大小："开始"屏幕的图标必须是 150 × 150 像素，"搜索"超级按钮显示的小图标必须是 30 × 30 像素，初始屏幕显示的必须是 620 × 300 像素。

4. 右击 Assets 文件夹，选择"添加"|"现有项"。

5. 在"添加现有项 – Customers"对话框中，切换到"文档"文件夹中的\Microsoft Press\Visual CSharp Step By Step\Chapter 26\Resources 子文件夹，选择全部 3 个文件，点击"添加"。

　　这些文件包含比"空白应用程序"模板的默认图标更好看的图片。

6. 在解决方案资源管理器中双击 Package.appxmanifest 文件。

　　随后会出现如第 25 章所述的"应用程序清单编辑器"窗口，可用它配置应用程序的功能和元数据。"应用程序 UI"标签页允许指定应用程序的呈现方式，包括它显示的徽标。

7. 在"应用程序 UI"标签页的"徽标"文本框中输入 Assets\AdventureWorksLogo150x150.png。在"小徽标"文本框中输入 Assets\AdventureWorksLogo30x30.png，在"初始屏幕"文本框中输入 Assets\AdventureWorksLogo620x300.png。

提示　如果不想打字，还可点击省略号按钮并切换到 Assets 文件夹来挑选图片文件。

8. 在"生成"菜单中选择"生成解决方案"。

9. 解决方案成功生成后，在"生成"菜单中选择"部署解决方案"。

　　这样会在计算机上安装应用程序。过去用"调试"菜单启动应用程序时，会自动执行这个动作。但现在是想从"搜索"超级按钮启动应用程序。

10. 按 Windows+C 显示超级按钮栏，点击"搜索"按钮。

注意　Customers 的徽标替换成了显示大字字母"AW"(代表 Adventure Works)的图标。

11. 在文本框中输入 **G**，选择用 Customers 应用程序执行搜索。

    随后会启动 Customers 应用程序，并显示所有匹配的客户。注意应用程序启动时会显示如下图所示的初始屏幕。

12. 点击任意客户，随后将显示所选客户的详细信息。

13. 关闭应用程序(从屏幕顶部轻扫)。

14. 注意，在"开始"屏幕中，Customers 应用程序的图标显示了 Adventure Works 徽标(参见下图)。

    点击该图标，将显示和之前一样的应用程序启动初始屏幕。

15. 返回 Visual Studio。

小　　结

　　本章讲解了如何使用数据绑定在窗体上显示数据，如何设置窗体的数据上下文，以及如何实现 INotifyPropertyChanged 接口来创建数据源以支持数据绑定。还讲解了如何使用 Model-View-ViewModel 模式来创建 Windows Store 应用程序，以及如何创建 ViewModel 使视图通过命令和数据源交互。最后讲解了如何实现搜索合约使 Windows Store 应用程序能够与 Windows 8 提供的搜索功能集成。

注意　本章和第 25 章都以"空白应用程序"模板为例演示 Windows Store 应用程序的创建。Visual Studio 2012 还提供了另外两个模板。用它们创建 Windows Store 应用程序，一开始就能获得比较全面的功能。这两个模板分别是"网格应用程序"和"拆分布局应用程序"。可利用网格应用程序来显示和编辑按组进行划分的分层数据。如下图所示，该模板生成的应用程序包含三页：称为 Grouped Items 的顶级页，其中显示了组的列表；称为 Group Detail 的二级页，显示了一个组的详细信息；以及称为 Item Detail 的三级页，显示了组中的项。

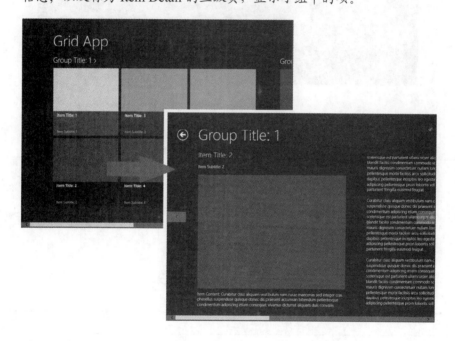

模板通过数据绑定在 GridView 和 ListView 控件中显示信息，并通过可视状态管理器自动适应不同的视图。和本章前面的例子一样，数据也通过 StandardStyles.xaml 文件中的样式和数据模板进行格式化和样式化。模板还包含示例数据源和简单的 ViewModel。可用自己的业务数据替换示例数据源，并修改 ViewModel 来处理自己的数据结构。模板的目的是将页和 ViewModel 作为起点，然后自行添加应用程序需要的更多的页和逻辑。可以使用本章学到的一样的技术和策略。

"拆分布局应用程序"模板在概念和结构上与"网格应用程序"模板一样，但只生成两个页：顶级页称为 Items，显示组的列表；二级页称为 Split 页，左侧显示组中的项目列表，右侧显示所选项的详细信息。

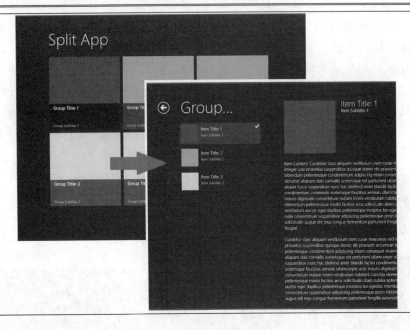

- 如果希望继续学习下一章，请继续运行 Visual Studio 2012，然后阅读第 27 章。

- 如果希望现在就退出 Visual Studio 2012，请选择"文件"|"退出"。如果看到 "保存"对话框，请单击"是"按钮保存项目。

第 26 章快速参考

目标	操作
将控件的属性和对象的属性绑定	在控件的 XAML 标记中使用数据绑定表达式。示例如下： `<TextBox ... Text="{Binding FirstName}" .../>`

允许对象向绑定通知数据值的更改	在类中实现 INotifyPropetyChanged 接口，每次属性值改变都引发 PropertyChanged 事件。示例如下：
	
	`class Customer : INotifyPropertyChanged`
	`{`
	`  ...`
	`  public event PropertyChangedEventHandler`
	`    PropertyChanged;`
	
	`  protected virtual void OnPropertyChanged(`
	`    string propertyName)`
	`  {`
	`    if (PropertyChanged != null)`
	`    {`
	`      PropertyChanged(this,`
	`        new PropertyChangedEventArgs(propertyName));`
	`    }`
	`  }`
	`}`

续表

目标	操作
允许控件通过数据绑定更新它绑定的属性的值	配置双向数据绑定。示例如下： `<TextBox ... Text="{Binding FirstName, Mode=TwoWay} " .../>`

将点击按钮控件时的业务逻辑和 UI 逻辑分开	在 ViewModel 中公开通过 ICommand 接口来实现的命令，将 Button 控件和命令绑定。示例如下：
	
	`<Button x:Name="nextCustomer" ...`
	`    Command="{Binding Path=NextCustomer}"/>`

允许应用程序用"搜索"超级按钮进行搜索	使用"搜索协定"模板来实现搜索合约。在搜索页的 LoadState 方法中添加代码来查找符合搜索条件的数据，创建包含该数据的搜索筛选器。在 Filter_SelectionChanged 方法中切换到用户指定的筛选器。在搜索页上处理 ItemClick 事件，自动导航到用户在搜索页中选中的项，并在应用程序中显示它

第27章　在 Windows Store 应用程序中访问远程数据库

本章旨在教会你:

- 通过实体框架创建实体模型来获取和修改数据库中的信息
- 创建 WCF Data Service,通过实体模型提供对数据库的远程访问
- 使用数据服务从远程数据库获取数据
- 使用数据服务插入、更新和删除远程数据库中的数据

第 26 章讲述了如何实现 Model-View-ViewModel (MVVM)模式,使用 ViewModel 类来提供对数据的访问,从而将应用程序的业务逻辑与 UI 分开。还解释了如何使用数据绑定在 UI 中显示由 ViewModel 呈现的数据,并允许 UI 更新数据。现在已经开发好了具有完整功能的 Windows Store 应用程序。

本章把重点转移到 MVVM 模式的"模型"上。具体地说,将解释如何实现一个模型使 Windows Store 应用程序能获取和更新远程数据库中的数据。

27.1　从数据库获取数据

到目前为止使用的数据都限定为应用程序的 ViewModel 中嵌入的简单集合。而真实应用程序所显示和维护的数据一般存储在关系式数据库这样的数据源中。Windows Store 应用程序不能通过 Microsoft 的技术来直接访问关系式数据库 (虽然第三方数据库厂商可能有自己的解决方案)。这表面上限制挺大,但实际是有原因的。首先,它消除了 Windows Store 应用程序对外部资源的依赖,使其自成一体,能方便地从 Windows Store 打包和下载,无须在计算机上安装和配置数据库管理系统。然而,许多商业应用程序仍然需要访问数据库。可用数据服务来满足这方面的要求。

数据服务是 Web 服务,允许应用程序连接远程数据源来获取和更新数据。数据服务可能在任意地方——从应用程序所在的计算机,到另一个大陆的 Web 服务器。只要能连接上,就能用它提供对自己的信息存储的访问。可利用 Visual Studio 提供的模板和工具快速和方便地构建数据服务。最简单的策略是使用实体框架生成实体模型,以这个模型为基础创建数据服务,如下图所示。

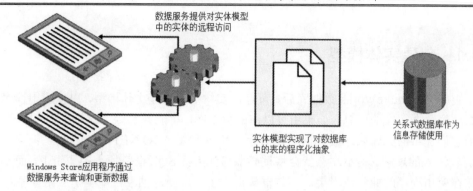

数据服务提供对实体模型
中的实体的远程访问

实体模型实现了对数据库
中的表的程序化抽象

关系式数据库作为
信息存储使用

Windows Store应用程序通过
数据服务来查询和更新数据

　　实体框架是连接关系式数据库的一种强大的技术，它能减少在应用程序中添加数据访问功能所需的编码量。本章首先需要设置好 AdventureWorks 数据库，它包含了 Adventure Works 客户的详细信息。

> **注意**　因篇幅有限，本书无法更深入地讨论实体框架的使用。本章的练习只能指导你体验最基本的步骤。访问"实体框架"(http://msdn.microsoft.com/data/aa937723)了解更多信息。

➢ 安装 AdventureWorks 数据库

1. 启动 Visual Studio 2012。

2. 选择"文件" | "打开" | "文件"。

3. 在"打开文件"对话框中切换到"文档"文件夹中的\Microsoft Press\Visual CSharp Step By Step\Chapter 27\AdventureWorks 子文件夹，选择 AttachDatabase.sql 并单击"打开"。

4. 在显示了 CREATE DATABASE 命令的 Transact-SQL 编辑器窗口中，将两处 <YourName>都更改为你的用户名。

5. 在"SQL"菜单中选择"Transact-SQL 编辑器"，再选择"执行"运行命令。

6. 在"Connect to Server"对话框的"Server Name"文本框中输入**(localdb)\v11.0**，确定 Authentication 组合框设为 Windows Authentication，单击 Connect。验证命令成功完成。

> **注意**　(localdb)\V11.0 是标识 Visual Studio 2012 所安装的 SQL Servrer 版本的连接字符串。有时，这个 SQL Server 实例要花一些时间才能启动，可能在点击了 Connect 之后发生超时错误。这时请再次选择 Execute 来运行命令。这一次 SQL Server 应该已经在运行了，命令能成功完成。

7. 关闭 AttachDatabase.sql 窗口。在询问是否保存脚本的消息框中勾选"否"。

27.1.1　创建实体模型

安装好 AdventureWorks 数据库后，可通过实体框架创建实体模型，以便应用程序查询和更新这个数据库中的信息。如果用过以前的数据库，可能熟悉像 ADO.NET 这样的技术，可利用它们提供的类库来连接数据库并执行 SQL 命令。ADO.NET 非常有用，但它要求对 SQL 有较深入的理解。稍不注意就会将重心偏移到执行 SQL 命令所需的逻辑上，而不是将重心放在应用程序的业务逻辑上。实体框架提供了一层新的抽象，减少了应用程序对 SQL 的依赖。简单地说，实体框架在关系数据库和应用程序之间实现了一个映射层；它实现了由一个类集合构成的实体模型，应用程序像使用其他任何集合那样使用该集合。一个集合通常对应数据库中的一个表，而每个表行都对应集合中的一项。一般使用 LINQ 遍历集合中的项来执行查询。实体模型在幕后将查询转换成 SQL SELECT 命令来获取数据。可修改集合中的数据，安排实体模型生成并执行相应的 SQL INSERT。UPDATE 和 DELETE 命令来执行相应的操作。总之，实体模型是连接数据库以及获取和管理数据的好帮手，它不要求在代码中嵌入 SQL 命令。

以下练习为 AdventureWorks 数据库的 Customer 表创建非常简单的实体模型。将以所谓的"数据库优先"方式进行实体建模。采用这种方式，实体框架根据数据库中的表的定义来生成类。实体框架还支持"代码优先"方式，即根据应用程序实现的类来生成数据库中的表。

> **注意**　要想进一步了解如何用代码优先的方式创建实体模型，请访问"数据开发者中心"主页(*http://msdn.microsoft.com/en-us/data/jj200620*)。

> ➢　创建 AdventureWorks 实体模型

1.　在 Visual Studio 中打开"文档"文件夹下的\Microsoft Press\Visual CSharp Step By Step\Chapter 27\Data Service 子文件夹中的 Customers 项目。

该项目是上一章的 Customers 应用程序的修改版本。ViewModel 包含额外的命令来跳至客户集合的第一个和最后一个客户，应用栏则包含 First 和 Last 按钮来调用这些命令。注意按钮使用了由 Common 文件夹中的 StandardStyles.xaml 文件定义的 SkipBackAppBarButtonStyle 和 SkipAheadAppBarButtonStyle 样式(如上一章所述，样式被取消了注释，而且按钮上显示的文字改成了 First 和 Last)。另外，应用栏通过处理 SizeChanged 事件来适应不同的视图。MainPage.xaml.cs 中的 AppBarSizeChanged 方法(如下所示)使用"可视状态管理器"修改贴靠视图中的按钮外观；标题文字被删除了，按钮也靠得更近了。这个功能是由 StandardStyles.xaml 中的按钮样式内置的。代码唯一做的事情就是调用 VisualStateManager 类的静态 GoToState 方法，并向其传递状态名称。第 25 章曾在 WindowSizeChanged 方法中用类似的代码自动适应窗体布局。

```
private void AppBarSizeChanged(object sender, SizeChangedEventArgs e)
{
    ApplicationViewState viewState = ApplicationView.Value;
    VisualStateManager.GoToState(this.firstCustomer, viewState.ToString(), false);
    VisualStateManager.GoToState(this.previousCustomer, viewState.ToString(), false);
    VisualStateManager.GoToState(this.nextCustomer, viewState.ToString(), false);
    VisualStateManager.GoToState(this.lastCustomer, viewState.ToString(), false);
}
```

最后，项目的这个版本没有实现搜索合约，目的是将精力集中当前核心元素上，不因搜索合约的文件和其他元素而分心。

2. 在解决方案资源管理器中右击 Customers 解决方案(而不是 Customers 项目)，选择"添加"|"新建项目"。

3. 在"添加新项目"对话框中单击左侧窗格的"Web"标签，再单击中间窗格的"ASP.NET 空 Web 应用程序"模板。在"名称"文本框中输入 **AdventureWorksService**，然后单击"确定"按钮。

如前所述，不能从 Windows Store 应用程序中直接访问关系式数据库，即使是通过实体框架也不能。相反，必须创建一个 Web 应用程序来容纳实体模型。下个练习将在 Web 应用程序中添加数据服务，以实现对 Customers 应用程序的实体模型的远程访问。

4. 再次在解决方案资源管理器中右击 Customers 解决方案，选择"设置启动项目"。

5. 在"解决方案属性页"对话框中单击"多启动项目"。将 AdventureWorksService 和 Customers 项目的"操作"都设为"启动"，然后单击"确定"按钮。

这样可确保从"调试"菜单启动项目时，无论如何都会启动 AdventureWorksService 这个 Web 应用程序。

6. 右击 AdventureWorksService 项目，选择"属性"。

7. 在属性页中，单击左侧的 Web 标签。

8. 在中间的"启动操作"区域，单击"不打开页面，等待来自外部应用程序的请求"。

9. 选择"文件"|"全部保存"，关闭属性页。

从 Visual Studio 运行 Web 应用程序一般会启动 Web 浏览器(Internet Explorer)，并显示应用程序主页。但 Adventure WorksService 应用程序没有主页，它的作用是容纳数据服务，以便客户端应用程序连接并从 AdventureWorks 数据库获取数据。

10. 在解决方案资源管理器中右击 AdventureWorksService 项目，从弹出的快捷菜单中选择"添加"|"新建项"。

11. 在"添加新项 – AdventureWorksService"对话框中单击左侧的"数据"标签。在

中间窗格选择"ADO.NET 实体数据模型"模板,在"名称"文本框中输入
AdventureWorksModel.edmx,然后单击"添加"按钮。

随后将运行"实体数据模型向导",可用它从现有的数据库生成实体模型。

12. 在向导的"选择模型内容"页中选择"从数据库生成",单击"下一步"按钮。

13. 在"选择你的数据连接"页中单击"新建连接"。

14. 在"选择数据库"对话框中选择"Microsoft SQL Server",单击"继续"。在"服
   务器名"文本框中输入**(localdb)\v11.0**。验证已选择"使用 Windows 身份验证"。
   在"选择或输入数据库名称"文本框中输入 **AdventureWorks**,单击"确定"按钮。

   这个操作会创建到上一个练习配置的 AdventureWorks 数据库的连接。

15. 在"选择您的数据连接"页中,确认已勾选"将 Web.Config 中的实体连接设置另
   存为"选项,并确认连接字符串的名称是 AdventureWorksEntities,然后单击"下
   一步"按钮。

16. 在"选择您的数据库对象和设置"页中,展开"表",展开"SalesLT",再选择
   Customer。勾选"确定所生成对象的单复数形式"(本页的另外两个选项是默认勾
   选的)。注意,实体模型是为 AdventureWorksModel 命名空间中的实体模型生成类。
   然后,单击"完成"按钮。

实体数据模型向导为 Customers 表生成实体模型,在实体框架编辑器中显示以下
所示的示意图。

如果显示下图所示的安全警告消息框，请勾选"不再显示此消息"选框，然后单击"确定"按钮。出现安全警告是由于实体框架使用名为"T4 模板"的技术为实体模型生成代码，当前已用 NuGet 从网上下载了这些模板。实体框架模板已由 Microsoft 验证可以安全使用。

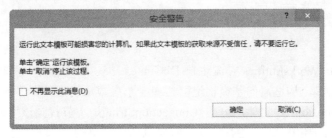

17. 在解决方案资源管理器中展开 AdventureWorksModel.edmx 下的 AdventureWorksModel.tt，再双击 Customer.cs。

文件中包含由"实体数据模型向导"生成的用来代表客户的类。类中包含和数据库的 Customer 表的每一列对应的自动属性。

```csharp
public partial class Customer
{
    public int CustomerID { get; set; }
    public Nullable<bool> NameStyle { get; set; }
    public string Title { get; set; }
    public string FirstName { get; set; }
    public string MiddleName { get; set; }
    public string LastName { get; set; }
    public string Suffix { get; set; }
    public string CompanyName { get; set; }
    public string SalesPerson { get; set; }
    public string EmailAddress { get; set; }
    public string Phone { get; set; }
    public string PasswordHash { get; set; }
```

```
    public string PasswordSalt { get; set; }
    public System.Guid rowguid { get; set; }
    public Nullable<System.DateTime> ModifiedDate { get; set; }
}
```

18. 在解决方案资源管理器中展开 AdventureWorksModel.edmx 下的 AdventureWorksModel.Context.tt，双击 AdventureWorksModel.Context.cs。

文件中包含 AdventureWorksEntities 类的定义(在"实体数据模型向导"中为数据库生成连接时使用的就是这个名称)。

```
public partial class AdventureWorksEntities : DbContext
{
    public AdventureWorksEntities()
        : base("name=AdventureWorksEntities")
    {
    }

    protected override void OnModelCreating(DbModelBuilder modelBuilder)
    {
        throw new UnintentionalCodeFirstException();
    }

    public DbSet<Customer> Customers { get; set; }
}
```

AdventureWorksEntities 类派生自 DbContext 类，应用程序利用该类提供的功能来连接数据库。构造器向基类构造器传递一个参数来指定数据库连接字符串的名称。检视 Web.config 文件，可在<ConnectionStrings>小节找到该字符串。其中包含运行向导时指定的参数(还有另外一些信息)。

暂时可以忽略 AdventureWorksEntities 类中的 OnModelCreating 方法。现在唯一剩下的就是 Customers 集合了。该集合的类型是 DbSet<Customer>。可利用 DbSet 泛型类型提供的方法来添加、更新、删除和查询数据库中的对象。它和 DbContext 类配合使用，能生成相应的 SQL SELECT 命令从数据库获取信息并填充集合。在集合中添加、修改或删除 Customer 对象时，还能生成相应的 SQL INSERT，UPDATE 和 DELETE 命令。一般将 DbSet 集合称为实体集合。

19. 选择"生成"|"生成解决方案"。

27.1.2　创建和使用数据服务

现在已创建好实体模型，它提供了用于获取和维护客户信息的各种操作。下一步是创建数据服务，使实体模型能由 Windows Store 应用程序访问。从名字就可以看出，数据服务是提供数据的服务。应用程序可连接数据服务并请求由服务发布的信息。另外，大多数数据服务都允许应用程序对数据进行修改，并将改动发送回数据服务。

　　Visual Studio 2012 允许直接根据实体模型来创建数据服务。数据服务通过实体模型从数据库获取数据以及更新数据库。数据服务用"WCF Data Service"模板来创建(WCF 是 Windows Communication Foundation 的简称,其中包含构建服务来提供远程操作和数据访问所需的一系列程序集和工具)。"WCF Data Service"模板生成的是实现了 REST 模型的一个数据服务(REST 是 Representational State Transfer 的简称)。REST 模型通过一个可导航的方案,基于网络和 HTTP 协议来表示业务对象和服务,可发送请求来访问这些对象和服务。访问资源的客户端应用程序以 URL 的形式提交请求,数据服务解析并处理该请求。例如,Adventure Works 可以通过以下形式发布客户信息,将每个客户的详细信息作为一个资源来公开:

```
http://Adventure-Works.com/DataService/Customers(1)
```

　　访问该 URL 导致数据服务获取客户 1 的信息。这些数据可以通过多种格式返回,但为了便于移植,最常用的格式是 XML 和 JavaScript Object Notation (JSON)。针对上述请求,WCF Data Service 生成的典型 XML 响应如下:

```xml
<?xml version="1.0" encoding="utf-8" ?>
<entry xml:base="http://localhost:53923/AdventureWorks.svc/"
xmlns="http://www.w3.org/2005/Atom"
xmlns:d="http://schemas.microsoft.com/ado/2007/08/dataservices"
xmlns:m="http://schemas.microsoft.com/ado/2007/08/dataservices/metadata">
  <id>http://localhost:53923/AdventureWorks.svc/Customers(1)</id>
  <category term="AdventureWorksModel.Customer"
scheme="http://schemas.microsoft.com/ado/2007/08/dataservices/scheme" />
  <link rel="edit" title="Customer" href="Customers(1)" />
  <title />
  <updated>2012-10-10T14:30:29Z</updated>
  <author>
    <name />
  </author>
  <content type="application/xml">
    <m:properties>
      <d:CustomerID m:type="Edm.Int32">1</d:CustomerID>
      <d:NameStyle m:type="Edm.Boolean">false</d:NameStyle>
      <d:Title>Mr</d:Title>
      <d:FirstName>Orlando</d:FirstName>
      <d:MiddleName>N.</d:MiddleName>
      <d:LastName>Gee</d:LastName>
      <d:Suffix m:null="true" />
      <d:CompanyName>A Bike Store</d:CompanyName>
      <d:SalesPerson>adventure-works\pamela0</d:SalesPerson>
      <d:EmailAddress>orlando0@adventure-works.com</d:EmailAddress>
      <d:Phone>245-555-0173</d:Phone>

<d:PasswordHash>L/Rlwxzp4w7RWmEgXX+/A7cXaePEPcp+KwQhl2fJL7w=</d:PasswordHash>
      <d:PasswordSalt>1KjXYs4=</d:PasswordSalt>
      <d:rowguid
m:type="Edm.Guid">3f5ae95e-b87d-4aed-95b4-c3797afcb74f</d:rowguid>
```

```
    <d:ModifiedDate
m:type="Edm.DateTime">2001-08-01T00:00:00</d:ModifiedDate>
    </m:properties>
  </content>
</entry>
```

REST 模型要求应用程序发送恰当的 HTTP 动词来作为数据访问请求的一部分。例如，上述的简单请求应该向 Web 服务发送 HTTP GET 请求。HTTP 还支持其他动词，比如 POST、PUT 和 DELETE(分别用于创建、修改和删除资源)。写代码来生成正确的 HTTP 请求以及解析 WCF Data Service 的响应，这一切听起来似乎很复杂，但可利用 Visual Studio 2012 提供的多种向导来自动生成其中的大多数代码，从而将主要精力放在应用程序的业务逻辑上。

> **注意** 要想进一步了解 WCF Data Service，请访问 "WCF 数据服务" 主页，网址是 *http://msdn.microsoft.com/library/cc668792.aspx*。

以下练习将为 AdventureWorks 实体模型创建简单的 WCF Data Service，以便客户端应用程序查询和维护客户信息。

> ➤ **创建 AdventureWorks 数据服务**

1. 在 Visual Studio 中右击 AdventureWorksService 项目，选择 "添加" | "新建项"。

2. 在 "添加新项 – AdventureWorksService" 对话框中，单击左侧窗格的 "Web" 标签，在中间窗格滚动到底并选择 "WCF Data Service" 模板。在 "名称" 文本框中输入 **AdventureWorks.svc**，单击 "添加" 按钮。

   将在项目中添加数据服务并显示 AdventureWorks.svc.cs 文件，其中包含 AdventureWorks 类。该类从泛型 DataService 类继承。可利用 DataService 类提供的功能侦听入站 HTTP REST 请求，解析请求，并生成获取、插入、更新或删除信息的逻辑。唯一要做的就是指定数据服务要使用哪一个实体模型，并指定客户端应用程序能执行的操作。例如，可指定实体模型中的部分实体集合仅供查询，同时允许客户端应用程序插入、更新和删除其他实体集合中的信息。

3. 在声明 AdventureWorks 类的语句中，将注释/* TODO: put your data source class name here */替换成 AdventureWorksEntities，如加粗的部分所示。

```
public class AdventureWorks : DataService<AdventureWorksEntities>
{
    ...
}
```

   记住，AdventureWorksEntities 是实体框架为实体模型生成的 DbContext 类的名称。数据服务通过这个类连接数据库，并判断实体模型中的可用实体。AdventureWorksEntities 类只包含名为 Customers 的实体集合。

4. 删除 InitializeService 方法的注释，添加以下加粗的语句。

```
public static void InitializeService(DataServiceConfiguration config)
{
    config.SetEntitySetAccessRule("Customers", EntitySetRights.All);
    config.DataServiceBehavior.MaxProtocolVersion                          =
DataServiceProtocolVersion.V3;
}
```

该语句授予对 Customers 实体集合中的实体的读写权限。客户端应用程序可利用这些权限查询实体集合中的数据，并可添加新实体、删除实体以及更新现有实体。

5. 在解决方案资源管理器中验证已正确配置了数据服务。右击 AdventureWorks.svc 文件，选择"在浏览器中查看"。

随后会启动浏览器并显示下图所示的网页。

这个网页显示了数据服务发布的数据集合。本例只有一个 Customers。

6. 关闭浏览器并返回 Visual Studio

下一步是在 Windows Store 应用程序 Customers 中连接数据服务，通过数据服务来真正获取数据。Visual Studio 提供了"添加服务引用"向导来生成用于连接数据服务的代码，还提供了一系列类来查询和更新数据服务中的信息。这些类在概念上类似于实体模型的 DbContext 和 DbSet 集合类，都对连接数据源和获取数据的烦琐细节进行了抽象。不同的是，现在的底层技术基于到 REST 数据服务的 HTTP 连接，而非基于数据库。这造成实现有所不同。幸好，整个机制用起来十分方便。

> **使得 AdventureWorks 数据服务**

1. 在解决方案资源管理器中右击 Customers 项目(而非解决方案)，选择"添加服务引用"。

2. 在"添加服务引用"对话框中单击"发现"按钮。

向导随后检测解决方案中的所有数据服务并在"地址"列表框中将其列出。本例就只有一个数据服务。

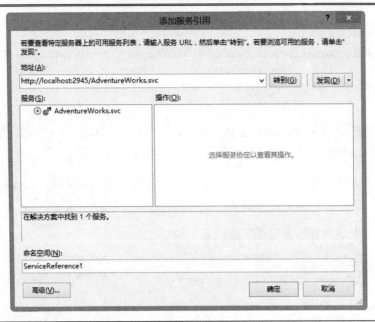

⚠注意　在你的机器上，数据服务使用的端口可能跟图中显示的(2945)不同。

3.　在"命名空间"文本框中输入 **CustomersService**，单击"确定"按钮。

可能显示一个消息框并报告以下错误："从此地址下载元数据时出错。请确认您输入了有效地址。"该错误最常见的原因是没有安装 OData Client Tools for Windows Store Apps。"添加服务引用"向导要用这些工具生成连接数据服务所需的代码。单击消息框的"确定"按钮将其关闭。对话框将显示另一条错误消息(参见下图)，单击其中的"详细信息"链接来验证是不是这个原因。

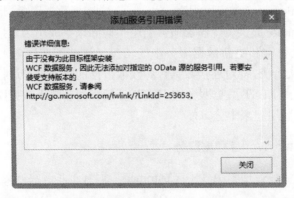

访问错误消息中提到的 URL(http://go.microsoft.com/fwlink/?LinkId=253653)，下载 OData Client Tools for Windows Store Apps。安装这些工具时，Visual Studio 不能运行，所以取消"添加服务引用"向导，保存文件并退出 Visual Studio。

安装好后重启 Visual Studio，打开"文档"文件夹下的\Microsoft Press\Visual CSharp Step By Step\Chapter 27\Data Service 子文件夹中的 Customers 项目，从步骤 1 起重复本练习。

4. 在解决方案资源管理器中，确定已在工具栏上选择了"显示所有文件"，展开 Customers 项目中的"Service References"，展开 CustomersService 下的 Reference.datasvcmap，再双击 Reference.cs。

该文件包含了由"添加服务引用"向导生成的代码。注意其中包含两个类，分别叫做 AdventureWorksEntities 和 Customer。这些类镜像了实体模型的同名类的功能，只是 AdventureWorksEntities 类的功能进行了扩展，能通过网络连接数据源。

应用程序使用 AdventureWorksEntities 类来执行查询和更新。类提供了名为 Customers 的属性，它和实体模型中的 Customers 属性相似，但却是一个 DataServiceQuery<Customer>集合。客户端应用程序执行查询时，将用通过网络从数据服务获取的 Customer 对象填充该集合。

Customer 类是实体模型为实体模型生成的 Customer 类的一个更复杂的版本。它实现了 INotifyPropertyChanged 接口，每个属性在发生改变时都引发 PropertyChanged 事件，这使该类成为 UI 数据绑定的理想来源。

5. 选择"生成" | "生成解决方案"。

注意　可能显示警告消息"Resources found for language(s) 'en, zh-hant, zh-hans, ru, ko, ja, it, fr, es, de' but no resources found for default language(s): 'en-US'"。忽略该警告。

接着是在 Customers 应用程序中添加代码来真正获取并显示数据。这个过程理论上很简单，就是用 AdventureWorksEntities 类连接数据服务，定义查询来指定要获取的客户，将查询发送给数据服务并捕获结果，最后显示结果。下面更详细地解释每个步骤。

a. **连接到数据服务。**AdventureWorksEntities 类的构造器要求获取数据服务的 URL 作为参数。如果数据服务正在指定 URL 处侦听，连接将成功建立。

b. **定义查询来指定要获取的客户。**最简单的做法是使用 AdventureWorksEntities 对象的 Customers 集合。可直接用该集合获取所有客户，也可用 LINQ 进行筛选。例如，以下查询获取 CustomerID 小于 100 的所有客户。

```
AdventureWorksEntities connection = ...;
var data = from c in connection.Customers
           where c.CustomerID < 100
           select c;
```

c. **将查询发送给数据服务并捕获结果。**记住，Customers 集合是 DataServiceQuery 泛型类的实例。DataServiceQuery 类封装了向 WCF Data Service 提交查询和接收结果所需的功能。如果不是创建 Windows Store 应用程序，那么可以使用 Execute 方法将查询发送给数据服务。但是，Execute 是同步操作，可能花一些时间才能完成。这种操作在 Windows Store 应用程序中是被禁止的，因为会影响 UI 的可响应性。相反，必须使用异步方法 BeginExecute 和 EndExecute。

BeginExecute 方法将查询发送给数据服务，应用程序则继续运行。BeginExecute 的第一个参数是 AsyncCallback 对象，其中包含了对结果就绪时要运行的方法的引用。该方法应调用 EndExecute 方法来实际接收结果，并将结果作为可枚举列表返回。结果本身通过参数传给 EndExecute 方法。

> **注意** 这个处理模型是 TPL(任务并行库)之前的产物。要更多地了解它，可以参考"异步编程模型"(*http://msdn.microsoft.com/library/ms228963.aspx*)。

TPL 包含名为 FromAsync 的适配器方法，它获取一对 Begin 和 End 方法，并用它们创建 Task 对象来执行异步操作。可通过 Task 类的静态 Factory 属性访问该方法。FromAsync 的好处在于可以使用 await 操作符运行任务,而创建任务的方法可以标记为 async。下例展示了如何用这个方式运行一个查询从数据服务获取所有客户。

```
var queryResults = await Task.Factory.FromAsync(
  connection.Customers.BeginExecute(null, null),
  (result) => connection.Customers.EndExecute(result));
```

> **注意** 要像步骤 b 那样获取由 LINQ 查询定义的数据，必须将 LINQ 查询强制转换为 DataServiceQuery 对象，如下所示。

```
var queryResults = await Task.Factory.FromAsync(
    (data as DataServiceQuery).BeginExecute(null, null),
    (result) => (data as DataServiceQuery).EndExecute(result));
```

像这样使用就不需要为 BeginExecute 方法提供任何参数。FromAsync 方法自动创建回调(本例是调用 EndExecute 的 Lambda 表达式)，BeginExecute 方法的异步结果作为参数传给 EndExecute 方法。

d.　显示结果。 EndExecute 方法返回包含查询结果的可枚举集合。要显示结果，可以枚举集合，将结果保存到本地列表中，再配置数据绑定在 UI 中显示每一项。

下个练习将修改 ViewModel 类，从 AdventureWorks 数据服务获取数据。

> **从 AdventureWorks 数据服务获取数据**

1.　在解决方案资源管理器中，右击 Customers 项目根目录中的 Customer.cs 文件，选择"删除"。在消息框中单击"是"按钮确认永久删除该文件。

不再需要这个文件定义的 Customer 类了，因为应用程序要改为使用数据服务实现的 Customer 类。

2.　右击 Customers 项目根目录中的 DataSource.cs 文件，选择"删除"按钮。同样确认永久删除。

要从数据服务获取客户信息，所以 DataSource 类现在是多余的。

3.　双击 Customers 项目的 ViewModel.cs 文件来显示它。

4.　在文件顶部添加以下 using 指令。

```
using System.Data.Services.Client;
using Customers.CustomersService;
```

System.Data.Services.Client 命名空间提供了在 Windows Store 应用程序中使用 WCF Data Service 所需的类型。Customers.CustomersService 命名空间包含由 "添加服务引用" 向导生成的 AdventureWorksEntities 和 Customer 类。

5.　将以下加粗的私有字段添加到 ViewModel 类。

```
public class ViewModel : INotifyPropertyChanged
{
    ...
    public Command LastCustomer { get; private set; }
    private AdventureWorksEntities connection = null;
    private string url = "http://localhost:2945/AdventureWorks.svc";
    ...
}
```

url 字段指定数据服务的地址。端口(2945)是 Visual Studio 2012 创建数据服务时选定的，在你的机器上可能不同。请自行替换成自己的数据服务端口。要知道自己的数据服务的 URL，请在解决方案资源管理器中单击 AdventureWorksService 项目，然后在属性窗口中查看 URL 属性值。

6.　在 ViewModel 构造器中删除创建客户列表的下面这一行代码。

```
this.customers = DataSource.Customers;
```

7.　向 ViewModel 类添加公共 GetData 方法，放到构造器之后。

```
public async Task GetData()
{
    try
    {
        this.connection = new AdventureWorksEntities(new Uri(this.url));
        var query = await Task.Factory.FromAsync(
            this.connection.Customers.BeginExecute(null, null),
            (result) => this.connection.Customers.EndExecute(result));

        this.customers = query.ToList();
        this.currentCustomer = 0;
        this.OnPropertyChanged("Current");
        this.IsAtStart = true;
        this.IsAtEnd = (this.customers.Count == 0);
    }
    catch (DataServiceQueryException dsqe)
    {
        // TODO: Handle errors
```

```
        }
    }
```

该方法是异步的，它使用之前描述的技术连接数据服务并获取所有客户。理想情况下，为了节省资源，避免通过网络获取不必要的数据，应该向查询应用 LINQ 操作符来选择性地获取数据。但在这个应用程序中，AdventureWorks 数据库包含的客户不多，所以干脆全部获取并缓存到客户列表中。

异常处理程序目前空白。稍后用它显示错误消息。

8. 修改 Current 属性的 get 访问器，如下所示。

```
public Customer Current
{
    get
    {
        if (this.customers != null)
        {
            return this.customers[currentCustomer];
        }
        else
        {
            return null;
        }
    }
}
```

由于 GetData 是异步方法，所以 MainPage 窗体上的控件试图绑定到客户时，可能出现客户集合尚未填充好的情况。上述修改能防止数据绑定在访问集合时发生空引用异常。

9. 在 ViewModel 构造器中更新每个命令的运行条件，如加粗的部分所示。

```
public ViewModel()
{
    ...
    this.NextCustomer = new Command(this.Next, () =>
        { return this.customers != null && this.customers.Count > 0 && !this.IsAtEnd; });
    this.PreviousCustomer = new Command(this.Previous, () =>
        { return this.customers != null && this.customers.Count > 0 && !this.IsAtStart; });
    this.FirstCustomer = new Command(this.First, () =>
        { return this.customers != null && this.customers.Count > 0 && !this.IsAtStart; });
    this.LastCustomer = new Command(this.Last, () =>
        { return this.customers != null && this.customers.Count > 0 && !this.IsAtEnd; });
}
```

这些改动的目的是确保除非有可以显示的数据，否则应用栏上的按钮不会启用。

10. 在解决方案资源管理器中展开 MainPage.xaml，双击 MainPage.xaml.cs 来打开它。

11. 在 MainPage 构造器中添加以下加粗的语句。

```
public MainPage()
{
    ...
    ViewModel viewModel = new ViewModel();
    viewModel.GetData();
    this.DataContext = viewModel;
}
```

该语句用于填充 ViewModel。

12. 在"调试"菜单中选择"开始调试"来生成并运行应用程序。

13. GetData 方法运行时窗体是空白的，但几秒钟之后就会填充第一个客户(Orlando Gee)的详细信息。

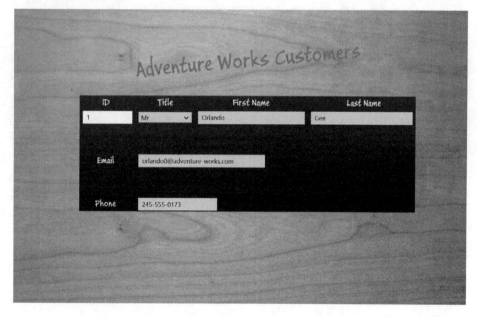

14. 右击窗体来显示应用栏。利用导航按钮在客户之间移动，验证窗体能正常工作。

15. 返回 Visual Studio 并停止调试。

本节要进行的最后一项润色是让用户知道虽然窗体显示空白，但它实际正在努力地获取数据。在 Windows Store 应用程序中可以使用 ProgressRing(进度环)控件来提供这种视觉反馈。只有 ViewModel 忙于和数据服务通信时才显示该控件，其他时候不显示。

➢　**为 Customers 窗体添加"忙碌"指示器**

1. 在 VievModel.cs 文件中向 ViewModel 类添加私有字段_isBusy 和公共属性 IsBusy，放到 GetData 方法之后。

```
private bool _isBusy;
public bool IsBusy
{
```

```
   get { return this._isBusy; }
   set
   {
      this._isBusy = value;
      this.OnPropertyChanged("IsBusy");
   }
}
```

2. 在 GetData 方法中添加以下加粗的语句。

```
public async Task GetData()
{
   try
   {
      this.IsBusy = true;
      this.connection = new AdventureWorksEntities(...);
      ...
   }
   catch (DataServiceQueryException dsqe)
   {
      // TODO: Handle errors
   }
   finally
   {
      this.IsBusy = false;
   }
}
```

GetData 方法在执行查询前将 IsBusy 属性设为 true。finally 块确保最终将 IsBusy 属性设回 false，即使中途发生了异常。

3. 以设计视图打开 MainPage.xaml 文件。

4. 在 XAML 窗格中，添加以下加粗的 ProgressRing 控件作为顶级 Grid 控件中的第一项。

```
<Grid Style="{StaticResource GridStyle}">
<ProgressRing HorizontalAlignment="Center" VerticalAlignment="Center"
Foreground="AntiqueWhite" Height="100" Width="100"
IsActive="{Binding IsBusy}" Canvas.ZIndex="1"/>
   <Grid x:Name="customersTabularView" Margin="40,104,0,0" ...>
...
```

将 Canvas.ZIndex 属性设为"1"确保 ProgressRing 在 Grid 控件中的其他控件前面显示。

5. 在"调试"菜单中选择"开始调试"生成并运行应用程序。

应用程序启动时，进度环在第一个客户出现之前短暂显示。如果觉得第一个客户出现得太快，可在 GetData 方法中引入少许延迟来验证进度环正常工作。例如，添加以下语句使方法暂停 5 秒。

```
public async Task GetData()
{
    try
    {
        this.IsBusy = true;
        await Task.Delay(5000);
        this.connection = new AdventureWorksEntities(...);
        ...
    }
    ...
}
```

测试好进度环之后务必删除该语句。

6.　返回 Visual Studio 并停止调试。

27.2　插入、更新和删除数据

除了查询和显示数据，许多应用程序还要求支持插入、更新和删除。WCF Data Service 实现了一个方法来支持这些操作。它能跟踪用户已获取的对象的状态，并通过实体模型，根据这些状态信息向数据库发送恰当的插入、更新或删除请求。实体模型将请求转换成对应的 SQL INSERT、UPDATE 和 DELETE 语句。

27.2.1　通过 WCF Data Service 插入、更新和删除

前面说过，WCF Data Service 为基础实体模型中的每个实体集合都维护着一个集合。可通过"添加服务引用"向导生成的连接类来访问这些集合。在 AdventureWorks 的例子中，这个连接类称为 AdventureWorksEntities，其中包含名为 Customers 的集合。可修改从 Customers 集合获取的 Customer 对象中的数据，但要将修改发送回数据服务，就必须告诉 WCF Data Service 该对象的状态已发生改变。这是用连接类的 UpdateObject 方法来实现的，如下例所示。

```
AdventureWorksEntities connection = ...;
var query = await Task.Factory.FromAsync(
    this.connection.Customers.BeginExecute(null, null)
    ...);
Customer cust = query.First();
...
cust.FirstName = "John";
connection.UpdateObject(cust);
```

上述代码修改从连接返回的第一个客户的 FirstName 属性。

要添加新客户，可新建 Customer 对象并用数据填充它。然后使用连接对象的 AddToCustomers 方法把它添加到 Customers 集合，如下所示。

```
AdventureWorksEntities connection = ...;
Customer newCust = new Customer();
newCust.FirstName = "Diana";
newCust.LastName = "Sharp";
...
connection.AddToCustomers(newCust);
```

在"添加服务引用"向导生成的连接类中，为底层实体模型的每个实体集合都包含了一个 AddTo*XXX* 方法，其中 *XXX* 是实体集合的名称。注意客户对象只能添加一次。在上个例子中，如果用同一个 newCust 对象重复 AddToCustomers 方法调用，会引发 InvalidOperationException 异常，并显示消息"上下文当前正在跟踪该实体"。

删除客户是用连接类的 DeleteObject 方法。

```
AdventureWorksEntities connection = ...;
var query = await Task.Factory.FromAsync(
    this.connection.Customers.BeginExecute(null, null)
    ...);
Customer cust = query.First();
...
connection.DeleteObject(cust);
```

只能删除从数据服务获取或者用 AddToCustomers 方法添加的客户；其他时候会引发 InvalidOperationException 异常并显示消息"上下文当前没有跟踪该实体"。

更新、添加或删除了实体集合中的对象之后，需要告诉数据服务将这些改动持久化。这是用连接对象的 SaveChanges 方法实现的。和执行查询或获取数据时调用的 Execute 方法一样，在 Windows Store 应用程序中只能使用 SaveChanges 的异步版本。必须调用 BeginSaveChanges 来发起保存操作，并调用 EndSaveChanges 捕获操作结果。同样可以使用 TaskFactory 类的静态 FromAsync 方法调用这些方法，如下所示。

```
await Task.Factory.FromAsync(
    connection.BeginSaveChanges(null, null),
    (result) => connection.EndSaveChanges(result));
```

但有一个地方需要注意。Customer 表的 CustomerID 列包含自动生成的值。创建新客户时不手动为其提供值；相反，数据库在添加客户时自动生成值。这样一来，数据库就可以确保每个客户斩有唯一的 CustomerID。用 WCF Data Service 插入新客户时，会从数据库收到新生成的 CustomerID。然后，数据服务将这个值作为 EndExecute 方法返回值的一部分传回，并试图在你的应用程序中更新 Customers 集合的对应客户。这个设计是有用的，因为它能保证应用程序添加的所有新客户都能显示自动生成的 ID。问题在于，由于 EndExecute 方法由多个线程运行，每个 Customer 对象都可能存储在不同线程的内存中，所以会引发 COMException 异常，并显示消息"应用程序调用一个已为另一线程整理的接口"。24.1.1 节描述过类似的问题。解决方案一样，就是使用 async 方法。对于上个例子的 EndSaveChanges 方法，唯一要做的就是用 async 关键字修饰调用该方法的 Lambda 表达式。

```
await Task.Factory.FromAsync(
```

```
connection.BeginSaveChanges(null, null),
async (result) => connection.EndSaveChanges(result));
```

下一个练习将扩展 Customers 应用程序，允许添加新客户以及修改现有客户的资料。不提供删除客户的功能，目的是保留全部有生意来往的客户的记录，这可能是审计所要求的。另外，即使客户长时间不活动，将来也是有可能重新跟你做生意的。

> ➤　**在 ViewModel 类中实现和编辑功能**

1. 打开"文档"文件夹下的\Microsoft Press\Visual CSharp Step By Step\Chapter 27\Updatable ViewModel 子文件夹中的 Customers 项目。

   ViewModel.cs 文件中的代码现在相当多了，有必要用区域(#region)重新组织一下以方便管理。ViewModel 类还添加了以下 Boolean 属性来指出 ViewModel 当前的工作模式(Browsing，Adding 或 Editing)。这些属性在名为"Properties for managing the edit mode"的区域中定义。

   - **IsBrowsing**　该属性指出 ViewModel 是否处于 Browsing 模式。在这个模式中，FirstCustomer，LastCustomer，PreviousCustomer 和 NextCustomer 命令都会被启用，视图能调用这此命令来浏览数据。

   - **IsAdding**　该属性指出 ViewModel 是否处于 Adding 模式。在这个模式中，FirstCustomer，LastCustomer，PreviousCustomer 和 NextCustomer 命令被禁用。该模式要启用 AddCustomer，SaveChanges 和 DiscardChanges 命令(稍后定义)。

   - **IsEditing**　该属性指出 ViewModel 是否处于 Editing 模式。和 Adding 模式一样，将禁用 FirstCustomer，LastCustomer，PreviousCustomer 和 NextCustomer 命令。该模式要启用 EditCustomer 命令(稍后定义)。SaveChanges 和 DiscardChanges 命令也被启用，但 AddCustomer 命令被禁用。EditCustomer 命令在 Adding 模式中被禁用。

   - **IsAddingOrEditing**　该属性指出 ViewModel 是否处于 Adding 或 Editing 模式。本练习定义的方法将用到该属性。

   - **CanBrowse**　如果 ViewModel 处于 Browsing 模式，而且打开了到数据服务的连接，该属性就返回 true。构造器中用于创建 FirstCustomer，LastCustomer，PreviousCustomer 和 NextCustomer 命令的代码进行了更新，使用该属性判断这些命令是应该启用还是禁用，如下所示。

```
public ViewModel()
{
    ...
    this.NextCustomer = new Command(this.Next, () =>
        { return this.CanBrowse && this.customers.Count > 0 && !this.IsAtEnd; });
    this.PreviousCustomer = new Command(this.Previous, () =>
        { return this.CanBrowse && this.customers.Count > 0 && !this.IsAtStart; });
```

```
        this.FirstCustomer = new Command(this.First, () =>
            { return this.CanBrowse && this.customers.Count > 0 && !this.IsAtStart; });
        this.LastCustomer = new Command(this.Last, () =>
            { return this.CanBrowse && this.customers.Count > 0 && !this.IsAtEnd; });
}
```

- **CanSaveOrDiscardChanges**　如果 ViewModel 处于 Adding 或 Editing 模式，而且打开了到数据服务的连接，该属性就返回 true。

"Methods for fetching and updating data" 区域包含以下方法：

- **GetData**　这个方法和本章之前创建的方法一样，它连接数据服务，获取每个客户的详细信息。

- **ValidateCustomer**　该方法获取一个 Customer 对象，检查 FirstName 和 LastName 属性来确保它们非空。还要检查 EmailAddress 和 Phone 属性来验证它们存储的信息使用有效的格式。数据有效就返回 true，否则返回 false。本练习稍后创建 SaveChanges 命令时要用到这个方法。

- **CopyCustomer**　这个方法的作用是创建 Customer 对象的浅拷贝。创建 EditCustomer 命令时要用它创建客户**原始**数据的拷贝。如果用户决定放弃修改，就可利用它简单地还原。

注意　对 EmailAddress 和 Phone 属性进行验证的代码使用 System.Text.RegularExpressions 命名空间定义的 Regex 类执行常规表达式匹配。要在 Regex 对象中定义正则表达式来指定匹配模式，然后为需要验证的数据调用 Regex 对象的 IsMatch 方法。欲知正则表达式和 Regex 类的详情，请参考"正则表达式对象模型"(http://msdn.microsoft.com/library/30wbz966)。

---

2. 在解决方案资源管理器中展开 Customers 项目，双击 ViewModel.cs 文件来打开它。

3. 在 ViewModel.cs 文件中展开"Methods for fetching and updating data"区域。在这个区域的 ValidateCustomer 方法上方添加以下 Add 方法。

```
// Create a new (empty) customer
// and put the form into Adding mode
private void Add()
{
    Customer newCustomer = new Customer { CustomerID = 0 };
    this.customers.Insert(currentCustomer, newCustomer);
    this.IsAdding = true;
    this.OnPropertyChanged("Current");
}
```

该方法创建新的 Customer 对象。对象基本空白，除了 CustomerID 属性之外(该属性暂时设为 0 以便显示；真实值在客户保存到数据库时生成)。客户添加到 customers 列表(视图通过数据绑定显示该列表中的数据)。ViewModel 被置于

Adding 模式。引发 PropertyChanged 事件来指出 Current 客户发生改变。

4. 在 ViewModel 类的开头添加以下加粗的 Command 变量。

```
public class ViewModel : INotifyPropertyChanged
{
    ...
    public Command LastCustomer { get; private set; }
    public Command AddCustomer { get; private set; }
    ...
}
```

5. 在 ViewModel 构造器中实例化 AddCustomer 命令，如加粗的代码所示。

```
public ViewModel()
{
    ...
    this.LastCustomer = new Command(this.Last, ...);
    this.AddCustomer = new Command(this.Add,
        () => { return this.CanBrowse; });
}
```

代码引用刚才创建的 Add 方法。如果 ViewModel 建立了到数据服务的连接，而且处于 Browsing 模式，这个命令就会启用(如果 ViewModel 已经在 Adding 模式中，则 AddCustomer 命令不会启用)。

6. 在 "Methods for fetching and updating data" 区域中，在 Add 方法之后创建私有 Customer 变量 oldCustomer，定义另一个名为 Edit 的方法。

```
// Edit the current customer
// - save the existing details of the customer
// and put the form into Editing mode
private Customer oldCustomer;

private void Edit ()
{
    this.oldCustomer = new Customer();
    this.CopyCustomer(this.Current, this.oldCustomer);
    this.IsEditing = true;
}
```

这个方法将当前客户的详细信息拷贝到 oldCustomer 变量，并将 ViewModel 设为 Editing 模式。用户可在这个模式中更改当前客户的资料。如果之后想放弃修改，原始数据可以从 oldCustomer 复制回来。

7. 将以下加粗的 Command 变量添加到 ViewModel 类开头的列表中。

```
public class ViewModel : INotifyPropertyChanged
{
    ...
    public Command AddCustomer { get; private set; }
```

```
   public Command EditCustomer { get; private set; }
   ...
}
```

8. 在 ViewModel 构造器中像下面这样实例化 EditCustomer 命令。

```
public ViewModel()
{
   ...
   this.AddCustomer = new Command(this.Add, ...);
   this.EditCustomer = new Command(this.Edit,
       () => { return this.CanBrowse; });
}
```

这些代码和 AddCustomer 命令的代码相似，只是它引用 Edit 方法。

9. 在 Edit 方法之后添加 Discard 方法。

```
// Discard changes made while in Adding or Editing mode
// and return the form to Browsing mode
private void Discard ()
{
   // If the user was adding a new customer, then remove it
   if (this.IsAdding)
   {
     this.customers.Remove(this.Current);
     this.OnPropertyChanged("Current");
   }
   // If the user was editing an existing customer,
   // then restore the saved details
   if (this.IsEditing)
   {
       this.CopyCustomer(this.oldCustomer, this.Current);
   }

   this.IsBrowsing = true;
   }
```

方法的作用是允许用户在 Adding 或 Editing 模式中放弃做出的任何更改。如果
ViewModel 处于 Adding 模式，就将当前客户从列表中删除(这是由 Add 方法创建
的新客户)并引发 PropertyChanged 事件来指出客户列表的当前客户发生改变。如
果 ViewModel 处于 Editing 模式，就将 oldCustomer 变量中的原始资料拷贝回当前
显示的客户。最后，ViewModel 回到 Browsing 模式。

10. 在 ViewModel 类开头添加 DiscardChanges Command 变量，更新构造器来实例化它。

```
public class ViewModel : INotifyPropertyChanged
{
   ...
   public Command EditCustomer { get; private set; }
   public Command DiscardChanges { get; private set; }
```

```
    ...
    public ViewModel()
    {
        ...
        this.EditCustomer = new Command(this.Edit, ...);
        this.DiscardChanges = new Command(this.Discard,
            () => { return this.CanSaveOrDiscardChanges; });
    }
    ...
}
```

注意，只有 CanSaveOrDiscardChanges 属性为 true 才会启用 DiscardChanges 命令。也就是说，ViewModel 要有到数据服务的连接，而且 ViewModel 处于 Adding 或 Editing 模式。

11. 在"Methods for fetching and updating data"区域中，在 Discard 方法之后添加如下所示的 Save 方法。该方法应标记为 async。

```
// Save the new or updated customer back to the WCF Data Service
// and return the form to Browsing mode
private async void Save()
{
    // Validate the details of the Customer
    if (this.ValidateCustomer(this.Current))
    {
        // Only continue if the customer details are valid
        this.IsBusy = true;

        // Set the ModifiedDate for the customer
        // to record the date the changes were made
        this.Current.ModifiedDate = DateTime.Today;

        // Continued in next step
    }
}
```

这个方法还没有完成。刚才输入的代码验证客户资料有效。如果有效就保存，同时将 ViewModel 的 IsBusy 属性设为 true，指出可能会花一定时间才能过网络将数据发送到数据服务。记住，Customers 窗体上的 ProgressRing 控件的 IsActive 属性绑定到这个属性，数据保存期间会显示进度环。

AdventureWorks 数据库的 Customer 表有一些附加要求。具体地说，添加或编辑客户时应设置客户的 ModifiedDate 属性来反映修改日期。

12. 在 Save 方法中将 // Continued in next step with 注释替换成以下加粗的代码。

```
private async void Save()
{
    // Validate the details of the Customer
    if (this.ValidateCustomer(this.Current))
```

```
    {
        ...
        // If the user is creating a new customer,
        // add it to the collection for the WCF Data Service
        if (this.IsAdding)
        {
            this.Current.rowguid = Guid.NewGuid();
            this.connection.AddToCustomers(this.Current);
        }

        // If the user is editing the current customer,
        // update it in the collection for the WCF Data Service
        if (this.IsEditing)
        {
            this.connection.UpdateObject(this.Current);
        }

        // Save the changes back to the data source
    }
}
```

如果 ViewModel 处于 Adding 模式，必须在保存之前用新的 GUID 填充 Customer 对象的 rowguid 属性(这个列在 Customer 表中是必不可少的；Adventure Works 公司的其他应用程序用这个列跟踪客户信息)。然后使用之前讲解过的 AddToCustomers 方法将客户添加到数据服务的 Customers 集合

注意　GUID 是"全局唯一标识符"(Globally Unique IDdentifier)的简称。GUID 是 Windows 生成的一个字符串，几乎可以保证它的唯一性(有极小概率生成非唯一 GUID，但概率太小以至于可以忽略)。数据库经常将 GUID 作为键来标识单独的行。AdventureWorks 数据库的 Customer 表就是这样做的。

如果 ViewModel 处于 Editing 模式，数据服务的 Customers 集合中的 Customer 对象就用 UpdateObject 方法进行修改。该方法也在之前讲解过了。

现在可以使用数据服务将更改存回数据库了。

13. 在// Save the changes back to the data source 注释后添加以下加粗的代码。

```
private async void Save()
{
    // Validate the details of the Customer
    if (this.ValidateCustomer(this.Current))
    {
        ...
        // Save the changes back to the data source
        try
        {
            await Task.Factory.FromAsync(
                this.connection.BeginSaveChanges(null, null),
```

```
                async (result) => this.connection.EndSaveChanges(result));
                this.IsBrowsing = true;
                this.OnPropertyChanged("Current");
            }
            catch (DataServiceRequestException dsre)
            {
                if (this.IsAdding)
                {
                    this.connection.DeleteObject(this.Current);
                }
            }
            finally
            {
                this.IsBusy = false;
            }
        }
    }
```

现在应该熟悉了保存更改时采用的编码模式：创建 Task 对象来运行
BeginSaveChanges 方法，再运行 EndSaveChanges 方法。如果数据成功保存，
ViewModel 就进入 Browsing 模式，并为当前客户引发 PropertyChanged 事件(对于
新添加的客户，数据库生成的 CustomerID 被用于更新 Customer 对象)。

如果发生异常，ViewModel 保持 Adding 或 Editing 模式，用户可更正错误并再次
尝试保存。另外，在 Adding 模式中，新客户要从数据服务的 Customers 集合中删
除。这一步是必须的，因为之前 Save 方法已经用 AddToCustomers 方法将客户添
加到该集合；再次添加同一个客户(完成更正后重新保存)，而这个客户已经在
Customers 集合中了，AddToCustomers 方法就会引发 InvalidOperationException 异
常，并显示消息"上下文当前正在跟踪该实体"。

finally 块将 IsBusy 属性设为 false，造成窗体上的 ProgressRing 控件消失。

14. 在 ViewModel 类的开头添加 SaveChanges Command 变量，更新构造器来实例化它。

```
ic class ViewModel : INotifyPropertyChanged
{
    ...
    public Command DiscardChanges { get; private set; }
    public Command SaveChanges { get; private set; }
    ...
    public ViewModel()
    {
        ...
        this.DiscardChanges = new Command(this.Discard, ...);
        this.SaveChanges = new Command(this.Save, () =>
            { return this.CanSaveOrDiscardChanges; });
    }
    ...
}
```

15. 在"生成"菜单中，单击"生成解决方案"，验证应用程序正确生成。

27.2.2 报告错误和更新 UI

现在已添加了用于添加、编辑和保存客户信息的命令。但是，如果中途发生错误，用户还是会摸不着头脑，因为 ViewModel 类没有包含任何错误报告功能。添加这种功能的一个办法是捕捉发生的异常信息并作为 ViewModel 类的一个属性来公开。视图可通过数据绑定连接到该属性并显示错误消息。

> ➤ **为 ViewModel 类添加错误报告**

1. 在 ViewModel.cs 文件中展开"Properties for "busy" and error message handling"区域。

2. 在 IsBusy 属性后添加私有_lastError 字符串变量和公共 LastError 字符串属性，如下所示。

```
private string _lastError = null;
public string LastError
{
   get { return this._lastError; }
   private set
   {
      this._lastError = value;
      this.OnPropertyChanged("LastError");
   }
}
```

3. 在"Methods for fetching and updating data"区域找到 GetData 方法。该方法包含以下事件处理程序。

```
catch (DataServiceQueryException dsqe)
{
   // TODO: Handle errors
}
```

4. 将// TODO: Handle errors 注释替换成以下加粗的代码。

```
catch (DataServiceQueryException dsqe)
{
   this.LastError = dsqe.Message;
}
```

5. 在上述事件处理程序之前的 try 块末尾添加以下语句。

```
try
{
   ...
   this.LastError = String.Empty;
```

```
   }
   catch (DataServiceQueryException dsqe)
   {
      ...
   }
```

该语句从 LastError 属性删除任何错误消息。

6.　找到 ValidateCustomer 方法，在 return 语句之前添加以下加粗的语句。

```
private bool ValidateCustomer(Customer customer)
{
   ...
   this.LastError = validationErrors;
   return !hasErrors;
}
```

ValidateCustomer 方法已在 validationErrors 变量中填充好了 Customer 对象的所有属性可能发生的错误信息。刚才添加的语句只是将该信息复制给 LastError 属性。

7.　找到 Save 方法，如加粗的部分所示修改捕捉 DataServiceRequestException 异常的代码。

```
private async void Save()
{
   ...
   // Save the changes back to the data source
   try
   {
      ...
   }
   catch (DataServiceRequestException dsre)
   {
      if (this.IsAdding)
      {
         this.connection.DeleteObject(this.Current);
      }
      this.LastError = dsre.Message;
   }
   ...
}
```

8.　在 try 块末尾添加以下语句。

```
try
{
   ...
   this.LastError = String.Empty;
}
catch (DataServiceRequestException ex)
{
   ...
}
```

9. 找到 Discard 方法，在方法末尾添加以下加粗的语句。

```csharp
private void Discard()
{
    ...
    this.LastError = String.Empty;
}
```

10. 在"生成"菜单中，单击"生成解决方案"，验证应用程序正确生成。

ViewModel 现在就完成了。最后一步是将新的命令、状态信息和错误处理功能集成到 Customers 窗体提供的视图中。

> ➤ **为 Customers 窗体集成添加和编辑功能**

1. 用设计视图打开 MainPage.xaml。

MainPage 窗体的 XAML 标记已进行了修改，为全屏幕、填充和贴靠视图中显示的 Grid 控件添加了以下 TextBlock 控件。

```xml
<Page
    x:Class="Customers.MainPage"
    ...>

    <Grid Style="{StaticResource GridStyle}">
        ...
        <Grid x:Name="customersTabularView" ...>
            ...
            <Grid Grid.Row="2">
                ...
                <TextBlock Grid.Row="3" Grid.RowSpan="4"
Grid.Column="7" Style="{StaticResource ErrorMessageStyle}"/>
            </Grid>
        </Grid>
        <Grid x:Name="customersColumnarView" Margin="20,10,20,110" ...>
            ...
            <Grid Grid.Row="1">
                ...
                <TextBlock Grid.Row="6" Grid.Column="0"
Grid.ColumnSpan="2" Style="{StaticResource ErrorMessageStyle}"/>
            </Grid>
        </Grid>
        ...
    </Grid>
    ...
</Page>
```

这些 TextBlock 控件引用的 ErrorMessageStyle 是在 AppStyles.xaml 文件中定义的。

2. 设置两个 TextBlock 控件的 Text 属性来绑定 ViewModel 的 LastError 属性，如加粗的代码所示。

```
...
<TextBlock Grid.Row="3" Grid.RowSpan="4" Grid.Column="7"
Style="{StaticResource ErrorMessageStyle}" Text="{Binding LastError}"/>
...
<TextBlock Grid.Row="6" Grid.Column="0" Grid.ColumnSpan="2"
Style="{StaticResource ErrorMessageStyle}" Text="{Binding LastError}"/>
```

3. 窗体上显示客户数据的 TextBox 和 ComboBox 控件只有在 ViewModel 处于 Adding
   或 Editing 模式时才允许修改数据；其他时候应该禁用。为所有这些控件添加
   IsEnabled 属性，并绑定到 ViewModel 的 IsAddingOrEditing 属性，如下所示。

```
...
<TextBox Grid.Row="1" Grid.Column="1" x:Name="id"
IsEnabled="{Binding IsAddingOrEditing}" .../>
<ComboBox Grid.Row="1" Grid.Column="3" x:Name="title"
IsEnabled="{Binding IsAddingOrEditing}" ...>
</ComboBox>
<TextBox Grid.Row="1" Grid.Column="5" x:Name="firstName"
IsEnabled="{Binding IsAddingOrEditing}" .../>
<TextBox Grid.Row="1" Grid.Column="7" x:Name="lastName"
IsEnabled="{Binding IsAddingOrEditing}" .../>
...
<TextBox Grid.Row="3" Grid.Column="3" ... x:Name="email"
IsEnabled="{Binding IsAddingOrEditing}" .../>
...
<TextBox Grid.Row="5" Grid.Column="3" ... x:Name="phone"
IsEnabled="{Binding IsAddingOrEditing}" .../>
...
...
<TextBox Grid.Row="0" Grid.Column="1" x:Name="cId" />
IsEnabled="{Binding IsAddingOrEditing}" .../>
<ComboBox Grid.Row="1" Grid.Column="1" x:Name="cTitle"
IsEnabled="{Binding IsAddingOrEditing}" ...>
</ComboBox>
<TextBox Grid.Row="2" Grid.Column="1" x:Name="cFirstName"
IsEnabled="{Binding IsAddingOrEditing}" .../>
<TextBox Grid.Row="3" Grid.Column="1" x:Name="cLastName"
IsEnabled="{Binding IsAddingOrEditing}" .../>
...
<TextBox Grid.Row="4" Grid.Column="1" x:Name="cEmail"
IsEnabled="{Binding IsAddingOrEditing}" .../>
...
<TextBox Grid.Row="5" Grid.Column="1" x:Name="cPhone"
IsEnabled="{Binding IsAddingOrEditing}" .../>
```

4. 使用<Page.BottomAppBar>元素在页的底部添加应用栏。将该元素放到顶部应用栏
   后面。在这个应用栏中应该包含 AddCustomer，EditCustomer，SaveChanges 和
   DiscardChanges 命令按钮，如下所示。

```
<Page ...>
    ...
```

```
<Page.TopAppBar >
    ...
</Page.TopAppBar>
<Page.BottomAppBar>
    <AppBar IsSticky="True" SizeChanged="AppBarSizeChanged">
        <Grid>
            <StackPanel Orientation="Horizontal"
HorizontalAlignment="Right">
                <Button x:Name="addCustomer"
Style="{StaticResource AddAppBarButtonStyle}"
Command="{Binding Path=AddCustomer}"/>
                <Button x:Name="editCustomer"
Style="{StaticResource EditAppBarButtonStyle}"
Command="{Binding Path=EditCustomer}"/>
                <Button x:Name="saveChanges"
Style="{StaticResource SaveAppBarButtonStyle}"
Command="{Binding Path=SaveChanges}"/>
                <Button x:Name="discardChanges"
Style="{StaticResource DiscardAppBarButtonStyle}"
Command="{Binding Path=DiscardChanges}"/>
            </StackPanel>
        </Grid>
    </AppBar>
</Page.BottomAppBar>
</Page>
```

注意，底部应用栏上的命令默认应该分组并右对齐。另外，用户在不同视图之间切换时会引发 SizeChanged 事件并运行 AppBarSizeChanged 方法。稍后要添加代码来处理这个事件以改变按钮的外观，具体采用的方式和顶部应用栏的导航按钮是一样的。

按钮引用的样式在 Common 文件夹的 StandardStyles.xaml 文件中定义，但在生成并运行应用程序之前，必须先启用这些样式。

5.　在解决方案资源管理器中展开Common 文件夹，双击StandardStyles.xaml来显示它。

6.　找到 EditAppBarButtonStyle 的 XAML 标记。该样式目前被注释掉。取消对这个样式和紧接着它的 SaveAppBarButtonStyle 的注释。后面的 DiscardAppBarButtonStyle 和 AddAppBarButtonStyle 也要取消注释。

> 📝提示　为了取消对样式的注释，在该样式上方的行末添加注释结束标记-->，再在样式下方的行首添加注释起始标记<!--。

7.　在解决方案资源管理器中展开 MainPage.xaml，双击 MainPage.xaml.cs 来显示 MainPage 窗体的代码。

8.　将以下加粗的语句添加到 AppBarSizeChanged 方法。

```
private void AppBarSizeChanged(object sender, SizeChangedEventArgs e)
{
    ...
    VisualStateManager.GoToState(this.lastCustomer, viewState.ToString(), false);
    VisualStateManager.GoToState(this.addCustomer, viewState.ToString(), false);
    VisualStateManager.GoToState(this.editCustomer, viewState.ToString(), false);
    VisualStateManager.GoToState(this.saveChanges, viewState.ToString(), false);
    VisualStateManager.GoToState(this.discardChanges, viewState.ToString(), false);
}
```

这些代码使用 VisualStateManager 在切换全屏幕和贴靠视图时改变按钮的外观。

> **测试 Customers 应用程序**

1. 在"调试"菜单中选择"开始调试"生成并运行应用程序。

    等客户窗体出现时，注意所有 TextBox 和 ComboBox 控件都被禁用。这是由于视图处于 Browsing 模式。

2. 如下图所示，右击窗体，验证上下应用栏都显示出来了。可像往常那样使用上方应用栏中的 First，Next，Previous 和 Last 按钮。记住，First 和 Previous 按钮只有在离开第一个客户后才会启用。在下方应用栏中，Add 和 Edit 按钮应已启用。但 Save 和 Discard 按钮应被禁用。这是由于 AddCustomer 和 EditCustomer 命令在 ViewModel 处于 Browsing 模式时启用，而 SaveChanges 和 DiscardChanges 命令只有在 Adding 或 Editing 模式中启用。

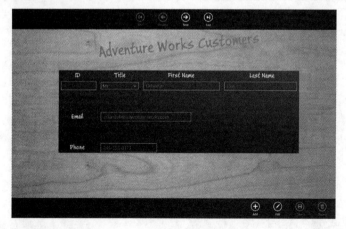

3. 在底部应用栏中单击 Edit。

4. 如下图所示，顶部应用栏的按钮被禁用了，因为 ViewModel 现在进入 Editing 模式。Add 和 Edit 按钮也被禁用，但 Save 和 Discard 按钮启用。注意，窗体上的数据输入控件都被启用了，用户现在可以修改客户资料。

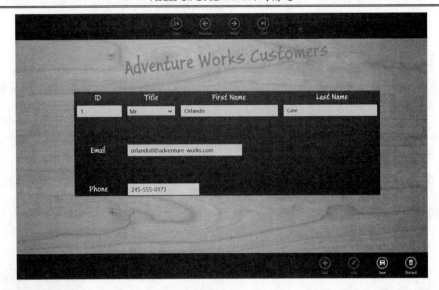

5. 修改客户资料；First Name 暂时不填，电子邮件地址输入 **Test**，电话号码输入 **Test 2**，单击"保存"。

这些数据违反了 ValidateCustomer 方法实现的校验规则。ValidateCustomer 方法在 ViewModel 的 LastError 属性中填充校验消息，窗体上和 LastError 属性绑定的 TextBlock 将显示该消息(见下图)。

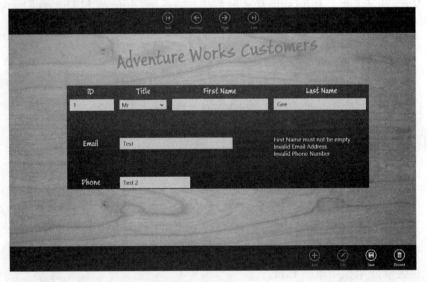

6. 单击 Discard，验证窗体上会恢复原始数据，校验消息消化，ViewModel 还原为 Browsing 模式。

7. 单击 Add。窗体上的输入控件应被清空(ID 字段除外，它显示值 0)。输入新客户的资料。注意输入 First Name 和 Last Name、有效电子邮件地址(形如 name@organization.com)以及全数字电话号码(允许圆括号、连字号和空格)。

8. 单击 Save。如果数据有效(没有校验错误)，数据应该保存到数据库，会在 ID 字段看到为新客户生成 ID，ViewModel 应切换回 Browsing 模式。

9. 自由试验应用程序，尝试添加更多客户。注意可切换到贴靠视图，窗体仍应正常工作。

10. 完成试验后返回 Visual Studio 并停止调试。

小　　结

本章讲解了如何用实体框架创建实体模型以便连接 SQL Server 数据库。讲解了如何创建 WCF Data Service，以便 Windows Store 应用程序通过实体模型查询和更新数据库中的数据。还讲解了如何在 ViewModel 中集成 WCF Data Service。

本书所有练习至此全部结束。现在，你已全面熟悉了 C#语言，并理解了如何使用 Visual Studio 2012 构建专业的 Windows 7 和 Windows 8 应用程序。但事情还没完。虽然已成功迈出了第一步，但最好的 C#程序员是需要经验积累的。只有通过自己写 C#程序才能积累起这些宝贵的经验。只有通过实践，才能找到本书限于篇幅没有讲到的使用 C#语言的各种新方式以及 Visual Studio 2012 的其他许多功能。另外要记住，C#是一个仍在不断发展的语言。回想起 2001 年，当我写本书第一版时，C#提供的语法和语义还比较基本。当时开发的是基于.NET Framework 1.0 的应用程序。2003 年，Visual Studio 和.NET Framework 1.1 获得了一些增强。2005 年，C# 2.0 问世，开始提供对泛型和.NET Framework 2.0 的支持。C# 3.0 问世时，更是增添了丰富的功能，例如匿名类型、Lambda 表达式以及最重要的 LINQ 等等。C# 4.0 进一步扩展了语言，支持具名参数、可选参数、协变和逆变接口以及与动态语言的集成。C# 5.0 则通过 async 和关键字和 await 操作符提供了对异步处理的完全支持。

和 C#语言一起进步的是 Windows 操作系统。其中 Windows 8 的变化最大，熟悉早期版本的 Windows 的开发人员现在要面临全新的、以触控为中心的移动平台开发。Visual Studio 2012 和 C#也进行了大幅修订来帮助你迎接新的挑战。

C#和 Visual Studio 的下一个版本会带来什么呢？且让我们拭目以待！

第 27 章快速参考

目标	操作
使用实体框架创建实体模型	使用 "ADO.NET 实体数据模型" 模板在项目中添加新项。使用实体数据模型连接数据库(其中包含你想建模的表)，选择需要的表

创建数据服务，通过实体模型提供对数据库的远程访问	使用 WCF Data Service 模板。将实体模型的数据上下文类的名称作为 DataService 类的类型参数指定。在 DataService 类的 InitializeService 方法中为实体模型中的每个想要公开的实体指定实体访问规则。示例如下：
	
	`public class AdventureWorks :`
	`    DataService<AdventureWorksEntities>`
	`{`
	`public static void`
	`  InitializeService( DataServiceConfiguration config)`
	`  {`
	`      config.SetEntitySetAccessRule("Customers", EntitySetRights.All);`
	`      ...`
	`  }`
	`}`

在 Windows Store 应用程序中使用数据服务	使用 "添加服务引用" 向导生成代码来连接数据服务，并生成类，以便应用程序连接服务以及获取/更新数据

在 Windows Store 应用程序中连接数据服务	"添加服务引用" 向导会生成连接类，创建该类的实例即可连接数据服务。将数据服务的 URL 作为构造器的参数传递。示例如下：
	
	`AdventureWorksEntities connection = null;`
	`string url="http://localhost:53923/AdventureWorks.svc";`
	`connection = new AdventureWorksEntities(new Uri(url));`

在 Windows Store 应用程序中从数据服务获取数据	创建 DataServiceQuery 对象来指定要获取的数据，使用 DataServiceQuery 对象的 BeginExecute 和 EndExecute 方法来异步运行该查询。使用 Task.Factory.FromAsync 方法，通过创建一个 Task 来运行 BeginExecute 和 EndExecute 方法。示例如下：
	
	`AdventureWorksEntities connection = ...;`
	`var data = from c in connection.Customers`
	`            where c.CustomerID < 100`
	`            select c;`
	`var queryResults = await Task.Factory.FromAsync(`
	`    (data as DataServiceQuery).BeginExecute(null, null),`
	`    (result) =>(data as DataServiceQuery).EndExecute(result));`

目标	操作
在数据服务返回的集合中插入新对象	调用连接对象的 **AddToXXX** 方法，其中 **XXX** 是集合名称。将新对象作为参数传给该方法。示例如下： ```AdventureWorksEntities connection = ...;\nCustomer newCust = new Customer();\nnewCust.FirstName = "Diana";\nnewCust.LastName = "Sharp";\nconnection.AddToCustomers(newCust);```
对数据服务返回的集合中的现有对象进行更新	调用连接对象的 **UpdateObject** 方法。要更新的对象作为参数传给方法。示例如下： ```AdventureWorksEntities connection = ...;\nvar query = await Task.Factory.FromAsync(\n this.connection.Customers. BeginExecute(null, null)\n ...);\nCustomer cust = query.First();\ncust.FirstName = "John";\nconnection.UpdateObject(cust);```
从数据服务返回的集合中删除对象	调用连接对象的 **DeleteObject** 方法。要删除的对象作为参数传给方法。示例如下： ```AdventureWorksEntities connection = ...;\nvar query = await Task.Factory.FromAsync(\n this.connection.Customers.BeginExecute(null, null)\n ...);\nCustomer cust = query.First();\nconnection.DeleteObject(cust);```
在数据服务返回的集合中进行改动之后，将改动发送回数据源，使改动持久化	使用连接对象的 **BeginSaveChanges** 和 **EndSaveChanges** 方法异步保存改动。示例如下： ```AdventureWorksEntities connection = ...;\n...\nawait Task.Factory.FromAsync(\n this.connection.BeginSaveChanges(null, null),\n (result) => connection.EndSaveChanges(result));```